U0309436

航天科技图书出版基金资助出版

太阳系无人探测历程

第四卷：摩登时代（2004—2013年）

Robotic Exploration of the Solar System

Part 4：The Modern Era 2004－2013

[意] 保罗·乌利维（Paolo Ulivi）
[英] 戴维·M. 哈兰（David M. Harland） 著
黄晓峰　李炯卉　田　岱　徐宝碧　译

中国宇航出版社
·北京·

Translation from the English language edition:
Robotic Exploration of the Solar System. Part 4: The Modern Era 2004 -2013
by Paolo Ulivi and David M. Harland

著作权合同登记号:图字:01－2021－2276 号

图书在版编目（CIP）数据

太阳系无人探测历程. 第四卷，摩登时代:2004—2013 年 /（意）保罗·乌利维（Paolo Ulivi），（英）戴维·M.哈兰（David M. Harland）著；黄晓峰等译. -- 北京：中国宇航出版社，2021.10

书名原文：Robotic Exploration of the Solar System:Part 4：The Modern Era 2004 - 2013

ISBN 978 - 7 - 5159 - 1923 - 2

Ⅰ.①太… Ⅱ.①保… ②戴… ③黄… Ⅲ. ①太阳系－空间探测－2004 - 2013 Ⅳ.①P18②V1

中国版本图书馆 CIP 数据核字(2021)第 101196 号

责任编辑　侯丽平　　**封面设计**　宇星文化

出版发行　中国宇航出版社

社　址　北京市阜成路 8 号　**邮　编**　100830
(010)60286808　(010)68768548

网　址　www.caphbook.com

经　销　新华书店

发行部　(010)60286888　(010)68371900
(010)60286887　(010)60286804(传真)

零售店　读者服务部　(010)68371105

承　印　天津画中画印刷有限公司

版　次　2021 年 10 月第 1 版
2021 年 10 月第 1 次印刷

规　格　787 × 1092

开　本　1/16

印　张　32.75

字　数　800 千字

书　号　ISBN 978 - 7 - 5159 - 1923 - 2

定　价　228.00 元

本书如有印装质量问题，可与发行部联系调换

航天科技图书出版基金简介

航天科技图书出版基金是由中国航天科技集团公司于2007年设立的，旨在鼓励航天科技人员著书立说，不断积累和传承航天科技知识，为航天事业提供知识储备和技术支持，繁荣航天科技图书出版工作，促进航天事业又好又快地发展。基金资助项目由航天科技图书出版基金评审委员会审定，由中国宇航出版社出版。

申请出版基金资助的项目包括航天基础理论著作，航天工程技术著作，航天科技工具书，航天型号管理经验与管理思想集萃，世界航天各学科前沿技术发展译著以及有代表性的科研生产、经营管理译著，向社会公众普及航天知识、宣传航天文化的优秀读物等。出版基金每年评审1～2次，资助20～30项。

欢迎广大作者积极申请航天科技图书出版基金。可以登录中国宇航出版社网站，点击“出版基金”专栏查询详情并下载基金申请表；也可以通过电话、信函索取申报指南和基金申请表。

网址：http：//www.caphbook.com

电话：(010) 68767205，68768904

推荐序

1977 年 8 月 20 日旅行者 2 号出发，紧接着在 9 月 5 日旅行者 1 号出发，它们向着太阳系边际飞行，至今，旅行者 1 号已离开地球 40 多年，距离太阳超过 200 亿 km，成为飞得最远的一个航天器。与旅行者 1 号一起奔向远方的还有它携带的一张铜质磁盘唱片。如果有一天地外文明破解了这张唱片，将会欣赏到中国的古曲《高山流水》。地外文明何时可以一饱耳福？以迄今发现的最接近地球大小的宜居带行星开普勒 452b 为例，它距离地球有 1 400 光年，而旅行者 1 号目前距离地球大约 0.002 光年。如果把地球与宜居行星之间的距离比拟成一个足球场长度的话，那么旅行者 1 号飞行的距离还不及这个绿茵场上一只小蚂蚁迈出的一步。这还是旅行者 1 号利用了 170 多年才有一次的行星处于特殊位置的机会，实现了木星和土星的借力，飞行了 40 多年才得以实现。由此可见，人类的“一小步”要面对多么大的困难。航天工程是巨大的、复杂的系统工程，而深空探测又是航天工程中极其富有挑战的领域，其特点为经费高、周期长、难度大。

再来看看中国深空探测的发展。在人类首颗月球探测卫星——苏联的月球一号于 1959 年 1 月发射将近 50 年之际，中国的嫦娥一号于 2007 年实现月球环绕探测，拉开了中国月球与深空探测的大幕。2010 年嫦娥二号实现了月球详查之后，还对图塔蒂斯小行星开展了飞掠探测。2013 年嫦娥三号作为地球的使者，时隔 37 年后再次降临月球。2019 年，嫦娥四号作为人类首颗造访月球背面的探测器，揭开了月球背面南极-艾特肯盆地的古老面纱。2020 年，嫦娥五号在时隔 44 年之后，又一次带回了月球的土壤。2021 年，中国第一个行星探测任务——天问一号火星探测任务取得圆满成功，人类首次通过一次任务实现火星环绕、着陆和巡视，祝融号火星车驰骋于红色的乌托邦平原。同国外相比，我们迟到了将近 50 年，虽然步子稳、脚步大，但依然任重而道远。开展太阳系内所有行星、部分行星的卫星、小行星、彗星以及太阳的无人探测，对我们而言，征程才刚刚开始。

“知己不足而后进，望山远岐而前行。”只有站在巨人的肩上，才能眺望得更远；唯有看清前人的足迹，方能少走弯路。中国未来的深空探测已经瞄准了月球科考站、小行星和木星探测，并计划实现火星无人采样返回、太阳系边际探测等更具挑战性的任务。为了更可靠地成功实现目标，必须充分汲取所有以往的任务经验，而《太阳系无人探测历程》正是这样一套鉴往知来的读本。其深入浅出地详细描绘了截至成书之时，整个人类深空探测发展的历史，对每个探测器的设计、飞行过程、取得的成果、遇到的故障都进行了详细的解读。如果你是正在从事深空探测事业的科研工作者或者是准备投身深空探测事业的学生，此书可以说是一本设计指南和案例库；如果你是一名对航天感兴趣的爱好者，那此书也会给你带来崭新的感受和体验。

本书的翻译由我国常年工作在深空探测一线并做出巨大贡献的青年科研人员完成，我和他们已经共同工作 20 多年，他们极具活力和创新力，总是在不断探索、奋进和成长！这套丛书目前共有四卷，在工作之余，完成这套译著绝非易事。我很高兴看到他们以从事航天工作的严谨与执着，历经 6 年，终于将整套丛书呈现给读者。他们把对深空探测的热爱和理解融入这套丛书中，书中的专业名词的翻译都尽可能使用中国航天工程与天文学领域的术语与习惯，对于国内读者具有非常好的可读性。

纵然前方重重艰难险阻，但深空探测是人类解开宇宙起源、生命起源、物质结构等谜题的金钥匙，是破解许多地球问题的重要途径，人类今后必须长期不懈地向深空进发，迈向太阳系边际也只是第一步，离走出太阳系仍很遥远。最后想说的是，通过阅读本套丛书，如果要问这几十年深空探测的历史之初心是什么？NASA 从事深空探测的科学家和工程师给出的回答体现在他们三个火星车的命名上：好奇、勇气和机遇。而 2021 年，中国人在航天强国的征途中也在火星任务上给出了自己的注解：天问！希望有越来越多的年轻人加入中国深空探测的行列，用自己的青春和智慧去点燃人类走向深空的灯塔。

叶培建

2021 年 7 月

译者序

当我们收到天问一号发来的火星图像时，刹那间感觉这个姊妹星球是如此亲切。一马平川的乌托邦平原就这样真真切切地呈现在我们的眼前。这就是深空探测带给人们最直观的美好——我们不仅可以仰望星空，种下心底的梦想；我们更可以近距离地接触那些遥远的星球，不断将宇宙中的未知变成人类的已知。

您所拿到的是《太阳系无人探测历程》系列丛书的收官之作——第四卷《摩登时代（2004—2013 年）》。正如书名所述，2004—2013 年是太阳系无人探测的新时代。在这十年中，NASA 的相关预算开始收紧，而包括中国深空探测器在内的新秀们，登上了太阳系探测的舞台，并取得了举世瞩目的成就。“摩登时代”呈现出百家争鸣之势。

本书一如既往地带您走进诸多令人着迷的太阳系之旅，您将了解到 ESA 的罗塞塔探测器和金星快车任务的诸多细节，跟随信使号经历一次辉煌的水星探测之旅，通过深度撞击号和黎明号窥见 NASA 对小天体探测的勃勃雄心，感受新视野号前往冥王星的漫漫征途，让日地关系天文台带您用特殊的视角去观察太阳，听拂晓号和隼鸟 2 号讲述日本在太阳系无人探测中的努力和成就，追随朱诺号拜访太阳系的众神之神……

在这个“摩登时代”，最吸引人的依然是太阳系无人探测中的热点——火星探测。从 20 世纪 60 年代的美苏竞争，到 2020 年中、美、阿联酋的“火星舰队”共同探访，火星探测的参与者越来越多。本书中，美国、俄罗斯、印度、欧洲、日本、中国的火星探测任务将纷纷亮相。从中，我们不仅可以看到辉煌的成就、远景的规划，更有坎坷的历程与令人唏嘘的失败与教训。

最令译者激动的，也正是在这个“摩登时代”，中国正式开启了太阳系无人探测的历程。2004 年年初，中国开始实施嫦娥一号工程，中国正式向地外天体迈出第一步。本书中以“中国的克莱门汀”为题，讲述了嫦娥二号的星际探测之旅。2013 年年底，嫦娥三号成功着陆月面，实现了中国探测器的首次地外天体软着陆和巡视探测。

太阳系探测是一项高风险的事业，是人类对宇宙和生命起源刨根问底式的最勇敢的求索方式。人类每一次向深空进发都是一段可歌可泣的无畏征程。这些远赴太阳系行星际空间的无人探测器通常被赋予着人类特殊的情感，这些勇士带着人类的目光步入漫漫星际，诠释着人类坚韧不屈的开拓精神，为人类解开重重谜团。

步入 21 世纪 20 年代，人类迎来深空探测的新高潮。距离本书所述的最后时间仅仅过去不到 8 年，书中所言的许多“未来”已至，并成为载入史册的成就：

比皮科伦坡号已于 2018 年踏上了向水星进发的七年征程；隼鸟 2 号已于 2020 年携带着龙宫小行星样品返回了地球；欧西里斯-雷克斯探测器在 2020 年顺利完成了对贝努小行星的采样，开始返程。中国又完成了两次月球探测任务，其中嫦娥四号实现了人类探测器的首次月球背面软着陆和巡视探测，通过鹊桥中继卫星，人类首次实现地月 L2 点中继通信；嫦娥五号成功从月球取回 1 731 g 样品，标志着我国具备了地月往返能力，实现了嫦娥工程“绕、落、回”三步走的完美收官。

到本书所述的 2013 年，中国首次火星探测任务尚在论证之中，而在译者写下这段文字之时，中国的天问一号任务已取得了圆满成功，祝融号正在火星乌托邦平原上驰骋，“着巡合影”等科学影像图已惊艳世界。立足当下，放眼未来，“火星探测”一如 20 世纪“月球探测”的缩影，将继续引领人类新一轮的深空探测热潮。然而，从 1960 年人类发射第一个火星探测器以来，人类仍然没有从火星上带回一粒土壤。人们普遍认为，2020 年之后将进入火星采样返回的时代。这个时代令我们无比期待，期待着中国实现人类的首次火星采样返回。

再来介绍一下本书的译者们。本系列丛书的译者均是从事月球与深空探测任务的一线航天科研人员。2015 年，通过一个偶然的机会，我们的团队发现了保罗·乌利维博士的这套丛书，被其中详尽的描述深深地吸引。于是在航天科技图书出版基金和中国空间技术研究院总体设计部的资助下，开始了这套丛书的翻译工作。到 2021 年本卷出版，历时近 6 年。在这 6 年中，本丛书的译者们作为核心成员参研了嫦娥四号、嫦娥五号和天问一号，作为亲历者见证了我国深空探测事业所取得的一系列卓越成就，近距离感受到我国在太阳系无人探测的行列中扮演着越来越重要的角色，每个人都在一次次任务中历练着、成长着。

在紧张忙碌的科研生产工作之余，完成这套译著，并非易事。在这个小团队里，有人知难而退，有人毅然加入，此时回顾这 6 年“历程”，充满了喜悦与收获。白天工作之时，译者们攻坚克难，研制中国的探测器，续写太阳系无人探测的新篇章。夜深人静以后，译者们又伏案笔耕、孜孜不倦地翻译，徜徉于保罗·乌利维博士所带来的太阳系无人探测历史长河之中。我们一面通过本书回顾人类太阳系探测的历史，另一面这些历史又激励着我们以更大的热情投入深空探测的事业当中。历史与未来交融，相得益彰。

在此，向本书的作者保罗·乌利维博士表示感谢，他为我们提供了一套绝佳的参考读物，我们在翻译过程中产生的一些疑惑，他都通过邮件不厌其烦地进行了解答；同时，对本书译者所在单位中国空间技术研究院总体设计部的大力支持表示感谢，总体设计部的有力支持推动了本书的顺利出版；对参与本书翻译工作的李飞、杜颖、赵洋、付春岭、谢兆耕、李莹、逯运通、温博、何秋鹏、郭璠、邹乐洋、李晓光表示感谢；感谢叶培建院士，在中国月球与深空探测的事业中，不断指引我们前进，不断激励年轻人成长。

2016年，习近平总书记在全国科技创新大会上针对空间科学、空间技术领域着重强调："空间技术深刻改变了人类对宇宙的认知，为人类社会进步提供了重要动力，同时浩瀚的空天还有许多未知的奥秘有待探索，必须推动空间科学、空间技术、空间应用全面发展"。2021年，习近平总书记指出"深空探测成为科技竞争的制高点"。当今世界正处于大发展大变革时期，深空探测更是一段不平凡的征程，前路布满着有待征服的重重险阻，我们要有不屈的毅力，持续探索追寻心中的梦想和希望。未来人类目光势必探向更深远的宇宙，中国必然是其中最重要的力量，这需要一代又一代的科研工作者投身其中，用我们的想象力和创造力去定义科技水平的新高度，接续铸就太阳系探测的历史和未来。

译　者

2021年7月

前　言

当保罗·乌利维让我为他的《太阳系无人探测历程》系列丛书第四卷写序时，我倍感荣幸。他为宣传开拓创新精神做了一项伟大的工作，这本书范围广泛、细节丰富。

太阳系诞生于45亿年前。气体、尘埃和岩石逐渐形成很多行星，围着一颗新恒星飞行。虽然这些行星之一的地球很快出现了生命，但在数亿年前宏观生命出现之前，它一直处于微生物时代。尽管人类在大约一百万年前就开始进化，但直到最近几千年，我们才变得足够聪明，找到了探索我们星球的方法。早期的探索工具中，通过船只发现了新大陆。后来有了潜水艇，让我们能探索水下领域。在过去的50年里，我们一直在探索太阳系的其他天体。虽然时间比较短，还不到一个人的寿命，但这种开拓性的探索不但需要我们发展无人探测技术来获取外太空的数据，需要我们拓展自然法则来理解这些数据，而且还需要有人花费时间来记录这些探索太阳系的初期阶段。因此，保罗，非常感谢你的巨大努力。

因为太阳系很大，所以我们的飞行器必须要飞行很远的距离。一般情况下，每个飞行器都有一个特定的目标。第一个引起我们注意的是火星。探索这个迷人的世界激发了我们很多疑问。哪些过程塑造了它的表面？为什么它的大气如此稀薄？那里曾经存在过生命吗？地球上的生命可能是被陨石带入的火星生命的后代吗？除了火星，太阳系还有很多有趣的值得探索的地方。有一片神秘的海洋就存在于木卫二的冰封层，还有土卫六的大气层，它的组成类似于早期的地球。我们越是探索太阳系，就越能更好地了解我们自己的世界。现在只是刚刚开始，前方有许多探索等着我们去冒险。

我对火星特别感兴趣。该系列的第三卷的最后就讲述了“勇气号”和“机遇号”这对孪生探测器十几年前开始的火星探索历程，每辆车重185 kg，携带了8 kg的科学载荷。第四卷介绍了好奇号火星车的到达和最初的活动。好奇号火星车重约900 kg，装有80 kg的科学载荷。在仅仅8年的时间里，搭载在火星车上的科学仪器的质量和体积增加到原来的10倍。从某种意义上说，我也是靠火星生活。1994年，我加入了位于图卢兹的法国国家空间研究中心，这是一段非常令人满意的经历。首先，我花了8年时间在几次探测任务中建立了机器人应用机制。然后，我教航天员使用科学设备进行神经科学领域的研究，以了解大脑对失重的反应，这是人类冒险进入太阳系的其中一步。之后，从 2009 年到 2012 年，我组织成立了法国仪器火星操作中心（French Instruments Mars Operations Centre，FIMOC），代表法国参与开发两个好奇号上的载荷：火星样品分析仪（Sample Analysis at Mars，SAM）和化学与相机（Chemistry & Camera，ChemCam）。

每天晚上 5 点左右，我在图卢兹开始工作。这时候是加州帕萨迪纳市喷气推进实验室（Jet Propulsion Laboratory，JPL）的上午 8 点，那里是好奇号巡视器的主要运行中心，负责它的活动协调和驱动控制。但是，好奇号上的每个科学仪器都由世界各地的几个中心操控，这些中心必须按 JPL 时区来工作。相比于 SAM，我更喜欢 ChemCam。每天晚上，我的团队都会编写指令，让巡视器向岩石发射激光，探测它们的化学成分。因此，我有一种强烈的感觉，我是生活在火星上的。

在我写这几行文字的时候，我们已经完成了十万次激光拍摄。即使好奇号在火星上待了一年多之后，当我看到前一天激光对火星岩石的撞击时，也非常激动。我觉得自己正在为探索这颗星球的第一步做出贡献，就像一个拓荒者一样在挖洞。我希望，在我年老的时候，能看到年轻的同事们操纵机器人进行更复杂的探测，并最终看到人类在火星表面行走。

埃里克·洛里尼（Eric Lorigny）
法国国家空间研究中心，图卢兹，法国
2013 年 12 月

自　序

《太阳系无人探测历程》系列丛书第三卷的内容结束于2003年的几次前往红色星球的发射，包括欧洲的火星快车轨道器和生存了很久的美国勇气号和机遇号火星巡视器。第四卷将介绍从2004年到2013年的十年时间里发射的所有行星和深空探测任务。美国在这几年的开始，和之前一样有着巨额预算，然后预算慢慢地减少，最后突然大幅收紧。现在看来，NASA的任务从21世纪10年代后半期和20年代初期只比第二卷的20世纪80年代有小幅度增长。然而，其他组织和国家执行了大量任务，成败参半。当我写下这些文字时，欧空局刚刚唤醒了它的罗塞塔（Rosetta）彗星轨道器和着陆器，这可能是这十年来最有趣的任务之一。欧空局显然也已经决定了ExoMars任务的下一步是在21世纪20、30年代发射木星轨道飞行器。印度正在开展首次探月任务。中国在开展一项非常成功的探月工程之外，还准备开展首次小行星任务，同时也在策划其他任务。同时希望俄罗斯今后的任务将比可怜的“福布斯-土壤”任务更加成功。

在这套书的第三卷里，我们选择的任务有些随意，漏掉了太阳观察者任务和在日地系统拉格朗日点的其他任务。此外，我们介绍了开普勒空间望远镜，因为它像其他深空任务一样运行在太阳轨道上，还发现了一些行星。

这本书把无人探测太阳系的故事写到了2014年1月。也许在未来的后续卷中将提供进一步的更新……

保罗·乌利维

图卢兹，法国

2014年1月

致 谢

我必须感谢那些为本书慷慨地提供文献、资料和图片的人们，包括迈克尔·阿赫恩（Michael A'Hearn）、亚历山德罗·阿特泽（Alessandro Atzei）、蒂博·巴林特（Tibor Balint）、鲁伊·巴博萨（Rui Barbosa）、詹斯·比勒（Jens Biele）、威廉·H. 布鲁姆（William H. Blume）、菲利普·库伊（Philippe Coue）、尼克·考恩（Nick Cowan）、雅克·克罗维泽（Jacques Crovisier）、保罗·德安杰罗（Paolo D'Angelo）、德维恩·戴（Dwayne Day）、哈罗德·弗拉加·德坎波斯·维略（Haroldo Fraga de Campos Velho）、董乔（Qiao Dong）、丹·杜尔达（Dan Durda）、特雷斯·恩克雷纳兹（Therese Encrenaz）、彼得·福克纳（Peter Falkner）、詹卡洛·根塔（Giancarlo Genta）、布莱恩·哈维（Brian Harvey）、雷蒙德·霍夫斯（Raymond Hoofs）、吴季（Ji Wu）、霍斯特·U. 凯勒（Horst U. Keller）、埃里克·莱恩（Erik Laan）、杰弗里·A. 兰迪斯（Geoffrey A. Landis）、李明涛（Mingtao Li）、保罗·C. 利维尔（Paulett C. Liewer）、斯蒂芬·C. 洛瑞（Stephen C. Lowry）、亚历山德·林格维（Aleksander Lyngvi）、史蒂芬·E. 马图塞克（Steven E. Matousek）、詹姆斯·V. 麦克亚当斯（James V. McAdams）、拉尔夫·麦克纳特（Ralph McNutt）、埃尔莎·蒙塔尼翁（Elsa Montagnon）、中村正三（Masato Nakamura）、凯瑟琳·奥尔金（Catherine Olkin）、德米特里·佩森（Dmitry Payson）、皮尔帕罗·佩戈拉（Pierpaolo Pergola）、埃托雷·佩罗齐（Ettore Perozzi）、安迪·菲普斯（Andy Phipps）、科林·菲林格（Colin Pillinger）、大卫·S. F. 波特里（David S. F. Portree）、帕特里克·罗杰·拉维（Patrick Roger - Ravily）、让-雅克·塞拉（Jean - Jacques Serra）、罗伯特·肖特韦尔（Robert Shotwell）、艾伦·斯特恩（Alan Stern）、吉川真子（Makoto Taguchi）、扬·范卡斯滕（Jan van Casteren）、皮埃尔·韦尔纳扎（Pierre Vernazza）、维克托·沃龙佐夫（Victor Vorontsov）、吴强洙（Vu - Trong Thu）、山川弘（Hiroshi Yamakawa）和邹晓端（Zou Xiaoduan）。

我还要感谢 unmannedspaceflight. com 论坛一位名叫“pandaneko”的用户所提供的日文翻译。此论坛和 NASASpaceflight 论坛提供了无价的信息资源。

我特别感谢埃里克·洛里尼（Eric Lorigny），他为本书写下了热情洋溢的前言；还有马克·D. 雷曼（Marc D. Rayman），他为本书进行了校对并在有关章节中发表了关于黎明号（Dawn）任务的第一手评论；还有科尔比·维斯特（Corby Waste），他为本书封面提供了背景图片，这个定制的图片描绘的是一艘拟建的航天器即将穿过由土卫二南极区域释放出的大量水汽区域。菲利普·克莱茨金（Philippe Kletzkine）和欧空局的太阳观察者研制团队在本书即将出版时及时地提供了最新的任务时间表。也谢谢我的卡洛（Carlo）神父提供的俄语翻译，以及我的弟弟费德里科（Federico），当我在蒙古的某个地方被切断联系时，通过短讯服务（SMS）为我提供好奇号着陆的最新情况。

我特别感谢戴维·M. 哈兰（David M. Harland），他审阅并编辑了这套丛书的所有章节，也谢谢实践（Praxis）出版社的克莱夫·霍伍德（Clive Horwood）和纽约施普林格（Springer）出版社的莫里·所罗门（Maury Solomon），感谢他们在这个长达十年的项目中给予的信任。

我认为故事中的照片非常重要，虽然我明确标出了大多数图示和照片的版权所有者，但仍有一些对于故事说明很重要的图片无法确认，我还是使用了它们并且尽可能保持完整。对于由此造成的不便，我深表歉意。

目　录

第 11 章　太阳系新疆界

11.1　十年调查

21 世纪早期，人类航天器已经对太阳系大多数天体进行了初步探测，因此美国国家航空航天局（NASA）对下一步的计划难以进行决策，也难以确定目标的优先级。迄今为止，NASA 的任务目标决策均依据其空间科学办公室所制定的战略规划。这些规划来源于科学界，特别是美国国家研究委员会的空间科学理事会，部分还来源于美国国家科学院。因此，NASA 在 2001 年，要求美国国家研究委员会对美国当前的行星探测状态进行评估，并给出科学家所认可的最具重大意义，并可在 2003—2013 年间实施的任务。委员会与一些顶尖的行星科学家进行了会谈，不仅有美国的科学家，还包括国外的科学家，并给出了一份报告，尽管在此领域首次开展该项工作，但还是与 NASA 之前在天文、天体物理和太阳物理计划所开展的“十年调查”类似。调查还在进行当中时，NASA 宣布了一系列中等行星探测任务，作为发现级任务和旗舰级任务的补充，称为新疆界任务。发现级任务一般 1.5～2 年发射一次，新疆界任务平均 5 年发射一次，旗舰级任务则平均每 10 年发射一次，用于对特别重大的目标进行复杂的研究。与发现级任务类似，新疆界任务也将基于竞标，任务由项目负责人领导，但预算提高到 6 亿 5 千万美元，使其能够尝试更具雄心的目标。追溯过去，首个正式通过的任务是冥王星-边际新视野号（后文详述）。对于未来任务的选择，无论如何，将要全面基于美国国家研究委员会的报告。2003 年，发布了《太阳系的新疆界——综合探索战略》，提出了 4 个方面的主题：1）太阳系历史的前 10 亿年；2）生命元素的挥发物和有机物分子；3）宜居世界的起源和演化；4）行星系的运行机制。报告力推发展若干中型和大型的“骨干”任务，或者至少在未来的任务中要包含这些任务的目标。

木卫二地球物理学观察者任务被视为一个旗舰级项目，以确认木星卫星冰壳之下有水的存在。这是评估木卫二适于生命存在的合乎逻辑的第一步，也将深入理解潮汐力是如何作用而形成太阳系内的主要天体。这将开拓“火与冰”的研究，该任务被公认为与伽利略和卡西尼任务具备同等规模。

科学家们对一项冥王星飞越的任务很感兴趣，NASA 在 2000 年将这个任务取消，重新提出了新视野号任务，对任务的目标进行了扩充，除对冥王星和冥卫一进行研究之外，还将获得柯伊伯带上的 1 个或多个天体的首张照片。事实上，“柯伊伯带-冥王星探测”任务被认为是 10 年之内中型任务中优先级最高的。人们还对发射一次类似特洛伊或半人马小行星带的侦察任务很感兴趣，尽管这不在优先级最高的任务当中，该任务将先与至少一颗被木星轨道拉格朗日点所捕获的特洛伊小行星交会，然后再出发抵达木星和土星之间一颗半人马彗星-小行星混合体。另一个飞越探测器将被送往海王星，再次观察海王星及海卫一，之后再对柯伊伯带的目标进行观测。其他的一些目标可以由地基望远镜来实现，特别是确定柯伊伯带真正的范围。

一项月球南极采样返回任务将对环形山的形成和行星表面的演化进行研究，深陷的艾特肯盆地被认为已从地壳凿穿至地幔，但盆地底面却未被涌出的岩浆所覆盖。

另一项建议指向气态巨星，特别是木星。尽管伽利略号解答了关于木星的许多问题，但对于太阳系的巨行星来说，仍有许多未解之谜。比如，木星是否具有一个岩石内核？尽管土星、天王星和海王星均被认为具有岩石内核，但对于木星内核的相关证据存有争议。一个木星极轨轨道器及探测器将开展若干问题的研究。任务将抛出 3 个探测器对伽利略号所初步研究过的木星大气开展持续的研究，特别是要精确地确认其构成，以对太阳系的区域进行限定，行星在这些区域中由太阳星云冷凝而成。这个航天器的近木点在木星上方云端不足 0.1 个木星半径的距离内，并将同时进行木星磁层的研究。实际上，在其他星系发现有许多至少有木星这么大的行星在比水星和太阳距离更近的轨道上围绕恒星运行，这就提出了一种观点，即这些气态巨行星在相当远处凝结而成，随后由于与原行星盘的引力作用而向内部迁移。如果这些事件在木星上发生过，那么我们要对其定位于现在位置而感到庆幸，否则很有可能扰乱内太阳系。

金星原位探测器（VISE）将开展金星大气演化研究，以阐明为何金星、地球和火星看起来那么相似，但却演化得如此不同。此外，该任务还将提供强温室效应的数据，与地球全球变暖效应做比较。在金星表面进行取样之后，着陆器将利用气球飞到更高更冷的大气层中，然后再对所取的样品进行分析，探测器在大气中能够比在地面进行更长时间的分析，苏联的金星号在金星表面也就存活过几个小时。鉴于金星号仅能进行表面的化学成分分析，金星原位探测器将开展矿物学、样品的结构和可能的地层岩石组成的研究，这将在行星地质历史的研究上取得相当多的新认识。近红外相机将提供 10 km 高度之下的表面全景图，这些图像将与麦哲伦号（Magellan）的雷达数据相结合，以确认地质环境。当然，这个任务还能提供风的数据等，包括探测器下降、着陆、上升及气球飞行期间的数据。

一项彗星表面采样返回任务将取得一些物质，以进行挥发物的历史演化的研究，特别是对原始的有机物分子进行研究，这些分子被认为是彗星组分的一部分。使用类似星尘号的高速采样方式无法在飞越彗发的过程中收集到挥发物和有机物，因此将进行彗核直接采样。该任务的一个低成本版将进行表面采样，但另外一个更为昂贵的选项包含钻入“演化”过的表面，去获取其下的原始物质。一项小行星采样返回任务将获得一颗近地小行星的表面物质，或者是特征较为熟悉的小行星（如爱神小行星），或者是一颗富含有机物的小行星。此类任务也可以使用小的移动机器人（巡视器或者跳跃器）进行表面探索。对于小行星，特别是近地小行星，许多地基测量望远镜对其进行过观测，目的是对其中尺寸大于 300 m 的小行星中的 90%进行定位，以更为精确地判定它们对地球的威胁。对于空间任务，需要地面持续提供多种不同电磁波长度的探测支持。过去，NASA 在夏威夷的红外望远镜显示出伽利略号释放的大气探测器采集到木星上一个异常的干燥“热点”。未来，新视野号柯伊伯带任务将需要地面望远镜去发现和定位其目标对象。

当然，美国国家研究委员会建议将卡西尼任务的主任务持续拓展至 2008 年 7 月。除了敦促持续每 18 个月执行发射任务，报告并没有提出关于发现级任务的建议。事实上，考虑到这些任务具有快速反应的特征，并不适合对其进行“战略性”的规划。

美国国家研究委员会认识到火星探测计划的突出地位，提出了明确建议，包括支持 NASA 打造一项价格低廉的火星侦察系列任务；一项低廉的高层大气任务；一组着陆器网以获取地震的证据，以确认该星球是否具有一个液态的内核；一个“智能着陆器”将获得表面实况资料，以对那些在轨道上看起来某些地区已经被水所改变的辨识结果进行评估，同时还对采样返回技术进行验证；当然，还有一系列的先导项目将在 2015 年之后催生一项采样返回任务，因为这是可以彻底确认火星上是否曾经存在过生命抑或依然存在的唯一方法。

相当数量的外太阳系任务被认为也很具有吸引力，美国国家研究委员会敦促研究这些任务在 21 世纪 10 年代执行的可行性。这些任务包括一个土星环观察者，一个天王星轨道器，一个木卫二探路者，木卫二探路者将向卫星表面释放一个小的有效载荷，利用气囊对冲击进行缓冲，并且还包括一个更为复杂、更具雄心的（更加昂贵）木卫二天体生物学着陆器，将在完成别的事情的同时，收集和分析深层的样品。土卫六探测器将包含一个轨道器和某些空中机器人——气球、飞艇或飞行器。对于这项任务的详细规划和科学目标的选择，必须等待卡西尼-惠更斯的探测结果。木卫一观察者是一个木星轨道器，可以反复飞掠布满火山的木卫一，同时，还有一个与木卫二雷达轨道器设计理念相类似的木卫三轨道器。21 世纪 10 年代，携带探测器的海王星轨道器是去往外行星的最重要的任务，并且将大力促进预先研究工作的开展。本次任务将对海王星进行研究，包括磁层、环系（旅行者 2 号已经对这些目标测定出丰富的精细结构）及其卫星——特别是地质活跃的海卫一，通过研究海卫一对海王星磁场的影响，以确定其是否与木星和土星的某些卫星一样，在表面之下拥有液态水的海洋。报告还建议 NASA 为未来的任务投入新技术，特别对于样品返回任务，开发气动捕获，低温下的样品采集、存储和检测，以及相对常规无线电系统将极大提升数据速率的光通信等新技术[1-2]。

2003 年美国国家研究委员会“太阳系新疆界”十年调查定义的优先级

共同主题	关键问题	建议的任务或设施
太阳系历史的前 10 亿年	行星和卫星最初阶段的形成过程是怎样的？	彗星表面取样返回 柯伊伯带-冥王星探测 南极-艾特肯盆地取样返回
	木星的形成有多久？天王星、海王星的形成与木星、土星有何不同？	木星极轨轨道器及探测器
	在太阳系历史的早期，撞击流量如何衰减？以何种方式影响地球生命的出现？	柯伊伯带-冥王星探测 南极-艾特肯盆地取样返回

续表

共同主题	关键问题	建议的任务或设施
挥发物和有机物分子	挥发物复合物和水有什么历史？	彗星表面取样返回 木星极轨轨道器及探测器 柯伊伯带-冥王星探测
	在太阳系中有机物分子的性质是什么？	彗星表面取样返回 卡西尼拓展
	影响挥发物进化的机制是什么？	金星原位探测器 火星高层大气轨道器
宜居世界的起源和演化	什么过程产生和维持了宜居世界？太阳系的宜居地区在哪里？	木卫二地球物理观察者 火星智能着陆器 火星取样返回
	地球之外存在生命吗？或者曾经存在过吗？为何类地行星进化得如此不同？	火星取样返回 金星原位探测器 火星智能着陆器 火星长期着陆器网 火星取样返回
	对于地球上生命的危害是什么？	大口径巡天望远镜
行星系的运行机制	行星天体运行和相互影响的过程是怎样的？	柯伊伯带-冥王星探测 南极-艾特肯盆地取样返回 卡西尼拓展 木星极轨轨道器及探测器 金星原位探测器 彗星表面取样返回 木卫二地球物理学观察者 火星智能着陆器 火星高层大气轨道器 火星长期着陆器网 火星取样返回
	太阳系对于其他行星系发展和演化的启示有哪些？	木星极轨轨道器及探测器 卡西尼拓展 柯伊伯带-冥王星探测 大口径巡天望远镜

11.2 解密太阳系

在本丛书系列的第二卷中就有所叙述，欧空局（ESA）在 1984 年开始计划一项具有革命性的任务，即落到彗星的彗核上，收集样品并送回地球。在 1986 年，与 NASA 联合开发这项任务，NASA 将提供某些关键技术。这项彗核采样返回（CNSR）任务更名为罗塞塔，1799 年法国部队在尼罗河三角洲地区的罗塞塔发现了一颗玄武岩石，这颗玄武岩石现正在伦敦的大英博物馆展出。考古学家通过它解密了埃及象形文字，因此希望也能够通过彗星物质解密太阳系的起源。然而，由于 20 世纪 90 年代经历的经济和计划困难，NASA 从该计划中撤出，同时还终止了罗塞塔任务将使用的水手 2 号（作为行星际任务平台）的工作[3]。ESA 在 1992 年开始寻求一些可行的备选方案，主任务目标为利用欧洲自主的技术和自身的财务资源去开展一项充满科学意义的彗星探测任务。重新定义之后，任务不再将样品送回地球。这使得探索周期变得更长，并不再受到飞行返回段的约束。更为意外的收获是，任务将能够在彗星到达近日点时，在 3 AU～1 AU 的范围内对彗核的演化进行研究。鉴于伽利略号飞越加斯普拉（Gaspra）和艾达（Ida）所激发出人们对于太阳系小天体日益浓厚的兴趣，任务将在去往彗星的途中与 1～2 个小行星进行交会。原先开展采样返回任务的航天器本打算由 NASA 提供钚放射性同位素热电源，但考虑低温太阳能电池的种种好处，且甚至能够在像木星距离太阳那样远的距离上获得足够的能源，新任务将采用太阳能。任务将采用增强型的阿里安 5 号运载火箭发射，并通过行星借力获得到达主任务目标所需要的额外能量。任务将由欧洲天线和地面站网络进行跟踪，主要是魏尔海姆（Weilheim）的 30 m 直径天线，但 NASA 的深空网将可以在关键阶段和轨道机动时作为备份。

调整后的罗塞塔任务将一些彗星作为探测目标，这些彗星均为木星族彗星，近日点约 1 AU，远日点约 5 AU，相对黄道倾角较低，采用阿里安 5 号在 2003—2005 年发射，通过金星、地球和/或火星借力，预计可以在 9 年内到达预定目标。还曾经考虑过一些具有消亡的彗星特征的混合类小行星，特别是 2201 号小行星奥加托（Oljato）和 4015 号小行星威尔逊-哈林顿（Wilson - Harrington）。通常每次发射机会会带来一次或者多次主带小行星飞越的契机。

彗星的科学目标一般为确认彗核的特征，包括形状、方向和旋转情况；研究其形貌；确认其表面的挥发物和耐火材料的化学、矿物学和同位素组成；研究彗核和彗发的活动及过程；以及监测彗星到达近日点时如何与太阳风相互作用。采样返回任务的某些科学目标将通过一个或多个着陆器实现，特别要进行原位分析。表面样品所提供的物质从化学上未改变也无变化，这与飞越探测任务和星尘号所收集的气体和尘埃不同，这些成分在逃离彗发时会有所变化，也会被高速冲击所改变。着陆任务可以支持开展更具意义的分析。最初设计时，着陆器基本上是被动式的，不具备自主着陆的能力，仅能够依托于减振器和冲击吸收器实现对无控或者不稳定的着陆过程的缓冲功能。有许多在考虑范围内的选择项，包括在探测器与目标接触的瞬间使用推力器反推，或者使用俄式球形着陆器，在到达表面后，通过弹簧加载翼瓣，将着陆器摆正并使其稳定。初始设计使用电池供电，能够支持几小时的操作，电池耗完，着陆器即完成其使命。因此，从轨道器到着陆器未设置遥控链路，着陆器自主执行预设的程序序列动作[4]。重新设计之后，轨道器携带 1～2 个长寿命着陆器，一个叫作 ROLAND（罗塞塔着陆器），由德国的马克思·普朗克研究所（Max Planck Institute）和德国航天局（DLR）领导的欧洲团队制造；第二个命名为商博良（Champollion），以向解密了罗塞塔石的法国人类学家让·弗朗索瓦·商博良（Jean Francois Champollion）致敬，这个探测器由 NASA 的喷气推进实验室（JPL）和法国国家空间研究中心（CNES）联合支持。实际上，着陆器与主飞行器不同，未由 ESA 直接提供经费，而是由各国家空间机构支持。

ESA 在 1993 年 11 月核准了新设计的罗塞塔任务，预计在 21 世纪的早期发射。包括飞行控制任务在内的全部费用预计将达到 7.7 亿欧元。

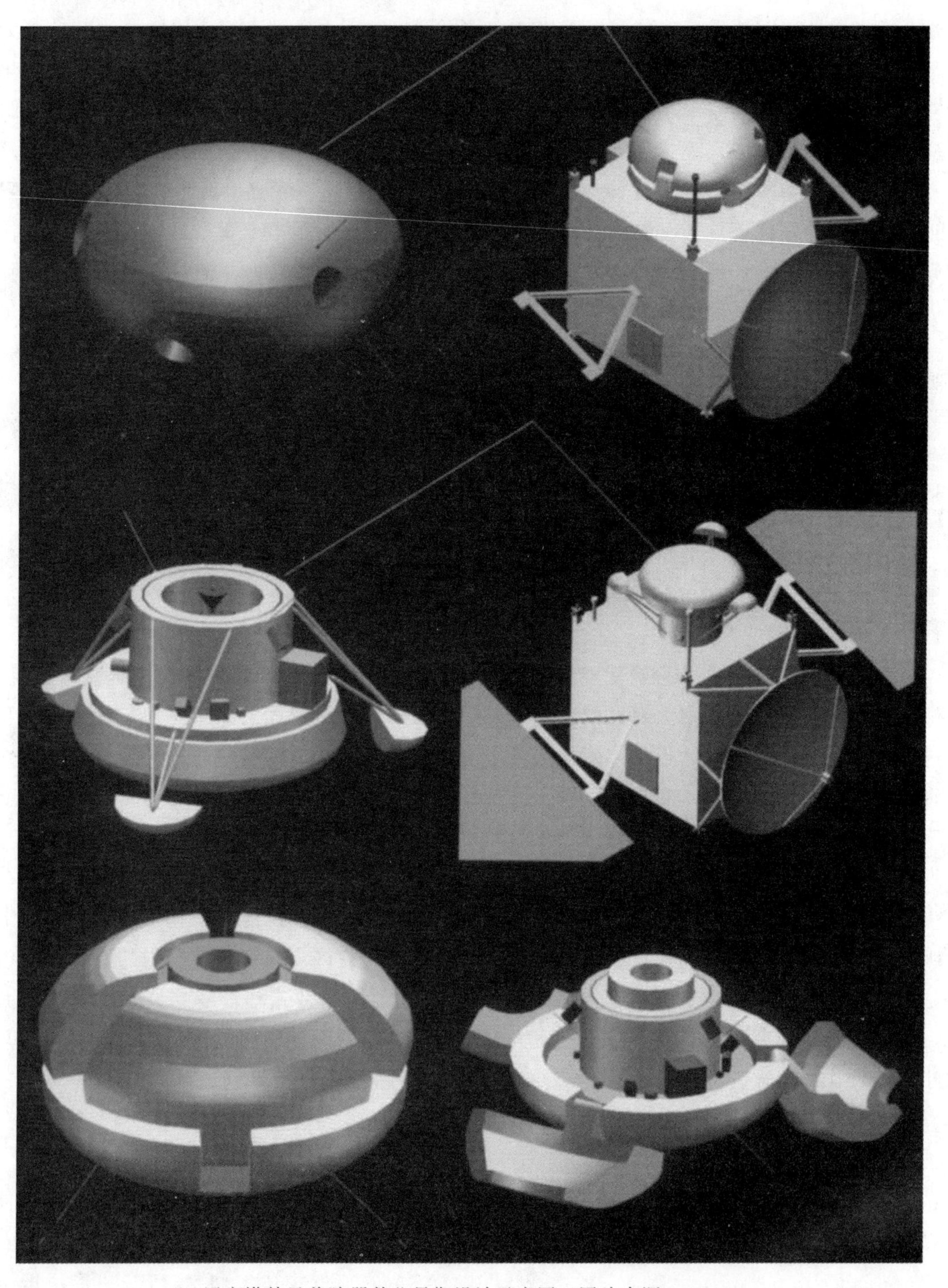

罗塞塔彗星着陆器某些早期设计示意图（图片来源：ESA）

但 NASA 很快由于经济和计划困难而取消了商博良探测器的研制，其部分有效载荷放到了 ROLAND 上，法国国家空间研究中心（CNES）也加入了该项目。然而，JPL 决定在其新千年计划中的深空 4 号任务中，将商博良的科学仪器着陆于一颗彗星之上，开展采样并返回，对采样返回任务使用的技术进行演示。在 2003 年 4 月发射之后，深空 4 号将利用氙推进匹配坦普尔 1 号彗星（comet 9P/Tempel 1）轨道，并于 2005 年 12 月成为其卫星。在对彗核表面进行 4 个月测绘之后，科学家将选取着陆点，释放 JPL 的着陆器，进行 3.5 天的任务。其软件具有足够的自主性使其落到指定位置，着陆垂直速度不超过 0.25 m/s。探测器具有纤细的圆柱状主体，带有一个渔叉以确保能够到达表面，以及一个 75 cm 直径的圆锥形“雪靴”以保持原位稳定。着陆器的科学仪器包括显微照相机和红外光谱仪，全景相机，伽马射线和中子探测仪，气相色谱仪和质谱仪，以及表面力学和热特性探测器。1 m 长的小型化钻取装置获得地下样品后，上升级将起飞并与轨道巡航级和返回舱交会对接，留下 60 kg 的平台和大部分仪器。在 2010 年 5 月或 6 月的下一个近日点完成地球再入返回，进入大气速度将超过 15 km/s，比之前所有的返回器都要快（例如，阿波罗号、探测器号和月女神号从月球返回进入大气速度均小于 11 km/s，起源号和星尘号则低于13 km/s）。样品返回舱的设计将需要进行大量的新技术开发。特别是在进入大气过程中，必须将彗星物质保持在相当低的温度，以使其处于原始状态。即将进行验证的技术包括：充气悬臂展开的轻质太阳翼，多发动机离子推进，自主高精度着陆，锚定和采样机构，高性能电子设备，子母探测器间通信的 UHF 收发器，小型应答机，自主交会对接技术。轨道器将采用 4 台继承深空 1 号的离子发动机，由太阳能电池板供电，最大可提供 12 kW 的功率。巡航的大部分时段将使用其中 2 台发动机[5-8]。经过 3 年的研究，NASA 威胁如果无法将成本控制到 1.58 亿美元，将会取消这个任务。有一项修改提议——取消任务中的样品返回部分，并在彗星附近逗留更长的时间，但未被接受。在 1999 年 7 月，这项计划被以预算有限为理由而终止，以为其他计划中的超支买单。ESA 的空间科学负责人罗格·博奈（Roger Bonnet）表明：欧洲，利用罗塞塔，将抓住“美国人总是失去的机会”[9]。

与此同时，戴姆勒·克莱斯勒（后来的德国空客空间公司）带领一个欧洲团队完成了罗塞塔的开发，开发团队主要来自德国、法国和意大利。轨道器类似一个地球静止轨道通信卫星。铝蜂窝主结构为 2.8 m×2.1 m×2.0 m，支撑一对 14 m 长带有万向节的太阳翼，太阳翼总面积 64 m^2，整个飞行器展开跨度为 34 m。每个太阳翼由 5 块太阳能电池板组成。低光强低温电池片在 1 AU 时可提供 8 700 W 的电能，在木星轨道之外的远日点可提供 395 W 的电能，在与彗星交会时能够提供约 850 W 的电能。为此配备了 4 块电池，可以在距离太阳 3.2 AU 之内给所有的仪器供电。在主结构其他余下的几个面：一个面装有发射接口；另一个面（上表面）装有有效载荷支撑板，以容纳所有的科学仪器和导航相机；第三个面装有着陆器连接机构；最后一个面装有 2.2 m 直径的碳纤维复合材料高增益天线，天线具有 2 维度的自由指向。同时还装有 2 个 0.8 m 直径的中增益天线，安装在固定方位，另外还有 2 个全向低增益天线。在几乎永远背对太阳的面板上安装有热辐射器和百叶窗。为了防止硬件和仪器在距离太阳很远的地方受冻，进行了非常仔细的热设计。

NASA 的深空 4 号彗星着陆器和取样返回

ESA 为了支持罗塞塔及其他计划的深空任务，决定建立一个小的欧洲天线网。最初由 2 个 35 m 直径的天线组成，分别位于西澳大利亚的新诺舍和西班牙的塞夫雷罗斯（Cebreros），地理经度相差 120°，任务支持覆盖每天 2/3 的时间。2012 年，在位于阿根廷的马拉圭（Malargue）附近增加了第 3 个天线，以支持全天连续覆盖[10-11]。

罗塞塔平台中的波纹铝推力器管道是其动力之源。内部还携带有 2 个 1 106 L 的四氧化二氮和肼贮箱，以及 4 个小一些的 140 L 的氦压力瓶。三轴稳定系统采用动量轮和 16 个成对安装在平台角上的 10 N 双组元发动机。还有 8 个完全相同的推力器用于轨道控制和彗星附近的轨道机动。姿态的确定由星敏感器、激光陀螺仪和 4 个太阳敏感器实现，2 个太阳敏感器装在主结构上，另外 2 个安装在太阳翼上。除了提供导航信息，2 台 CCD 相机还能够对 10 个恒星成像，以提供定姿的备份数据源。航天器的发射质量为 3 065 kg，包括 165 kg 的科学有效载荷、着陆器和推进剂。为了给某些突发事件提供余量，装载的推进剂为 1 900 kg，足够执行任务（需达到 2.2 km/s 的速度增量）所耗费的推进剂。

探测器本体上至少装有 11 台科学仪器，其中的 3 台科学仪器和 1 台科学仪器中的部件由美国科学家提供，资金由 NASA 支持。

成像系统由 1 台宽视场相机和 1 台窄视场相机组成，以对小行星和彗星的彗核进行成像。宽视场相机的焦距 14 cm，窄视场相机的焦距 717 mm，孔径 90 mm，视场角分别为 12°和 2.2°，在 100 km 距离下的分辨率为 10.1 m 和 1.9 m。两台相机均装有 2 048×2 048 像素的 CCD 传感器，这是其他行星任务用的传感器像素的 2 倍。窄视场相机具有 2 个 8 挡拨轮，可组合 11 种颜色的滤光片，4 个重新聚焦焦面可用于不同的波长，以及 1 个中性滤光片。宽视场相机也有类似的机械设计，共有 12 个窄带和 2 个宽带滤光片。相机的整体结构由碳化硅（与光学系统相同）制成，以确保整个仪器热膨胀的一致性[12]。2 台光谱仪分别工作在远紫外、可见光和红外谱段，以对彗发和彗尾中的气体进行分析，测量水、一氧化碳和二氧化碳的产生率，确定彗核的组成并测绘表面温度分布。这些数据也有助于给着陆器找出适合的着陆位置[13-14]。离子和中性粒子谱仪用于分析彗发的组成并测量带电粒子的速度[15]。微波辐射计用于测量彗核表面和次表面的温度，确认主要的气体成分及其产生速率。在上述工作中，这些仪器将分析彗发中的气体，检测水和碳氧化物，并测量它们的产生速率[16]。离子质量分析仪和粒子撞击分析仪用以分析彗核产生的尘埃数量、组成、尺寸、质量、速度及其他特性，这些尘埃的撞击速度达到每秒几十米，同时一台显微镜将给出粒子的尺寸、体积和形状信息[17-19]。“等离子体探测包”包括朗缪尔探测器、双磁通门磁强计、互阻抗探测器、离子和电子谱仪和离子组成分析仪，用于监视彗星的活动，检查内层彗发的结构，研究彗星与太阳风的相互作用[20-25]。利用外部一副 1.5 m×1.5 m 的 H 形天线发射长波开展探深实验。计划测量轨道器和着陆器之间信号的反射、散射、时延和衰减，以对彗核结构深层进行测绘，特别要确认彗核究竟是“碎石堆”还是一块固态的整体[26]。并且，还要通过航天器的无线测量，给出彗星的质量和其他引力数据，以及去往主目标过程中所遇到的小行星的相关信息[27-29]。还有一台不常提及的工程仪器，将对航天器所处的辐射环境进行监视，对整个飞行任务期间的带电粒子进行连续测量。科学仪器的所有探测数据在以 20 kbit/s 的速率回传到地球之前，将存储于 25 Gbit 的固态存储器之中[30-31]。

罗塞塔轨道器在进行太阳翼展开测试（图片来源：ESA）

罗塞塔的着陆器安装在轨道器的后侧，即位于处于正常环境之中太阳矢量的反方向。德国空间机构在项目中处于抓总地位，其他国家空间机构和主要科学机构也提供了有效的支持，包括法国、意大利、匈牙利、英国、芬兰、澳大利亚和爱尔兰。ESA 在晚些时候也加入了此联盟，提供了着陆器总价 2.2 亿欧元一半以上的资金。着陆器质量为 97.7 kg，主结构为八角形的碳纤维和铝蜂窝，面积为 1 m^2，高 80 cm。除了“阳台”那一面安装了大部分科学有效载荷（有效载荷总重 26.7 kg），其他部分均覆盖了电池片，在 3 AU 的远日点时，几乎任何方向均可产生 10 W 电能。电源系统还包括几套不可充电的主电池和可充电的副电池。着陆器没有直接与地球通信的手段。所有的指令和数据传输均要通过轨道器进行中继。无线电发射功率为 6.5 W，在距离轨道器 150 km 时的数据速率可以达到 16 kbit/s。主结构上伸出 3 条长腿，由通用关节连接以克服表面滑移并允许着陆器完全旋转。在每条腿的端部装有双足垫减震系统和“螺旋冰锥”，以与彗核啮合。与原始的罗塞塔采样返回和商博良着陆器相同，为了避免在弱引力触地时的反弹，在接触过程中将以 100 m/s 的速度发射一个“渔叉”。之后通过张力绳机构将绳子卷起来。渔叉上安装的仪器包括加速度计和温度传感器。渔叉还有另一套备份。下降过程的姿态通过单独的 1 台动

罗塞塔轨道器、小型太阳翼在进行热真空试验。菲莱着陆器在图中安装于上方（图片来源：ESA）

量轮和冷气推力器进行控制，推力器还可以在着陆的时刻作为“压制”系统。着陆器上没有安装同位素热源和电加热器，其替代品是一个绝热“罩”，以使得着陆器在轨道器阴影和远离太阳时保持相对温暖[32]。

着陆器携带了大量的小型化仪器。采样和分装系统包括 1 个智能钻头和采样器。源于最初样品返回的提议，具有 1 台空心钢钻，配备了可缩进的钻头以移动圆柱状的样品。钻头上装有人造多晶金刚石以钻入从松软岩石到硬岩石的结构，深度可达 23 cm，用电量不到 15 W。而且，这套系统本身也是一套科学仪器，通过钻入的速度、运动学、耗电等能够提供关于彗星物质的强度和其他的力学、结构特性数据。样品分装系统包括 1 个旋转传送装置和 26 个微型电炉，可容纳 20 mm^3（约 3 mg）的原料。其中 10 个电炉用于中温分析，其他的用于高温分析，能够加热到 800 ℃。钻及其电机和样品分装系统装在“阳台”上圆柱状的碳纤维整流罩中[33-34]。气体分析仪、气相色谱仪和质谱仪将进行元素、分子和同位素成分分析。这些仪器还具有分析复杂的有机物分子的手性（如左手或右手性质）的能力，以评估与前生物化学的关联性。托勒密气相色谱仪和质谱仪（依据用于解密罗塞塔石的椭圆形图框中的 3 个象形文字中的 1 个命名）用于测量表面物质中的氢、碳、氮和氧的同位素比率，以及“大气”中这些同位素的比率。在最初计划中，轨道器和另外第二个着陆器安装有类似的仪器，名字分别为克利奥帕特拉（Cleopatra）和贝雷奈西(Berenice)[35-36]。1 台小型化的阿尔法粒子和 X 射线光谱仪，基于火星 96 任务、火星探路者和 2 个火星勘探巡视器，将被安置于表面，采用放射性锔元素开展表层元素分析[37]。1 个带有尖头贯入仪和热探针的悬臂将摆到距离着陆器 1 m 处表面，然后利用锤子将尖头敲入地表 32 cm，以确定其物理特性、力学性能和热导率。贯入仪最初还装有伽马射线密度计，但为了节约开支而取消。之后悬臂还将缩回，以允许着陆器在其旋转关节上转动，同时电缆保持着数据和电源的连接。着陆器上的红外辐射计也同时对表面的热特性进行测量[38]。装在一个 60 cm 悬臂末端的磁通门磁强计、电子分析仪、法拉第杯及 2 个低压力传感器用于确认彗核表面的等离子体环境及其与太阳风作用的方式。如果存在磁场，磁强计将实现首次对彗星彗核内在磁场的测量[39]。3 台仪器组成的探测包将通过回声探测彗核近表层结构，包括电子特性（与水的存在强相关）和尘埃环境[40]。

罗塞塔着陆器装有不同的相机，分为 2 个不同的组。第一组是 1 台 1 024×1 024 像素朝下指向的相机，对下降过程进行记录，最后一帧图像在触地前 5 s 内拍摄。此后，在对着陆器腹部进行成像和对其他设备操作进行拍照时，将开启发光二极管提供照明，特别是对 X 射线光谱仪目标、钻进工作和最后的钻孔进行成像[41]。第二组包括 5 台微型相机和 1 台能够以 1 mm 的分辨率进行 360°全景拍摄的立体成像仪，2 台分别工作于可见光和红外谱段的光学显微镜，其解析后的清晰度可以达到 7 μm。着陆器上方安装有 1 024×1 024 像素的全景相机。显微镜通过蓝宝石玻璃窗对中温炉中的样品进行观察[42]。最后，一对垂直的天线将对轨道器发射的无线电波进行测量，以估算彗核的内部结构[43-46]。

曾决定通过罗塞塔对周期彗星 46P/维尔塔宁（Wirtanen）进行采样。这颗彗星由卡尔·A. 维尔塔宁（Carl A. Wirtanen）于 1948 年 1 月在利克天文台（Lick Observatory）发现，除了 1980 年（当时它仍然在距离太阳较近星空中），在每个回归周期都能观测到[47]。在任务准备期间，人们对其进行了近距离的细察。特别地，1996 年 8 月，哈勃太空望远镜的观测表明其彗核尺寸仅 600m，自转周期为 6 h。此外，已知在某些时候其表面的一大部分都很活跃，说明其轨道受到较大的类似运载火箭的“非引力”作用而发生变化[48]。航天器将于 2003 年 1 月采用阿里安 5G＋运载火箭发射，窗口宽度为 19 天，这种运载火箭是欧洲最强的，将能够在失重之后开启二级（也是末级）。罗塞塔将于 2005 年 8 月飞越火星，接着于 2005 年 11 月和 2007 年飞越地球，以积攒到达维尔塔宁彗星的能量，最后到达时间为 2011 年处于远日点后的一小段时间之内。在飞行过程中，航天器将于

2006年7月飞越太田原小行星（4979/Otawara），并于2008年7月飞越西瓦小行星（120/Siwa）。这些小行星的选择优先于米米斯卓贝尔小行星（3840/Mimistrobell）和罗达里小行星（2703/Rodari），以能够获得对西瓦小行星进行观测的机会，西瓦小行星尺寸约110 km大小，是C类小行星中最大的之一，是玛蒂尔德小行星（Mathilde）的3倍。美国的近地小行星交会探测任务在1997年曾造访过玛蒂尔德小行星。尽管太田原小行星是一颗平凡的尺寸为4 km大小的S类小行星，但其3 h的快速旋转周期将可以在飞越过程中对其表面进行全面的测绘。在过远日点后，罗塞塔将与维尔塔宁彗星于2011年11月末交会。罗塞塔将于2012年夏天释放着陆器，与彗星相伴至2013年7月到达近日点。罗塞塔轨道器和着陆器于2002年9月运至库鲁进行集成。值得注意的是，这仅是法属圭亚那发射的第二个深空任务，与1985年的第一个深空任务乔托（Giotto）号类似，其目标也是一颗彗星。

在2002年12月11日，罗塞塔及其运载火箭正在准备之中，却迎来一次灾难性的打击。阿里安5号推力升级的ECA版（低温版A型）首飞失败，摧毁了所携带的2颗卫星。随着罗塞塔1月31日窗口期的逼近，ESA和阿里安航天公司——运载火箭供应商复查了配置，尽管罗塞塔的运载火箭与失败的版本不同，但仍然决定不在2003年尝试发射罗塞塔。事实上，灾难发生的原因很快查明，问题发生在阿里安5号ECA版所使用的升级版一级发动机[49-52]。由于任务推迟，罗塞塔科学家团队重新进行了目标分析。检查了150个候选目标之后，在2月份向ESA科学计划委员会提交了9个方案，其中3个被选中进行深入研究。第一个选择是采用质子号运载火箭在2004年1月发射，以尽可能到达维尔塔宁彗星。或者，采用原有的阿里安5号运载火箭在2004年2月发射，能到达丘留莫夫-格拉西缅科彗星（67P/Churyumov - Gerasimenko）。如果在2005年发射也可以达到同样的目标，但需要一发质子号或者更加强大的阿里安5号ECA版。因为航天器的热设计不适于在内太阳系工作，拒绝了一项将火星飞越改为更为有效的金星飞越的选项。由于ESA在考虑丘留莫夫-格拉西缅科彗星，哈勃太空望远镜和欧洲南方天文台至少要对丘留莫夫-格拉西缅科彗星的彗核主要物理参数进行观测和确认，以评估在彗核上成功着陆的机会[53-55]。

编目的第67颗周期性彗星由乌克兰的克利姆·I. 丘留莫夫（Klim I. Churyumov）于哈萨克斯坦阿拉木图天文台1969年9月在斯维特拉娜·I. 格拉西缅科（Svetlana I. Gerasimenko）拍摄的照片上发现，之后在其6次回归中均被观测到。通过对其轨道的研究表明，这是一颗相对较年轻的彗星。1840年，它与木星发生了一次交会，导致其轨道的近日点由4 AU减至3 AU。这颗彗星始终在这个轨道上运行，直到1959年2月再次接近木星时，这次距离木星0.052 AU，由于木星引力摄动将其近日点改变至1.28 AU，轨道周期减至6.6年。在1969年发现时，这颗彗星正在此轨道上运行，正第二次经过近日点[56]。据推测，2007年会发生一次与木星距离更远的交会，将使其近日点减至1.24 AU。尽管对于木星族的彗星来说，这颗彗星相对活跃，有着明亮的彗发和昏暗的彗尾，但丘留莫夫-格拉西缅科彗星看起来也仅仅产生了哈雷彗星所发出星尘的1/40。事实上，在2002

一个罗塞塔菲莱着陆器的模型给出了“阳台”面，大多数仪器都安装在这个面上。白色圆柱状的物体是采样钻的外壳

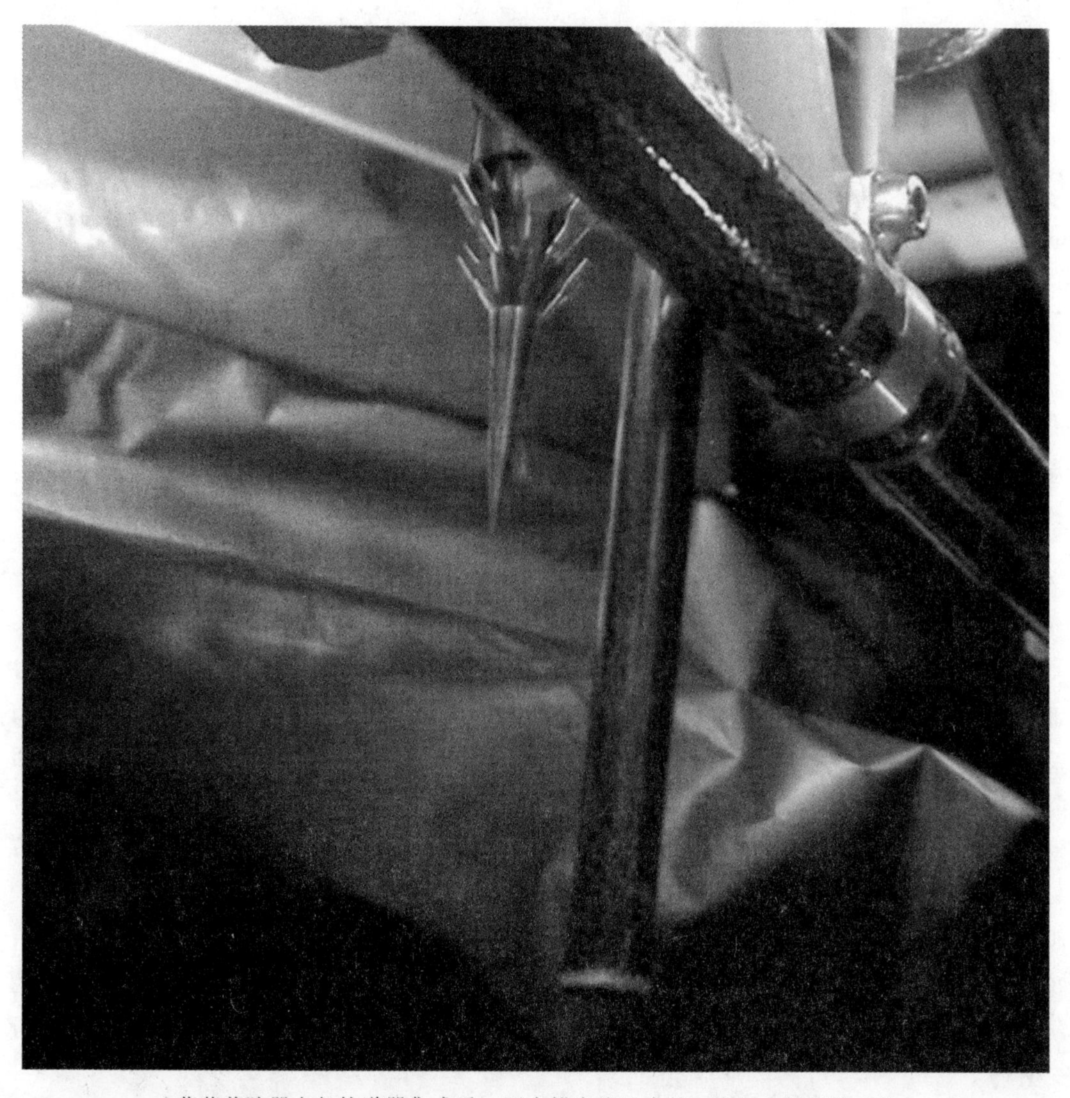

菲莱着陆器在与轨道器集成后，两个锚定渔叉中的一个突出航天器之外

年到达近日点时，看起来每秒钟发出了仅仅 60kg 的星尘及 2 倍的气体。然而，在极少的激发状态下，其星尘产生速率将提高 4 倍。哈勃太空望远镜在 2003 年 3 月 11—12 日对丘留莫夫-格拉西缅科彗星至少拍摄了 61 幅图像，当时这颗彗星正离近日点远去，这些照片显示出它具有一个 3 km×5 km 的“海星”状彗核，旋转周期约 12 h[57-59]。

ESA 在考虑任务选项时，罗塞塔航天器贮存在库鲁的一间洁净间之中。为了安全，渔叉被从着陆器上取下。轨道器上的高增益天线和太阳翼也被取下。660 kg 的肼被排出，以降低爆炸的风险。但四氧化二氮还被保留着，以防止贮箱和管道被腐蚀。由于要更新换代，有 5 台仪器被拆除。对软件进行了多方面的修订，并对其支持丘留莫夫-格拉西缅科彗星任务的可行性进行了确认。由于修改后的任务将可能要求航天器较之前设计距离太阳更接近一些，在隔热层上增加了反射面以防止过热。

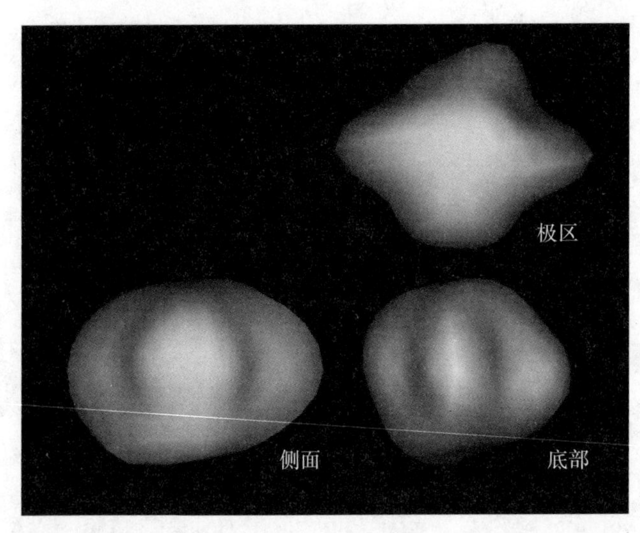

67P/丘留莫夫-格拉西缅科彗星的“海星”状彗核，由哈勃太空望远镜观测重建。近期更多的分析表明彗核也许实际上是一个宽的、稍扁平的物体（图片来源：NASA、ESA 和菲利浦·洛米）

2003 年 5 月 14 日，ESA 获知在 2004 年 1 月采用质子号运载火箭发射，仍然以去往维尔塔宁彗星为目标，但及时完成对航天器修改的希望很渺茫之后，决定于 2004 年 2 月采用阿里安 5 号运载火箭发射，去往丘留莫夫-格拉西缅科彗星。航天器的贮存、推迟发射和更长的任务周期将需要 ESA 额外付出 8 千万欧元。2005 年 2 月，用质子号运载火箭发射仍然是一个备份方案，但考虑到对航天器进行修改的需求，将在确定不再使用阿里安 5 号运载火箭发射才可以开始，这种需求是否实际也不是很清晰。为了到达丘留莫夫-格拉西缅科彗星，航天器需要在 2005 年 3 月、2007 年 11 月和 2009 年 11 月飞越地球，并在 2007 年 3 月飞越火星。如果储备的推进剂足够保证开展所计划的彗星任务，航天器将绕道侦察一些机会目标。有几个候选的小行星，但要等到发射之后才能确定尝试与哪个目标交会[60]。

由于丘留莫夫-格拉西缅科彗星的尺寸是维尔塔宁彗星的 3～4 倍，其表面的引力将至少大 30%，着陆器触地时的速度将至少是设计师预想的 3 倍。这将引起着陆稳定性的问题，航天器设计时在触地的时候不发生反弹，但在坚硬表面的快速冲击会引起着陆器翻倒。经过低重力钟摆测试表明，在着陆装置上增加一个简单的“倾角限制器”支架将保证在 1.5 m/s 的着陆速度时仍然可以成功着陆。9 月 30 日，安装了这个小支架。通过测试和仿真，根据彗星的平均密度、尺寸、表面坡度和到达速度的不同，建立了尝试着陆时不同等级的风险标准。丘留莫夫-格拉西缅科彗星的彗核较维尔塔宁彗星的彗核要大许多，带来另一方面不利影响，回声探测的无线电波可能完全被吸收，进而无法对深层进行研究。其他的争议集中在航天器在空间绕日飞行周期变长所能经受的最大辐射剂量。

2004 年 2 月 26 日，去往丘留莫夫-格拉西缅科彗星为期 21 天的窗口开启。最开始的 2 次发射尝试均被取消：第一次受到了高空风的影响，第二次受到了运载火箭一级的低温贮箱和隔热材料脱开的影响，导致运载火箭不得不返回装配厂房进行必要的修理。罗塞塔

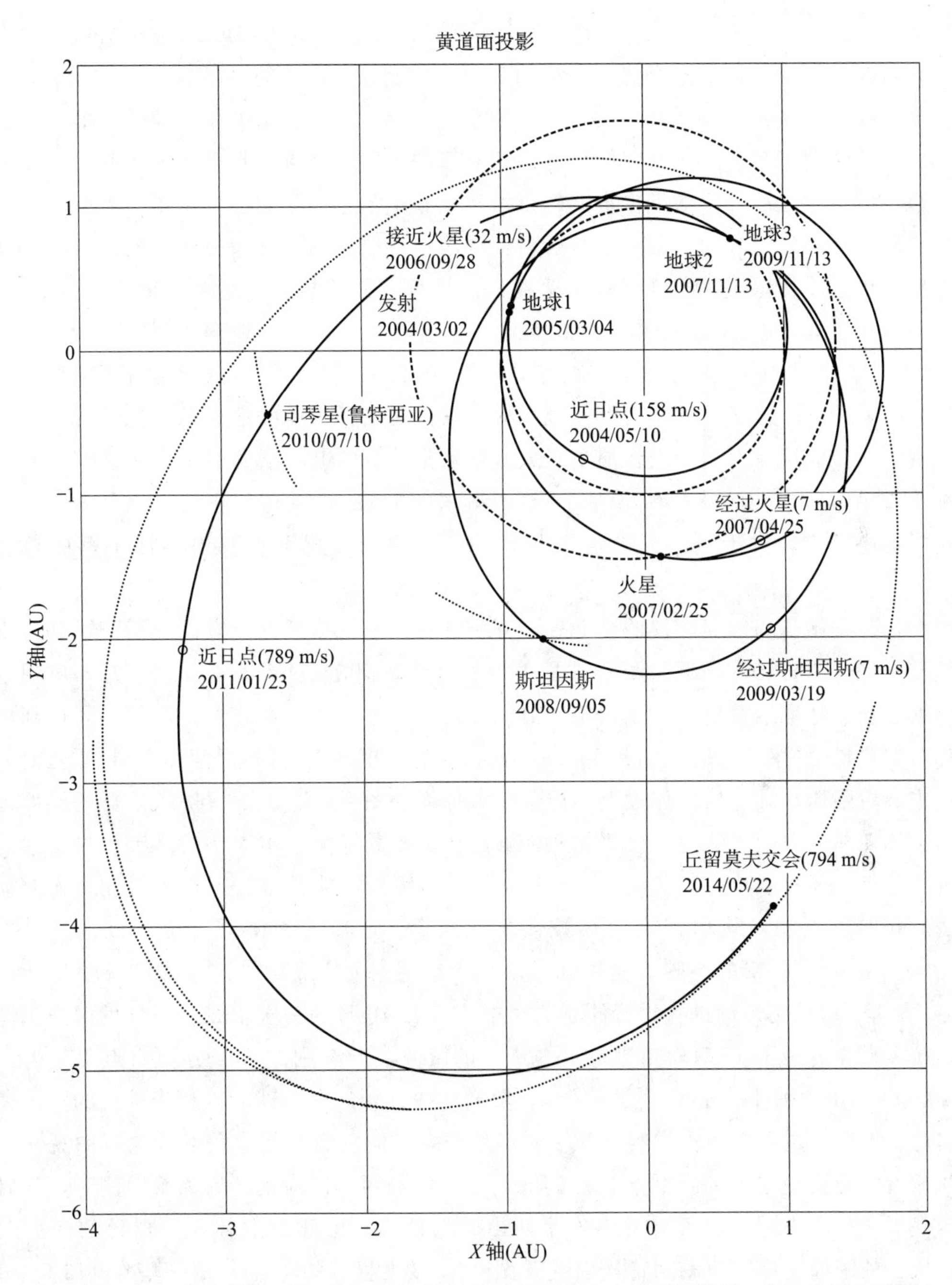

罗塞塔于 2004 年发射至 2014 年与丘留莫夫-格拉西缅科交会的迂回路线（图片来源：ESA）

最终于 3 月 2 日发射。一般情况下，阿里安 5 号运载火箭的二级在一级关机时要立即点火，但对于该项任务，在二级点火前要进行几小时的自由滑行。这项技术所涉及的硬件和操作上的修改对于未来使用这个运载火箭的商业飞行和国际空间站的补给飞行来说也很有用[61]。一级将组合体发射到 57 km×3 849 km 的轨道上，理论上该轨道将使得罗塞塔在第一次近地点时再入大气，但在发射后 2 h（计划内），贮存推进剂的二级在下降阶段点火将航天器送到 0.885 AU×1.094 AU 的日心轨道。发射后不久，ESA 宣布着陆器命名为菲莱，这是阿斯旺附近尼罗河的一个岛的岛名，岛上方尖塔上的一份碑文再次确认罗塞塔石对于解密象形文字提供了巨大的帮助。发射后约 8 h，用于保护菲莱免受运载火箭振动影响的解锁装置已解锁。在跟踪和计算运载火箭的精度，并且计算航天器为达到标称轨道所需机动的范围之后，评估了推进剂的余量，宣布了与小行星交会的次数。欧洲科学家团队研究了所有的发射方案，编制了可行目标的清单。选择的标准包括通过对航天器的多普勒跟踪以确定小行星质量的可行性，探测目标是否在分类学上为迄今从未研究过的类型，或者目标尽可能“原始”。决定让探测器于 2008 年 9 月绕路去往斯坦因斯（2867/Steins），在 2010 年 7 月去往司琴星（鲁特西亚，21/Lutetia）。斯坦因斯的尺寸不到10 km，于 1969 年 11 月 4 日由苏联天文学家 N. S. 车尔尼克在克里米亚的瑙奇尼（Nauchnyj）天文台发现，以拉脱维亚大学天文台前负责人卡尔利斯 A. 斯坦因斯的名字命名。司琴星的尺寸几乎有 100 km，于 1852 年 11 月 15 日由赫尔曼 · M. S. 戈德施密特在巴黎发现，名字献给了这座城市，对于罗马人来说巴黎称为鲁特西亚 · 巴黎西（巴黎西部落的鲁特西亚）[62]。

在任务开始前的 1 周，仪器设备逐一开机进行标定。除了进行有效载荷调试和几次轨道调整之外，绕日飞行的第一圈安排了很少的动作。但在 2004 年 4 月和 5 月，出现对轨道周期较长的林尼尔彗星（C/2002T7/LINEAR）进行科学观测的机会，并且还可利用磁强计对贾科比尼-津纳彗星（Giacobini - Zinner）的彗尾和流星群进行测量。在 5 月的一次测试中，着陆器在其连接的位置上拍出了令人惊喜的图像，图像上一块太阳翼的尾部被轨道器本体反射的太阳光照亮，说明相机能够解析太阳翼蜂窝结构大小的细节。显微镜对空炉进行成像，通过照片可以确认炉子传送带和定位系统功能正常。下视相机在发光二极管朦胧的光照下成功对轨道器上的热控多层成像。轨道器的相机进行定标成像，包括在 7 300 万 km 处所拍摄的绝妙的地月合影以及猎户座星云。成像光谱仪和红外辐射计则在 1 800 万 km 远利用地球进行定标测量[63-64]。在 5 月 10 日的一次 152.8 m/s 的深空机动之后，航天器在 5 月 16 日对轨道进行了 5 m/s 的微调，于 5 月 24 日到达近日点[65]。

2005 年 3 月 4 日，任务开始一年后，罗塞塔按计划返回地球。以相当准确的太阳矢量反向返回地球，这种几何位置利于粒子和场的研究，但影响了其他大部分仪器的观测。与地球最近的交会点在太平洋上方 1 954 km，墨西哥的西面。在逐渐远离黎明侧时，开启了几台仪器，从多光谱图像可分辨出安第斯山脉的植物、巴西的雨林和阿根廷的南美大草原。从红外图像还能够探测到背光面的云图[66]。在飞越后的 16 h，罗塞塔在 173 530 km 距离飞越月球时，姿态转向，通过将导航相机指向月球，对小行星跟踪软件进行了验证。菲莱上的全景相机对地球进行了成像。紧随着轨道器相关仪器对一个著名的区域测量之后，着陆器在此标定了磁强计。轨道器上的科学相机由于其光学设备盖子未解决的问题而无法使用，但这将很快通过软件补丁进行解决。通过多普勒跟踪发现了神秘的“飞越异常”，这个现象曾对几个航天器在地球飞越时产生了摄动。对于罗塞塔，观察到了 1.82mm/s 无法解释的速度变化。在航天器后续飞越中，会进行额外的观测[67]。

命名为“科莱费罗市（Ville de Colleferro）”（罗马附近生产助推器的城市）的阿里安 5G+准备发射罗塞塔，比原计划晚了一年（图片来源：ESA/CNES/Arianespace，Photo Service OptiqueVidéo CSG）

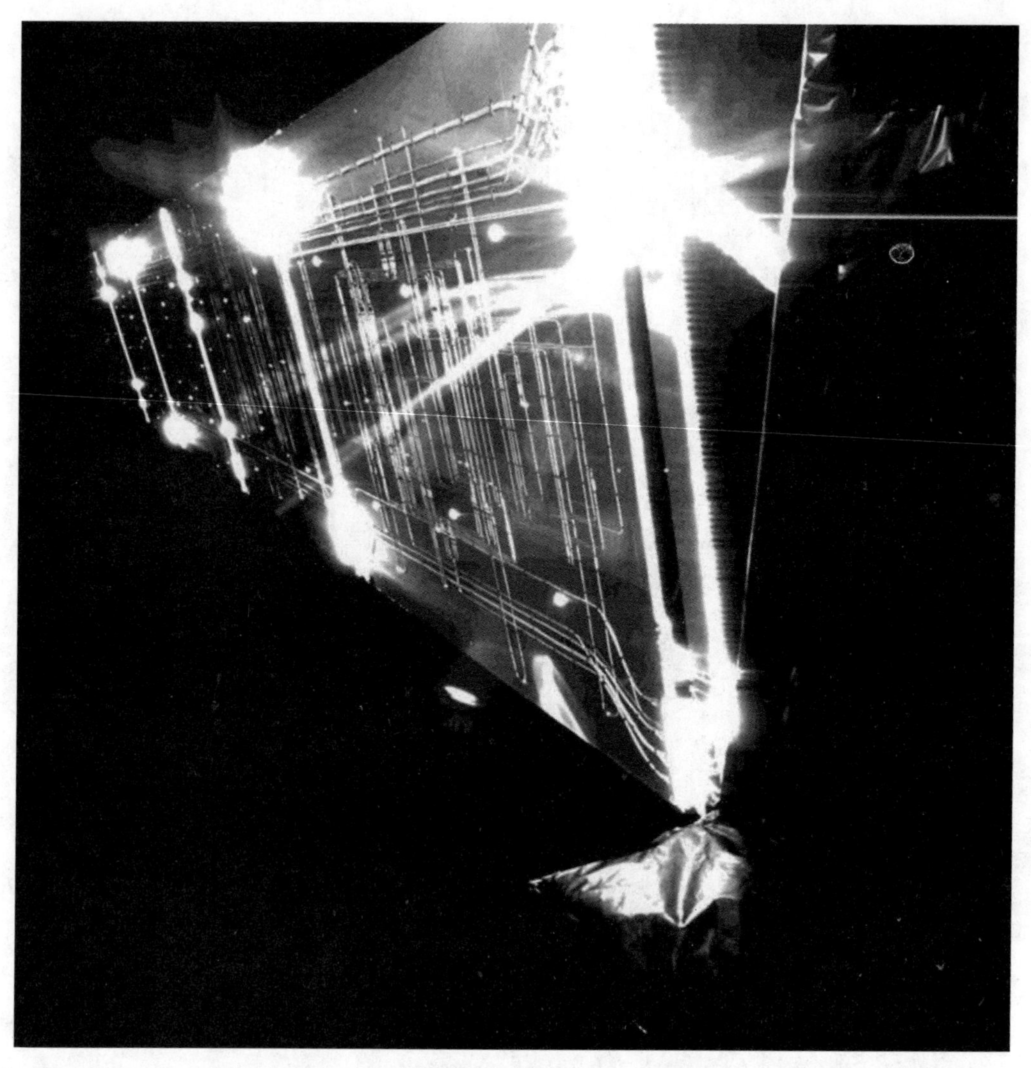

2004 年 5 月，菲莱进行定标操作时拍摄的罗塞塔太阳翼的尾部（图片来源：ESA）

此时，ESA 计划将罗塞塔处于低功耗巡航模式，但应 NASA 的要求，这项动作推迟了几个月实施，使罗塞塔能够观察深度撞击任务中撞击器与坦普尔 1 号彗核的撞击过程。罗塞塔与地面和地球轨道望远镜不同，能够对彗星开展持续几日的观测。在 6 月 29 日开始指向坦普尔 1 号，持续到 7 月 14 日，以最高每分钟成像 1 张的速度，覆盖了 7 月 4 日撞击的全部阶段。尽管距离撞击点远达 8 000 万 km，罗塞塔的观测视场处于最佳的太阳方向的延长线上。结果表明，在撞击时，水的产生速率增加了 100 000 倍，还测得彗星尘产生速率和流出速度的数据，并且监视了撞击时彗星亮度的变化情况。罗塞塔发现在撞击时释放的水的总量达到 4 600 t，大部分是冰颗粒，同时至少喷溅出同量（也许更多）的尘埃。由此确认坦普尔 1 号更像“冰的脏球”，而非“脏雪球”。数据给出了撞击器所凿出坑体的下限，相当于 1 个 30 m 直径的撞击坑，但很可能更大。撞击时发出光亮，但却非常短暂[68-69]。

2005 年 2 月飞越时，罗塞塔的一台导航相机拍摄的月球在太平洋上升起（图片来源：ESA）

之后，罗塞塔进入休眠模式，并打算保持这一状态直到 2007 年 2 月飞越火星。对罗塞塔的操作已经最小化，地面每周对罗塞塔进行一次跟踪以确保其健康状态并下载工程数据。为了避免动量轮在如此长的飞行过程中发生过度的机械磨损，罗塞塔使用了推力器进行姿态控制。尽管如此，2006 年在合日时还是开展了一些科学观测，此时无线电波的视场穿过了日冕，在 7 月再次进行，此时罗塞塔在距本田·马尔克斯·帕德贾萨科维（Honda - Mrkos - Pajdušáková）彗星尾部 0.06 AU 的距离内飞过，不过当时收集的数据未进行回传，直到休眠期结束。仪器设备探测到彗尾的事实促使科学家要求在未来穿越彗尾时打开等离子体探测包。

罗塞塔于 2006 年 9 月 29 日进行了一次大规模的轨道机动以及一系列小规模的发动机点火，对去往火星的轨道进行了修正[70-72]。去往维尔塔宁的任务计划包括 1 次火星借力，与那次机会不同，由于航天器将在行星的阴影中度过 25 min，这次仅提供有限的范围用于科学观察。这是发射后罗塞塔第一次无法见到太阳，这也是一次超出正常设计的情况。另外，对地球的视线也将会被遮挡14 min。到达行星向光面、逐渐远离背光面时，在穿过最为重要的火星等离子体边界及在行星电离层的几分钟内，将开展粒子和场观测。取得的结果将与火星快车轨道器的结果相结合进行研究[73]。相机在240 000 km距离处进行了全球成像。颜色滤镜使尘埃云得以高亮显示，选择用于探测彗星水的紫外滤镜来揭示火星大气中的结构，例如极区和边缘的云。还获得了一组火卫一穿过行星盘的图像，辐射监视器收集了火星环境数据，可有助于载人任务规划。轨道器上的仪器在通过交会点时和日食的时候关闭了3 h，但着陆器的相机和磁强计仍由电池供电，这是第一次在任务中完全自主运行。在航天器进入电离层时，磁强计记录了火星的弓形激波，后面又穿过了尾部。在距离最近的交会点仅4 min时，着陆器获得了太阳系探测历史上最为精美的一张图像，在火星盘面的映衬下，突显出轨道器黑色的结构和一侧的太阳翼，距离1 000 km的马沃斯谷（Mawrth Vallis）清晰可见。UTC时间2007年2月25日01时54分，到达最近的交会点，航天器在大约250 km的高度经过43.5°N、298.2°E，相对火星速度几近10 km/s。

在逐渐远离背光面时，罗塞塔对新月状的行星和火卫一进行了系列成像，对航天器而言这种成像角度很少见，而从地球上是无法看到的。为了对大气的夜气辉（night - glow）进行观测，进行了长曝光拍照，但最终以大部分过曝而告终。

罗塞塔在飞越火星后几日，对木星进行了观测，以对NASA的新视野号穿越木星系提供支持，特别是利用紫外光谱仪对木卫一的环面进行了监测。在5月份完成这些观测之后，罗塞塔进行了深空机动，于2007年11月13日飞越地球，之后再次进入休眠。

在其第二次飞越地球之时，罗塞塔再次由背光面抵达地球，并从向光面逐渐远离地球。在11月7日，由于在夜间的天空下微弱可见，罗塞塔被搜寻危险近地物体的望远镜发现，被编目为2007VN84小行星，发现其将以距离地球0.000 081 AU的惊险距离飞越地球，地心距仅为1.89个地球半径！但其身份很快被1名俄罗斯的天文学家识别出来，2007VN84的编号被取消。尽管如此，这次对罗塞塔的发现证明了搜索望远镜相当灵敏，同时，业余天文学家也获得了对航天器进行成像的绝佳机会[74-75]。其飞越地球的相对速度为12.5 km/s，在5 301 km上空经过了智利西南方的太平洋。罗塞塔进行了大量的观测，同样使用了科学相机。特别地，宽视场相机获得了一些令人惊奇的地球边缘图像，展示出欧洲、北美、中东和印度夜晚的灯光。相机还对南极进行了成像，并在太空寻找流星尾迹。还获得了月球和地球磁层的图像、光谱及其他数据。2007年的地球飞越并未测量到“飞越异常”，将罗塞塔的远日点拉到2.26 AU，处于小行星带之内。在11月23日进行了1次中途修正之后，航天器再次休眠，等待与斯坦因斯的交会，这将是欧洲首次小行星飞越。

当斯坦因斯被选择为罗塞塔任务的首次小行星飞越的目标时，人们对其还一无所知，但已经开始利用地球上最大的天文设施进行观测以确定其特征，其中包括位于智利的欧洲超大型望远镜和JPL的特布尔山天文台（Table Mountain Observatory），2005年11月还使用了红外斯皮策太空望远镜（Spitzer Space Telescope）。在2006年3月，罗塞塔从1.06 AU的距离处自行观测了小行星，利用科学相机获得了“光变曲线”，成像的相位角

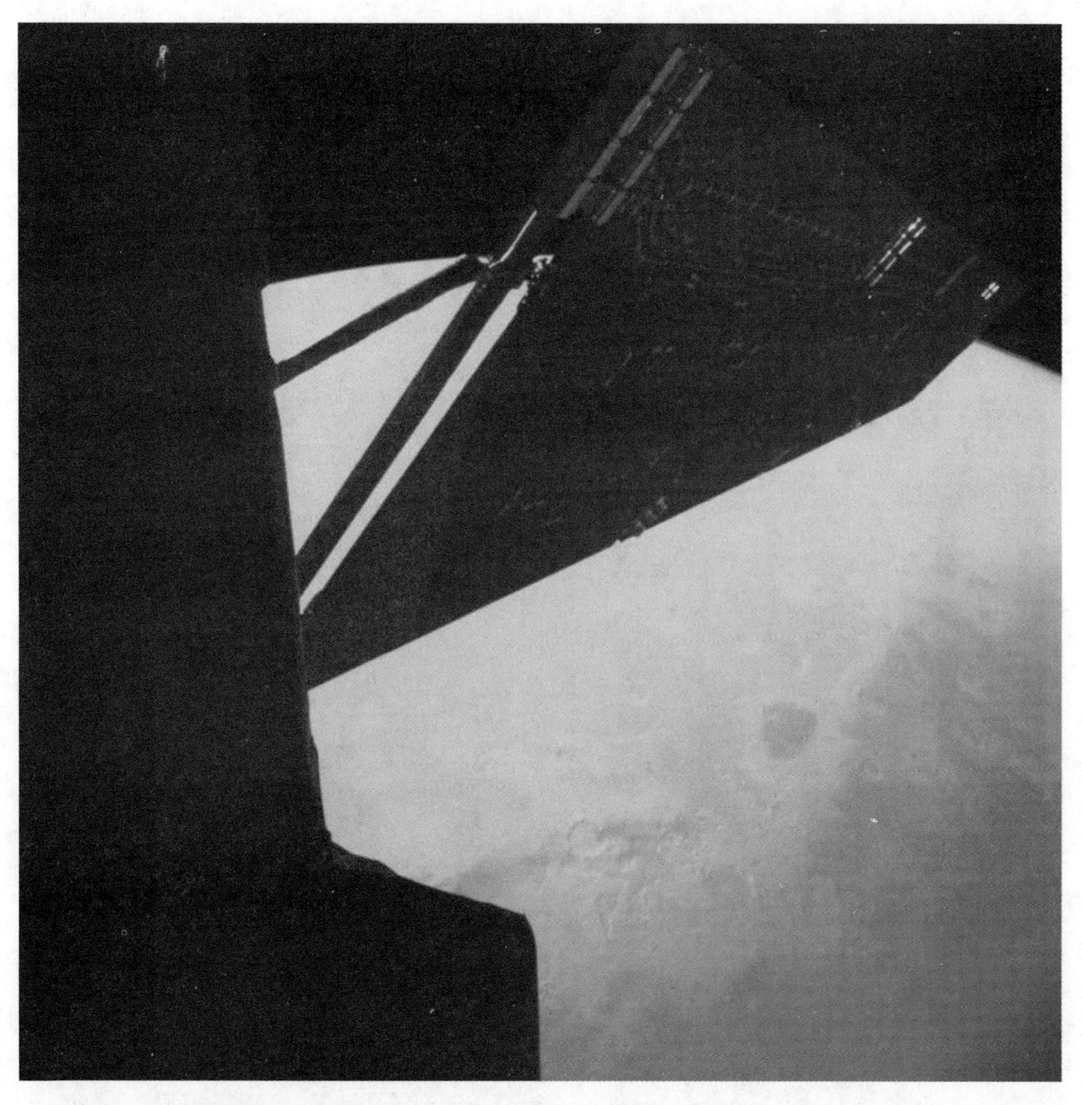

菲莱着陆器前景中所见的火星和罗塞塔轨道器的结构（图片来源：ESA）

比从地球上几何约束所允许的角度要更大，持续了 24 h，未被昼夜的交替循环所打断。它对小行星拍摄了 238 张图像，期间小行星旋转了 4 个周期。尽管科研工作人员最初将斯坦因斯列为 S 类小行星（与之前观测的天体类似），但新的光谱特性观察结果将其归为 E 类小行星，具有略红的本体并具有很高的反射率，这认为是由于其在早期历史中经历过局部熔化和分化的热演化过程而成。由于它们的光谱与稀有的顽火辉石球粒状陨石或顽火辉石无球粒陨石相似，这种小行星预期具有贫铁（也许无铁）的硅酸岩表面。某些科研人员指出斯坦因斯的某些特征表明其表面相当粗糙，是一颗最多也就几百万年的年轻小行星。经计算，其自转周期为 6.05 h。尽管光变曲线的不对称现象确认其为 5.73 km×4.95 km×4.58 km 的椭球形，但看起来没有任何大的不规则部分。已知的 E 类小行星不到 30 个，对其演化的历史则知之甚少。这一类型中包括最大的一个侍神星 Nysa（44），以及近地天

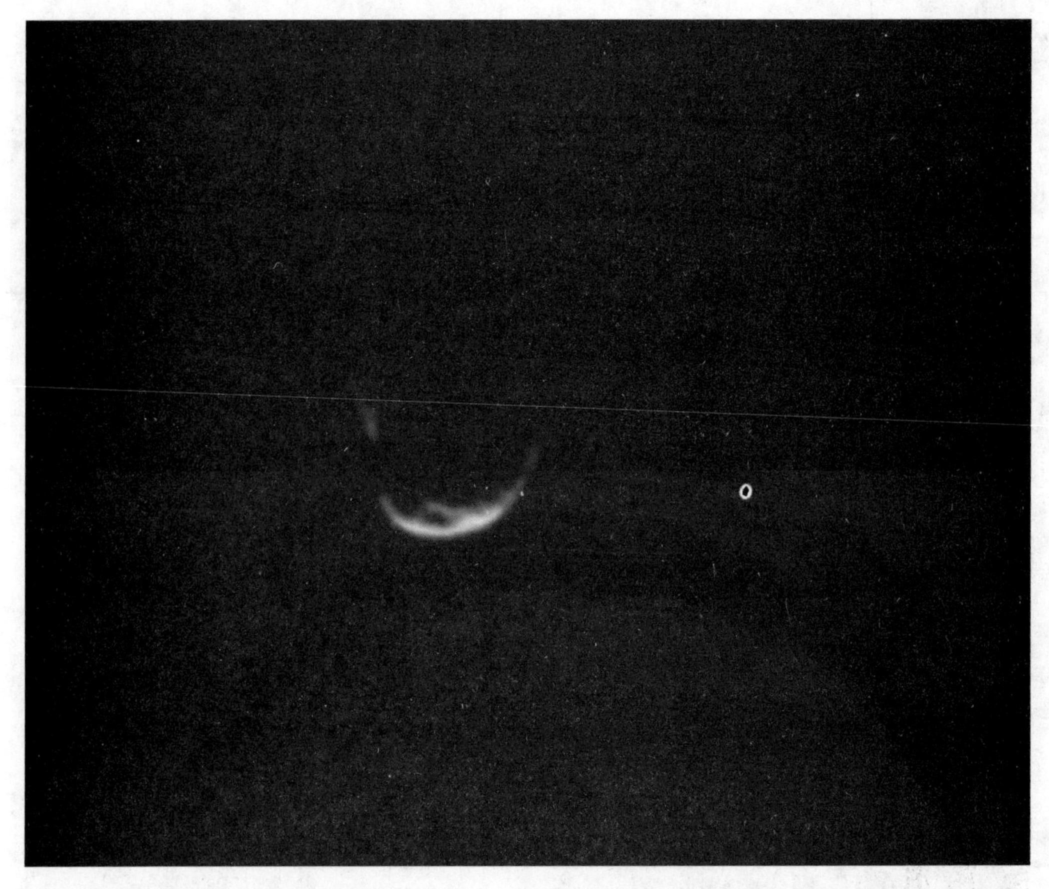

罗塞塔轨道器看到的火卫一的新月（图片来源：ESA）

体艾格尔 Eger（3103）和海神星 Nereus（4660），后者是空间任务中反复出现的候选目标。由于其穿越地球轨道的几何关系，导致顽火辉石球粒状陨石和顽火辉石无球粒陨石流星雨降临地球[76-86]。

在 2008 年 8 月 4 日，罗塞塔将科学相机指向斯坦因斯，相距 2 600 万 km。它对小行星进行了约 1 个月的成像，以改善星历，最初每周 2 次，接着每天 1 次，直至交会前几个小时 1 次。一共拍摄了 340 张图像，这是欧洲首次深空光学导航。同时，1 条更为详细的光变曲线精确了所获得的小行星形状，显示其具有指向特性。最开始，罗塞塔将在约 1 745 km 距离飞越斯坦因斯，以对司琴星飞越的动力学特征进行演练。交会时进行成像意味着将把航天器的“冷面”（以及散热器）暴露在太阳之下，因此在交会时将不会进行成像。但科学家们都在争辩这次交会对科学的意义比对工程演练具有更大的价值，他们设法将飞越的距离减至最小，这个距离要保证安全并在航天器经过太阳和小行星间假想线（科学术语叫“0 度张角”）附近时能够安排观测，在最近的交会点，同时也是航天器处于飞离的阶段。这不仅给导航带来了相当大的挑战，并将散热器朝向太阳，交会点的快速转弯还将使动量轮几乎达到极限。但在 3 月份进行了修订后的交会序列演练后，对于任务实施的信心倍增。

罗塞塔见到的火星夜间半球，底部是过曝的新月。通常很少使用这种几何关系对行星进行成像（图片来源：ESA）

8 月 14 日的轨道机动将罗塞塔的速度仅微调了 12.8 cm/s，以实现飞越，在 9 月 4 日又进行了 11.8 cm/s 的调整，将交会点修正到 800 km，不确定度仅 2 km。本次共有 15 台仪器开机进行成像和光谱观测，测量粒子和场，开展气体和尘埃分析，并使用着陆器的磁强计测量磁场。当然还利用无线电信号进行了多普勒跟踪，测量了小行星的质量。对于最好的情况，斯坦因斯在窄视场相机中仅占有 300 个像素，可分辨的最小细节约 30 m。在差 12 h 交会的时候，航天器的工作和指向被导航相机控制。这是一次关键的轨道机动。但却发现由于其较小的张角和图像中的热噪声使得相机难以发现和跟踪斯坦因斯，于是对相机的设置进行了一系列疯狂的测试，直至找到可实现正常工作的设置为止。是否使用自动跟踪，交会前 2 h 才迟迟做出决策。如果罗塞塔无法跟踪斯坦因斯，它将不得不依据地面团队对于目标和航天器运动关系的最优估算去执行观测序列，但如果算法不准确，将会与某些观测契机失之交臂。最后决定让罗塞塔尝试自主跟踪，并要求罗塞塔在交会前

20 min 开展一次小的轨道机动，以使斯坦因斯保持在相机的视场之中，同时还要将“冷面”对日的时间最小化。它将在执行这个小的机动 1 min 后开始转弯跟踪目标。这次跟踪将在飞越前使高增益天线对地链路中断 10 min[87]。

大约在交会点前 2 min，罗塞塔几乎恰好经过斯坦因斯和太阳之间。在 UTC 时间 2008 年 9 月 5 日 18 时 38 分，罗塞塔以相对速度 8.62 km/s、距离 802.6 km 经过小行星[88]。在航天器中断其高增益链路不到 2 h，金石天文台的天线重新建立连接并确认交会圆满成功，并开始下载工程和科学数据。共获得 551 幅图像。仅有的主要的小毛病是窄视场相机在到达交会点前 9 min 切换至安全模式，此时斯坦因斯尚在 5 200 km 之外，几个小时后才再次正常工作。结果导致丢失了最高分辨率的图像，仅获得中等分辨率的彩色图像。对整个小行星 62%的表面进行了低分辨率成像，分辨率优于 200 m。宽视场相机获得了最优分辨率为 80 m 的图像，窄视场相机进入安全模式前也获得了类似分辨率图像。

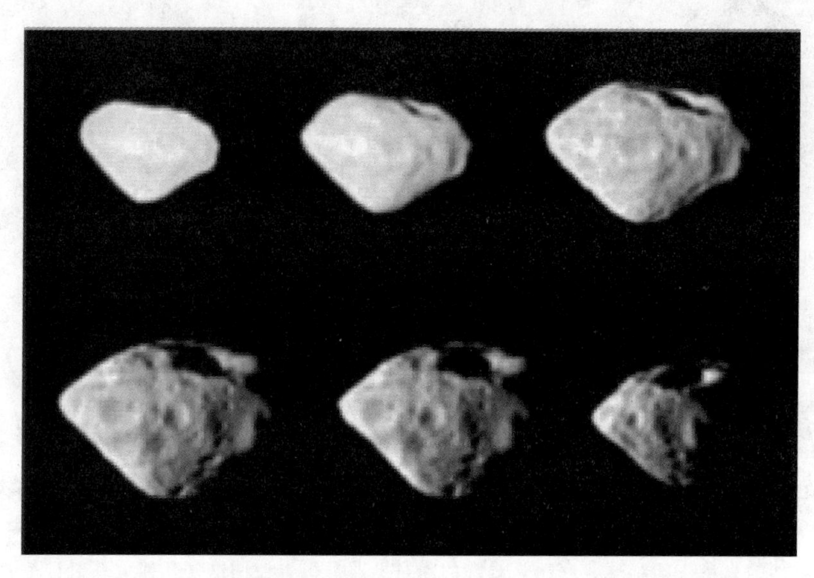

罗塞塔宽视场对斯坦因斯小行星所成马赛克图像（图片来源：ESA）

观测证明斯坦因斯小行星的颜色呈灰色，表面会反射其接收到的 35%太阳光。其尺寸为 6.67 km×5.81 km×4.47 km，并且为非椭球体形状。事实上，具有一个圆锥形和一个截头圆锥半球，使它看起来异乎寻常，像一块切割过的钻石。它被重重地撞击过。其中一个撞击坑长 2 km，在“钻石”的平滑表面一侧，相当于南极。一个显著的特征是在 1 条经线上至少分布了 7 个小坑洞，类似一些更大的天体上存在的坑链。然而，能够产生这种特征的机制（也就是小行星由于潮汐力粉碎或彗星靠得过近并解体）无法在斯坦因斯这么小的目标上发生，因此也许它就是简单地碰到了一个已然粉碎的物体的碎片。或者，也许是由于缺陷造成的塌陷坑。在撞击坑或者塌陷坑链的正相反的面具有一条延长的槽线。斯坦因斯上分布的撞击坑的退化外表意味着表面具有一层细粒土壤，同时缺乏小的撞击坑表明小行星的表面还相对年轻[89]。钻石状的成因在于小行星在亚尔科夫斯基效应（YORP，Yarkvsky - O'Keefe - Radzievskii - Paddack）的作用下其自转不断增快，使得物质向赤道滑动，亚尔科夫斯基效应涉及向光面和背光面所受的不同辐照压力。如果这一切真实发生，意味着斯坦因斯本身是 1 个多孔的“碎石堆”，如糸川星。自转增快和物质滑移已经将过去存在的撞击坑覆盖，从而使得小行星表面“年轻化”。也许形成 2 km 撞击坑的冲击波由其古老的本体传导而来，这使其壳体像洋葱表皮一样被剥离，由此显露出下面的新鲜表面。事实上，表面的年龄也仅仅是几亿年。其他的仪器也发布了斯坦因斯的相关数据。成像红外光谱仪对表面温度进行了测量，温度由 −90 ℃到寒冷的 −240 ℃。微波辐射计测到类似岩石的热惯量，说明表面未由粉末状的土壤覆盖。极紫外仪器收集到的光谱给出表面铁元素的丰度很低，再次确认了斯坦因斯是 E 类小行星，并对氧原子和氢原子的散逸层进行了搜索。最后，轨道器和着陆器上的磁强计均未测得任何剩磁[90-93]。

刚刚结束斯坦因斯飞越，罗塞塔又参与到另一项实验中，对银河系的中心区域进行成像，同时地基望远镜也观测相同的目标，努力发现引力的“微引力透镜效应”事件。如果一颗前景恒星刚好从观测一颗更远恒星的视线上穿过，便会发生这种效应。这个介入视线的前景恒星带来恒星光线的引力弯曲，会产生那颗更远恒星上特有的光亮。许多前景恒星可能是双星甚至伴有行星，这将在被背景恒星照亮的路线上留下“指纹”状的图案。这种效应在地球上已然观测到，但如果两个相距甚远的观察者同时观测同一事件，那么可以相对高精度地确定背景恒星和行星的质量。估计窄视场相机对银河系中心区域的成像中将包含 50 个典型的微引力透镜效应事件。尽管其中某些事件已然被探测到，但实验结果仍待发表[94]。

在 2008 年 12 月 17 日，罗塞塔到达 2.26 AU 的远日点，几乎同时发生了合日。这是第三次飞越回到地球，距离第二次飞越有 2 年时间。在准备进行其最后一次地球飞越时，航天器于 2009 年 9 月 8 日从休眠中醒来，对其系统和仪器进行全面检查，并进行了轨道校正。罗塞塔再一次从地球的背光面到达，相对速度为 9.4 km/s。奇妙的接近新月状地球之旅持续了 24 h，航天器在此期间从 1 100 000 km 到 322 000 km，进入月球轨道。在较近的距离下，窄视场相机获得了北美夜间的图像，美国南部大部分地区的城市灯光都很清晰。航天器在尝试探测一束望远镜发来的激光时，还获得了特内里费岛（Tenerife）夜间的图像。考虑到精准飞越目标的苛刻要求，以确保与丘留莫夫-格拉西缅科彗星的交会，于是将对地球和月球的观测降低到相对较低的级别。由于航天器到达地球时要对无法解释的“飞越异常”进行新的测量，主要精力集中于获得精确的轨道测量结果。只有不会影响飞越操作和轨道测量的仪器才可以工作。2009 年 11 月 13 日到达了交会点，高度为 2 480 km，位于爪哇岛南部正上方。这次还是没有探测到“飞越异常”。令人惊讶的是，在第一次地球飞越时探测到异常的速度变化，在第二次、第三次却都没有发生。在离开地球的阶段，导航相机获得了地球几乎全光照的图像，作为试验，进行了目标充满整个视场的成像和跟踪的演练，2010 年，司琴星的交会即将如此。飞离阶段拍摄的一些照片对应地展示出埃及和阿拉伯半岛。在交会点之后 12 h 多一些，罗塞塔在 233 000 km 距离经过月球时，微波辐射计对月测量，尝试发现印度月船号轨道器发现过的羟基（OH），卡西尼号和深度撞击任务的观测也对此进行了确认。

2009 年 11 月 12 日，罗塞塔从 350 000 km 处对地球进行宽视场成像。
新月包括南美和南极洲部分地区（图片来源：ESA）

接下来，飞越之后，罗塞塔到达最后一个近日点，位于地球轨道之内，为 0.98 AU。这次引力借力将其远日点扩展至木星轨道，为 5.09 AU。在 2010 年 1 月，对罗塞塔去往远日点过程中大部分时间所使用的自旋稳定深空休眠模式进行了演练。在第二次进入小行星带时，航天器将于 2010 年 7 月 10 日经过司琴星。在 20 世纪 80 年代，通过红外天文卫星（IRAS）对其平均直径的粗略估计为 95.9 km，但之后所获得的光变曲线，大部分来自哈勃太空望远镜近期观测，确定它是不对称形状且旋转周期大于 8 h。同时，它看起来覆盖有细颗粒的土壤。在 2008 年和 2009 年，通过世界上两个最大的望远镜的自适应光学相机获得了高分辨率的近红外图像，分别是夏威夷的凯克天文台望远镜和位于智利的欧洲南方天文台的超大型望远镜。这些图像清晰地给出了这个小行星的形状，甚至还给出其表面特征的一些想法。它的形状被广泛描绘为“楔形卡蒙贝尔奶酪”，有很大一块洼地，也许是北极地区的撞击坑。这个小行星近似为椭球体，粗略尺寸为 124 km×101 km×80 km。引人注目的是，自转轴几乎处于公转轨道面上，与天王星一样。结果使得每个半球将经历很长时间的光照季，然后接下来则是黑暗。特别地，发现罗塞塔在飞越时，这个小行星北半球正处于持续光照时。在此条件下，司琴星精确的外表模型，以及质量估算均难以获得。南半球的形状必须要由红外辐射计扫描推断得知。无论如何，司琴星是最具特征的小行星之一，值得航天器进行探测。然而，尽管进行了许多光谱研究，其分类仍存在争议。长期以来，这被列为 M 类的小天体，光谱上类似富含铁的陨石。此前，尚未到访过此类天体。但这个分类未得到夏威夷和智利的望远镜红外观测的证实，也未被斯皮策太空望远镜证实，事实上也未被哈勃太空望远镜的紫外观测所证实。因此，司琴星现在被认为是一个反常的 C 类小天体，比同类物体反射的阳光要更多，也许意味着其表面是“未风化”的。事实上，它看起来类似一些富含金属的碳球粒状陨石[95-99]。2007 年 1 月，罗塞塔在火星飞越之前对这个小行星进行了观察，目的是帮助描述其光变曲线、旋转周期和自旋轴[100-102]。

2010 年 3 月 16 日，在进行过对司琴星飞越的演练之后，罗塞塔转而对 P/2010A2 彗星成像。这颗彗星于 1 月份被发现，这个物体的轨道完全处于主小行星带，显示出尘尾但没有彗发。哈勃太空望远镜对其“头部”成像，显示出很小的彗核，尺寸为几百米，以及神秘的 X 状尘埃结构。科学家们怀疑这种类似彗星的外表是缘于 2 个小行星碰撞所释放的尘埃，撞击者也许仅仅只有几米宽。凭借着正好处于目标的轨道平面上方，罗塞塔对此具有独特的视角。其观测结果促成重建尘尾的三维形状模型，或者更为准确地称之为“痕迹”，证实这是单次、短暂的结果，而不是由长周期的彗星活动产生[103]。

2 个月之后，在 5 月 10 日，罗塞塔探测器观测灶神星，对美国黎明号任务提供支持，观测周期为 2 个旋转周期，观测距离超过 40 000 000 km[104]。

5 月 31 日，罗塞塔开始使用导航和窄视场相机跟踪司琴星，最初每 2 周观测 1 次，之后从 6 月 28 日开始每天 1 次。为了完成光学导航的目的，获取了 272 张图像。共有 5 次轨道调整的机会，但仅在 6 月 18 日利用了第 1 次，将最小交会距离增加大约 500 km。误差微不足道，航天器达到的飞越距离与计划的偏差在 27 km 之内。特别在交会前的 40～

12 h 不必进行轨道调整。在飞越前 9 h 30 min 进行的成像显示出这个小行星。交会点前 4 h，罗塞塔进行翻转轨道机动，并瞄准浮现出的小行星。距飞越模式开始尚有 1 h，其中 1 台导航相机给探测器做指引，这样就能够将司琴星保持在视场之中。交会期间 17 台仪器开机进行了数据采集，除遥感相机和光谱仪之外，还尝试使用托勒密质谱仪对小行星所覆盖的微弱大气层进行探测[105]。

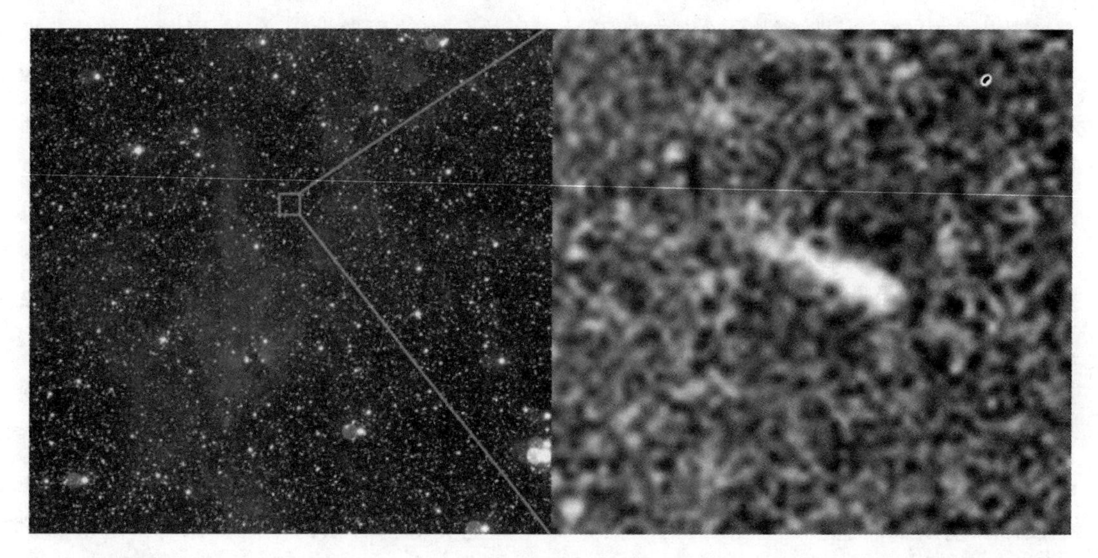

罗塞塔拍摄的小行星带“彗星”P/2010A2。后来发现这个显著的目标是带内两个小物体碰撞后产生的尘埃云（图片来源：ESA）

在距离交会点 18 min，16 400 km 时，罗塞塔几乎正好处于太阳和司琴星之间，然后向上到达最高北纬 84°，处于向下俯视极区洼地的位置。正如预期，高增益天线在距离交会点还有 5 min 时，断开与地球连接。低增益天线维持着联系并进行多普勒跟踪以尝试测量小行星的质量。NASA 深空网位于西班牙马德里的 70 m 天线承担了这些高信噪比测量工作。最终，在 UTC 时间 15：45，罗塞塔在 3 172 km 的距离飞越司琴星，相对速度为 15 km/s。这距离任务能够允许飞越的最近距离仅差几千米，在确定最近距离时，需避免小行星充满整个导航相机的视场，否则会使得自动跟踪动作复杂化。当时，罗塞塔和司琴星与地球刚超过 3 AU，距太阳 2.71 AU。在经过最近点之后，持续成像 18 min，再经 5 min 之后，高增益天线再次建立通信联系。当罗塞塔飞至 36 000 km，约 40 min 之后，拍摄了一些令人惊喜的图像：像距 6.5 AU 的土星在窄视场相机的视场中经过，恰恰位于司琴星的旁边。

与飞越斯坦因斯小行星时不同，这次所有的有效载荷成果均完美无缺，共获得 462 张司琴星的图像以及其他数据。覆盖了略微超过 50％的表面，其中大部分在北半球。确认了通过地基测量获得的小行星形状。司琴星尺寸为 121 km×101 km×75 km，并有棱角，在一侧既有平坦的平原亦有巨大的凹陷。尽管其上布满大且光滑的碗状撞击坑斑点，但仍存在大片没有撞击坑的区域。还存在一些相对较少的小型撞击坑。在可见的表面，延展着一个 55 km 的碗状洼地。大型撞击坑的深径比与坚硬的岩石相当，但小坑的深径比则不同，这也许说明它们生成于较厚的表层土和碾碎的岩石上。微波辐射计所进行的热惯量测试也对此进行了确认，与月球土壤的测量结果类似。从一些撞击坑缓和的轮廓来判断，表层的厚度至少有 600 m。这种表层大大厚于在其他小行星上见到的表层。这是因为在这巨大的小行星上，有小部分的撞击碎片达到了逃逸速度。未逃逸的碎片落回并布满表面。最小可视的细节约 60 m，包括投射出黑色阴影的许多几十米、几百米长的大型巨石。事实上，探测器共识别出约 240 个大于 100 m 的巨石。其中一些看起来发生过似乎不太可能出现的向下滚动，也许，它们记录了这颗小行星过去某些受创的事件。靠近时看，表面布有沟槽、陡坡和坑链。事实上，其中一些高分辨率的图像会很轻易地被误认为来自火卫一或者爱神星（这两个天体比司琴星小，并且可能是由低强度物质构成的）。司琴星上的一些地表特征最初以巴黎的地标来进行非正式命名，比如夏特雷（Chatelet）、特罗卡德罗（Trocadero）和玛黑区（Marais），但后来采用完全不同的官方命名法命名。撞击坑以古罗马城市命名，一大片区域以司琴星的发现者赫尔曼·戈尔德施密特（Hermann Goldschmidt）命名，其他的以罗马帝国的省来命名。最后，其他的地形特征以罗马帝国的河流和城市命名。55 km 的撞击盆地称为马西利亚（Massilia），这是以今日城市马赛的古代名字命名的。

成像光谱仪在交会的最近点迅速取得了司琴星表面一条推扫刈幅数据。并未发现硅酸岩或者水合物，最终确认其表面的组成成分与富含金属类的陨石相同。其表面温度不超过 −30 ℃。探测器还对司琴星是否有卫星进行了观测，但并未发现任何大于 60 m 的星体。与预期一致，尽管取得更为精确的测定质量，但最初对密度的估计结果是相当差的，因为极向接近过程中，罗塞塔无法确定背日面半球的形状和体积。在半个轨道周期之后，地面天文台将进行更为精确的测定，那时这个小行星的另一半将被太阳照亮。通过最终数据，估算出司琴星的密度超过水的 3 倍；比之前航天器访问的大多数小行星密度都要高，但仍不足以说明司琴星是一颗金属小行星。这反而说明司琴星由含金属的岩石组成，甚至在一定程度上，与一个也许在很久的过去已被熔化的更高密度金属核区分开来。与其他被航天器访问过的小行星不同，司琴星看起来保持了原始的本体，在其存在期间未曾遭受过解体和再聚合的过程，因此，它肯定不是“碎石堆”[106-110]。

在飞越后的几周，发现在姿态控制系统的推进管路中出现了小的泄漏。由于系统不具备再次加压的设计，所以后续探测必须进行修改，但团队依然充满信心地认为这并不会对计划的任务科学目标造成冲击。在 2011 年 1 月 17—23 日，罗塞塔进行了 4 次点火，共产生 778 m/s 的速度增量，向丘留莫夫-格拉西缅科彗星的目标轨道机动。这次重要的深空机动使用仅有的小推力发动机，共持续 17 h 才能完成。1 月 18 日，在其中一次点火后的 1 h，发现了一个小的姿态扰动，航天器停止点火并进入安全模式，指向地球，等待指示。后续采用备份推力器进行了连续点火，对推力器进行了一系列的操作测试。尽管发生了这个问题，轨道机动仍于 1 天以后完成，达到了预期校正量的 98%。在 3 月 15 日和 26 日，罗塞塔对其目标进行了第一组 52 张长曝光成像。当时航天器距离太阳 4.14 AU，彗星距离太阳 5.1 AU，二者距离为 1.09 AU，彗核在恒星视场中也就不足 1 个像素点。在 6 月，

罗塞塔使用窄视场相机在距离 36 000 km 处对司琴星成像，土星出现在背景中（图片来源：ESA）

罗塞塔将所有系统关闭进入休眠，包括通信、姿态控制、推进系统和科学仪器。保持开启的硬件仅有计算机、时钟和用于保证电子设备温度的加热器。6 月 8 日早些时候，罗塞塔将太阳翼朝向太阳并缓慢旋转保持稳定。最后，在 UTC 时间 12：58，开始执行休眠。1 h 后，中断了无线电信号联系。2012 年 10 月 2 日，它在此休眠状态下在木星轨道之外到达远日点，成为第一个在那种环境下工作的太阳能供电航天器。此处太阳光所能提供的能量只有在地球时的 1/25，太阳阵仅提供最小功率。

在罗塞塔任务进行过程中，人们关于其主目标的认知得到了显著的增加。在 2004 年 2 月（罗塞塔发射前），斯皮策太空望远镜对丘留莫夫-格拉西缅科彗星的彗核拍摄了 16 张图像，当时彗星距离日心 4.48 AU，后来在 2006 年和 2007 年彗星在远日点附近时又再次成像。这种成像序列每次会持续一整个旋转周期。这颗彗星看起来不活跃，但几百天之前还喷射出大型尘埃颗粒，考虑到这些颗粒的质量，它们对太阳辐射光压相对不敏感，并与彗核共同运行至木星轨道！尽管这种尘埃会对罗塞塔造成威胁，但在交会抵近段与这些毫米级颗粒中的一个发生撞击的概率小于 1%。木星族的彗星通常在整个轨道上都是活跃的，包括在远日点。而与其他木星族彗星不同，丘留莫夫-格拉西缅科彗星在远离太阳时很沉寂，这让罗塞塔有机会在伴随彗星前往近日点期间，监测其活跃程度的不断增加。这些红

在最近交会点附近拍摄的司琴星。前景中的空洞就是马西利亚撞击坑（图片来源：ESA）

外观测还表明彗核是椭球体，本体坐标系为（4.40～5.20）km×（4.16～4.30）km×（3.40～3.50）km。实际上，这些观测给出了不同的彗核形状，也许是一个与坦普尔 1 号彗星彗核类似的宽且微平的物体，而非“海星”状。它仅反射接收到的全部太阳光的 4%，这与其他彗星的彗核一致。好消息是丘留莫夫-格拉西缅科彗星的彗核尺寸和低堆积密度

罗塞塔经过晨昏线进入背日面对司琴星的观测（图片来源：ESA）

（由深度撞击在坦普尔 1 号彗星上的发现的推论来判断）对于菲莱着陆器成功触地是有利的。当然着陆机会还取决于彗核的物理特性。2006 年，通过欧洲超大型望远镜对彗星裸核的观测，将其旋转周期修正至 12.7 h[111-114]。

2014 年 1 月，在丘留莫夫-格拉西缅科彗星经过远日点之后，随着光照强度的增加，探测器获得了足够的能量为有效载荷供电，于是罗塞塔从休眠中唤醒。2014 年 1 月 20 日，在经历了 2 年的休眠之后，探测器于 UTC 时间 10：00 由三重冗余的时钟唤醒，准备与彗星的交会，唤醒时探测器仍距离彗星 9 000 000 km。唤醒过程全部自主执行，没有来自地球的干预。航天器上的一些电子设备逐渐进行加热，探测器停止旋转并将高增益天线指向地球进行通信。超过 7 h 之后，探测器的“生命迹象”传回地球，接收时间为 UTC 时间 18：18。接下来要对探测器进行全面的健康检查。在 4 月初，太阳翼产生的电能已经足够供全部仪器开机进行标定。相机用于对彗星进行定位。探测器于2014年5月21日进行了第二次轨道机动以匹配彗星轨道，并将相对速度降至每秒几十米。距离太阳4 AU时，航天器将与丘留莫夫-格拉西缅科彗星编队飞行，相距10 000 km。导航相机将对彗核星历所含的整个天区成像，这些星历源于地面天文台的观测，预计不确定度为几万千米。一旦星历经过光学导航修正后，便可允许航天器将距离缩至几千千米。同时保持太阳—彗星—航天器角度适于成像。在相距300个彗星半径或1 000 km时，罗塞塔将相对速度减至1.5 m/s，从而消除与彗星释放的尘埃撞击而造成损坏的风险。一旦彗核对向相机视场中的几个像素，即可确定其自转轴。随着距离变短，精度不断提高。在相距50～100个彗星半径时，通过航天器的精密跟踪，由引力影响可测算出彗核的质量。在此距离下，彗核在所成的图像中占据了500个像素，利于对状态、进动（岁差）、章动等进行详细研究。

通过一系列的轨道机动，罗塞塔将到达接近25个彗核半径处，相对速度为每秒几厘米。在2014年8月6日，罗塞塔进行了1次“捕获点火”，将它送入1个椭圆极轨，距离彗核约5～25个彗核半径。该椭圆极轨的近拱点在彗核朝向太阳一侧的赤道上方。实际的轨道参数还取决于种种约束，包括彗核精确自转周期、任何时候能够接近表面、轨道的稳定性等。即便彗星的质量如此小，罗塞塔也应该可以在远日点时保持轨道。这时太阳摄动，包括辐射光压都达到最大值，彗核的引力“作用范围”将收缩至几千米；但这将是一次极为复杂的任务，比近地小行星交会探测器——会合号（NEAR）航天器绕爱神星的情况要复杂得多。丘留莫夫-格拉西缅科彗星彗核的轨道与简单重复的椭圆开普勒轨道没有什么相似之处。第一个轨道段将专用于特征刻画，距离约60 km，罗塞塔将环绕彗核以确认其整个形状。接下来是全球测绘段，距离约20 km，分为4段半轨道，共有2个不同的轨道计划。接着是低海拔轨道，10 km距离下的圆轨道，然后降至近拱点5 km，采用低空飞行获得极高分辨率的图像，并获得候选着陆区的特征。在设计这些近距离飞越时，需要确保罗塞塔一直对地球和太阳可见，不得由于变轨失败而坠落到彗核上，并且不得穿过尘埃或者气体喷射。在用几周时间搜索适合的着陆区之后，将于2014年11月释放着陆器，标称时间为11月11日，释放着陆器时探测器的日心距为3 AU并朝太阳系内侧飞行。理想的着陆区是平坦的，所处的维度要保证日夜周期的热平衡。

罗塞塔将于1 km以下的高度释放菲莱着陆器，着陆器与轨道器的相对速度在5～52 cm/s。在弱引力之下，下降过程会持续1 h。在释放之后，着陆器的相机会对上面的轨道器进行激动人心的立体成像。下降段仅对相机进行操作，而其他仪器将待机并在着陆后进行测量。最开始的分析依照预先设好的程序序列进行，保证至少能够返回一定数量的科学成果，之后开始实施更细致的探测计划。着陆器可设计完成65 h的基线任务，但是它也有可能存活几个月，也许甚至能够到达近日点。轨道器释放着陆器且提供中继支持，并计划进行一系列的观测来测绘彗核的大部分表面，然后观察活跃区域并在2015年8月13日到达近日点的过程中观察彗发的形成过程。任务正常在2015年12月结束，以纪念“彗核采样返回”概念提出30周年。当然，如果航天器还保持完好，并且推进剂泄漏未造成严重影响，它将进行拓展研究，包括（例如）沿着彗尾进行深度探测[115-119]。

罗塞塔交会机动

日期	速度变化/(m/s)	与彗星距离/km
2014年5月21日	321.8	938 000
2014年6月4日	263.9	389 000
2014年6月18日	88.9	163 000
2014年7月2日	66.1	44 000
2014年7月9日	24.6	19 000
2014年7月16日	10.5	8 043
2014年7月23日	5	3 459
2014年8月4日	2	400
2014年8月7日	1	100

罗塞塔任务阶段

日期	距离/km	阶段
2014年8月7—15日	60～70	初始特征刻画
2014年8月15—23日	20～40	测绘
2014年8月23日—9月11日	20	重力场测绘
2014年9月11日—11月18日	5～10	接近观测
2014年11月11日	5～0	着陆

11.3 重返被遗忘的行星

当各个航天机构都沉迷于对火星和金星的探索，并开始计划和实施外太阳系探测任务时，仅有一个航天器造访过太阳系最内侧的行星——水星。水手10号曾于1974年和1975年3次飞越水星，显示其表面布满大量的撞击坑。

尽管提出过一些后续任务的研究，但很少有科学家在研究水星[120]。然而，还是有一些新发现。水手10号曾经寻找过微弱的行星大气层，并仅发现了氦和原子氢组成的转瞬即逝的大气，其中也许还有些原子氧的踪迹。这种大气更合适的称呼为外逸层，极低的密度使得气体的分子和原子很少有机会相互碰撞，要么被星球表面吸收，要么逃到太空之中。但在20世纪80年代中叶，地面天文台的连续光谱研究发现很强的钠辐射谱线，看起来钠是外逸层的主要成分。鉴于氢和氦会被太阳风捕获，钠更像是高能太阳风粒子冲击表面物质溅射而出。进一步，钠辐射带上的水星图像揭示出在两个半球上，这种大气成分均限于高纬度地区，并随时间变化。这种现象的机制也许与离子沿行星磁场的磁力线向极区传输相关。后来的研究还发现了钾和钙[121-122]。这种结果揭示了行星表面某些成分。特别值得一提的是，尽管进行了特定的搜索，尚未能够成功地探测到岩石的组成成分，比如硅、铁、钛、铝等。

水手10号之后，1991年8月2个团队获得了关于水星最令人惊喜的发现。他们尝试在水星处于下合位时，对其朝向地球的半球进行雷达成像，水手 10 号未曾观测过这个半球。一个团队使用位于金石天文台深空网的 70 m 天线发出一束微波指向水星，然后使用位于新墨西哥州的甚大天线阵（Very Large Array）27 个天线收集回波。除了获取到 100 km 分辨率的地图之外，这项研究还发现了北极有一个点的雷达回波非常强烈。另一个团队使用世界上最大的射电望远镜——位于波多黎各的阿雷西博（Arecibo）天文台的 300 m 口径天线——同时作为发射端和接收端，于 1992 年 3 月在南极发现了一个类似的点。这些点的特征与雷达在火星和木星的伽利略卫星上“看到”的类似，清晰地表明有水冰的存在。在该发现被报导的同时，一项研究发表报告论证既然水星的自转轴位于其轨道面垂线的 1°之内，极区仅能够收到擦边射入的日光，撞击坑的底部应该具有永久阴影区，－200 ℃ 的温度可以使得水冰在那里积累。雷达反射点与北极的撞击坑显示出很强的关联性。而在南极这种关联性则更强，这些点看起来在赵孟頫撞击坑内[123-125]。关于极区这些点成因的解释，有钠层的积累和硅暴露于表面极低温度下的特性等说法。

通过升级阿雷西博天文台并在光学望远镜上安装了高速、低噪声数字视频相机，让我们获得了关于这个小型行星其他更为先进的认知。使用升级后的阿雷西博射电望远镜，雷达天文学家最终获得了水星表面千米级的分辨率。他们在水手 10 号未观测的半球上发现了相当数量的新撞击坑；对于水手 10 号仅斜向成像的极区进行了更好的测绘，特别开展了一项研究，发现航天器返回的数据中，北极点的位置与真实位置偏离了 65 km；此外还限定了冰的范围。同时，应用光学望远镜上视频相机很便捷地取得了水手 10 号未观测过的半球的大面积地图，将雷达发现的特征与之对应，又发现了大量的新特征。其中最为引人注目的一个地貌特征与卡洛里斯（Caloris）盆地的尺寸类似，而卡洛里斯盆地是太阳系内最大的撞击结构。将该地貌特征非正式地命名为斯基纳卡（Skinakas）盆地，以克里特岛发现这个盆地的天文台命名。盆地中心有一个亮点，最初认为是一个山峰，最后通过雷达探测，发现那是一个新的撞击坑。由于水手 10 号照片中未见到与此结构相对的多山地形，而卡洛里斯盆地则有相对的结构，对认为其为撞击坑的推断尚存有争议[126-129]。

所有的这些发现，特别是极区的冰，使得重返水星变得很有吸引力。然而，航天机构都将水星探测排在日程中很靠后的位置。在 20 世纪 60 年代末期，ESA 就曾考虑过许多飞越探测和环绕器的计划。但直到 1995 年才正式考虑一项轨道环绕任务。结果产生了比皮科伦坡（BepiColombo）任务，并计划在 21 世纪 10 年代发射。NASA 在发现级项目中审查了许多任务，在 1993 年选择了其中 2 个进行深入的研究，但这两个任务均未实施[130]。卡内基研究院（Carnegie Institution）和约翰斯·霍普金斯大学（Johns Hopkins University）的应用物理实验室（Applied Physics Laboratory，APL）提出了一个环绕器的设计。因为水星的命名源于希腊和罗马神话中神的“足生双翼”的信使，将此轨道器命名为信使号（水星表面、空间环境、星球化学和测距）（MErcury Surface，Space ENvironment，GEochemistry and Ranging，MESSENGER）。在 1996 年，信使号作为发现级任务第一次被提出时落选，但在 1998 年的遴选回合中成为最终被选中的任务之一。那次同时选上的还有阿拉丁（Aladdin）火星采样返回任务，并入围了第二轮名单；深度撞击任务用以调查彗核的次表层；“木星内部”任务（INterior Structure and Internal Dynamical Evolution of Jupiter，INSIDE Jupiter）进行木星内结构和内部动力学演化研究；以及金星号（Venus Sounder for Planetary Exploration，Vesper）进行金星探测和行星探索。JPL 提出的“木星内部”任务，通过生成高分辨率的磁场和重力场分布图确定木星的内部结构，确定大气和内部运动的本质和范围，研究行星发电机，调查电离层和磁层的相互作用。航天器将由太阳能供电并配有磁强计、高能粒子探测器和 2 套科学无线电系统，一套用于重力研究，另一套用于大气层和电离层探测。航天器可由德尔它 2 号火箭发射，但到达目的地需要向金星和地球借力[131]。戈达德航天飞行中心提出的金星号将环绕金星 2 个当地日，利用红外和极紫外相机，日出和日落的边沿探测器，以及具有高空间分辨率的 X 频段无线电掩星系统，对行星的大气进行调查。

对于水星，信使号将对整个表面进行测绘，分辨率为几百米，对北极区的成像分辨率为 5 m；调查表面的元素和矿物组成，特别是“极点”处的雷达反射物质；绘制重力场和磁场；监视行星磁场和太阳风及行星际空间的相互作用。事实上，由于水星的位置相当靠近太阳风的源头，预期与其弱磁场的相互作用会相当激烈。最后，航天器将描绘外逸层中的中性原子和磁层中的离子特征。测绘工作的一个主要目标是确定表面上遍布的陡坡的形成年代，以深入理解水星的受热历程、其熔融的内核和磁场。任务还将确定（顺便）相对可忽略但又很吸引人的问题，即水星是否有小卫星的存在。除了一个显得愚蠢的错误报道，这个问题被水手 10 号留下未作回答。但科学家们怀疑，太阳的潮汐引力效应、水星轨道的大偏心率、亚尔科夫斯基效应（太阳辐射引起的反冲带来轨道的演化）将使得卫星很快撞到水星表面。若在信使号结束对水星整个引力影响球的测绘时，未发现有卫星，这将表明若有卫星的存在，则其大小不会超过 2 km 的上限。

在 1999 年 7 月，NASA 批准了信使号（及深度撞击任务）于 2004 年发射的计划。然而，在 2003 年可以清晰地看到航天器的测试需要更长的时间，还要提高容错能力。发射计划由 2004 年 3 月推迟到 5 月，因此到达水星的时间由 2009 年 4 月推迟到 7 月。但发射进一步推迟至 8 月，导致巡航增加了 2 年，入轨时间将推迟到 2011 年 3 月。在彗核之旅（Comet Nucleus Tour）任务丢失之后，NASA 提出更具保护性的设计。这导致信使号的花费提高了约 15%，几乎使该任务取消。正如我们应该看到的，在放弃了“更快、更省、更好”的管理方式后，发现级的项目越来越易遭受如此困境。

信使号的任务剖面设计相当复杂，在 6.6 年的巡航中至少需要进行 6 次借力飞行以获得合适的水星入轨条件，在此期间环绕太阳 15 圈。其中飞越地球 1 次，金星 2 次，水星 3 次（如果可能在 2004 年早期发射，则仅需要 2 次水星飞越）。早在 1985 年，JPL 就提出采用轨道机动和飞越借力相结合以匹配水星轨道的方案，并将于信使号上首次实施。这个方案在飞越之间包含一系列的环日圈次。经过这些圈，航天器将与水星轨道相匹配，其比率将不断趋于统一，例如，在第 1 次和第 2 次飞越间，航天器飞 2 圈的同时水星飞 3 圈，比率为 2∶3；在第 2 次和第 3 次飞越间比率为 3∶4；在第 3 次飞越和轨道进入时比率为 5∶6。在每次飞越水星的 2 个月之后，航天器将在远日点附近进行一次轨道修正点火以对下一次交会进行修正。当航天器的轨道尺寸和方向与水星的逐渐趋同时，将会减少入轨所需的制动点火。没有这些借力飞行，制动点火将需要近 10 km/s，比迄今所有常规的行星探测任务都要大。在接受了漫长的巡航飞行之后，机动点火增量将可以减少至 816 m/s。这与伽利略号和卡西尼号所使用的技术恰恰相反，这两个任务中将行星飞越和深空机动相结合，以增加速度飞往外太阳系。在这项任务中，飞越和机动用于将相对水星的速度减下来[132]。到达水星时，航天器将被置于 200 km×15 200 km 的轨道上，周期为 12 h，倾角为 80°，近拱点在北纬 60°附近。轨道在空间的走向保持固定，在一个行星公转周期内，会遇到许多表面光照的变化；从黄昏到黎明，包括夜晚和中午。后者是特别具有挑战性的位置，因为信使号将在太阳和水星之间飞过。航天器的一面将直接受到炽热的太阳的照射，另一面则会受到水星超级热的表面的辐射。由于水星自转周期为 59 天，轨道周期为 88 天，一个太阳日（从中午到中午）将持续 176 个地球日。航天器的在轨基线任务持续 12 个月，或者说刚刚超过 2 个当地日。第一天的观测将创建一幅形态基础地图，覆盖 90%的表面，平均分辨率为 250 m。这些图像将进行侧面照明得到阴影以揭示地形学和地质学特征。第二天的观测则主要瞄准高分辨率的观测，并获得第二幅视角稍有不同的全图以进行三维地形重建[133]。

信使号航天器的设计很大部分取决于其任务，特别是热的需求。在巡航阶段，其日心距将从最小 0.31 AU 到最大 1.08 AU，其受到的光照变化为 12 倍。于是决定在航天器上装 1 个钛框架以支撑 1 个 2.5 m×2.1 m 的半圆形遮阳罩，遮阳罩由多层塑料隔热材料组成，外面包裹着陶瓷。这个挡板朝向太阳的一面温度将超过 350 ℃，但其阴影中的航天器的温度会保持在 20 ℃。只要遮阳罩指向与太阳矢量偏差在 12°以内，它便可对航天器形成保护。这种指向需求引起的操作约束造成在每个 88 天的水星年中，环水星的轨道修正机动的时间将仅有 2 个“窗口”。一对 1.5 m×1.65 m 装有万向节的砷化镓电池阵将在地球附近提供 390 W 功率，在水星将提供高达 640 W 功率。太阳能电池阵须能够相对太阳进行旋转，因为如果在近日点时与太阳垂直，其温度将超过 150 ℃，这将降低功率输出效率。为进行热防护，在太阳翼上给每一排太阳能电池片包了两行镜子。就像当年的水手 10 号，执行了几度范围内的姿态控制，将太阳翼的方向进行调整，以控制太阳辐射光压的扭转力矩。太阳能电池阵全面展开之后，航天器的横向包络尺寸为 6.14 m。主体为 1.42 m×1.85 m×1.27 m 的石墨复合结构，其热膨胀系数和热传导率相较金属框架更适于这样的操作环境。内部安装的 3 个轻质钛贮箱在一定程度上提供了结构支撑，1 个装有四氧化二氮，另 2 个装有肼，分别对应主发动机和姿控系统。由星敏感器、太阳敏感器、加速度计和陀螺仪组成的惯性平台实现姿态确定。除 1 台用于主轨道机动的 672 N 的双组元发动机之外，推进系统还有 4 台 26 N 的单组元推力器，用于轨道进入和其他大的轨道机动时的姿态控制，还有 12 台 4 N 推力器用于小的轨道机动和常规的姿态控制。为了尽量减少推进剂的使用，还有用于姿态控制的反作用轮。由于遮阳罩带来的指向约束导致使用传统的可控天线并不可行，信使号装有 2 部平面相控阵高增益天线，数据速率可以达到 104 kbit/s（这项技术第一次在行星探测任务中使用），一部装在前部，另一部装在后部。

航天器上还装有 4 个低增益天线和 2 个“扇形波束”中增益天线。数据在传到地球前会存储在 1 对 1 GB 的固态存储器（其中 1 个为备份）中。

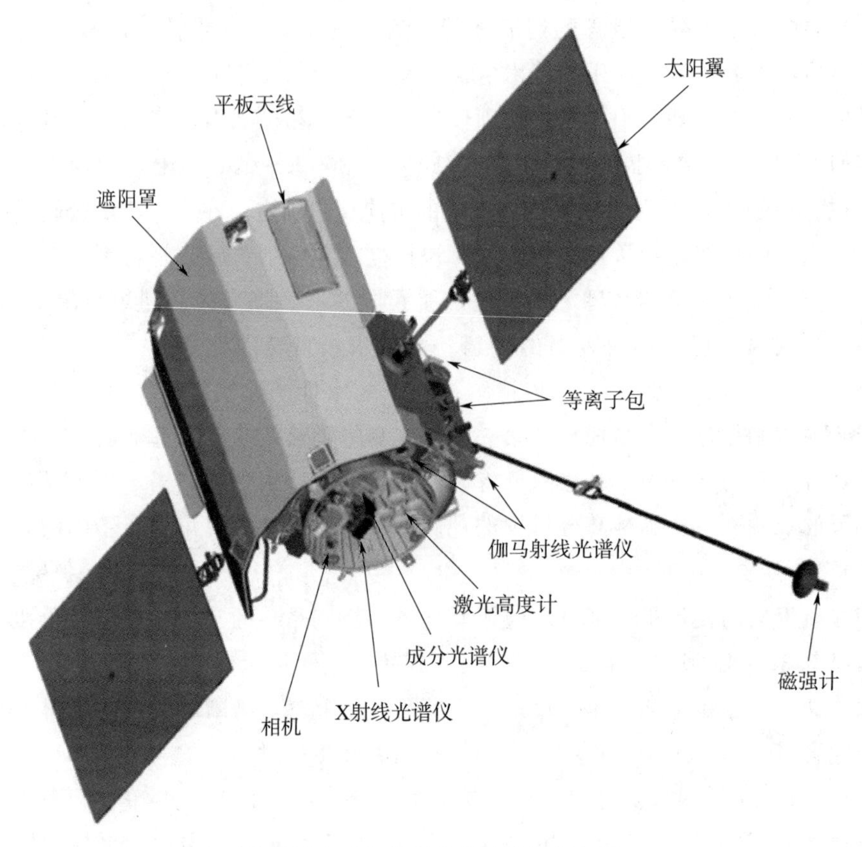

信使号水星轨道器的科学仪器分布图

尽管任务实施所需要的推进剂的量将科学有效载荷的质量限制到 50 kg，信使号仍携带了不少于 7 种仪器，使其成为发现级项目中最具能力的任务之一。成像系统包括 1 对 1 024×1 024 像素的 CCD 相机，1 台为宽视场相机，视场为 10.5°，并具有 11 种颜色的滤光片和 1 个全透的位置，另 1 台为窄视场相机，视场为 1.5°，可以实现灰度图像成像。相机装在一个旋转平台上，使其可以指向，而不必要求航天器违反遮阳罩的约束。相机将通过光学导航对水星飞越进行修正，然后对水星进行测绘。大气和表面成分光谱仪将对已知的和预期的大气类型进行测量。其紧凑的卡塞格林望远镜照射 2 个通道，1 个为极紫外—可见光，另 1 个为可见光—红外线。1 台 X 射线光谱仪配置了 3 个独立的传感器去检测铝、镁、硅、钙、钛和铁，这些元素位于行星表面最上方几毫米，会由于太阳的辐射激发荧光。这两台仪器的数据将提供表面组成的信息，使得科学家可以在关于水星为何如此稠密而且显然富含金属的三个竞争理论中进行抉择。如果中子谱仪在极区的雷达亮点区发现氢，这将确认那是水冰。极紫外谱仪和高能粒子谱仪也在搜索氢氧基的存在。航天器装有 1 台高度计，包括 1 台激光发射机和用于探测的 4 个折射望远镜阵列。在 1 000 km 的距离下，探测精度可达到 30 cm。通过将高度测量和精确的多普勒跟踪相结合，可以绘制出水星的重力场，结果可以给出这颗行星的地壳是否由液态核分离而来。安装于 3.6 m 碳纤维悬臂末端的三维磁通门磁强计（由其自带的小遮阳罩保护），将能够分辨出“化石”磁性和液态核的运动所产生的磁性，水手 10 号所探测的场可能源于这两种机制。最后，有效载荷还有高能粒子和等离子谱仪以及用于无线电科学的 X 频段应答机[134]。

发射时，信使号质量为 1 107 kg。携带的 599 kg 推进剂能够提供的速度增量达到约 2 200 m/s。这个推进剂占比高达 54%，非比寻常，但如果不使用离子发动机，这是应对此任务的唯一手段。结果导致任务需要使用德尔它 2 号 7925 -重型运载火箭，这是发现级项目所允许的最大推力运载火箭，尽管如此，还需要增加一个固态助推上面级。包括航天器和仪器、运载火箭、飞行操作和数据分析，任务的经费达到 46 600 万美元。特别地，进行通胀调整后，这个花费几乎与水手 10 号相当[135]。航天器于 2003 年 12 月完成总装工作，3 个月后航运至佛罗里达。窗口于 5 月 11 日开启，但为了进行补充测试，并接受了将巡航段延长 2 年的代价，将发射推迟到 8 月初。这个窗口在 7 月 30 日开启，但由于卡纳维拉尔角设施存在竞争，最早可能的发射日为 8 月 2 日。窗口仅持续 12 天。一场产生于大西洋上方并沿着火箭飞行路线的热带风暴导致第一次发射尝试取消，但信使号于 UTC 时间 2004 年 8 月 3 日 6 时 16 分起飞。经过短暂的滑行之后，德尔它的第二级和助推上面级在印度洋上方相继点火，将航天器置于 0.923 AU×1.077 AU 的太阳轨道上，相对黄道倾角为相对较陡的 6.5°[136]。

航天器为了保持稳定而缓慢旋转，太阳阵展开，并将遮阳罩置于太阳的反方向，使之开始升温。实际上，由于在距离太阳 1 AU 处，不具有足以使科学仪器和加热器同时工作的能量，这时信使号在其巡航段早期开启仪器的同时，将后方对着太阳，以利用太阳的热量对电子设备进行加热。在 8 月 24 日，当某些仪器已经开启并标定之后，航天器进行了第一次轨道修正，将其日心速率修正了 18 m/s。成像系统于 11 月 29 日开启，对安装在有效载荷附件固定装置上的目标进行成像，然后利用星空和其他天体目标进行定标。利用狮子座 α 星对极紫外谱仪进行定标，利用仙后座残留的超新星对伽马谱仪进行标定。在 2005 年 3 月 8 日，磁强计的悬臂展开，在 5 月对地球和月球进行首次远距离定标成像。在地球飞越之前，使用激光高度计进行了一项测距实验，航天器接收地面望远镜发出的脉冲，然后在扫到地球盘面时发回脉冲。测量结果与多普勒无线电跟踪测量的航天器位置一致，在 2 400 万 km 的距离上仅相差 41 m！实际上，这是行星际空间所进行的仅有的第二次激光链路实验，第一次实验在 1992 年由伽利略号的科学相机实施[137]。除计划用于为未来深空任务提供宽带通信以外，这种链路还能够用于获得有关物理学和太阳系动力学的重大深入理解[138-139]。

在经过 5 次轨道修正之后，信使号开始实施其首次地球飞越，在 UTC 时间 2005 年 8 月 2 日 19 时 13 分，在蒙古中心上方 2 347 km 处飞越地球，相对速度为 10.8 km/s。与先前的任务一样，利用这个机会修正了仪器的定标结果。相机对太平洋地区和美洲的北部和南部大陆进行了成像。获取了大气层极紫外扫描数据。另外，X 射线光谱仪对月球进行了扫描，粒子和场探测仪在航天器进入我们的磁层时进行了测量。在飞离阶段，利用航天器成像结果编辑出了一段惊人的彩色视频，可以看到地球在旋转。航天器经历了有记录的最小的不规则飞越速度增量，仅调整了 0.02 mm/s[140]。

信使号（在其大面积遮阳罩之后）被安装在其运载火箭末级上方

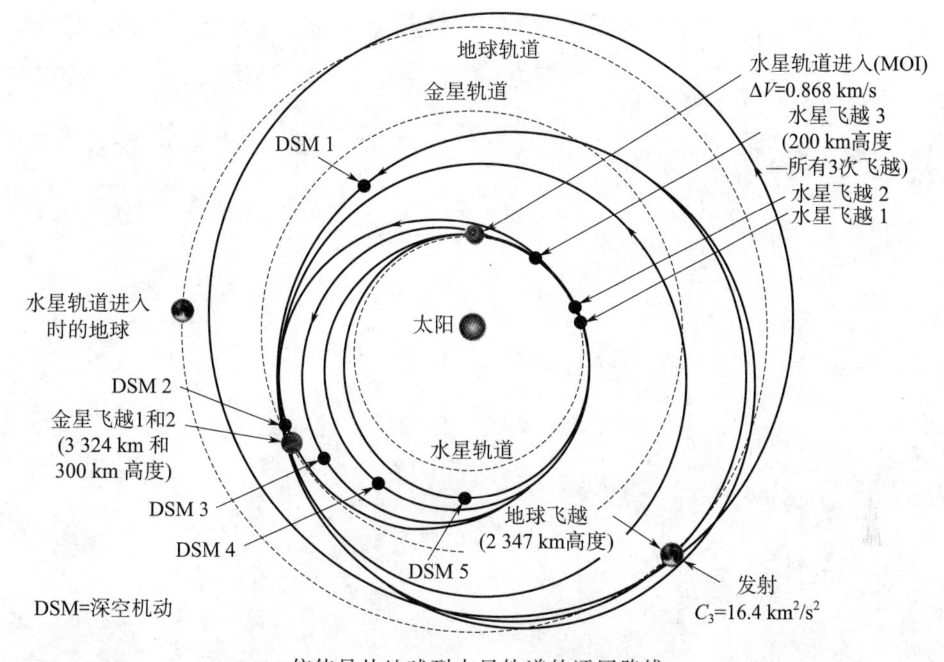

信使号从地球到水星轨道的迂回路线

这次飞越将航天器轨道（近日点）调整至 0.603 AU～1.015 AU 之间。在 12 月 12 日的第一次大的深空机动确定了第一次金星飞越的日期和几何关系，将远日点抬升至 1.054 AU。这次点火 524 s，消耗了全部推进剂的 18%，达到了 316 m/s，这预期是行星际航行中最大的一次点火。下一个里程碑是在 2006 年 10 月飞越金星。事前的几周，在 1 650 万 km 之外，从低分辨率导航系列图像中可以分辨出金星大气层的一些细节。尽管不是严格需要这次金星飞越（因为星历已经很清楚），但这次实践对水星飞越是一次有用的演练。航天器于 UTC 时间 10 月 24 日 8 时 34 分经过金星，高度为 2 987 km，相对速度为 9.07 km/s。这次高纬度的飞越形成了日食和地球掩星，但由于金星处于合日的 1.4°之内，并且带宽不足，未进行科学观测。航天器在阴影中度过 56 min，这在整个任务中是最长的 1 次阴影，使电池经过 1 次严酷的考验。这次飞越将轨道变至 0.526 AU × 0.901 AU，与金星的相匹配[141]。几个月之后，信使号将轨道进行了修正，将于 2007 年 4 月 25 日返回金星。然而，轨道机动比期望的速度增量减少了 26%。这也许是因为在点火过程中姿态控制推力器为了防止姿态抖动也进行了点火，降低了效率，使飞越距离与预期差了 200 km。无论如何，这次机动结果算是差强人意，并将在一个月之后，下次计划点火时刻调整补足。

在第二次金星飞越时，信使号将操作科学仪器对水星探测进行演练。实际上，UTC 时间 2007 年 6 月 5 日 23 时 08 分的飞越给科学观测提供了独特的机遇——因为欧洲的金星快车（对其来说更晚）已经在轨，则更是如此。地基望远镜进行互补的观测[142]。信使号由背光面到达金星，在阴影中度过大约 20 min。最近的交会点高度为 316 km，与预期仅差 1.7 km。在整个交会期间，收集了大量数据，共成像 614 张。不幸地，由于最近的

信使号地球飞越之后所见的南美洲

交会点处于正对着地球的半球之上，无法获得额外的大气无线电掩星数据。在进入阶段获得了背光面的彩色图像，然后是黑白和彩色马赛克图像。在向光面获得了高分辨率的黑白马赛克图像和红外图像，以及光度计的数据。在近红外区，经过计算机处理，减去了地表辐射之后，发现有可能对低层大气组成进行初步的研究。这项技术已利用奥瓦达区（Ovda Regio）进行过首次尝试。大气谱仪对尘埃和背光半球及晨昏线进行了扫描。还扫描了外层大气和环绕行星的氢气形成的“电晕”。收集到的紫外和红外光谱用于生成大气化学的垂直廓线。这对于金星快车在同一时间所获得的可见光和红外成像谱仪的数据是一个补充。事实上，信使号飞越了位于鲁斯卡拉平原（Rusalka Planitia）和阿弗洛狄忒高地（Aphrodite Terra）的边界，金星快车在几小时前刚刚对此区域进行观测，这就允许对两者观测进行几乎直接的比对[143-144]。其他的仪器也获得了数据。等离子和粒子探测仪研究了行星弓形激波和其他等离子体边界中的带电粒子，以及电离层和太阳风的相互作用。激光高度计获得了辐射度和云散布的数据。X射线光谱仪对大气层中每种类型所到达的最高范围进行了测量，特别是氧和碳原子。事实上，地球轨道上的望远镜已经揭示出金星是一

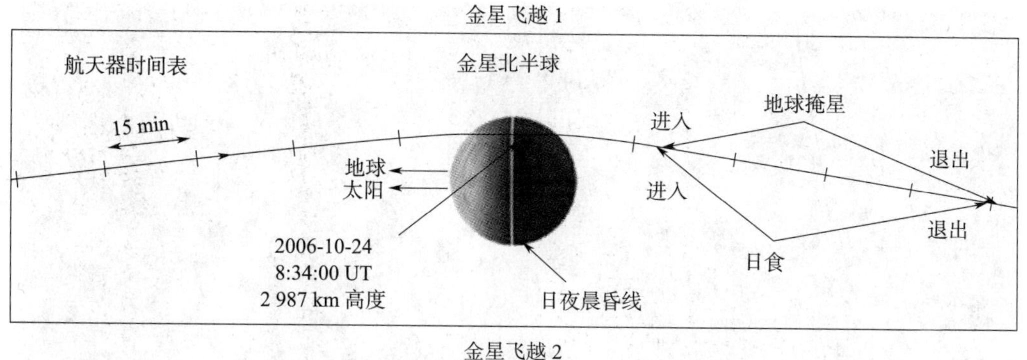

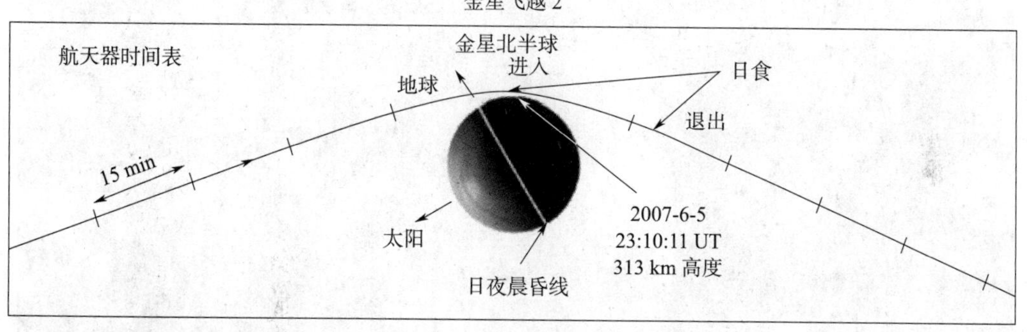

信使号 2 次金星飞越的几何关系

个弱 X 射线源，在太阳光下会发出荧光。在飞离阶段，信使号又附带着拍摄了金星的图像并编辑成一段视频。尽管航天器在第一次和第二次飞越金星时相对金星的速度仅差了 3 m/s，但更近的交会使其轨道变化更为剧烈，将其送入 0.332 AU×0.475 AU 的轨道，将会与金星轨道相交。飞越后不久，尝试进行了一次距离 10 400 万 km 的激光测距实验，但由于地球上发射机的一系列机械故障和恶劣天气的影响，使其未获成功。

9 月 1 日，信使号新轨道上的近日点距离已经比水手 10 号所探测的更为接近太阳，太阳能电池阵被转离太阳矢量方向 70°以防止过热。事实上，在其通过近日点时，航天器利用辐射光压以缓慢修正其轨道，利用这种太阳帆技术节省推进剂。水手 10 号曾经使用太阳光压稳定姿态，但这次是首次用于轨道修正。下几次飞越时，将更多采用太阳帆驱动旅行。在 10 月 17 日，航天器进行了第二次大的深空机动，进入任务中最长的一次合日。12 月 19 日，进行了 1 次 1.1 m/s 的修正，接下来 1 个月将瞄准对水星进行 1 次 200 km 的飞越。科学家近期针对该星球发布了一篇重要的论文，公布了在不同时机用雷达进行的 20 多次观测，结果给出了相当精确的水星旋转周期，有一些很小的异常难以用全固态核进行解释，这意味着至少存在部分液态核与外部的地幔和地壳是分离的。科学家们期望信使号在水星轨道上进行的重力场测量，可以给出关于这个内核尺寸的约束，从而对行星的磁场进行深入理解。在 2007 年的最后一天，它记录到 1 次太阳爆发，并及时地用伽马射线和中子谱仪记录到。这次太阳爆发喷射出了大量的高能中子，这是首次在平均尺度太阳爆发中检测到中子。随着太阳活动从 11 年的最低值开始不断增加，预期会观察到更多的事件[145]。

信使号第二次飞越接近金星（图片来源：NASA/约翰斯·霍普金斯大学应用物理实验室/华盛顿卡内基学院）

在 2008 年 1 月 9 日，信使号开始对行星进行光学导航成像。这些工作确认其正处于预期的飞行轨道上。这是信使号首次获得开展一流科学探测的机会。所有的仪器将采集数据，包括对极区进行远距离紫外扫描，以在假想的冰中搜寻排放出的氢。相机将提供彩色图像和高分辨率的黑白图像，包括立体的图像对。人们特别感兴趣的一个目标是首次获得横跨卡洛里斯盆地（Caloris Basin）直径的视图，因为在水手 10 号飞越期间，这个地区一直处于晨昏线上。科学家们期望利用多光谱滤镜对盆地及其喷出物进行成像，可以深入了解次表层物质组成。对于粒子和场，在赤道上方的低海拔飞越将提供对环境进行一次在轨不可复制的几何关系下的采样；尤其这次飞越将对行星的磁尾进行采样[146]。在真正交会时，天线将无法指向地球，因此将发射一个信标以表明航天器处于健康状态。工程和科学数据将存储在航天器上以备后续回放。

信使号到达水星时处于背光面，所处区域是水手 10 号在晨昏线上成过像的可见区域。

信使号离开金星（图片来源：NASA/约翰斯·霍普金斯大学应用物理实验室/华盛顿卡内基学院）

UTC时间2008年1月14日18时08分，发生的磁场激增表明航天器正穿过弓形激波到达磁层顶。飞越轨道相对赤道盘面仅倾斜5°。在19时05分到达最近的交会点时高度为201.4 km，位于背光面4°S、38°E，相对速度为7.1 km/s。在此期间航天器经历了14 min的日食，与地球的视线被遮挡47 min。在最近的交会点之后的3 min，航天器从行星盘的后方浮现，与地球再次可见，不久之后穿过了黎明的晨昏线。当离开时，航天器能够看到行星日照面，包括水手10号3次交会均未曾见到的21%地区。在19时19分，信使号再次穿过弓形激波，重新进入行星际磁场。2天之后，开始传输交会期间存储的500 MB的数据，包括1 213张图像。

水星之前未曾见到的部分表面具备已经见过地区的所有特征，有几百千米的裂叶状陡坡和显然由行星收缩产生的皱脊。可以看到猎兔犬断崖（Beagle Rupes）陡坡的全貌，延展至600 km多。与之前注意到的一样，许多坑大体上沿着陡坡被挤压，发生变形。研究分析揭示水星上的收缩比之前预计的平均要大 30%。新的图像表明一些陡坡在许多类似海洋的平原形成之前就已经产生了，并在其中最年轻的平原产生之后，也还在进行之中。水手 10 号带来的一个显著争议是这些平原是由火山产生还是由盆地的喷出物覆盖而产生。水手 10 号的飞越在阿波罗 16 号任务登月几年之后进行，当时在预期是火山岩的地方仅发现了撞击改变的石块，且那个时期偏向于此的科学家反对用火山作用去解释水星平原。事实上，水手 10 号的图像没有好到能够分辨出例如小圆顶和蜿蜒的沟纹等有利于证明为火山活动的地貌特征。然而，信使号能够看到沿着卡洛里斯盆地边缘的火山口和沉积物。一个 20 km 肾状的凹陷跨坐在宽阔平坦的沉积物上，几乎可以确定是火山口，还有其他一些小的不规则凹坑。

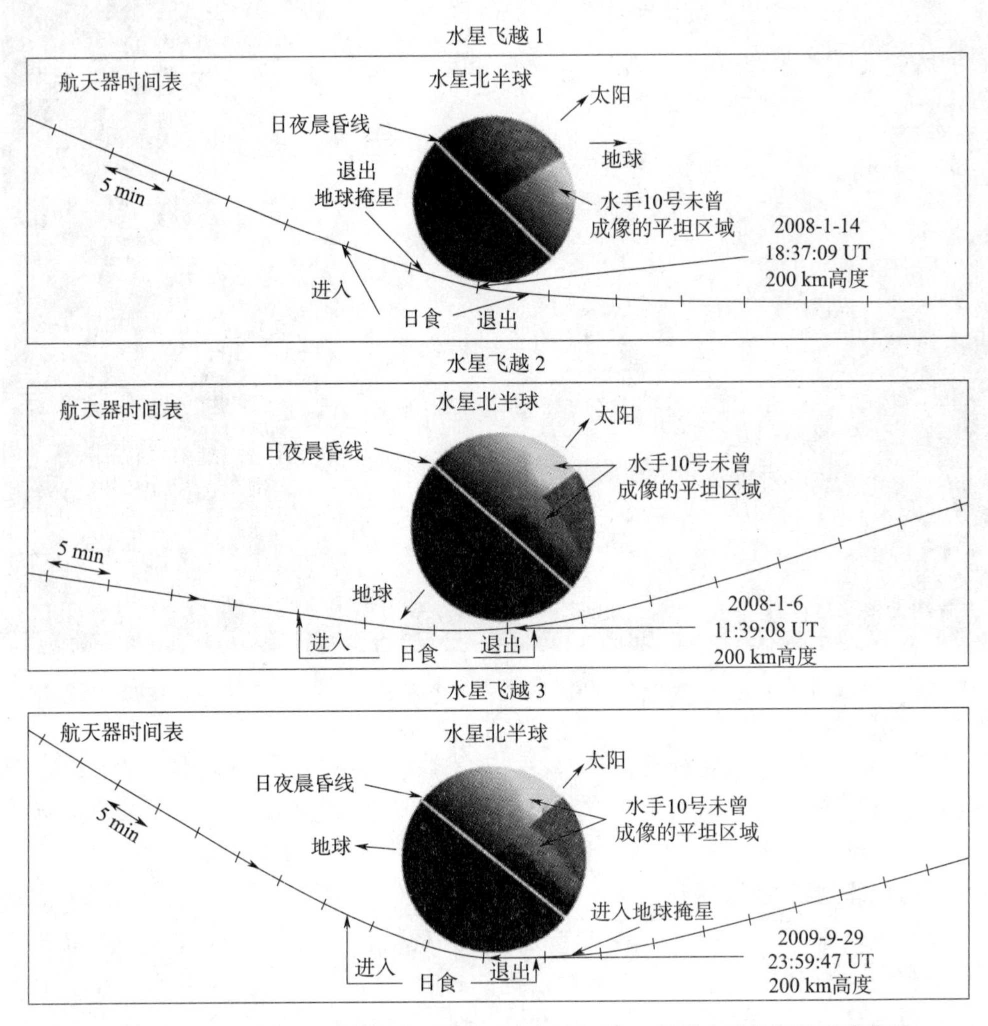

信使号三次飞越水星的几何关系。图中还给出了水手 10 号所未曾见到的半球范围

首次交会的关注点是对卡洛里斯盆地进行观测，此处地壳深度暴露最多，并且构造作用和火山作用更为明显。除了 200～300 m 分辨率的图像之外，还得到了一张 11 色的 2.4 km 分辨率图像。图像揭示了盆地的历史，从最初的撞击到岩浆从洞底深深的断裂中

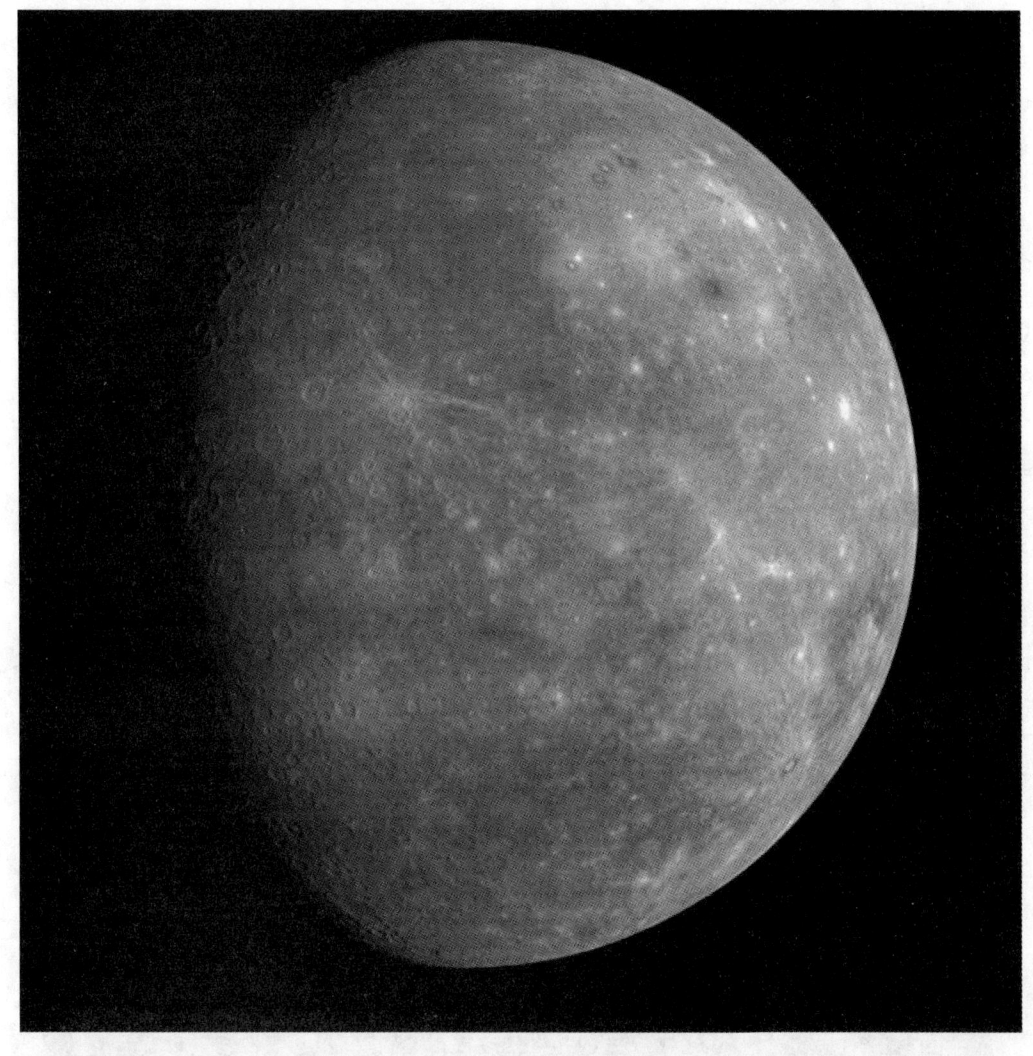

2008 年首次飞越之后离开水星。水手 10 号只看到水星最右面的四分之一。右上方亮的一圈是卡洛里斯盆地，太阳系最大的撞击坑中的一个（图片来源：NASA/约翰斯·霍普金斯大学应用物理实验室/华盛顿卡内基学院）

涌出形成内部平原，后来形成皱脊、辐射状和同心的地堑，以及坑的印记。在 1 550 km 高度，盆地的直径被证明比预想的要大 20%。在其中心附近，有一个独特的特征，一个 41 km 直径的坑坐落于许多辐射状狭长裂缝的“焦点”上，像一个蜘蛛网。万神殿槽沟，正如其命名，看起来像一个下层的火山烟柱在行星表面延展。在金星表面记录了许多类似的结构。万神殿槽沟中的地堑开始呈放射状，然后转变为穿过皱脊的多边形图案。这种外延的特征在水星上相当稀少。万神殿槽沟中心的坑被命名为阿波罗多拉斯 (Apollodorus)，纪念以构思出罗马万神殿为荣的建筑师。一个新发现的直径约 250 km 的盆地看起来相对年轻，也许不到 10 亿年，命名为拉德特拉迪（Raditladi）[147]。多光谱数据给出了表面组成成分的细节，以及由于暴露于空间环境的风化程度。

信使号第一次水星飞越时发现的不同寻常的“蜘蛛”状万神殿槽沟和阿波罗多拉斯坑
（图片来源：NASA/约翰斯·霍普金斯大学应用物理实验室/华盛顿卡内基学院）

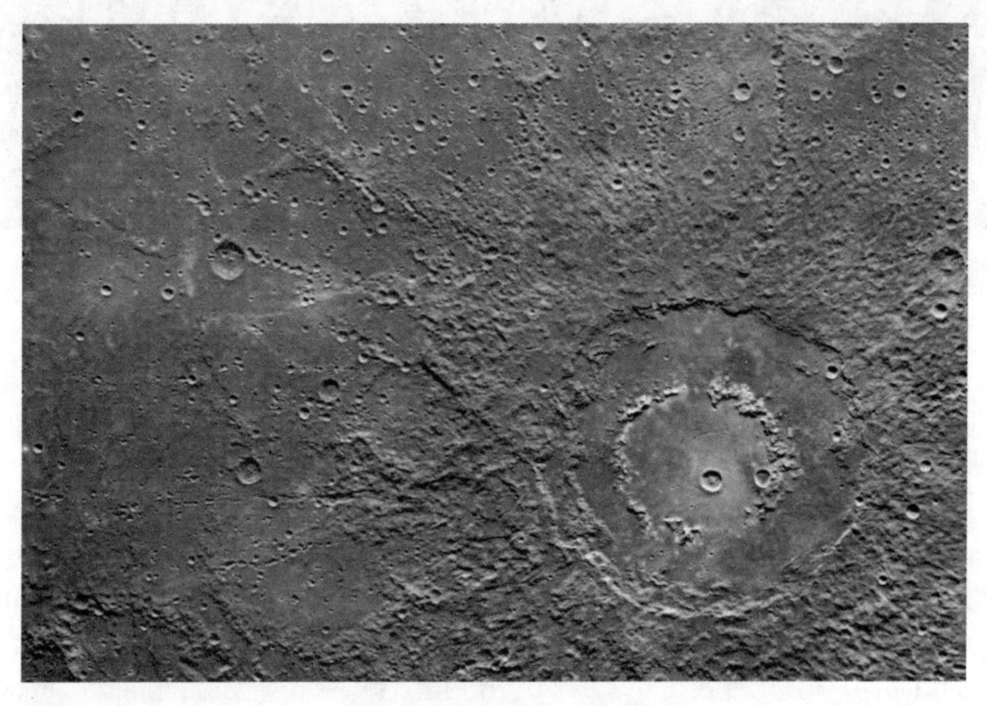

年轻的水星拉德特拉迪盆地
（图片来源：NASA/约翰斯·霍普金斯大学应用物理实验室/华盛顿卡内基学院）

当航天器飞越水星时，激光高度计测得有史以来水星表面首条高度测量数据。这个长达3 200 km的剖面跨越20%的赤道地区，但对于水手10号来说，由于其飞过时该区域位于背光面，无法观测到地形地貌，只有地基雷达的图像可用来与之关联，一直到信使号在光照条件下得到这个区域的地形数据，才和高度数据进行了结合。激光高度计在到达最近点前1 min开始收集数据，并测量了10 min。只有探测器在高度低于1 500 km时获得的激光数据被判为可用。扫描结果包含了许多可能为撞击坑的洼地，它们的剖面通常比月球撞击坑的剖面要更浅，毫无疑问这是水星的引力更强的结果。

航天器在水星的磁层内停留时间超过1 h。这条路线在几何关系上与水手10号第一次飞越的路径类似，但最近点在201 km，而不是327 km。这种相似性有利于两次探测数据包方便地进行比较。在最近点附近，信使号偶然经过了分隔磁场两极的电流薄层。自1974年以来，没有迹象表明磁场的大小或方向发生了变化。虽然磁场被首次检测到相比于纯的偶极场略有偏差，但它们的真实性值得商榷。最重要的结果是，没有发现孤立的地壳磁场异常，因此，无法表明此区域为石化的岩石地表。这加强了水星的磁场是由液体内核中活跃的发电机效应产生的例证。但这只是一次飞越，一旦航天器进入环绕水星轨道，就会彻底探查水星内部及其磁场的特性。正如预期的那样，来自水星稀薄大气的钠离子渗透进入磁层。磁层中还有氧、硅、钾、钙、与硫有关的较重离子，甚至还有很可能从位于极点“冷阱”的冰中喷溅出来的水-冰-群离子。中子谱仪表明，至少就其铁含量而言，水星的表面似乎与阿波罗（Apollo）和月球（Luna）着陆器采样的月球风化层类似。紫外光谱仪扫描了从24 500 km以外一直到航天器距离水星4 500 km位置的磁尾。沿磁尾至少在100 000 km的距离上自始至终检测到强烈的钠排放。北半球和南半球之间的大气不对称性可以反映水星或行星际介质的磁场条件[148-158]。

作为飞越的结果，信使号进入了0.313 AU×0.700 AU的共振轨道，并于1月23日到达近日点。3月中旬的深空机动和多次利用太阳帆修正了与水星第二次交会的轨道。

在6月的1次为期9天的探测活动中，航天器拍摄了位于水星和太阳之间的假想小行星带外部的240张图像。在祝融星（Vulcan）后，它们被命名为祝融小行星群（Vulcanoids），祝融星是19世纪的天文学家推测存在于水星轨道内侧的一个行星，以解释水星轨道的摄动，这些摄动后来被认为是相对论效应[159]。数值仿真表明，稳定的轨道只可能存在于黄道附近日心距为0.08 AU到0.21 AU之间的狭窄带内。靠近太阳的天体会被强烈的太阳光热量所侵蚀，而那些较远的天体会受到内行星引力的干扰。通过太阳天文台和高空飞行的飞机上的望远镜进行的日冕仪搜索，未能发现任何大于60 km的天体。更好的数据只能通过内太阳系中的航天器进行搜索来获得。信使号可以探测到尺寸小至15 km的天体。祝融小行星群的发现对于再现水星的地质历史极为重要。通过“统计撞击坑数量”对水星表面进行年代测定的过程依赖于对撞击物数量的假设。由于祝融小行星群可能曾撞击水星，它们的存在会导致撞击坑的形成，在确定年代时需要“减去”这些撞击坑的数量。除了祝融小行星群之外，此类搜索还可以检测其他假定天体，如水星的特洛伊小行星（如果存在）或轨道完全位于地球轨道内的较小的小行星（已知有几个此类天体，但使用地基望远镜非常难以发现）[160-162]。信使号的测试评估了可探测天体的极限亮度，检查了已知的小行星是否可见，并演练了一种使用遮阳板的观测技术，以确保即使视场范围非常接近太阳也没有杂散光进入相机。然而，较大的祝融小行星群（如果它们曾经存在）不太可能存活至今。动力学仿真表明，在这个小行星带中频繁地高速碰撞会使这些天体减小至千米大小的碎片，这些碎片更容易受到亚尔科夫斯基（Yarkovsky）效应的影响，并且会在相对较短的时间内坠入太阳或经受与水星引力的相互作用。如果小行星带现在减少到只有 100 个千米大小尺寸的天体，那么它们将非常难以被检测到[163]。

2008 年 10 月 6 日，信使号与水星进行了第 2 次交会。由于距上次交会水星已经过了大约 1.5 个太阳日，相反的半球现在正处于阳光下。这使得航天器能够探查水手 10 号从未见过的另外 30%的表面。在几何学关系上，这次飞越与第一次非常相似，从背光面接近，最近点发生在阴影中，并在飞离时进入白昼。然而，由于飞行路径完全位于面向地球的半球，这次没有地球掩星。在接近过程中穿过晨昏线时，可以看到以前看不见的区域，因此在航天器采用其交会姿态并中断其高增益链路之前，它传回了一些显示该区域的导航图像。UTC 时间 7 时 19 分，信使号穿过弓形激波。UTC 时间 8 时 40 分，它到达最近点，高度为 199.4 km（期望值为 200 km，这次飞越比之前飞越太阳系天体的任何任务都更准确）。一旦照亮的地形变得可见，信使号就开始拍照。在 8 时 53 分，它穿过弓形激波回到行星际介质。这次共获得 1 287 张照片。

信使号的两次飞越将自水手 10 号开始的水星详查覆盖率提高到 90%以上。本次照亮的半球包括了明亮的柯伊伯（Kuiper）撞击坑，它是水手 10 号首次水星交会时获得的首批小尺度特征之一。这个半球平均看起来更平滑，有点类似于月球的正面通常比背面更平滑的情况。这可能表明两个半球的内部结构存在差异或撞击物到达方向上存在偏差。这个半球有一个明亮的且明显新形成的 85 km 大小的撞击坑，后来以日本画家葛饰北斋（Hokusai）的名字命名，他曾经从雷达的探测数据中推断出这个撞击坑。一个拥有细辐射纹的溅射复杂系统延伸了 4 500 km，横贯水星全球，几乎到了它的对跖点①。它是月球第谷（Tycho）撞击坑壮观的辐射纹的两倍。实际上，溅射物的最明亮部分最靠近撞击坑，已经被望远镜观察到了。同时可见的另一个大型撞击坑也是从雷达观测中得知的，那时它被解释为盾形火山[164]。“斯基纳卡斯”（Skinakas）盆地应该是清晰可见的，但没有发现它的存在，从而证明对它早期的识别是错误的。然而，在接近过程中，信使号在可见半球的晨昏线上发现了直径约 715 km 的盆地，它被命名为伦勃朗（Rembrandt）盆地。它只是被火山平原中度地淹没了，因此与月球上的东海（Mare Orientale）相似。来自信使号首次飞越的图像使完整的伦勃朗盆地得以测绘，揭示了由收缩和伸展交叠产生的“轮和辐条”山脊的显著网络。叠加在这个盆地上的地形是长 1000 km 的部分陡坡，这是水星上发现的最长的陡坡[165]。随着大量的表面地形被最终记录下来，科学家有可能做出一些初步的归纳。特别是光滑的平原在全球范围内的分布覆盖了水星的 40%，其中大部分是火山发

---

① 球面上任一点与球心的连线会交球面于另一点，即位于球体直径两端的点，这两点互成为对跖点。——译者注

源地。多光谱数据还显示出岩浆成分的不同。表面的主要部分似乎是低反射率的有点蓝色的地形，这可能是富含铁和富含钛的物质被撞击挖掘出来的结果[166]。

信使号第 2 次飞越后拍摄的水星图像。注意到明亮的辐射纹似乎源于顶部的撞击坑
（图片来源：NASA/约翰斯·霍普金斯大学应用物理实验室/华盛顿卡内基学院）

新的图像使从第 1 次飞越得到的激光高度测量数据能够置于地形环境中。此外，当前飞越的长达 4 000 km 的条带之前曾被航天器进行过成像。这恰好包括一处 1 km 高的悬崖，其剖面令科学家相信它确实是由水星内部收缩而压缩产生。这个结果对地壳结构进行了一定的约束[167]。

表面和大气成分探测仪获得了大约 380 个光谱，从航天器刚穿过晨昏线开始一直到行星离开仪器视场结束。除了绘制外大气层及其尾部已知原子和离子的分布外，探测结果还首次在外大气层尾部确认了镁的存在[168-169]。

信使号在第 2 次水星飞越接近阶段拍摄的图像，伦勃朗盆地跨在晨昏线的两侧
（图片来源：NASA/约翰斯·霍普金斯大学应用物理实验室/华盛顿卡内基学院）

信使号的两次赤道飞越经过不同的经度，与水手 10 号的 1 次极地飞越和 1 次赤道飞越探测相结合，能够对水星磁场结构进行粗略的重构。研究发现行星相对两侧的磁场强度几乎相等，这意味着偶极子的轴线与自转轴只存在几度的偏差。这个发现支持了一个假设，即磁场是液态金属内核运动的结果。第 2 次飞越允许对行星磁层的结构进行特别详细

在信使号第 3 次水星飞越时，首次发现了 290 km 大小双坑壁的拉赫玛尼诺夫（Rachmaninoff）撞击盆地
（图片来源：NASA/约翰斯·霍普金斯大学应用物理实验室/华盛顿卡内基学院）

的研究。结果表明，行星际介质能够在“多孔的”磁层顶中的多条开放路径到达水星，当行星际磁场与水星磁场相连时会发生“重连事件”。所有这些现象在地球上也曾被观察到，但它们显然在水星上更频繁，可能也影响了水星表面和外大气层的演化。信使号也遇到了一个磁约束的等离子体泡，时间持续了 4 s，使得水星成为第 4 个被观测到这种“等离子体团”的行星——其他是地球、木星和土星[170-171]。虽然与月球相似（其中磁异常发生在大型撞击盆地和月海的对面），科学家一直认为磁异常会出现在卡洛里斯盆地的对面，但在接近水星时没有发现明显的磁异常。不幸的是，一旦信使号进入环绕水星轨道，这个区域很难进行勘察，因为它位于南半球并且远离近拱点所在的北纬地区，它在视线范围内时航天器处于较高的高度。由于月球上的磁异常保护了这些区域的表面免受太阳风的暗化效

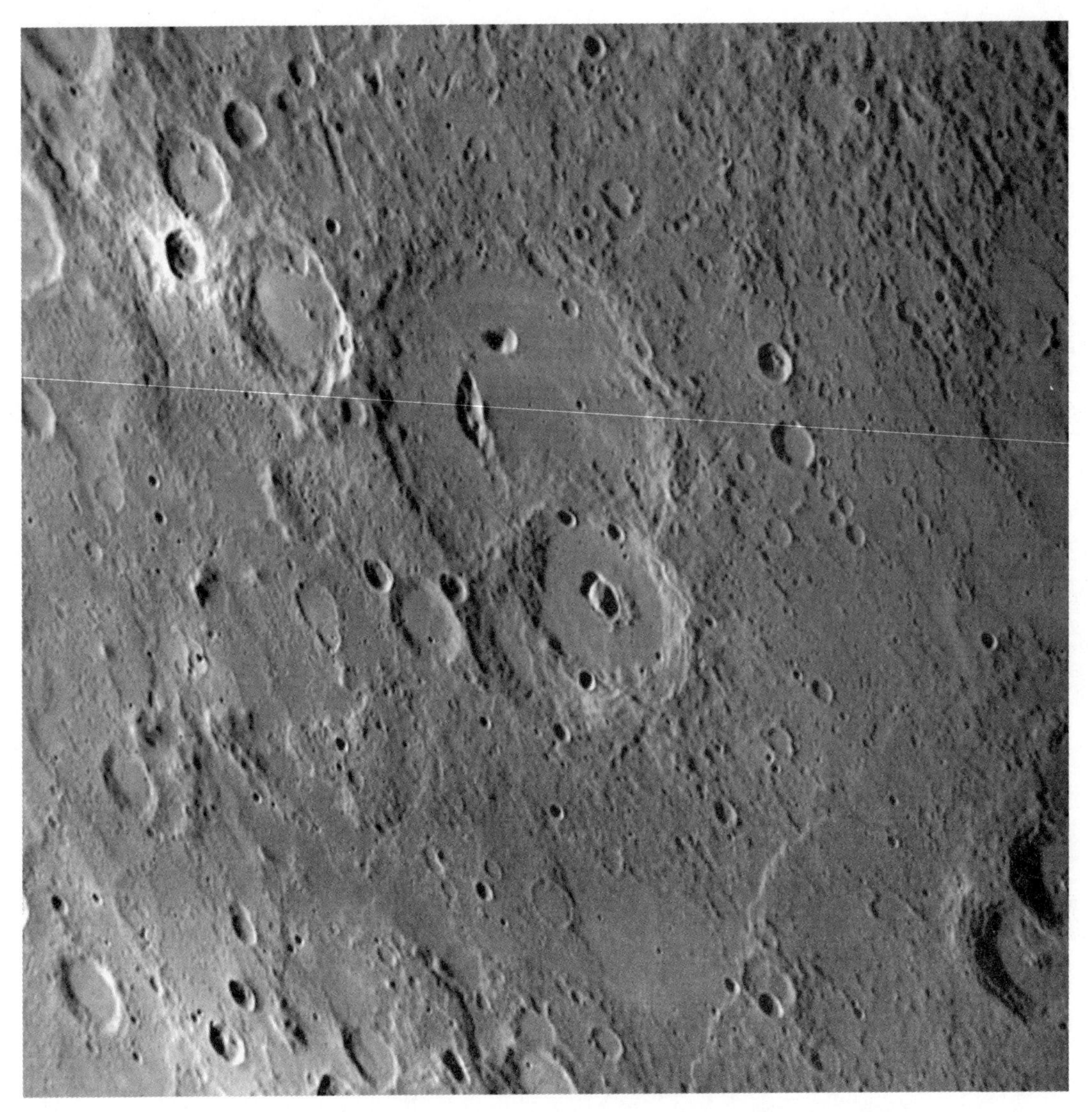

一些明显能看出火山坑和水星撞击坑底部洼地的实例

（图片来源：NASA/约翰斯·霍普金斯大学应用物理实验室/华盛顿卡内基学院）

应的影响，这些地方通常呈现为明亮的“旋涡”。在信使号的图像中搜索旋涡不仅被证明一无所获，而且还确定了水手 10 号图片中存在的几种可能性来自不同的起源[172]。信使号两次飞越时小的轨道摄动也许是由局部“质量瘤”引起的，“质量瘤”可能是由大型盆地的岩浆填充（与月球相似）产生。这些潜在的异常现象将在任务的环绕阶段进行进一步研究[173-174]。

第 2 次飞越使信使号的轨道再次缩小，现在介于 0.302 AU 和 0.630 AU 之间。12 月进行的一次两部分机动将日心速度改变了 247 m/s，以瞄准第 3 次和最后一次飞越。在 2009 年 2 月的近拱点时，为期 5 天的探测活动获得了超过 256 张太阳东侧和西侧区域的图像，以便第 2 次搜索祝融小行星群。

从地球上拍摄的水星高分辨率图像中，人们已经注意到水星上这个可能是火山形成的不规则洼地周围的明亮光晕（图片来源：NASA/约翰斯·霍普金斯大学应用物理实验室/华盛顿卡内基学院）

第 3 次交会与第 2 次交会非常相似，发生在相同的轨道位置，第 3 次交会几乎正好在第 2 次交会的 2 个太阳日以后，所以看到的是同一个水星半球。然而，这次在接近过程中将观察到水星的一个未曾见过的小部分区域，从而几乎完成了除极区之外的水星完整勘察。第 2 次和第 3 次交会几乎相同的情况允许科学家规划几个观测重点。在交会 8 天前至交会 21 天之后拍摄了长时间曝光的图像，以便构建水星在不同波长反射光线情况的更精确的曲线，并搜索尺寸小至 100 m 的卫星。然后，窄视场相机在飞离过程中获得了南半球的高分辨率图像，以补充第 2 次飞越所获得的北半球的覆盖范围。此外，由于水星的引力使轨道弯曲了将近 50°，相机在交会的飞近和飞离过程中可以拍摄部分表面的图像。与此同时，表面成分探测仪将研究水星上 11 个预选目标。这也是在赤道附近纬度探测水星磁场的最后机会[175]。

接近阶段顺利进行。在望远镜图像中以及第 2 次交会过程中在水星边缘上看到的一个亮点被解析出来，其显示为一个无边缘的形状不规则的洼地，跨度约 30 km，被明亮的光环包围。尽管光环被怀疑是火山，但这个特征的起源仍然无法解释。图像中可以看到一个 290 km 宽的撞击盆地，类似于拉德特拉迪（Raditladi）盆地。它的底部叠加了非常少的撞击坑，表明它在形成后被岩浆淹没，这将使它成为水星上火山活动最近期的例证之一。东北方向的不规则洼地可能标示出火山口的位置。该盆地后来被命名为拉赫玛尼诺夫（Rachmaninoff），其年龄估计为 10 亿年。拉赫玛尼诺夫盆地有一个完整的第二层坑壁，并且在西南方向可以看到部分第三层环。伦勃朗（Rembrandt）盆地也是可见的，横跨晨昏线。信使号在几个撞击坑中发现了火山活动进一步的证据，这些撞击坑的底部有不规则形状的凹坑，其中一些非常壮观。信使号在 UTC 时间 20 时 56 分穿过弓形激波，并于 21 时 28 分进入磁层顶。在经过磁尾时，可以看到磁场在仅仅几分钟内增加了数倍。探测器多次遇到了向磁尾方向运动的等离子体团[176-177]。探测器在到达最近点前 14 min 进入水星的阴影锥，将使用电池供电 18 min。然而，在阴影中 10 min 后，在到达最近点 4 min 前，来自航天器的信号意外丢失了。显然，它的故障管理系统检测到了阴影中的电池供电问题，中断了包括科学观测在内的所有活动，并将航天器置于“安全模式”，等待地球的干预。与此同时，UTC 时间 2009 年 9 月 29 日 21 时 55 分，信使号在距离水星表面 228 km 的高度上方经过。由于航天器的日心轨道现在与水星的轨道近似，交会的相对速度仅为 1.5 km/s。信使号从阴影中出现后仅 4 min，从地球的角度来看它被水星的圆盘所遮掩，因此在 52 min 后它从掩星中再次出现，地面才开始尝试对探测器进行重新控制。问题出现后约 6.5 h，信使号恢复正常运行，航天器上存储的数据被传回地球以确定发生了什么。对于接近段的所有观测都已成功进行并完成了数据存储，但飞离段的观测失败了，包括远距离的卫星搜索。直至进入安全模式前良好的中子谱仪数据被下传。同第 1 次飞越期间获得的光谱一起，该数据显示水星表面出乎意料地富含铁和钛。众所周知，硅酸铁在水星上非常罕见，因此这种元素必须以其他形式存在。事实上，在此之前，水星一直是个谜，因为它是考虑相对体积具有最大金属内核的类地行星，但在其表面没有检测到铁。紫外光谱仪绘制了包括两极在内的行星外逸层的钠、镁和钙，这在以前的交会中没有看到。由于行星际环境条件的变化，穿过的中性钠尾比第 2 次飞越更微弱。然而，钙和镁的密度增加了。值得注意的是，两极上方的镁和钙浓度是不对称的，而钠的浓度却是对称的。第 1 次观察到的钙离子位于顺风方向距离水星几个水星半径的位置，异常集中在靠近赤道平面的小区域[178]。尽管信使号进入了安全模式，但飞越的主要目标仍然成功实现，即航天器进入其最终的 0.303 AU×0.567 AU 太阳轨道。

科研人员计划在 2009 年 11 月进行 1 次时长为 3.3 min、速度增量为 177 m/s 的点火，航天器将于 2011 年 3 月返回水星，届时进入环绕水星轨道。2010 年年初对水星轨道操作进行了演练。与此同时，任务继续在近日点附近寻找祝融小行星群。在这些观测过程中，它的相机碰巧对已知的太阳系天体进行了成像，包括地月系统。

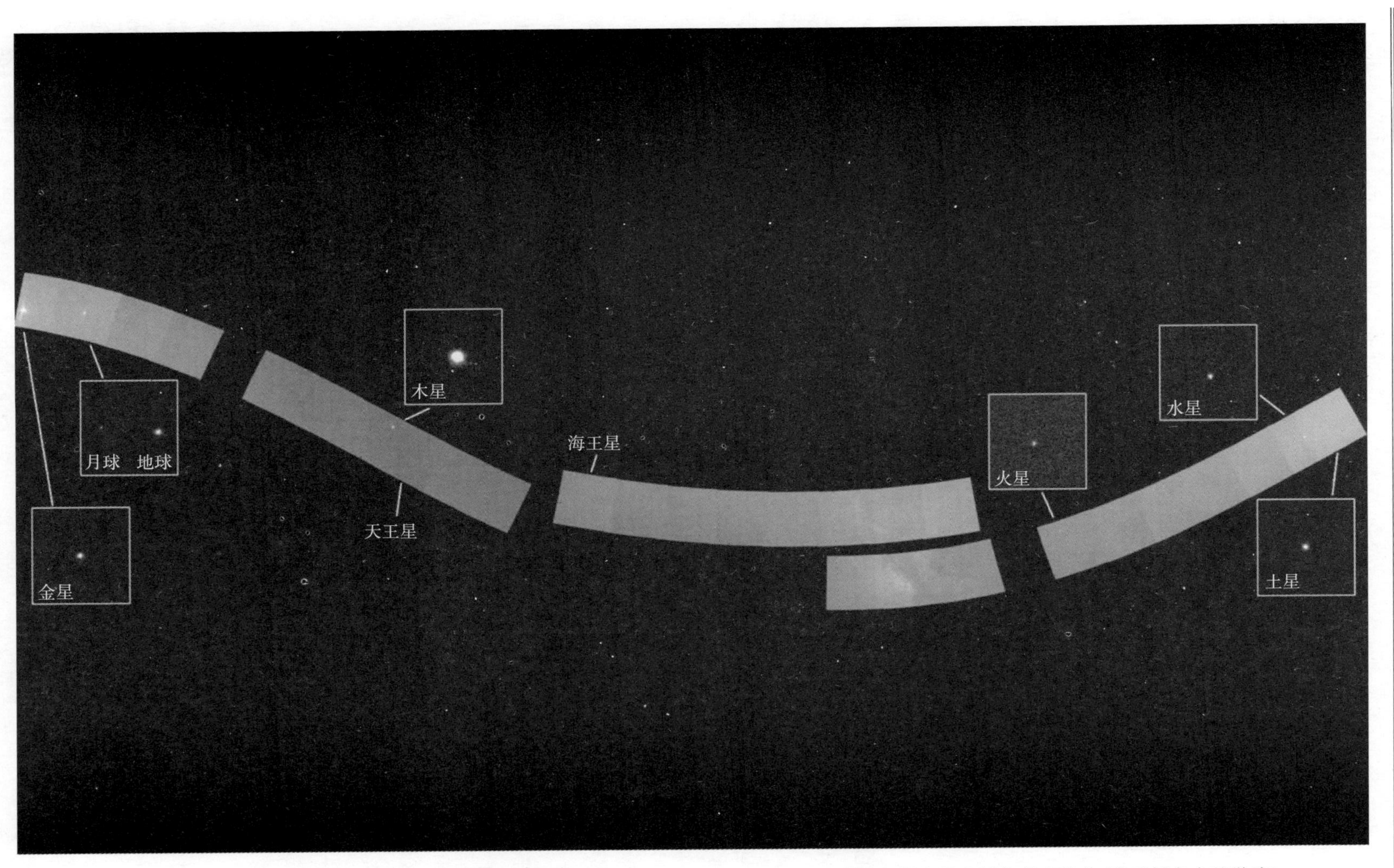

2010 年 11 月，信使号“从内侧”拍摄的太阳系的全家福（图片来源：NASA/约翰斯·霍普金斯大学应用物理实验室/华盛顿卡内基学院）

11 月 3 日，信使号的相机扫描了黄道面，并“从内到外”拍摄了太阳系的全景，补充了 1990 年旅行者 1 号从海王星轨道外拍摄的图像。11 月 16 日，信使号拍摄的另外一些图像完成了整个黄道的扫描。该图像由 34 个广角帧加上由窄视场相机拍摄的嵌入图像组成。除了天王星和海王星之外，太阳系的所有行星都是可见的，而天王星和海王星过于模糊和遥远。同样可见的是地球的月球和木星的伽利略卫星。银河系的一小部分穿过拼接图。

信使号于 2011 年 3 月返回水星，准备进行轨道进入。在点火前约 48 h，航天器调整姿态将其高增益天线指向地球，同时还关闭了除伽马射线光谱仪之外的所有仪器，并设置伽马射线光谱仪处于待机状态。与大多数行星轨道进入过程不同，这次将在与地球可见时进行，没有掩星和信号丢失。但是由于探测器姿态的原因，在点火期间的通信将很困难，地球上接收的信号比平常情况下更微弱。出于这个原因，将位于加利福尼亚州金石深空网的多个天线作为一个阵列运行，包括 1 个最大 70 m 的碟形天线和 3 个较小的天线。3 月 18 日，信使号调整其推力器方向与飞行方向一致，然后在 UTC 时间 00 时 45 分发动机开始工作。15 min 的点火消耗了初始装载推进剂的约 31%（185 kg），剩余不到 10%的推进剂在环绕轨道任务期间使用。这次变轨将航天器的速度降低了 862 m/s，并制动成为 207 km×15 261 km 的轨道，周期为 12.07 h，非常接近预期值。按计划，轨道倾角为 82.5°，在约 4 900 km 的高度（北行）和 1 200 km 的高度（南行）穿越赤道，轨道平面最初几乎垂直于水星同太阳的连线，这样的轨道可以确保探测器能够飞越温度条件良好的晨昏线，并且一直保持在光照条件下。

在 6 年半的行星际巡航之后，信使号就此成为水星的第一颗人造卫星。到目前为止，自古以来已知的所有行星都至少接受过一个轨道探测器的拜访。点火结束 10 min 后，航天器转向地球并传回了它在机动过程中记录的工程遥测数据，确认它确实在环绕水星的轨道上，轨道参数近乎完美，不需要进行修正机动。从 3 月 23 日开始，仪器开机、检查和校准。从 UTC 时间 3 月 29 日 9 时 20 分开始的超过 6 h 里，相机拍摄了 364 张照片。这与水手 10 号首次飞越的日期恰好相同。第一圈轨道拍摄的水星图像覆盖了南极、又兵卫（Matabei）撞击坑和德彪西（Debussy）撞击坑及其广阔的辐射纹，以及附近未曾看见过的区域。一旦确定了信使号的轨道，就可以设计出科学探测的工作序列，并且可以计算其未来位置以确定仪器指向。4 月 4 日开始进行常规的科学观测。在任务的早期阶段，这些相机首次看到了与卡洛里斯盆地相对的、从地质学角度来讲复杂的地形，这是自水手 10 号飞越以来尚未看到的区域。这个区域代表了巨大盆地形成时造成的地震波聚焦的地点，并形成了混杂的山丘和破碎的地形。

信使号于 5 月 6 日开始了第 100 圈轨道的运行，这与它首次经过任务具有挑战性阶段的时间相同，当时近拱点发生在当地中午，面向水星上最温暖的地带。在此期间，探测器进行了超过 7 000 万次磁场测量，并获得了水星表面 300 000 个红外光谱、12 000 个 X 射线光谱和 9 000 个伽马射线光谱以及 16 000 幅图像。激光高度计绘制了北半球的大部分地区。实际上，它的首个条带拍摄了一个雷达明亮的极地永久阴影撞击坑，并测量了它的坑底深度。6 月 13 日，当探测器经历了为期 4 天的合日时，它完成了第一个 88 天的轨道运

这是信使号进入环绕轨道后拍摄的第 1 张水星图像。它于 2011 年 3 月 29 日由窄视场相机拍摄，分辨率约为每像素 380 m（图片来源：NASA/约翰斯 · 霍普金斯大学应用物理实验室/华盛顿卡内基学院）

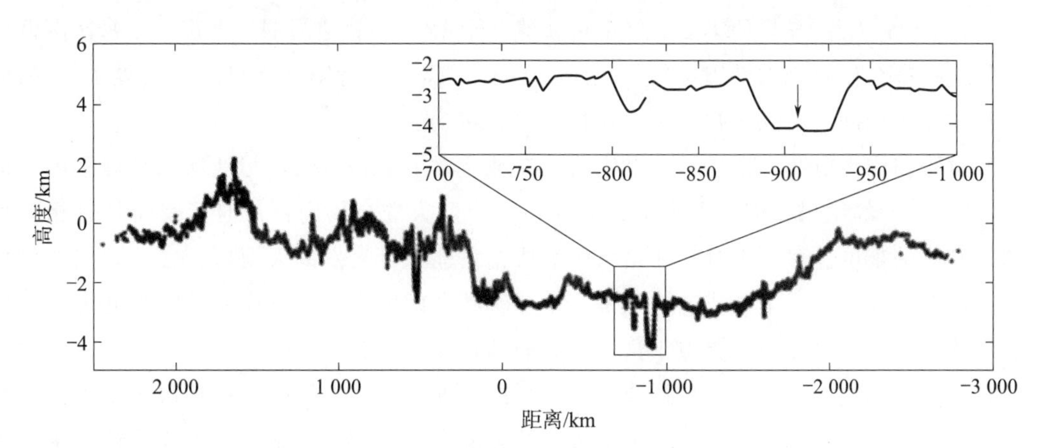

这是信使号在水星第一圈轨道上激光高度计扫描的条带。该图显示了一个带有中央峰的撞击坑的细节（图片来源：NASA/约翰斯 · 霍普金斯大学应用物理实验室/华盛顿卡内基学院）

这张图像是 2011 年 5 月 17 日由信使号上的广角相机在远拱点拍摄的。与表面特写图像相比，它清楚地显示了椭圆轨道的高度范围（图片来源：NASA/约翰斯·霍普金斯大学应用物理实验室/华盛顿卡内基学院）

行，相当于一个完整的水星年。两天后，第一次轨道修正机动将近拱点从 506 km 降低到 200 km。为了防止近拱点漂移至 500 km 以上，每个水星年需要进行一次轨道修正。由于指向限制，这些机动只能在每个水星年的两个窗口期间进行，每个窗口仅持续几个地球日。1 个月后，7 月 16 日的第 2 次修正重新建立了 12 h 的轨道周期。事实上，每次降低近拱点的机动都会使轨道周期缩短约 15 min。因此，需要进行第 2 次机动以恢复 12 h 的周期。在主任务期间，总共将执行 3 次这样的组合机动。

X 射线和伽马射线光谱显示水星的组成在地质学上是独特的，与地球或月球不同，证实了水手 10 号的结果，即尽管水星可能存在一个巨大的金属内核，但其表面具有相对较低的铁和钛的丰度。表面百分之几是由硫组成，可能来自喷发的火山口。含硫和铁的矿物质是在没有氧气的情况下形成的，这是合乎逻辑的，因为含氧分子在靠近太阳的位置很少见。总的来说，表面的成分类似于富含金属的球粒陨石。伽马射线光谱仪测量了钾元素和钍元素的相对比例，以获得水星形成时太阳系的温度数据。水星的钾钍相对比率与其他类地行星的比率相似，比月球大一个数量级。这证明了水星没有耗尽如钾等挥发性元素，并且表明这样一个具有高比例铁质内核的小行星的形成不需要极端条件，特别是不需要高温过程，例如需要早期的剧烈碰撞或异常猛烈活动的年轻太阳。

北极地区的图像描绘了相对年轻的火山平原，它们覆盖了整个水星表面的近 6% 的范围。玄武岩熔岩的平稳流动填补了地势低洼的地带，完全或部分掩埋了较为古老的撞击坑，并显示出如同泪珠状“岛屿”的巨大流动前沿，类似于火星洪水地形。被掩埋的大型撞击坑的存在表明玄武岩层厚度可达 2 km。靠近平原的几千米宽的坑群显然是熔岩喷发口。火山流中的坑比周围地形中的坑少得多，其年代估计为 38 亿年，与卡洛里斯盆地相似。在前 9 个月的工作中，采集了超过 400 万个激光高度计测点，结果表明水星的北半球比月球或火星更平坦，高度范围小于 10 km。此外，北部平原位于比周围地形深 2 km 的洼地处。在极点的低地可能是由于水星自转轴的重新定向，使其位置与最大惯性轴一致。同样的现象导致小行星和彗星沿着它们的最短轴旋转，并且这可能是土卫二在其南极有虎纹和液体次表层水的原因。平原内是一个 950 km 宽的高地和没有对应地形的重力异常区，并且这可能是岩浆灌入导致地壳变形的证据。同样，高度测量表明卡洛里斯盆地底部的北侧部分地区向上隆起，超过了边缘的高度。激光高度计观测了极地的永久阴影坑，仅在主任务期间就在极地地区进行了超过 400 万次地形测量和 200 万次反射率测量。通过雷达观测，科学家怀疑在北半球中纬度地区的撞击坑内存在冰沉积物，但其只产生了微弱的返回信号，这与假定存在的水冰板块不相符。由此得出结论，这些冰沉积物一定是埋在对于雷达信号透明的贫冰黑暗物质以下，这种物质富含有机分子，类似于彗星表面的包层。事实上，在这样的纬度，冰可以稳定存在，如果埋在一层隔热物质下面，它就不会升华。在高纬度地区，当撞击坑的底部变得足够冷时，暴露的冰将能够存在。因此，同位于北纬 85° 左右的普罗科菲耶夫（Prokofiev）（横跨 108 km）和康定斯基（Kandinsky）（62 km）大型撞击坑中的激光明亮区域被解释为暴露的冰。相机提供了极地存在冰进一步的证据，通过在地球上发现的所有已知的雷达明亮沉积物与至少部分坑底处于永久阴影中的陡壁极地撞击坑相匹配的事实进行了验证。中子谱仪提供了冰存在的确切证据，它检测到北极上存在的快中子数比赤道上的数量少了几个百分点，这表明存在水分子分解产生的氢。由于探测器飞经北极的高度相对较高，高达 600 km，无法识别单个沉积物，但被认为是彗星和富含水的小行星撞击水星时暴露出的冰块，接着是极地坑中水分子的迁移和冷阱。冰沉积物可能有几百万年的历史，水星自转轴方向的相对稳定性有助于它们的长期保存，这是行星自转轨道共振的附带效果。

在水手 10 号图像中观察到的一些撞击坑底部的明亮区域被解析为不规则的浅洼地群，缺乏易于辨识的边缘，但具有明亮的内部和光晕，大小从几十米到几千米不等。这些洼地看起来撞击坑相对较少，意味着它们很年轻，因此它们代表了近期活动的区域。这里包括整个水星上一些最亮的点。浅层被解释为表面坍塌的位置，由于受到撞击和暴露于太阳高温下，挥发物从极深的位置升华或释放到表面。这个区域内的台地和山丘可以代表原始表面的未被破坏的剩余部分。从某种意义上说，浅层可能类似于火星一年形成一次的“瑞士奶酪”地形，尽管它们的形成过程要慢得多。在北部火山平原上没有一个类似的空洞。

航天器的无线电跟踪数据结合高度测量数据探测了水星的内部，揭示了一个不同于任何其他岩石、类地行星内部的复杂结构。部分熔融的铁芯似乎占据了水星半径的 83%

2011 年 3 月 29 日，北极的光滑平原的图像，靠近葛饰北斋撞击坑
（图片来源：NASA/约翰斯·霍普金斯大学应用物理实验室/华盛顿卡内基学院）

(2 030 km)，地幔和地壳共同构成了剩余的 400 km。此外，这种外壳似乎具有较高的平均密度，但由于如铁和钛等重元素在表面上很少见，表明存在高密度物质的“储层”，并假设其由致密层组成，可能包括硫化铁，夹在内核和地幔之间，厚度达 200 km。有趣的是，这层会是电导体，其将会屏蔽并削弱熔融内核的强磁场。

信使号详细绘制了北半球的磁场，发现磁轴相对于自转轴只倾斜了几度。此外，磁场似乎向北移动了约 480 km，导致北部地区的磁场比南部更强。这个特征可以揭示最初产生磁场的机理。事实上，像地球一样的内核发电机产生的场将是对称的。与天王星和海王星偏移的非轴磁场不同，水星的磁场不是在内核中产生，而是出现在内核和地幔之间的边界附近。另一方面，水星附近的高能电子表明磁场太弱而无法形成真正的辐射带，这使得水星成为唯一一个没有范艾伦辐射带的“有磁性”行星。但是根据探测数据和行星动力学的仿真结果，科学家怀疑在距离水星表面 1/2 水星半径处存在一个准捕获粒子带。鉴于它的形状，水星的磁层与地球的磁层一样只允许太阳风离子从高纬度进入，特别是由于南半球磁场的偏移，信使号只能在远距离观测。太阳风离子到达表面时，会腐蚀岩石并将原子释放到外大气层。因此，北极被确定为钠、氧以及外逸层的水相关离子的重要来源。氦也是存在的，由于水星磁层仅提供了一个微弱的屏障，氦可能是在被太阳风注入水星表面之后释放出来的[179-192]。

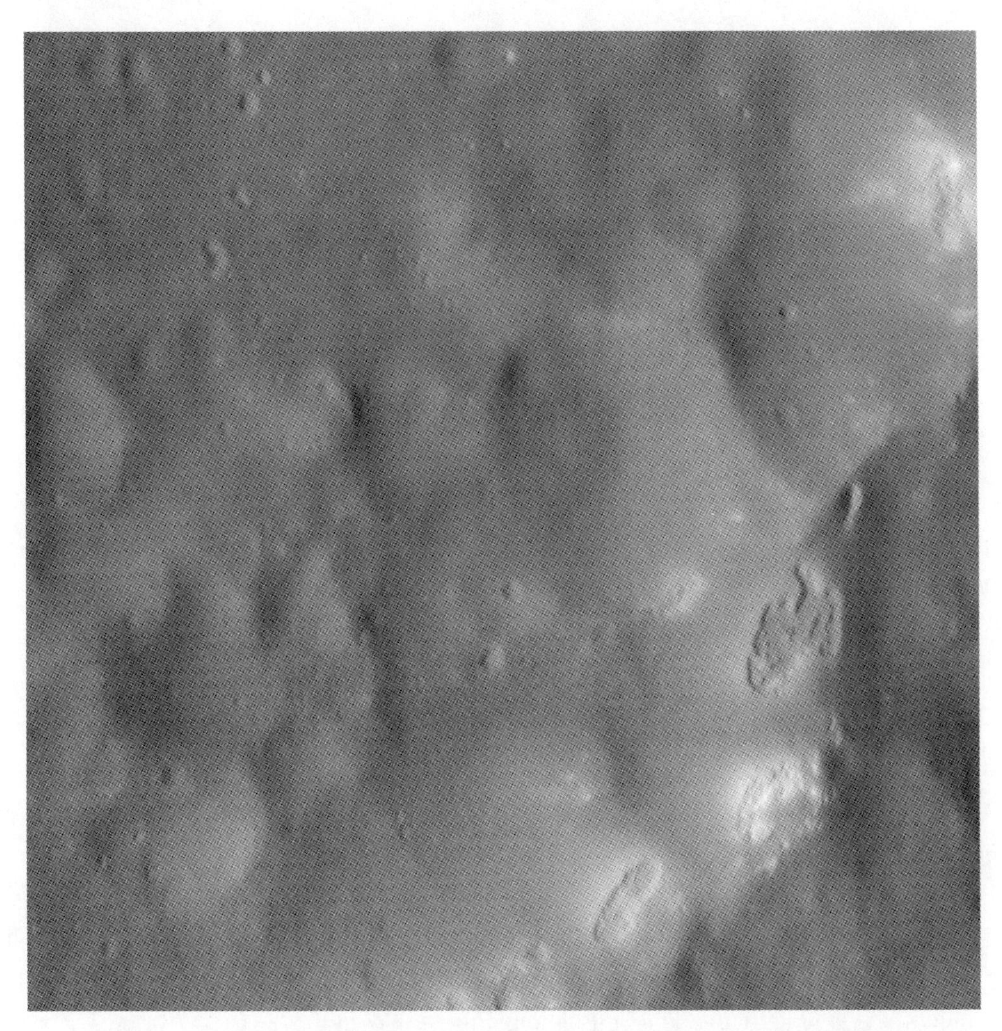

在一个 170 km 的撞击坑的中心环上形成了空洞。这幅图像的分辨率约为 15 m
（图片来源：NASA/约翰斯·霍普金斯大学应用物理实验室/华盛顿卡内基学院）

在主任务结束时，信使号任务延长了 12 个月至 2013 年 3 月，以便进行更有针对性的观测，并研究水星环境对不断变化的太阳活动的响应，因为太阳活动将达到新的最大值。在主任务期间，伽马射线光谱仪产生了超过 38 000 个光谱，其中超过 15 000 个是在低空获得的；相机拍摄了 34 834 张图像，分辨率为 160 m，覆盖了 99.9%的水星表面，并且立体覆盖了 92.5%的表面。信使号获得了分辨率为 880 m 的全球多光谱图，并且获得了近1 200 万个激光测高点。伽马射线光谱仪在冷却器失效时必须关闭，除了伽马射线光谱仪之外，航天器看起来整体状态良好。

在 97 km 的蒂亚格拉贾撞击坑底部有一大片山谷
（图片来源：NASA/约翰斯·霍普金斯大学应用物理实验室/华盛顿卡内基学院）

2012 年 3 月和 4 月，信使号实施了一系列的机动（3 次）以修正其轨道，将近拱点降低至 200 km 并将轨道周期缩短至 8 h，以便为仪器提供更多在低空观测的时间，特别针对永久阴影的极地地区。同样需要关注的是神秘山谷产生的过程，特别地，可通过搜寻随时间变化情况，并对其进行更高分辨率成像。此外，相机将以与主任务相近的分辨率绘制水星地形图，但以不同的几何关系和入射角。远拱点附近的空闲时间可用于进一步搜索祝融小行星群和水星的卫星。对于 4 月 16 日该系列的第 2 次机动，所有氧化剂都被故意点火耗尽，速度增量为 53.5 m/s 的机动将轨道周期缩短了近 3 h。这意味着后续的任何机动必须使用单组元推进剂推力器。4 月 20 日进行的最后 4 min 机动建立了大小为 278 km×10 134 km、周期为 8 h 的轨道，它比周期为 12 h 的轨道更好，可以抵抗由太阳引力摄动引起的近拱点衰减。贮箱中残留约 12.5kg 推进剂。到第一次扩展任务结束时，摄动已使近拱点纬度从最初的 60°N 移动到 84°N，基本上位于极点上方。这使得对永久阴影坑的近距离研究成为可能。

当扩展任务于 2013 年 3 月结束时，NASA 正面临预算问题，尚未决定是否批准第二次扩展任务。在做出正式决定之前，NASA 要求负责管理任务的团队继续进行航天器和科学仪器的日常操作，科学观测因此可继续开展。信使号在 5 月的上旬进入上合位置。5 月 10 日，太阳日冕物质抛射穿过了我们看向水星的视线方向，无线电信号被用于研究太阳日冕的磁场。2013 年 2 月和 7 月，信使号进行了搜索，旨在 2.5 倍至 25 倍水星半径距离范围内，探测小至 100 m 可能的水星卫星。在第 2 次勘察过程中，航天器也碰巧拍摄了 6 张地球和月球的图像，距离约 1 亿 km。

11 月，信使号利用两颗彗星近距离经过的机会，开展了进一步的观测。2013 年 11 月 18 日，恩克彗星（2P/Encke）在到达其近日点前 3 天，在 370 万 km 的距离（0.025 AU）经过水星，并且位于有利于观测的位置。仅一天之后，明亮的长周期艾森彗星（C/2012 S1 ISON）在 10 倍的距离经过，朝向非常近的近日点飞去，预计 28 日到达。2012 年 9 月，俄罗斯观测者使用国际科学光学网（International Scientific Optical Network）的望远镜发现了艾森彗星。这个天体最初被誉为“世纪彗星”，当到达距离光球层不到 120 万 km 的近日点时，它被强烈的太阳引力撕裂。信使号对艾森慧星的光谱观测显示，有机颗粒中存在大量的碳。这些颗粒的相对脆弱性可能是彗星与太阳交会后无法存活的原因之一。

如果不再操控，信使号将在 2014 年 8 月下旬撞击水星，但剩余的推进剂足以在 2014 年进行 3 次机动，并在 2015 年进行最后一次机动将其近拱点从 25 km 提高到至少100 km。在最后一次机动后，近拱点将会逐渐衰减，在约 15 km 处短暂稳定。航天器将在其最后轨道上飞行低至 2 km 或 3 km，并在北极撞击坑上空仅 150 km 飞过，然后在 2015 年 3 月 28 日左右坠毁，距其在轨运行满 5 周年的之后仅仅几天。不幸的是，撞击点纬度约为 58°N，位于水星上当时从地球上看不到的一侧[193-195]。

11.4　为恐龙复仇

20 世纪 90 年代，JPL 和波尔航天公司（Ball Aerospace）的工程师们，以及美国国家光学天文台（US National Optical Astronom Observatory）和马里兰大学（University of Maryland）的科学家们研究了一项彗星任务，采用 500 kg 的炮弹撞击彗星的彗核，同时航天器平台可以在一个安全的距离上观测撞击。在形成撞击坑的过程中拍摄的溅射物图像和光谱，将有助于对彗核结构特性进行深入认知，并识别经受放气的表面与原始内部之间的差异。实际上，在此之前，我们对彗核的性质、结构和组成的大部分理解来自于对彗发的观察，但并不能确定这可以外推到表面和表层以下。这项名为深度撞击（Deep Impact）的任务于 1996 年提交给 NASA 申请列入发现级（Discovery）计划，但遭到拒绝。然而，经过一些小的修改，它被重新提交给下一轮提案，并于 1999 年 7 月与信使号一起获得批准。任务正在考虑的目标有几个，其中包括 9 个真正的彗星和 2 个彗核似乎已经停止活动的天体，即最初研究的目标法厄松彗星（Phaethon，3200）和威尔逊-哈林顿彗星

（Wilson - Harrington，4015）。选择法厄松彗星的主要依据是考虑到它是流星流的母体，从而推测其与流星相关联。威尔逊-哈林顿彗星有更具说服力的依据，因为在它被发现并编入小行星之后，对其轨道的研究表明它曾被列为一颗微弱的彗星。虽然这两个天体都不存在表面上的挥发物，但是撞击物可以暴露地下物质从而重新启动彗星的活动。包括塔特尔-贾科比尼-克雷萨克（Tuttle - Giacobini - Kresak）彗星在内的其他候选者都无法入选，或是因为彗核太小，或是因为交会发生在太阳和地球处于不利的几何关系情况下，或是因为天体已被选为彗核之旅（CONTOUR）任务的目标。

2005年7月与9P/坦普尔1号的碰撞将发生在该彗星靠近近日点并与黄道平面相交时。该计划的吸引力在于它可以最小化发射能量，并且相对于地球和太阳具有良好的几何关系，能够满足任务要求并且满足地基和轨道望远镜在夜空中观测彗星的需求。此外，从航天器的角度来看，超过一半的彗核将被照亮，这将降低光学瞄准的难度。也有人希望装备着陆器的深空4号（Deep Space 4）能够在撞击后很快到达坦普尔1号彗星，以便详查新的撞击坑，但遗憾的是，在深度撞击任务被选中的前几周取消了这项子任务[196]。坦普尔1号彗星于1867年4月3日被发现，它是当时正在马赛天文台（Marseilles Observatory）工作的恩斯特·威廉·勒伯莱希特·坦普尔（Ernst Wilhelm Liebrecht Tempel）发现的第2颗周期性彗星。在它3次回归过程中都对它进行了观测，然后它在与木星的近距离交会改变其轨道后失踪。在1972年被重新发现后，它依然在6年前的轨道面上。自那以后每次回归时都会看到它，通常表现为一个微弱的天体，很少或根本没有彗尾的痕迹[197]。它被选作目标主要的原因在于它的轨道，而由于对彗核知之甚少，需要进行全球范围的观测，以了解彗星大小、形状和自转周期的约束以及彗发中的尘埃密度。这些研究将描述彗星的状态，为确定对任务的影响提供基础。科学家采用最大和最灵敏的望远镜在地球和太空中进行了几年的观测，发现彗核是一个14.4 km×4.4 km×4.4 km的椭圆体，需要39～42 h才能完成一次自转。它通常是黑暗的，反射了从太阳获得阳光的4%。在任何时候，只有百分之几的表面似乎是活跃的，尘埃环境看起来相对温和。虽然航天器似乎将接近彗星的最长轴所在的赤道平面，但是无法精确预测撞击器是撞击它的侧面还是正面[198]。

初始轨道设计设想于2004年1月发射，实施为期一年的校准和测试阶段，该阶段将以地球飞越结束，在此期间将以月球为目标测试用于自主跟踪彗核的软件。不幸的是，该计划在几个关键部件的交付方面遇到了延误，并且在开发导航软件和正确实现其与姿态控制系统的交互方面也遇到了困难。结果，发射时间推迟至2005年1月。当成本从最初预计的2.4亿美元上涨到3.28亿美元时，NASA考虑要削减经费。虽然校准阶段被删除，但任务其他方面没有改变，地球飞越的借力通过使用更强大的德尔它2号火箭进行补偿。撞击发生的2005年7月4日，不仅是彗星近日点的前一天，而且也是美国国庆日。该解决方案粗略地优化了光照条件和运载火箭的性能等几个参数，撞击被安排在1 h的窗口内，届时美国加利福尼亚州和澳大利亚的深空网天线能够跟踪该过程，并且撞击的效果可以通过夏威夷和太空中的大型望远镜进行观察[199-200]。

深度撞击号航天器包括 1 个用于安装推进系统和电子设备的矩形箱体，1 个装有科学仪器的外部平台，1 个安装在三脚架上的 1 m 高增益天线，以及一个发射时折叠在平台上的 2.8 m^2 太阳阵，它在太空中展开可以提供高达 620 W 的功率。它使用反作用轮和推力器控制姿态。中途修正由 4 个 22 N 的推力器完成。肼用于机动和姿态控制。航天器质量为 601 kg，其中包括 86 kg 肼。在交会期间朝向前方的平台部分受到数十个不同设计的小型惠普尔（Whipple）防护罩的保护。主防护罩的设计相当传统，采用间隔 10 cm 的铝板，但采用创新的倾斜石墨-环氧树脂防护罩保护太阳能电池板。作为航天器被彗发中的尘埃击中导致失效的预防措施，大部分数据将通过快速的 200 kbit/s 无线电链路实时下传。平台的凹槽安装撞击器，该撞击器同时兼任运载火箭的转接接口。撞击器的电池可以提供 24 h 自由飞行的电能，并且同平台复用许多相同的硬件组件，包括双向通信系统。撞击器为横向推力器提供 7.8 kg 肼，它们将用于控制其最后的接近过程。撞击器是一个六面体，尺寸为 1 m 大小。在“相撞”一侧有一个 113 kg 的圆锥形“死坑质量”，以增加撞击时的动量。这是一块机器加工的纯铜块，因此可以很容易地从彗星的光谱中减去它的光谱（从未在彗星中检测到铜），其中挖去了几处用于放置目标定位系统。事实上，包括尘埃前防护罩在内的撞击器的一半质量是铜，以减少铝的数量。通过计算，根据彗星的特性和强度，以 10.2 km/s 的速度撞击彗核，372 kg 的撞击器将开凿出一个长 200 m、深 50 m 的撞击坑。平台和撞击器都将使用自主导航系统，该系统采用从深空 1 号（Deep Space 1）和星尘号（Stardust）中学到的经验教训，利用图像更新其相对于彗核的位置，以确保在平台保持清晰的视线观测撞击坑的同时，撞击器撞击彗星的向阳面[201-204]。

平台在其外部上有两个仪器。第一台仪器是 30 cm 孔径的望远镜，焦距为 10.5 m，这是行星探测任务有史以来最大的一个。它装有一个 1 024×1 024 像素的 CCD，分辨率为 1.4 m，以及一个比苏联维加任务灵敏得多的红外光谱仪。它们将确定彗核的成分和温度范围，并识别新挖出的冰羽流中的化学元素和分子。第二台仪器是一个孔径 12 cm、焦距 2.1 m 的中等分辨率相机，用于宽视场拍摄。两台相机都配备了滤光轮用于彩色成像。撞击器只携带 1 个相机，类似于平台上的中等分辨率相机，但没有滤光轮。除了为目标定位系统提供图像外，还希望在撞击前的最后几秒内，这台相机会显示彗核小至 20 cm 的细节。如果飞越图像显示大量溅射物落回表面，它们的轨迹将用于测量彗核的质量。

但是，深度撞击任务的大部分科学目标将通过望远镜和光谱观测完成，包括夏威夷的一些最大的地基望远镜、哈勃太空望远镜、斯皮策太空望远镜以及 NASA 的钱德拉（Chandra）和 ESA 的牛顿（Newton）X 射线望远镜。其他一些天文卫星也会有所贡献。在专业监测坦普尔 1 号彗星被撞击之前、过程中和之后的间歇将实施业余天文爱好者观测计划，在该计划中具有适度装备的业余天文爱好者将监测彗发的演变、尘埃和气体的产生以及彗发与太阳风的相互作用。撞击器猛烈撞击到彗核中，预计会使彗星的亮度增加 10 倍，并持续数天或数周[205-208]。

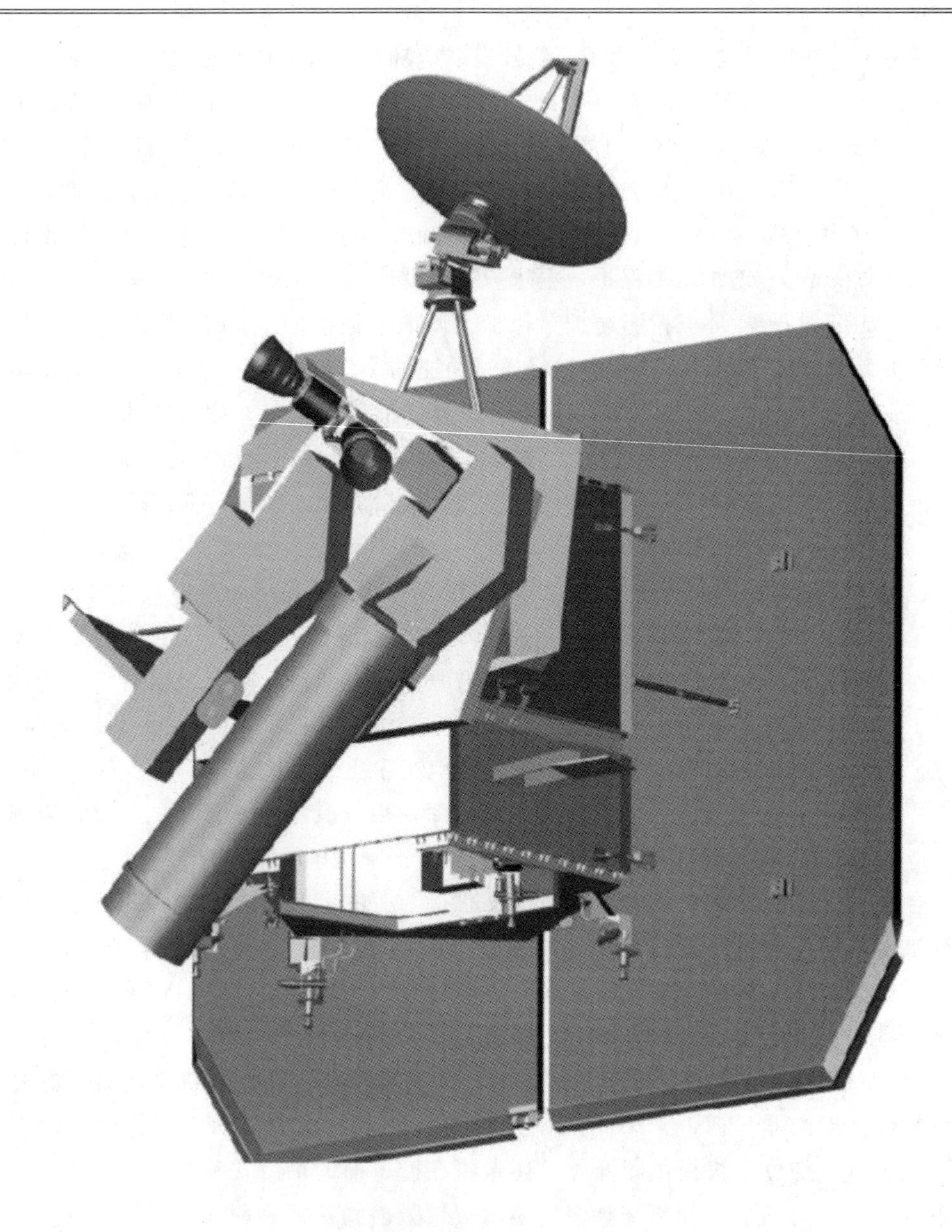

深度撞击号航天器的 CAD 图显示主探测器及其望远镜（上图）和撞击器（下图）

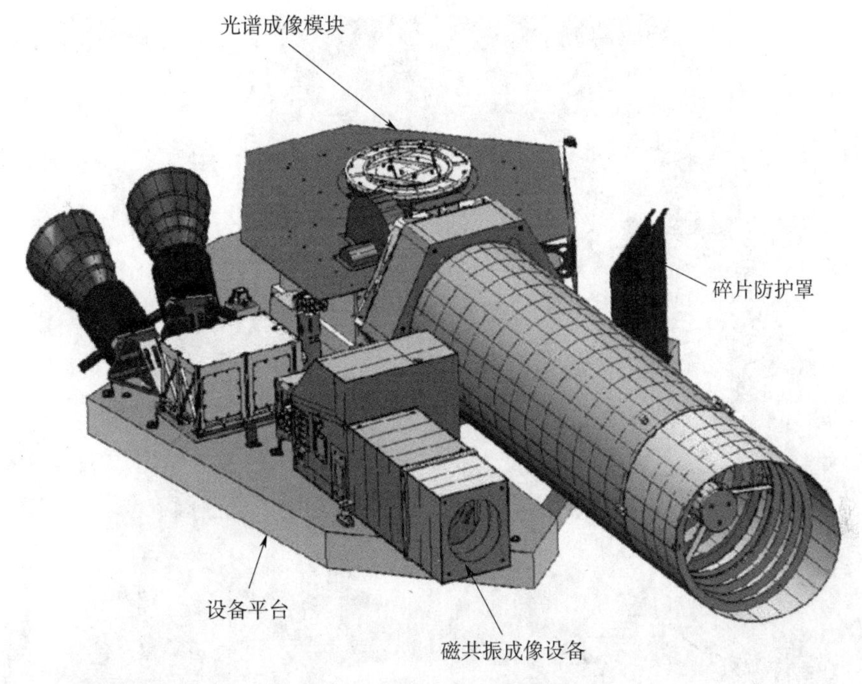

深度撞击号成像载荷设备的 CAD 图

2004 年 10 月，深度撞击号航天器抵达卡纳维拉尔角，飞向坦普尔 1 号的发射窗口从 12 月 30 日持续到 1 月 28 日。航天器软件发生了一个问题，然后接着要更换德尔它 2 号火箭的级间环，这造成了两个多星期的延迟。如果进一步推迟发射时间，将有机会达到施瓦斯曼・瓦赫曼 3 号（73P/Schwassmann - Wachmann 3）彗星，但这将使航天器遭遇比其设计者曾假设的更加多尘的环境。航天器得以在 1 月 12 日发射，在停泊轨道上仅停留几分钟后进入围绕太阳运行的 0.981 AU×1.628 AU 轨道。与同期非常精确的发射相比，这次发射由于不久前发现的计算“不一致”问题并没有将航天器精确送入轨道。尽管由此产生的轨道误差可以很容易地通过航天器第一次机动加以修正，但是计算点火参数首先需要确定航天器在太空中的实际位置。使事态进一步复杂化的情况是，航天器在离开地球几个小时后进入安全模式，将太阳能电池阵面向太阳并自行调整稳定性。需要快速干预才能使其恢复通信，并在深空网必须切换地面站之前确定其位置。安全模式是由温度传感器的错误读数触发的，20 min 的恢复过程被用于轨道确定[209]。在接下来的几周内，航天器拍摄了月球、木星、个别恒星和星团的校准图像。测试显示，高分辨率相机的碳-环氧树脂望远镜镜筒中存在的所有水分都被“烘烤”出去后，仪器无法精确聚焦。它提供的分辨率是预计的 1/4～1/3。可能的原因是光学系统中的平面镜在热真空试验期间变得略微弯曲。然而，正如会合号（NEAR）和星尘号（Stardust）任务（其相机光学系统受到污染）一样，工程师确信图像处理能够使深度撞击号上失焦的相机实现其所有科学目标。但现在必须使用中等分辨率的相机进行光学导航。

深度撞击号将被封闭在德尔它运载火箭的整流罩内

2005 年 2 月 11 日，深度撞击号进行了速度增量为 28.6 m/s 的第一次中途修正。该航天器于 4 月 25 日首次发现了坦普尔 1 号，距离约为 4 000 万 km，并在 1 个月后探测到了彗核。在交会之前的 60 天至 7 天期间，探测器被限制为每 4 h 观察其目标 15 min，以便不超过温度限值。与此同时，这颗彗星正在被地球望远镜详尽地观察，哈勃太空望远镜于 6 月 14 日首次发现彗星爆发，导致短暂的尘埃喷流的出现。8 天后发生的一次更大规模的事件暂时地扩大了彗发的范围，深度撞击号本身也观察到了这一现象。5 月 5 日和 6 月 23 日的中途修正不仅根据最新星历修改了目标，而且还修改了交会时机以增加哈勃太空望远镜观测的机会，因为这样可以在每圈轨道观测不超过 40 min。在交会之前一周开始，除了航天器进行中途修正或释放撞击器被占用时以外，用于导航和科学的成像几乎是连续的。尽管不得不使用中等分辨率的相机，但光学导航能比仅基于地面观测更准确地计算彗星的星历。实际上，使用在轨图像的第一个轨道解算结果将彗核的最可能位置移动了 900 km 多！最后，使用 922 次地基观测和 3 956 次航天器观测来改进星历以优化交会。距离交会还有 2 天时间，航天器将自己置于碰撞轨道上。第二天，在将撞击器以 35 cm/s 的速度推离后 12 min，平台进行了速度增量为 102.5 m/s 的点火，以建立 500 km 的错开距离，同时减速以确保它有 850 s 的连续视线观测撞击和快速演变的喷射羽流。如果撞击器未能释放，工程师将有 12 h 的时间来解决故障，然后平台将不得不进行偏转点火机动，在这种情况下，只可能观察未受干扰的彗星。

在释放后仅 16 min，撞击器的姿态控制系统被唤醒并执行 17 m/s 的点火以稳定其姿态。但这使得撞击点偏离彗核 1.8 km。2 h 后，自动导航系统被激活以重新确定轨迹。然而，由于小的姿态确定误差，0.5 h 后在距离彗星 53 600 km 位置上的 1.27 m/s 机动将错开距离扩大到 7 km！但是，碰撞前 35 min，在 21 600 km 的距离进行了横向速度为 2.26 m/s 的修正，使预测撞击点的中心位于彗核上。最后，在 7 700 km 处，仅在撞击前 12 min，基于“场景分析”的图像处理算法的校正实现了 2.28 m/s 的速度变化，将目标点偏转 1.7 km，使其置于彗核被阳光照射的部分[210]。两个探测器都传回了图像，它们都显示出不同的地形，其中包括类似于保瑞利（Borrelly）彗星上发现的平原的光滑斑块、彗星赤道附近的长的陡坡（可能是分层的）、圆形凹坑和沉洞以及（第一次在彗星核上）真正的撞击坑而不是在怀尔德 2 号（Wild 2）彗星上看到的圆形低洼地区。事实上，撞击器似乎正朝着一对撞击坑飞去。总的来说，彗核给人的印象是通过其自身引力而不是物质的粘合性保持在一起。该图像还直接测量了彗核的自转周期约 40.7 h，这比望远镜研究所得到的周期要长一些。与预期相反，它是中等的梨形而不是瘦长形，最长部分尺寸为 7.6 km，最短部分尺寸为 4.9 km，相对较小。对未受扰动的彗核的温度扫描表明表面物质是多孔的，具有低的热惯性。日下点最温暖，温度约为 50 ℃。该数据还表明，使彗核具有彗星外观的水和氧化碳的升华可能发生在表面以下。探测平台最重要的结果是确定了 3 个占总表面积约 1/4 000 小区域，这些区域的热特性和光谱表明存在 3%～6%的水冰。实际上，尽管坦普尔 1 号是近距离“遥感探测”的第 4 个彗核，但这是第一次在彗星表面上检测到水冰。无论如何，这些数据证实了大多数彗星的水和挥发物被保存在地下“水库”中的观点[211]。

一个大的尘埃粒子在撞击前 20 s 击中撞击器，并使其相机视场偏离彗核。姿态控制系统在 10 s 内恢复了视场朝向，但随后又被另外一个尘埃粒子击中。当撞击器在撞击前 4 s，距离彗核 40 km 时，传回了最后的模糊图像，但它不是目标位置。最后一张清晰照片显示的细节只有 3 m，但那时光学镜头显然被彗星尘埃“喷砂”了，图像质量很差。在 UTC 时间 5 时 44 分 36 秒，抛出去的撞击器对彗星的向阳面产生了一个倾斜的撞击，撞击了两个坑其中一个的边缘。撞击所释放动能相当于引爆 4 500 kg 的 TNT。结果，彗星估计减速了 0. 000 1 mm/s，其近日点距离减小了大约 10 m[212-213]。

平台看到一个小闪光，然后在短暂的延迟后是一个更大的闪光，接着是一团尘埃和蒸汽。实际上，它的图像显示了溅射物圆锥形的阴影和扩散的碎片云。炽热的羽流光谱显示存在水蒸气、二氧化碳、氰化氢和复杂的有机物。几分钟后拍摄的光谱显示二氧化碳急剧增加，水增加得不显著，以及存在微量的甲基氰化物。据估计，撞击时喷射出约 20 000 t

坦普尔 1 号彗星彗核不同分辨率（最佳图像朝向底部）图像的拼接图

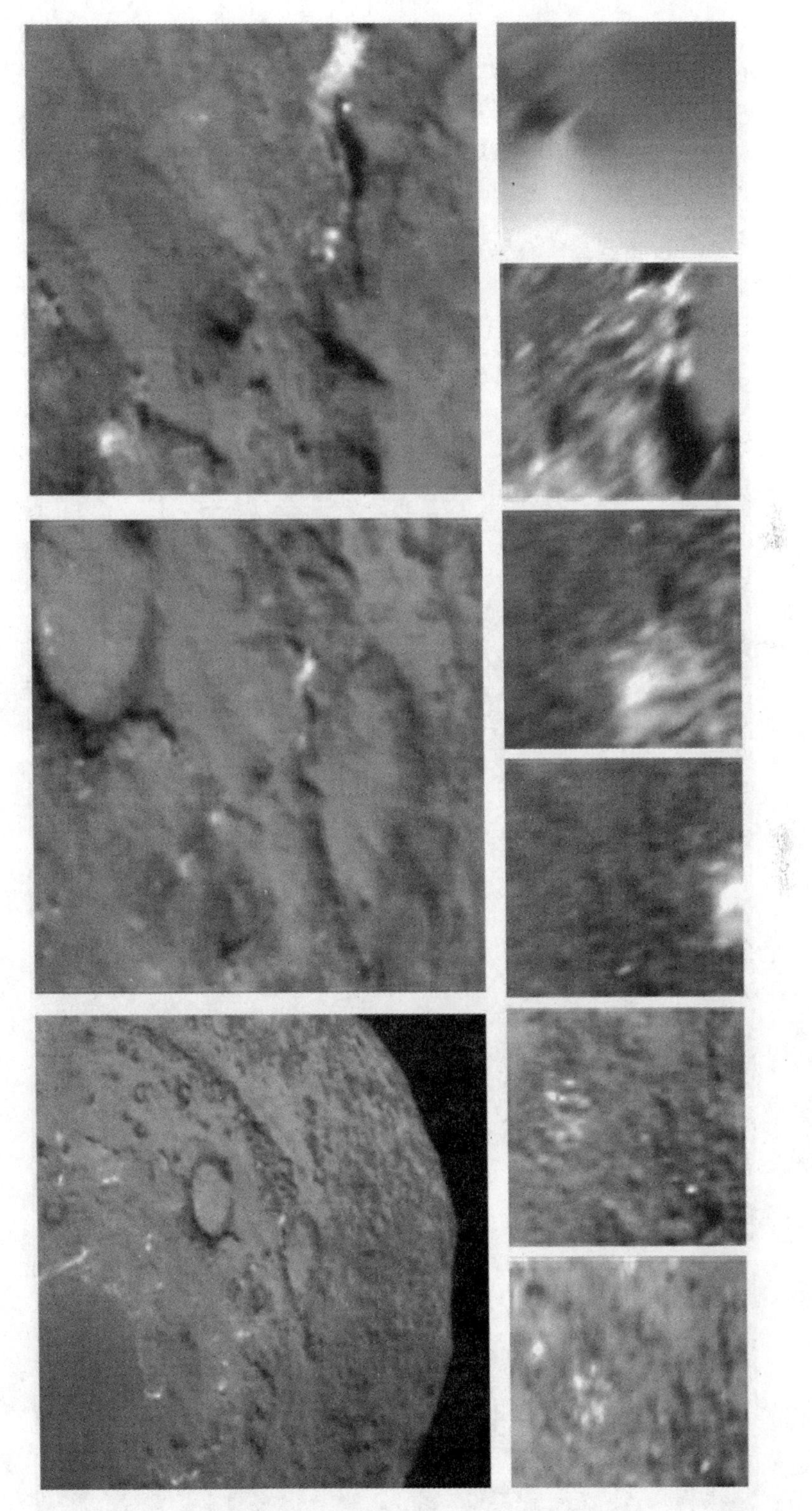

在上方，由深度撞击号撞击器上的定向相机拍摄的一系列分辨率不断提高的图像。撞击器似乎瞄准了两个坑中一个的边缘。注意到明亮物质可能是新暴露出来的。下方显示了撞击前的图像质量下降的几幅图像

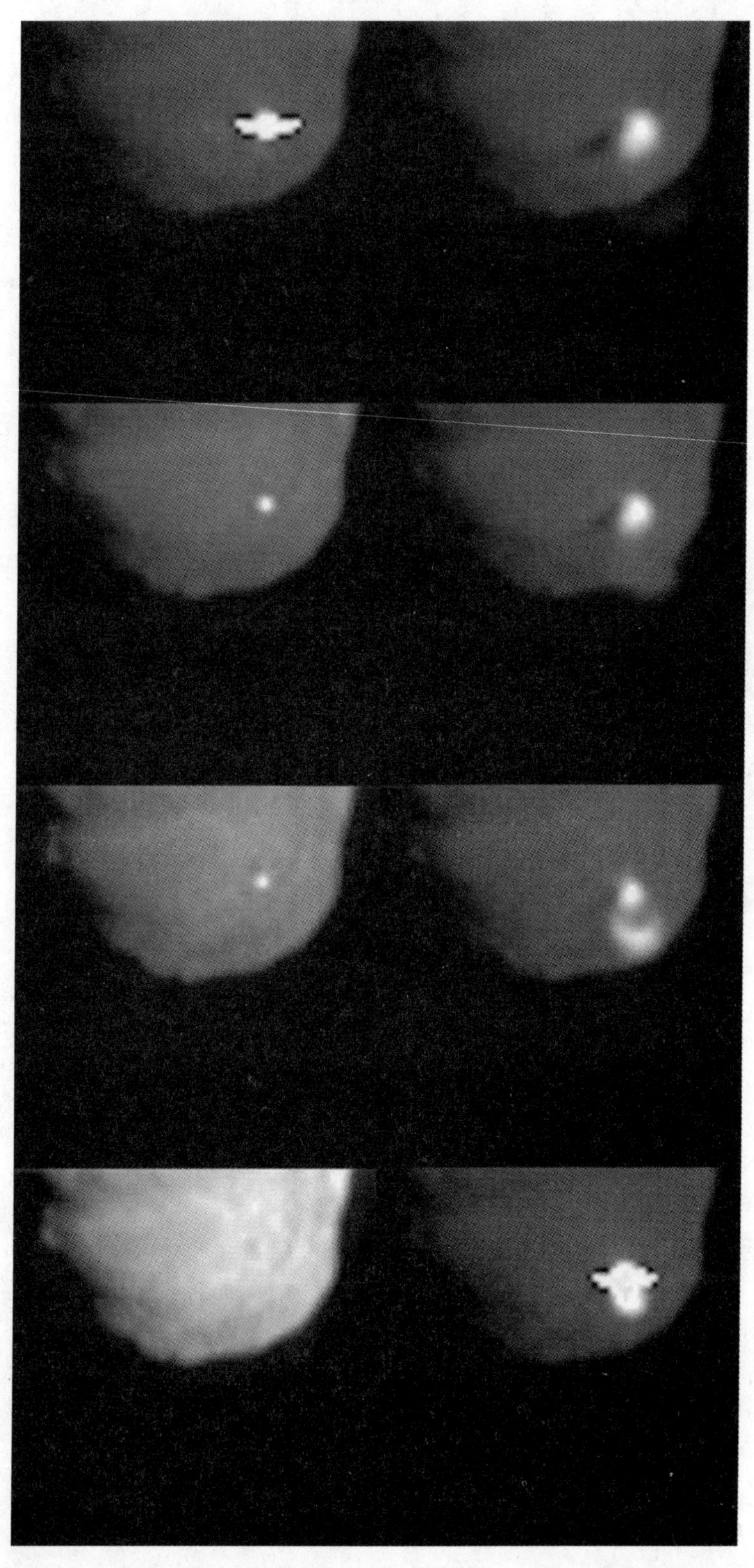

从主探测器每 0.1 s 拍摄的图像中可以看到撞击。羽流的阴影清晰可见

尘埃，超过预期的 100 倍。通过粉碎产生了太多的微粒，这反而表明撞击器撞入了厚度为几米的尘埃堆积物中。建立的模型表明，彗核是非常多孔的，由松散的物质组成，通过弱引力保持在一起。似乎连续的近日点的重复升华和凝结产生了一个“去除-挥发”尘埃的防护罩，很少或没有水混合，在其下面是一层几乎纯净的至少 10 m 厚的水冰颗粒[214]。撞击可能已经挖掘到了一层非晶态冰。当冰从非晶态变为结晶态时，热量的释放将引起链式反应，并且气体的膨胀将传输被捕获的尘埃。这个过程已被揭示，例如哈雷彗星在 1991 年，即经过近日点后约 5 年出现异常增亮[215]。模型表明，坦普尔 1 号的尘埃会在 200 s 内散开并显露出新的撞击坑，但在撞击 13 min 后，非常精细的尘埃（类似滑石粉）仍然在撞击位置上方徘徊，使探测平台无法观测撞击坑。在跟踪撞击位置预定的 800 s 后，探测平台必须转动使防尘罩向前，以便穿过彗星的轨道平面——预计彗发中的大部分尘埃将在那里。在到达最近点时刻附近，只有 4 个质量在微克到毫克范围内的大微粒击中了深度撞击号。1 h 后，平台转动，开始拍摄彗星的背光面的图像。令人惊讶的是，溅射物仍然附着在彗核上。对溅射物演化的分析得到彗核质量的估计，确定彗核密度仅为水的 60%，与多孔内部结构一致。

从地球上可以看到，坦普尔 1 号在被撞击的几十分钟内形成了一个明亮的星状彗核，然后在几天内恢复到通常的微弱和模糊状态。除了罕见的（通常是有争议的）航天器撞击月球的观测以外，这是人类活动对天体产生明显影响的第一例。在许多方面，彗星似乎表现出与自然爆发后相同的方式。哈勃太空望远镜的 17 圈轨道运行专门用于该项目，6 月份进行了 1 次监测活动，另一次则在撞击的时间段。它首先在撞击后 20 min 检测到溅射云的踪迹，并监测其演变。最初是半圆形的，后来受太阳辐射光压的力的作用朝向太阳反方向而进入尾部。但哈勃太空望远镜最重要的任务是监测彗发中如一氧化碳等挥发物的产生和演变。在太阳轨道上的斯皮策太空望远镜拍摄了红外光谱，显示了矿物质、多环芳烃（以前没有在彗星中看到）以及在水存在条件下产生的碳酸盐和黏土等化合物的有趣迹象。另一方面，结晶硅酸盐的存在首先表明在内太阳系的高温环境中形成的物质已被运输到更寒冷的区域并与彗星相结合（通过分析星尘号返回地球的怀尔德 2 号彗星样本，可以在一年内最终证明这一点）。地球轨道上监测水产生速率的其他卫星没有看到任何特别的增加。总的来说，遥感观测没有任何证据表明新的化学物质因撞击而被注入彗发里；从这个角度来看，只有尘埃与气体的比例发生了巨大变化[216-226]。

坦普尔 1 号的交会让深度撞击号剩余超过 40 kg 的推进剂，位于一个周期为 1.5 年的轨道上。它将在发射 3 年后返回地球，这提供了对它重新定向用于扩展任务的机会。扩展任务考虑了 5 种选择：3 颗彗星以及法厄松、威尔逊-哈林顿两种混合型天体。考虑推进需求和飞行时间，最有利的选择是波辛彗星（85P/Boethin）。这颗彗星是 1975 年 1 月由菲律宾的里奥·波辛（Leo Boethin）发现的。它在 1986 年返回时被观测到，但在 1997 年由于离太阳太近而无法观测。11 年的轨道使它成为一个小彗星族的成员，这个族的彗星在木星完成圆轨道的同时完成一个椭圆轨道，这种共振使得彗星轨道相对稳定。计算表明，波辛彗星至少在 700 年内一直沿着相同的轨道运行，并将继续这样运动 1 000 年。由于波

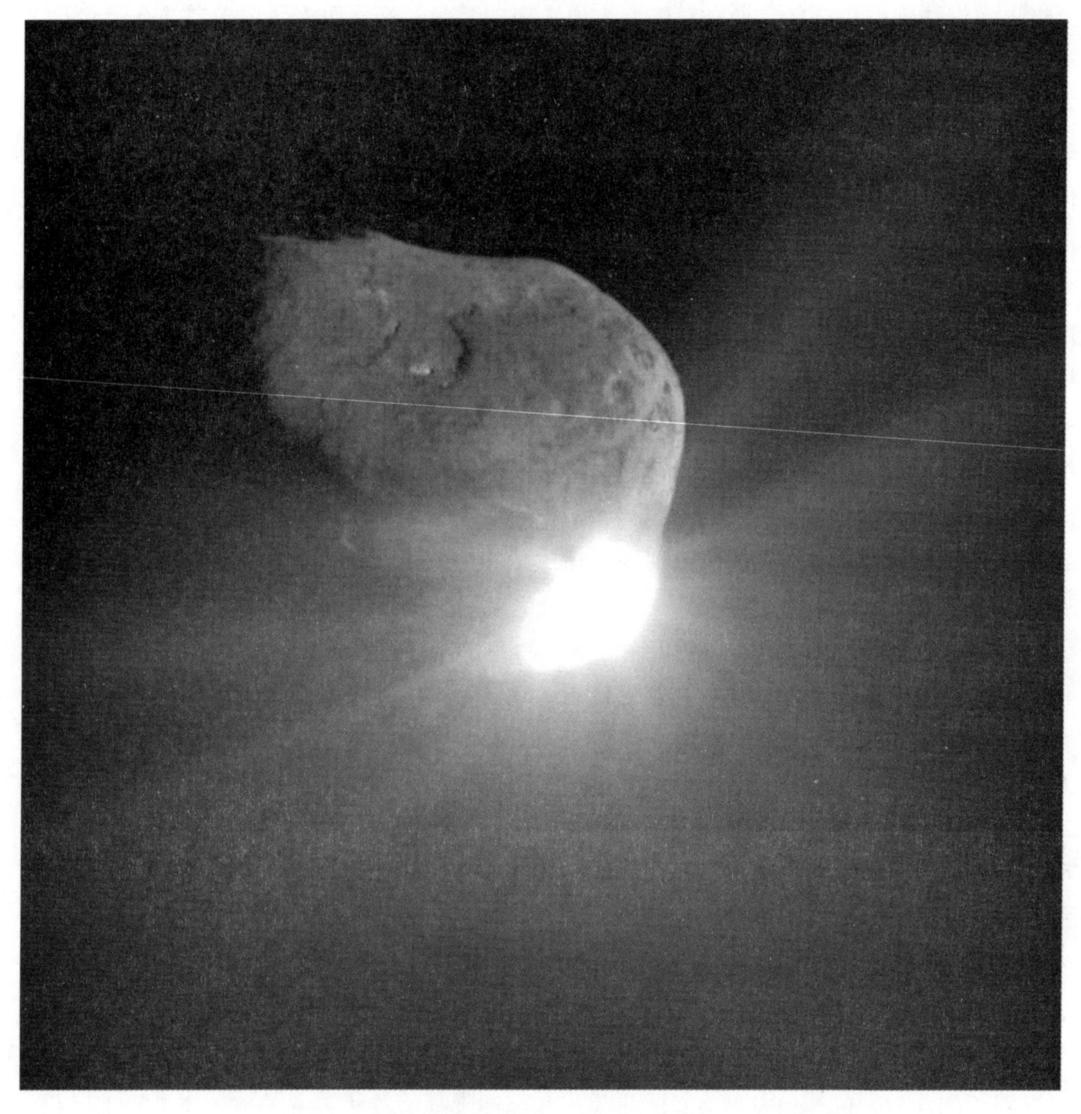

深度撞击号主探测器所看到的撞击后的坦普尔 1 号彗核

辛彗星在 20 年内没有出现过，将深度撞击号引导到这颗彗星的先决条件是天文学家在 2007 年 10 月恢复对它的观测，并在 12 月地球飞越时及时完善它的星历，将在 2008 年 12 月开始交会。天文学家希望 ESA 的新型赫歇尔（Herschel）红外望远镜能够及时用于观测这次交会[227-235]。由于第二次彗星飞越从未成为正式目标，任务扩展取决于 NASA 提供资金的情况。7 月 20 日，航天器进行了中途修正以调整返回地球的轨道，并在 8 月初重新校准其仪器后进入休眠状态。

2006 年，NASA 就如何使用分配给发现计划的“机会任务”的资金，重新利用深度撞击号和星尘号航天器进行了意见征集。入选名单于 2007 年 7 月公布。对于深度撞击号，至少有两个不交叉的任务获得了资金。首先，在 2008 年年初是新纪元（Extrasolar Planet Observation and Characterization，EPOCh，太阳系外行星观测和描述特征）任务，主望远镜（有史以来飞行在行星际的航天器上最大的望远镜）将收集已知系外行星经过它们的母星前所得到的非常精确的“光变曲线”。对恒星光线的测量将提供行星直径的精确确定，并结合从地面望远镜的光谱测量得到的质量估计，进而得到其密度。通过使用深度撞击号航天器获得更精确的数据，理论上可能通过由于引力扰动导致的经过天体的时间微小变化，来检测更远距离围绕恒星转动的其他行星。具有讽刺意味的是，相机无法精确聚焦使得这个项目成为一个极具吸引力的项目，因为将星光照射到多个像素上可以更容易地测量光变曲线。然而，由于深度撞击号没有被设计为固定在天空中特定的点上，可能难以足够准确地保持其姿态[236-237]。一个有竞争的想法是使用高分辨率望远镜进行“微引力透镜”观测，随后罗塞塔（Rosetta）在2008年进行了该项工作[238]。在完成其新纪元（EPOCh）观测后，深度撞击号将执行波辛彗星交会作为深度撞击扩展勘察任务（Deep Impact eXtended Investigation，DIXI）。这两个项目合并为EPOXI（EPOCh＋ DIXI）任务，资金总额为3 000万美元。

在休眠25个月后，深度撞击号于2007年9月26日被唤醒，以完善轨道确定并检查其仪器准备地球飞越。与此同时，科学家正在寻求使用世界上最大的一些望远镜来搜索波辛彗星，包括一些8 m的“巨型望远镜”，但是徒劳无获。在搜索区域内找到了一名候选者，但项目团队没有足够的信心认为它就是波辛彗星而让深度撞击号以此为目标前往。斯皮策太空望远镜非常适合这项任务，但是经过15 h以上的观测，没有发现波辛彗星的迹象。事实上，这个彗星不仅没有在10月的截止日期前找到，而且在它被认为足够明亮以至于装备精良的业余爱好者能够观察到以后就难以找到。DIXI团队将目标转为哈特利2号（103P/Hartley 2）彗星，尽管这会增加2年时间并提高成本。为了到达哈特利2号彗星，必须将深度撞击号送入与地球共振的类似彗核之旅（CONTOUR）任务的轨道。事实上，12月的飞越将进入周期为1年的轨道，这个轨道只比地球轨道略微偏心，并将在2008年12月和2010年6月再次返回，届时它将直接飞向其目标。波辛彗星的命运至今仍是一个谜。一种可能是它的位置远远超出预期，并且太接近星光密集的银河系而无法被发现；另一种可能是在1986年以后它在某种程度上停止了彗星活动，因为彗核尺寸估计最多只有几百米，所以变成了一个很难看到的黑暗小行星；第三种（也是最可能的）可能是它在1986年解体了，当时它比预期的要亮100倍，或者在1997年未观察到的返回期间解体[239]。如命运多舛的彗核之旅任务目标施瓦斯曼-瓦赫曼3号所示，碎片化是周期性彗星的共同命运。

2007年11月1日，尽管NASA直到月底才正式批准转移至哈特利2号彗星，但深度撞击号还是为其新目标进行了中途修正。同时，该航天器对大熊座（Ursa Major）的双星进行了试验观测，为EPOCh计划做准备。在接近地球时，相机和光谱仪通过月球训练以实现重新校准。12月31日的地球飞越位于东亚上方，高度约15 566 km。这使航天器进入一个0.91 AU×1.09 AU的轨道，与黄道倾斜角刚刚超过4°。在2008年1月至5月的4个月内，共选择了6个已知的行星用于EPOCh观测，但其中一些机会因硬件问题而丢失。例如，对已知最大的凌日行星的观测丢失了，因为航天器处于近日点并且由于过热进入了

由哈勃太空望远镜监测撞击后坦普尔 1 号的演变

（图片来源：NASA、ESA、约翰斯·霍普金斯大学的 P. 费尔德曼和约翰斯·霍普金斯大学应用物理实验室的 H. 韦弗）

在最近点后，深度撞击号转回以恢复对坦普尔 1 号彗核的成像。撞击产生的碎片云仍然存在

安全模式。望远镜的指向精度和下行速度也存在问题。人们决定将 EPOCh 的额外观测时间分配至 8 月。在第二轮中有 4 颗行星作为目标，其中 3 颗之前未被观测过。在目标恒星的预期位置周围拍摄了惊人的 198 434 张图像，剪裁为 256×256 像素，其中 97%成功传到地球，87%被判断为可用。深度撞击号还在 2008 年 3 月至 6 月期间多次观察地球，以描述一个遥远的可居住的世界在假定的大型轨道望远镜中是如何呈现的。5 月 29 日，在 3 100 万 km 的距离，它以 15 min 的间隔拍摄了一系列非凡的图像，跨越整个自转周期，并且还捕获了月球从地球圆盘面前经过的图像。EPOCh 团队缩小了这些图像，以生成一个非常低分辨率的地球地图作为外星球，来模拟未来“行星发现者”望远镜的视图。图像解析出海洋、大片陆地，当加入红外波长时甚至还能发现植被的存在。通过解析一个不在黄道面上的有利位置观察行星的观察者所产生的图像，可以更好地绘制地图[240-243]。在 10 月进行的技术验证实验中，航天器充当了第一个实验性“行星际互联网”的“节点”，它通过在不同的地面站之间传递数十个图像来模拟火星着陆器和轨道器的网络。

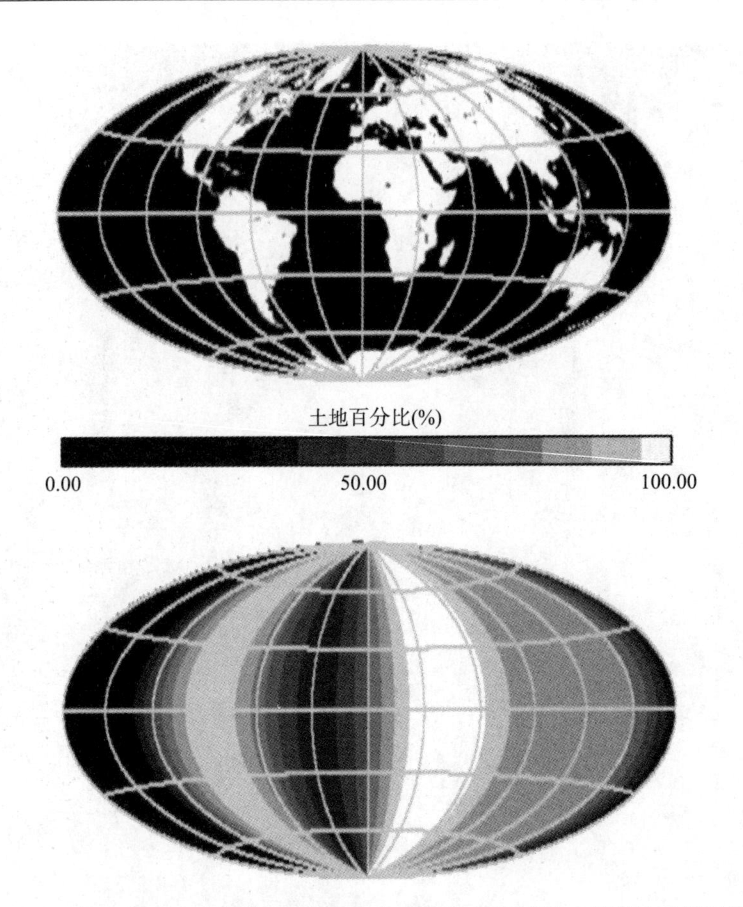

地球作为一个外星行星。对地球的远距离成像使科学家能够测试绘制外星行星的方法。这张图显示了作为经度函数的土地百分比［图片来源：尼克·考恩（Nick Cowan）］

2008 年 12 月 29 日，在地球南太平洋上空 43 000 km 的高度飞越后，深度撞击号恢复了休眠。这是一个与黄道成一定夹角、周期为 1 年的近圆形轨道，它在 6 月和 12 月的轨道面交点产生交会。它在 2009 年仅为 1 700 万 km 的近距离两次重复了“地球作为外星球”的实验，在春分时刻左右从黄道面以北观察了北极，在秋分时刻左右观察了南极。图像序列捕捉到了阳光在海洋和湖泊上闪耀的画面。类似的技术可以提供一种检测地外行星上的大量水体的方法。在此期间，航天器在 6 月底和 12 月两次非常近距离地接近了地球，两次高度都约 130 万 km。6 月，光谱仪确定了月球上水分子和离子的存在。6 月 2 日和 9 日进行了观测，虽然距离超过了 590 万 km，但两次含有水的信号都很清楚。数据显示了北极上方最强的吸收带，并通过比较相隔一周的光谱显示了太阳辐射驱动的动态过程[244]。2010 年 6 月 27 日的最后一次交会位于南大西洋上方 30 480 km，给航天器增加了 1.5 km/s 的速度增量，并将其重定向到去往哈特利 2 号彗星的轨道上。

我们对哈特利 2 号彗星知之甚少。它是由马尔科姆·哈特利（Malcolm Hartley）于 1986 年 3 月 15 日在澳大利亚的赛丁泉（Siding Springs）天文台发现的，自那以后每次回归都会被观察到。它目前的周期为 6.41 年，但在 1875 年之前，它位于周期 12 年、与木

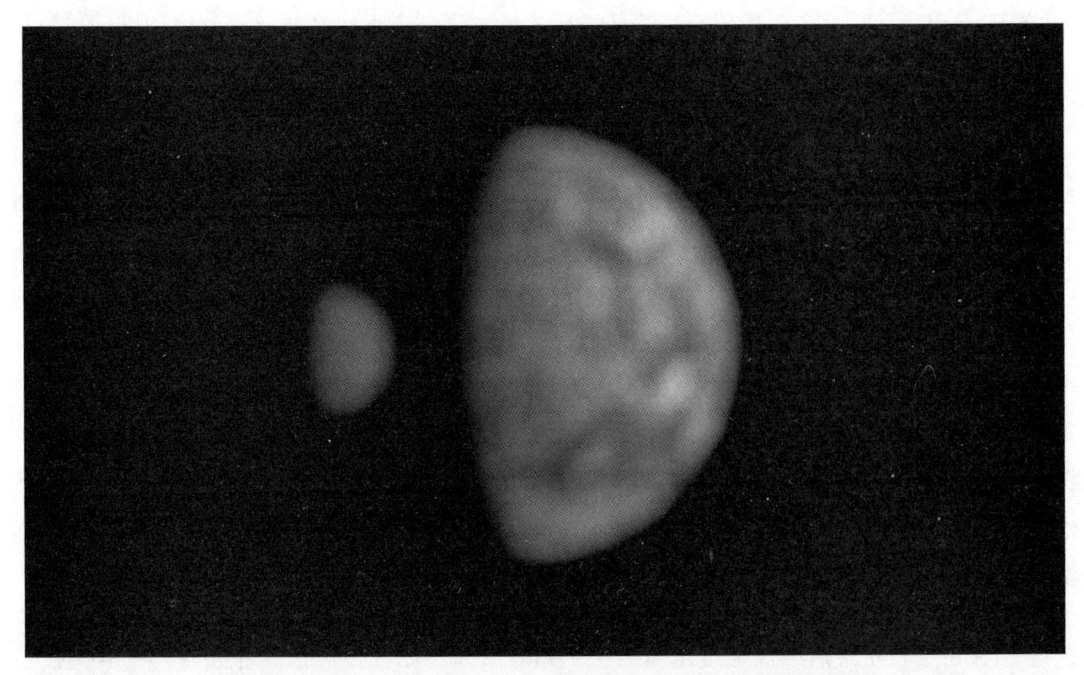

2008 年 5 月 29 日，从深度撞击号的视角来看，月球在地球前方穿过

星共振的轨道。1947 年、1971 年和 1982 年，它重复近距离飞越木星将其置于目前的轨道。1997 年和 1998 年，ESA 的红外空间天文台（Infrared Space Observatory，ISO）对其进行了研究。除了测量水和其他挥发物的产生速率之外，还检测到彗发中的结晶硅酸盐。此外，这些数据使彗核能够从彗发中分离出来，显示其半径最多 800 m，值得注意的是，它几乎完全处于活跃状态，并且从整个表面释放出气体和尘埃。而且，彗星远离太阳时被拍摄的望远镜图像显示，彗核仍处于活跃状态[245-249]。斯皮策太空望远镜于 2008 年 8 月在 5.4 AU 的日心距离观测了哈特利 2 号，以测量彗核的物理特征，为 DIXI 飞越做准备。据估计，彗核半径为 570 m（宽度仅为坦普尔 1 号的 1/5，质量约为百分之一），并且仅反射它所接收的光的 2%（即便对彗星来说，颜色也较暗）。这些观察结果还表明，当彗核处于活跃状态时，其整个表面都是这样[250]。为监视哈特利 2 号彗星而开展的一项活动正在筹备中。这涉及 10 个国家不少于 51 个望远镜，并且还分配了 5 个天文卫星和 NASA 新委托的平流层红外天文观测台（Stratospheric Observatory for Infrared Astronomy，SOFIA）的观测时间。该活动主要为了初步确定彗星的自转周期。斯皮策太空望远镜的观测太短暂而无法确定自转周期，而地基天文台和哈勃太空望远镜观测时间约为 16 h。赫歇尔太空望远镜进行了补充观测，以支持深度撞击任务的最后交会。

深度撞击号于 2010 年 9 月 5 日开始对哈特利 2 号进行成像，距离为 6 000 万 km。9 月 9 日至 17 日期间出现异常现象，因为氰化物的排放逐渐增加至 5 倍，然后在接下来的几天内逐渐减少。通常这些爆发伴随着尘埃的增多，但这次它保持稳定。一种可能性是由复杂的有机物和聚合物［如乔托号在哈雷彗星上观察到的 CHON（富含碳、氢、氧和氮的分子）］组成的黑色颗粒释放出氰。在校准其仪器以后，对光谱仪进行冷却并实施了中途修正，10 月 1 日，航天器开始对彗星进行连续成像。到月底之前，它使用相机每15 min 观测 1 次彗星，使用光谱仪每 30 min 观测 1 次彗星，每天 16 h。10 月 27 日，进行了 1.59 m/s 的中途修正，这也是哈特利 2 号在近日点的那一天。本次是自这颗彗星被发现以来最接近地球的一次飞越，并成为业余天文学家的双目观测对象，因为它飞经了冲日的位置。与此同时，由于它距离地球 1 770 万 km，阿雷西博射电望远镜获得了解析彗核的雷达“图像”。它似乎是一个细长的可能类似于保瑞利彗星彗核的双体，最长轴约 2.2 km。自转周期最终确定为约 18 h。基于这些观察结果，JPL 工程师最后时刻的仿真显示，航天器上的自动跟踪软件可能会自行决定锁定彗星两端的哪一端。雷达观测结果还表明，存在于彗核附近的微粒云厚度为几厘米。在 10 月下旬，可清楚地看到喷流“席卷”内部彗发。对喷流的跟踪也表明，彗核不是简单地端到端的自转，它可能也有章动和进动。哈特利 2 号彗星被发现产生二氧化碳，这是在彗星运动时较少见到的气体。观察到这种气体的产生在周期性地变化，并且与彗发的尘埃变化相匹配，这表明产生气体的相同区域也喷出了尘埃。彗发中二氧化碳的不对称分布证实了这一点，与尘埃颗粒的不对称分布相匹配，与水的对称分布不同。

两天后进行了最后一次速度增量为 1.4 m/s 的轨道修正。修正的部分原因是喷流强烈的“火箭效应”略微扰乱了彗星的轨道。在最近点之前 50 min，自主导航系统控制了航天器，使其旋转让彗核保持在相机视野的中心。与坦普尔 1 号不同，虽然这次交会没有采取防尘姿态，但与地球的通信仍然极为恶劣。主探测器和撞击器在坦普尔 1 号收集的数据显示，在最近点时，尘埃粒子撞击的风险很小。

在最近点的约 80 min 内，相机每 4 s 拍摄一张照片。在到达最近点大约 37 min 前，在 27 350 km 的距离，哈特利 2 号彗星的彗核开始被解析为一个细长的“狗骨头”状天体，在尘土飞扬的彗发中投下长长的阴影。航天器以几乎垂直于太阳的方向接近彗星，飞过晨昏线。它的飞行路径位于彗核和太阳之间，于 UTC 时间 11 月 4 日 14 时 00 分在 694 km 的距离飞过，相对速度为 12.3 km/s。最初的目标是 900 km，但尘埃的低风险便于近距离的飞越。在最近点后，航天器转向观察另一边的晨昏线，然后观察彗核的夜间半球。在最近点后的 0.5 h，它返回地球并开始下传 18 h 内收集的图像和光谱。由于距离地球较近（仅 0.156 AU 或 2 300 万 km），可以使用高数据速率[251]。大约一半的彗核被详细成像，最佳分辨率为 7m，背光面至少在形状上也被绘制了图像，多亏它投射在明亮彗发背景下的轮廓。它类似于保瑞利彗星和糸川（Itokawa）小行星，有粗糙的巨石散布的两端和一个光滑的中间部分，物质可能汇集在重力低的地方，如同糸川小行星一样。但彗核大小为 2 330 m×690 m，比保瑞利彗星的 1/4 还小。实际上，它是被航天器成像过的最小的彗核。它是一个非常黑暗的天体，平均只反射约 5%的阳光。有数十个喷流显现，所有喷流都可以追溯到彗星一端或另一端的粗糙区域。喷流甚至可能形成巨石流，它们喷射出去的速度不足以逃离彗星的弱引力场。沿着彗核两端中较大一端（这一端靠近相机）的晨昏线看到了大量的主动喷流，喷流甚至可以从背光面隐约地看到。大多数喷流来自较小的一端和较大一端的明亮土丘，但它们被看作来自各种类型的地质单元。背光面上标记喷流的亮点朝向航天器，并观察到了“正面”。在这种活动水平下，科学家估计哈特利 2 号每圈轨道表面损失大约 1.5 m 厚的物质，以至于它可能在一个多世纪内消失。探测器没有看到明显的撞击坑，但晨昏线上有几个可疑的圆形凹陷。表面地形与坦普尔 1 号或怀尔德 2 号不同，没有凹陷、撞击坑或流痕。在彗核一端可以看到崎岖的、蜿蜒的狭窄凹陷，以及明亮的土丘和神秘的黑暗光滑区域。在更大、更粗糙的一端可以看到 80 m 宽的块状物，以及比表面其余部分反光高几倍的闪亮块状物。

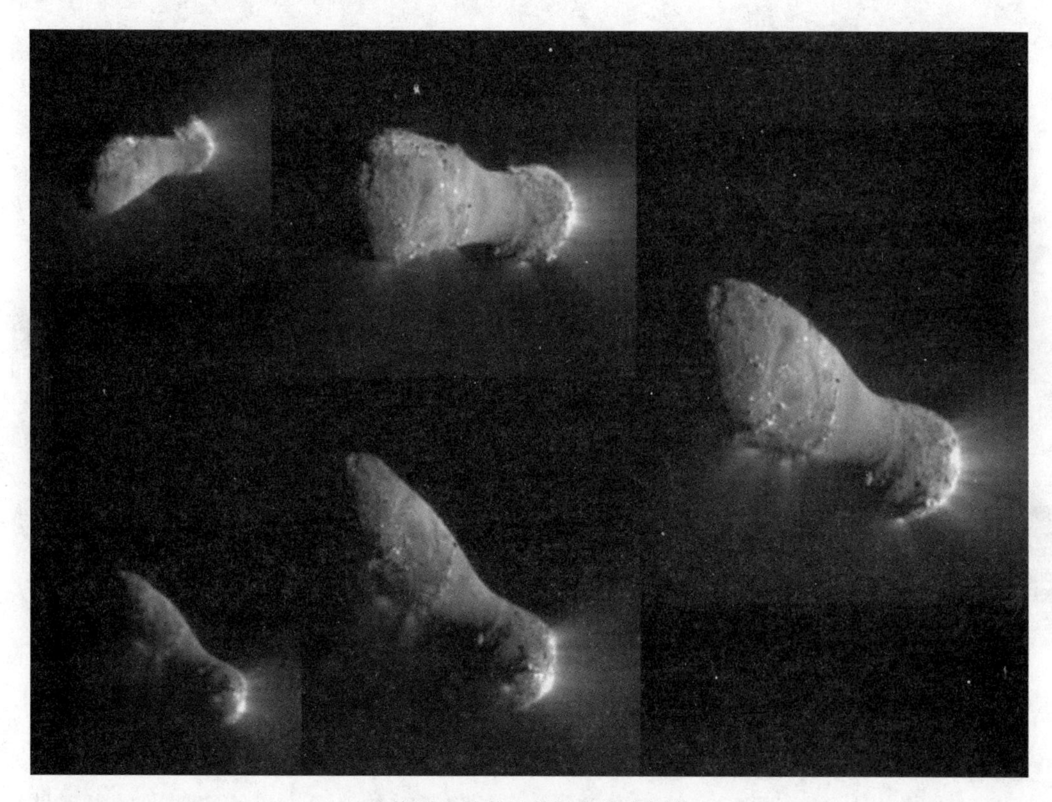

哈特利 2 号彗星彗核的组合图像

高分辨率相机拍摄的大多数图像里都错过了彗核，但是图像经过处理后在彗核周围显示出许多星形针点，被确定为小冰块，尺寸在厘米级大小，这景象看起来像“水晶雪球”。它们以相对彗核的低速行进，据估计是像“蒲公英绒毛”的冰的蓬松聚集体而不是“冰雹”。在图像序列上跟踪了大约 50 个“雪球”并测量了它们的位置。所有都在距彗核 30 km 范围内，大多数都在距离它 10 km 范围内，以相对速度约 1 m/s 或更低的速度移动，但在大多数情况下比逃逸速度更快。科学家们寻找对航天器撞击的证据。姿态控制遥测在最近点时刻 10 min 内记录了 9 次撞击事件，这些事件可能是由于质量最多为十分之几毫克的颗粒造成的，颗粒小于雪花的质量。从观察结果得到结论，确认哈特利 2 号彗星与航天器访问过的所有其他彗星的行为不同，被认为是极度活跃型彗星的代表。特别是哈特利 2 号的活动被二氧化碳主导。探测器观测到高度挥发性的二氧化碳冰从彗核较小的一端蒸发，拽走水和“雪球”。实际上，哈特利 2 号可能是航天器探测到的一类新的、罕见

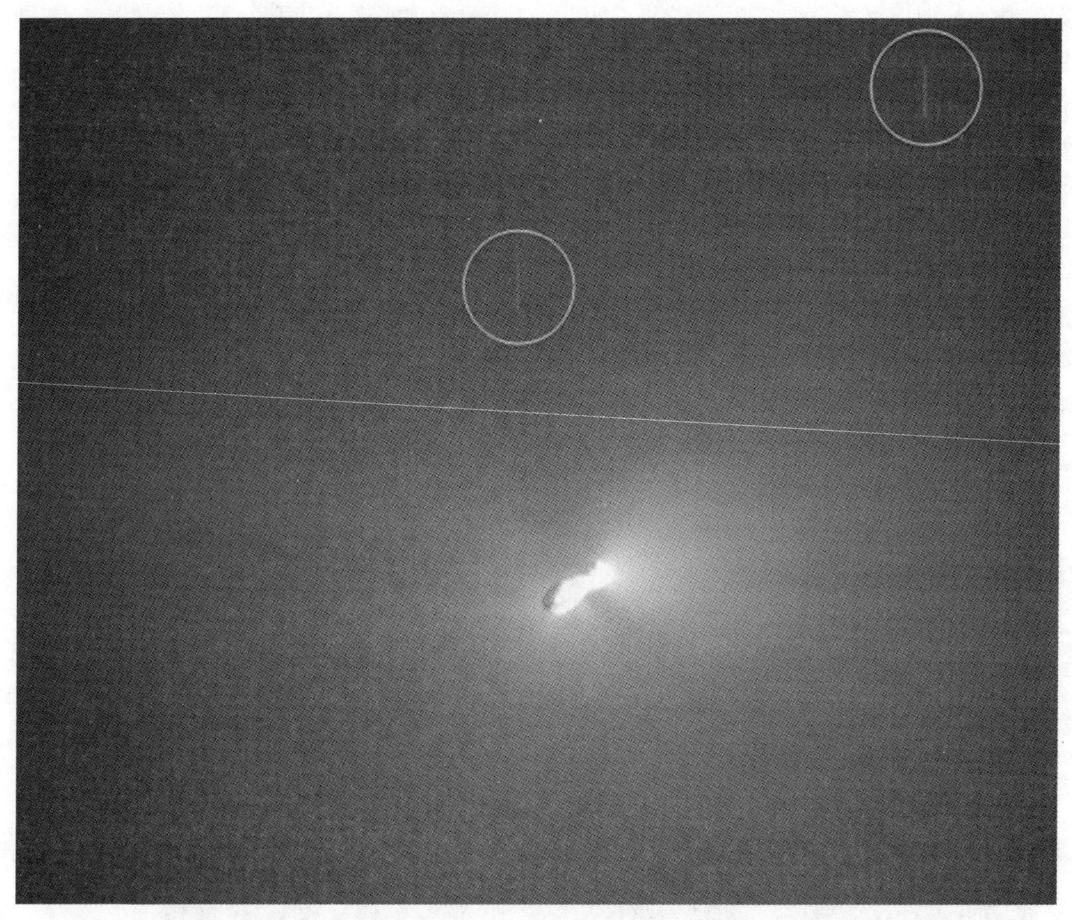

哈特利 2 号彗星彗核周围的空间视图。这两条轨迹是由逃离彗核并靠近航天器的“雪球”留下的

的彗星。这类彗星不会通过地下沉积物的直接升华产生水，而是通过二氧化碳升华抛出冰粒。在坦普尔 1 号飞越期间已经检测到二氧化碳驱动活动的迹象，尽管它似乎局限于最近点时处于黑暗中的半球。实际上，二氧化碳可能是一种常见的彗星活动的驱动因素，之前未检测到二氧化碳的原因在于无法从地面上观察到它。彗星平滑的腰部区域产生几乎纯净的水蒸气，在可见光谱成像中看不到喷流。地球轨道卫星确定哈特利 2 号彗星每秒喷出高达 300 kg 的水。光谱中也存在有机物的峰值。值得注意的是，在飞越仅数天后，赫歇尔红外太空望远镜观测到彗发中氘与氢的比率与地球海洋中的比率相似。这提供了证明地球上的水确实可能是由木星族的彗星传递而来的首个证据。另一方面，如哈雷彗星和海尔-波普彗星（Hale - Bopp）等长周期彗星可能来自奥尔特云，已知它们具有不同的同位素比率[252]。维尔塔宁彗星和贾科比尼-津纳（Giacobini - Zinner）彗星等表现出与哈特利 2 号相似的极度活跃特性。人们将会记得，贾科比尼-津纳彗星是 1985 年国际彗星探测器（International Cometary Explorer）访问的第一颗彗星。不幸的是，它没有配备用于遥感探测的相机和光谱仪，也无法观察到这种动态变化。就像到目前为止所访问的所有其他彗星一样，哈特利 2 号似乎相对年轻。如果未来的任务针对像威尔逊-哈林顿彗星或恩克彗

星这样的古老天体，那将会很有趣。科学家预测，古老彗星可能具有更极端的表面形态[253]。

快速的飞越导致无法开展对彗核的质量或密度的任何测定，但是一些考虑的因素对它进行了限制。例如，彗星平滑的腰部和重力低提供了一种间接的方法来测量彗核的质量。它似乎是一个极其多孔的天体，其密度仅为水的 20%～30%。实际上，彗核的热惯性在被测量天体中是最小者之一，最热点恰好位于日下点（通常会向下午半球移动）。有证据表明，彗核的自转状态实际上比最初认为的更为复杂，如哈雷彗星的情况，自转叠加一个快速的进动或每 1.5 个或 3 个当地日围绕最长轴的“滚动”[254-260]。

在交会后对哈特利 2 号继续成像，每 2 min 拍摄一张照片，持续 3 个星期，一直到 11 月 26 日，整个交会的图像总数增加到约 125 000 张。

虽然 EPOXI 任务和深度撞击任务将于 2010 年 12 月停止飞行控制，但 NASA 提出了进行第二次扩展任务的想法。在 2011 年期间，探测器用于拍摄深空的图像，包括星系和星云，作为操作练习的一部分，以保持其控制者的熟练程度。虽然相机不是为这些目标而设计的，但却获得了非常好的照片。

在 0.98 AU×1.22 AU 轨道上与哈特利 2 号交会后，深度撞击号还留有足够的推进剂，这些推进剂能进行至少 18 m/s 速度增量的变轨。对 10 000 颗近地小行星和彗星的轨道进行了数值搜索，以找到合适的目标进行额外的飞越。只发现了 6 个“可交会”的天体，其中大多数天体的大小不到 1 km。只有 1 个小行星符合所有条件，包括尺寸足够大到能够在接近阶段被相机捕捉到，具有确定而良好的轨道，并且在目标机动之后留下小部分推进剂。另一方面，到达它需要在太阳轨道上飞行近十年。目标是未命名的近地小行星 163249（又名 2002GT），除了它的轨道之外其他知之甚少。它的直径估计为 800 m，支持这次交会的研究显示它是一个快速旋转体，一“天”持续时间仅为 3.77 h，并可能存在一颗小卫星。该天体也被列为 S 级（石质）小行星。在 2013 年 6 月下旬近距离地球飞越期间，预计会有更好的数据，在此期间将使用雷达对 2002 GT 进行成像并对其轨道进行精确化。这将是在深度撞击号飞越之前从地面最后一次研究该小行星，飞越将发生在 2020 年 1 月 4 日，最接近点为 1 km 或 2 km，相对速度为 7.1 km/s。航天器将从背光面接近并在向光面离开，因此大部分成像将在飞离阶段进行，最佳分辨率为 4～10 cm，距离在 20～50 km 之间。最远将达 80 km，小行星将完全填满中等分辨率相机的视场。

为了到达 2002 GT，需要进行单次航向修正点火，但工程师们希望积累更多关于可用推进剂量的数据，并将机动分成两部分。因此，2011 年 11 月 29 日，深度撞击号进行了首次 140 s、速度增量为 8.8 m/s 的修正。第二次修正是在差不多一年之后，即 2012 年 10 月 4 日进行，点火时间为 71 s，速度增量为 1.9 m/s[261]。但扩展任务尚未得到 NASA 的正式批准。与此同时，中等分辨率相机用于观察长周期彗星杰拉德（Garradd），以便在 2012 年 2 月至 4 月间的几周内研究其排气及周期性。虽然图像显示出一个均匀的彗发，但窄带不间断地成像使科学家们能够精确地确定彗核的自转周期为 10.42 h。与其他充分观测到的天体不同，这颗彗星的行为不同寻常，因为一氧化碳的排放与水不相关。在 7 月和

8 月观测彗星的第二个窗口未被使用，因为替换为探测器证明它的望远镜用于引力微透镜成像。探测器在 2012 年年底观察到明亮的泛星彗星（C/2011 L4 PanSTARRS），当时它超过了水冰可以升华的日心距离。但是，NASA 总部命令航天器准备好进行休眠，并取消观测。在科学家们指出深度撞击号是一个观察明亮彗星的独特工具以后（有几颗明亮彗星预计会在 2013 年出现），因为它一次可以一览无余地观测几天时间，发现计划资助了这个深度撞击持续研究（Deep Impact Continued Investigations）项目或“深度撞击 3 号”。这个项目将使用最少的工作人员，包括仅一名全职工程师。可重复使用的观测序列，可以适应每个目标彗星，并通过深空网进行有限的下传，只返回有限数量的数据。首先探测器在 2013 年将要观测“世纪彗星”ISON，随后是短周期彗星恩克彗星，接着是在 2014 年在飞入过程中与火星进行非常近距离交会的赛丁泉彗星（C/2013 A1），然后是在 2014 年 8 月经过时与航天器距离为 0.12 AU 的泛星彗星（C/2012 K1）。探测器还可以观察周期性的布鲁因顿彗星（154P/Brewington）和保瑞利彗星，并且罗塞塔于 2015 年在轨道上运行时，它将位于对丘留莫夫-格拉西缅科彗星成像的独特位置，而此时从地球上基本上无法观测到该彗星[262-263]。

以彗星观察者的身份开始这项雄心勃勃的计划，深度撞击号在 2013 年 1 月 17 日至 18 日的 36 h 内拍摄了 146 张中等分辨率的 ISON 图像，当时彗星距离航天器 7.93 亿 km。这

一张由深度撞击号拍摄的 M51 螺旋星系的照片，可以看到超新星 SN 2011dh

颗彗星虽然仍在木星轨道以远，但已经演化出长约 65 000 km 的彗尾。在 7 月和 8 月有第二个观测窗口，当时由于彗星在天空中距离太阳太近而不能从地球上观测，科学家预计在彗星与太阳的比距离条件下彗星的水排放已经“开始”。因此，红外观测将监测水的产生以及一氧化碳和二氧化碳的排放，以确定彗核的自转周期。进一步的活动将监视这颗长周期彗星在 11 月末的近日点后飞离太阳的情况。

不幸的是，在对 ISON 彗星进行观测的过程中，在 8 月 8 日的最后一个通信弧段之后的某个时候，探测器与地面失去了联系。控制人员在月底时相信他们已经确定了问题的原因。器载故障保护软件无法处理 8 月 11 日之后的日期，这使计算机进入一个连续无休止重启的状态。从地球发送的重置计算机并将探测器置于安全模式的命令显然未被收到。与此同时，器上的情况可能已经扰乱了姿态控制，以至于航天器的指向未知，太阳能电池板可能不再指向太阳，在这种情况下，航天器在电池耗尽前仅剩余几天寿命。没有加热，推进剂会冻结，电子设备也会失效。在一个多月后仍没有任何回应，NASA 于 2013 年 9 月 20 日宣布任务正式结束。

11.5　金星快车

2001 年 3 月，ESA 发现了可以再次让火星快车平台飞向行星际，进行一次低成本任务的可行性，并发起了“创意征集”活动，试图在严格的预算条件下于 2005 年发射。作为响应，科学界提出了各种各样的设想，并遴选出其中三个设想方案用于开展进一步研究。金星快车将使用罗塞塔和火星快车的设备对金星的多个方面进行勘测。宇宙近地尘埃探测器（DUNE）将在地球轨道以外 150 万 km 的太阳-地球拉格朗日 L2 点周围运行 2 年，将继承使用乔托号（Giotto）、维加（Vega）、卡西尼号（Cassini）和星尘号（Stardust）等航天器的几种仪器来收集行星际和星际尘埃的数据。SPORT 快车，天空极化天文台将测量宇宙大爆炸宇宙微波背景的极化，以补充 NASA 和 ESA 分别运行的微波各向异性探测器和普朗克任务的结果。11 月，该机构的空间科学咨询委员会建议采用金星快车进行一次廉价发射任务。这将是欧洲首个金星探测任务，距离第一次提出金星轨道飞行器已有 30 年[264-265]。经过准备阶段之后，金星快车于 2002 年 7 月启动，但其最终批准受到各成员国的影响，特别是意大利，参与这项任务将紧缩该国其他计划的开支。同年 11 月，该计划获得许可。该航天器将由主要承包商康特拉维斯（Contraves）、阿斯特里姆（Astrium）和阿莱尼亚宇航（Alenia Space）于 2005 年 6 月交付，并于 11 月发射。事实上，为了证明“快车”这一绰号的合理性，这是该机构迄今为止准备最为迅速的科学探测任务[266]。

火星和金星空间环境之间的差异导致需要对平台进行修改。首先，也是最基本的，金星和太阳的平均距离比火星和太阳距离的一半还小，因此金星的太阳热通量是火星的 4 倍有余。在火星看来，地球是一个内行星，使得热辐射器要安装在与对地指向的高增益天线的相反位置，以保持在阴影中，而这种几何关系，对金星飞行轨道却并不适用。为了保持“散热面”结构，工程师决定安装第二个略小的高增益天线，指向与主天线相反的方向。

因此，主天线（其直径略微缩小到 1.3 m）在任务中的使用率将约为 75%。当地球离金星最近时，将使用较小的 0.3 m 直径天线。与火星相比，金星的引力更强，意味着轨道进入和成形所消耗的推进剂需增加约 20%，导致发射质量为 1 270 kg，比火星快车多了约 50 kg。即便如此，这只能形成轨道周期比围绕火星的周期长得多的绕金星轨道。在日心距减小的情况下，面对更恶劣的热环境，工程师们不得不使用砷化镓阵列代替硅阵列太阳能电池。日照的增加意味着每个太阳翼上的面板数量可以从 4 个减少到 2 个，并且尺寸减小到 5.7 m^2 的面积。此外，每个太阳帆板都会由交替排列的电池行列和反射镜组成。在金星轨道上，1 450 W 的输出功率远远超出航天器系统和有效载荷工作所需的最低要求。这种阵列式设计能够承受气动减速时较大的过载，尽管尚没有正式的气动减速计划。与火星快车一样，金星快车主要采用被动热控，主要是使用白色涂料代替黑色涂料，使用高反射性聚酰亚胺绝缘材料代替黑色橡胶等[267-269]。这些技术有利于 ESA 未来的太阳系内探测任务，如比皮科伦坡水星轨道飞行器和太阳轨道探测器。

尽管美国和苏联已经开展了 30 多年的金星探测，但仍有如大气的动力学等许多问题未解决，特别是导致大气环流速度比行星旋转快几十倍的超级自转；先驱者号金星轨道器在北极发现的旋涡；在大气中产生黑色斑纹的紫外线吸收物质的性质；高层大气的化学性质；阵发性温室效应的演化。此外，人们希望能够通过对云形成过程和金星温室效应的研究，提高人类活动对地球引起的类似效应的理解，特别是找出可能诱发“全球变暖”的关键因素。金星大气与太阳风的复杂相互作用也值得进一步研究。在被电离后，金星的高层大气（更恰当地可以称为电离层）会产生其自身的感应磁场。已有的观测结果无法直接确定该磁场是否能够抵御太阳风以防止太阳能等离子体与大气混合并影响其演化，特别是在太阳活动极小期。金星的表面已通过雷达遥感完成了测绘，人们发现金星主要由火山活动塑造。有迹象表明火山活动仍在进行中，但还无法确定。这点很重要，火山活动可能是把金星内核能量转移到大气中的主要来源。伽利略号和卡西尼号探测器在飞越过程中，利用红外观测对大气特征进行了深入研究，金星快车的目的是进一步深入开展这项研究。

实现所需低成本的另一个重要因素是火星快车和罗塞塔留下来的许多仪器适用于金星研究。科学有效载荷包括七台仪器，总重量为 94 kg。继承于火星快车的具有 4 个传感器的等离子体和高能原子分析仪用于研究太阳风与高层大气之间的相互作用，并描述大气流失到太空中的化合物损失。这种仪器的能力远远超过了先驱者号金星轨道器所携带的一台简单仪器。继承自火星快车的红外傅里叶光谱仪用于表征全球温度场和高空风，识别云的内部和上方的气体，研究水浓度的垂直分布，并寻找火山活动产生的气体。另一种由火星快车改进的紫外和红外光谱仪用于绘制硫氧化物的浓度，并提供高海拔地区的密度分布。该仪器还将利用一个红外“窗口”来研究夜间表面的热辐射。虽然由于云中液滴的散射，将分辨率限制在 50 km（最多），但这种观测特别适合于探测火山爆发和新的熔岩流。为了利用光谱吸收的强度来分析高海拔含氢分子的垂直分布（例如水、氘代水、氢氟酸和氯化物），还在恒星和太阳掩星时探测边缘附近的大气。采用无线电掩星可以对电离层和大气层进行测绘。通过金星快车，将能够与地球上的天线配合进行收发分置的雷达观测。利用多普勒效应可以对行星的重力场进行测绘。继承了罗塞塔的紫外、可见光和红外成像光谱仪将用于测量低层大气的成分、云的结构和运动、中海拔区的温度、表面的温度（特别是寻找火山的“热点”）以及闪电发生的情况。该仪器提供的金星的高清彩色图像将提高公众的认知。金星快车还搭载了一台继承罗塞塔着陆器的磁强计。由于预算紧张，这台磁强计仅使用两个传感器来区分人工磁场和自然磁场：一个安装在主体上，另一个安装在 1 m 长的悬臂上。它还可以作为闪电引起的低频电磁波的接收机。当然，在金星发生“合日”时，金星快车的无线电信号还将对太阳日冕进行探测。

在科学有效载荷方面，金星快车和火星快车之间的主要区别在于取消了着陆器（尽管早期考虑过部署可充气大气探测器的提议）和带有鞭状天线的探地雷达。当项目启动时，还包含探地雷达，用于探测金星的主要地质特征，可探测深度为 1～2 km，然而由于经费紧张，很快就取消了探地雷达。唯一全新的仪器是一台监视相机，替换掉了记录“猎兔犬 2 号”（Beagle 2）火星着陆器释放过程的相机。这是为了获取紫外、可见光和红外光谱的图像，分辨率在北半球近拱点 200 m 和较远的南纬远拱点 50 km 之间变化，用于研究气动力和云运动、监视背光面的气辉，并测绘金星表面温度[270-272]。

金星快车任务的费用，包括 500 天的轨道运行费用，约 2.2 亿欧元，远远低于最近获得资助的 NASA 发现级任务。

为保障金星快车任务，ESA 在西班牙的塞夫雷罗斯增设了第二个深空天线。实际上，设计金星快车围绕金星运行的 24 h 周期轨道的目的是保证地面站能够在近拱点后 2～12 h 持续跟踪探测器，回传之前在轨和近拱点附近所收集的大部分数据。金星快车将其数据记录在 1.5 GB 的固态记录仪上，根据相对地球的距离和所使用的高增益天线，以 19～228 kbit/s 的速度回传数据。按照任务要求，每天需回传地面约 250 MB 的数据[273]。

由于硬件和设备的高度可重用性，金星快车的开发阶段创下了 ESA 科学任务的最短时间记录——总共只有几个月的研制周期。探测器的总装工作于 2004 年 4 月开始，于 2005 年 7 月完成了测试，之后，将其交付给拜科努尔发射场，进行推进剂加注并用联盟-弗雷加特（Soyuz - Fregat）发射。这是 20 多年来第一次从这个发射场出发前往金星的任务。发射窗口跨度从 10 月 26 日至 11 月 25 日，最佳日期为 11 月 5 日。然而，当金星快车于 10 月 22 日到达发射台时，技术人员发现弗雷加特上面级受到了肼烟雾的轻微损坏，隔热层正在脱落。为安全起见，技术人员决定将火箭送回总装大厅进行清洁。该任务最终于发射窗口的中间时刻 2005 年 11 月 9 日发射，其火箭整流罩由桑德拉·波提切利（Sandro Botticelli）所绘制的《维纳斯的诞生》进行点缀。在到达停泊轨道后，火箭再次点火，进入了 0.7 AU×1.0 AU 的太阳轨道。2 周的发射延迟促成了接近最优的最小能量轨道，而弗雷加特的精确入轨也意味着金星快车剩余的推进剂可以足够允许其在环绕目标的轨道上开展漫长的探测任务。发射后约 2 h，ESA 位于西澳大利亚州新诺舍的深空天线获取的信号表明探测器状态完好。第二天进行了 0.5 m/s 的航向修正，并同时开展了探测器的调试工作。仪器设备逐一开机，并使用次高增益天线在 11 月中旬至 12 月中旬之间进行了校准。当探测器距离地球约 350 万 km 时，磁强计悬臂展开，成像光谱仪和监视相机拍摄了

金星快车（ESA）

几个光谱范围内的地球和月球的测试图像。当然，除了这些测试之外，金星快车还在行星际巡航期间收集了磁场数据。

2006 年 2 月 17 日，主发动机进行了首次航线修正。3 月 21 日，金星快车到达近金星点，然后于 4 月 11 日抵达金星。这标志着 ESA 首次使用两个深空天线，通过确定探测器与类星体的相对位置，实现了高精度导航。作为补充，使用 NASA 天线进行了类似测量，测量给出了未来到达交会点的不确定性仅有 3 km[274]。探测器采用了轨道进入所需的姿态并将其通信切换到低增益天线，发送了诊断载波信号。主发动机在 UTC 时间 07：10 开始速度增量为 1 251.6 m/s 的制动减速。在整个机动过程中，探测器被金星遮挡了 12 min。点火持续了约 3 163 s，几乎是火星快车的两倍，并初步进入了 663 km×330 685 km 的轨道，周期为 9 天。在轨道上远拱点为中心的数天，获得了无障碍的南极视野，这条轨道提供了先期科学研究的机会。重新建立通信链路后，遥测显示金星快车状况良好。本次主任务需求是开展为期两个金星日的在轨观测，由于本次变轨后仍有 60%的推进剂剩余，可以至少观测 4 个甚至 6 个金星日。金星快车的成功到达是欧洲长期忽视的内太阳系探测的一个特别重要的时刻，ESA 已成功实现了环绕月球、火星和金星，并且正在准备开展水星

金星快车和俄罗斯弗雷加特上面级正准备与火箭整合，顶部为较小的次高增益天线（ESA）

探测任务。大部分科学有效载荷在轨道进入后的第二天开机，以便对先前观测不足的南极开展一些早期观测。在金星快车飞向其远拱点过程中的 206 000 km 距离时，它首次拍摄了极区上方的大气层红外图像。通过这些图像捕捉到了背光面一个黑暗旋涡，这与先驱者号金星轨道器在金星北极观察到的结构类似。在远拱点附近发动机点火，将近拱点的高度降低到 257 km。在 4 月 20 日探测器第一次通过近拱点时，将其轨道周期缩短至 40 h。经过 4 月 23 日至 5 月 6 日之间的一系列点火机动，探测器最终进入了 249 km×66 582 km 的轨道，周期为 24 h。同时，仪器的调试和校准仍在继续。唯一的主要问题是傅里叶光谱仪的扫描仪卡在了其关闭位置。尽管努力对该问题进行解决，但该仪器仍无法使用。5 月 23 日，开展了收发分置雷达实验，探测器采用高增益天线，以一定的角度将无线电信号发射到金星表面，经金星表面反射后，地球上的天线可以探测到反射信号。这些数据可以表现金星表面的自然特征。在 6 月 3 日，开始常规科学观测，除了麦哲伦号之外，金星快车在其主任务期间回传的数据比之前任何金星轨道器都要多[275-276]。

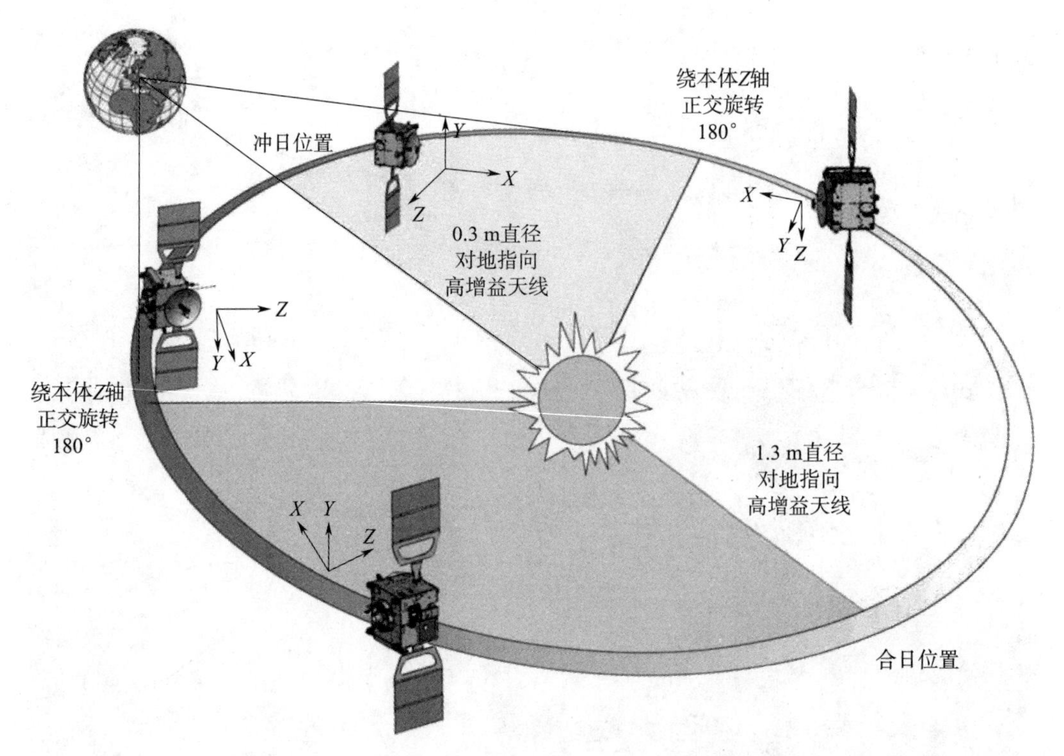

在火星探测器基础上进行适应性改变的金星探测器，除了设备仪器，最主要是在每个轨道上使用两个不同的固定高增益天线和两次“翻转机动”以防止热辐射器暴露在太阳下（ESA）

通过不同光谱范围内的观测和不同深度的测量，成像设备提升了我们对金星全球大气循环情况的认知。由于对云顶几千米大小的特征目标的跟踪不需要非常高的成像分辨率，通常在远拱点附近轨道下降的阶段进行观测成像。监测相机探测到了大气顶层，持续跟踪了温度变化情况。发现了一条明亮的中纬带，将极区（大气层像飓风一样呈螺旋形）和赤道地区（在日下点有斑驳和混乱的太阳驱动对流云）分离。这条带可能就标志着水手 10 号所揭示的“哈德里环流圈”极向极限。金星快车发现每一轨道的极区云图都不相同。分辨率最高的图像显示，日下点的对流元尺寸仅为 20～30 km 大小，远小于根据水手 10 号、先驱者号金星轨道器和伽利略号所拍摄的较低分辨率图像进行的推测。这些气流并不稳定，因此对通过大气传递太阳能量及“驱动”上层大气超级旋风的贡献不大。红外数据显示，除极区外云顶平均位于 75 km 的高处，极区云顶高度仅为 65 km。在 90 km 以上的高度，太阳是驱动大气环流的主要因素，在较低高度的超级气旋会与向光面和背光面的暖空气流叠加。该流动的证据通过追踪氢氟酸和氯酸获得，氢氟酸和氯酸在向光面被太阳紫外线解离，转移到背光面，重新生成新的物质。背光面氧气循环的测绘结果，揭开了长期存在的气辉现象的谜团。在向光面，二氧化碳离解，释放的氧原子被带到背光面，在那里它们重新组合形成氧分子并发射红外波长的光子。金星快车的科学探测结果对研究神秘化学物质起到了重要的作用，这种化学物质吸收紫外线，从而产生了独特的紫外线-黑色斑点，成为金星独有的特征。这些变化与大气条件相关，特别与云顶温度有关。吸收物质看起来

联盟-弗雷加特的萨姆雅克（Semyorka）发射器和金星快车在拜科努尔的总装大厅（ESA）

位于强对流主导的高纬度地区中，强对流将其从云层深处提升上来。较低的温度（例如在中纬度的冷圈中）和稳定的空气反而有利于产生明亮的硫酸雾。这种联系可能很重要，因为有一天它可能有助于确定吸收化学物质的成分。

值得注意的是，金星快车在其最初的轨道上发现了南极区的涡流，与 1979 年先驱者号金星轨道器在北极发现的涡流类似。这是两个温暖的像“眼睛”一样的偶极结构，其中心相距约 2 000 km，从云顶下降到 50 km 的高度，甚至可能更低。这个涡流可能是由大量快速下沉的空气被加热而引起的。通过跟踪这些微小特征，可以测量在“风眼”中的风速以及形成涡流外围的 1 000 km 宽的冷空气“环”。风眼完全自旋一圈将近 60 h。可以以此监测在几天时间内，旋涡的拉伸、演化和形变，这种变化经常发生，与前一次旋转的特征几乎没有相似之处。旋涡的旋转中心略微偏离南极，并在不到 10 天的时间内在其周围漂移。这种不对称性会有很多影响，甚至可能导致在某些纬度区，相对于大气层其他区域，发生风向改变。

在 2006 年 7 月和 8 月，受星体间轨道几何位置变化影响，出现了三个主要的金星快车掩星的时段。利用这几次宝贵机会，在进出掩星时，金星快车共开展了 21 次双频无线电探测。先驱者号金星轨道器的不同的技术安排限制了进入阶段的掩星数据。金星快车探测到电离层和高层大气层的高度范围为 100～500 km，绝大部分中性气体大气层下至约 50 km，在此高度无线电信号被完全吸收。三维测绘结果表明，在低海拔地区，日间和夜间的温度相当一致。在 60 km 以上出现复杂的结构，特别是在 60°和 80°的纬度之间的热反转，明显呈现出了极涡的冷“环”，因此可能是由于哈德里环流圈向下倒风引起的。最意

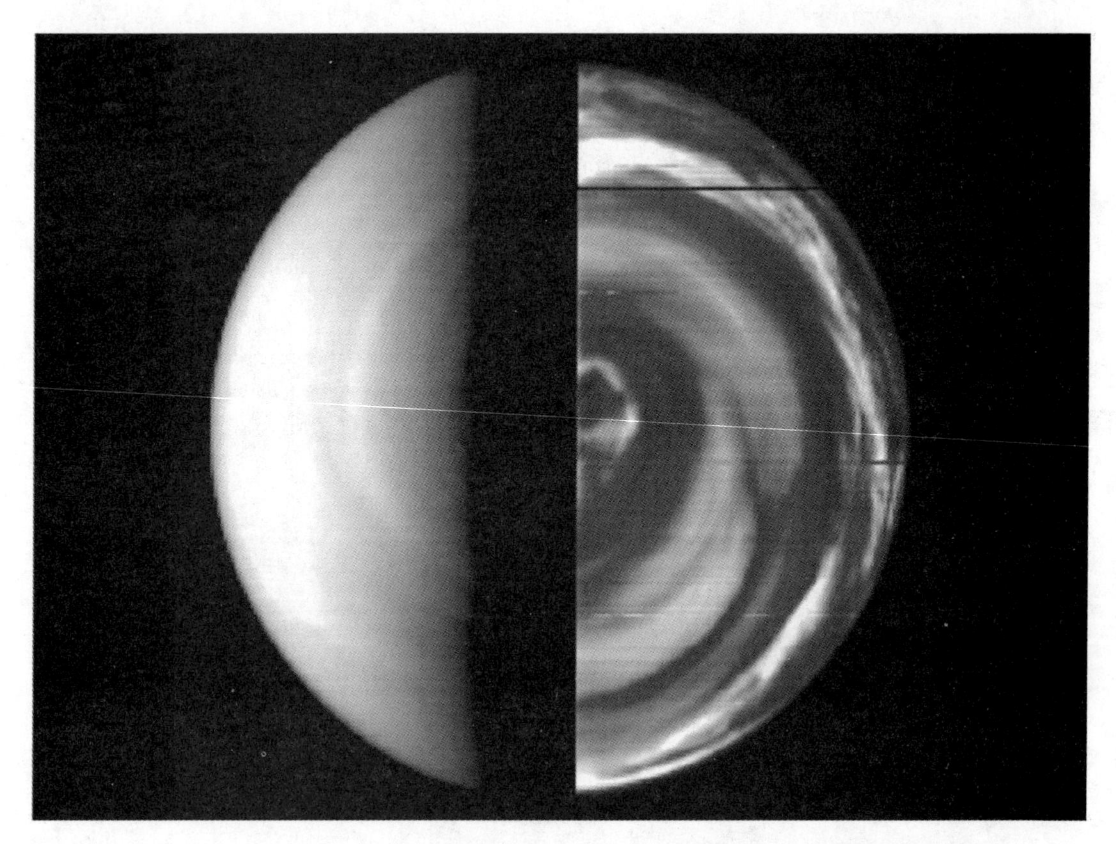

在可见光范围内看到的金星（左）的向光面和红外线中看到的背光面（右）的合成图。红外线视图穿透云层到大约 55 km 的高度，并清楚地显示南极涡旋（ESA/CNR - IASF，罗马，意大利和法国巴黎天文台）

想不到的结果是，在高海拔地区，向光面和背光面的温度之间有 30～40 ℃的差异。这很令人惊讶，因为如此大量的大气层应该可以非常有效地分配热量。要么是其他加热过程在起作用，要么是大气中存在某些物质部分吸收了无线电信号并产生误导性的测量结果。太阳和恒星的掩星探测了高层大气的化学性质，并对金星的早期历史提供了一些非常有趣的理解。事实上，这一数据表明，高层大气与着陆器采集的部分大气和地球上的海洋相比，氘相对于氢的富集程度的比值要高出约 150 倍。显然，这是因为较重的氢同位素比较轻的同位素更难逃逸到空间，导致氘浓度逐渐增加。然而，如果太阳能加热是导致气体从大气中逸出的唯一机制，那么这意味着金星过去存有的水仅够形成几米深的海洋。但是，若有其他事件发生，包括太阳辐射电离和太阳风对离子的侵蚀，那么可能曾经存在更多的水。紫外掩星数据的详细分析首次揭示了金星大气中的臭氧。臭氧可能由二氧化碳分子的离解和氧原子的重组形成。虽然它的浓度太低而不能像地球那样对上层大气温度产生影响，但与地球一样，它会对化学性质产生明显的作用。掩星仪器的另一个意外发现是在收集了 5 年的数据后，发现在大气层约 125 km 处存在冷层。实际上，这层达到了非常低的温度，致使二氧化碳形成冰晶甚至雪。

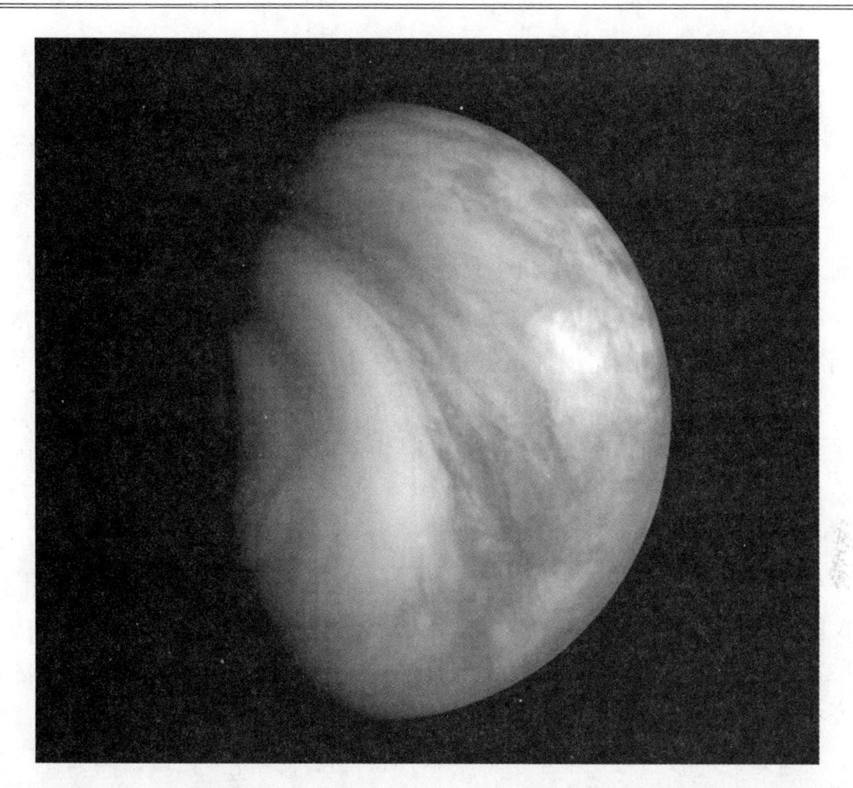

监视相机拍摄到的金星云（ESA/MPS/DLR/IDA）

金星南极的紫外线观测结果（ESA/MPS，卡特伦堡-林道，德国）

成像红外光谱仪通过观察金星盘边缘的部分区域，检测到了羟基，在该区域中更容易通过检测较厚的气体柱发现这些微量成分。羟基具有极强的反应性，因此在任何大气环境中的寿命都非常短。它存在的事实意味着具有某些不断产生它的机制。

无法研究关于太阳风如何侵蚀大气层的问题，因为磁强计观测到的弓形激波的位置处于电离层的上游，结合由太阳风引起的弓形激波的变化，发现弓形激波的高度相当高（至少在太阳活动极小期），以至于太阳风无法穿透大气层、激发并导致大气演化。来自大气的氢、氦和氧的离子存在于弓形激波下方，等离子体分析仪显示它们以比中性原子更快的速率逃逸到行星的尾迹中。测得的逸出氢氧比为 2.6，表明它们多半来自水（水中的比值为 2.0）。

在通过金星近拱点期间，研究了重力异常。由于近拱点位于北纬高纬度地区，这项研究集中于亚特兰大平原。

金星快车还提供了新的有关是否发生闪电的数据。原则上应该没有，因为小的对流圈似乎不能产生放电，并且云是由类似烟雾的气溶胶形成的，这（在地球上）不能引起闪电。第一次试探性的探测是在 20 世纪 60 年代末由苏联的探测器进行的。金星快车上的磁强计通过近拱点时，对大气中的放电“监听”了大约 2 min，并检测到短暂但强烈的低频电磁波爆发，预期为云到云放电，与地球上云到地的放电发生的闪电频率类似。然而，地球上常见的云对地放电看起来在金星上似乎不存在，可能是因为云层高度太高。如果金星像土星一样经历长时间的大气平静期，或者金星无线电发射限于某些特定频率，那么这些探测结果与卡西尼号探测器在飞越过程中未检测到闪电之间的矛盾就可以得到解释[277]。另一个有待解释的疑问是金星是否存在活火山。人们希望能够追溯到喷发点的二氧化硫浓度。尽管证明二氧化硫浓度变化很大，但无法在此方面得出任何结论。也许在活火山位置的低层大气中才能发生闪电。通过将南半球近红外表面发射率与麦哲伦号轨道器产生的雷达图所揭示的地形相关联，获得了良好的结果。对红外成像光谱仪的数据进行平均，在艾姆德尔（Imdr）、忒弥斯（Themis）和狄俄涅（Dione）的三个南半球地形隆起中发现了九个异常的“热点”。这些高热辐射率的区域可以匹配上已知的火山和晕边：伊敦（Idunn），艾姆德尔（Imdr）的一座大火山；在狄俄涅内的伊尼尼（Innini）和哈索尔（Hathor）；忒弥斯区域（Themis Regio）的梅莉凯（Mielikki）。这些斑点相对于周围陆地温度估计高出不超过 20 ℃，这意味着它们不太可能是由持续的火山爆发造成的。然而，有人认为它们代表了相对较近的熔岩流，这些熔岩尚未被侵蚀性环境完全“风化”。根据所做的假设，它们的年龄可能在几百到几百万年之间。重要的是，这一发现表明火山活动并不限于全球性的灾难事件，就像在 5 亿年前几乎整个星球重新浮出水面那样。掩星实验产生了另一个可疑结果，70 km 以上大气中二氧化硫浓度在 2006 年至 2007 年间异常增加，但到 2012 年又减少至 1/10。这种行为可能是由于大气全球环流的变化，也可能是由于火山发生了喷发，然后又停止了。另一方面，较低海拔的二氧化硫浓度明显保持稳定，没有其他数据证实最近或正在发生的火山事件的可能性。

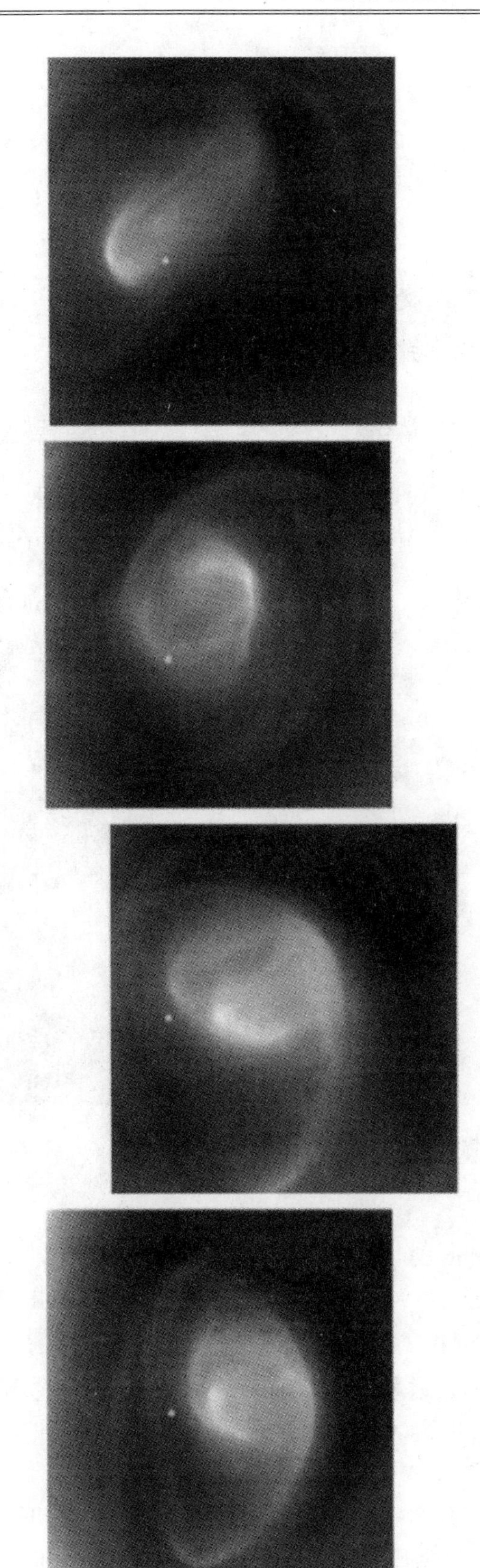

来自成像红外光谱仪的一系列图像显示金星的南极涡在海拔约 60 km。第二张是在第一张后 4 h 拍摄的，第三张是 24 h 后，最后一张是 48 h 后拍摄的。水平排列的白点表示极的位置（ESA/VIRTIS/INAF/巴黎天文台，LESIA/牛津大学）

表面成像的一个显著结果是，如果金星日平均延长 6.5 min，那么这些特征才能与近 20 年前麦哲伦号的雷达所见的特征相匹配。地基雷达长期测量与麦哲伦号数据之间也存在类似的差异，这表明差异是真实存在的。似乎某些事件——可能是来自稠密大气层的摩擦或金星与地球之间的引力交换——周期性地减慢了行星的旋转并达到了可测量的量级。在未来探测器的精确着陆计划之前，这个问题需要解决[278-296]。

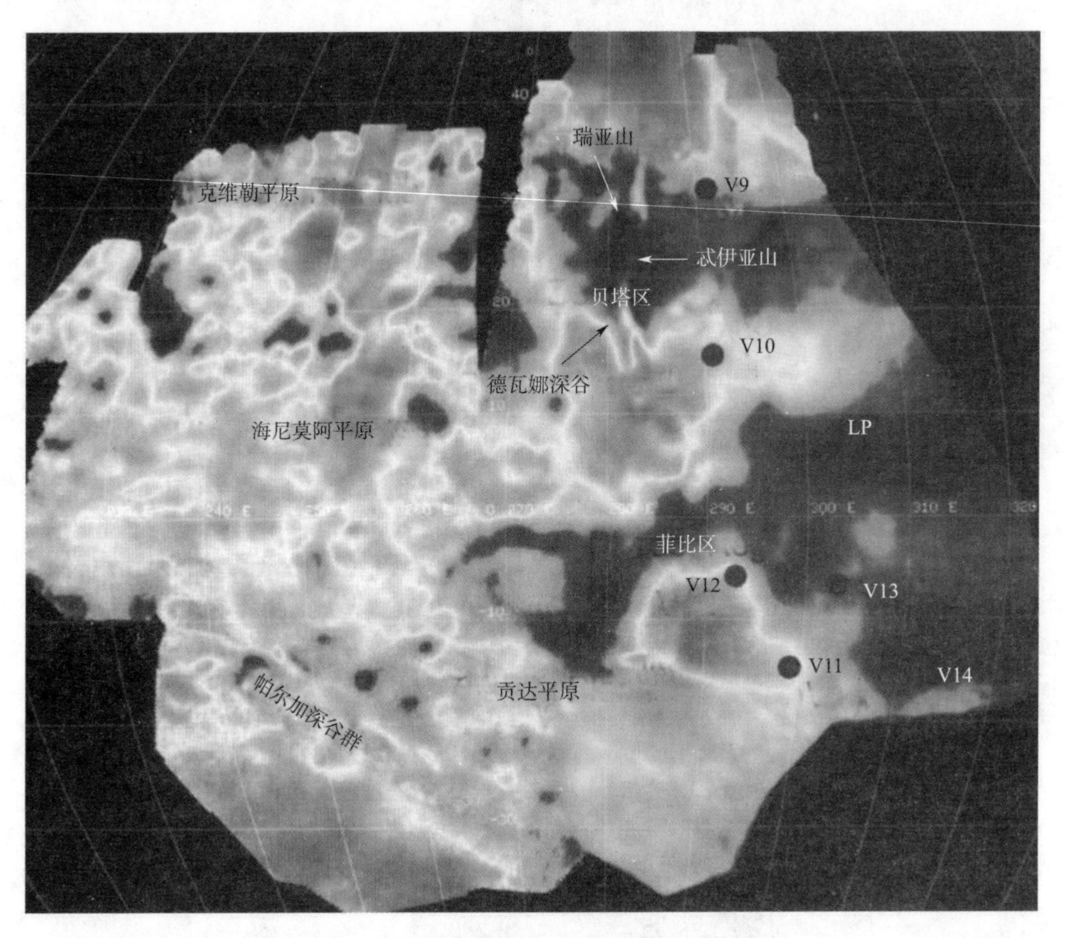

通过监视相机获得的金星表面的热辐射图。地图能够区分低海拔（明亮）和高海拔（黑暗）区域。圆点显示了苏联金星（探测器）着陆器和美国先驱者号金星大探测器的着陆点（ESA/MPS/DLR）

金星快车任务的一个鲜为人知的成果是它对太阳系小天体研究所做的贡献。2006 年 6 月和 8 月，在它进入金星环绕轨道后不久，这个航天器与周期性彗星本田-马尔克斯-帕德贾萨科维（Honda - Mrkos - Pajdušáková）发生了两次交会，穿过了彗星尘埃尾。这是非常利于发现相关行星际磁场扰动的宝贵契机[297]。值得注意的是，先驱者号金星探测器从未观测到任何与 2201 号小行星奥加托（Oljato）相关的磁场干扰，可能的原因是，尾随小行星的碎片在此期间已然消除[298-299]。

2007 年 6 月，就在金星快车完成第一次既定的翻转机动（包括其他事件）将次高增益天线瞄准地球之后，提供了电离层数据、多光谱图像和其他数据，以支持信使号飞越这个行星。那时，它正在从其第 410 圈轨道的远拱点开始下降[300]。

由于金星快车在 2007 年 9 月完成了它的主任务，于是开始其拓展任务，至少延长至 2009 年 5 月。事实上，认为推进剂储备足以持续到 2013 年（包括轨道维持）乃至更长。自从轨道进入以来，近拱点的高度在 250～400 km 之间变化，主要是由于太阳引力扰动。

信使号航天器的飞越首次提供了一个罕见的磁层现象——即“热流异常”的证据，2008 年 3 月 22 日金星快车上的仪器最终清楚地检测到了此现象。这些是由太阳风的电场将离子从行星的弓形激波中捕获而产生的泡。他们的发现使得金星成为具有热流异常的第四颗行星，另外三颗行星为地球（引发极光）、土星和火星。更有趣的结果是，2006 年 5 月 15 日发现了“磁层重新连接事件”。这些在磁力线断裂和重新连接时发生，产生了“等离子体团”或包含着沿着磁层尾部传播的等离子体的磁性气泡。等离子体团经常在磁性行星附近产生，但这是首次在非磁性行星附近看到[301]。

2008 年 7 月底，金星快车开启了为期 4 周的活动，将其近拱点降低到 185 km，以便更深入地进入电离层和感应磁场，以获得更好的粒子和场数据。为了保持周期不变，随着近拱点降低，远拱点略微增加。在到达 185 km 的高度测量到一个小但可测量的阻力效应。2009 年 7 月，金星快车能够记录出现在金星南半球的“亮点”的演化，这个点最开始是由一名美国业余天文学家注意到的。事实上，轨道器的监视相机已对一块 1 000 km 宽的云拍摄了 4 天，直至 7 月 15 日才发现这是一个完整的大气旋转。对这种不寻常的现象有四种解释：大型火山喷发，大气与太阳风之间相互作用的影响，彗星或小行星的撞击，或云盖中前所未有的变化。麦哲伦号的雷达图像显示，金星拥有相对“平静”的盾状火山，但只有强大的喷发才能将羽状物喷射如此之高而升入大气层。撞击论也很符合，因为在舒梅克-列维 9 号（Shoemaker - Levy 9）对木星撞击后 15 年，出现了亮斑。

第二次大气阻力实验于 2009 年 10 月进行。但由此测量到的空气动力学效应则特别依赖于高层大气的不确定性。因此，在 2010 年 4 月进行了第三次活动，通过使用类似于 1994 年麦哲伦号轨道器开创的技术，测量海拔超过 180 km 的金星大气密度。在这些测试中，其中一个太阳翼保持在一个固定的方向，而另一个在每个通过金星近拱点期间逐步旋转各种角度。当大气在轨道器上引入扭矩时，这可以通过陀螺仪测量并由反作用轮抵消。最后，4 月 16 日，通过将两个太阳翼以相反方向 45°定向，进行了一次合适的“风车实验”。虽然麦哲伦号在要求它始终保持其高增益天线指向地球的飞越时遇到一些严重的失误，但金星快车依然健康，并且其飞越可以优化从而获得最大的科学探测回报。相比于先驱者号轨道器和麦哲伦号探测器在赤道地区采样的大气阻力观测结果，金星快车在北极上的观测显示大气密度低了约 60%。截至 2012 年 9 月，共进行了 9 次大气阻力飞行[302]。

该任务随后拓展了三次，最近一次延长至 2014 年，仍期待探测器在 2015 年推进剂耗尽前表现完好。2010 年 8 月初，经过一系列大型日冕物质抛射后，太阳风密度降至创纪录的最低。这使得金星快车能够更详细地研究金星电离层的行为。由于上游的太阳风条件引发的后果，背光面电离层膨胀并形成类彗星的尾部，可能延伸数百万千米。如果太阳风密度恢复正常，电离层部分小区域发生脱落，这个过程也会影响大气侵蚀的速度。接下来的

10 月，另一次大气阻力运动将金星近拱点降低到 165 km。

与此同时，科学家们对 ESA 环绕地球的四颗编队卫星和环绕金星的金星快车所获取的同步的和近同步的数据进行分析，完成了对太阳风和非磁化金星环境相互作用及太阳风和地磁层相互作用的比较研究。在 2010 年 12 月和 2011 年 1 月与地球卫星的另一次联合探测任务中，采用了金星快车和三次哈勃太空望远镜观测对金星进行联合观测，主要集中在金星大气层中二氧化硫的分布研究。另外，金星快车还将计划与金星气候轨道器合作，金星气候轨道器将于 2011 年 1 月开展金星观测，但由于推进系统问题（如果真的有问题的话），这个日本航天器在 2015 年之前将无法到达金星[303]。2012 年 1 月 23 日，金星快车轨道的近拱点从 138 km 提高到 314 km，标志着 9 次再入大气工作已经完成。在此之前，十几个地球掩星产生了 500 多张大气测绘图。由于 2012 年年初太阳活动激增，金星快车受到太阳耀斑的严重冲击。3 月份的某个时候，探测器的星敏感器失效超过 2 天，相应的科学探测发生中断，姿态控制切换到陀螺仪，在接下来的 3 天，已无法开展常规操作。此时航天器正经历每 19 个月就发生一次的关键时期，在此期间必须特别注意控制航天器的方向，以避免在与地球通信时将仪器暴露在太阳下。

2012 年 6 月 6 日，金星快车处于金星轨道上的独特位置，从地球上看，金星凌日太阳圆盘。这个罕见的事件在太空时代只发生过一次，是在 2004 年，但当时没有航天器在轨道上，而且直到 2117 年都不会再次发生。在凌日期间，有 3 天无法对地建立通信，因为这将需要地球上的射电望远镜直接指向太阳。通过在这段时间内观测大气层，金星快车还用于定标研究，研究如何通过监测母恒星（太阳）的光线以辨明凌日行星的大气成分。这将应用于所发现的数百颗正在穿越其他恒星圆盘的行星的研究。此外，来自地球和金星轨道的联合观测结果测量了大纬度范围的大气温度，为太阳能加热及其与超级旋转的联系提供了线索[304]。

除了常规的数据收集外，还计划于 2013 年 9 月和 10 月开展调查大气硫化学的活动，以及于 2013 年 12 月和 2014 年 1 月开展南极涡流的动力学研究。这些研究针对大气变化和动力学，以及氧化钠和氮氧化物浓度的变化。之后，2015 年的活动将侧重于气动减速实验和低空测量[305]。

作为金星快车任务的另一面，在 2010 年 1 月，发现了一颗小型小行星，被命名为 2010AL30，它将在 13 日飞越地球，距地只有地月距离的三分之一。这个物体估计为 10 m 宽，有一个不寻常的环绕太阳周期为 1 年的不稳定轨道，穿过地球并且几乎与金星的轨道相切。通过基于早期测定轨道回溯，发现 2010AL30 在 2006 年春天近距离飞越金星，加之在 2005 年年末接近地球。金星快车在金星轨道进入前的飞行轨迹可能使得航天器进入类似小行星 2010AL30 的飞行轨道，这意味着这颗“小行星”也许是用过的发射这个欧洲任务的弗雷加特（Fregat）上面级。然而，改进的轨道参数给定了小行星与金星相遇的日期，为 2006 年 2 月 25 日，这比金星快车抵达金星要早约 6 周。因此，看起来，2010AL30 很可能只是一个不寻常的自然物体，在一个非常不稳定和短暂的轨道上运行。

11.6 终点去往冥王星

对冥王星-柯伊伯快车任务的争论贯穿了整个20世纪90年代。冥王星-柯伊伯快车任务作为“火与冰”任务最终获得支持的任务之一，却于2000年9月被宣布取消，于是科学家们敦促美国国会对NASA进行施压予以恢复[306]。作为回应，2001年1月NASA同意有所让步，但之前的研发计划并没有重启，而是决定开展一项发现级任务模式的竞赛，向各实验室和研究机构寻求方案。预算上限为5.05亿美元，用于支付航天器和有效载荷的研制、发射和飞行操作以实现对冥王星的飞越探测。项目本身并不包括支持开展柯伊伯带目标探测的经费，但如果获得许可，相关经费将由拓展任务承担。作为发现级任务，关于冥王星探测的建议必须遵循项目负责人为主导的管理架构。NASA则负责为大赛获胜者提供一个放射性同位素热发电机。在提交的五项提案中，有两项被列入候选名单，以开展进一步研究。冥王星和外太阳系探测器（POSSE）由科罗拉多大学、JPL和洛克希德·马丁公司联合提出，其使用离子推进模块来规避木星发射窗口的限制。新视野号由约翰斯·霍普金斯大学应用物理实验室（APL）和西南研究所提出，主要基于APL的“交会彗星”任务。经过3个月的评估，2001年11月19日新视野号任务胜出，并定于2004年12月发射，将于2012年飞越冥王星。最终的团队由来自于西南研究所的长年“冥王星爱好者”（Plutophile）艾伦·斯特恩领导，其他成员包括来自NASA戈达德航天飞行中心、斯坦福大学和波尔航天（Ball Aerospace）的人员，深空网跟踪服务将由JPL负责。运载火箭拟采用德尔它4号（Delta Ⅳ）或宇宙神5号（Atlas Ⅴ），两种运载火箭均属于开发中的国防部和NASA联合的改进型一次性运载火箭[307-308]。2002年2月，NASA公布了2003财政年度的预算要求，其中包括继续重点支持低成本发现级任务，提议开启新疆界级任务并以新视野号作为此类任务的第一个任务启动。同年，在国家研究委员会发布的十年调查中，将冥王星和柯伊伯带目标作为太阳系探索的最高优先事项，新视野号获得了最大的科学支持。

新视野号的研制面临着一些挑战，包括缺乏符合美国空间核动力源发射要求的运载火箭和RTG的氧化钚原料；乔治·W. 布什总统多次试图削减资金支持，仅仅为了能够快速获得国会支持；发射由2004年推迟至2006年，导致延迟到达冥王星；甚至包括在一次飞机失事中失去了某些重要工程师的悲惨损失。相比之下，“彗核之旅”任务的影响很小，因为这个彗星任务的设计缺陷部分并非继承于传统的航天器。尽管RTG原料的供应问题似乎可能会导致发射推迟至2006年以后，但最终得以避免。事实上，2006年1月的发射日期已经处于2004年的最佳木星引力辅助窗口的末期。如果发射时间超过2006年，木星就不再位于能将新视野号弹射至快速“冥王星转移”轨道的位置，将无法在2020年之前飞抵冥王星，届时该星球上大部分地表将处于冬季深深的黑暗之中。

新视野号机身呈不规则的六面体形状，类似于“三角钢琴”，高0.68 m，宽2.11 m，长2.74 m，内部是中心铝制推力管路，将推进剂贮箱围起来，还支撑着超薄铝蜂窝基板

“裸露的”新视野号航天器准备发射。左边的碟形物体集成了摄像头、红外探测器和紫外光谱仪

和顶板，两板之间依次装有侧板。整个外部覆盖有隔热毯，以尽可能多地保留电子设备发出的热量，从而使系统在寒冷的外太阳系中保持温暖。推进系统使用 4 个 4 N 推力器进行航向校正，使用 12 个 0.8 N 推力器进行姿态控制，所有推力器均由一个初始装载 77 kg 肼的贮箱供给。在大多数巡航期间，舱体以 5 r/min 的速度旋转以保持稳定，并且因为它没有动量轮，所以将采用推力器实现交会期间的三轴稳定。通信系统包括顶部 2.1 m 高增益天线，用于冥王星飞越期间保持通信及数据传输。在天线盘面的馈电三脚架上装有中增益天线和低增益天线，底部装有一台低增益天线。从运载火箭接口到天线堆栈的尖端，航天器高度为 2.2 m。与近期所有的任务相同，它有一个固态数据存储系统，在这种情况下具有 8 GB 的容量，使其能够在交会阶段把时间尽可能多地投入收集数据而不是实时回传数据，其主要原因在于，航天器离地球太远，以 600～1 200 kbit/s 的速率传回所计划的冥王星飞越期间的所有数据需要 9 个月。主结构最短的一侧固定法兰，以容纳单发电机型 RTG（曾在卡西尼号使用的同型号）。计划在发射时估计提供 240 W 电功率，冥王星飞越时提供 200 W。但钚原料的短缺（尽管从俄罗斯购买了部分）将导致交会阶段有30 W 的短缺。为了提高可靠性并最大限度地提高航天器在太空中存活 15 年的可能性，新视野号采用了标准的 APL 式结构的特征，例如除了科学仪器的盖子之外没有机械装置或活部件。在不利方面，在冥王星交会阶段，必须通过摆动或者转向等手段，调整整个航天器的姿

态，以便将探测仪器对准目标[309]。

新视野号重 478 kg，比小型化的冥王星-柯伊伯快车重得多，计划携带 30 kg 的有效载荷，将能够实现后者 10 倍的科学产出。5 个科学仪器有效载荷将介于接近水手 2 号（Mark Ⅱ）冥王星探测器以飞越为目标的“圣诞树”计划和冥王星-柯伊伯快车的“极简主义”计划之间。一台包括三个黑白和彩色相机的多光谱遥感探测包，一台红外探测器和一台基于罗塞塔系统的紫外光谱仪将提供冥王星大气和地表的中视场测绘和光谱。一台具有 20.9 cm 孔径望远镜的窄视场相机将在交会前几周提供高分辨率的黑白图像和全局测绘。一台双传感器粒子探测包将研究外太阳系中的太阳风，以及从冥王星逃逸并被太阳紫外线电离且被太阳风“拾起”的气体。一台由高校学生研制的尘埃计数器将首次测量到日心距离超过 18 AU 的尘埃（先驱者号木星尘埃传感器单元失效的距离），并将测量延伸到柯伊伯带。该仪器更名为威妮夏·伯尼学生尘埃计数器，以纪念威妮夏·伯尼·费尔（Venetia Burney Phair），她在 1930 年为新发现的“行星”提出了“冥王星”的名称，当时她只有 11 岁。与之前的任务不同，无线电掩星实验是在“下行链路”模式下进行的，航天器发射信号而地球天线进行监听，新视野号将通过“上行链路”无线电掩星进行大气探测，这时航天器监听地球深空网两个天线同时发出的信号。通过将高增益天线对准固态天体，该无线电探测包还可以具备微波辐射计的功能。对于“首次交会”任务的典型载荷而言，新视野号唯独没有携带磁强计，但科学家希望能够从粒子探测包提供的数据中推断出行星磁场（如果存在）的存在。

2003 年 7 月决定使用宇宙神 5 号发射新视野号，并采用 STAR 48B 固体燃料上面级，使航天器离开地球时具有足够逃离太阳系的速度——与先驱者号和旅行者号不同，它们使用木星的引力借力达到这种状态。

最初的预算为 4.88 亿美元（包括一定余量），现在估计新视野号（包括发射器和冥王星的操作）将耗资约 7 亿美元[310-313]。

随着新视野号紧锣密鼓地研制，人们对柯伊伯带及其成员的了解也在迅速增加。在发现了数百个天体后，人们意识到柯伊伯带似乎有一个非常陡峭的外缘。此外，一些柯伊伯星体出人意料地大。其中第一个是（50000）创神星（Quaoar），尺寸达到了 1 300 km，伴随着一个大卫星。接下来是（90377）赛德娜（Sedna），一个冰冷的大星体，运行在约 75 AU 的近日点（超出大部分柯伊伯带）与 1 000 AU 的远日点之间——这样一条轨道，使其成为奥尔特云的内部成员，奥尔特云是一个更大的彗星库，从几百 AU 延伸到大约 60 000 AU（即 1 光年），这个极冷领域的光照强度不到地球的十亿分之一[314]。这些发现使冥王星在九大行星中的地位受到威胁。将它作为一个行星具有文化上的合理性，但从轨道动力学和星体尺寸的角度来看，就不能保证它的地位了。很明显，冥王星无疑是“柯伊伯带之王”。在新视野号发射前的夏天，天文学家宣布发现了阋神星（Eris），这是一个大型柯伊伯带天体，距离为 97 AU（所观测到的太阳系成员中最远的）。初步估算表明其尺寸比冥王星更大。如果在发现冥王星之后不久就发现这些物体［就像在发现谷神星之后不久发现小行星帕拉斯（Pallas）、朱诺（Juno）和维斯塔（Vesta）一样］，它们也将一并被归类为“小行星”，而“大行星”的数量将保持为 8 个（随着 1846 年海王星的发现）。冥王星卫星冥卫一（Charon）的存在也不足以改变冥王星被“降级”的命运。因为外海王星星体所具有的卫星还在不断被发现，其中一些甚至大过它们的主星。截至 2005 年年底，共发现有 22 个柯伊伯带天体（包括冥王星）至少都有一颗卫星[315]。在新视野号发射前两个月，科学家们宣布了冥王星又重返之前暂时输给了阋神星的“柯伊伯带之王”的地位，提高了公众对该任务的兴趣。在通过哈勃太空望远镜分析深空图像时，天文学家在 49 000 km 和 65 000 km 的距离处发现了冥卫一外两个绕着冥王星运行的光点。这些新卫星分别被命名为冥卫二（Nix）和冥卫三（Hydra），与新视野号任务的首字母相同。对早期图像的重新分析确定它们已于 2002 年被发现。它们的大小分别是 45 km 和 130 km，但是两者中最内层的冥卫二比冥王星稍微红一点，冥卫三的颜色类似于冥卫一。人们认为，小型柯伊伯带碎片对冥卫二和冥卫三的撞击可能会产生短暂而微弱的冰环。由于所有卫星都在同一平面上运行并以 35 天间隔排列，当新视野号接近冥王星系时，它将有几个光照条件良好的机会拍摄全家福[316-317]。

新视野号于 2005 年 6 月完成组装，并于 9 月底交付至卡纳维拉尔角，以装配 RTG 并完成最终检查。发射窗口于 2006 年 1 月 11 日开始，可以持续到次年 2 月 14 日，但如果在 1 月 27 日之后发射，木星将不在能够产生引力借力的位置，任务将不得不尝试直飞冥王星。在 2007 年有一次备用的发射机会，可以直接飞抵冥王星，但前提是要减少推进剂负荷，从而可能会导致错过与一个柯伊伯带的目标的交会。实际上，当一台与运载火箭所携带的推进剂贮箱类似的贮箱在进行结构测试时，发生了壳体破裂，NASA 决定对火箭的贮箱重新进行检查，导致发射推迟了几天。几个星期前，由于受到威尔玛飓风的破坏，需要更换五个捆绑式固体燃料助推器中的一个。1 月 17 日的第一次发射尝试因卡纳维拉尔角的大风而被推迟。在第二天，APL 任务控制中心的断电又再次打乱了发射计划。新视野号最终于 1 月 19 日顺利升空。在发射后 44 min，固态助推上面级点火后，新视野号获得了人类航天任务中前所未有的最大逃逸地球速度，甚至超过了尤利西斯号。事实上，新视野号航行速度非常快，以至于它在仅仅 9 h 后就越过了月球的轨道（与月球最近的距离是 184 700 km）。由于修正瞄向木星目标只需要很小的速度增量，新视野号剩余了足够多的推进剂，最终为柯伊伯带阶段的任务规划增加了灵活性。新视野号在 1 月 28 日和 30 日完成了两次轨道修正，在 3 月 9 日完成了另一次修正。在 3 月启用了尘埃计数器。同时还上传了许多软件补丁来修复一些错误并实现其他附加的功能[318]。

5 月初，随着设备检查和校准活动的继续推进，任务规划人员搜索了已知的小行星的数据库，并发现 6 月 13 日新视野号将飞越 2002JF56，相对距离约 102 000 km，相对速度为 26.6 km/s。2002JF56 由 LINEAR（林肯近地小行星研究）望远镜于 2002 年 5 月 9 日发现，后来这个小行星主带天体被命名为（132524）APL，以此纪念新视野号的研发机构。为了对航天器跟踪附近目标的能力进行验证，任务规划人员决定对 2002JF56 进行观测，同时作为与柯伊伯带物体交会任务的演练。即使望远镜相机并没有启用，相机的“防尘罩”并没有打开，但其他相机的分辨率也足以用来估计小行星的大小，约为 2 km。在

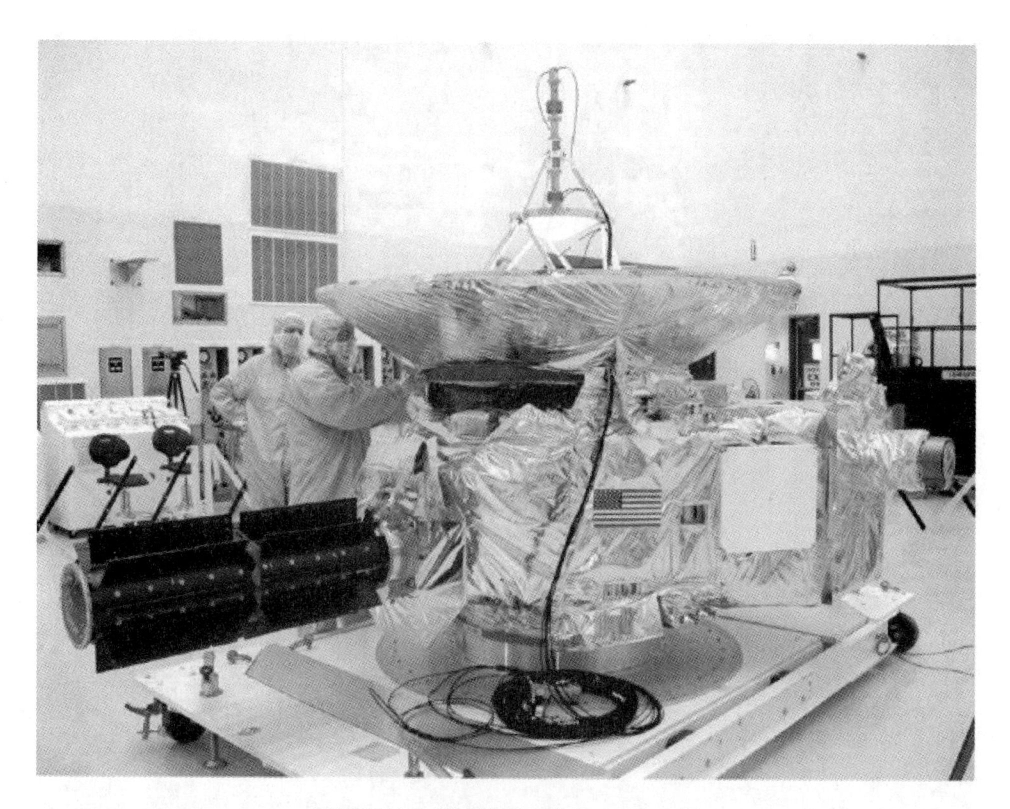

新视野号应用隔热层及安装 RTG 现场

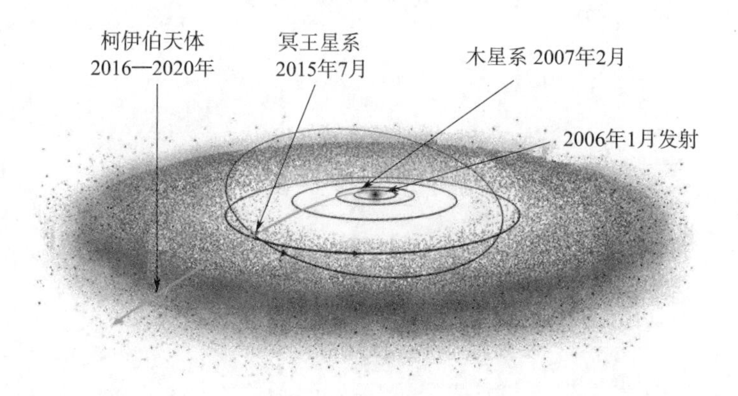

新视野号前所未有的飞行轨迹，航天器在发射时进入太阳系逃逸轨道

地面上有能力观测这颗小行星的天文望远镜并不多，即便如此，这颗小行星在望远镜图片上也不过体现为一个光斑。虽然观测困难，但是任务规划人员仍对世界各地的天文学家发出了号召，以尽可能多地获取这个物体的数据。实际上，人们对其为数不多的了解就是运行轨道。位于智利的欧洲南方天文台 8 m 超大型望远镜是能够提供新数据的仪器之一，在新视野号与小行星交会前，经过其前几周的观测，结果表明，APL 小行星属于 S 类小行星，宽 2.3 km，几乎是标准的球形[319]。新视野号对小行星连续追踪了约 35 h，持续到与小行星交会前 8 min，交会距离约为 101 867 km。追踪探测中，新视野号获得了小天体黑

宇宙神 5 号运载火箭用于发射新视野号。尽管它的名字叫宇宙神，但与此名称的火箭的早期版本有很少甚至几乎没有相似之处

白和彩色图像，并且如预期的那样，尽管小行星未被深入分析，但可以确定其尺寸为2 km或 3 km。有趣的是，在交会点的 1 h 内拍摄的图像上，在距离小行星约 2 个像素点的位置处，观测到了第二个非常小的光源点，一直在与小行星伴飞。这可能是一个小型卫星（无物理连接）或小行星主体上的突出物（有物理连接），但在确定小行星的旋转周期之前，暂时无法确定究竟是哪种情况[320]。

2006 年 8 月 24 日，国际天文学联合会（IAU）发现柯伊伯带中不止有一个比冥王星体积还大的天体，因此投票决定将冥王星降级。除此之外，该决议还规定，围绕太阳运行的物体若被定义成“行星”，则必须要符合以下两个条件之一：要么清除了轨道内的碎片，要么将这些碎片的动力学行为通过引力进行限制（如木星对特洛伊小行星的限制）。根据这个定义，冥王星并不能被划分为行星，因为它占据的轨道与其他柯伊伯带成员“共享”。冥王星被重新归类为“矮行星”，这对新视野号团队而言并非一个好消息，因为新视野号的主要任务之一就是调查太阳系最外的行星，虽然在现阶段项目团队无法因为这一变故而放弃任务，但有人想知道，如果降级这种情况早一些发生，那么会对那些冥王星观测任务的提案产生怎样的影响。将行星数量减少到 8 颗只会产生文化方面的影响。由于这一裁决（尚未得到更广泛的天文界的支持），所有或多或少没有清除其轨道的球形天体都变成了“矮行星”。这类天体目前包括谷神星（Ceres）、冥王星（Pluto）、阋神星（Eris）和（136472）乌神星（Makemake），后者是另一个比冥王星略小的柯伊伯带天体。2008 年 6 月 11 日，国际天文学联合会裁定，将运行轨道在海王星轨道之外的矮行星定义为“类冥天体”家族。

通过新视野号上的低分辨率相机观测到的小行星（132524）APL，尺寸只有 2～3 km。在其偏右下侧的微弱小星体可能是一颗小卫星

2006 年 9 月 4 日，在新视野号望远镜相机的盖子打开并获得了第一批星图校准图像之后，相机又瞄向了下一个目标——木星，距新视野号大约 2.91 亿 km 之遥。这些星图校准图像提前对交会时的成像模式和曝光时间进行了演练，科学家们通过图像尝试分辨出木星的大气条带和云层的细节，以及木卫一和木卫二及其凌星的阴影。9 月 21 日和 24 日，通过拍摄冥王星的第一张照片，望远镜相机证明了它的价值，它拍到了在群星闪耀的背景下移动的一束微弱光线，距离 42 亿 km 之遥。直到 9 月底，新视野号全部的仪器设备都做好了与木星交会的准备。在此期间，等离子体仪器和灰尘计数器常规收集数据。新视野号在 11 月底经历了合日阶段，但在这个“中断”期间的大部分时间里，它仍然能够继续提供数据。2007 年 1 月 8 日开始启动木星交会的计划，包括远距离木星成像和对木卫四进行红外扫描。从成像结果看来，木星的大气非常平稳，大部分比平时显得清晰。科学家们希望这种清晰的情况能够持续到 2 月底。尽管木星不是实际的科学探测目标，但是这次木星飞越是验证交会过程数据获取能力的一次宝贵契机，特别是一些外部不规则的卫星。虽然木星有几十个这样的卫星，但几乎所有木星卫星已知的就是轨道、光照特性和可能的直径。鉴于交会轨道的设计，根据特定目标进行精确的轨道机动是唯一能够让航天器对其中任何一颗卫星进行详细观测的方法。但出于节省推进剂的目的，最终还是没有实施轨道机动。1 月，新视野号拍摄了不规则木卫十七的远距离光学导航图像，这颗卫星于 1999 年被人们发现。由于这颗星体的尺寸不到 10 km，使其成像质量看起来更类似于遥远的太阳系外恒星。本次观测模拟了柯伊伯带天体的探测和跟踪。在交会后期拍摄的其他图像用于重建两个较大的外部卫星［木卫七（Elara）和木卫六（Himalia）］的“光变曲线”、形状和大小。尽管新视野号比卡西尼号更接近木星，但是最小距离仍有 32 个木星半径（230 万 km），在木星的伽利略卫星轨道之外。本次飞越发生在 2 月 28 日，相对速度为 21.2 km/s，交会位置位于该行星赤道平面的稍南方[321-322]。

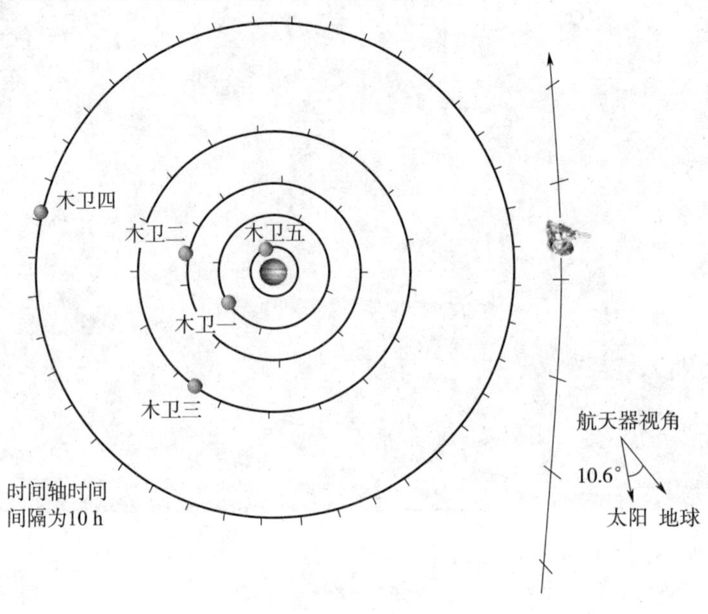

新视野号木星系内的飞行航迹

木星交会的大部分活动都发生在 2 月中下旬。从 2 月 25 日凌晨开始，航天器检测到很高的质子和电子通量，表明新视野号可能在穿越（或更可能是多次穿越）弓形激波。然而，由于没有携带磁强计，无法对此进行确认。同一天晚些时候越过了磁层顶端，相对距离约为 67.4 个木星半径。与此同时，哈勃太空望远镜和钱德拉 X 射线天文台正在从地球轨道观测木星，业余爱好者与专业天文学家一起在地面进行观测。这些数据使新视野号团队能够决定自己的航天器上的相机应该观测什么。由于木星与地球相对接近，使得数据传输速率大幅提高，最终在交会期间地面获得了 34 Gbit 的数据——超过了计划的冥王星交会的数据量。其中一些数据几乎是实时回传的，剩余的大部分是在 3 月份开始传输，历经 3 个月才完成了下传。

2005 年年底，有数十年历史的“白色椭圆”开始处于与南部大红斑合并的条带上的几年之后，其剩余的部分开始呈现出淡红色，这可能是将木星内部深处的物质提升出来的结果。距离大红斑北部约其尺寸一半处，此处的绰号是“小红斑”。有趣的是，先驱者 10 号飞越木星时也出现了一个相似但较小的斑点[323]。新视野号的高分辨率多光谱图像对该点的拍摄显示出氨气在大气顶部膨胀的迹象。根据间隔 30 min 拍摄的照片序列的分析，可以测得其中大气风速在 150～190 m/s 之间，几乎是在木星上测到的最高风速。正如远距离成像结果所预测的那样，赤道地区的天气正是不同寻常的好天气，几乎没有云。这有助于探测木星更深层的结构，特别是大气波动中的明亮和黑暗的序列，其速度为每秒数百米。汹涌的大红斑尾迹也未被云层覆盖。部分由于良好的能见度，红外扫描甚至可以检测到更远处短暂存在的新鲜氨冰云，表明此处有活跃的风暴或上升气体。可以在木星几次旋转中，监测这些物质的演变过程。成像光谱仪于 2 月 25 日开始频繁重启，辐射防护逻辑阈值有所增加，此后它的运行令人满意。最后，2 月 28 日，最接近木星的那一天，一系列彩色和甲烷滤镜图像揭示了木星大气层的细节，分辨率可以精确到 45 km，与伽利略号探测器在木星轨道上获得的图像分辨率相当。新视野号望远镜相机的 11 km 高分辨率图像与旅行者号的最佳图像相当，但它们的飞越过程更加接近木星。

新视野号拍到了除木卫四以外的所有伽利略卫星的图像，获得了大量的中等分辨率图像。在木星交会阶段，木卫三和木卫四位于行星盘的另一侧，因此，新视野号能够拍摄到这两颗卫星面向木星的部分。在伽利略号任务中，由于受到观测限制，当年的观测几乎无法测绘这些面的表面成分（甚至某些区域一点都没有办法测到）。木卫三的水冰地图显示了一些较为干净的冰斑，这些冰斑表示近期撞出的陨石坑及喷射出来的沉积物。然而，即使是获得的最佳分辨率图像（距离 350 万 km 拍摄），也只有 17 km 的分辨率。2 月 27 日，新视野号开始拍摄木卫二的照片。特别引人注目的是，在新视野号最终获得远距离观测的晨昏线图像中，在伽利略号和旅行者号获得的图像中这部分区域布有小的缝隙，此时看来这些对应结构为弓形沟槽，怀疑是极点的冰壳被海洋从岩石核剥离后漂移而致。对于这种表面结构的研究，最佳的图像是太阳位于当地地平线以上的低海拔处所拍摄的图像[324]。通过三次相对较好分辨率的扫描，获得了木卫二表面上“非冰”物质的详细分布图。可以证实：木卫二上存在着从木卫一火山吹入太空的而被木卫二带走的硫，然后在木卫二表面

举世震惊的一张图片，木卫二出现在木星边缘

上经过木星辐射发生了化学变化。经过对不同视角下表面光散射特性所做的较以往探测更为详细的研究，科学家们发现，木卫二与太阳系的其他地质活跃的冰卫星不同，比如环绕土星的土卫二和环绕海王星的海卫一[325]。

新视野号与木卫一的最近距离小于 224 万 km，使用望远镜相机共拍摄了 190 张图像，使用多光谱相机拍摄了 17 张图像。科学家们本期待照片可以在卫星边缘上捕捉到普罗米修斯火山的羽流，但却惊讶地观察到 11 个其他的羽流，分布于一座类似普罗米修斯的高 80 km 的二氧化硫“伞”到北极地区特瓦史塔（Tvashtar）之间。自 1979 年旅行者 1 号发现木卫一拥有活火山以来，有一些火山看起来还是首次爆发。从伽利略号在 2001 年完成最新的一张木卫一图绘制工作之后，整个木卫一上至少有 19 个位置发生了变化。在勒纳地区（Lerna Regio）新发现了一个 150 km 高的羽状物和 400 km 宽的同心沉积物沉积在表面。特瓦史塔（Tvashtar）的标志是环形沉积物，伽利略号在这里拍摄到了令人惊叹的“火帘”图片，并且在伽利略号交会木星之前，地球上仍在对其喷发进行观察。新视野号观察到一个高 350 km、宽 1 300 km 的羽状物，在 8 天的时间内对它进行了大约 40 次观测，得以对其演化和结构进行详细研究。特瓦史塔的亮度证明它主要由玄武岩熔岩构成，

新视野号拍摄到的木卫一，值得注意的是在图片顶部出现的巨大的特瓦史塔火山喷射云

并且火山口喷出的原始气体在飞溅后凝结成离散颗粒落下。新视野号在交会过程中的四个阶段中，在可见光和紫外线波段下观察了木卫一的日食，同时哈勃太空望远镜也在进行补充观测。观测结果惊人地展示出了木卫一大气中的极光和火山羽状物。木星的星下点和对跖点的辉光更强烈，可能是由于当地的大气密度达到了峰值。在进入和离开日食时的光照亮度变化似乎与表面升华有关。此外，新视野号还获得了火山喷发发光点的测绘图[326-327]。

新视野号的成像相机专为冥王星的低光照水平量身定制，能够给出木星暗环的“最佳视景”。成像结果表明，木星环中出现的波纹与 2009 年土星卡西尼号探测器所拍摄到的波纹类似，但是并没有后者明显。两个行星环的波纹均认为是由碎片云被行星环清除并与环中的粒子相撞而形成的，从而导致它们的轨道略微倾斜。1996 年和 2000 年伽利略号拍摄的图像中也能够看到波纹，这些波纹的诱因可以回溯到 1994 年下半年，当时彗星舒梅克-列维 9 号撞击木星，产生了碎片云。而新视野号拍摄的波纹似乎是在 2001 年年末和 2003 年年末由卷积云所引起的，这意味着在木星附近，存在着一些看不见的物体正在以难以置

新视野号拍摄到的高分辨率木星图像

信的高频分崩瓦解。这一结论在 2009 年和 2010 年时得到了支持，当时在木星大气层中意外地出现了小行星或彗星撞击木星而产生的火球[328]。科学家对嵌入的直径达到千米级的小卫星进行了全面搜索，以确定是否有这种物体在不断地产生尘埃以对木星环进行补充。而在此之前，已知最小的木星卫星是木卫十五，直径仅为 16 km。经过连续两天拍摄，获得了两个总共超过 100 帧的“影像”，每个影像覆盖了木星环系的整个旋转过程。可以清楚地看到主环，木卫十五和木卫十六轨道附近的密度最小，虽然没有发现新的小卫星，但发现了无法解释的一些团块集群。一个集群由三个团块和另外两个几乎看不见的团块组成。另一个集群是一对共同旋转的团块，二者处于分离状态，在经度上相差几度。这些团块可能是由于牧羊卫星木卫十六和木卫十五的相互作用引起的（类似于海王星环的明亮弧线），但如果它们在小彗星或小行星坠入环中时形成，则它们不会保持长时间稳定，而仅仅是短暂存在。

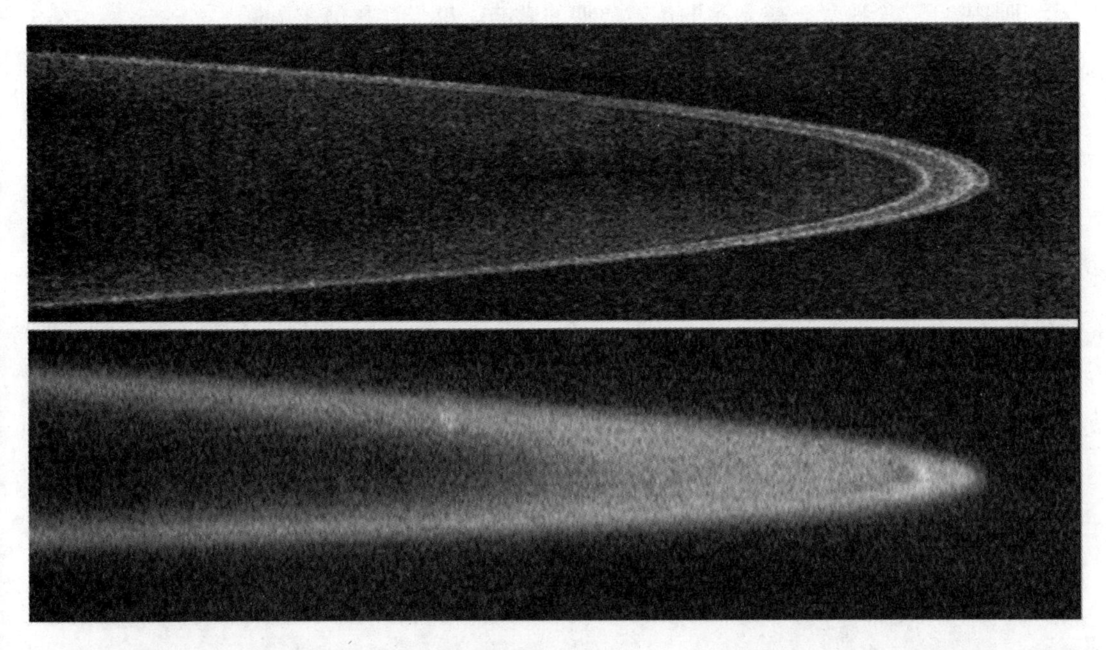

新视野号所拍摄到的木星环影像。得益于新视野号的相机是为了适应冥王星低光照环境而研制的，它所拍摄到的木星环影像是目前最好的。顶部图像是太阳位于探测器后方时，探测器飞入木星环时所拍摄的，影像中主要为大型粒子。底部图像是在探测器完成飞掠后所拍摄的，影像中展示出前方分散阳光的星环小粒子

3 月 3 日，在飞越木星几天后，新视野号转向观察木星的背光面半球。它对着木星极地拍摄了 16 张长曝光图片，除了温带地区最有可能出现闪电，这曾被旅行者号拍摄到过，在高纬度地区也第一次发现了闪电，其中北半球有 6 次闪电，南半球有 7 次闪电。这些图片还检测到极光现象和木卫一磁流管的“根”。紫外线对木星背光面的扫描检测到了氢气辉光，但亮度比 1979 年的旅行者 2 号测量到的更加昏暗[329-332]。3 月 19 日，新视野号驶离木星，由于内存错误，导致主计算机重新启动。航天器进入了安全模式，停止了观测，并停止 3 轴姿态稳定，将姿控系统设置为自旋稳定。至此，对木星的遥感任务已基本完成，并且按照时间规划，新视野号于 3 月 21 日进入了自旋稳定模式。按计划要求，需要持续开展 3 个月的粒子观测工作，而新视野号将在木星的磁尾上进行长期飞行——据悉，木星磁尾的距离至少背着太阳延伸至土星轨道。旅行者 2 号对该区域采集数据，其范围达到 150 个木星半径。而伽利略号任务期间在木星大椭圆轨道上也曾到过这个区域。经过新

视野号测量确定，木卫一的火山物质沿着木星磁尾被传送到很远的距离。事实上，它发现了经过一系列磁约束的“等离子体团”，这些“等离子体团”主要由木星的大气和电离层泄漏的氢和氦组成，以及来自木卫一的硫和氧。随着这些观察的深入进行，4 月份新视野号进行了首次为期 5 天的休眠测试。太阳风和粒子仪器连续观察木星磁尾到 5 月中旬，此时新视野号距离木星有 1 655 个木星半径，记录了木星磁尾受到太阳风活动影响来回移动的现象，新视野号有时处于磁尾内部，有时处于包围它的磁鞘和磁层顶。6 月 21 日，木星交会的观测结束，当时新视野号距离木星有 2 565 个木星半径（1.22 AU）。值得注意的是，即使位于这个距离，受木星的旋转周期的影响，粒子参数仍在调整[333-336]。

在飞向冥王星的剩余大部分巡航时间，新视野号每年都要经过 10 个月的休眠，在初夏唤醒 1 个月，每年 11 月和 1 月各唤醒约 10 天。深空网每周一次对一个简单的信标信号进行检测，该信号表示航天器的状态，并且每月下传一次详细的遥测数据。有一次，新视野号计算机复位，首次发出了“红色”信标代码。经过了一系列仪器校准试验，它在远距离拍摄到了天王星、海王星和冥王星的图像，通过地球无法观测到的相位来辨明这些星体。此外对两个大型柯伊伯带“矮行星”鸟神星和妊神星，以及其他几个物体进行了成像。

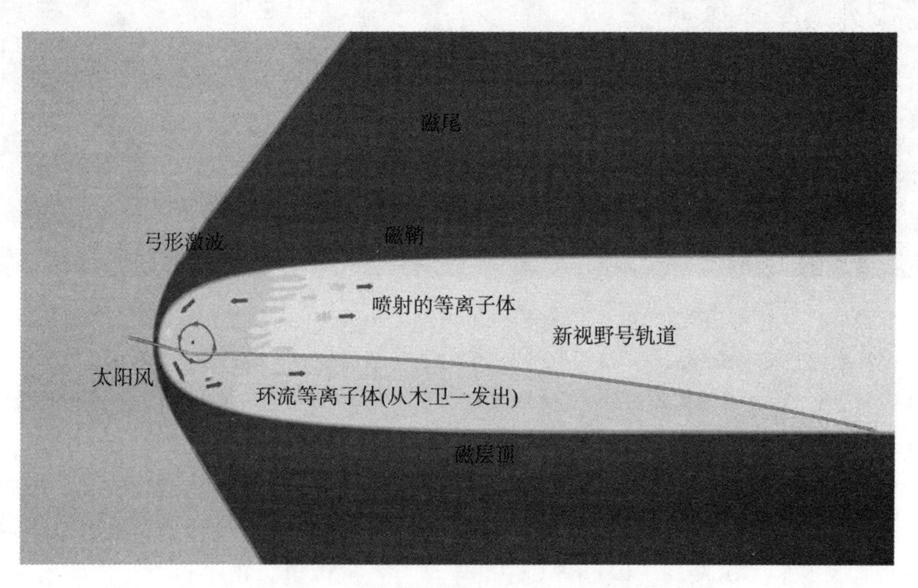

新视野号在木星磁层内飞行的史无前例的轨迹

9 月 25 日，新视野号轨道进行了 2.37 m/s 的速度增量修正，优化了飞向冥王星的轨迹。12 月中旬，航天器再次经过了合日。在 2008 年 2 月，它将进入休眠状态，并将一直持续到 9 月，5 月开始会中断休眠两个月，进行数据下传和“在轨维护”任务，其中包括重新定向，以将地球保持在高增益天线的窄波束中。6 月初，新视野号越过了土星的轨道——这是自 1981 年旅行者 2 号以来第一个离太阳如此遥远的航天器，虽然在这个时候土星不在附近——因此成为第三个最远的可控航天器。在休眠期间，它获得了外太阳系中尘埃的少量数据。2008 年 9 月唤醒后，它将望远镜转向 20 亿 km 之遥的海王星，并拍摄了一系列海王星及海卫一的图像，证明了这台成像设备能够在一个明亮物体旁分辨出一个昏暗的物体。

在 2010 年夏季，新视野号减慢了旋转速度，按照每个偶数年份的计划进行了例行自检与调整。在 6 月 30 日进行了一次轨道修正，这是多年来的第一次修正，然后用相机对木星（超过 16 AU）、天王星、海王星和冥王星以及一些行星卫星进行了成像。6 月 24 日拍摄的木星照片展现出了这颗明亮、颜色饱满的行星，包含一部分暗面，同时还有木卫二和木卫三。在自检时发生了主计算机自复位，但很快得到了纠正，探测器最终在 7 月 30 日恢复休眠状态。在 10 月份的一次跟踪过程中出现了恐慌，当时没有收到“信号”。结果表明，这并非航天器出现严重故障，而只是接收天线中的配置问题。尘埃传感器在休眠期间继续收集数据，并成为此类设备中第一个距离太阳如此之远的设备。2011 年 5 月 20 日，在年度自检期间，月球遮挡了新视野号，使得航天器团队和深空网有机会演练航天器将在冥王星和冥卫一实施的无线电掩星测量，并研究月球表面附近的电子。这种利用深空航天器进行的实验历史上只进行过一次，1967 年，先驱者 7 号曾经开展过类似实验。2012 年 1 月 21 日的短暂唤醒期间发生了第二次掩星探测。自 2012 年开始，NASA 提供资金以允许新视野号使用粒子探测仪，收集并存储行星际环境数据，甚至在休眠期间也收集并存储。2012 年 5 月，新视野号进行了紧张的模拟冥王星交会的 22 h“压力测试”，在此期间，它模拟了此次交会阶段所规划的所有活动和观测任务。一个多月后，随着测试的所有工程遥测和科学数据传输回地球，新视野号重新进入了休眠状态。在 2013 年夏季唤醒期间，从 7 月 5 日到 14 日对这次交会的“核心程序”进行了全面演练。这比最初计划提前了一年，以便有更多时间来解决可能出现的任何潜在问题。此外，在 7 月早些时候，新视野号使用望远镜相机拍摄了六张冥王星的照片，此时相距目标天体大约还有 6 AU。这些照片中，冥卫一首次在冥王星一侧作为单独的光点出现。在 8 月底航天器重新进入了休眠状态。它将在 2014 年 6 月进行为期 2 个月的轨道修正，拍摄冥王星和冥卫一的新图像，并对一些交会活动进行演练。特别的是，它还将进行一次初步观察活动，为期一周，以覆盖冥卫一的整个公转周期。

2014 年 8 月下旬，在旅行者 2 号飞越海王星的 25 年后，新视野号将再次穿越海王星的轨道。巧合的是，它通过了这个行星尾部的特洛伊区域。在撰写本书时，已知的尾随小行星只有两个。它们都是通过对新视野号航迹上可能存在的物体的研究而发现的。在 2013 年 11 月，新视野号飞越了其中一颗被称为 2011HM105 的小天体，飞越距离为 1.2 AU，航天器的运行管理团队选择优先开展冥王星交会相关准备工作，因此失去了观测这颗小天体的机会[337]。2015 年 1 月航天器将飞越另一个小天体，目前仅有其初步的非官方命名 VNH00004，该天体将在航天器的 0.5 AU 范围内。届时，可能会获取到这一柯伊伯带小天体的表面数据，这种观察相位在地球上是无法实现的。这些数据不仅可以产生关于表面纹理的科学信息，还可以揭示外太阳系对象对于接近的航天器的亮度变化，来帮助规划未来的远距离交会任务。

冥王星的交会过程将持续一年左右。大多数准备工作都是在发射后的几年内完成的——在了解新视野号详情的工程师和科学家团队解散之前。此外，由于在 2009 年之后剩余的巡航阶段，预算将发生大幅缩减，必须在此之前完成交会段程序的规划和演练。在 2014 年 12 月 7 日航天器唤醒后，交会远程段将于 2015 年 1 月开始，主要采用光学导航设备成像。实际上，由于探测目标星历的不确定性仍然达到数千千米（而且自从发现以来它已经行进的距离不到轨道的三分之一），新视野号比以往任何任务都更依赖于光学导航。在 4 月 4 日至 6 月 23 日的接近第二个阶段，新视野号还将对较小的卫星进行观测成像，并精确化它们的运行轨道。预计在交会之前大约 75 天，望远镜相机将开始对冥王星成像，成像分辨率将超过哈勃太空望远镜。冥王星交会的前几天将处于接近的第三个阶段。在这个阶段，当新视野号距其目标的飞行时间约为半个冥王星日时，望远镜相机将能够以大约 40 km 的分辨率对处于冥王星背光面的半球进行记录，从而在新视野号的一次任务中实现一些需要双探测器快速飞越冥王星才能取得的科学目标。新视野号的卫星的光学导航和成像将持续到交会点前的 24 h。

新视野号将于 UTC 时间 2015 年 7 月 14 日 11 时 50 分到达距离冥王星最近的位置。由于冥王星卫星轨道平面的倾斜，本次冥王星飞越可类比于旅行者 2 号与天王星的交会。航天器几乎面对接近冥王星系统，就像瞄准靶心一样。新视野号的飞行轨道实现了冥王星和冥卫一太阳掩星机会来开展紫外线大气研究，并且还有地球掩星机会以利用无线电进行冥王星大气掩星测量。按照任务计划，新视野号将以 13.8 km/s 的相对速度在冥王星表面上方 12 500 km 处飞过。窄视场相机将拍摄高分辨率的区域图像，而多光谱成像仪可获得全球低分辨率图像，用于绘制表面成分和温度分布图，并开展紫外线测量以研究高层大气的结构和气体分子向太空逃逸的速率。这些观测任务的挑战在于，观测视场必须能够包含冥王星星历中的所有不确定性，预计不确定性可能不会低于 2 500 km——与冥王星本身的直径相当。等离子体传感器将对由太阳风“拾取”的电离大气颗粒进行检测和分析。新视野号还将探测某些仿真提出的冥王星和冥卫一之间的大气交换过程。大气分子有可能到达冥王星和冥卫一之间的拉格朗日点，距离前者表面大约 15 000 km，并溢入冥卫一的引力球。这种在两个天体之间传递质量的方式通常发生在例如某些紧密的双体系统中，其中质量较大的、膨胀的恒星将物质溢出到白矮星伴星，直到转移足够的质量以触发核聚变反应，从而形成 Ia 类超新星。

到达冥王星交会点的时候，冥卫一和冥卫三将出现在冥王星的同一侧（尽管冥卫三将会更远），而新视野号和冥卫二将在另一侧。虽然与这些天体的距离会将图像限制在每像素几千米的分辨率，但这足以确定它们的形状和一般形态。在交会点后约 1 h，使用宽视场相机拍摄，也应该可以获得冥王星的背光面和极地区域的图像，这些图像是由冥卫一的光照亮，是当地日光照射的 1/10 000。几小时后，长程相机将重复相同的观察，几天后再次对冥卫一自身的背光面进行多次观测。这些应该至少给出了夜间半球和极地冰霜沉积以及大规模的地形特征的粗略地图[338-340]。由于新视野号在交会冥王星后开始下传数据，它将同时使用两个备份发射机进行测试，以使数据传输速率加倍来回传整个冥王星交会过程的测量数据，回传所需时间少于使用单个发射机所需要的 9 个月时间。取决于这个实验的结果，这次交会将在2016年年初的某个时间结束。

当然，随着新视野号开始向冥王星飞行靠近，人们对于冥王星的科学认知也在增加，特别是在冥卫一表面发现了新鲜的冰和氨水合物沉积物，这些结果可能预示星体上存在间歇性的水喷泉。通过对1930年（发现冥王星）与20世纪50年代初之间拍摄的望远镜照片进行重新分析，结果清楚地表明，在冥王星表面随季节变化的霜冻沉积物随着其轨道的椭圆度和其轴的倾斜度而发生变化。其他观测结果显示了冥王星大气层中的精细结构，并监测了甲烷的混合比，这个比率有所下降，可能是由于在1989年近日点之后大气冷却而引起。与内太阳系中行星的大气相反，冥王星的稀薄的大气层似乎比冥王星表面更温暖，在该表面上可能存在甲烷霜层或碎片[341-342]。

冥王星的大气预计在1989年的近日点后收缩，但事实上大气压力在21世纪有所增加，并且在十年内急剧扩张到了距离地表3000 km。从2000年最初检测到一氧化碳起，其浓度显著增加，可能是因为一氧化碳冰块暴露在阳光下。这表明，冥王星大气层和形体表面的联系相当紧密，在冥王星离开近日点，远离太阳后，一氧化碳帮助调节大气温度。一氧化碳是除了甲烷以外检测到的仅有的气体。尽管科学家预期氮气是冥王星上最常见的气体，但却无法从地球上利用光谱检测到，因此无法证实。此外，光谱探测结果表明，一氧化碳可以从冥王星上升华，以彗状尾从星体流出[343]。

在2002年和2003年，科学家利用哈勃太空望远镜的高级巡天相机对冥王星和冥卫一进行了观测，并形成了比1994年所获得的更新、更精确的冥王星彩色地图。一个值得关注的结果是，尽管事实上它们确实正在接收更多光照，北极地区似乎变亮得更为迅速。一些光斑似乎已经开始移动，或者已经改变了它们的外观。另一部分光斑并没有发生改变，其中包括一片巨大的明亮区域，至少从20世纪50年代开始就已经存在。光谱观测的结果显示该区域富含一氧化碳霜，可能是大气中一氧化碳的来源（一氧化碳霜在新视野号最接近冥王星时将清晰可见）。哈勃太空望远镜还在冥王星表面发现了一种强烈的紫外线吸收源，这表明冥王星表面的冰与高能太阳粒子和宇宙射线相互作用产生了复杂的碳氢化合物或腈。另一方面，冥卫一的测绘图像一如既往地保持着死寂沉沉的特征，很大程度上可能是由于它的体积较小[344]。如果冥王星的内部拥有足够的钾同位素衰变，甚至可能形成一个埋在结冰的地壳之下的液态海洋。

在2011年与2012年，哈勃太空望远镜又有两个发现被公布。在搜寻冥王星周围的微弱环时，哈勃太空望远镜发现了冥王星的第四和第五个卫星，命名为冥卫四和冥卫五。其直径分别只有14～40 km和10～25 km，在冥卫二和冥卫三之间的轨道上行进。冥王星拥有微弱环系统的可能性依然存在。实际上，较小卫星的逃逸速度与它们的轨道速度相当，这意味着碎片最终会停留在几乎任何倾角的轨道上，并形成圆环（torus）或云团而不是环形（ring）。为了能够获取进一步的科学发现，必须进行新的轨道设计，一方面增加距离获取更高精度的数据，另一方面规避潜在的碰撞风险。为能够增加与冥王星间的距离，项目团队总共考虑了九种可能飞行轨道，以获得精确的连续观测结果，但只对其中几种轨迹开展详细研究。在14 km/s的相对速度下，即使与直径1 mm的粒子发生碰撞，也会导致灾难性的后果。为搜寻额外的卫星，新视野号将开展为期 64 天到 18 天左右碎片和星环的研究，在保证对推进剂影响可以忽略不计的前提条件下[345]，可以一直观测到交会点前 10 天左右或1 000万 km 距离之前。

对驶离轨迹长达 18 个月的研究显示，冥卫一可能会清除目标区域的所有危险粉尘，从而将航天器撞击概率降低到 0.3%。因此，新视野号决定保持在原定的基线轨道上。然而，如果有额外证据证明基线轨道存在严重的撞击风险，那么主要的备用策略是在执行飞越的最关键时刻将高增益天线面向前方——正如卡西尼号探测器在穿越土星环时所做的那样。在地面测试过程中对硬件用发射物射击的结果表明，高增益天线可防护的粒子直径能够达到几毫米。第二个备用轨迹使新视野号更接近冥王星，距离其表面 3 000 km 以内，那里稀薄的大气层应该已经清除了大部分灰尘[346-348]。

新视野号任务的最后环节至少包括一次柯伊伯带天体飞越。通过冥王星系的航天器轨道必将经历日食和掩星，并且由于冥王星质量非常小，交会过程只会产生微小的引力偏转。因此，大多数的柯伊伯带探测任务都必须通过机动来实现。用于修正飞越目标的点火机动应在飞越冥王星后的 60～90 天内进行，或者将其最晚推迟到 2016 年或 2017 年。预计这部分任务完成后将有大约 34 kg 的推进剂剩余。新视野号则必须依靠地面望远镜，而后续冥王星 -柯伊伯快车航天器则可通过相机瞄准行进方向来选择目标并等待机会。

直到 2011 年春季期间，地球上一些最大的望远镜才开始对特定天区进行探测，探测航天器可以到达 55 AU 距离外的目标。其原因在于，需要等到冥王星和附近的柯伊伯带小行星在视野范围内与银河系最拥挤的星群错开之后才能开始这项搜索工作。在冥王星-柯伊伯快车方案论证时，研究团队对这类目标的自动搜索算法和技术进行了测试，并且发现了两个新的柯伊伯带目标。据估计，该算法可以识别出来多达十几个目标[349-350]。利用望远镜开展搜索需要业余爱好者的帮助。猎冰者（IceHunters）的“公民科学”项目中，要求公众对天空区域的图片进行筛选，获得潜在的柯伊伯带小天体目标。项目从 2004 年和 2005 年的档案数据中，确定了 24 个目标，在 2011 年又增加了 18 个目标，包括 2011JW31、2011JY31 和 2011HZ102。所有这些目标天体都将在 2018 年出现在新视野号基线轨道的 0.2 AU 范围内，2011JX31 会在 2020 年中期出现在新视野号的 0.4 AU 范围内。然而，这些都不在新视野号任务考虑之内[351]。在这些目标中值得一提的是，在任务发射前几年发现、直径 150 km 的（15810）1994 JRI。2016 年 6 月，新视野号可在超过 0.5 AU 的标称距离飞越这个天体，其代价为在经历了冥王星飞越后，使用大量推进剂去实现飞越机动。由于这可能会错过与其他星体的交会，这一代价显得过于昂贵，科学家和工程师们更愿意选择一个不同的、尚未被发现的目标。如果能够找到一个好的候选目标，新视野号将尽可能早地拍摄导航图片以更新其星历表，以最高效利用有限的剩余推进剂。统计分析表明，该任务应该能够到达几个尺寸超过 35 km 大小的目标，并且可能在冥王星飞越结束数周后进行首次目标机动。任务还将对其他柯伊伯带目标开展一系列远距离的飞越探测（数百万到数千万千米），通过远距离成像等手段，以精确确定它们的自转周期等特征。

新视野号拍摄到的海王星和海卫一。在 2013 年后，相机可以看到冥王星的卫星冥卫一

在柯伊伯带天体交会之后，新视野号将在任务的最后阶段飞离太阳系，其运载火箭的末级仍在尾随，它将在数亿千米距离经过冥王星。但与先驱者号和旅行者号等前辈不同，新视野号和其用过的运载火箭末级均没有携带任何能够由外星人解译的信息——很明显是受到了参与这项任务的政府机构的影响！取而代之的是，新视野号携带了美国国旗、马里兰州（APL 所在地）和佛罗里达州（发射场）的纹章，第一个私人载人航天器（太空船 1 号）的碎片，装有支持这项任务的人员的签名和照片的 CD - ROM，激发诸多任务提案的 1990 年美国邮票（印有冥王星：尚未探索的天体），以及三个小型纪念牌，还有令人伤心的、一个里面装着克莱德·汤博（Clyde Tombaugh）几克骨灰的小瓶子，这位冥王星的发现者已经于 1997 年去世了。对新视野号的跟踪应该可以持续到朝向天鹰座（Aquila）方向 55 AU 的距离，只要 RTG 还能够保证探测器可以继续运行，一些使用太阳风和高能粒子仪器以及尘埃探测器进行日光层深层探测的任务计划可以一直排到 21 世纪 30 年代末或 40 年代 。

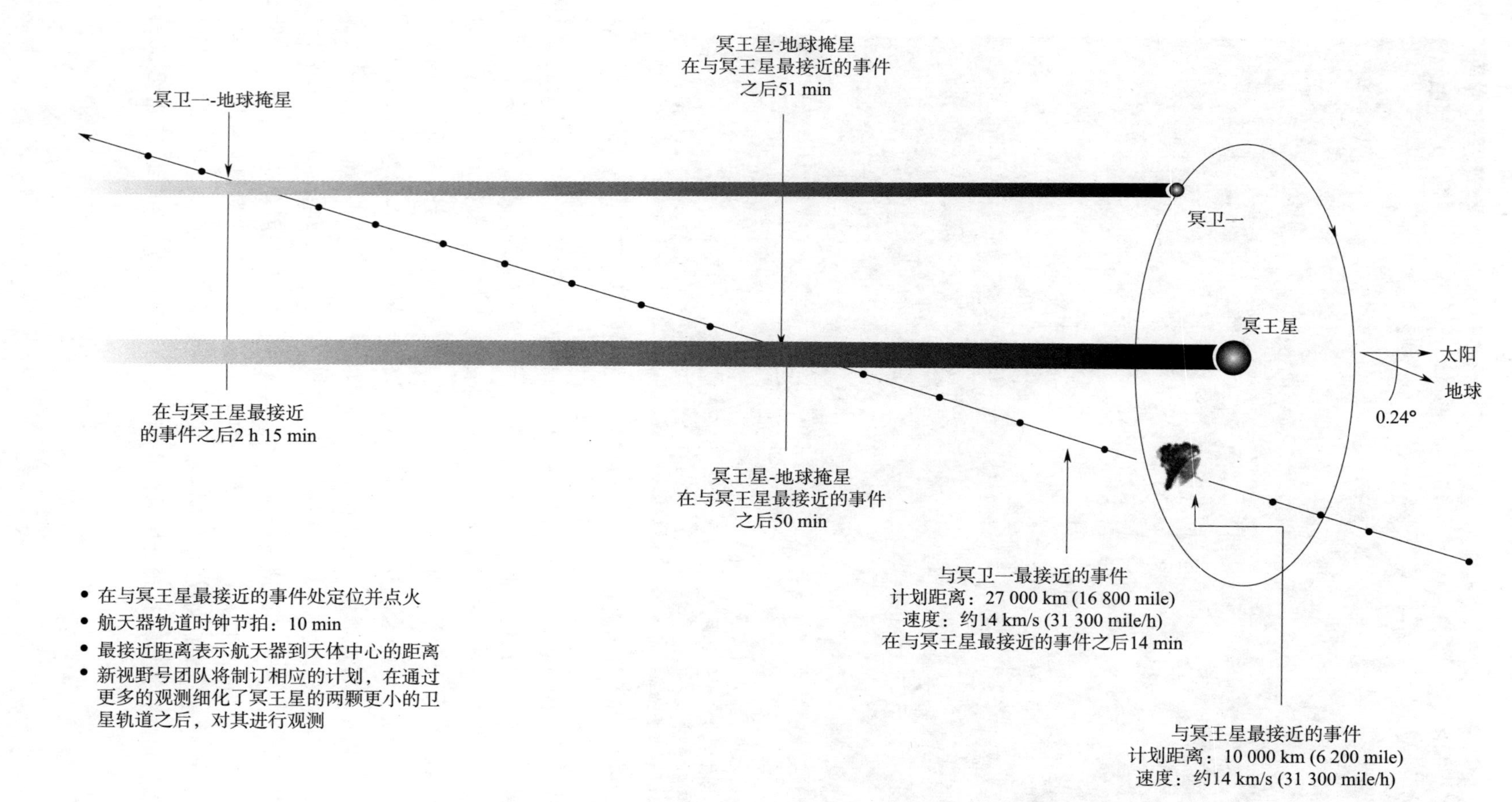

在 2015 年 7 月飞越冥王星和冥卫一期间，新视野号的相对飞行轨迹。实际的距离会有略微的差异。更小的小卫星没有在图中显示

11.7　太空堡垒木星冰卫星轨道器

空间核动力应用的发展一直遭受挫折。在20世纪60年代，曾预期20世纪70年代阿波罗计划结束后，核火箭将促进月球背面载人登月任务。20世纪80年代，在被称为“星球大战”的战略防御计划中，曾设想将核反应堆用于太空中高能耗的任务。在21世纪初，核应用的前景再次复苏。洛斯·阿拉莫斯（Los Alamos）国家实验室取消了“气体堆芯核火箭”（Gas Core Nuclear Rockets）项目，该项目可以将一次载人登火任务的任务周期缩短到一年以内，桑迪亚（Sandia）国家实验室与一个洛克希德·马丁公司的全资附属机构，致力于研究垃圾箱大小的（trash - can - sized）裂变反应堆，给无人深空任务的小推力离子发动机供电。桑迪亚国家实验室提议使用这种核电推进（NEP）技术来执行深空探测任务，该任务巡航飞行10～15年，把1 000 kg的有效载荷运送到柯伊伯带。另一项研究设想了一个12 t重的核电推进航天器，将两个维京号级别的着陆器送到一大一小两个柯伊伯带目标上。每个着陆器取样的深度至少10 m，然后返回地球。使用核电推进，将在不到20年的时间完成这项任务：从环绕脱离地球轨道开始，加速一段时间，然后滑行，最后制动，与目标交会。同时，该任务还具备仅用4年时间到达土星或者9年内到达海王星的能力。此外，还提出一项使用核电推进的任务，该任务要比新视野号更快到达冥王星。美国国家航空航天局局长肖恩·奥基夫（Sean O'keefe）表示，这比花15年巡航时间去执行一次快速飞越任务更为明智[352-355]。为了发展用于深空探测的核能，桑迪亚国家实验室和NASA共同制定了“核系统计划”。

根据美国国家科学院设定的科学优先级，建议对木卫二及其地壳下海洋进行重点探索，如果可能的话，对木卫三开展探测。JPL据此迅速启动了名为“木星冰卫星之旅”（Jupiter Icy Moons Tour）的研究。这些研究的目的是比较从太阳能电池阵列、放射性同位素温差电源和裂变反应堆中获取能量可以发挥的作用。最后一种技术被选为最有前途的技术，建议在2003年向国会提交一项演示验证任务。该项目获得先期批准，以演示使用核裂变动力和电推进航天器的安全性和可靠性为目的，开始进行详细的可行性研究。因此，“核系统计划”更名为“普罗米修斯计划”，以希腊神话中教人类如何驾驭火的巨人命名，从持续5年的9.5亿美元预算扩大到30亿美元预算并从当年开始。当然，它必须与其他项目竞争财政资源——这些项目包括2003年2月“哥伦比亚号”失事后航天飞机的重返太空，以及在10年内完成国际空间站的建设。普罗米修斯将由JPL带领的团队进一步开发，该团队包括美国能源部海军反应堆办公室的工程师，他们的平常工作的重点是为美国海军的航空母舰和潜艇开发反应堆。

普罗米修斯演示项目即将成为木星冰卫星轨道器，这是一艘巨大的航天器，将在木星系统中停留长达6年，分别在不同的时间环绕木卫四、木卫三和木卫二运行。没有包括木卫一，因为承担不起保护航天器免受木卫一天体位置处强烈辐射影响所需的屏蔽质量代价。对于每一颗卫星，木星冰卫星轨道器将调查其表面的组成和结构，研究其地质历史，

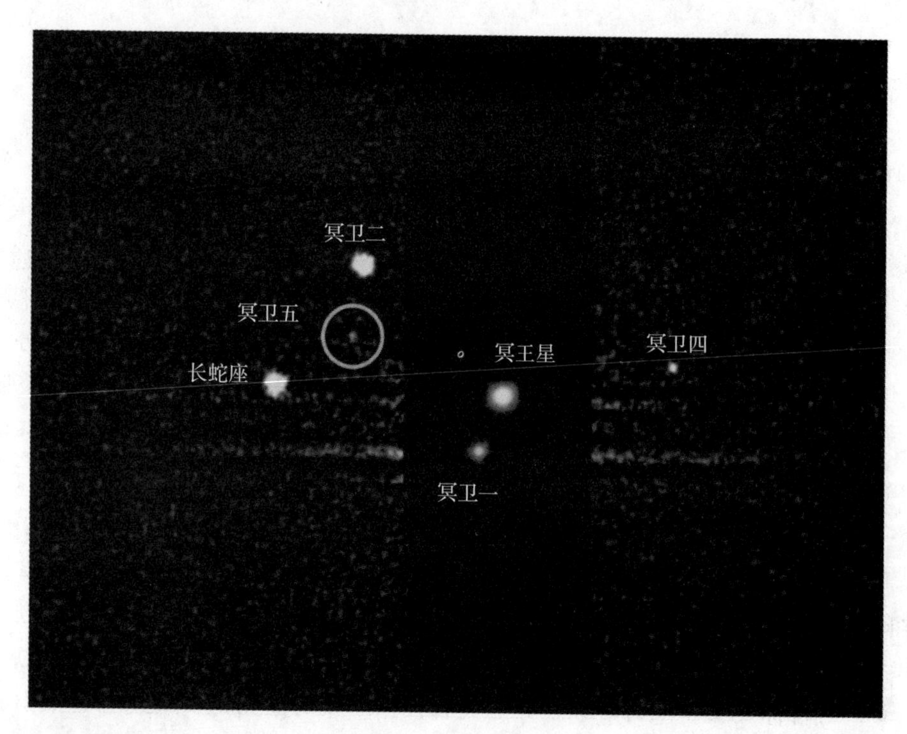

哈勃太空望远镜于2012年7月7日观测到的冥王星、冥卫一、冥卫二、长蛇座、冥卫四（P4）和冥卫五（P5）
［图片来源：NASA、ESA和搜寻地外文明（SETI）研究所的肖沃尔特先生（M. Showalter）］

并评估生命存在可能性。此外，它将以米级分辨率完整地绘制木卫三和木卫四的地图，以及至少半个木卫二的地图。对这三颗“冰卫星”的兴趣源于伽利略号发现的星体表面冰壳下的液态水，深度从木卫二的仅几千米到木卫四的数百千米不等。以木卫二为例，海底热液活动的可能性使它成为太阳系中寻找地外生命的最佳候选区。预计木星冰卫星轨道器任务不会在2011年之前发射，可能在2015年左右。这将是有史以来最昂贵的行星任务，数十亿美元的预算甚至使伽利略号和卡西尼号这样的旗舰级任务相形见绌，使其规模与哈勃太空望远镜甚至航天飞机的早期开发阶段相似。

普罗米修斯平台在经过木星冰卫星轨道器验证之后，将被用于其他任务。核电推进系统将使深空任务的飞行时间持续到长达20年，该技术将有利于综合性的探索项目，包括土星和土卫六轨道器、携带大气和海卫一探测器的海王星轨道器、冥王星轨道器、柯伊伯带交会任务、朝向日球层的星际“弓形激波”方向快速飞行200 AU的星际先驱、用于火星和金星的重型轨道器、彗星和小行星的采样返回、小行星交会和转移、月球和火星表面任务，以及火星货物运输。这必然是一个相当诱人的前景。

由于美国仅在20世纪60年代有过一个核反应堆经历太空飞行，普罗米修斯号所需的大部分技术都是新技术。其目标是建造一个能够提供200 kW电力的反应堆，并可靠运行20年。有几个问题却悬而未决：一个反应堆能否在太空中可靠地运行如此之久？它的热量应该怎样转化为电能？它应该如何驱动一台离子发动机？事实上，共七个领域的技术需要攻关，涉及航天级的反应堆、能量转换系统、余热排散系统、电推进、高功率和高数据速率通信、抗辐射加固和低推力轨道优化等。开展了三种类型的反应堆研究，包括液态金属冷却、热管冷却和气体冷却。使用液态锂的液态金属系统将是体积最小的，但美国从未尝试过这种技术，而且很难在地面上进行试验验证。此外，冻融循环（freeze and thaw cycles）会使系统容易发生单点故障，威胁到整个任务。使用液态钠冷却剂的热管系统将更为可靠、更易于测试，但预期很难集成到转换器和热交换器中。使用氦或氙的气体冷却系统简单且易于测试，但同样会面临集成困难和单点故障问题[356]。当然，这个项目必须面对公众反对使用核能这一不可避免的问题。第一步将是对运载火箭进行“核评估”（nuclear rate），其方式与“载人评估”（man - rated）基本相同，将其可靠性提高到人们认为满意的水平，并可能要增加应急逃生级，能够在运载火箭失败时将反应堆带走。同时，反应堆处于“临界”状态下发射将过于危险，只有在反应堆进入“核安全轨道”后，才能将其置于“临界”状态。因此，与放射性同位素温差电源不同，在反应堆启动前，铀燃料基本上是无放射性的。

反应堆产生的大约 80%的热量将必须由散热器排出。但是，在木星和土星这种行星的尘埃环境中，一个非常大的散热器是否会有被撞击而损坏的风险呢？目前正在研究的两项热电转换技术不涉及移动部件：温差发电机和热光伏发电机。设计移动部件的转换系统将更有效率，但由于其运动部件容易发生故障，可靠性较低。具体包括斯特林循环发动机和布雷顿循环涡轮机。这两种方案中，由于效率更高而能量耗散更少，散热器更小。评估了许多不同类型的离子发动机和电推进发动机。它们必须具备运行 12 万 h 的能力，这是实验室中离子发动机最长运行时间的 4 倍，几乎是深空 1 号小天体探测器总点火时间的 8 倍。对于木星冰卫星轨道器来说，发动机必须提供高达 35 km/s 的总速度增量，以逃离地球的引力，到达并进入木星的轨道，然后在三颗选定的伽利略卫星之间进行机动，在每颗卫星的近极地轨道上运行一段时间。轨道设计可能会利用混沌天体力学（chaotic celestial mechanics）的科学原理，涉及诸如“弱稳定边界”和“多重捕获”等特殊的话题。由于涉及的天体数目众多，它对扰动极为敏感。在靠近木卫二的过程中，若发生几个小时的意外推力失效，将很容易造成航天器轨道的严重扰动，一般难以恢复，甚至导致它撞上目标。

从使用太阳能电池或放射性同位素温差电源（RTG）换做使用核电源，星际航天器的可用电力将增加几个数量级，至少达到 100 kW。虽然这有助于达到前所未有的 10 Mbit/s 的通信速率，但可能需要对深空网进行昂贵的改变和升级，才可以实现这一能力。此外，还需要对材料及对反应堆和木星环境辐射的抗辐射能力进行广泛的试验。因此，普罗米修斯计划是一项重大挑战[357]。

NASA 与波音公司、洛克希德·马丁公司和诺斯罗普·格鲁曼公司签署了三份研究合同，以确定航天器的初步概念并确定关键技术。2004 年 9 月，诺斯罗普·格鲁曼公司获得一份 4 亿美元的 5 年期合同，开始开发木星冰卫星轨道器的非核部分，并要求该平台能够适应其他任务。NASA 还与自己的领域研究中心和工业界签订了研究合同，以提出可用于此类任务的仪器。事实上，NASA 的五个中心都在研究普罗米修斯的各个方面。格伦研究中心搭建了一台 2 kW 的布雷顿转换器，并将其与深空 1 号留下的 NASA 太阳能电推进技术应用储备（NASA Solar Electric Propulsion Technology Application Readiness，NSTAR）的离子发动机一起运行，这是首次进行该类型的联合测试。同时，也测试了名为赫拉克勒斯的大型推力器的两种预先研究设计方案。NASA 的几个中心评估了散热器涉及的技术和材料，并研究了在卡纳维拉尔角处理核反应堆所需的设施。

科学目标的研究与工程研究并行。在 2003 年召开的一个研讨会上，对科学目标进行了讨论，尽管实际的科学探测载荷并没有进行详细的定义，但其将至少包括一台绘制卫星冰壳厚度的雷达，以完成任务主要目标，以及一台激光高度计，用来测量冰壳层的潮汐形变。此外，在一个旋转平台上还将安装一台大型相机、一台红外光谱仪、一台磁强计、粒子和磁场仪器，用于扫描航天器周围的空间，以及一台用来确定每个卫星周围尘埃环境的监视器。该航天器可提供足够的空间以携带多种可展开的有效载荷。其中可能包括进入探测器，以重启伽利略号开启的木星大气层研究，其主要目标是测量水的含量。伽利略任务的进入探测器穿过了异常干燥的“热点”，因此无法对水含量进行直接测量[358]。但是，这种进入探测器需要一颗子卫星作为通信中继，这将进一步增加任务的复杂性。其他有效载荷可以是小型穿透器，例如在木卫二表面放置地震仪或分析仪器，对冰和非冰成分进行化学分析。也可以替换为电磁轨道炮发射非仪器的炮弹，来进行表面撞击试验[359-362]。在研讨会之后，成立了一个 38 人的科学目标制定组，并于 2004 年 2 月发表了结论。结论中包括建议的有效载荷质量为 1500kg（有史以来行星任务中分配给有效载荷最大的质量），配备极高分辨率的光学和光谱仪器、高分辨率雷达和主动激光光谱仪。还有进一步建议将多达 25％的有效载荷分配给一个着陆器，对木卫二进行天体物理和生物调查，特别要寻找生物化学过程的证据。JPL 进行了一项内部研究，不仅考虑了软着陆器，还考虑了使用缓冲气囊的硬着陆器和使用可压溃缓冲器（crushable shock absorbers）的硬着陆器（rough lander）。短续航时间的着陆器决定将使用化学电池，长续航时间的着陆器需要配备放射性同位素电源。轨道器的科学有效载荷将围绕每颗冰卫星的三大科学主题设计：与木星环境的相互作用，包括潮汐效应；覆盖海洋的壳厚度；以及生物学的前景。一台能够测量冰和液态水的界线深度的无线电测深仪，还将进行木星和每个目标卫星周围环境的等离子体和磁层观测[363-364]。

然而，木星冰卫星轨道器任务在科学界引起了相当大的争议。在最近的十年调查任务规划中，科学界仅仅要求为木卫二建造一个具有雷达的轨道器。而这艘巨大而昂贵的“战舰”看上去与“轨道器”的观点是并行产生的，而不是源于“轨道器”。此外美国物理学会指出，木星冰卫星轨道器的可行性和成本“相当有问题”，并质疑它是否是“执行最高优先级科学目标的最佳方式”。实际上，木星冰卫星轨道器任务的实施似乎还为时过早，因为木卫四、木卫三和木卫二冰层下海洋的存在还有待证实[365-366]。但是 NASA 并没有屈服于这些批评。

各种研究其实是围绕一个通用平台开展的，这个平台被称为“深空飞行器”或者“普罗米修斯航天器”。它将配备核反应堆、散热器、离子发动机和有效载荷，长 58 m，重

29～36 t，包括 12 000 kg 氙燃料，其中 1 500 kg 分配给任务模块和仪器。由于这个航天器太重，它将被分成六个部分发射，并在轨道上自动对接和组装。然而，NASA 在这方面几乎没有实际经验。2005 年 4 月，主动航天器与目标相撞，NASA 的自主交会技术演示失败。并且，为哈勃太空望远镜提供机器人维修的提议最终被否决，取而代之的是航天飞机的载人飞行。直到 2007 年 6 月，美国才实现了第一次自主交会对接，由美国国防部太空测试项目部门的轨道快车任务完成。因此，甚至木星冰卫星轨道器的在轨组装对 NASA 也构成了一项重大挑战。

普罗米修斯航天器的前部是液态金属冷却反应堆和布雷顿转换器。反应堆将被围在一个隔热罩中，以防在发射事故中反应堆解体而再入大气层。当这个隔热罩被丢弃时，将会露出一个内部用来抵御微流星的罩。散热器悬臂将占航天器大部分的长度。它将被按片展开或扩展为桁架，并将使一系列面板保持一种独特的“圣诞树”形排列。在离反应堆尽可能远的地方是任务平台，平台上安装了用于执行任务的电子设备、科学仪器、雷达天线和离子推力器——离子推力器装在一对悬臂中，每个悬臂携带三个大型霍尔电推力器、四个离子推力器和六个较小的用于姿态控制的发动机。小型太阳能电池阵将提供备用电能，直到反应堆启动。

“发射活动”将于 2015 年 5 月开始，将在轨道上放置多个注满推进剂的运载级。它们将完成对接并等待普罗米修斯航天器。组装工作将在 2015 年 10 月至 2016 年 1 月之间进行，届时航天器将被发射并与火箭分离。在到达安全轨道后，航天器将展开反应堆悬臂和散热器，激活其内核，并开始用主发动机推进（另一种方案是使用离子推力器，但这种螺旋状的逃逸方式需要很长时间）。在接下来的几年里，木星冰卫星轨道器推入匹配木星围绕太阳的轨道，并在 2021 年 5 月缓慢地进入木星附近较远的轨道。然后，它将开始跳一段由“推力和引力借力组成的芭蕾舞”，旨在使它能够在木卫四和木卫三各待 60 天，然后在木卫二待 30 天。在此次旅程期间，航天器将对木卫一进行中等分辨率的全球测绘，并监测其火山活动。然而，如果要在木卫四的轨道位置上实现对木卫一1 km 分辨率成像，将需要光学望远镜的直径达到 3 m！如果在木卫三的轨道位置上达到1 km 的分辨率成像，可将光学系统的直径缩小到更为可行的 1 m。在从一个冰卫星到下一个冰卫星的旅途中，航天器将对木星的动态大气层开展研究。

普罗米修斯号的一个可能的后续任务是海王星冰卫星轨道器（NIMO），利用木星的引力弹弓效应在大约 15 年内到达海王星，进入轨道对该行星进行为期 3 年的研究，然后进入环绕其大卫星海卫一的轨道中。由于海王星不需要强辐射屏蔽，科学有效载荷可以增加到 3 000 kg——足以携带一对着陆器。这些由放射性同位素电源供电的长寿命着陆器将使用类似于火星科学实验室的“天空起重机”（下一章将详细介绍）的着陆系统在海卫一表面上软着陆，它们将配备用于分析表面的全景照相机、光谱仪，用于分析大气的一台气相色谱仪和质谱仪、一个用于详细研究稀薄大气的气象台以及一个用来测量微震的地震仪（因为旅行者 2 号在 1989 年观测到了间歇泉的活动）[367]。

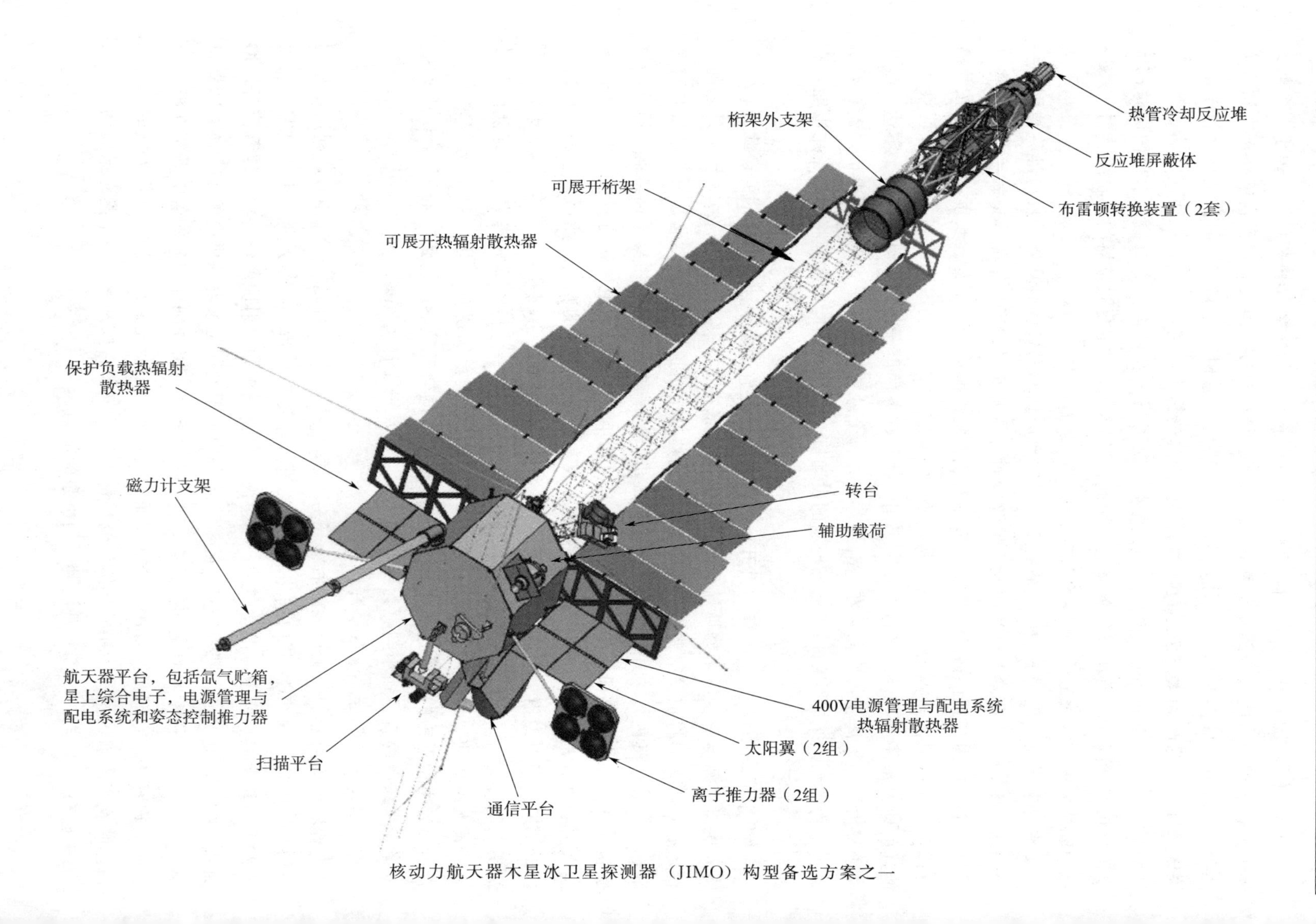

核动力航天器木星冰卫星探测器（JIMO）构型备选方案之一

与此同时，在 2003 年哥伦比亚号航天飞机失事之后，NASA 不得不重新调整其工作重点，以回应乔治 · W. 布什（George W. Bush）总统的指示——该机构应当恢复载人月球探测，以作为火星任务的前导。结果，2004 年 2 月，普罗米修斯号由 NASA 的空间科学办公室转移到 NASA 为实施这一新战略而设立的探测系统任务部，并告知该项目要支持一个月球表面核电站。由此，JPL 恢复了常规木卫二轨道器的内部研究。按照计划，应当在 2005 年对木星冰卫星轨道器初步任务和系统进行评估，但当时 NASA 已经宣布，正在考虑木星冰卫星轨道器替代任务，并迫切希望寻找能够大大降低技术、进度和操作风险的任务剖面。这相当于隐晦地承认了木星冰卫星轨道器计划在现阶段是不切实际的。这些替代任务可能包括：核动力支持的火星通信卫星或月球轨道器、金星高分辨率雷达测绘仪、小行星任务、太阳极地轨道器和威胁小行星或太阳风暴的近地预警。这些首批普罗米修斯任务的反应堆功率只有 20 kW，寿命更短，对辐射防护的要求也不那么严格。该航天器将能够整体发射，无需自主对接和组装。然而，研究表明，这些替代任务不会比木星冰卫星轨道器的预测成本低很多。2006 年，普罗米修斯号的预算被削减，将资源转移到航天飞机后续的开发上，这有效地扼杀了普罗米修斯计划。由于年度预算从 2.7 亿美元削减到 1 000 万美元，核电推进 NEP 不太可能在短期内启动。到普罗米修斯计划被终止时，它已经消耗了 4.64 亿美元[368]。一个具有讽刺意味的反转是，正当普罗米修斯号被扼杀时，美国国家航空航天局起草了阿瑞斯 5 号（Ares V）重型运载火箭的技术规范，以运送新的载人月球着陆器。这枚火箭本可以将木星冰卫星轨道器整体发射，并将其推进到地球逃逸速度。事实上，不难看出为什么木星冰卫星轨道器注定要失败：它是作为政治议题而不是科学议题而提出的，在这方面它处于明显的弱势；它不能由任何现有的火箭一次性发射；而且高达 160 亿美元的成本（不包括开发核反应堆及其相关系统的成本，以及每次任务中多个运载火箭的成本）非常昂贵，侵占了其他各种更有价值研究的资源[369-370]。

美国并不是唯一研究核电推进的国家。事实上，苏联在冷战高峰时期向太空发射了许多裂变反应堆，为其海洋侦察卫星提供动力，因此，俄罗斯原则上能够更好地实现这项革命性的技术。事实上，早在 1989 年，拉沃奇金联合体和莫斯科航空研究所，在俄罗斯宇宙研究所（Institut Kosmicheskikh Isledovanii）的协助下，建立了“一代”（“Generation”）研究中心，开始研制核电推进太阳探测器，作为传统的尤斯“齐奥尔科夫斯基”号木星和太阳探测器的替代品[371]。核电推进的齐奥尔科夫斯基号将由一个输出功率为 100 kW 的“黄玉”（Topaz）反应堆提供能源。反应堆后面是一个可伸缩的锥形散热器和装有一组电推力器的平台。在这个配置中，齐奥尔科夫斯基号将拥有至少 15 t 的质量，其中 400 kg 为科学仪器。当质子号火箭送入 800 km 高的轨道后，航天器将使用发动机螺旋式地驶离地球，然后慢慢地改变它的轨道偏心率，降低近日点距离并使它的倾角垂直于黄道。这项任务的传统形式是利用木星的弹弓效应来变轨[372]。与木星冰卫星轨道器同期，克尔德什（Keldysh）研究中心和拉沃奇金联合体开展了基于“黄玉”反应堆的木卫二核电推进轨道器初步可行性研究。这艘 9.6 t 重的航天器将由质子号或者规划中的安加拉号发射。4 到 5

年后到达木星时，它将展开一个巨大的天线，用于 30 kW 的雷达，能够穿透木卫二冰壳，达到 100 km 的深度，应该足以绘制出冰壳下海底的特征[373-374]。

11.8 立体的太阳

日地关系天文台（STEREO）是 NASA 科学任务理事会太阳物理学部的日地探测器计划中的项目，计划中有一系列相互重叠的研究太阳及其与地球相互作用的任务，这些任务灵活但费用有限。日地关系天文台任务位列第三。该任务在 20 世纪 90 年代末开始研究，并于 2001 年由 APL 和戈达德航天飞行中心联合开发。目的是将两个航天器置于地球环绕太阳轨道，一个在地球之前，另一个在地球之后，作为两个独立的“眼睛”监测光球层（可视的太阳“表面”）和日冕，用以研究日冕物质的喷射形式、演化和在太阳系中的行进。系统具有通过三维成像确定日冕物质抛射方向的能力，这将在日冕物质抛射到达地球前提供预警。这对地球静止轨道上的卫星特别有价值，因为这些卫星可能因这种太阳爆发而失效；或者可以防止造成地球上的电力线路的破坏。该任务还可能有助于一场“热点”科学争论，即地球的“全球变暖”在多大程度上是人类活动的结果，而又在多大程度上是受太阳活动等外部因素所影响的。

包括推进剂在内，每个日地关系天文台航天器重 620 kg。这两颗航天器将成对发射，一颗位于另一颗的上方，由德尔它 2 号火箭发射，然后发射到远地点超过月球轨道的大椭圆轨道上。几个月后，其中一个航天器（STEREO - A，Ahead）将被引导进行月球飞越，使其偏离轨道，进入太阳轨道，公转周期略小于地球，导致其缓慢地领先地球。一个月后，另一个航天器（STEREO - B，Behind）将进行月球飞越，使其进入落后于地球的太阳轨道。随着任务的推进，航天器与地球之间的距离将慢慢扩大，提供了一个对太阳系内部进行三维观测的不断增长的基线。随着任务的持续，两年后太阳和两个航天器之间的夹角将达到 90°。当然，携带的推进剂足以允许额外运行几年。

这两个航天器的主要区别在于底部的那个航天器进行了加固，以在发射时支撑另一个航天器重量。航天器平台为 1.1 m×2.0 m×1.2 m 的长方体，太阳能电池阵列展开长度达 6.5 m，在任务开始时额定功率为 596 W。平台有动量轮和 4.4 N 肼推力器用于实现三轴稳定。推力器同时用于月球飞越。1.2 m 口径的高增益天线可提供与地球之间 720 kbit/s 数据速率。两个航天器有效载荷的布局有所区别，以确保每个航天器离开地球后，在不同的几何关系下，天线保持指向地球，仪器指向太阳。

每个航天器共有 13 台仪器，在不与地球联系的情况下，所配备的固态存储器可以存储多达 8 GB 的数据。日地关联日冕和日球探测器（SECCHI）[①] 套件包括极紫外线和日球层成像仪，用于观察色球层（紧邻光球层之上）和内部日冕，以及两个日冕仪，其中一个视场横跨 15 个太阳半径，另一个视场只有最里面的 3 个太阳半径。它的作用是在日冕物

① 西奇（SECCHI），纪念太阳天文学家前辈安吉洛·西奇（Angelo Secchi）。

两个日地关系天文台航天器的发射前状态，一个安装在另一个顶上

质喷发时识别抛射的日冕物质，然后在它们进入星际空间时跟踪其演化过程。原位探测仪器由平台上的四个传感器和位于一个 60 m 长的悬臂末端的三个传感器组成，用来测量磁场和太阳风中的电子、离子、质子和高能粒子。一个相关的仪器套件用于测量等离子体、质子、阿尔法粒子和重离子的特性。三个单极天线（继承于 20 世纪 70 年代苏联的火星任务以及后来的尤利西斯号，法国研制）来探测太阳发射的无线电波。此次任务的预算约为 5.5 亿美元，包括平台、仪器、发射以及 2 年的运行和数据分析费用[375-376]。

发射原定于 2006 年 4 月，但波音公司（运载火箭的供应商）发生的罢工导致发射推迟，先是推迟到不早于 6 月，然后又推迟到 10 月。与通常对太阳的任务一样，STEREO

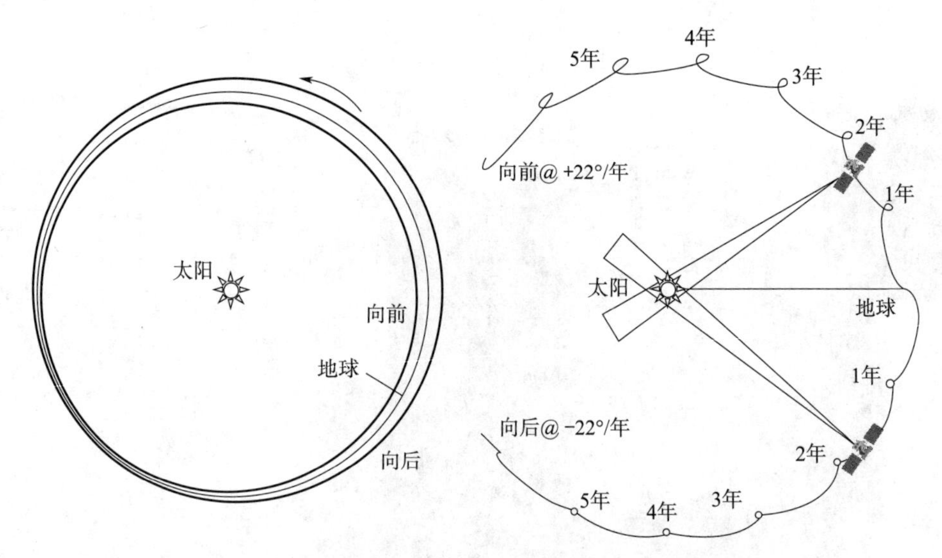

STEREO - A 和 STEREO - B 相对于地球的轨道。右侧图给出了
在一个固定于地球的参考系中两个航天器的运动轨迹

任务发射窗口不是特别紧，主要约束是轨道成形的月球飞越——将对两个航天器进入的太阳轨道进行修正，以适应实际的发射日期。最终，日地关系天文台于 2006 年 10 月 26 日第一窗口发射，不到 0.5 h，两个航天器分离，进入轨道，远地点在月球轨道半径之外。12 月 15 日，在进行了 2 个月的测试之后，迎来了它们与月球的首次交会，日地关系天文台- A 交会距离为 10 745 km，日地关系天文台- B 交会距离为 5 937 km。这次飞越的结果是，日地关系天文台- A 轨道的远地点延长到 175 万 km，以便太阳能把它拖入最终的 0.95 AU×0.97 AU 的太阳轨道，周期为 344 天。日地关系天文台- B 一直停留在地球轨道上，直到 2007 年 1 月 21 日与月球交会后，它以 16 029 km 的距离飞越月球，进入 0.99 AU×1.09 AU 的太阳轨道，周期为 389 天。同时，在 2006 年 12 月 27 日，该任务首次观测到了日冕物质抛射。然后，在 2007 年 1 月，日球层成像仪观察到明亮的麦克诺特（McNaught）彗星穿过它的视场，发现了似乎是铁原子形成的彗尾，这是首次发现这样的现象伴随彗星[377]。

在接下来的几年里，日地关系天文台为太阳物理学做出了重要贡献，探测和绘制了一些日冕物质抛射，并与地球轨道上的太阳卫星和其他探测器联合观测。2008 年 2 月 4 日的物质喷射很有意义，因为那时两个日地关系天文台已分开足够的角度，能够首次重建物质喷射事件的全三维动力学过程。对日地关系天文台- B 来说，物质喷射发生在太阳圆盘的中心附近，被航天器和地球扫过。然而，从日地关系天文台- A 的角度看，这次事件的地点更接近太阳的边缘，对航天器没有影响[378]。通过日地关系天文台对几十次喷发的观察，人们发现太阳磁场总是以相似的方式约束等离子体的喷发，从而形成了所谓的“牛角面包模型”。不出所料，这个任务获准延期。

除了对麦克诺特（McNaught）彗星的偶然观测外，日地关系天文台还对太阳系中的小天体进行了一些有趣的、前所未有的研究。在 2007 年 4 月的 10 天里，恩克彗星

(Encke's comet) 一直处于日地关系天文台-A 的视场中。这些图像不仅揭示了在距离这颗小彗星超过 1 000 万 km 的地方存在着一条等离子体尾巴，而且还记录了尾巴是如何被清除的，然后在日冕物质抛射中被重新制造出来。这种"断尾"事件似乎与物质喷射所携带的磁场有关，而与它所携带的等离子体的压力关系不大[379]。2009 年发生了一件值得注意的事，两个航天器运行到达稳定的拉格朗日点，前面的位于 L4 点，后面的位于 L5 点，它们与地球夹角 60°。从 3 月份开始，对这两个航天器的姿态进行了"翻转"，以获得 L4、L5 点附近区域的"深度"图像，搜索可能伴随地球绕太阳运行的特洛伊小行星。有人认为，在太阳系的早期，有一颗火星大小的行星在这些区域中的某个地方形成，后来撞击了原地球，喷射出的碎片形成了月球。这颗假想的行星被非正式地命名为"忒伊亚"(Theia)，以希腊神话中塞勒涅（SELENE，月女神）的母亲命名。今天发现的任何特洛伊小行星都可能是该事件的残留物。2009 年 6 月，地球附近的小行星法厄松（Phaethon）到达 0.14 AU 的近日点时，日地关系天文台-A 拍摄了它的图像。小行星离太阳如此之近，在地球上是无法看到的，图像首次揭示其释放了一小团尘埃。因此，证明法厄松是一颗岩石彗星，它在近日点附近时水合矿物分解和表面的裂缝释放了尘埃，此时温度必定超过 700 ℃[380]。在 2008 年和 2009 年 40 天的低太阳活动期间，人们仔细检查了由日地关系天文台-A 拍摄的太阳附近的图像，以寻找祝融星①。历史上探测到了诸多太阳系天体，包括多颗行星、几十颗彗星和主带小行星，但在水星轨道内没有发现任何天体。这个实验进一步降低了祝融星存在的可能性：太阳附近应该不会有直径大于 6 km 的天体存在，否则应该能够探测到，也没有十几个以上的大于 1 km 的物体存在[381]。日地关系天文台-A 还捕捉到了水星下游延伸的彗状尾。这一现象虽然已经在地球上发现和观察了很多年，被认为主要由钠元素组成，但是日地关系天文台看到的尾巴似乎与仅含钠元素的尾巴不匹配。在离地球更近的地方，使用日球层成像仪拍摄的图像显示，金星轨道对应的空间有一些略亮的区域。这证明了在金星的引力作用下，有一圈非常细小的尘埃围绕着太阳旋转。20 世纪 70 年代的两个太阳神（Helios）太阳探测器上的仪器已经初步探测到了金星的环②[382]。该任务还发现了大量"掠日"彗星，这些小天体的大小可能最大几十米，当它们接近太阳的掠日距离时就会解体。日冕仪的视场内还发现了一些长周期彗星，并在 2013 年 11 月，与太阳和日球层天文台（SOHO）上的类似仪器一起，见证了"世纪彗星"艾森（ISON）经过近日点时的消亡。

2011 年 2 月 6 日，两个日地关系天文台在轨道上相距 180°，这是有史以来第一次以这种视角看到整个太阳。此外，当这两个航天器开始相互接近时，二者会位于与地球相对的太阳半球之上，而 NASA 的太阳动力学天文台（Solar Dynamics Observatory）在地球轨道上，ESA 的太阳和日球层天文台（SOHO）在日-地拉格朗日 L1 点提供了近距离观测，这将能够对整个太阳表面持续进行监测。到 2012 年 9 月初，它们与地球和地球轨道上的太阳望远镜形成了一个等边三角形。

---

① 祝融星（Vulcan），也作火神星，是一个假设在太阳与水星之间运行的行星。——译者注

② 在地球的轨道上也存在一个类似的环。——译者注

麦克诺特（McNaught）彗星的尾巴穿过了日地关系天文台的视场

2015 年，这两个航天器将到达与地球相对 180°的点，在太阳的远端，彼此擦肩而过，并开始返回地球的旅程。

11.9 太阳系的起源

2000 年，在选择深度撞击号（Deep Impact）和信使号（MESSENGER）作为发现级项目的一年以后，NASA 征求了新一轮的提案，共收到了 26 份建议书，并挑选了 3 份开展进一步的研究：“木星内部”木星轨道器（INSIDE Jupiter，1998 年那一轮最终清单中的一个）、开普勒太空望远镜和黎明号，黎明号任务由 JPL 和加州大学洛杉矶分校联合提出。黎明号将与两个主带中的小行星交会并环绕，以对太阳系的起源进行相关研究。同时考虑的还有美国参与的法国火星登陆器（Mars Netlander）任务。2001 年 12 月，NASA 宣布选择黎明号和开普勒太空望远镜分别作为第九和第十次发现级任务。黎明号是第一个尝试进入多个目标轨道的任务。

黎明号任务的实现取决于两个基础条件：已实现的离子推进技术和两颗让人特别感兴趣的小行星——谷神星和灶神星。探测器将进行形态学和重力场测绘，并确定每个目标的精确质量、形状和组成。谷神星和灶神星分别是主带小天体中的第一大和第三大，它们是“原行星”（protoplanets），大小介于具有太阳星云“原始”成分的小型小行星和物质经历热演化的行星之间。因此，对这两颗小天体的探测可以使对行星形成的过程的了解更为深入。此外，两个目标都有其独特之处。谷神星似乎更像是一个“湿”的过渡天体，具有许多与木星的冰卫星相似的特征，有水冰活动的迹象（如果不是水直接存在）。灶神星更类似于内太阳系干燥的岩石体，由于其是玄武岩陨石源头，可以推断灶神星的物质是分化的，并受到火山作用的影响。黎明号的目标之一是绘制两个天体 80% 表面图像，灶神星分辨率为 100 m，谷神星分辨率为 200 m。有趣的是，它们的表面可能保存着陨石坑的历史，这可能会有助于我们深入地理解木星在太阳系外凝聚并向内迁移到当前轨道的理论[383]。

1801 年 1 月 1 日，朱塞普·皮亚齐（Giuseppe Piazzi）在西西里岛发现了谷神星。它的轨道平均距日心 2.77 AU，直径略小于 1 000 km，为 899 km×959 km（或根据另一来源的说法为 909 km×975 km）。它被归类为一个 G 类小天体，与 C 类小天体相似，但数量上相对少见。在 20 世纪 70 年代之前，G 类小天体的发现甚少，因为这类小天体的光谱相当平坦，所以导致了观测这样小的天体非常困难。在那个年代，通过地基和天基的测量手段，用光度法测量了谷神星和灶神星的表面反射率，然后用雷达进行了探测。最重要的突破是 20 世纪 80 年代早期获得的谷神星（Ceres）紫外光谱，其表现出了一个明显的光谱吸收带，一般被认为是由水合矿物引起的。除了碳酸盐，其似乎还覆盖着一层至少几厘米厚的干黏土状物质。事实上，谷神星的密度与富含水分的木卫四和木卫三相似。根据计算模型，水冰存在的深度应该不超过地表以下几十米，而且从地球上可以看到与水有关的羟基自由基的光谱发射。20 世纪 90 年代中期，科学家发现了一小部分“主带彗星”，这些看似普通的小行星在它们（几乎是整圈的）轨道上的任何一点上都有彗发和彗尾，这一发现为以下理论提供了支持：一些小行星可以保留大量的挥发物，这些挥发物可以通过撞击而暴露出来。最近，夏威夷凯克天文台（Keck Observatory）的 8 m 望远镜和哈勃太空望远镜对谷神星的观测将其细节分辨率提高到 50 km（提供的图像分辨率相当于月球的裸眼观测）。这些观测修正了对其形状的预估，并测量了其自转周期为 9 h 多一点。位于北半球相对经度（opposite longitudes）的两个圆点可能标志着历史上的重大撞击事件。其中一个 180 km 宽的点显示出明亮的中心，可能是坑内的一个中央山峰。另一个圆点被“非正式地”命名为皮亚齐（piazzi），以纪念这个小行星的发现者[384]。高分辨率的观测也证实了地表缺乏起伏的形貌，这与一个相对流态化的富冰地壳相匹配，预示着其可能包含比地球上所有海洋更多的水。2006 年谷神星（连同外太阳系的天体如冥王星和阋神星）归类为“矮行星”，这是一种定义模糊的天体类型，既不是行星，因为它们没有引力清除附近其他天体，却又足够巨大并呈球状，这与更不规则的小行星又相当不同。

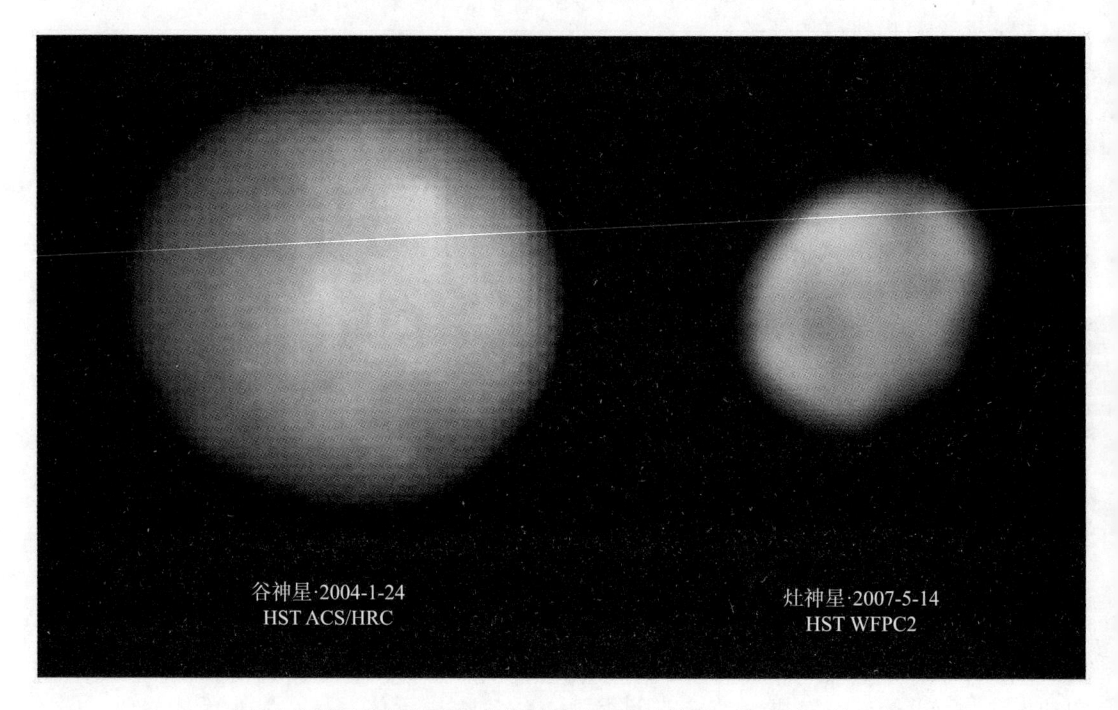

哈勃太空望远镜拍摄到的小行星谷神星和灶神星（按比例）的组合

1807 年 3 月 29 日，海因里希·奥伯斯（Heinrich Olbers）发现了灶神星。虽然它是主带成员中第四个被确定的，但它亮度最高，在非常黑暗的夜空实际上是肉眼可见的。灶神星的平均日心距为 2.34 AU。在 20 世纪 70 年代初探测到的光谱显示出其表面有很多组分，存在的物质表明灶神星在历史上发生了一定程度的分化，这很值得注意。这一发现意义重大，因为它首次证明了小行星与三种不同的玄武岩陨石或火山的陨石的联系。此外，人们还发现了其他几颗与灶神星光谱相似的小行星，它们合在一起组成了 V 类小行星。20 世纪 80 年代，人们曾试图将灶神星光谱的变化与它的自转联系起来，以陨石的类别和矿物的类型的形式绘制出灶神星表面组成图。哈勃太空望远镜观测到的灶神星呈椭球形，大小为 578 km×560 km×458 km，自转周期约为 5.3 h。这个非球形的形状主要是由一个宽 460 km、深 13 km 的陨石坑造成的，由于一个 80 km 天体的靠近和破坏，将南半球削掉了一大半。喷射出的碎片可能是 V 类小行星和来自灶神星的陨石的成因。黎明号观测结果所提供的地质背景有望首次证实一类陨石与其母体之间的联系。此外，如果仔细观察陨石坑，黎明号很可能会发现小行星内部分化的细节，因为来自地幔的岩石可能会暴露在中央山峰的斜坡上。从某种意义上说，黎明号将首先进行样品返回探测（此处是通过陨石返回地球），然后再进行全球勘察，这一过程与传统的月球或火星探测正相反。

通过对谷神星和灶神星相互间轨道扰动及对火星轨道和较小天体轨道的扰动，较为精确地确定了它们的质量。例如，早在 1968 年，人们就注意到，每隔 18 年，灶神星就会在 600 万 km 距离范围内接近较小的阿雷特（Arete）小行星（197），通过测量它们的相互扰动，首次对灶神星的质量做出了可靠的估计。在 20 世纪 70 年代，通过跟踪海盗号火星着陆器，科学家们得到了更为精确的结论。1958 年，灶神星从背景恒星前面经过时，进行了第一次对小行星掩星的观测。通过精确计算不同观察者观察到的掩星持续时间，可以直接测量遮蔽天体的形状和大小。1984 年，对谷神星进行了类似的探测[385]。灶神星的密度是谷神星的两倍，这与它是岩石结构而不是冰结构相符。

20 多年来的研究表明，用传统化学推进的方法来环绕一颗主带小行星飞行是非常困难的，因为与之交会并进入这种天体的轨道需要消耗大量的推进剂。如果采用这种方式，即使仅仅去往一颗小行星，也需要一枚比黎明号预定使用的德尔它 2 号重型火箭（Delta Ⅱ - Heavy）更强大、更昂贵的火箭。尝试去往两个目标则根本不可能。通过部分科学和工程团队经验技术的共享，同样采用离子推进的黎明号任务期望借鉴深空 1 号的经验。将由 JPL 提供完整的离子推进系统，轨道科学公司将建造航天器硬件并集成其有效载荷。

除了推进系统外，基于通信卫星平台的黎明号相当传统。其主体部分由铝碳复合材料的蜂窝状盒子构成，尺寸为 1.64 m×1.27 m×1.77 m，四周围绕着包裹着贮箱的碳复合材料圆柱形推力管。氙气燃料箱直径 1 m，由碳复合材料外壳和不到 0.1 mm 厚的内部钛衬垫组成。在平台的一侧固定有一个 1.52 m 直径的高增益天线，以及三个低增益天线，在无法精确定位的情况下用于保持通信。该系统将为任务的科学阶段提供 124 kbit/s 的数据速率。姿态测定部分充分考虑了系统冗余，其包括两个星敏感器、三个陀螺仪和加速计平台，以及不少于 16 个太阳敏感器。姿态控制将由四个动量轮（包含冗余），离子发动机和每组 6 个、两组共 12 个 0.9 N 肼推力器组成。与其先驱深空 1 号一样，黎明号需要大量的电能来运行它的离子推进系统。更复杂的是，即使在离日心很远的地方也需要持续点火。因此平台安装了一对万向太阳翼，每个太阳翼上都装有 5 740 块太阳能电池片。该系统的额定效率约为 28%，能够在与太阳 1 AU 的距离下提供 10.3 kW 的电能，但在谷神星与太阳的距离下的效率却仅为 1 AU 下的 12%。在 10 块手风琴式的太阳翼展开后，黎明号总跨度为 19.74 m，是美国有史以来发射的最大的星际飞行器之一。配备了一个镍氢缓存电池，以保障发射阶段以及离太阳较远时的某些瞬态电力消耗。

离子推进系统将会执行巡航、交会、入轨和轨道修正期间的所有机动。为了提供所需的速度增量，该发动机将在为期 8 年的任务中运行三分之二的时间。为了保证推进点火 2 000 天后（是深空 1 号的总点火时间的整三倍）仍然具有足够余量，离子推进系统共配备了三个相同的发动机——但在同时只会有一个运行。这些 30 cm 直径的氙气发动机有 112 个节流阀，推力在 19～91 mN 之间。然而由于供电的限制，距离太阳超过 2 AU 的范围无法达到这个推力范围的上限。与深空 1 号一样，这些发动机安装在两个轴上，以便能够适应任务过程中质心的变化，并提供姿态控制。所有发动机都安装在底部，一个在中轴

黎明号航天器在地面准备期间的太阳能电池板展开测试。可以在底部看到三个离子推力器中的一个

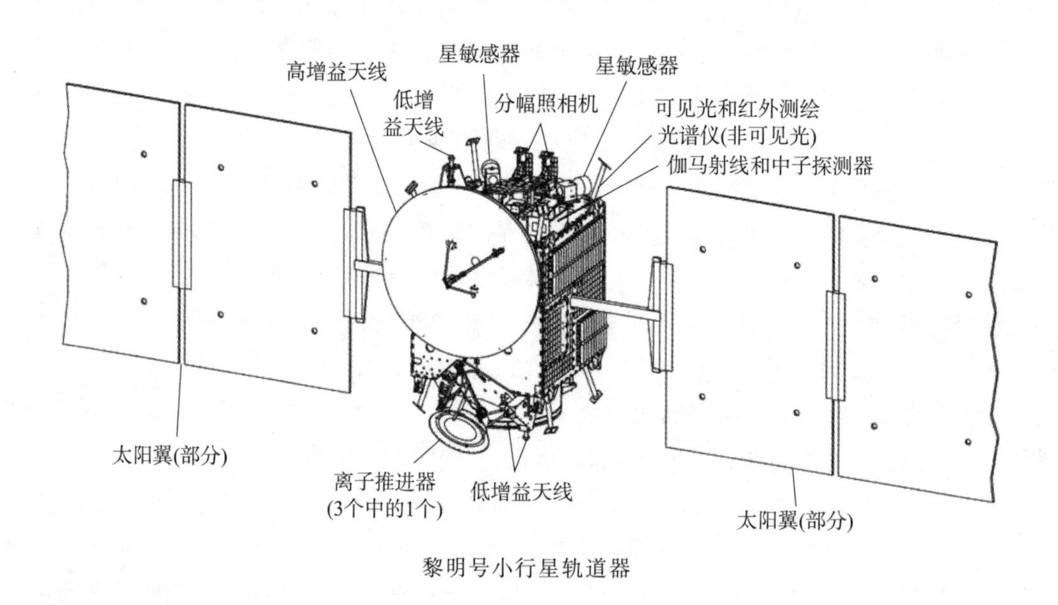

黎明号小行星轨道器

上，其他的偏置（一个朝向仪器一侧，另一个朝向高增益天线一侧），并呈一定角度以确保推力传递通过质心。其中一个技术问题是推进系统是否能够在数年内保持可靠持续的运行。为了进行验证，工程团队将深空 1 号任务留下来的离子发动机运行了超过 3 万 h，以评估其性能和退化速度。

黎明号的三个科学仪器被安装在平台本体固定位置的同一侧。德国马克斯·普朗克太阳系研究所研制了分幅照相机。相机有两个相同的单元，每个单元具有 19 mm 口径和 150 mm 焦距的折反光学系统，提供了 1 024×1 024 像素的 CCD 和 5.5°视场。滤光轮有一个透明的狭槽以及 7 个从可见光到红外范围的滤镜，用来调查灶神星的矿物学特性。对谷神星的平坦光谱来说，只有少数的滤镜有用。每个相机都配备了 8 Gb 的内存，用来存储探测到的原始数据，在合适的时机传输到地球。这台仪器的设计基于金星快车、罗塞塔和菲莱号着陆器所携带的仪器。黎明号上携带的唯一一台美国制造的仪器是伽马射线和中子谱仪。它继承于月球探勘者号月球轨道器和火星奥德赛号上搭载飞行过的探测载荷，用来确定两个目标小行星表面的元素组成，并检测水冰和其他挥发物。意大利提供了继承自卡西尼号、罗塞塔和金星快车上的一个可见光和红外测绘光谱仪。提供了从近紫外到可见光再到近红外范围的较好的光谱分辨率，并提供了良好的空间分辨率，以识别小行星表面的矿物。这些光谱仪的联合观测将有助于鉴定各种不同的含水矿物，并使人们能够了解水在谷神星地质演化过程中所起的作用。这样就能够推断出某种确定的陨石来自谷神星。当然，无线电信号的多普勒测量将绘制出小行星的重力场，以确定质量、转动惯量、局部质量聚集、内部结构等。任务原计划携带一个磁强计，但由于顾及任务费用的增加，在设计阶段初期就不得不舍弃这一方案。此外，还有一个激光高度计甚至在更早的阶段就被取消了[386]。灶神星可能具有一个固有磁场，是这个小行星的熔融金属内核时期留下来的遗迹，测量这个磁场主要是为了解释这样一个事实，即在考虑灶神星与太阳之间的距离导致太阳风密度更小的前提条件下，灶神星表面与月面上的月海相比似乎受“太空风化”影响的迹象更小。此外来自灶神星的陨石还发现有一定的磁性。然而，由于没有磁强计，黎明号无法评估这种可能性[387]。

航天器的发射质量为 1 218 kg，包括 425 kg 超临界氙用于离子推进系统和 46 kg 肼用于姿态推力器。这足以保证为整个任务期间提供约为 11 km/s 的总速度增量，值得注意的是，这与德尔它运载火箭提供的速度增量相当[388-390]。虽然天体力学和小推力巡航的灵活性允许航天器在 2006 年之前和 2007 年 10 月之间有一个很宽的发射窗口，但目标仍然定在 2006 年 6 月的后半月。选取这个 20 天的发射窗口反映出航天器团队已准备就绪，并且预算有限。巧合的是，较宽的发射窗口中包括了灶神星发现 200 周年的纪念日。6 月发射将确保在 2010 年 7 月到达灶神星，进行 11 个月的勘察，然后巡航于 2014 年 8 月到达谷神星。如果推迟超过 2007 年年底，则在 21 世纪 20 年代之前将无法尝试同时探测两颗小行星的任务。不幸的是，与最近的其他发现级任务一样，黎明号在研制过程中遇到了几个严重的问题，以至于任务几乎被取消。两个样品氙气罐在低于鉴定压力的测试中破裂。此外，JPL 在将地球轨道航天器设计转化为深空航天器设计方面，以及离子推力器及其相关的供电转换和分配单元等方面存在困难。在深空 1 号任务中，推力器是由格伦研究中心（Glenn Research Center）提供的，而现在设计太阳能电推进技术应用储备（NSTAR）推力器的团队已经解散，一些组件的供应商已经停止供应。

2005 年 9 月，项目要求 NASA 增加资金以完成开发，NASA 要求暂停工作，同时进行独立审查，以考虑该任务是否如预期的那样可行，并计算其潜在成本。那时，航天器几乎完成了 90%。2006 年 1 月的审查报告指出，虽然黎明号管理不善，但只要给予切实可行的资金，就没有特别的技术因素会阻止它实现目标。任务可以推迟一年发射，并需要额外 7 300 万美元才能完成，使其总费用增加到 4.46 亿美元。但在 3 月 2 日，NASA 取消了黎明号任务。国际团队直接向 NASA 的局长提出请求，NASA 勉强同意进行了机构代表、任务经理和 JPL 经理之间的详尽的问答环节。3 月 27 日，黎明号任务得以恢复，增加了预算并将发射定于 2007 年初夏。

储气罐问题的解决方案包括将氙气装载从 450 kg 降低到 425 kg（仍然可以完成整个任务），并将飞行前的地面温度从 40 ℃降低到 30 ℃。为了弥补发射推迟的影响，引入了火星借力。事实上，借力方案在早期就有所考虑，作为增加航天器推进工质余量的一种方式。供电单元的问题最终被证明是由于不充分的试验安排和错误的修复而造成的。最后，为了防止关于离子推进系统设计的知识再次扩散，要求黎明号团队改进其资料归档[391]。

黎明号于 2007 年 4 月 11 日抵达卡纳维拉尔角（Cape Canaveral），进行最后的准备工作。由于德尔它运载火箭生产的推迟，首发窗口安排在了 6 月 30 日。接着，由于发射台的硬件出现了问题，窗口又推迟到了 7 月 7 日。6 月 11 日，将黎明号安装在转台上进行最后的质量配平时，一个扳手无意中碰到太阳能电池板，使其背面轻微地凹陷，幸运的是没有损坏太阳能电池片。随后，由于雷雨、通常恶劣的天气和用于遥测信号中继的飞机和通信船遇到的问题，发射再次推迟。考虑凤凰号火星着陆器（发射窗口在 8 月份且很窄）发射前的准备工作可能会有较大延误的潜在影响，促使 NASA 将黎明号的发射窗口推迟到 9 月 26 日。如果不在 10 月 15 日之前发射，它将无法实现同时到访灶神星和谷神星。黎明号被从德尔它运载火箭上取下并转移至洁净室进行保存，而凤凰号则从邻近的发射台发射。当工作重心重新转回到黎明号时，恶劣的天气阻碍了首次发射尝试。2007 年 9 月 27 日，一艘船误入了射向航程的限制区域之一，并造成了倒计时短暂的停止，但当航程清理过后，计时恢复，运载火箭安全起飞。

黎明号在低轨道上滑行约 40 min 后，火箭的二级和三级相继点火，进入 1.00 AU×1.62 AU 的太阳轨道。器箭分离后几分钟，航天器推力器点火，消除原有的自旋，让氙气燃料稳定下来，然后打开太阳能电池板朝向太阳。在 2 个月的标定阶段，航天器进行了一系列系统测试。在 10 月 6 日，中心离子推力器进行了首次 27 h 的点火测试，以测量它的性能，并在几个不同的节流阀挡位监测相关参数，直到最大。同时，还对成一定角度安装的推力器进行了测试。在这些测试中，将航天器向地球方向推进，通过测量所产生的多普勒频移来计算推力器带来的加速度。在工程师们检查发动机的同时，科学家们对科学探测仪器开展测试。相机于 10 月 18 日首次启动，并在接下来的几个月里通过拍摄巨蟹座（Cancer）的星域、标准参考星、土星和其他的星域进行定标，在此期间获得了一些绝妙的船底座 η 星云照片[392]。12 月 17 日，在所有必要的测试都成功结束后，黎明号调整自身中心发动机的方向，对准最佳方向，开始离子推进任务。与深空 1 号的情况一样，巡航过

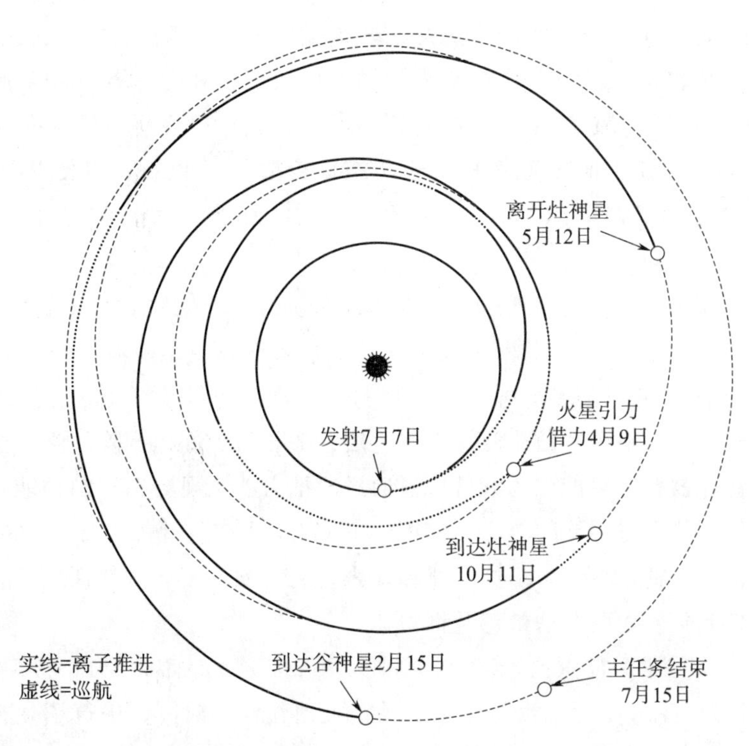

黎明号从地球通过灶神星（和火星）到达谷神星的轨迹。日期不是最终的

程中将连续长时间推进，仅在每周进行遥测下传时暂停推进，以实现高增益天线对地球指向。此外，过程中还穿插着长时间的弹道巡航，以便进行日常管理和各种校准。推进系统运行良好，首个推进周期超过10个月。

2008年8月8日，黎明号到达火星轨道之外的远日点。在10月31日，发动机关闭，开始了大约7个月的弹道巡航，其中包括火星飞越。自2007年12月以来，黎明号有82%的时间一直在点火，消耗了72 kg氙，并实现了1.81 km/s的速度变化，使它进入了1.22 AU×1.68 AU的轨道。11月20日，使用离子推进系统进行了2 h的修正，将2月份火星飞越的高度调整为542 km，略高于计划的500 km。由于在离子发动机的能修正的范围内很容易覆盖交会后的弹道误差，所以看起来没有必要在进入阶段进行修正。航天器2008年年底在合日中度过。黎明号从远日点出发，于2009年2月18日越过火星轨道，从背光面靠近，太阳被火星遮掩。交会的相对速度为5.31 km/s，最近的交会点在塔尔西斯（Tharsis）的火山地区上空。在穿越到向光面时，将要进行区域成像，火星快车轨道器将于1 h后经过该区域。这能使两个航天器上的相机性能得到交叉检验。其他的定标图像包括让景象拖尾，获得均匀照明的画面。伽马射线和中子谱仪将对火星的光谱进行标定，以便与绕火星飞行的其他任务获得的光谱进行比较。黎明号将继续在飞离阶段对火星进行一周左右的成像，以便校准光学导航系统，为接近灶神星做准备。总的来说，这个计划需要大约1 600张图片[393]。不幸的是，由于姿态控制系统软件中一个迄今未能准确定位的缺陷，导致航天器在经过交会点之后不久就进入安全模式，致使仪器标定程序中止。2 天后航天器恢复运行时，下载了异常之前记录的数据，伽马射线和中子谱仪提供了一些高分辨率的图像以及相当好的光谱，但成像光谱仪却什么也没有。然而，这次飞越的主要目的是引力借力，成功地将黎明号拉进了 1.37 AU×1.84 AU 的轨道，并使它的轨道面相对于黄道面变陡了 4°以上，以便与灶神星轨道的 7.1°相匹配。这次飞越带来的 2.6 km/s 的速度变化相当于离子推进系统额外增加了 100 kg 氙。

黎明号于 2009 年 4 月 16 日到达近日点，就在新的飞行软件从地球上传后不久。6 月 8 日（在 7 个月的航行期间，发动机只运行了大约 10 h）恢复了推力，黎明号在 11 月进入了小行星带。到 2010 年 6 月初，黎明号已经打破了深空 1 号 4.3 km/s 的速度增量记录。大约在同一时间，其中一个动量轮开始产生过度摩擦，为了便于排除故障其被关闭，但是当试图恢复它时却没有效果。控制人员选择通过肼推力器实现姿态控制功能，以便把剩下的动量轮留给灶神星和谷神星的轨道勘察用。事实上，只有一个轴的方向必须由化学推力器来控制，其他两个轴则将由离子推力器转动来控制。此外，还对软件进行了开发，允许航天器的姿态控制只使用两个动量轮及推力器。

在 2010 年，2 号推力器点火 304 天，消耗了不到 79 kg 的氙。2011 年年初，在飞往灶神星的最后一段航程中，3 号发动机重新启动。大约在同一时间，进行了灶神星在轨测绘工作的演练。3 月，停止推进，对科学仪器进行了检查和操作。相机长时间没有活动之后，通过拍摄双鱼座和鲸鱼座边界之间的一个星域来进行测试。进行了推力器标定，测量了其微小推力。经过一周的测试后，黎明号的推进重新开始，准备交会。星际航行段于 5 月 3 日结束，接近阶段开始。黎明号上大约还有 189 kg 氙。同一天还拍摄了目标的第一批导航图像。距离大约 121 万 km 的灶神星依然只有几个像素宽。一周后，测绘光谱仪拍下了第一张光谱图像。伽马射线光谱仪也于 5 月初开机。姿态控制从推力器切换回动量轮。这些更为精确的执行机构将一直工作至 2012 年 7 月，届时黎明号将离开灶神星前往谷神星。在接近段的前 6 周，每周运行一次成像序列。6 月 1 日，对灶神星进行了一次完整自转周期的观测，以进行首次灶神星旋转特征描绘活动。到 6 月中旬，获得的图像开始能够与哈勃太空望远镜的最佳图像相媲美，成像频率增加到每周两次。这时，黎明号与灶神星的距离已经与月球到地球的距离相当。

接近段的影像开始显示出小行星表面特征和纹理变化的迹象，这种相对太阳的角度和相位关系，从地球上是无法实现的。这些照片已经足够清晰，可以显示出南极陨石坑的中央山峰。与太阳系中其他类似的小天体相比，灶神星看起来不那么接近球形。事实上，与那些包括土卫二和天卫五在内的小天体不同，灶神星是由坚硬的岩石构成的，而非低强度的“可塑的”冰。这是自 1989 年旅行者 2 号飞越海王星系统以来，航天器所探访的最大的未探索的天体。这些远距离观测用于进一步提高关于灶神星自转轴方向的认知，自转轴方向已经从地面观测中得以广泛了解，目的是要确保航天器能够进入灶神星环绕极地轨道。这颗小行星已知的自转周期为 5 h 20 min。观测发现轴向倾角与从地面和哈勃太空望远镜获取的图像所确定的轴向倾角有很大的不同，因此北方的春分将比预期发生得更晚，

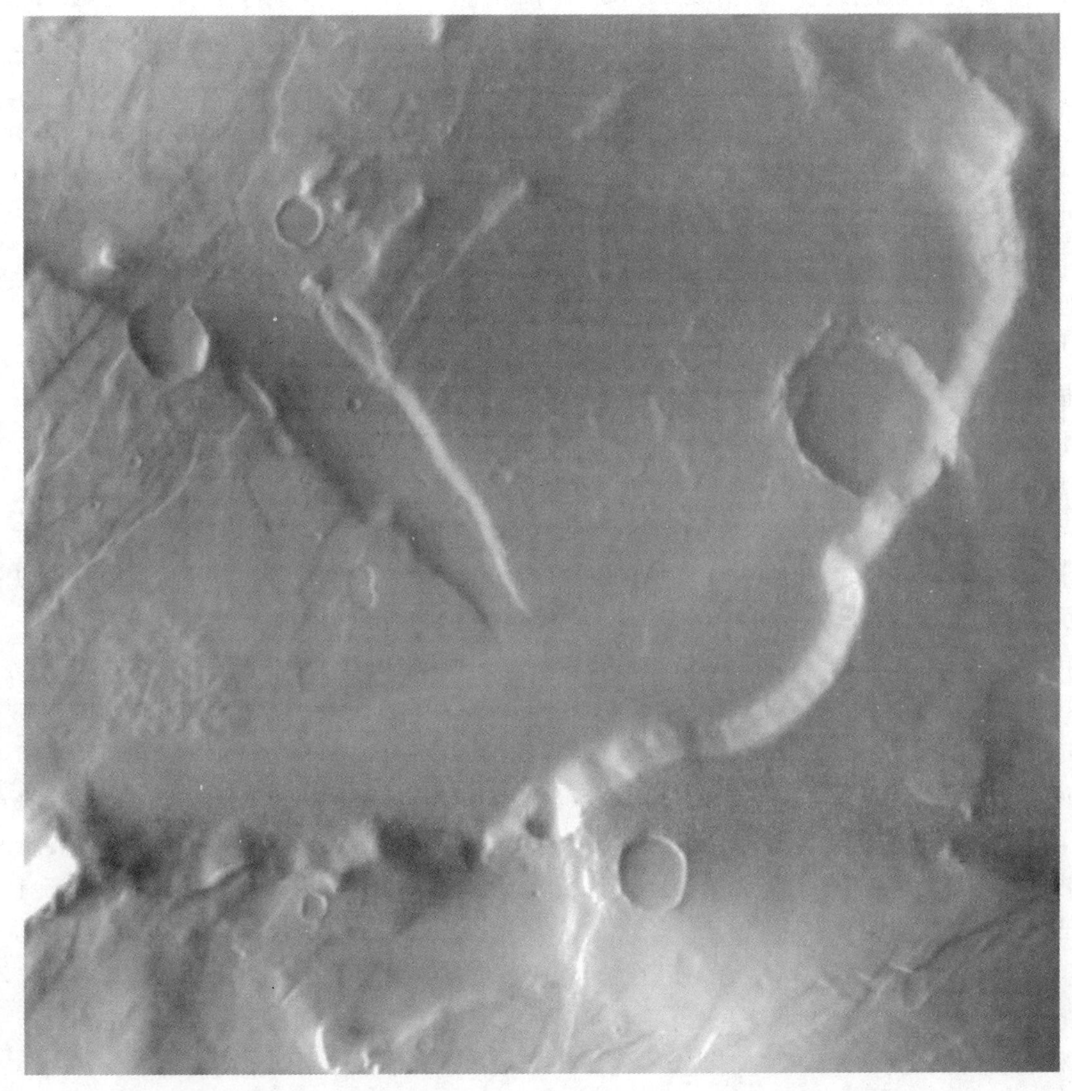

黎明号拍摄的火星坦佩特拉（Tempe Terra）地区的 50 m 分辨率照片
[图片来源：NASA/JPL/DLR（Deutsches Zentrum für Luft - und Raumfahrt e. V.，德国航天局）/IDA（Industrial Development Agency，工业开发署）和黎明号飞行团队]

即在 2012 年 8 月 20 日，如果仍然按照原计划，那时航天器已经离开灶神星。可见光和红外光谱仪也开始获取图像和光谱，以提供科学背景。

6 月 27 日，黎明号突然失去了推力，原因是宇宙射线轰击造成的离子推进控制系统意外重启。这导致气体阀门无法正常开启，探测器进入安全模式。6 月 30 日，航天器使用备份控制和接口单元恢复了操作。7 月份航天器进行了大量的测试，排除了控制单元的故障，但是丢失了两段图像。一段是 6 月 28 日安全模式下的，另一段是 7 月 6 日的，这是为了恢复推力并按照原计划进入轨道。事实上，由于这个故障，轨道捕获时间比计划提前了 15 h。另外，在安全模式下，红外光谱仪进行了自动复位。

在旅程的最后一段，推力器从3号切换回2号。7月1日在黎明号刚刚恢复之后，相机又拍下了更多的灶神星照片。探测器当时正好位于赤道以南，可以直接看到极地陨石坑的中央隆起部分。该隆起部分的中心位置约为75°S，其底基有180 km，看起来像一个“巨大的肚脐”。这座山丘高出周围地形约22 km，是继火星上的奥林匹斯山之后太阳系第二高的山。它具有不寻常的圆顶，比月球或水星上的陨石坑中类似的中央山峰要高得多，也宽得多。这或许是灶神星的曲率发挥了作用，因为陨石坑的尺寸与灶神星的直径接近。南半球的表面看起来非常光滑，只在其北部有几个陨石坑，赤道周围的地形也很平坦。很明显，这个巨大的陨石坑是在过去的十亿年中形成的，并且在地表的其他部分散布着带有古老特征的碎片。7月9日和10日，在黎明号第二轮的“旋转特征描绘”观测活动中，还拍摄了三组共计72幅的灶神星周围空间图像序列，来搜索灶神星是否存在卫星。尽管一般研究认为，如此巨大的球状天体很可能存在卫星，然而探测结果却显示，并没有尺寸大于几米的卫星存在（探测到许多其他主带小行星在背景中移动）。

与使用常规推进系统的任务相比，黎明号没有关键的、快节奏的入轨机动。相反，离子推力器逐渐将航天器的日心速度与其目标的日心速度相匹配，使其缓缓地进入小行星的引力影响范围。当黎明号继续推进时，它顺利地从绕太阳运行转换为绕灶神星运行。这一轨道转换发生在UTC时间7月16日04时48分。由于之前对灶神星的质量知之甚少，入轨的精确时间无法事先确定。当黎明号以16 000 km的高度进入灶神星轨道时，它的相对速度只有27 m/s（约100 km/h）。灶神星距地球1.25 AU或1.88亿km，将在7月下旬正对地球。至此黎明号的离子推力器已经运行了23 000 h，几乎完成了任务的70%，提供了超过6.6 km/s的速度变化，消耗了252 kg氙气。入轨过程超过24 h后，探测器暂停推进并转向与地球通信，证实了黎明号确实进入了轨道。除了这次返回的工程数据外，还有当天早些时候拍摄的一系列图像。

从轨道传回的第一幅图像向下直视极地陨石坑及其中心土丘。陨石坑的底部有平行的山脊和凹槽，看起来很像天王星的卫星——天卫五。而且，和天卫五一样存在着几千米高的悬崖。更令人印象深刻的是，宽达15 km的壁陡、底平的凹槽与赤道平行，横跨这颗矮行星周长的三分之二。单个凹槽长达380 km。这些可能是由南极撞击形成的，撞击挤压了地表，形成了重叠的挤压波状构造特征和山脊。然而，这些凹槽看起来比南部的陨石坑遭受了更多的撞击，使得它们看起来更为古老。或许巨型陨石坑的底部已经重塑过了，使它显得更年轻。明显缺失的是喷射物的平滑沉积物或因撞击而形成的熔岩池。还有一些神秘的、“年轻的”小陨石坑，侧面呈现出暗色的条纹。暗色物质的来源尚不确定，可能是低速撞击沉积的富碳物质，也可能是喷射出来的富铁火山物质。同时拍摄的多光谱图像暗示了地表的成分差异。这座475 km长的极地陨石坑官方命名为雷亚西尔维亚（Rheasilvia），是以神话中罗马创始人罗慕路斯（Romulus）和雷穆斯（Remus）的圣母雷亚·西尔维亚（Rhea Silvia）命名的。其他特征将以罗马历史上的贞女和著名的罗马女性命名。

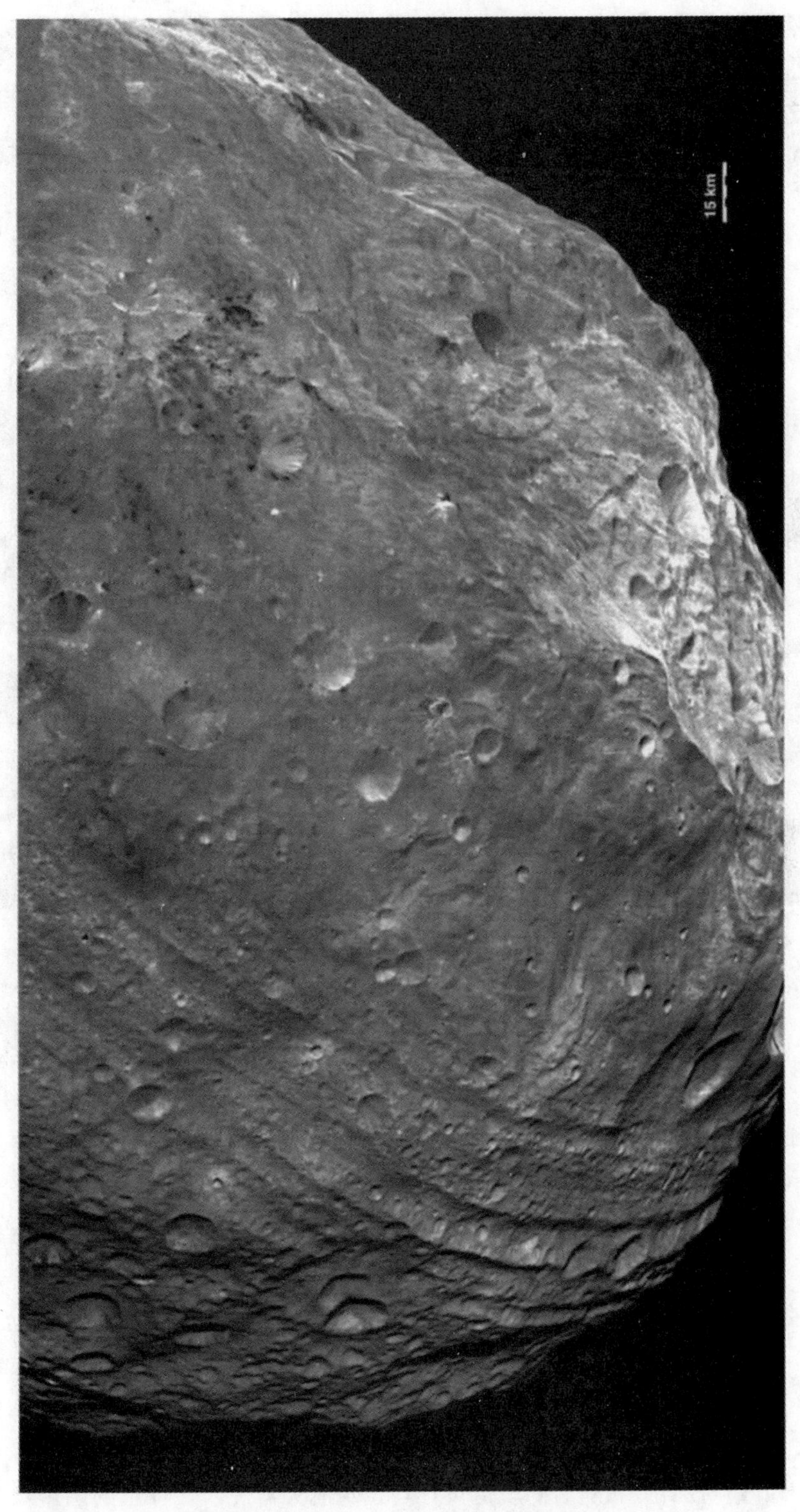

这张距离 5 200 km 的灶神星图像是在入轨后 8 天的黎明前拍摄的，显示了南半球的崎岖不平和赤道凹槽（NASA/JPL – Caltech/UCLA/MPS/DRL/IDA）

这是一张黎明号进入绕灶神星轨道后不久，在距灶神星 9 500 km 处拍摄的照片。它俯瞰着南极和雷亚西尔维亚（Rheasilvia）盆地的中央山脉（NASA/JPL－Caltech/UCLA/MPS/DRL/IDA）

在随后的三天时间内，黎明号的主要工作是获取图像、光谱和旋转影像。然后，黎明号飞过背光面，在进入轨道一周后，它在北半球的向光面飞过，那里正值冬天。52°N 以北向极区的表面正处于黑暗中。北半球可见部分看起来比目前看到的南半球有更多的陨石坑，包括三个浅而平坦的陨石坑，形状类似雪人。但陨石坑的数量表明，两个半球的年龄差不多。7 月 25 日，为了在未来 4 天内进行科学观测，黎明号在 5 200 km 的高度暂停推进，通过在不同纬度的范围内飞行，获得了灶神星完整的旋转影像。8 月 2 日，黎明号到达 2 700 km 的详查轨道高度，9 天后正式开始科学观测。这一观测过程将持续 7 圈，单圈轨道 69 h，总计大约 20 天。这一阶段主要的观测是通过照相机和红外光谱仪进行，而伽马射线和中子探测器用于收集背景数据，小行星距离仍然过于遥远，无法提供显著的伽马射线信号或是中子信号。航天器在向光面时采集数据并在器上存储，而到了背光面时，将数据转发到地球。该轨道和随后的轨道设计均避免航天器进入灶神星的阴影，这样太阳能电池板就能够持续发电。利用地球和航天器之间的双向无线电链路来精确测量多普勒频移，从而绘制小行星的重力场和内部结构图。测量到的天体质量与在地球上确定的质量相比，只相差百分之几。通过无线电重力测量证实了灶神星是一个分化体，具有三层结构，其中包括一个高密度的金属核，占灶神星直径的 40%，一个地幔以及一个低密度的多孔地壳，平均厚度小于 20 km。但在雷亚西尔维亚的最深处低密度的多孔地壳厚度减至零，在那里，地幔本体直接暴露出来。此外，重力场似乎与地形有很好的相关性。金属核心可能与化石磁场有关，但黎明号并没有携带探测磁场的设备。尽管红外光谱仪出了些故障，使其在 7 个轨道中有 2 个轨道不能收集数据，但它还是进行了超过 13 000 次观测，即超过 300 万次光谱扫描，以 700 m 的分辨率覆盖了 63%的可见表面。另一方面，相机以 260 m 的分辨率对几乎整个被照亮的表面进行了至少五次成像，总共产生 2 800 多幅图像和1 179 幅立体图像，覆盖 80%的表面。遥感观测显示了一种地质变化，这是空间探测器探测到的其他小行星所未见的。但是，除了地表存在一种常见的火山矿物——辉石，却未能发现任何清晰、明确的火山特征，如火山锥、穹顶和火山流等。

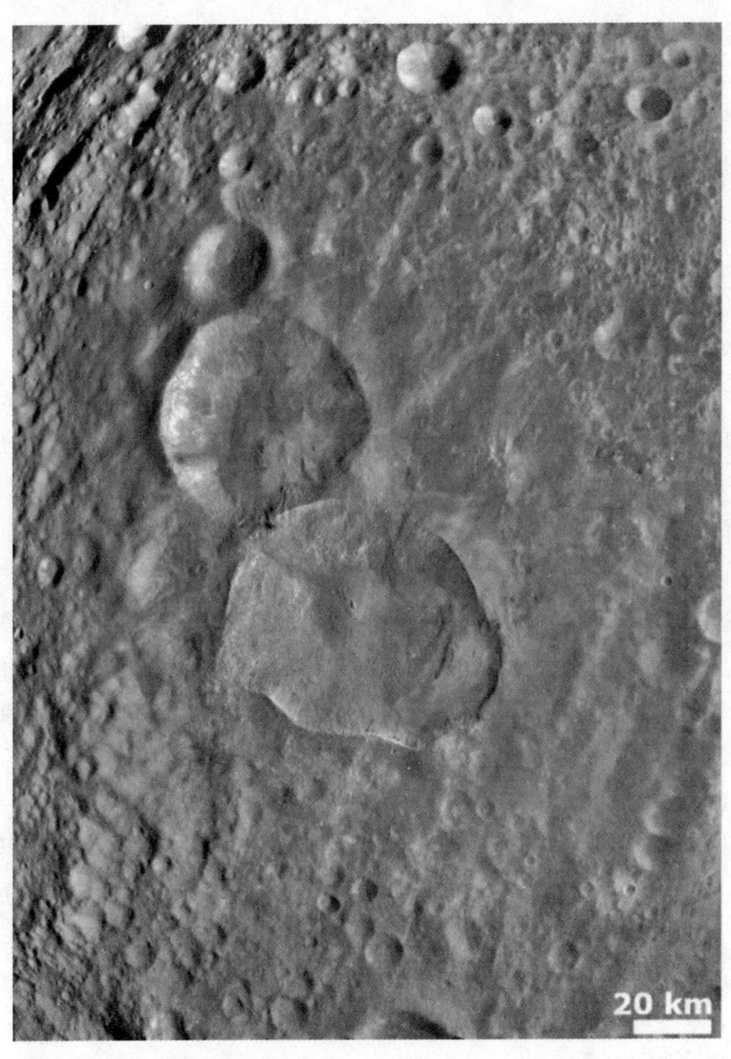

灶神星上的“雪人”陨石坑群（NASA/JPL - Caltech/UCLA/MPS/DLR/IDA）

事实上，灶神星的地表完全被陨石坑占据。三维地形重建显示，南极陨石坑呈一个“8”字形，因此由两个叠加的陨石坑组成，其中雷亚西尔维亚是最新的，位于一个古老的、被大面积摧毁的 400 km 的维纳尼亚（Venneia）盆地上。观测还显示，赤道以北出现了第二组更宽的槽，其外观更为陈旧和退化。探测器对雷亚西尔维亚进行了精细测绘，发现它缺乏月球或水星上大型盆地的许多特征。它有一个宽六角形的外缘，陡峭的悬崖高达 20 km，其底部由连绵起伏的平原组成，大致呈螺旋状辐射样式延伸至陨石坑的边缘。总的来说，它类似于土星冰态卫星上的陨石坑，尤其是土卫七、土卫五和土卫八。陨石坑底部出现了顺时针的螺旋状裂缝，与陨石坑在形成时受到小行星快速旋转影响相符。其他凹陷也被确定为远古时期形成的被抹去特征痕迹的撞击盆地。也有光滑材料形成的“池塘湖”，虽然规模较大，但与爱神星（Eros）相似。雷亚西尔维亚与具有灶神星相同光谱特征的小行星的年龄一致，表明这些小行星确实是从那次巨大撞击中喷出的，光谱显示这部分表面与所有三类已知的灶神星陨石相似。北半球富集一种类型而雷亚西尔维亚富集另一种类型，这似乎是由于更深度的撞击而暴露出来的。这些特征证明了覆盖小行星表面的岩浆层在不同时期的复杂演化，表明地壳和下层地幔之间存在差异[394-400]。

黎明号对灶神星的勘测也引发了天文学家和行星地质学家之间关于测绘的争议。灶神星的本初子午线由国际天文学联合会（IAU）根据哈勃的图像定义，其穿过黑暗的奥伯斯（Olbers）区域的中心，而黎明号任务的科学家建立了一个不同的参考经度系统，其本初子午线穿过了显著的直径 700 m 的克劳迪亚（Claudia）火山口，偏离国际天文学联合会的本初子午线约 155°[401]。

8 月 31 日，黎明号恢复推进，产生 65 m/s 的速度变化，下降到 680 km 的轨道，在大约 12.3 h 的时间内，完成大部分成像。通过将飞行器定向，使其相机指向侧面，而不是直下，同时完成了彩色和立体成像。9 月 18 日，在航天器经过了 18 圈的推进点火之后，到达了这一高海拔测绘轨道，由于对灶神星不规则的重力场尚无精确了解，在这之前的 18 圈轨道中，点火过程要经常停下来以进行轨道确定。经过两次短时间的校正和成像序列，黎明号于 10 月 1 日重新开始科学观测。完成了 6 个 10 圈的测绘周期，获得了几乎完整的灶神星立体地形图，以及超过 7000 张 65 m 像素级的图片和 15 000 个光谱帧，覆盖了除北极以外的所有地区。根据在详查轨道上获得的光谱和这一阶段收集的图像，可以确定灶神星没有表现出类似月球的风化和变色——月球上是由于暴露在太阳风下的月壤颗粒外部形成了一层微观的铁涂层。地表的主要演变过程似乎不是富碳和富水物质一层层地沉积，而是撞击以及随后的扩散。这种物质构成了地表的暗区，而辉石则构成了明亮的地带。通过地面光谱观测已经显示灶神星表面水合矿物的存在，但与灶神星陨石的成分进行对比，这些测量结果一直被认为是有争议的。在过去的 35 亿年里，数百颗暗色、富碳的小行星和彗星会撞上灶神星，形成几米厚的黑暗的垫子。此外，小行星带的撞击将以相对较低的速度发生，只有地球或月球上的撞击速度的几分之一。这意味着在风化层的形成方面发挥作用的是机械破坏过程，而不是汽化和融化。最初认为雷亚西尔维亚中很可能存在橄榄石，因为在灶神星陨石中发现过，这些陨石的成分与撞击所暴露出来的地幔物质相匹配。

然而，在巨大的陨石坑底部并没有发现富含橄榄石的区域，这意味着灶神星从来不是一个完全分化和分层的原行星。取而代之的是，红外光谱仪在北半球的阿伦蒂亚（Arruntia）和贝利西亚（Bellicia）陨石坑壁以及撞击喷发物中检测到了橄榄石。这一发现可以让科学家排除灶神星及其内部形成和演化的一些模型[402-406]。

11 月 1 日，黎明号开始向低海拔测绘轨道过渡。这一过程需要 5 个多星期才能完成，黎明号每 3 天暂停一段，以进行轨道测量。在下降过程中，黎明号曾一度是灶神星的一颗同步卫星——轨道周期与小行星的自转周期相匹配。航天器还于 12 月 4 日短暂地进入安全模式，同时转向点火姿态，最后于 12 月 12 日重新开始观测。低轨阶段是最长的一个任务阶段，在此阶段，航天器平均高出灶神星不规则表面 210 km。低轨的平均周期为 4 h 21 min，这个定制的轨道可以获得高信噪比的伽马射线、中子谱数据，同时使用其中一个低增益天线来获取高精度重力场数据。当然，遥感仪器也返回了高分辨率的图像和数据。事实上，在小行星整个被光照的表面上，获得了 13 000 幅 20 m 分辨率的图像以及超过 260 万个光谱。每周一次的机动确保了黎明号不会误入小行星的阴影内，因为航天器并没有针对阴影环境进行设计。在这一低轨道上，伽马射线光谱仪测量到一种与灶神星陨石一致的成分，并确认了雷亚西尔维亚内部的成分与地表其余部分的成分有所不同，这表明地壳在因撞击而暴露出来之前就已经分化。然而最令人吃惊的结果是，这台仪器在赤道地区检测到了大量的氢，这表明存在大量的水混合在表面土壤中。此外，像素尺度优于 20 m 的高分辨率能够识别陨石坑底部数百个坑洼和不规则的凹陷，及其周围数百米深撞击坑，可以认为是撞击暴露沉积物后水分升华的痕迹。70 km 的马西娅（Marcia）陨石坑是坑洼最常见的区域，该陨石坑是灶神星最年轻的大型撞击坑之一，其中坑洼大小不等，分布于相机的最小分辨率尺寸（20 m）到 1 km 之间。对于暗色地带，认为挥发物是外源性的，来自含水的富碳陨石，这些陨石形成风化层的一部分。随后的撞击会掘出沉积物并使其蒸发。对于确证这一假说，相对较近时期在撞击中而掘出的雷亚西尔维亚地区的土地大多是贫氢的[407-409]。

2012 年 5 月 1 日，在经历了 141 天，完成了大约 800 圈低轨探测后，黎明号重新启动了推力器，逐步抬高轨道。在 6 月 6 日，航天器到达星表 680 km 的太阳同步近极地轨道上，进入第二次高轨探测阶段。观测从 6 月 15 日重新开始，一直持续到 7 月下旬。在这个探测阶段，小行星上的季节发生了变化：北半球更多的地方被照亮，整体的光照条件也发生了变化。通过 6 个 10 轨测绘周期，从不同的视角获得了小行星表面的三维景象，并获得了 4 700 幅图像。到这一阶段结束时，已在良好的光照下完成了 80%以上星表的测绘。在另一个半球与雷亚西尔维亚相对的区域未观察到明显的结构。

7 月 25 日，黎明号完成了灶神星轨道任务的科学部分，大大超过了原定的要求。收集了 31 000 多张照片和 2 000 多万个光谱。离子推力器点火，航天器重新开始螺旋飞行。按原计划在 8 月中旬将发动机关闭四天半，以对灶神星整个表面进行测绘，包括在 4 圈期间对以掠射角照亮的北极大部分地区进行测绘。黎明号在 8 月 26 日逃逸，比原计划晚了几个星期。造成该延迟的部分原因是延长了低轨探测阶段，以收集足够多的高质量伽马射线谱。此外，通过以较“激进”的方式对航天器可用推力进行重新评估，表明黎明号可以在灶神星处多停留 40 天，并依旧可以于 2015 年到达谷神星。然而，8 月 8 日，由于 4 个动量轮中又有第 2 个动量轮摩擦过大发生故障，航天器进入安全模式，必须中断推进以诊断问题，导致离开灶神星的时间又进一步推迟。黎明号此时轨道距离灶神星超过 2 100 km。由于在前往谷神星的 30 个月航程中不会使用动量轮，最终决定先将其关闭，并启动推力器继续其离开的旅程。此外，工程团队开始研究在谷神星可能会使用 2 个动量轮和推力器的混合姿态控制策略。8 月 17 日，发动机终于重新启动。离开灶神星过程中的观测量有所缩减，仅于 8 月 25 日和 26 日（在北半球春分的几天之后），在两次完整的旋转过程中，从 6 000 km 距离上进行了最后的远距离“离别”拍摄。由于姿态控制公差的问题，一些照片显示的是灶神星的边缘或与其相邻的空洞的空间，不过所采集的数据总体上是令人满意的。黎明号终于在 UTC 时间 2012 年 9 月 5 日 6 时 26 分逃脱了灶神星的引力影响，比原计划晚了 11 天[410-411]。

黎明号需飞过约四分之三的太阳轨道，在 2015 年年初到达谷神星，其中大部分时间将花费在推进上。为了节省用于姿态控制的肼，通信由一周一次改为每 4 周一次。在这一过程中，将每周两次调整推力以实现低增益天线对准地球，提供一些有关航天器运行状况的基本信息，特别是要确认推力器仍然正常工作。所有这些运行策略上的调整应确保即使存在可能的异常情况，也将有足够的肼可用于谷神星的探测。截至 2013 年 9 月下旬，黎明号已连续推进了 1 410 天，占其在太空中飞行时间的 64%。共使用了 318kg 的氙气，共产生了 8.7 km/s 的速度增量。从灶神星到谷神星的巡航将需要 21 000 h 的推进和 3.4 km/s 的速度变化，特别要将其轨道倾角从 7.1°抬高到 10.6°。探测器将以较近的距离经过一些小行星，如果有足够的资金支持一次交会，它可能绕道详查其中一个或多个天体。飞越探测的候选目标之一是阿雷特（Arete），如前文所述，阿雷特是第一个用以确定灶神星质量的天体。

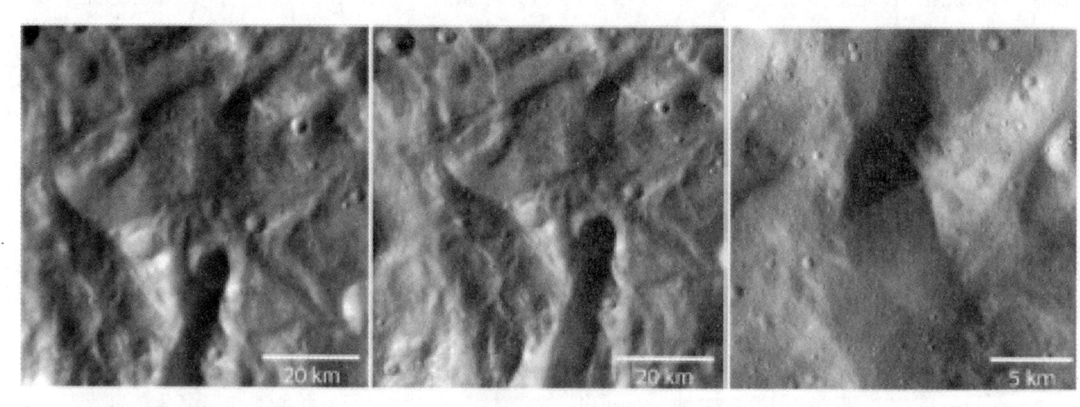

详查轨道　　高轨测绘轨道（HAMO）　　低轨测绘轨道（LAMO）

黎明号在灶神星环绕轨道上执行任务时，到达的三种不同高度的轨道，从而使科学家能够在宽分辨率范围内对灶神星表面进行测绘（NASA/JPL - Caltech/UCLA/MPS/DRL/IDA）

航天器与谷神星的交会阶段于 2015 年 2 月开始。在整个过程中，总共将进行 6 次成像，以确定谷神星的特征和其旋转状态，并探测可能存在的小卫星。在此过程的早期，相机的分辨率与哈勃太空望远镜的最佳分辨率相当。在接近谷神星时，黎明号将实施一次类似于它在灶神星上实施的“芭蕾”动作：在 4 月初的某个时候进入 5 900 km 高度的轨道，用时约为 10 天；之后轨道高度降低到 1 300 km，轨道周期减至 17 h；最后轨道高度降低到 700 km，轨道周期为 9 h。为了尽量减少动量轮的使用，观测策略也进行了相应修改。修改后，只在最低轨道阶段使用动量轮。此外，工程团队同时制订了应急计划，以确保在必要时，航天器可以只依赖推力器执行任务[412-413]。主任务定于 2016 年 7 月结束（资金约束）。如果真的发现谷神星有一个对生命有利的环境，那么该任务将在末期将航天器留在谷神星周围的“隔离”轨道上，至少确保半个世纪内不坠落于谷神星之上。与 NEAR 航天器在爱神星的场景有所不同，由于谷神星的引力较强，航天器无法在谷神星上实施软着陆[414]。有传闻说，如果剩余足够的推进剂，探测器可能在 2018 年 12 月穿越黄道时尝试飞越大型小行星（2）智神星。但是，JPL 团队否认这种传闻，他们并没有研究过这种方案的可行性[415]。

与黎明号同时获批准的还有另一项发现级任务。虽然该任务的目标并不是调查太阳系中的任何天体，然而在这里还是对它进行简要的描述。该任务是一个需要在太阳轨道上飞行的航天器，这项发现级任务的目标是利用太空望远镜探测其他恒星周围的行星，特别是与地球大小相近的行星。JPL 和艾姆斯（Ames）研究中心与这次任务的主要工业合作伙伴——波尔航天公司（Ball Aerospace）合作完成这项任务。这次任务的命名是为了纪念约翰内斯·开普勒，他通过提出行星运动定律来支持哥白尼日心说。恰好，开普勒在 1609 年，也就是该航天器发射前的 4 个世纪，在《新天文学》上发表了他的前两个天文定律。

自 1995 年以来，人类发现了数百颗围绕着其他恒星运行的行星，但大多数都是很大的行星，这些大行星可能像木星一样由气体组成，以短短几天的周期围绕着恒星运行。因此，这种行星非常靠近恒星，以致其温度一定极高，不适合任何形式的生命存在。下一步探测是在“宜居区”中探索发现小型的岩石行星。所谓“宜居区”是处于一个恒星周围的环形区域，在该区域中的温度适宜，液态水可以存在于行星表面。发现这样的行星将是寻找外星生命的重要基础。

开普勒航天器旨在对一颗行星在其母恒星前面经过（凌恒）时产生的微小亮度下降进行探测。只有当行星的轨道侧向着地球时，才可能发生凌恒现象，因此在伴有行星的恒星中，只有很小的一部分会产生凌恒现象。然而，地基和天基望远镜已经使用这项技术发现了几个大行星和较小的“超级地球”。相比于受大气湍流影响的地基测量，开普勒望远镜所提供的亮度、测量精度要高得多。此外，航天器会凝视一个选定的星域，提供持续数年的不间断观测，以便看到行星重复多次的凌恒现象。根据对流、旋转和行星横越任务［COROT，对流（COnvection）、旋转（ROtation）和行星凌恒（planetary Transits）］的实际情况，对开普勒航天器的成功概率进行了评估。COROT 卫星于 2006 年 12 月由法国发射，该卫星已经成功发现了数个中型和大型的行星凌恒现象，尽管使用的是视野较窄的小型望远镜，而且对于一个星域的观测只能持续几个月的时间。开普勒航天器类似于斯皮策太空望远镜，由望远镜模块（没有氦杜瓦）、任务模块和嵌入式太阳能电池板组成。总的来说，开普勒航天器直径2.7 m，高4.7 m，搭载了一个孔径为0.95 m的施密特望远镜和一个直径为1.4 m的主镜，能够提供15°的视场。望远镜有一个装有95兆像素CCD阵列的光度计，CCD阵列由液态丙烷和氨的混合物来进行冷却。航天器使用动量轮以及推力器（必要时使用）来实现三轴稳定。在光度计旁边的焦平面上安装了4个精确制导的星敏感器，以提供所需超高瞄准精度。航天器的发射质量为1 053 kg，其中包括12 kg肼，用于姿态控制系统的8个1N推力器；4块屋顶形状的太阳能电池板将提供超过1 100 W的功率；一个用于科学数据传输的高增益天线和两个用于传输管理数据以及日常指令的小型全向天线。光度数据存储在16 GB内存中，每月将高增益天线转动一次对准地球，以10 Mbit/s的速度下传其观测数据。这是迄今为止NASA深空任务中传输数据速率最高的任务。与最近其他几次发现级任务一样，由于成本不断上升，开普勒任务在2007年几近取消。

开普勒计划在2009年3月5日至6月初的一个窗口期由德尔它2号运载火箭发射，最终发射时间定在了3月7日。在185 km的停泊轨道上停留了约45 min后，第二级和第三级点火，将航天器送入0.967 AU×1.041 AU的日心轨道。虽然慢慢地从地球上迁移出去，但在主任务结束时，航天器仍在距离地球0.5 AU的范围内。发射一个月后，在对光度计进行了初步的“暗”校准后，望远镜的盖子被抛掉，开始进行观测。在系统的测试阶段，航天器观察到了一颗已知的巨型行星正穿过它的恒星，光变曲线非常“干净”，因此可以推断出该行星周围存在大气层[416]。

开普勒号任务进入轨道周期为371天的日心轨道，尾随地球，然后用3.5年的时间连续盯着银河系中以天鹅座和天琴座为中心的21个星域，每30 min精确记录10万颗各种光谱类型恒星的亮度。除了“热木星”（Hot Jupiters）外，这些数据还将揭示出轨道更远的稍小的天体。要探测和确认一颗位于恒星宜居带且与地球大小相当的行星，还需要经过数年反复的“凌恒”观测。对于一颗环绕太阳型恒星运行的行星而言，它能够带来的亮度下降低于100 ppm，但还是能够显示出一个特别的廓线。科学小组希望找到大约50颗与地球半径相同的行星，185颗约有1.3倍地球半径大以及640颗约为2.2倍地球半径大的行星。他们还预计，约12%的恒星将拥有多颗行星，其中大部分是气态巨行星[417,418]。随后的任务可以利用开普勒号的数据聚焦于搜索生命迹象，以及直接对行星成像和对行星表面进行初瞰。开普勒任务的总费用（包括运营费用）估计为6亿美元。

尽管讨论开普勒号入轨后一年内的发现超出了本书的主题，但必须指出的是，由于发现了太阳型恒星具有比预期更加剧烈的气体搅动运动，使得这项任务变得更加复杂。在这种背景“噪声”中识别本就罕见的类地行星凌恒现象变得更加困难，因此也证明了进行拓展任务的必要性。对于观测一个统计性很显著的信号而言，该任务至少需要8年[419]。

经过一次高级别评估，开普勒任务又获得了6 000万美元支持，继续运行到2016年9月30日，如果航天器没有因硬件故障而失效，还可能时间更长。但事实上，2012年7月，

开普勒太空望远镜准备发射。这是目前“发现”计划中唯一一个不以太阳系天体为探测目标的任务

4 个动量轮中的 1 个失灵了，使得开普勒望远镜失去了动量轮。同时，开普勒航天器于 2012 年 11 月完成了主任务，发现了超过 2 300 颗的候选行星，其中数百颗已得到确认，还包括数百颗地球大小的行星。

在 2013 年 5 月 14 日的通信阶段，发现探测器已于 2 天前进入了安全模式，并缓慢旋转将太阳能电池板面向太阳。故障排查表明第 2 个动量轮出现了故障，只剩下两个正常工作的动量轮和推力器来控制它的姿态。因此，这一问题影响了那些必须依赖动量轮提供的指向精度才能进行的科学操作。为了确定坏掉的动量轮是否可以反向运行或提供更大的扭矩，NASA 开展了一些测试。但是，NASA 也不得不承认，这两个动量轮已然无法恢复。于是，向科学界征求意见，如何最大化地利用航天器的剩余能力。有人建议使用它来探测近地小行星，尽管望远镜已经为光度测量进行了优化而不是成像。最终，设计了一个稳定系统，使开普勒号与绕太阳的轨道平行飞行，并利用太阳光压保持指向稳定。在 10 月份的测试中，望远镜拍摄了人马座一个区域的照片，以检查航天器在这种姿态下的稳定性。在此方向上，开普勒号可以用于许多天文观测，不限于围绕其他恒星的行星“凌恒”现象，还包括活动星系和超新星，并且在望远镜重新定向前，能够对天空区域进行大约 90 天观测。预计 2013 年年底将对此“开普勒 2 期”任务做出决定。

11.10 金星“气象卫星”

金星一度在太阳系探索中被忽视，然而欧洲的金星快车标志着人们对金星的热情再度升温。这种兴趣可能会持续到 21 世纪 10 年代，而且任务也会越来越复杂。一段时间以来，金星快车一直在与日本的拂晓号（也称为行星 C 和金星气候轨道器 VCO）合作。作为金星的一颗“气象卫星”，拂晓号将应用成熟的技术来研究金星的环境，获得其天气模式和气候的完整模型，以便进行地球与其“孪生兄弟”之间的比较。除了在全球和区域范围内调查气象现象和观测云形成的各个阶段外，这次任务还包括研究金星大气的超级旋转和垂直运动的机制。此外，它还将寻找闪电和火山活动的证据。

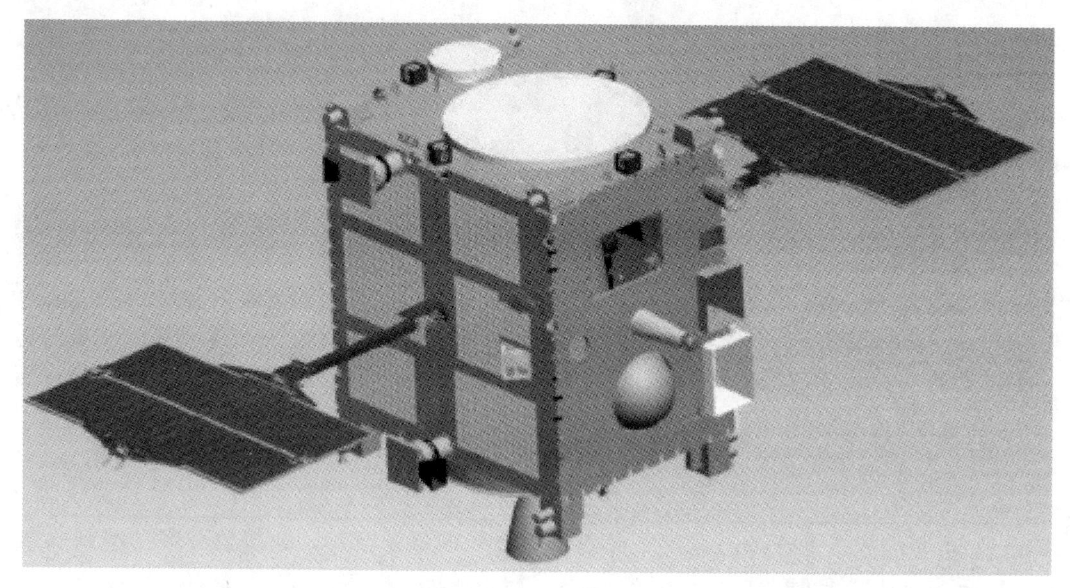

拂晓号金星气候轨道器（也称为行星 C）的 CAD 视图，在其底部可见轨道机动发动机。在第一次尝试进入金星轨道时该机动发动机严重受损（JAXA）

行星 C 是继水星哈雷（Suisei Halley）探测器（行星 A）以及失败的火星轨道器希望号（Nozomi）（行星 B）之后，日本空间科学研究所（ISAS）管理的第三个行星探测任务。包括隼鸟号在内的其他深空任务主要是为 MUSES［MU（火箭）空间工程卫星］系列进行工程试验。由于在确定行星 B 任务的探测目标时，曾权衡研究过火星和金星这两个目标，促进了金星轨道器任务的产生。火星轨道器希望号发射后，日本科学家和工程师将注意力转向了金星，并于 2001 年向 ISAS 首次提出了金星气候轨道器项目，计划在 2007 年或 2008 年使用 M－V 火箭发射。之前的希望号火星轨道器和隼鸟号小行星探测器已使用 M－V 火箭发射。与希望号情况相同，航天器首先从一个偏心的地球轨道上开始。然后，它将进入轨道周期为一年的太阳轨道，并利用一次地球的飞越来降低其近日点，以便在大约 18 个月后抵达金星[420]。这项任务最终于 2004 年获得日本宇宙航空研究开发机构（JAXA）的批准。在 JAXA 成立后的一次合理化调整中，M－V 火箭被逐步淘汰，取而代之的是由前国家航天发展局（NASDA）研发的 H－ⅡA 火箭。H－ⅡA 是一款更强大的火箭，可以从种子岛空间中心直接将稍重一些的轨道器直接发射到金星。因此，尽管发射时间推迟到了 2010 年 5 月，但该航天器将于同年 12 月进入绕金星轨道，开始为期 24 个月的轨道飞行任务。

该航天器外观比较中规中矩，1.04 m×1.45 m×1.40 m 的箱状结构支撑着 1.6 m 的高增益天线。与天线位置相对的是 500 N 的双组元推进发动机，用于主要航向修正和轨道进入等机动。航天器有一对太阳翼，每个翼的面积为 1.4 m^2，有 1 个自由度。在金星到太阳的距离上，这对太阳翼能够提供至少 700 W 的能量。拂晓号的大部分硬件继承自之前的日本航天器以及其他行星际任务，但同时也采用了一些新的技术，其中包括两个扁平的缝隙阵列高增益天线，一个小型天线用于接收指令，另一个大型天线连接到一个 20 W 的 X 频段发射机上用于回传数据。此外，主发动机的陶瓷推力器是第一个使用氮化硅的推力器。当航天器无法定向将其主天线指向地球时，则使用两个连接平台的低增益接收天线以及两个可控的中增益发射天线。随着与地球之间的距离变化，航天器的传输数据速率将在 4～32 kbit/s 之间变化。该飞行器使用 4 个动量轮和 12 个安装在平台角上的肼单组元推进剂推力器来维持三轴稳定性。上述的 12 个推力器中，8 个推力为 23 N，其余的推力为 3 N。3 N 的小推力推力器仅用于滚动姿态控制。航天器发射时的质量约为 501 kg，其中 33 kg 分配给有效载荷，189 kg 推进剂装在一个肼贮箱中。任务估计耗资 2.75 亿美元[421-426]。

在其运行轨道上，拂晓号大部分时间保持一面朝向金星，所有的仪器都安装在这个面上。除了用于研究闪电和气辉的高速照相机外，它还携带了 4 个不同的照相机，用于从近红外到紫外波长范围内的观测。这 4 个相机包括两个红外 CCD 仪器，其中一台中心波长为 1 μm，另一台中心波长为 2 μm。通过这两个 CCD 相机来观测金星的大气、测量粒子大小、跟踪水蒸气和一氧化碳并寻找近期的火山活动痕迹。一台较低分辨率的长波红外相机可以测量云顶温度。紫外线相机将通过监测二氧化硫以及仍然神秘的“紫外线吸收体”来跟踪大气的运动。与金星快车一样，拂晓号利用不同波长的相机，观测到 50～90 km 高度范围内的云结构。随后，通过气象卫星所使用的算法对图像序列进行分析，提供整个行星盘上的风速和风向的综合图像。此外，利用超稳振荡器进行的无线电

用于发射拂晓号的H-ⅡA火箭模型

掩星实验将获得有关大气垂直动力学的信息。作为拂晓号大气观测的补充，日本 EXCEED 望远镜（观测外大气层动力学的极紫外分光光度计，EXtreme ultraviolet spectrosCope for ExosphEric Dynamics）计划于 2013 年与一颗小卫星搭载发射，从地球轨道观测金星的等离子体环境。

由于从 M－V 火箭转换到了 H－IIA 火箭，拂晓号的发射还要搭载三颗地球轨道的小卫星和两颗太阳轨道的小卫星。后一对中最有趣的是价值 130 万美元的伊卡洛斯号（太阳辐射加速的行星际风筝飞行器）技术演示卫星，这是有史以来第一次在太空测试辐射光压推进太阳帆。尽管自 20 世纪 70 年代哈雷交会计划以来，主要航天机构都研究了一些帆，但实际飞行效果并不显著[427]。美国行星学会和俄罗斯拉沃奇金联合体共同资助了宇宙 1 号（Cosmos 1）的原型，它有 8 个 15 m 的三角形叶片，总面积为 600 m^2，但该航天器由于其搭乘的运载火箭失利而于 2005 年丢失，该运载火箭是由俄罗斯潜射弹道导弹改装的。美国国家航空航天局马歇尔航天飞行中心（NASA Marshall Center）研制了一个 10 m^2 的技术演示卫星 NanoSat－D，同样于 2008 年因运载火箭而丢失，这是美国私人研发的猎鹰 1 号火箭早期的飞行任务之一。NanoSat－D 的备份于 2010 年 12 月完成从“母星”展开的操作，但之后便与地面失去了联系。到 2010 年为止，JAXA 在亚轨道部署的 10 m^2 的三叶帆是唯一成功的在轨试验，但是只涉及展开，还没有到“航行”阶段。

尽管 NASA 对太阳帆推进技术的研究已经超过 30 年了，但还需要一次与深空 1 号任务规模相当的演示飞行来对技术进行验证。就像当年通过深空 1 号任务来验证离子推进一样。该试验验证也许可以通过 1 200 m^2 的太阳帆船号（Sunjammer）① 来实现，这是 NASA 资助的，作为国防部发射项目中的次要有效载荷发射到拉格朗日 L1 点。而 JAXA 在试验验证方面处于领先地位，甚至正在计划前往木星的任务，类似隼鸟号，演示验证各种技术的同时进行科学观测。演示验证技术中包括新型的太阳帆/离子推进混合技术，使用薄膜太阳能电池片作为直径 50 m 太阳帆的一部分，同时为高比冲的离子发动机提供动力。该航天器可以释放一个小型的行星大气探测器和一个用于磁层研究的小型木星轨道器。之后，该航天器将机动实现至少一颗特洛伊小行星的飞越。阿基里斯小行星（588）是该阶段任务的主目标。这项任务可能在 2020 年左右发射，并在经过一次地球飞越后在 21 世纪 20 年代后半期到达木星，在 2030 年左右到达特洛伊小行星。对特洛伊小行星的勘察很可能能够取样得到形成木星的物质[428-429]。为了实现木星和特洛伊小行星任务而准备的下一步太阳帆试验就是伊卡洛斯号。这个小型的航天器能够展开一个对角线为 20 m 的方形帆，验证在大约 6 个月的时间间隔内的轨道机动。伊卡洛斯号最初是作为一个独立的任务提出的，但后来被指定与拂晓号搭载发射，否则的话，H－ⅡA 火箭将需要携带配重飞行！伊卡洛斯号探测器的研发始于 2008 年年初。圆柱形航天器高约 80 cm，直径为 1.6 m，质量为 308 kg，其中包括 16 kg 的太阳帆膜。它将以 25 r/min 的速度旋转，释放并展开 X 形的主帆桅杆，每个桅杆顶端有 500 g 的质量。悬臂展开后，将释放止动器以允

① 阿瑟·克拉克 1963 年出版的小说名字。——译者注

许四个三角形膜片动态展开。太阳帆本身由一层 0.007 5 mm 厚的铝膜制成，铝膜沉积在聚酰亚胺树脂基板上，镶嵌着 0.025 mm 的薄膜太阳能电池片。中心航天器的姿态由一种新型气液推力器和船帆上的液晶片组合控制，其中气液推力器“燃烧”无毒燃料，船帆上的液晶片能够改变它们的反射特性，从而通过保持自旋同步地开关这些液晶片，引起太阳辐射光压的微小失衡，并产生一个扭矩，使整个航天器缓慢倾斜。通过太阳敏感器以及低增益天线发射无线电波的多普勒频移来确定航天器的姿态、自旋和轴向指向，低增益天线安装在偏离自旋轴的地方。

装入火箭之前的伊卡洛斯号探测器。太阳帆包裹在探测器的圆柱舱体上（JAXA）

伊卡洛斯号探测器携带两台科学仪器，一台覆盖 3%帆面的尘埃计数器，使用压电传感器能够区分厚度与灵敏度，以及一台伽马射线爆发探测器[430]。航天器将通过一个 7 W 发射机与地球通信，该发射机连接的两个低增益天线安装在航天器圆柱形主体的外围，其中一个低增益天线安装在顶部，另一个在底部，以便服务于不同飞行阶段。由于有时地球或多或少会位于太阳帆的平面上，这会导致通信困难。航天器还配备一个中增益天线和一个用于精确跟踪的天线。弹簧激励系统用于确保一对圆柱形分离舱的分离和自旋稳定，每一个分离舱宽 5.5 cm，高 5 cm，包含一个广角彩色相机、一套无线电系统和一个蓄电时

微型 UNITEC 1 是第一个由业余无线电爱好者建造的进入太阳轨道的航天器。
不幸的是，发射后不久就与地面失去了联系（JAXA）

间为 15 min 的电池。这些装置用来提供太阳帆展开的照片。有了伊卡洛斯号，JAXA 将成为世界上唯一一个对两种主要的低推力变轨技术进行飞行试验的航天机构：电推进（通过隼鸟号验证）和太阳帆。

另一个与拂晓号搭载发射的是小卫星 UNITEC 1（大学空间工程联合会技术实验载体）。其质量只有 26 kg，由大约 20 所日本大学和学院组成的联合会建造，用于测试电子设备、通信和跟踪等方面的长期技术。这是有史以来第一颗由私立大学或业余组织研发的进入太阳轨道的卫星。它是一个 39 cm×39 cm×45 cm 的盒子，几乎完全被太阳能电池片所覆盖。它的姿态是无控的，并计划携带一个微型相机和一个辐射计数器飞越金星。该小卫星配备几个全向天线和功率小于 10 W 的发射机[431]。

金星气候轨道器于 2009 年 6 月开始组装，于 2010 年 3 月交付种子岛，与运载火箭和其他有效载荷集成。发射窗口从 5 月 17 日到 6 月 2 日之间。JAXA 史无前例地提前宣布了航天器的名字，即拂晓号。由于恶劣天气并伴有阴雨，原定于首发窗口的发射被取消。不过，在 5 月 20 日的第二次发射中一切顺利。到达停泊轨道后，火箭滑行了 12 min，释放了三颗搭载的子卫星。然后，火箭重新启动，将其行星际有效载荷送入 0.72 AU×1.07 AU 的轨道上。发射约 28 min 后，拂晓号在夏威夷东南部上空被释放，在此的

15 min 和 20 min 之后，分别释放伊卡洛斯号和 UNITEC 1 号航天器。这颗小型的大学卫星后来改名为深渊号（Shin'en）。不幸的是，不到 24 h 它便失去了联系。与此同时，拂晓号通过在 25 万 km 范围内拍摄地球背光面的图像来校准相机。在行星际巡航期间，它将从各种角度对黄道光进行观测。

随着拂晓号安全上路，所有的注意力都转向了太阳帆演示验证卫星。5 月底，伊卡洛斯号开始执行展开太阳帆的步骤，从 2 r/min 加速到 25 r/min，5 月 26 日，在监视相机的监视下，太阳帆桅杆顶部的配重。然而，在帆桅展开约 5 m 后，展开暂停，以给工程师时间来研究半展开的帆为什么会缓慢旋转。桅杆在 6 月 8 日前完全展开，然后松开阻挡帆的挡块，帆的四个部分动态展开，形成方形。当时，伊卡洛斯号距地球 740 万 km。航天器上的相机所返回的图像显示，帆膜已正常展开。此外，遥测显示，镶嵌在太阳帆上的薄膜太阳能电池片正在发电。这是太阳帆首次在太空中正确地展开。航天器花了将近5 h 来抑制振动和失衡，其行为与模拟结果非常吻合。6 月 14 日，第一个相机分离舱以65 cm/s 的速度弹出，并拍摄了完全展开的太阳帆照片。第二个分离舱于 6 月 19 日以35 cm/s 的速度弹出，提供了近距离的照片。在此期间，太阳帆从 2.5 r/min 降为1.3 r/min。两个相机分离舱总共拍摄了 80 多张照片，清楚地显示了在液晶板打开和关闭状态下的太阳帆[432]。通过精确的跟踪测量，推动太阳帆的太阳辐射光压为 1.12 mN。下一步是使用液晶板验证姿态控制，这项工作最终于 7 月 13 日完成，满足了任务成功的所有标准。

与此同时，拂晓号在 6 月 28 日进行了第一次中途修正，通过 13 s 的推力器点火，提供了 12 m/s 的速度变化。发动机稍微有点过推。在 10 月 22 日和 23 日的 24 h 里，其中一台红外相机扫描了几乎整个黄道平面，以观察黄道光，但大多图像被相机光学系统反射的杂光破坏了。两天后，拂晓号在 3 000 万 km 外的地方转向地球，以校准仪器。红外照相机在地球和旁边的月球成像方面都没有问题，但是紫外线照相机却无法探测到月球[433]。11 月 8 日、22 日和 12 月 1 日，探测器利用 23 N 推力器又进行了三次微调修正。

到达金星后，拂晓号主发动机点火，进入椭圆形轨道，轨道周期为 4 天。该轨道接近于赤道轨道，其轨道近金星点高度约为 550 km，与行星的轴向旋转方向相反。然后，对其轨道参数进行了三次修正：将近金星点调整到 300 km 处，远金星点调整到 7.9 万 km（约 13 个金星半径），轨道周期调整为 30 h。在远金星点，航天器的速度将与金星大气中 50 km 高、风速 60 m/s 的超级旋风大体一致，这样它就可以一次连续跟踪大气特征长达 20 h。它将以每 2 h 一次的频率拍摄中等分辨率的照片，覆盖大部分行星。事实上，与其他大多数行星轨道器不同的是，拂晓号大部分的观测结果是在远金星点获得的，致力于北半球的高分辨率成像和南半球高纬度的广域观测，这样它的科学研究将是对金星快车研究的补充而非重复工作。尽管如此，在近金星点处，拂晓号也将进行近距离和边缘观察。在持续两个地球年的主任务期间，拂晓号将配合金星快车，对金星南半球的风和火山活动提供几乎不间断的监测——如果这些活动确实存在的话。

12 月 6 日晚些时候（日本时间 12 月 7 日早）拂晓号抵达金星。UTC 时间 23 时 49 分，发动机点火，进行为期 12 min 的入轨机动。2 min 后，从地球上看，航天器从金星后

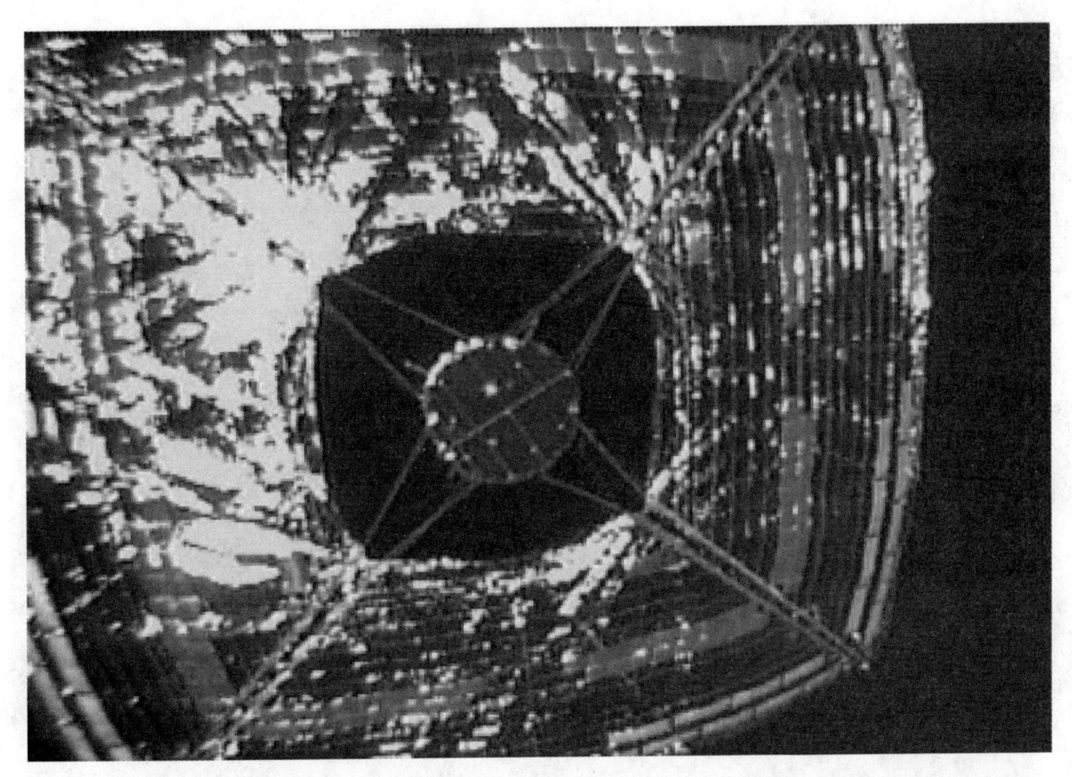

完全展开的伊卡洛斯号太阳帆，由抛出的相机在太空中拍摄。这是在太空中验证展开的第一个太阳帆，并且它利用太阳辐射光压完成了推进和姿态控制（JAXA）

面经过，进入了 22 min 的无线电中断。之后，它会用 1 h 来穿过行星的阴影。但通信联系并没有按计划恢复，当太阳遮掩接近尾声时，很明显有什么地方出了差错。航天器已经进入了安全模式，调整太阳翼面对太阳，并在该轴上缓慢旋转以保持稳定。这使得通信面临困难，因为高增益天线无法瞄准地球建立高速数据链路。航天器以 10 min 周期旋转，每一转的通信窗口仅为 40 s，此时中增益天线波束扫过地球。在这种情况下，要花费几个小时才能确定出了什么问题，以及拂晓号是否已经到达金星轨道。工程师们估计，发动机燃烧的时间计划为 12 min，如果能够持续 9 min 多一点，那么飞行器应该进入一个高度偏心的行星轨道，这样就可以通过进一步的机动来恢复预定的任务。但随着跟踪数据的慢慢累积，很明显，拂晓号并没有被金星捕获。事实上，发动机点火的异常终止加之无意中飞越金星时的引力借力，使航天器进入了一个比金星轨道更近的太阳环绕轨道。在发动机中止点火的 23 h 后，航天器迅速恢复了姿态控制，最终将高增益天线对准地球，以便下载 28 Mbit 的遥测记录。为了验证相机是否仍能正常工作，在飞越金星的两天后，用五台相机中的三台拍摄了金星细细的新月和金星背光面的图像。这些图像展示了 60 万 km 外这颗行星的细新月，第二天又在 89 万 km 外再次观测。图像中包含对金星大气层的第一次中红外观测。长波红外观测描绘出沿纬度线的低温带以及沿子午线延伸的暖温带[434]。夜间红外图像甚至记录了阿芙罗狄蒂高地（Aphrodite Terra）表面的细节。这是整个太阳系探索史上金星入轨操作的第一次失败。

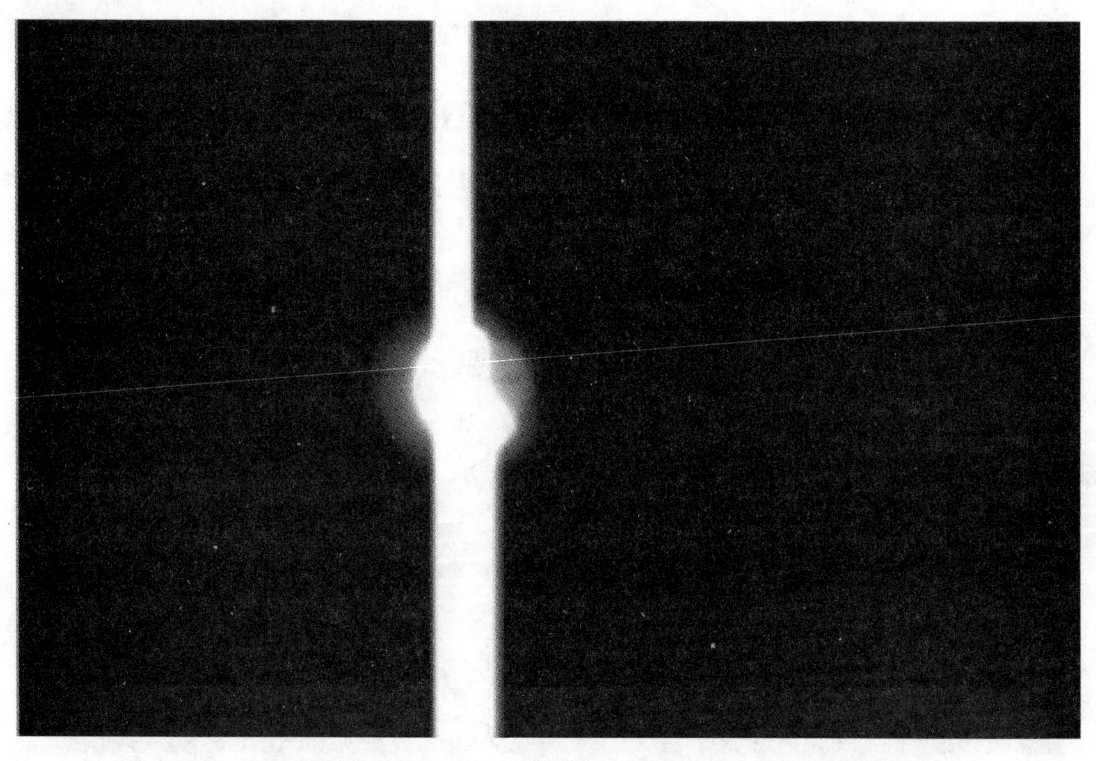

拂晓号在错过入轨后不久拍摄的一张红外光的金星新月。在行星的背光面，
较暗的地方与阿芙罗狄蒂高地相对应（JAXA）

遥测数据表明，拂晓号在发动机点火 2 min32 s 时在垂直于发动机的推力管路的轴向附近受到了很大的姿态扰动，导致保护措施关闭了发动机，整器进入了安全模式，最终确定为燃料贮箱加压氦气的管路问题。四氧化二氮蒸气明显渗入止回阀中，与肼反应形成硝酸铵盐结晶，将止回阀完全堵塞无法打开。在燃烧过程中，燃料贮箱最终依靠剩余气体压力释放，基本上在“自由排气”模式下运行。从发动机点火到燃烧阻停时的这段时间内加速度降低的实际情况与上述分析是一致的。但尚不清楚是什么原因引起了姿态扰动以致触发了保护措施。可能是由于燃料和氧化剂消耗速率不同而导致的质心失衡，但是大家怀疑非最佳的推进剂混合比和燃料不足可能会中断粘附在喷嘴壁上起到降温作用的燃料薄膜，这导致可能损坏或甚至“烧穿”了主推力器，从而喷射出一股热气流，产生侧向推力，引发了姿态扰动。6 s 后，在关闭主发动机燃料阀之后，姿态控制系统试图通过从推力器稳定模式切换为使用动量轮来恢复姿态控制。在开始点火的 6 min 后，航天器进入安全模式，并采取一种姿态，使其能够绕太阳线旋转并产生电力。与此同时，燃料箱中的压力相当缓慢地恢复到正常水平。这次失败的燃烧仍然使速度变化达到了 135 m/s，加上意外的金星引力借力，拂晓号被送入了距离太阳 9 000 万～1.1 亿 km 的轨道，周期为 203 天。

令人不安的是，这种情况与 1998 年希望号试图离开地球轨道前往火星时所遇到的问题类似。这时，日本项目官员宣布了一项新的方案，以挽救这一金星任务，代价为将任务推迟到 21 世纪 10 年代中期。该计划要求拂晓号完成 8 次太阳轨道环绕，以在 2015 年 11

月第二次接近金星。希望在这次漫长的巡航中，拂晓号能比希望号和隼鸟号更好地抵御太阳辐射。航天器可能会进入长期休眠，但也可能进行一些科学观察，包括对黄道尘埃的探查。任务团队中的天体导航员寻找航天器可能会遇到的小行星并进行探查，假如拂晓号的发动机可以用于返回金星目标，只需稍作调整就可以飞越两个小型天体。事实上，除非在 2011 年 11 月或 2012 年 6 月的第二次或第三次近日点期间缩短轨道周期，否则 2017 年航天器与金星交会的距离将达到数百万千米。因此，需要一次相对较大的点火以及新的轨道进入机动。燃料似乎不是问题，由于仍有 80%的燃料剩余，但是主陶瓷推力器的状况尚不清楚，仍然可能使任务无法恢复成功。在地球上复制了已知的燃烧条件，并进行了相应的试验，结果表明喷嘴很可能已经破裂。太空中的真正的发动机将在 2011 年晚些时候进行测试。如果被证明依然可以有效工作，那么将会进行第二次尝试。否则，将把氧化剂卸出以减小航天器的质量，采用姿态控制推力器取代主发动机执行任务。不过这样做的代价是将使拂晓号没有足够的推进剂以到达最初预期的轨道，严重缩短在轨任务寿命。

4 月 17 日拂晓号到达近日点。控制人员正忙着监测它的温度，以观察它处于与设计不同的环境中的表现，此时接收到的太阳热通量比它进入原设计轨道时高出约 40%。同时，利用当时航天器所处位置的优势，在金星附近和金星向光的地方，开展了一项活动，以地球上无法实现角度来描绘完全光照条件下金星的大气层。1 000 万 km 外的行星只有几个像素[435]。数据表明在上层云层中存在大颗粒，这可能与金星快车所发现的二氧化硫增加有关。此外，在紫外反射率数据中还清楚地探测到大气的 4 天超旋转周期。在到达近日点之前不久，拂晓号不得不重新定向，将一些硬件置于阴影中，因为已经超过了它们的最高允许温度。此外，人们认为多层隔热层正在退化，不可能经受得住多次近日点穿越。在 6 月下旬，拂晓号经历了第一次合日，9 月 2 日，主发动机启动 2 s，进行了第一次完好性检查，这是自上一次短暂的轨道机动点火中止之后首次使用。不幸的是，损坏的发动机只提供了预期推力的八分之一。一周后一次 5 s 的点火再次确认了这个缺陷。如果第一次点火成功，计划将进行 20 s 点火，以验证姿态控制策略。然而，试验证实，发动机仅产生约 40 N 的推力，并证明喷嘴可能已损坏，气体朝各个方向喷出。因此，决定使用姿态控制推力器进行轨道进入机动，并且在 10 月期间通过损坏的主发动机喷射器卸出 64kg 的四氧化二氮。为了避免喷射器冻结和堵塞的风险，氧化剂倾倒分三段，每段最长 9 min，分别于 10 月 6 日、12 日和 13 日进行。到第三段结束时，发动机显然只抛弃了用于增压的氦气。11 月 1 日，进行了由姿态发动机实施的第一次持续时间 600 s、速度增量 90 m/s 的机动，又在随后 9 天后进行了第二次机动。最后，在 11 月 21 日，通过速度增量 70 m/s 的机动使航天器远日点距离缩小到 300 万 km，轨道周期缩短到 199 天，从而调整回重回金星的轨道。而且，航天器和金星的交会点移到了拂晓号远日点附近，降低了相对速度。任务恢复策略研究正在开展，如果发现航天器状态良好，它可能会在 2015 年 11 月飞越金星，并在 2016 年 6 月重新瞄准入轨，届时它应该能够到达更适合大气科学观测的轨道。虽然更晚的一次入轨机会能够更好地改善轨道，但任何决定都必须考虑到硬件和仪器的状况。为了在 2015 年 11 月实现所计划的逆行轨道，会将航天器运行在特定区域内，在此区域内太阳扰动会迅速降低其近金点，并使其进入大气层。目前正在研究两种情况。一种是在远日点进入轨道的相当传统的策略，但它需要在抵达之前进行 80 m/s 的机动，以便将这次交会时间移动到 2015 年 12 月上旬，并建立正确的轨道。在第二个计划中，航天器将首先直接进入一个轨道，其远金点距离金星近 100 万 km。一旦到达远金点，太阳引力扰动将起到刹车和反转运动的作用，有效地使飞行器进入逆行轨道，即与金星旋转方向相同。此外，随着时间的推移，太阳的扰动会将远金点移动到金星的向光面。但在 2014 年之前不会对入轨策略做出决定[436-437]。理想情况下，拂晓号将被置于轨道周期为一周的金星环绕椭圆轨道上，用 6 天的时间拍摄大气层和金星表面的全球图像以及近金点附近大气层、金星表面和金星边缘的特写图像。这一轨道还将提供多次周期性的无线电掩星机会，以便对大气层进行剖面测量[438]。

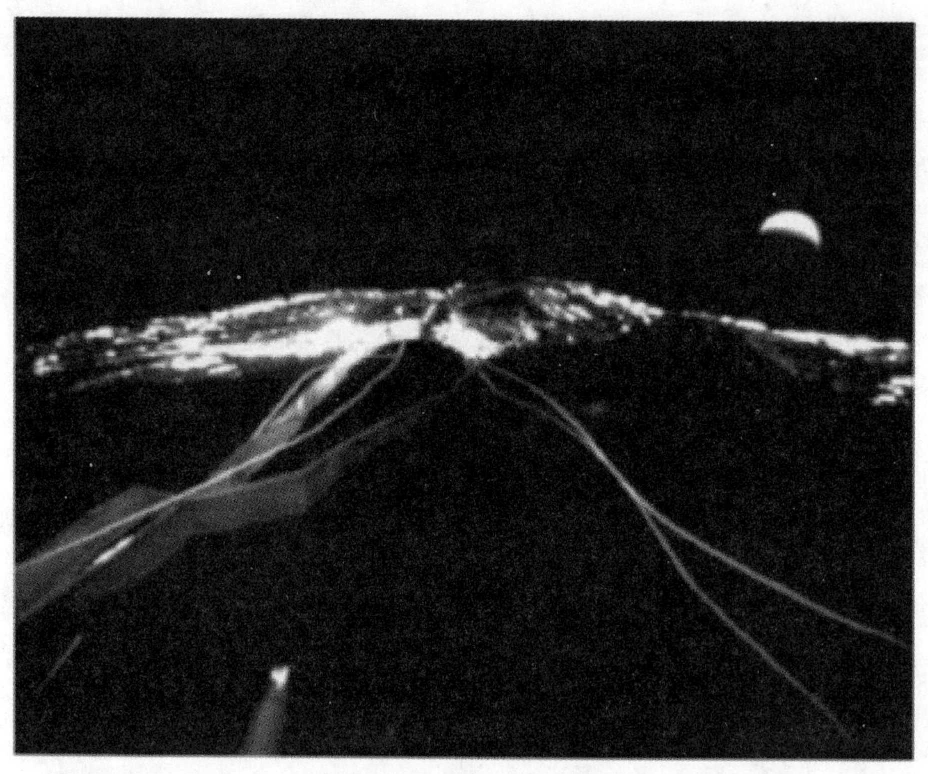

由伊卡洛斯号的一台工程相机拍摄的金星新月以及前景中张开的太阳帆（JAXA）

在恢复对拂晓号的控制并评估其状况的同时，伊卡洛斯号继续执行任务。在 2010 年 11 月之前的 5 个月运行期，伊卡洛斯号仅利用太阳辐射光压就产生了 100 m/s 的速度改变。同时，研究人员对传统的自旋稳定的姿态控制律进行了尝试，但以失败告终，因为控制具有大型柔性部件（如太阳帆）飞行器的难度远远高于预期。另一方面，液晶成功使伊卡洛斯号能够旋转 180°，使之能够在 6 个月或大约半个轨道的时间内保持面朝太阳。推力器用于快速机动或保持旋转速度，而在其他方面很少使用。其他工程试验包括：太阳帆材料暴露在太阳下时的退化；用于确定伊卡洛斯号的位置和速度的射电天文学实验，其精度比以往 JAXA 的任务高出 20 倍。测量到的尘埃通量比十年前希望号记录的要大，并探测到了一些伽马射线爆发，协助地球轨道卫星对爆发源进行三角测量。

太阳帆产生速度变化足以确保伊卡洛斯号在拂晓号之后的某一天到达金星。此外，虽然两者在发射分离后目的是一起飞越金星的向光面，但太阳帆航行的金星最近交会点变更至其背光面的 80 000 km 轨道高度上。曾经用于太阳帆展开监测的广角摄像头，拍摄了一张以金星的小新月为背景的低分辨率太阳帆图像。当时的太阳帆离地球太远，它的非定向天线无法将照片高速传回地球，通信机会也相对较少，从而导致传送这张单张照片花了两周时间[439]。那个长期静默的深渊号也在 12 月的某个时候飞越了金星。

伊卡洛斯号的太阳帆试验于 2011 年 1 月宣布完成，为了测试更先进的导航技术，将任务延长至 2012 年 3 月。大部分测试将在 2011 年 6 月底前完成。之后，根据他们的研究结果，将尝试更“激进”的太阳航行技术，在更大的范围内改变旋转速度和太阳角。在某一时刻，转速降低到 0.2 r/min。到 9 月初，最初 20kg 用于旋转控制的气体只剩下了 3.4 kg。10 月 18 日，在获得极低转速的经验后，推力器点火运行了大约 20 min，自旋方向发生了变化。人们担心由于离心力而保持形状的帆膜会被缠住，不过这种担忧并没有发生。在 12 月 24 日的一次通信之后，伊卡洛斯号应进入休眠状态，因为它接近远日点时可用的电力不足，而且与地球的距离越来越远，这使得通信变得困难。而且气体供应接近枯竭，使得姿态控制失效。然而，JAXA 仍然相信，航天器将能够在夏季恢复正常运行。经过 8 个月的沉寂，2012 年 9 月 6 日收到了伊卡洛斯号的载波信号，两天后再次收到。不过，此后不久，它经历了合日，这意味着，通信联系要到 2013 年年中才能重新建立。2013 年 6 月 20 日，与伊卡洛斯号取得了联系，遥测确认太阳帆处于低功率休眠状态。它应该在 5 年后返回地球附近。

随着希望号火星轨道飞行器在星际空间丢失，隼鸟号在经历了一系列令人难以置信的事故后取得了微小的成功，月球 A 在其表面穿透器被认为技术不成熟后被取消，月女神（SELENE）号月球轨道飞行器取得了惊人的成功，现在似乎到了日本评估其科学任务管理的时候了。值得注意的是，月女神号是该组任务中唯一由前 NASDA 启动的任务，所有其他任务都是 ISAS 启动的项目。至少从外部来看，人们的印象是，随着 NASA 部署的“更快、更省、更好”的任务，日本工程师们在预算紧张的情况下，正在以图省事的方式来节约成本[440-441]。

11.11　“中国的克莱门汀”

20 世纪 60—70 年代，中华人民共和国开始研究深空任务背后的理论。众所周知，月球任务在 20 世纪 60 年代中期就已经开始进行概念研究，1978 年，中国科学技术部部长宣布开展“太空测量员”计划[442]。然而，由于这些项目并不成熟，中国转而重点发展应用卫星。从 20 世纪 90 年代初开始，中国对载人飞船（第一次是在 2003 年）、月球探测器和深空探测器都制订了各种雄心勃勃的计划。在与俄罗斯联合进行了一系列基于气球的宇宙辐射实验之后，中国还希望参与俄罗斯预期在 90 年代实施的火星探测计划。但行星探测并不是优先事项，中国将其推迟到第一次探月任务完成后开展。之后，在 2000 年，中国国家航天局（CNSA）局长宣布，中国将在月球和行星探测中发挥积极作用。

在经过深思熟虑之后，中国的探月计划于 2003 年正式公布。它以中国神话中的月亮女神嫦娥命名，并分为三个递进的阶段。在第一阶段，将发射月球轨道器绘制详细的月面图并测试许多技术。在第二阶段，将发射月球着陆器着陆到月球表面，着陆器携带装有仪器的月球车。在第三阶段，将发射着陆器收集月球岩石和尘埃样本，并将它们带回地球，在这之前只有苏联完成过此类任务。如果政治和经济支持有利，后续中国还将开展载人月球任务[443]。在进行这些研究的同时，中国科学家和哈尔滨工业大学深空中心的工程师对类似于 NEAR 任务的小行星任务表现出了一些兴趣。此任务计划对近地小行星（4660）涅柔斯（Nereus）或（1627）伊瓦尔（Ivar）开展环绕探测。探测器质量为 1t，将配备相机和光谱仪以研究目标小行星的地形、形态和矿物学成分。在进入目标环绕轨道之前，将飞越地球一次，途中可能与一颗小行星交会，最终进入涅柔斯 1 km 或伊瓦尔 6.2 km 的环绕轨道，使该任务能提供更多样的科学探测环境。这一概念后来演变为多目标探测任务。工程师们本想在 2010 年左右发射它，但最终被推迟到了第一次探月任务和火星“萤火”小型轨道飞行器（下一章将详细介绍）发射之后。此外小行星着陆器也一直是理论研究的对象，还有类似于深度撞击任务的实验，彗星或小行星的软着陆任务以及用于推离小行星离开撞击地球轨道的发动机测试[444-446]。

2007 年 10 月，中国第一颗月球轨道器“嫦娥一号”（Chang'e 1）在西昌南部使用长征三号甲（Long March 3A）火箭发射升空。长征三号甲是中国研制的三级火箭，相当于美国的宇宙神-半人马（Atlas - Centaur）火箭。地球同步轨道通信卫星通常在西昌卫星发射中心发射。嫦娥一号月球探测器由中国空间技术研究院（CAST）基于东方红 3 号（DFH - 3）通信卫星平台研制，卫星本体尺寸为 2.2 m×1.72 m×2.2 m，两侧装有太阳翼，每翼分别由三块太阳能电池板组成，总翼展达 18.1 m，面积达 22.7 m^2，提供高达 1 450 W 的电能。探测器采用三轴稳定控制，以确保相机和其他仪器总是指向月球；通过太阳敏感器、星敏感器和惯性陀螺仪平台确定姿态，并通过两组（互为冗余备份，每组 6 个 10 N）推力器和反作用轮进行姿态控制；通过一台 490 N 的双组元（肼和四氧化二氮）主发动机进行轨道机动。嫦娥一号的发射质量为 2 350 kg，其中 1 200 kg 是推进剂。探测器上装有一个 60 cm 的抛物面高增益天线用于高速通信，以及多个全向天线用于低速通信。为实施探月计划，中国在北京和昆明建造了深空通信天线。为了执行行星探测任务，中国在上海附近正在建造一个 65 m 天线，同时新疆西北部喀什的一个 35 m 碟形天线也正在建造中。此外，位于东北部佳木斯的 64 m 天线将于 2012 年完工，用于萤火号火星探测。第三个天线位于南美洲南端的巴塔哥尼亚，将于 2016 年建成。欧洲的深空天线经常用于向嫦娥一号发送上行遥控指令[447]。2009 年 3 月 1 日，嫦娥一号受控撞向月球表面。

嫦娥二号任务利用嫦娥一号的备份星实现，获得了更高分辨率、更近距离的月球表面和备选着陆点的图像，进行了一系列的月面着陆技术以及深空行星任务的技术测试，如采用 X 波段利用射电望远镜干涉测量网对探测器进行跟踪和精确定位。此外，政府从任务一开始就宣布，在绕月飞行后探测器可能会飞向深空的其他目标。任务团队研究了离开月球后 300 天内可能与近地小行星相遇的扩展任务，并在阿波罗（Apollo）和阿登（Aten）近地天体中发现了几个候选目标，使该扩展任务可行[448]。

据报道，嫦娥二号的重量超过嫦娥一号，达到 2 480 kg，并且载荷性能也得到了改进，包括一台分辨率高达 6 144 像素的三维双推扫描 CCD 相机、激光高度计、伽马射线和 X 射线光谱仪、高能太阳粒子和太阳风离子探测器和一台测量月球表面温度的微波辐射计，以及 128 Gbit 的固态存储器。探测器还配备了 4 个小型 CMOS 工程摄像机，用于监测关键事件，如主发动机点火、太阳翼和高增益天线的展开，并为未来的着陆器进行了一台着陆避障相机的演练。与嫦娥一号不同的是，它由长征三号丙发射，长征三号丙装有两个液体推进剂捆绑助推器，比长征三号甲推力更强。据报道，中国第二颗绕月卫星的造价约 1.34 亿美元[449-450]。

2010 年 10 月 1 日，嫦娥二号在西昌发射，112 h 后到达环月轨道。嫦娥一号的飞行轨道为 200 km，而嫦娥二号的飞行轨道为 100 km，在任务初期，为了对着陆进行演练并且获得 1.05 m 分辨率的图像，嫦娥二号将近地点降低到了 15 km。在发射仅 8 个月后，嫦娥二号任务的目标就圆满完成了，在 100 km 高度获得了 7 m 分辨率的全月图像，并对几处候选着陆区获得了更高分辨率的图像。然而此时探测器仍有数百千克的推进剂，相当于能获得 1 100 m/s 的速度增量。任务团队对许多可选的扩展任务进行了研究，其中一个备选方案采用了迂回路线，探测器先飞往地月和日地的拉格朗日 L1 点和 L2 点，然后飞越一颗近地小行星，或返回地球并最终高速撞击月球。航天动力国家实验室（北京控制工程研究所）的天体导航人员从一开始就意识到了选择具有精确星历目标小行星的重要性。这个雄心勃勃的扩展任务方案只能选择少量的几个飞行目标[451]。为测试中国的深空测控网对月球以远距离探测器的测控能力，并研究拉格朗日点的带电粒子，以及监测来自太阳的 X 射线和伽马射线，2011 年 6 月 9 日，嫦娥二号在最后一次机动操作中，发动机执行了两次点火，消耗了超过了 75%的剩余推进剂，成功逃离月球，飞往距地球轨道 150 万 km 之外的拉格朗日 L2 点。探测器于 8 月 25 日进入 L2 点附近的 halo 轨道，成为世界上第一个从月球轨道进入拉格朗日点的航天器[452]。在接下来的 8 个月里，探测器进行了一系列工程测试，并观测了地球下游的太阳风。特别地，探测器测试了太阳帆和“太阳风车”姿态控制技术。因为距离增加了近 4 倍，探测器的对地数传速率只有 750 kbit/s，低于月球轨道上的 3 Mbit/s[453]。与此同时，“萤火 1 号”由俄罗斯“福布斯-土壤”携带发射升空，但其未能离开地球轨道。据中国报道，嫦娥二号在离开 L2 点轨道后，根据探测器条件，可以返回月球，到达地球“上游”的拉格朗日 L1 点，或者飞越一颗近地小行星或彗星。探测器大约还有 115 kg 的推进剂，可获得120 m/s 的速度增量。与此同时，嫦娥二号的飞行控制工程师和南京紫金山天文台的天文学家就小行星扩展任务的可能性进行了讨论。

虽然宣称“嫦娥二号”将在halo轨道上停留到2012年年底，但在当年的1月北京航天飞行控制中心建议探测器尽快离开halo轨道，对L2点之外的其他目标进行探测。任务团队研究了各种选择，包括飞回地球和月球、观测太阳-地球系统拉格朗日L1和L2点、飞越一颗百米直径的小行星，以及在2017年进入立体（STEREO-like）轨道稳定地观测日地拉格朗日L4点。3月，由中国空间技术研究院提出的飞越一颗近地小行星的方案被采纳。在2012年年末至2013年之间至少具有38个潜在的小行星目标，但只有3个可能是实际可行的目标。其中的两个目标需要相对较少的推进剂，能在下一步的小行星飞越扩展任务中留有选择的余地。这些目标都是直径不到1 km的小物体，轨道不是很精确。最终选择的是最著名的和比较好观测的近地小行星之一：(4179)图塔蒂斯（Toutatis）[454-455]。它曾是美国军方的克莱门汀（Clementine）2号的探测目标。1992年的首次雷达成像表明它是一个千米级大小的二元天体（由两个部分重新组合的天体）[456]。通过地面望远镜的红外光谱观测发现，图塔蒂斯表现出一种类似于某些球粒陨石的成分，并且与NEAR探测器的观测目标爱神星（Eros）的成分类似[457]。在1989年法国天文学家发现之后，人们意识到图塔蒂斯将以4年为周期6次近距离地飞越地球，下一次是在2012年12月，并且是最后一次近距离飞越。选择图塔蒂斯是一个明智的决定，因为飞越将发生在距地球仅有700万km的地方，使得嫦娥二号能够传回数据，尽管探测器原本并没有针对该距离开展设计。此外，由于频繁的近距离飞越，地球和雷达观测使该小行星的轨道基本已知，仅具有几千米的不确定性，无须依据航天器拍摄的图像进行自主识别和跟踪。嫦娥二号只需要被引导到小行星在飞越时预测的轨道位置即可。尽管如此，在5月份，紫金山天文台的中国天文学家与夏威夷和智利的大型望远镜工作人员合作，进行了图塔蒂斯的观测和轨道确定活动。尽管严格意义上来说对于图塔蒂斯这种众所周知的目标并不需要这样的努力，但这是小行星交会通常所需要的技术验证方法。

4月15日，6.2 m/s的发动机点火标志着嫦娥二号离开了halo轨道。虽然轨迹优化在这之后才完成，但这仍使得团队节省了大量推进剂以确保飞越成功。5月31日探测器进行了一次105 m/s的长时间点火，这是第一次为瞄准图塔蒂斯而进行轨道的机动。在10月9日探测器进行了第二次机动。到此时嫦娥二号运行在1.022 AU～1.035 AU绕日轨道上，轨道周期为381天，与地球公转轨道几乎相同。小行星任务于6月在中国科学院的会议上公布，暗示嫦娥二号将于2013年1月6日从距地球约2 900万km的位置飞越小行星。然而，利用西部望远镜（用于监测小行星和太空垃圾）的观测数据，通过轨道确定计算出可能的相遇日期在2012年12月13日，就在图塔蒂斯飞越地球的第二天，距离地球690万km。为使探测器在飞越时具备合适的对地通信几何条件和成像光照条件，计划对探测器进行一系列修正——这是出于对未来深空任务的技术演示的考虑，而不是科学机会[458-460]。最初的建议是使探测器以几百到一千千米的距离飞越图塔蒂斯，图像的分辨率可达到每像素70 m或更高。然而，推扫式科学相机只能提供极少量的图像，因为它必须等待小行星穿过两片线性CCD的视场，或者探测器拍摄每一幅图像都需要进行侧摆。其他的观测手段包括激光高度计和微波辐射计。由于这些限制，嫦娥二号的控制工程师决定在距离几千米的地方飞越图塔蒂斯，并使用一个工程相机进行拍摄，该相机原本用于监视太阳能电池阵列，不是科学相机。这是探测器四个相机中唯一一个窄视场相机。它的质量仅为 358 g，可进行彩色视频拍摄，采用 1 024×1 024 像素的 CMOS 传感器，光学焦距为 54 mm，视场为 7.2°[461]。

虽然相机不是为科学探测而设计的，仅能像网络摄像头一样拍摄未经校准的图像，但仍可从图像中提取出不仅限于图塔蒂斯基本形状和地形的重要科学信息。特别是通过图像有可能重建地质和撞击坑历史，并深入了解图塔蒂斯的表面形成过程甚至内部结构。11 月，位于上海的 65 m 射电望远镜投入运营，并快速整合进入中国的深空测控通信网络，从 11 月底到此次飞越之前，该望远镜被用于嫦娥二号测轨定位。11 月 10 日探测器的轨迹修正被推迟，最终在 11 月 30 日进行。基于最新的轨道确定结果给出的遥控指令在飞越前一天上传到探测器，同时还进行了最后一次轨道修正。为避免探测器以超过 100 km 的距离飞越图塔蒂斯，探测器又进行了 3.3 m/s 的速度修正使最终飞越时的相对距离进一步缩短。这里需要强调的是，对嫦娥二号的遥控是在其没有恢复光学导航的情况下进行的。由于嫦娥二号接近图塔蒂斯时是在小行星的夜间，在此时对其进行成像是不切实际的。实际上探测器进行了旋转，使得相机的轴线平行于相对于小行星的运动方向。在大约 65 min 后，太阳翼被调整到不会干扰相机拍摄的位置，视场中可以看到太阳翼的背面。在飞越前 10 min 相机开机，持续工作了 25 min。在最接近的方向，相机以每秒五张的速率拍摄了超过 100 s。UTC 12 月 13 日 08：29：55（北京时间 16：29），嫦娥二号以 10.73 km/s 的相对速度飞越了图塔蒂斯。在接下来的几天里，大约 4.5 Gbit 的成像数据以 20 kbit/s 的速度传回地球。最初宣布的最近飞越距离为 3.2 km，但后来通过分析图像中探测器和小行星的相对运动重新进行了计算。一个小组分析得出探测器距小行星质心的最小距离为 1.32 km，相当于距离其表面仅 770 m。另一个小组的分析结果为 1 564 m，不确定度只有 10 m。无论如何，这是迄今为止人造探测器与太阳系内小天体距离最近的一次飞越。在飞越 4 s 后，图塔蒂斯进入了相机的视场。第一帧图像由于运动发生模糊，第一幅非模糊的图像是在 22 km 的距离拍摄的，显示了小行星的一部分，其他部分被太阳翼的阴影遮挡。第一张没有被太阳翼遮挡的照片是在图塔蒂斯进入视场后 6 s 拍摄的，距离约为 66 km。

飞越小行星（4179）图塔蒂斯的中国嫦娥二号月球轨道飞行器的模型

嫦娥二号携带的太阳翼监视相机，它是类似于“网络摄像头”的工程设备，最终用于对小行星图塔蒂斯成像

在糸川（Itokawa）和哈特利（Hartley）2 号彗星之后，图塔蒂斯是第三个在探测器造访之前使用雷达完成高分辨率成像的天体。它被确认由两部分组成，形状类似“生姜根”，具有一个方形的主体部分和一个圆形的次级部分。主体部分的最佳分辨率大约为 3 m，次级部分由于太阳翼在距离最近位置的遮挡，分辨率只有主体部分的 1/3。小行星略带红色的表面大部分看起来是光滑的，并覆盖着风化层和巨石簇。在主体部分的边缘有一道显著的疤痕。总而言之，图塔蒂斯与糸川（Itokawa）非常相似，一些圆形的凹陷具有更尖锐的边缘，可以描述为撞击坑遗迹。在更近距离获得的更高分辨率图像中能看到更小和更明显的撞击坑。从图像中共观测到了 19 个大于 100 m 的撞击坑。此外，主体部分似乎比次级部分的撞击坑更为密集。在小行星上有一块巨石，几乎有 100 m 宽，位于两个部分连接处的“颈部”。有趣的是，颈部似乎没有撞击坑，暗示该区域可能存在风化池。如此近距离的飞越提高了通过数据跟踪和形状模型确定小行星质量和密度的可能性。然而在撰写本书时，尚无相关成果发表[462-467]。

在飞越后，探测器大约还剩余 5 kg 的推进剂。由于只能够产生不到 10 m/s 的速度，也无法进一步开展有意义的扩展任务。中国深空网在尽可能长的时间里对嫦娥二号持续观测，为未来深空和火星任务的远距离测控储备经验。到 2013 年中期，探测器开始减少长距离作业，将推进系统设置为低配置模式并重新设置了通信系统。在这一阶段，嫦娥二号将评估硬件的长期生存能力、自主飞行的能力以及远程跟踪和遥测能力。到 7 月中旬，探测器距地球 5 000 万 km。纯属巧合的是，嫦娥二号在飞越图塔蒂斯后将在 2016 年中期在日地拉格朗日 L5 点附近与图塔蒂斯再次相会。

在这次深空探测任务成功的基础上，中国具备了向火星、金星和近地天体发送更多探测器的能力。显然中国科学家已经通过 2012 年 5 月的一次会议启动开展真正的小行星任务设计。任务计划在 2015 年至 2020 年期间由长三甲系列火箭发射。该任务将使用氙离子推力器，该推力器最近于 2012 年 11 月在中国实践卫星上进行了测试。任务计划于 2018 年 8 月飞往（12711）图克米特（Tukmit）小行星，在 2020 年 4 月到 9 月之间短暂进入（99942）阿波菲斯（Apophis）小行星轨道，最后在 2023 年年末登陆（175706）1996 FG3 小行星，这颗小行星也是 ESA Marco Polo - R（欧空局马可波罗）采样返回任务的目标。

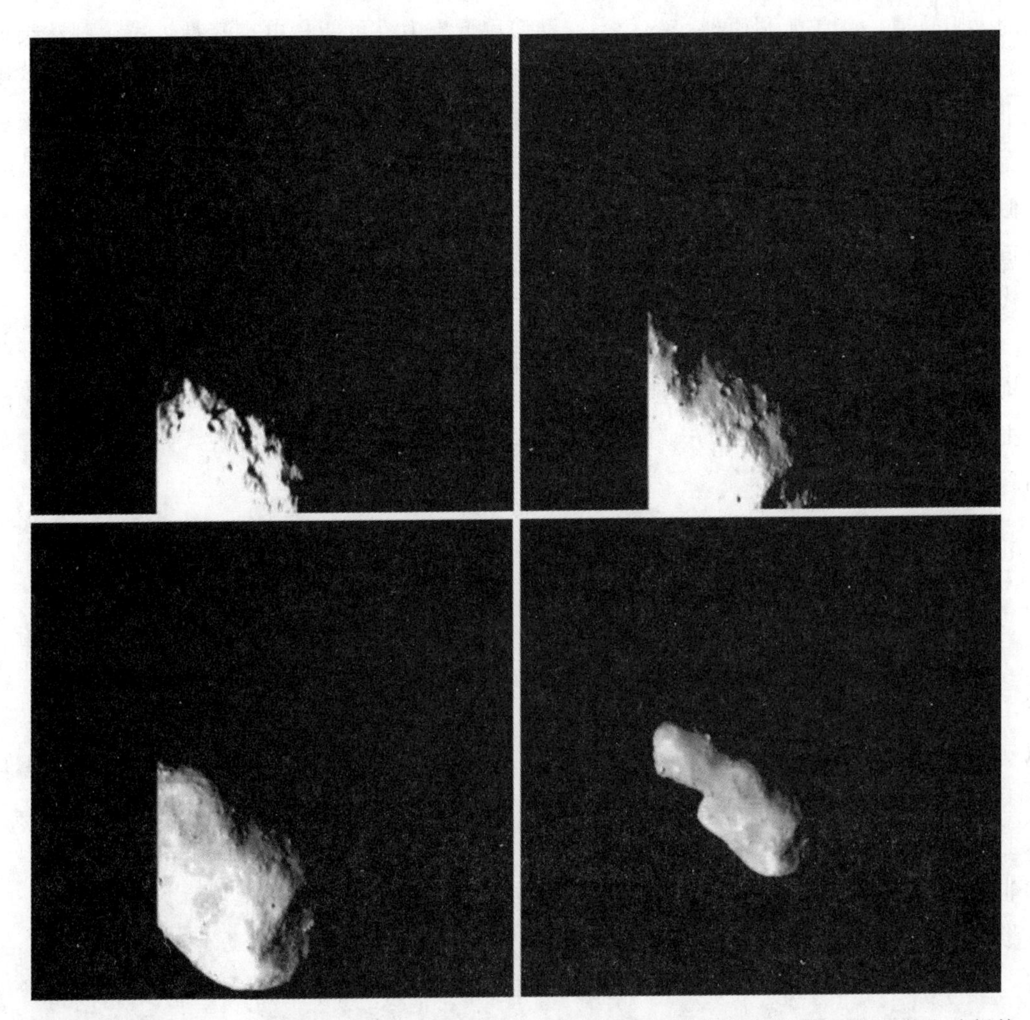

图塔蒂斯的系列图像，拍摄于嫦娥二号飞越过程中。最接近时的图像的左侧部分被太阳能电池板的背光面覆盖。可将这些图像与该小行星的雷达图像进行比较（中国科学院）

中国技术文献[468]中还描述了很多其他小天体探测任务。在这之后，任务计划还包括从主带小行星返回样本。

中国和美国的研究人员提出一项类似于COUNTOUR（彗核之旅）的任务，在2018年12月飞越维尔塔宁（Wirtanen）彗星和施瓦斯曼-瓦赫曼（Schwassmann - Wachmann）3号彗星，并在这两次飞越之间返回地球。一些“有远见的美国科学家”提出可以在中国的探测器上搭载科学仪器和/或提议NASA可将20世纪70年代发射的国际彗星探测器［International Cometary Explorer（ICE）］的探测目标重新定位于彗星维尔塔宁（Wirtanen）。中国的探测器可探测彗发内部和彗核，而美国的探测器由于缺乏相机，可以探测彗尾[469]。然而，美国国会的决议阻止NASA与中国进行任何形式的太空合作，这种决议即使在冷战时期也是闻所未闻[470]。

可能的木星和太阳极地任务也在研究之中：一种是先飞往木星，然后进入一个高倾斜角的太阳轨道，就像尤利西斯一样；另一种使用低推力（可能是电推）推进系统到达类似的轨道。任务计划于 2016 年发射，任务本身包括太阳极轨射电望远镜（SPORT）：它由一个自旋主器和十个绳系子器形成一个甚高频（VHF）无线电天线，从高倾角轨道观察日冕抛射和其他太阳现象，轨道的近日点约为 0.5 AU[471-472]。此外，技术文献中出现了类似于伽利略木星任务的轨道设计，利用地球和金星借力，在飞越几颗小行星后到达木星轨道[473]。这些探测任务可能会采用长征五号重型运载火箭，该火箭预计将于 20 世纪 10 年代中期投入使用。

然而，尽管存在小行星和火星任务以及这些未来的项目，但由于中国的太空计划任务安排缺乏开放性，长期以来在行星探索领域仍然处于边缘地位。最近建立了以中国科学院为主导的国家空间科学中心，这可能会改变集中选择和规划项目的方式，并且促进和增加国际空间科学合作[474]①。

11.12 回到众神之神

20 世纪 90 年代，美国国家航空航天局外星球科学工作组进行了低成本木星任务的研究，提出了 MEASURE - Jupiter（测量-木星）概念，即每 2～3 年发射一次小型任务，类似于火星勘测者任务（Mars Surveyor）。这些使用太阳能的探测器将由相对便宜的德尔它 2 号火箭发射。任务拟包括微型大气探测器和伽利略卫星穿透器，两个最受欢迎的想法是水上飞机（Io Skimmer）和木星极光观察者（Jupiter Auroral Observer）。前者会实施一次非常近距离的飞越，在 45 km 范围内通过木卫一的中性大气并拍摄 1 m 分辨率照片。后者将进入一个周期 100 天的偏心极轨道观测木星及其极地区域以及近地点附近的极光辐射，然后下传数据并在空闲的时间内重新充电[475]。另一个低成本的木星任务，是已经提到的进入木星（INSIDE Jupiter）任务，在 1998 年被提议作为发现级任务并被选中做进一步的研究，但尚未实施。

在这些建议的基础上，结合 2003 年“十年调查”中的木星极地轨道器概念，提出了一个名为朱诺（以罗马神话中 Jupiter 的妻子的名字命名）的木星任务，该任务由得克萨斯州西南研究所和 JPL 的科学家设计，作为新视野号冥王星飞越探测之后的第二个新疆界任务。这是美国国家航空航天局于 2003 年任务机会公布后收到的七项建议之一。朱诺和月升（Moonrise）任务（一个着陆器携带两个巡视器，收集 2 kg 来自月球艾特肯盆地的样本并返回地球）被选中开展进一步研究。预计 2005 年 NASA 将在两个任务提案中选择一个实施，并在下一个十年内发射。Moonrise 任务从政治角度看更可行，因为它与布什总统最近在哥伦比亚号航天飞机事故后宣布的载人重返月球的动机完全吻合。朱诺使用太阳能电池板似乎与政府在 JIMO 提案中提出的空间核电相违背。尽管如此，2005 年 6 月 NASA 宣布选择朱诺木星探测任务，成本上限含运载器共 8.42 亿美元。发射最初计划在

① 中国的月球和深空探测任务由国家航天局主导。——译者注

2009 年进行，但很快推迟到 2011 年年末，通过地球借力 5 年后到达木星。朱诺探测器由洛克希德·马丁公司研制，科学仪器来自 JPL、西南研究所、APL、意大利航天局（ASI）以及其他 NASA 中心、其他国家的中心和大学。

朱诺将满足大气科学的兴趣，研究木星的极光、磁层、内部结构、组成和演化，而成像被列为低优先级目标。主要的科学目标是精确确定水、氧和氨的丰度。朱诺将重新进行木星水测量，这原本是伽利略木星大气探测器的探测目标之一，但当它进入木星大气中时成为非常罕见的"热点"，而木星大气中水含量相当于在地球沙漠中的水含量，因此能探测到的水含量非常少[476]。这些测量能使科学家对某些不同甚至相互矛盾的巨行星形成理论进行辨别。特别是可以证明或反驳木星形成在太阳系中的不同位置然后"迁移"到其现在位置的假说，并解释在太阳系中观察到的一些现象和特征，包括 39 亿年前内小行星撞击太阳系内行星的"后期大轰击"现象，最终导致了柯伊伯带的形成，并形成了主带内不同小行星群，还导致了火星的小质量特征。

朱诺任务还将绘制磁场和引力场，以确定木星的内部结构，并辨别它是否具有固态的内核。此外，对引力场的详细测量将使科学家能够推断木星内部是否处于平衡状态，或者正在经历可能影响大气的深层扰动对流运动。它还将研究极地磁层、极光及其与大气的相互作用机制。为了实现这些目标，朱诺将采用自旋稳定、太阳能供电，使其成为外太阳系第一个不采用 RTG 来获取能源的探测任务，探测器也将成为继伽利略之后的第二个木星轨道飞行器。

朱诺探测器主要采用基于火星勘测轨道器（Mars Reconnaissance Orbiter）的硬件，由装有三个大型太阳翼的中央平台组成，这些太阳翼以风车的形状排列。中央结构包括一个直径为 3.5 m 的推进模块，一个电子模块（也称为"拱顶"，vault），以及固定安装在顶部的 3.5 m 直径的高增益天线。六边形防热复合推进模块包含 4 个贮箱，装有 1 280 kg 肼和 752 kg 四氧化二氮，以及与火星全球勘探者（Mars Global Surveyor）轨道器同款的 645 N 发动机。与卡西尼号一样，发动机装有防护罩，可以保护喷嘴免受木星系统中微陨石和灰尘的撞击。另外的 12 个单组元肼推力器分 4 组安装，用于姿态控制和轨道调整。大多数仪器的传感器以及全向天线也安装在推进模块上，当高增益天线无法指向地球时，特别是在木星轨道进行轨道机动时，可采用全向天线进行通信。在推进模块的顶部是隔热安装的电子拱顶，一个 0.8 m×0.8 m×0.6 m 的钛合金箱体，壁厚为 1 cm，用于存放指令和数据处理计算机、电源、数据单元、一对惯性测量单元、数据传输系统以及其他电子组件。厚重的拱顶壁保护电子设备尽量避免受到木星辐射带的高能粒子的影响。最初的目标是制造一个异形的轻质蜂窝钽结构装置，但与宇航标准的钛机加相比，这种结构过于复杂。拱顶的箱壁每一面重达 18 kg。拱顶箱体的内部也装有电子设备，甚至有几台设备的探测仪器本体装载在箱体内，而其传感器装载在箱体外面。钛结构本身的重量超过 80 kg，安装完电子设备后整个拱顶重量超过 200 kg。安装在箱体顶部的是 Ka 和 X 波段的 2.5 m 高增益天线。当探测器处于内太阳系时，它相当于一块遮阳板。无线电系统的一部分由意大利航天局提供，最大数据传输速率为 15 kbit/s。因为没有"大带宽需求"的仪器，缓慢的通信速率尚可接受。为了防止在木星的高能粒子环境中积聚电荷，在探测器外表面覆盖了导电材料。

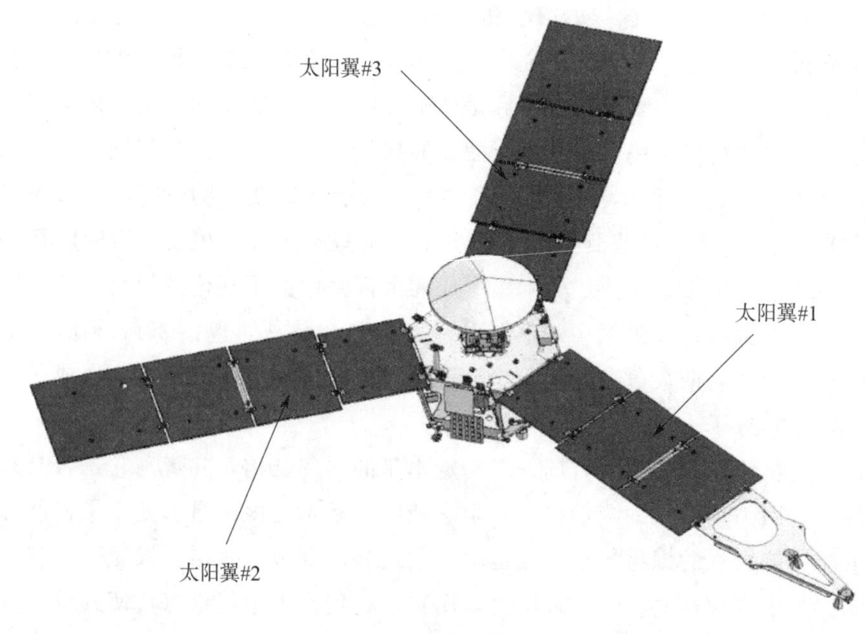

NASA 朱诺木星轨道器

朱诺的钛合金“防辐射拱顶”，安装在推进模块顶部

三个太阳翼连接在推进模块的侧面，使朱诺的总跨度约为 22 m。尺寸较小的 2.02 m×2.36 m 基板安装在靠近主体一侧，使得单翼总尺寸达到 8.86 m×2.65 m，总表面积为 60.3 m^2。其中两个太阳翼 4 块基板通过铰链连接，第三个太阳翼有三块基板和一个复合材料吊杆，用于将磁力计布置在远离中央平台的位置。面板上覆盖着高效率的太阳能电池，太阳能电池表面加装了厚玻璃盖以屏蔽来自木星辐射带内的能量粒子。虽然太阳翼可以在地球上产生超过 14 kW 的功率，但它们在木星轨道上的输出功率仅为 400 W。而这些稀缺的电力一半将用于探测器的热控，仅仅是为了保持器上电子元器件的温度。两块可充电电池与太阳翼配合使用。探测器为自旋稳定，以 1 r/min 旋转进行环绕探测，2 r/min 用于科学探测，5 r/min 用于主发动机燃烧期间保持稳定性。自旋轴也是高增益天线轴，通常指向地球，但对于科学探测需求，探测器可以通过重新定向以进行遥感探测。

朱诺上共有 9 台设备，25 个传感器。该任务采用非常成熟的技术，没有一台设备需要进行特定的研发工作。微波设备由 6 个独立的辐射计组成，这些辐射计工作在不同的波长下，为拱顶内的处理器提供数据输入。该设备基于卡西尼号飞越木星期间利用雷达作为被动辐射计探测的经验而设计，用于测量大气中水、氨和其他分子对电磁波的吸收率。通过 6 种辐射波长，朱诺能够探测到木星外部氨云层下方 500 km 以下的深度，这比伽利略大气探测器直接采样的深度更深，该深度位置的环境压力为 200 000 hPa，约是地球海平面压力的 200 倍。该设备工作的关键条件之一是飞行轨道，因为如果探测器距离木星过远，大气中水的微波测量数据将被木星的辐射带完全遮蔽掉，必须设计探测器轨道近拱点在辐射带和木星云顶之间。

两个磁力计安装在一个专用悬臂上，一个距离探测器中心 10 m，另一个距离 12 m。它们将绘制三维极地磁层图。当磁力计收集数据时，高精度星敏将为探测器提供精确的飞行方向数据。这些星敏还有一个特殊的物体跟踪模式，可用于在飞往木星的巡航段搜索小行星，并研究黄道光、木星环和非常小的木星卫星，该设备由美国国家航空航天局戈达德航天飞行中心和丹麦技术大学合作完成。一个极光分布实验将绘制低能电子的分布图、由木星磁场输送到极区的离子成分和速度图，其中包括源自木卫一的硫离子。红外极光绘制仪由意大利航天局建造，将拍摄木星大气上层的图像和光谱，以研究极光区域的化学成分、动力学和数十千米深度的大气、极光和磁场之间的相互作用。该仪器将能够穿透到环境压力达到 7 000 hPa 的深度，比伽利略大气探测器由于压力和温度而导致损坏的深度刚好浅一些。等离子体实验将使用两个 4 m 长、相互垂直的天线记录木星的无线电波，这些天线从推进模块的下层伸出。高能粒子探测器将测量木卫一极区磁层中的氢、氧和硫离子。紫外光谱仪将提供极光的光谱和图像。木星的引力场将通过探测器无线电系统的载波信号的多普勒效应来进行研究。

最后一台设备是一个轻型彩色相机，用于公共宣传，并为任务提供科学背景。它的光学系统采用 58°视场，当探测器通过木星极区时，图像幅面刚好可以包含整个木星，在极点处分辨率约为 50 km，在赤道处达到 3.5 km。相机装有一个由 RGB 三色滤光片和甲烷滤光片组成的滤光轮。理论上可以对木星的卫星进行成像，但是对于伽利略卫星来说，它们在图像上只会呈现几个像素的大小。这样的设计是有意为之的，能最大限度地减少扰动和轨道机动。此外，只有在其中一个木星卫星恰巧通过探测器轨道平面这种极其罕见的情况下才能进行成像。该相机最初是火星科学实验室（Mars Science Laboratory）降落相机的辐射强化版本，但它基于火星勘测轨道器（Mars Reconnaissance Orbiter）重新设计了更好的电子学部分。与之前的设备一样，它是一个推扫式成像仪，可以通过航天器的旋转来构建二维图像。相机设计成至少可以持续拍摄 8 轨的数据，在此期间，预计最多可拍摄 100 张图像，并使用软件减少辐射引起的“噪声”。为了达到科学普及的效果，原始数据将在获取的第一时间向公众发布。

朱诺探测器在发射时的总质量为 3 625 kg。一个有争议的提议是携带伽利略·伽利雷（Galileo Galilei）的一小块骨灰，但最后探测器携带了由乐高玩具公司提供的一块牌匾和三个铝制的小雕像，分别代表 Galileo 以及希腊神话中 Jupiter 和 Juno[477]。任务的发射窗口自 2011 年 8 月 5 日开始，为期 22 天。火箭采用宇宙神 5 号 551，与新视野号（New Horizons）使用的火箭配置相同，配有 5 个捆绑式助推器。然而，即使是这种重型火箭也不足以将大型的朱诺探测器直接送往木星。运载火箭将探测器放入一个远日点位于小行星带的轨道上，并且将在 2012 年 8 月底和 9 月执行两次深空机动把近日点降低到 0.88 AU 以实现一次地球飞越并借力。2013 年 10 月 9 日探测器将在 500 km 高度飞越地球，在地球借力帮助下探测器的日心速度增加至 7.3 km/s，将其轨道远日点延伸至木星。在这次飞越期间，朱诺将在发射后的第一次也是最后一次在日食中度过 20 min。如果分析表明科学仪器不会因为在该距离（与太阳的距离）进行操作而导致过热（超出设计的标称温度），那么大多数仪器都要在飞越过程中进行测试和校准。尽管朱诺将两次通过小行星带，但事实上它只携带了一台宽视场相机，因此不太可能有观测任何小行星的机会。

朱诺将于 2016 年 7 月 5 日抵达并接近木星，在近地点与木星的相对速度将超过 71 km/s。经过 30 min 的轨道进入点火，探测器进入初步的木星“捕获”轨道，在该轨道上持续运行 107 天，在此期间将对器上设备进行加电、校准并开始收集数据。在第一次近木点探测器进行 37 min 的轨道机动将轨道周期缩短到 11 天，并到达最终的科学探测轨道，该轨道大致位于木星极轨，其近木点仅在木星云顶上方 5 000 km（相当于 0.07 个木星半径），远木点距离 270 万 km，远远超出了木卫四的轨道半径。这种椭圆形的极轨道避开了大部分辐射带，探测器只需在飞越木星时穿过辐射带，尤其是在近木点以最快高达 60 km/s 的速度穿越木星赤道。这意味着每次穿越辐射带时太阳翼和电子设备只会受到最小的辐射损伤。此外，轨道的近木点位于木星高层大气和最内侧环之间，该位置将降低由于尘埃粒子撞击而导致探测器损害的风险。对轨道方向的巧妙设计确保了探测器能够持续地受太阳光照射，使探测器能进行太阳能发电。最初轨道的平面几乎垂直于地球与木星的连线，探测器在该轨道能够一直看到地球和太阳，并且轨道的近木点会在木星的黄昏一侧，在木星的明暗界限上。在任务期间，轨道面的进动将使近木点的经度缓慢向木星的正午时分移动。在任务结束时，朱诺将在木星当地下午时段通过近木点。

朱诺在近木点附近开启设备，其余大部分时间用于电池充电以及将数据传回地球。每

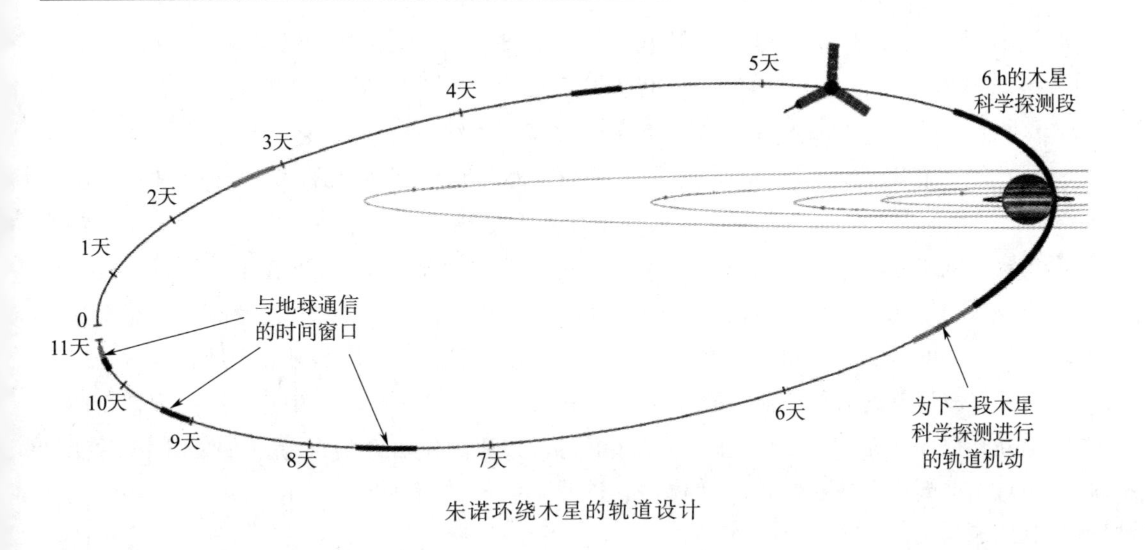

朱诺环绕木星的轨道设计

一轨从北到南通过近木点的数据采集时间有 6 h，在近木点后的 4 h 燃烧推进剂，将轨道调整到下一次通过所需轨道的方向。每次近木点与前次的经度相差 192°，以便提供均匀的测量网格。遥感设备设计为在任务的前半部分返回所有数据，以减轻长期辐射的影响。在垂直于地球和木星连线轨道的平面上，多普勒效应基本为零，但随着轨道平面向正午平面前进，多普勒效应将变得更容易测量到，此时便可以开始进行重力测量。在重力科学轨道段，不会使用遥感设备，因为探测器和木星的几何位置关系阻碍了木星进入遥感设备的视场。晨昏轨道到正午轨道的轨道平面进动并非轨道的唯一扰动。在任务期间，近地点的纬度也将向北移动，在第 30 轨探测器将深入辐射带内。因此，朱诺在标称 33 轨任务的最后 7 轨累积了大量的辐射粒子。探测器在反复深入木星辐射带之后，几乎不可能再进行其他重要的扩展任务。无论如何，在主任务结束时，随着近地点纬度的向北移动，朱诺的轨道将穿过木星系统的赤道面并靠近木卫二的轨道，由于探测器在发射前没有经过消毒处理，所以需要防止由于撞击导致细菌或其他生物污染木卫二。探测器在经过第 33 轨的近木点之后进行了一次离轨机动，使探测器将于 2017 年 10 月 16 日在 34°N 附近进入木星大气层，这种处理方式与 15 年前处置伽利略的方式类似。

不同于火星科学实验室和詹姆斯·韦伯太空望远镜在研发的过程中成本增加几乎失控，朱诺在成本和计划控制上是个特例，最终估计成本为 11.07 亿美元，涵盖从宇宙神火箭发射直至探测器最终自毁整个过程。相比之下，美国国家航空航天局可能会进一步推迟计划在 2020 年前后发射的木卫二轨道飞行器，以削减预算。因此，迫切需要朱诺探测器寻找机会对木星的伽利略卫星进行成像，否则可能导致数十年之内由于没有任务而无法获得探测数据[478-486]。

朱诺于 2011 年年初在丹佛（Denver）的洛克希德·马丁太空系统公司（Lockheed Martin Space Systems）完成了装配，于 4 月 8 日送往卡纳维拉尔角（Cape Canaveral）完成太阳翼的集成并准备发射，7 月底探测器安装在了宇宙神 5 号火箭上。朱诺的发射成为航天飞机退役后美国国家航空航天局的第一个标志性成果，航天飞机的最后一次任务已于

7 月 21 日结束。由于氦气增压问题，朱诺的发射延迟了约 50 min，但仍在 8 月 5 日 69 min 的发射窗口内完成了发射。在停泊轨道运行了 0.5 h 后，半人马座火箭（Centaur）再次点火，在发射 53 min 后探测器与火箭分离。大约 39 s 后，它与堪培拉深空网络站（Canberra Deep Space Network）建立了联系，然后展开了太阳翼并将自旋速率调整至 1 r/min 以开始巡航。半人马座火箭成功按计划将探测器送至 1.0 AU×2.26 AU 的绕日轨道，轨道倾角与黄道面夹角仅有 0.1°，轨道周期约为 25 个月。事实上，发射入轨精度非常高，探测器无须进行预定的轨道调整机动。然而，由于计划中并没有飞越小行星的任务，任务延期的可能性又很小，多余的推进剂一直派不上用场。发射 4 天后，探测器展开了等离子体波仪器的天线。此外，发动机保护罩已经进行了测试，并且所有推力器（除主发动机外）都成功完成了点火测试。8 月下旬，其他的仪器开始自检。在 8 月 26 日测试时，相机拍摄到了地球和月球的图像，它们看上去就像明亮和暗淡的“星星”，此时探测器距离地球约 1 000 万 km。

在朱诺发射的同一时期，黎明号（Dawn）探测器抵达了灶神星（Vesta），信使号（MESSENGER）抵达了水星，星尘号（Stardust）飞越了坦普尔 1 号（Tempel Ⅰ），火星科学实验室（Mars Science Laboratory）和福布斯-土壤（Fobos - Grunt）发射，还有发现级项目 GRAIL（重力重建和内部实验室，Gravity Recovery and Interior Laboratory）进入了月球轨道，2011 年是太阳系探索的又一标志性年份。除了失败的福布斯-土壤（Fobos - Grunt）任务，其他所有任务都由美国国家航空航天局运营，这个机构被评论为“前途大好”，即使在航天飞机退役后政客们尚未对载人航天给出明确的愿景[487]。

朱诺在巡航期间，等离子体波传感器和磁力计收集了深空环境数据。2012 年 2 月 1 日探测器进行了第一次 25 min、1.2 m/s 的姿态机动。3 月 14 日，相机拍摄了 21 张天空图像，用于测试仪器之间的配合效果。该图像覆盖了一个 360°的天空条带，包括一些如大熊星座的可识别星座以及太阳的强光。首次深空轨道机动于 8 月 30 日完成，持续 29 min 39 s，速度变化为 344 m/s，消耗了 376 kg 推进剂。第二次轨道机动安排在 4 天后。但在发动机点火结束时，其中一个贮箱的压力读数异常升高，工程师需要几天时间评估该情况。与此同时，探测器到达了远木点。在第二次轨道机动点火时，任务团队修改了发动机的启动顺序以降低异常升高的温度曲线，避免贮箱产生过大的压力。9 月 14 日探测器按计划完成了 388 m/s 的轨道机动，此次没有出现任何异常现象。10 月 3 日的另一次短暂点火对探测器飞越地球的轨道进行了微调。朱诺于 2013 年 8 月 7 日再次进行了一次轨道机动，然后于 8 月 31 日以 1.332 亿 km 的日心距离通过了近日点，这是它最接近太阳的距离。

在探测器飞越地球时还计划开展一系列的探测活动。为在木星轨道运行提前进行演练，探测器将进行数据采集，并使用高能地磁仪对设备进行测试和校准。除磁力计之外其他大部分已经关闭了数月之久的有效载荷开机运行了 4.5 天。在整个飞越过程中，只有微波辐射计和低能粒子探测器将保持关闭状态。粒子和场测量仪将与三个 THEMIS（磁场亚暴期间事件的时间历史和宏观相互作用）磁层卫星以及地球轨道上的两个辐射带风暴探测器进行协同观测。等离子体波实验试图在最接近的方向上探测闪电，同时将尝试进行人工无线电传输实验。遥感设备也将开展观测活动。飞越地球的最近距离期间紫外光谱仪将通过地球开展训练，观测日间的气辉和夜间的极光，此外，它还将收集接近期间 4 h 的月球紫外线数据，以便与月球勘测轨道器（Lunar Reconnaissance Orbiter）收集的数据进行比较。这一过程中，相机获得了 7 张四色的地球图像，此外还有一张月球图像和一张任务目标木星的远距离图像。另外，跟踪数据也在不断收集，以发现可能的“飞越异常”。安装在其一个磁力计上的星敏拍摄到了一段精彩的视频，视频中呈现了蓝色星球以及不断接近而增大的月球。计划在接近木星过程中拍摄类似的视频。在无线电波实验中清晰地检测到了世界各地无线电业余爱好者发送到探测器的莫尔斯（Morse）信号。

朱诺于 UTC 时间 10 月 9 日 19：21 到达距地球 559 km 的最近距离，在南大西洋附近的南非海岸上空飞越。由于该地区缺乏 NASA 测控设施，转而采用了南美洲和澳大利亚的 ESA 站点进行任务支持。即便如此，在探测器最接近的时候，数据仍存在 27 min 的时差。在最接近点前约 2 min，朱诺进入了地球的阴影并持续 20 min，这是整个任务中唯一的地影状态。仅 4 min 后，当它从地球的黎明一侧飞离时，在孟加拉湾的上空，ESA 的珀思地面站获得了信号，表明它此时处于安全模式，但正在进行数据传输。遥测显示它在最接近后大约 10 min 进入了安全模式，其自我保护逻辑是由进入地影期间超过额定功耗限

2013 年 10 月朱诺飞越期间在磁力计实验中星敏拍摄的精彩的接近地球以及月球缩放的序列图

制而触发的。期间它关闭了仪器和非关键系统，并使太阳能电池阵列朝向太阳。探测器在 2 天内从安全模式中恢复，此时它在飞往木星的 0.9 AU×5.44 AU 的绕日轨道上。飞越 10 天后探测器开启了微波辐射计，并计划于 2014 年 1 月对 ISON 彗星或它的残骸进行观测[488]。在巡航前往木星期间，磁力计上的星敏将收集科学数据，尤其是知之甚少的主带小行星群的数据。

在朱诺发射几周后，科学家们就发布了新的木星核心模型，表明在该压力和温度条件下，固体岩石和冰可以溶解到液态金属氢层中。在这种情况下，木星就像其他恒星系统中的气态巨行星一样，可能根本没有坚固的核心。当朱诺到达木星时，应该能够确定这是否属实[489]。

11.13 最终……

随着运行在地球日心轨道的拉格朗日 L1 点和 L2 点的航天器一个接一个地耗尽为轨控而储备的推进剂，它们的轨道将产生轨道漂移并被推入绕日轨道。包括位于 L1 点的太阳和日球层天文台（Solar and Heliospheric Observatory，SOHO）、先进成份探测器（Advanced Composition Explorer，ACE），以及位于 L2 点的威尔金森微波各向异性探测器（Wilkinson Microwave Anisotropy Probe）、普朗克（Planck）、赫歇尔（Herschel）、嫦娥二号、盖亚（Gaia）和詹姆斯·韦伯太空望远镜（James Webb Space Telescope）。这些探测器中第一个“离轨”的是威尔金森微波各向异性探测器，于 2010 年 9 月 8 日推离轨道，耗时 20 min。这颗 840 kg 的飞行器于 2001 年 6 月发射，用了 9 年时间观测标志宇宙大爆炸的微波背景。通过进一步的轨道机动，它被遗弃在 1.00 AU×1.09 AU 的太阳“墓地”轨道上。嫦娥二号于 2012 年 4 月离开 L2 前往图塔蒂斯。2009 年一起发射的赫歇尔（Herschel）和普朗克（Planck）也在 2013 年被遗弃在了绕日轨道上。就赫歇尔（Herschel）而言，这个红外太空望远镜具有类似于罗塞塔的辐射监视器，科学家曾表示，只要探测器还提供辐射数据，希望能够尽可能长地延续航天器寿命。遗憾的是，欧空局未能为这项任务的延期提供资金。为了防止它在接下来的几个世纪中撞击地球，在完成技术试验并进行几次推进之后，赫歇尔（Herschel）被推入 1.04 AU×1.06 AU 的地球伴随轨道，并于 6 月 17 日受控关闭发射机。同样，普朗克（Planck）于 8 月 14 日离开了 L2，并在 10 月 23 日关机前进入了 1.00 AU×1.10 AU 轨道。就像曾经发生在土星 5 号运载火箭身上一样，这些航天器会不时地接近地球，最初被发现时很可能被误认为是潜在的威胁岩块。

参考文献

1 NRC - 2002
2 NRC - 2003
3 参见第二卷第 89～92 页彗核采样返回罗塞塔任务
4 Schwehm - 1994
5 Muirhead - 1999
6 Weissman - 1999
7 Woerner - 1998
8 Tan - Wang - 1998
9 Flight - 1999
10 Warhaut - 2003
11 Claros - 2004
12 Keller - 2007
13 Stern - 2007a
14 Coradini - 2007
15 Balsiger - 2007
16 Gulkis - 2007
17 Kissel - 2007
18 Colangeli - 2007
19 Riedler - 2007
20 Carr - 2007
21 Glassmeier - 2007a
22 Nilsson - 2007
23 Burch - 2007
24 Trotignon - 2007
25 Eriksson - 2007
26 Kofman - 2007
27 Pätzold - 2007a
28 Berner - 2002
29 Nielsen - 2001
30 Glassmeier - 2007b
31 Koschny - 2007
32 Bibring - 2007a
33 Di Pippo - 1999
34 Ercoli Finzi - 2007
35 Goesmann - 2007
36 Wright - 2007
37 Klingelhöfer - 2007
38 Spohn - 2007
39 Auster - 2007
40 Seidensticker - 2007
41 Mottola - 2007
42 Bibring - 2007b
43 Biele - 2002
44 Ulamec - 2002
45 Ulamec - 2003
46 Ball - 1999
47 Kronk - 1984a
48 Lamy - 1998
49 Flight - 2002
50 Furniss - 2002
51 Furniss - 2003
52 Flight - 2003
53 Schilling - 2003
54 Barthelemy - 2003
55 Clery - 2003
56 Kronk - 1984b
57 Lamy - 2007
58 Agarwal - 2007
59 Hansen - 2007
60 Elwood - 2004
61 Jäger - 2004
62 Barucci - 2007a
63 Keller - 2007
64 Coradini - 2007
65 Ferri - 2004
66 Coradini - 2007
67 Lämmerzahl - 2006
68 Keller - 2005
69 Küppers - 2005
70 Ferri - 2005
71 Montagnon - 2005
72 Biele - 2005
73 Edberg - 2006

74 MPEC - 2007a
75 MPEC - 2007b
76 Barucci - 2007a
77 IAUC - 8315
78 Weissman - 2007
79 Küppers - 2007a
80 Carvano - 2008
81 Barucci - 2008
82 Nedelcu - 2007
83 Fornasier - 2007
84 Jorda - 2008
85 Lamy - 2008a
86 Lamy - 2008b
87 Accomazzo - 2008
88 Lodiot - 2009
89 Keller - 2008
90 Morley - 2009
91 Keller - 2010
92 Jutzi - 2010
93 Marchi - 2010
94 Küppers - 2007b
95 Barucci - 2007a
96 Carvano - 2008
97 Barucci - 2008
98 Lazzarin - 2009
99 Weaver - 2009
100 Belskaya - 2010
101 Carry - 2010
102 Weaver - 2009
103 Snodgrass - 2010
104 Fornasier - 2011
105 Andrews - 2010
106 Siersk - 2011
107 Pätzold - 2011
108 Coradini - 2011
109 Weiss - 2011
110 Morley - 2012
111 Lamy - 2008c
112 Tubiana - 2008
113 Kelley - 2009
114 Lowry - 2012
115 Glassmeier - 2007b
116 Verdant - 1998
117 Weissman - 2012
118 Muñoz - 2012
119 Jansen - 2013
120 参见第一卷第166～184页水手10号
121 Potter - 1985
122 Potter - 1990
123 Slade - 1992
124 Harmon - 1992
125 Paige - 1992
126 Harmon - 2001
127 Harmon - 2002
128 Ksanfomality - 2003
129 Cecil - 2007
130 参见第二卷第274页水星发现级任务
131 Jonaitis - 2003
132 Yen - 1989
133 McAdams - 2006
134 NASA - 2008a
135 Covault - 2004a
136 van de Haar - 2004
137 参见第二卷第180～181页伽利略号激光链路实验
138 Smith - 2006
139 Neumann - 2006
140 Adler - 2009
141 McAdams - 2006
142 Rengel - 2008
143 Izenberg - 2007
144 Solomon - 2007
145 Margot - 2007
146 NASA - 2008a
147 Prockter - 2009
148 Murchie - 2008
149 Head - 2008
150 McClintock - 2008a
151 Strom - 2008
152 Robinson - 2008

153　Slavin - 2008
154　Zurbuchen - 2008
155　McClintock - 2008b
156　Lawrence - 2009
157　Zuber - 2008
158　Anderson - 2008
159　参见第一卷第 27 页祝融星
160　Schumacher - 2001
161　Evans - 2002
162　Stern - 2000
163　Vokrouhlick - 2000
164　Izenberg - 2009a
165　Watters - 2009
166　Denevi - 2009
167　Zuber - 2009
168　McClintock - 2009
169　Izenberg - 2009b
170　Slavin - 2009
171　Glassmeier - 2009
172　Blewett - 2009
173　Smith - 2009a
174　Kelly Beatty - 2009
175　NASA - 2009a
176　Prockter - 2010
177　Slavin - 2010
178　Vervack - 2010
179　Nittler - 2011
180　Peplowski - 2011
181　Head - 2011
182　Blewett - 2011
183　Anderson - 2011
184　Zurbuchen - 2011
185　Ho - 2011
186　Kerr - 2011a
187　Zuber - 2012
188　Smith - 2012
189　Lawrence - 2012
190　Neumann - 2012
191　Paige - 2012
192　Kelly Beatty - 2012
193　McNutt - 2012
194　McAdams - 2012
195　McAdams - 2013
196　Belton - 1996
197　Kronk - 1984c
198　Belton - 2005
199　Blume - 2005
200　Warner - 2005a
201　Blume - 2005
202　Warner - 2005a
203　NASA - 2005a
204　Williamsen - 2004
205　Blume - 2005
206　Warner - 2005a
207　Bryant - 2005
208　Warner - 2005b
209　Frauenholz - 2008
210　Frauenholz - 2008
211　Sunshine - 2006
212　Dornheim - 2005
213　Tytell - 2005a
214　Yamamoto - 2007
215　参见第二卷第 70 页哈雷彗星的 1991 年爆发
216　A'Hearn - 2005a
217　Meech - 2005
218　Tytell - 2005b
219　Feldman - 2006a
220　Feldman - 2006b
221　Feldman - 2006c
222　Bensch - 2006
223　Milani - 2006
224　Lisse - 2006
225　Cochran - 2006
226　Lara - 2007
227　Blume - 2005
228　AWST - 2005
229　Kronk - 1984d
230　Kronk - 2005
231　Benest - 1990
232　Carusi - 1985

233 A'Hearn - 2005b
234 Encrenaz - 2005
235 Crovisier - 2005
236 Christiansen - 2008
237 Ballard - 2008
238 Bennett - 2004
239 Bortle - 1986
240 Christiansen - 2008
241 Ballard - 2008
242 Rieber - 2009
243 Cowan - 2009
244 Sunshine - 2009a
245 A'Hearn - 2008
246 Crovisier - 1999
247 Colangeli - 1999
248 Groussin - 2004
249 Lowry - 2001
250 Lisse - 2009
251 Wellnitz - 2009
252 Hartogh - 2011
253 Ferrin - 2010
254 A'Hearn - 2011a
255 A'Hearn - 2011b
256 Bodewits - 2011
257 Hermalyn - 2011
258 Meech - 2011
259 Schultz - 2011
260 Thomas - 2011a
261 Grebow - 2012
262 Larson - 2013
263 Farnham - 2013
264 Gimenez - 2002
265 参见第一卷第 238 页 ESRO 的金星轨道器
266 Taverna - 2002
267 Winton - 2005
268 Fabrega - 2003
269 Fabrega - 2004
270 Svedhem - 2005
271 ESA - 2001
272 McCoy - 2005
273 Warhaut - 2005
274 Maddé - 2006
275 Fabrega - 2007
276 Accomazzo - 2006
277 Zarka - 2008
278 Markiewicz - 2007
279 Piccioni - 2007
280 Drossart - 2007
281 Bertaux - 2007
282 Barabash - 2007a
283 Zhang - 2007
284 Pätzold - 2007b
285 Russell - 2007
286 Titov - 2008
287 Piccioni - 2008
288 Hoofs - 2005
289 Mueller - 2008
290 Svedhem - 2007a
291 Ingersoll - 2007
292 Svedhem - 2008a
293 Robertson - 2008
294 Smrekar - 2010
295 Luz - 2011
296 Mahieux - 2012
297 Vaubaillon - 2006
298 Lai - 2012
299 参见第一卷第 253 页先驱者号金星和小行星奥加托
300 Svedhem - 2007b
301 Zhang - 2012
302 Damiani - 2012
303 Svedhem - 2008b
304 Cowen - 2012
305 Svedhem - 2013
306 参见第二卷第 291～295 页 20 世纪 90 年代的冥王星任务
307 Guo - 2002
308 Guo - 2004a
309 Kusnierkiewicz - 2005
310 APL - 2006a

311　Stern - 2002
312　Stern - 2004
313　Stern - 2007b
314　参见第一卷第 27 页奥尔特彗核云
315　Noll - 2005
316　Buie - 2005
317　Stern - 2005a
318　van de Haar - 2006
319　Tubiana - 2007
320　Olkin - 2006
321　Guo - 2002
322　Guo - 2004a
323　参见第一卷第 140 页和第 142 页先驱者 10 号所见视角
324　Schenk - 2008
325　Grundy - 2007
326　Spencer - 2007
327　Retherford - 2007
328　Showalter - 2011
329　Reuter - 2007
330　Baines - 2007
331　Gladstone - 2007
332　Showalter - 2007
333　McComas - 2007
334　McNutt - 2007
335　Krupp - 2007
336　Morring - 2007
337　Sheppard - 2010
338　APL - 2006a
339　Stern - 2002
340　Stern - 2004
341　Schaefer - 2008
342　Lellouch - 2009
343　Greaves - 2011
344　Buie - 2010
345　Weaver - 2012
346　Weaver - 2013
347　Grundy - 2013
348　Morring - 2013a
349　Trujillo - 1998
350　Spencer - 2003
351　Buie - 2012a
352　Lipinski - 1999
353　Scott - 2000
354　Lenard - 2000
355　Morring - 2002
356　Balint - 2007
357　Morring - 2003a
358　参见第二卷第 189～193 页伽利略号大气探测器的结果
359　Young - 2003
360　Spilker - 2003a
361　Shirley - 2003
362　Dissly - 2003
363　Prockter - 2004
364　Green - 2004
365　Morring - 2004a
366　NAS - 2006
367　Balint - 2005
368　Morring - 2005a
369　JPL - 2005
370　GAO - 2005
371　参见第二卷第 102～104 页木星-太阳任务和齐奥尔科夫斯基号
372　Pichkhadze - 1996
373　Gafarov - 2004
374　Gafarov - 2005
375　APL - 2006b
376　Morring - 2005b
377　Fulle - 2007
378　Wood - 2008
379　Vourlidas - 2007
380　Jewitt - 2010
381　Steffl - 2013
382　Jones - 2013
383　Turrini - 2009
384　Carry - 2007
385　Cunningham - 1988a
386　Rayman - 2004a
387　Fu - 2012

388 Rayman - 2004b
389 Rayman - 2005
390 Russell - 2004
391 Iannotta - 2006
392 Schröder - 2008
393 Maue - 2008
394 Russell - 2012
395 Jaumann - 2012
396 Marchi - 2012
397 Schenk - 2012
398 De Sanctis - 2012
399 Reddy - 2012a
400 Bell - 2012
401 Hand - 2012a
402 Pieters - 2012
403 McCord - 2012
404 Clark - 2012
405 Jutzi - 2013
406 Ammannito - 2013
407 Binzel - 2012
408 Denevi - 2012
409 Prettyman - 2012
410 Rayman - 2012a
411 Rayman - 2012b
412 Rayman - 2013
413 Raymond - 2013
414 Rayman - 2004b
415 Schmidt - 2009
416 Borucki - 2009
417 NASA - 2009b
418 Carlisle - 2009
419 Gilliland - 2011
420 Yamakawa - 2001
421 ISAS - 2001
422 Imamura - 2006
423 Imamura - 2007
424 Nakamura - 2007
425 Nakamura - 2008
426 Ishii - 2009
427 参见第二卷第 16～20 页和第 271～272 页太阳帆
428 Kawaguchi - 2004
429 Kawaguchi - 2010
430 JAXA - 2009
431 UNITEC - 2009
432 Sawada - 2010
433 Satoh - 2011
434 Taguchi - 2012
435 Satoh - 2011
436 Nakamura - 2012
437 Hirose - 2012
438 Imamura - 2013
439 JAXA - 2011
440 Hand - 2007
441 Berner - 2005
442 AWST - 1978
443 Ulivi - 2004
444 Cui - 2004
445 Cui - 2005
446 Coué - 2007a
447 CLEP - 2009
448 Chen - 2011a
449 Zhao - 2011
450 Huang - 2012a
451 Yang - 2012
452 Wu - 2012
453 Huang - 2012b
454 Gao - 2012a
455 Gao - 2012b
456 参见第二卷第 277～279 页克莱门汀 2 号和图塔蒂斯号
457 Reddy - 2012b
458 Liu - 2012
459 Li - 2012a
460 Li - 2012b
461 Yue - 2011
462 Li - 2013
463 Huang - 2013a
464 Hu - 2013
465 Tang - 2013

466 Zou - 2014
467 Huang - 2013b
468 Chen - 2011b
469 Farquhar - 2013
470 参见第一卷第 84 页和第 128 页早期美国和苏联的合作案例
471 Wu - 2011
472 Li - 2011
473 Chen - 2013
474 Cyranoski - 2011
475 Wallace - 1995
476 参见第二卷第 189～193 页伽利略号大气探测器的结果
477 Nature - 2010
478 Matousek - 2005
479 NASA - 2011
480 Kayali - 2008
481 Kayali - 2010
482 Zander - 2011
483 Morring - 2011a
484 Morring - 2011b
485 David - 2011
486 Werner - 2011a
487 April - 2011
488 Hansen - 2013
489 Wilson - 2011

第12章 红色星球的布鲁斯

12.1 火星的“间谍卫星”

在火星探测漫游者任务的两辆姊妹火星探测车启动研制的数月之后，NASA又制定了其后续火星探测规划，包括于2001年发射火星环绕器、2003年发射火星车以及随后于2005年发射火星勘测轨道器。通过上述任务，能够以几十厘米的分辨率对火星表面进行成像，从而弥补由于丢失火星气候轨道器（Mars Climate Orbiter）而未能完成的科学探测目标。在此之后，NASA规划在2007年发射首个低成本火星侦察任务和一辆长距离行驶的火星科学实验室。在此规划中，NASA还设想了于2011年和2013年分别进行两次火星采样返回任务。

火星勘测轨道器旨在提升对火星气候和火星表面形成过程的认识；识别可能或曾经存在水的位置并对其是否适宜生命生存进行评估；此外，还对未来的着陆点进行绘制。要实现上述目标，需要利用“间谍卫星”级别的高分辨率可见光和近红外图像，对天气和气候进行监测，并寻找更多的水冰证据。该任务将针对火星奥德赛号、火星探测巡视器和火星快车所发现的水溶性岩石和冰沉积物进行探测，特别是将火星探测巡视器的探测结果外推到更广泛的行星背景。此外，火星勘测轨道器将对火星全球勘探者所观测到的“沟壑”区域进行高分辨率观测，这些“沟壑”暗示近期可能存在液体的流动，并使用雷达寻找次表层的冰。同时，该探测器对到达火星的高精度导航技术进行演示验证。这项技术使探测器能够不依赖地面跟踪而确定其轨道，以避免火星气候轨道器所经历的灾难再次发生。火星勘测轨道器拟作为未来着陆器的轨道中继卫星，还要演示验证Ka波段的高数据速率遥测传输技术。2001年10月洛克希德·马丁公司被选中执行该探测器的研发工作并提供飞控支持。该公司有着几十年运营美国间谍卫星的专业知识和软件，将使用其位于科罗拉多州的设施来控制火星勘测轨道器。

由于火星勘测轨道器计划在火星极低的轨道上进行环绕，探测器在建造时的灭菌要求比以前的轨道器都更加严格，更接近于着陆器的标准。探测器的重量为1 031 kg，其干重大于之前发射的火星全球勘探者。再加上满载的推进剂重量，其质量约为火星全球勘探者的两倍。实际上，火星勘测轨道器比预计的起飞重量要轻，还可以增加额外51 kg的肼燃料，使总承载重量达到1 196 kg。探测器的主体由碳复合材料和铝蜂窝制成，装载推进系统和电子设备。大多数设备都安装在可以持续面向火星一侧的面板上。在垂直于该面板的一侧装有一个3 m口径的可转动高增益天线，配合100 W的X频段功率放大器和35 W的Ka频段功率放大器进行数据传输。300 kbit/s～1.5 Mbit/s的数据速率要求天线具有巨大的尺寸（几乎与探测器的其余部分一样大），数传速率的大小与火星和地球之间的相对位置关系以及深空网地面天线的大小相关。火星勘测轨道器的通信系统在有史以来已发射的行星任务中是最强大的之一。根据从火星全球勘探者获得的经验教训，这种天线需要在任务早期即探测器近火制动之前完成展开。探测器还携带了两根低增益天线，与抛物面高增益天线一起配合使用，在探测器刚发射后以及经历如入轨等关键事件时，当主天线不能指向地球时，使用低增益天线完成对地通信。2 块双自由度、5.35 m×2.53 m 的太阳能电池板与天线安装在同一个面上，在火星轨道上，太阳能电池板总输出功率为 2 kW。当太阳能电池板进入火星阴影时，探测器将采用镍氢电池供电。这些太阳能电池板使探测器的最大宽度达到了 13 m。鉴于火星全球勘探者的气动刹车经验，在这个新型的轨道器上，太阳能电池板的设计能够适应任何实际的热载荷变化而不会出现故障。此外，由于太阳能电池板和高增益天线位于探测器尾侧，将使探测器在气动刹车时具有被动的“羽毛球”式稳定性。

火星勘测轨道器没有采用单个双组元发动机，而是装有六台 170 N 的单组元发动机，可提供约 1 kN 的总推力。这六台单组元发动机来自被取消的 2001 火星勘测者的着陆器。再次使用现有的推力器，不仅降低了任务成本，而且提高了可靠性。因为即使只有五个推力器工作，只需加长点火时间也可以实现火星入轨。由于这个原因，点火不得不由加速度计控制，加速度计可以感知探测器在何时达到预定速度并关闭发动机。六台 22 N 的推力器在主发动机入轨点火期间起到增强的作用，并可用于轨道修正。推进系统能够提供大约 1 545 m/s 的总速度变化，入轨需要其中的 2/3。采用一个惯性平台来确定姿态，该平台利用星敏感器和太阳敏感器进行操作。通过四个反作用轮和八台 0.9 N 的推力器来控制探测器的姿态。探测器采用了创新的双冗余“交叉带”姿态控制系统，主系统可以使用备用系统的传感器，反之亦然，而且具有相对快速的切换和反应时间。

六台载荷设备使得火星勘测轨道器成为继失利的火星观察者（Mars Observer）之后最好的美国火星轨道飞行器。

高分辨率成像科学实验仪（HiRISE，The High - Resolution Imaging Science Experiment）是一个 50 cm 的望远镜，焦距为 12 m，具有 14 个 2 048 ×128 像素的 CCD 阵列。理论上，它能够提供 25～32 cm 像元尺寸的分辨率，比已经令人惊叹的火星全球勘探者的成像器分辨率还要提高好几倍。事实上，它比 20 世纪 70 年代和 80 年代美国国家侦察办公室使用的美国 KH - 9“六边形”（HEXAGON）间谍卫星的分辨率还要高。为实现最高分辨率的成像，探测器计划关闭器上的机械装置（包括太阳能电池阵列驱动器），以达到振动的绝对最小化。阵列中的 10 个 CCD 覆盖了红色滤光片，其余 4 个覆盖了蓝色、绿色和近红外滤光片。每次扫描的宽度仅 6 km，单张高分辨率图像的大小可达28 Mbit。相机通过使用轻质玻璃光学元件和石墨环氧树脂结构实现了减重，但仍然重达65 kg。研制团队对之前任务的着陆点特别感兴趣。成功着陆的静止着陆器将为评估轨道器上的相机提供“地面真值”。高分辨率成像科学实验仪将搜寻失利的着陆器遗迹，特别是火星极地着陆器（Mars Polar Lander）和猎兔犬 2 号。整个搜寻火星极地着陆器的目标椭圆可以由十轨图像拼接而成，即使在高分辨率下也很难将破碎的着陆器与岩石和其他自然特征区分开来。定位苏

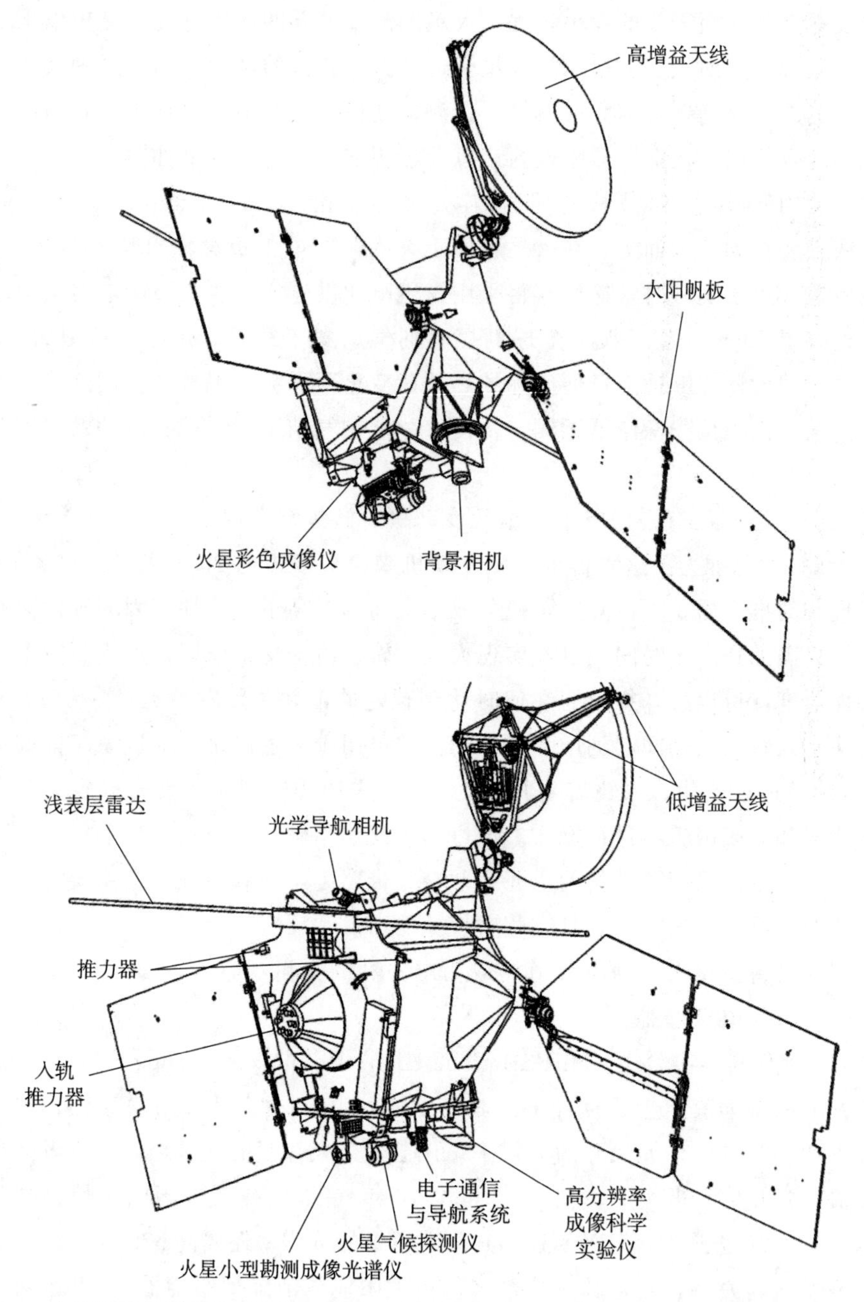

火星勘测轨道器的示意图，其上配备了有史以来送至火星的最高分辨率相机

联的火星 2 号、3 号和 6 号探测器也很有意义，但它们的着陆点非常不明确。除了为正在进行的火星车任务识别可能感兴趣的目标之外，HiRISE 还能够用来检查未来任务的候选地点，最直接的任务就是 2007 年的凤凰号火星着陆器和火星科学实验室火星车。对于安全着陆地点的选择来说，对单块岩石的识别能力至关重要[1]。高分辨率图像的背景将由另一台相机提供，该相机是一个 10.8 cm 的望远镜，采用 5 000 像素的线阵 CCD，能够拍摄幅宽 30 km 的 6 m 分辨率图像。

火星勘测轨道器上的高分辨率成像科学实验仪（HiRISE）相机（NASA/JPL/波尔航天公司）

一个具有 544 个通道的可见光和红外成像光谱仪是依据火星快车矿物学仪器的探测结果设计的，在 20 m 宽的小范围区域内寻找水和热液源的矿物学证据。虽然它能够对特定矿物的沉积物与特定地质特征进行完美匹配，但缺点在于它仅有几十千米的窄视场。由于这种限制，初始的探测目标将从欧洲光谱仪已经识别的区域中选择。该仪器包含一个 10 cm 的里奇-克雷季昂（Ritchey - Chrétien）望远镜，与一对光谱仪配合安装在万向架上，使其能够独立于探测器的指向而跟踪特定的目标。该载荷团队的目标之一是识别高精度着陆的备选区域。

当高分辨率相机、背景相机和光谱仪同时工作时，将占用高达 95%的可用数据链路。它们每轨最多可检测四个目标，每个火星日可检测多达 20 个目标并产生 20～90 Gbit 的数据；相比之下，火星全球勘探者每个火星日仅产生 0.7 Gbit 的数据，火星奥德赛号仅产生 1.0 Gbit 的数据。为了存储这些数据，高分辨率成像科学实验仪具有两个总容量为 100 Gbit 的固态存储器和专用的无损图像压缩硬件。

气候探测仪将对高达 80 km 的大气热辐射结构进行测绘，并监测其随季节和空间的变化。它还为着陆器的安全着陆规划收集数据。该仪器由摆动式基座和一对 4 cm 望远镜组成，望远镜安装在基座上，失利的火星观察者和火星气候轨道器也曾携带了该类型的设备。一台彩色相机具有能够观测整个火星的视场，能够提供分辨率为几千米的天气图像，该仪器是火星气候轨道器的备份件。次表层雷达由意大利航天局提供，由火星快车设备改进而来。该雷达具有一个 10 m 的天线，工作频率在 15～25 MHz 之间，垂直分辨率在 10～20 m 之间，沿轨道方向的水平分辨率为 300 m，垂直于轨道方向的分辨率为 7 km。该雷达的探测目标是“倾听”火星大约 1 km 深度处的“声音”，它比火星快车上的仪器具有更高的分辨率。雷达主要在夜间工作，此时电离层最弱且无法使用成像设备。

在行星际巡航的最后几天，探测器通过一个 6 cm 的导航相机获取火星及其卫星的图像，使控制计算机能够识别探测器的位置，以验证实现精确着陆所需的导航技术。UHF 设备不仅可以提供与火星表面之间高达 1 Mbit/s 的指令和数据链路，还可以为着陆器提供导航信号。通过无线电跟踪，探测器在气动刹车过程中通过加速度计可获得科学数据。预期主要任务的科学数据总量大约为 34 Tbit，比之前的任务增加了 10 倍。

火星勘测轨道器任务的费用评估约为 7.2 亿美元。虽然相对于深空探测标准该项目相对便宜，但很明显火星探测计划已经放弃了“更快、更省、更好”的口号中“更省”的目标[2-3]。

最初的计划是使用德尔它 3 号（Delta Ⅲ）或宇宙神 3 号（Atlas Ⅲ）火箭发射，但后续更改为新研发的宇宙神 5 号改进型一次性运载火箭。该火箭具有单发动机的半人马座上面级，是探测太阳系的主力。值得一提的是，这款火箭第一级的远亲是旧的宇宙神弹道导弹（Atlas ballistic missile），其发动机是由俄罗斯提供的。虽然这是该款火箭的第六次发射，但却是 NASA 使用它的第一次发射，也是第一次执行深空任务。这次发射是对火箭进行详细性能测试的好机会，特别是由于宇宙神 5 号火箭将在该年的晚些时候发射新视野号冥王星探测任务。火星的发射窗口于 2005 年 8 月 10 日开放，持续 21 天。到 2006 年 3 月中旬探测器完成了 7 个月的巡航飞行并到达火星，将进入近拱点 300 km、周期 35 h 的捕获轨道。探测器在进入轨道后一周开始进行气动刹车。估计需要穿过大气层 500 次才能将轨道降低到近拱点在南极上空的近圆轨道，这个 92.7°的太阳同步轨道将在当地时间下午 3 点穿过赤道，从而获得与火星全球勘探者类似的照明条件。该轨道将比之前的火星轨道器轨道低得多，以提供更高的分辨率和 17 天的重访周期。几乎每轨都会发生地球掩星现象。主要科学任务阶段持续到了 2008 年 12 月。之后，火星勘测轨道器将作为中继卫星延期工作，并于 2010 年 12 月 31 日结束其中继任务。然而，预计探测器的推进剂将足以维持任务至 2014 年[4]。

探测器于 2005 年 4 月运往卡纳维拉尔角完成总装，并与火箭配合进行了最终测试。宇宙神火箭本身出现了几次故障，需要重复演练倒计时和加注推进剂，但这对任务影响不大[5]。由于探测器的软件问题导致发射推迟至 8 月 12 日。半人马座上面级在低轨停泊轨道上停留了几分钟后穿越南印度洋上空，然后发动机重新点火使探测器达到逃逸速度。发射 58 min 后在澳大利亚西部，火星勘测轨道器与运载火箭分离，展开太阳能电池板和高增益天线。3 min 后，它在 1.013 AU×1.680 AU 轨道上与日本的内之浦（Uchinoura）站建立了联系。8 月 15 日，彩色相机为了进行校准而瞄准地球。8 月 27 日探测器进行了一次 7.8 m/s 的轨道修正，以校正火箭发射的入轨偏差，使探测器进入飞往火星的轨道。9 月 8 日，伴随着探测器的缓慢自旋，高分辨率相机首次拍摄到了月球和半人马座 ω 星云

(Omega Centauri)。10 月和 12 月探测器对深空天体进行了多次扫描观测。2005 年 11 月 18 日探测器进行了第二次的定期轨道修正，之后由于没有进一步轨道修正的必要，取消了原计划在抵达前 40 天和前 10 天进行的第三次和第四次轨道修正。

2006 年 2 月初探测器进入了火星逼近段。从 2 月 10 日开始，导航相机开始拍摄火卫一和火卫二与恒星相对位置的图像，以评估在未来任务中使用这两个火星卫星进行精确导航定位的可能性。使用该导航方式，探测器可以在到达的前一天完成精确定位，误差仅为 100 m，而基于无线电跟踪的误差大约为 750 m。原本的飞行计划在探测器到达前 24 h 内安排了两次演练，但这些演练已没有必要。因此，探测器在巡航期间仅花费了 10 kg 的肼，为后续任务扩展留下了足够的推进剂。在到达前 35 min，贮箱完成增压为进入火星轨道做好了准备。对于那些还记得火星观察者失利消息的人而言，这是一个值得关注的时刻。在发动机点火前约 16 min，探测器转向了正确的入轨姿态，在世界协调时间（UTC）3 月 10 日 21：12，发动机组点火以抵消速度矢量并使用 22 N 的推力器保持姿态。发动机预计点火 27 min，在其第 22 min 探测器从火星南极边缘消失，进入火星的背面。0.5 h 后再次出现在北半球，几分钟的无线电跟踪数据证实它已经减速了 1 015 km/s，并且已经进入一个 426 km×45 000 km 的捕获轨道，轨道周期为 35.5 h，基本上符合预期的计划。由于贮箱压力偏低，发动机实际上已经表现欠佳，因而将点火时间延长了 33 s，此次机动消耗了超过 770 kg 的肼[6]。

当探测器在 3 月 24 日第 10 次通过近拱点时，拍摄的前 4 幅全彩色高分辨率图像显示了火星南部高地博斯普鲁斯平原（Bosporus Planum）中 3.5 km 长的范围。虽然探测器的拍摄高度达到约 2 500 km，但图像中仍能呈现出仅数米宽的地貌细节特征，包括皱纹脊地貌，这展示出相机良好的成像能力。探测器在下一轨又拍摄了 4 幅图像。气候探测仪对火星北极进行了低分辨率成像，并且对探测器科学载荷平台进行了模糊的自拍成像，展示了其他仪器在探测器上的“布局”。在探测器进入最终轨道之前，没有其他图像的拍摄计划。雷达天线将保持收拢模式直到气动刹车完成[7-8]。在几天后探测器开始进入火星上层大气进行气动刹车，首圈近拱点在 333 km 处，而后逐渐下降，在第 24 轨至第 34 轨期间降至约 107 km。通过加速度计数据，可几乎实时地监测大气的密度、密度梯度、每轨之间的变化、高层大气风速和其他大气现象。近拱点纬度恰好在火星南极旋涡的上方，在飞越旋涡内部期间，探测器获得了非常平滑的剖面数据，并且与前期的预测结果能够近乎完美地匹配，然而低纬度地区的剖面数据显示出几秒间隔内大气密度的大幅变化[9]。到 8 月 30 日，轨道的远拱点降至 486 km，此时，再有两天时间，轨道便可衰减至使探测器撞向火星表面，因此气动刹车中止，探测器飞出大气层并将近拱点抬升至大气层外。轨道制动期间探测器的最低高度已经下降到 98 km。在 147 天内，探测器共穿过大气 426 次，速度减少了 1 200 m/s。探测器进行了至少 27 次机动，包括避免与火星全球勘探者、火星奥德赛号和火星快车发生碰撞的轨道机动。最终的轨道接近于预期轨道，经过了三次机动和一段巡航操作后，探测器将轨道设置为下午 3 点经过赤道，穿越任务规划的 250 km×316 km “主科学轨道”南部的近拱点。在 2 个月的轨道巡航期间探测器开展了各种工程任务，包括展开雷达天线、检查其发射器、打开红外光谱仪、校准高增益天线。9 月 24 日，气候探测仪开始收集数据，5 天后，探测器在运行轨道上获得的第一张高分辨率图像展示了水手峡谷（Valles Marineris）的部分形态。

在进入轨道后不久，火星勘测轨道器上的火星气候探测仪尝试对器上设备进行“自拍”，高分辨率相机在这些设备的右侧

火星勘测轨道器的第一个任务是对凤凰号火星着陆器预期着陆的北极地区候选地点进行成像，凤凰号着陆器将在两年内到达火星。为了确保在夏末或初秋云层遮挡这些地点之前完成观测，因此成像时间紧迫。当探测器在 10 月份进入合日状态时，除气候探测仪和宽视场天气相机两台仪器外，其他所有仪器都关闭了[10]。11 月初火星退出合日状态，探测器恢复了最大工作模式。同样在 11 月初，探测器与勇气号火星车进行了无线电中继通信。火星勘测轨道器运行第一周返回的数据比在火星表面运行了 3 年的勇气号和机遇号火星车返回的数据还要多，到 2007 年 2 月，它返回的数据超过了其他所有火星探测任务。最先进行成像的目标是茅尔斯峡谷，这是一条长的泄水河道，位于北部低地边缘附近的古老撞击坑地形中。火星快车的探测数据暗示了该区域存在黏土。新科学仪器的高空间和光谱分辨率可以精确识别矿物类型、矿床范围及其地层关系。成像光谱仪展示了山谷的山壁，探测到了许多不同类型的黏土状矿物，表明此处曾经存在与水有关广泛而复杂的活动。许多地方都显示出热液沉积物存在的证据，这些数据将有助于更好地了解火星早期的地质历史[11]。

从火星全球勘探者到火星勘测轨道器，分辨率的提高使得我们对火星的科学认知发生了变化，如过去从海盗号到火星全球勘探者一样。正如项目科学家史蒂夫·桑德斯（Steve Saunders）所说，“每次我们将一套新的设备送去火星，我们都会看到一个不同的星球”[12]。尽管高分辨率相机在主任务期间总共拍摄了 9 137 张图像，但这些仅仅覆盖了不足 1%的火星表面。这些图像包括 960 幅立体图像对，用于对感兴趣的地形特征进行精确的三维重建，包括勇气号和机遇号火星车的着陆点。科学主题包括：成分和光度学、冲击、火山、热液过程、河流和构造活动、地层学、分层过程、景观演化、风力驱动风积过程、冰川过程、岩石和风化层、物质坡移、极地地质、季节过程、气候变化、着陆点和未来探测。此外，还有大量不能归类为上述任何一种的观察结果。

后续的事情……2006 年 11 月 26 日，相机获得了有史以来最长的图像，对着刚刚失联的火星全球勘探者可能所处的天空区域进行了 120 000 行扫描；但不幸的是，图像中未能发现火星全球勘探者的身影。2007 年 1 月 11 日，相机瞄准了距离 3.88 AU 的木星，并传回了一些关于木星及其主要卫星的甚高分辨率图像。在 2007 年 10 月 3 日，进行了一次相似的实验，相机对地球和月球系统进行了成像，但对地球成像时，除一个通道外其他通道均出现了过度曝光。2008 年 3 月 23 日，探测器对火卫一进行了彩色成像，图像显示出它明显偏红，可能是由于覆盖了一层火星撞击所喷出的物质。这意味着，火卫一的采样返回任务与火星采样返回任务相比，是一种同样能获取火星样品且更为容易的方式（但无法获得有用的火星地质背景）。2006 年 11 月探测器还尝试对火卫二进行成像，没有成功，但在 2009 年 2 月成功捕捉到了这颗卫星的影像。最值得一提的是，2008 年 5 月探测器拍摄到了凤凰号火星着陆器采用降落伞方式进行着陆的图像。

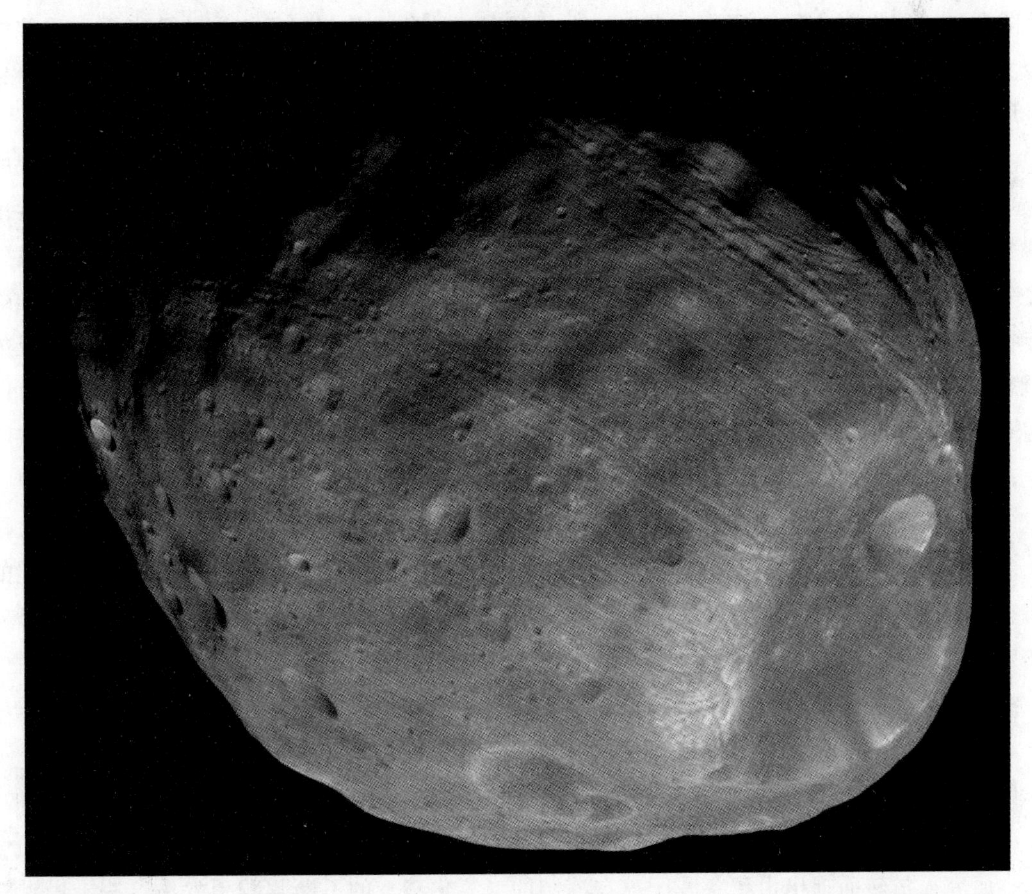

火星勘测轨道器于 2008 年 3 月 23 日以 5 800 km 的距离拍摄火卫一，星表上单个像素的分辨率小于 6 m（NASA/JPL/亚利桑那大学）

为了确定火星科学实验室火星车候选着陆点的土壤成分和光度学，相机和红外光谱仪团队共同合作，对火星全球勘探者、火星奥德赛号和火星快车所识别的备选着陆点进行分析，尤其是位于尼罗堑沟群（Nili Fossae）和茅尔斯峡谷的黏土区域。总的来说，这些图像为之前探测任务所发现的矿物沉积提供了背景和内容。例如，火星奥德赛号在南部高地探测到的氯化物，是在如盆地等低洼地区形成的蓝色沉积物，而这些地区很可能是地表水汇集后蒸发留下咸晶体的地方。

撞击坑是最受欢迎的探测主题之一，因此火星勘测轨道器不仅要拍摄撞击坑，而且还要研究暴露在坑壁上的沟壑和地层、中间隆起的基岩等。火星全球勘探者通过高分辨率相机探测到了仅在几个月前由陨石撞击而产生的几米大小的新撞击坑，由背景相机发现了另外75个撞击坑。一个例子是，2008年夏天的某段时间，在火星的北半球形成了一群较小的火山口，这可能是由于流星体在进入大气时解体而撞击火面造成的。同年的1月至9月期间出现了一个较大的坑，光谱数据显示其白色的溅射物是由水冰构成的，并且正如冰的升华一样在几个月内消失了。值得注意的是，如果这些观测所暗示的浅层水冰在与海盗2号着陆纬度相似的乌托邦平原（Utopia Planitia）上也存在，那么这个20世纪70年代的着陆器将可能发现火星上深度不到10 cm的水冰！这些极其年轻的撞击坑外表受到季节性沙尘暴的影响。在沙尘暴事件期间，暗色的溅射物被移除或埋藏。科学家们特别渴望研究极地的新撞击坑是如何变化的，以便更好地了解该纬度地区的活动过程。

探测器对各种火山的地形和特征进行了成像，其中一个成像结果证实火星快车发现的“赤道冰海”实际上是一条熔岩流。首先通过雷达探测没有发现任何潜在的冰层，随后由高分辨率相机证实了上述结论。图像结果表明，无论该地区的表面如何变化，从火山口数量来看，这些变化都是在过去2亿年内发生的。此外，地形表现出的图案化、多边形和螺旋状，其形态类似于陆地熔岩流和湖泊。许多这种样式在地球的大块冰层上都没有相应的形态。因此可以得出结论，该平原是一个保存完好的区域，很有可能是年轻的火山结构[13]。在赫斯珀里亚高原（Hesperia Planum）和索利斯平原（Solis Planum）上的皱纹脊，以及塔尔西斯中的断层和裂缝，是研究折叠和断层等有关构造过程的观测对象。

从拍摄照片的数量上来看，河流和热液过程是一个相对热门的探测主题。尤其是火星全球勘探者任务期间标记出的目标沟壑。事实上，在被发现后的几个月内这些目标沟壑的明亮外观没有发生改变，这意味着它们不是因为富含冰而明亮，而是出于其他原因。另外还发现了4个看起来很年轻的沟壑。此外，如果有含盐地下水的话，则会存在含水矿物，但红外光谱探测结果中没有此类成分存在的痕迹。实验室研究表明，在火星的弱引力作用下，干燥未固结的颗粒状岩屑可能会具有明亮的特征，意味着这些沟壑可能不是由液态水作用而形成的[14]。通过对新形成沟壑的长期研究发现，这些沟壑更可能是在冬季形成的。而冬天是水最不容易融化的季节，这也进一步说明了沟壑的形成过程中不可能存在水的作用。研究人员转而提出由于冬季干冰（冻结的二氧化碳）的不断累积引发了这些干燥颗粒的崩落，从而形成了这些沟壑。有一些沟壑甚至到早春仍有明亮的物体存在，这些可能是干冰升华时在沿途留下的痕迹。然而无论如何，较古老的沟壑似乎仍然是由于液态水形成的。在几个最近发现的撞击坑中发现了顶层地壳中存在水冰的明显迹象，融化的水冰形成了河道、散乱的河道分支和河塘。科学家们认为发生在冰上的撞击会引发局部降雨，但尚

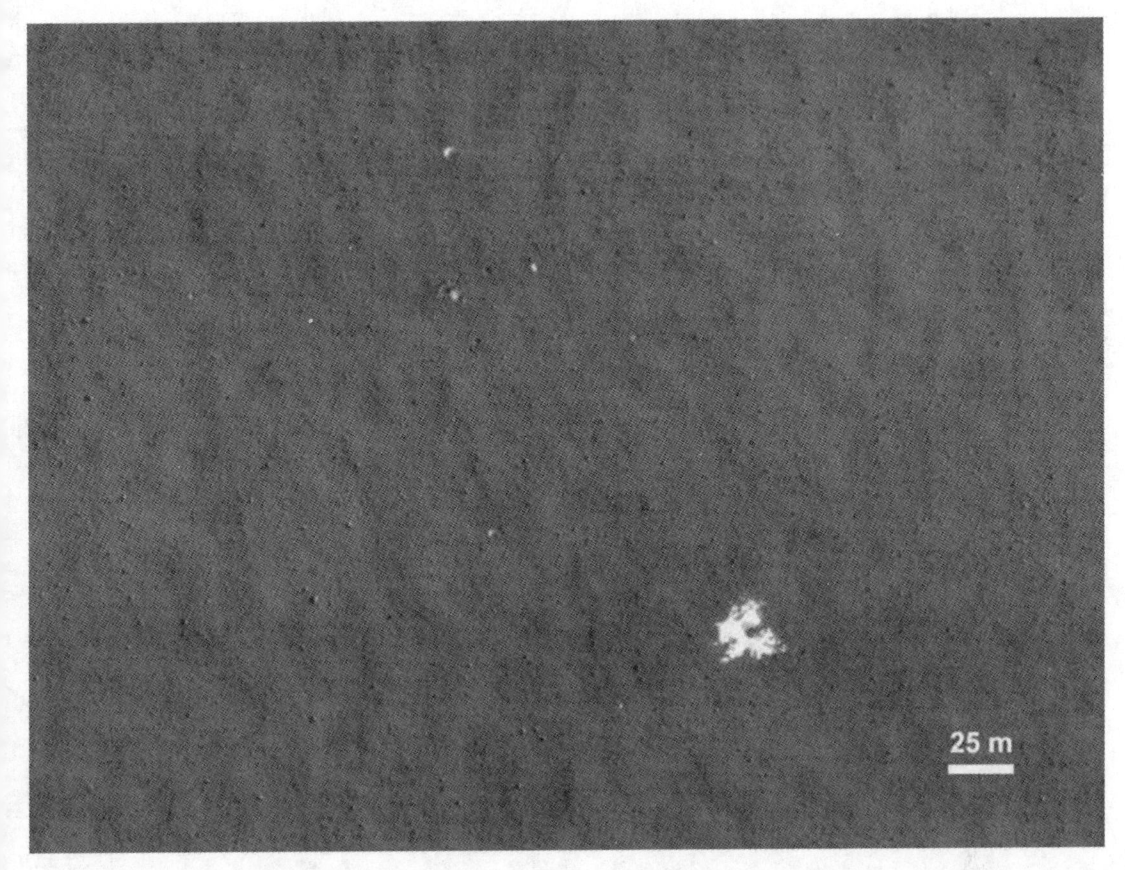

火星表层下的一小块由撞击而出现的新鲜水冰层。火星勘测轨道器观测到了数十个这样的撞击坑（NASA/JPL/亚利桑那大学）

无证据证明这一点。另一方面，探测器在轨长期监测表明，这些深色的河道在消失之前仍在形成并壮大。不同于有争议的沟壑，这些河道只于盛夏在南纬中纬度地区 7 个面向赤道的坡面上出现。在温暖的季节，溪道从岩石露头开始形成，当时的平均温度可能在 0 ℃左右，有时在每个火星日延长数十米，直到初秋到来后消失于寒冷季节中。这些溪道通常宽几米，长达数百米。最简单的解释是，它们由水和盐的混合物组成，因含有足够的盐分而起到有效的防冻、阻尼以及加深土壤颜色的效果。不幸的是，这些“反复重现的坡度线”，小于红外光谱仪所设计的像元尺寸，因此无法对其成分进行分析以确认是否存在含盐水。另一个谜团是这类水库的形成过程是怎样的，可能是地下水，也可能是吸湿盐分吸附的大气水蒸气，但这两种解释都存在很大的困难，同样也不清楚为什么河流只发生在中南纬度地区[15]。

年轻的阿萨巴斯卡峡谷群（Athabasca Valles）是科学家们特别感兴趣的一个目标，因为它被认为是洪水或冰川作用所形成的最年轻的河道出口。但是高分辨率图像显示它是由近期地质活动的熔岩河形成的，这条熔岩河是从刻耳柏洛斯堑沟群（Cerberus Fossae）的裂缝中喷发出来的。它类似于冰川的特征其实是由熔岩流产生的，这一点通过火星奥德

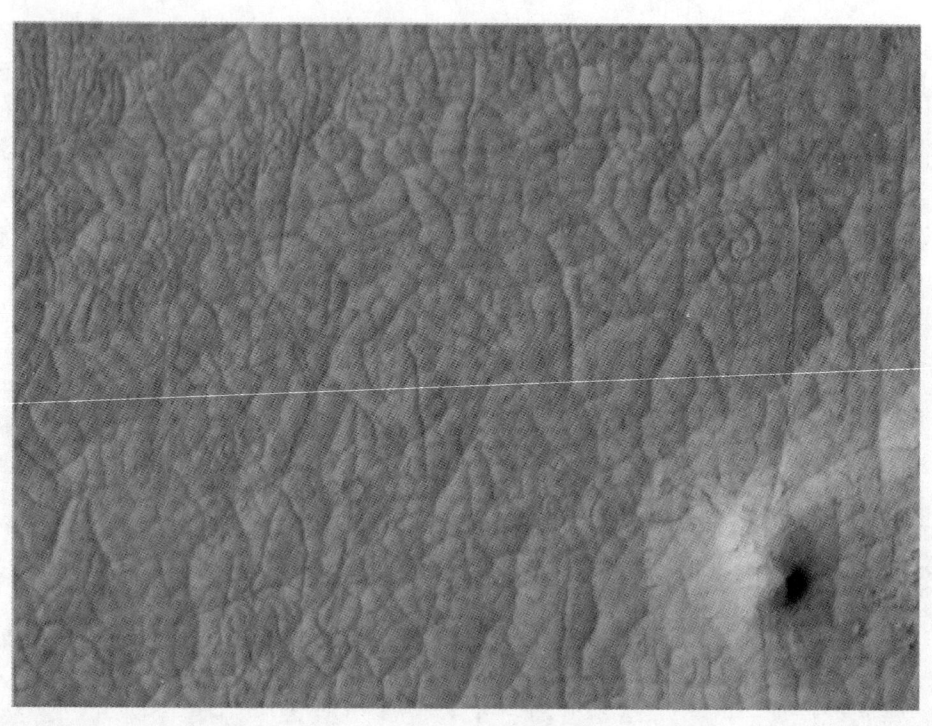

多角形漩涡和波谷。根据火星快车的图片，这片区域曾被解释为大块浮冰（见本系列第 3 卷，第 353 页），但火星勘测轨道器的高分辨率图像证明，它是火山成因，类似于夏威夷的“熔岩圈”（NASA/JPL/亚利桑那大学）

赛号的伽马射线光谱仪得到了证实，该光谱仪显示阿萨巴斯卡峡谷群是该星球上最干燥的地区之一[16]。这再次表明，轨道遥感图像可能具有欺骗性。如同在古谢夫（Gusev）的勇气号火星车一样，那些着陆探测任务被派去调查原先推定与水相关的特征，却很容易发现它们实际是熔岩覆盖的地方。

北方荒原（Vastitas Borealis）是北部最低的平原，被认为拥有古海洋板块上非常细小的沉积物。然而，通过高分辨率观测，没有探测到与该说法相符的物质，更加显著的是，长达数米尺寸的大型岩石无所不在。一个长寿命的海洋应该将所有的岩石都磨成了碎片，大小不会超过一粒沙子。要么海洋并不存在，要么就是它的沉积物都被火山活动所掩盖了[17]。探测器对河道出口进行成像，希望分辨率的提升能够发现被洪水运输的大型岩石（事实上，这是 20 世纪 80 年代中期为火星观察者号相机所提出的科学目标之一）。大型岩石与霍尔登撞击坑（Holden crater）内的沙丘相连。与河流研究相关的是对层状沉积物的地层学观察，因其可能保留了环境条件变化的历史证据。将霍尔顿、盖尔（Gale）、耶泽罗（Jezero）和哥伦布（Columbus）撞击坑图像中类似于湖泊地点的水平层提取出来，这些静水如同位于仙特台地（Xante Terra）可以持续存在数千年。不出所料，其中一些地点进入了火星科学实验室着陆点的候选名单。在西部坎多尔深谷（Candor Chasma）的分层地形中沿着裂缝发现了水局部变化的痕迹，火星快车在该处检测到了硫酸盐。从高分辨率图像可以推断，这种改变完全发生在地下，后续由于侵蚀而暴露出来[18]。

可以采用立体观察的方式来确定地层的三维结构并测量它们的真实厚度。使用该方法对靠近赤道的阿拉伯台地（Arabia Terra）四个撞击坑中的阶梯层进行分析，这些撞击坑被认为记录了比极地地形更古老的表面状况。通过立体重建表明，尽管从顶部视角上看，层的厚度看起来是不规则的，但实际上存在一种模式，统计分析数据表现出了显著的周期性，这表明分层是在有规律的气候循环中发生的。例如，在贝克勒耳撞击坑（Becquerel crater）中，一个10层的序列重复了10次。虽然这可能与行星公转轨道偏心的周期性有关，但轴向的变化可能更为显著。特别是120万年内公转轨道轻微的轴向摆动能够模拟贝克勒耳撞击坑中的“10合1”结构[19]。

贝克勒耳撞击坑内广袤的分层结构（NASA/JPL/亚利桑那大学）

地形演化的主题非常多样化，实际上成像地点遍布了整个火星。风化过程的研究主题还包括与机遇号火星车的联合研究，从维多利亚撞击坑（Victoria crater）中不断吹出的玄武岩沙，产生了特有的暗“尾”。对哥伦比亚山丘（Columbia Hills）主要风向的研究是与勇气号火星车联合进行的。其他观测包括，对小型含冰撞击坑以及富含冰的沙丘下风区的明亮条带进行成像，并且在探测活动中捕获到许多沙柱的存在。背景相机记录了多纬度范围内的沙尘活动。针对一些中高纬度地点开展了对与冰相关的形成过程的研究。研究发现5m宽的多边形图案几乎存在于北极地区的每幅图像中，这似乎暗示了融化周期对浅层冰层的影响。中纬度的地形看起来富含冰，曾被认为是在近几个世纪内沉积的，因为这段时期内公转旋转轴高度倾斜，但被证明其形成的时期更为遥远。对中纬度地区灰尘覆盖的冰丘进行了成像，这些冰丘可能与沟渠以及浅层地下水有关。在阿耳古瑞盆地（Argyre basin）等地区发现了古代冰川的痕迹，对尼罗山口（Nili Patera）沙丘地区进行了数百天的单独成像探测，第一次拍摄到沙丘涟漪在火星上的移动。在此之前长期以来，人们认为由于火星大气稀薄，火星的沙丘地带或多或少是静止的，并且它们是在火星大气层更厚的时期形成的。然后，值得注意的是，通过这次探测计算出的沙丘位移仅略小于地球上的位移。显然，即使火星的大气层稀薄，但较低的重力环境使沙子的迁移更为容易。此外，沙丘迁移可能受到了特殊地形的影响，形成了不寻常的风循环模式[20-21]。

下午晚些时候在亚马逊平原（Amazonis Planitia），火星勘测轨道器高分辨率相机拍摄到的一个“怪物”沙柱（NASA/JPL/亚利桑那大学）

物质坡移主题针对斜坡、山体滑坡和可能的山体滑坡源以及沟壑和台地。实际上，在极地地质考察中获得了最令人惊叹的物质坡移图像。2008年2月19日拍摄的图像展示了一个700 m高、60°的分层陡坡，随着早春时期北纬84°的北极冰盖不断消逝而暴露出来。这里至少发生了四次雪崩，导致产生了上升数百米范围的尘埃云。雪崩似乎是由融化引发的，融化降低了岩石和二氧化碳混合物的粘结性。在一项相关的观察中，刻耳柏洛斯堑沟群的部分图像显示了近期滚下陡坡的大石块。事实上，风的作用还尚未消除滑坡造成的痕

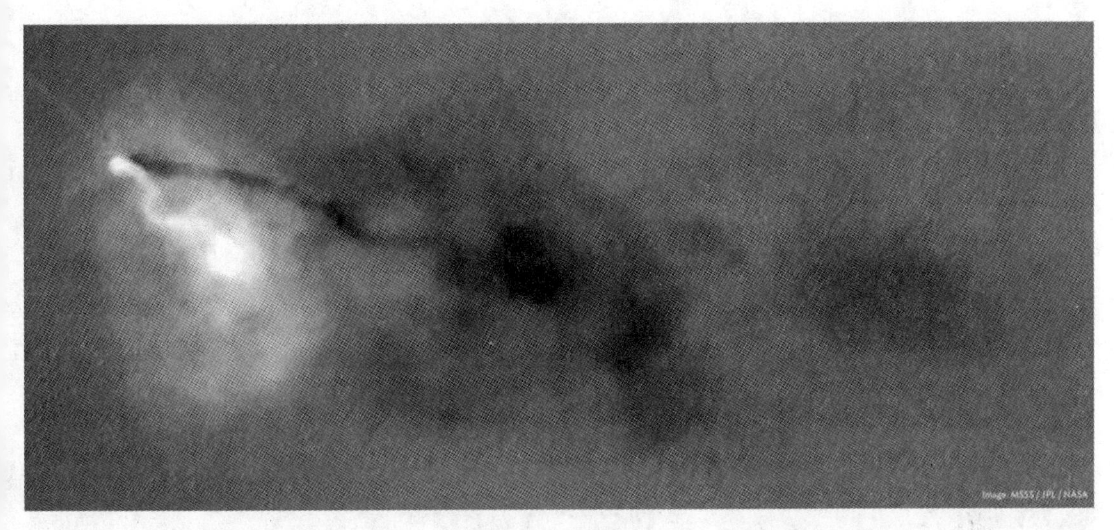

背景相机对同样沙柱拍摄的图像（NASA/JPL/亚利桑那大学）

迹。对于一些科学家来说，由于刻耳柏洛斯堑沟群位于埃律西昂山（Elysium Mons）火山附近，这项观测结果为近期地震活动提供了更多的证据。

极地地质是另一个富有成效的研究主题。通过探测获取的三维数据重建了分层沉积物的厚度，并且对地层学进行了亚米级分辨率的详细研究。通过图像得出了北部地形各地层的单独厚度可薄至 10 cm，但长期覆盖的灰尘掩盖了其真实的厚度[22]。南极分层的退化现象似乎更加严重，分析起来也更加复杂。此外，南极区域的地形显示出了奇特的结构，例如由直线组成的裂缝网。无线电波在这些裂缝内发生了散射，因此雷达似乎无法穿透这些裂缝到达基层。探测器拍摄了 500 多幅图像来研究季节性模式及其变化过程，在很多情况下这些图像在非常短的时间尺度上表现出巨大的差异。从 2006 年 12 月开始对南极冰盖的升华过程进行了研究，特别关注了之前任务中所发现的暗色“蛛网”状和扇形地貌现象。2008 年 1 月开始对北极冰盖的升华现象进行观测，科学家对冰的升华与极地沙丘的相互作用特别感兴趣，在一些沙丘地区可以看到类似于南部扇形区域的解冻模式。探测器对一年与其下一年之间非风成地表和气候的形态变化也开展了研究。研究目标包括南极的“瑞士奶酪”型地形（探测器对其拍摄了 100 多张图像），以及一些似乎是水、陡坡和沟槽发源地的中纬度地点，实际上还包括任何可能有冰累积或升华的区域。

2008 年和 2010 年期间探测器对北极冰盖周围沙丘地区的运动进行了持续一整个火星年的成像观测，探测结果表明它们并非像之前认为的那样是静止的，而是在干冰和强阵风剧烈循环的作用下改变了形状。从沙丘边缘的冰基开始，二氧化碳的升华形成了气体喷射，破坏了沙粒的稳定性且导致沙丘发生崩塌、凹陷并产生沟渠。此外，风对表面景观侵蚀和改变的作用效果显著，以至于过去崩塌的痕迹可能会在一年内消失。这种沙丘的变化机制在地球上并没有能够相对应的参照现象[23]。

调查过去和未来的着陆点是高分辨率相机的主要目标，相机为此拍摄了 400 多张图像。2006 年 10 月，火星勘测轨道器在到达最终测绘轨道后，最早获得的图像之一是对机

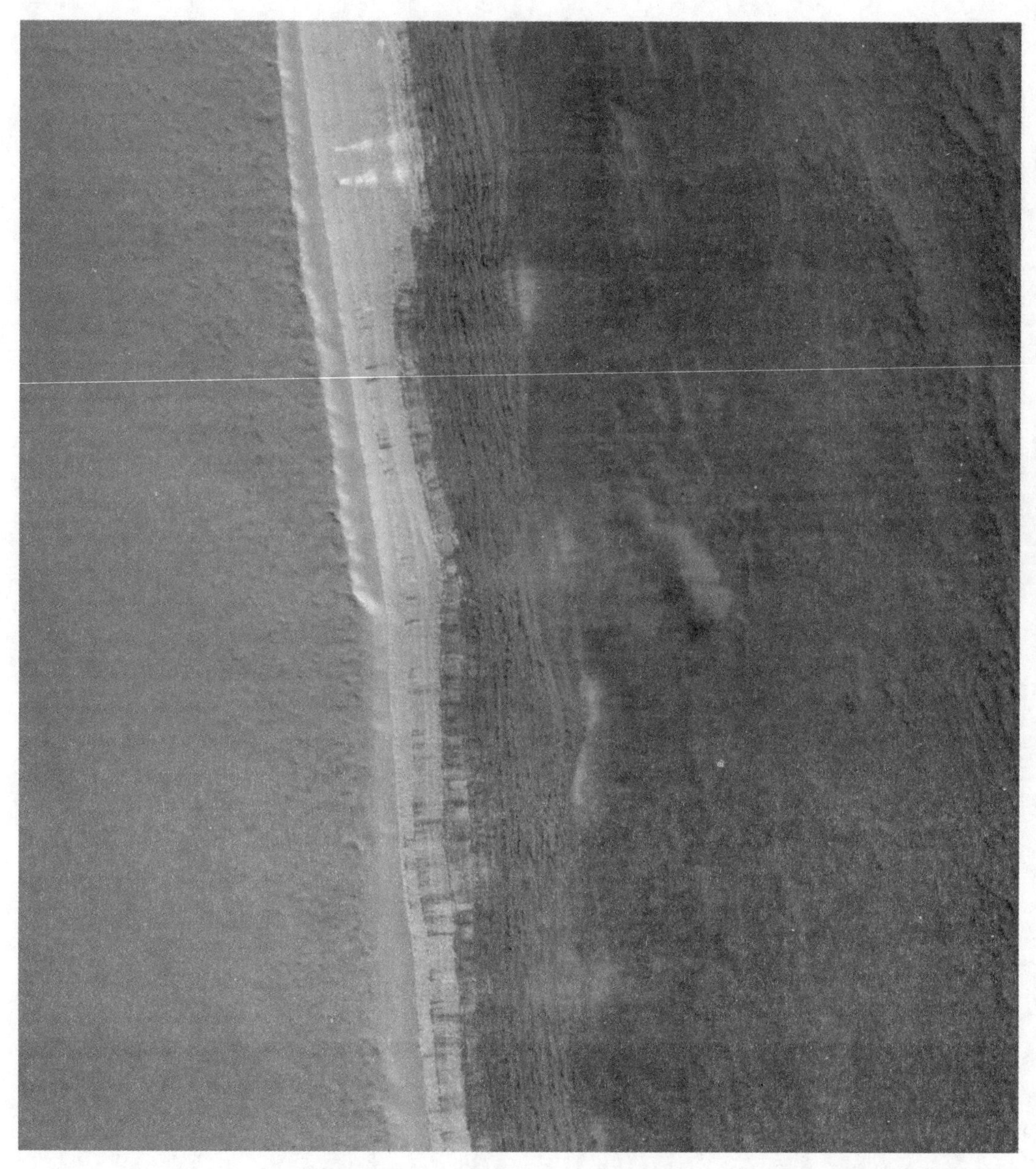

2008 年 2 月 19 日，火星勘测轨道器在北极的峭壁边缘拍摄到雪崩（NASA/JPL/亚利桑那大学）

遇号火星车及其在维多利亚撞击坑边缘行驶轨迹的极佳成像。尽管图像缺失了部分彩色通道的数据，但火星车团队还是在获取图像后的数小时内，利用图像信息选择了探测目标。作为与前期火星探测的关联环节，相机对海盗号和火星探路者的着陆点进行了拍摄，并对这些任务中硬件设备所处的位置进行了精确定位[24-25]。由于火星勘测轨道器在无意间“启动”了高增益天线的驱动装置而产生了振动，使海盗 2 号着陆器的首张图像出现了不可恢复的模糊。相机对火星极地着陆器的整个着陆椭圆区域进行了拍摄，发现了在米级的尺度上散布着明、暗的特征，与丢失的着陆器的特征类似，但进一步确认是否是着陆器却异常

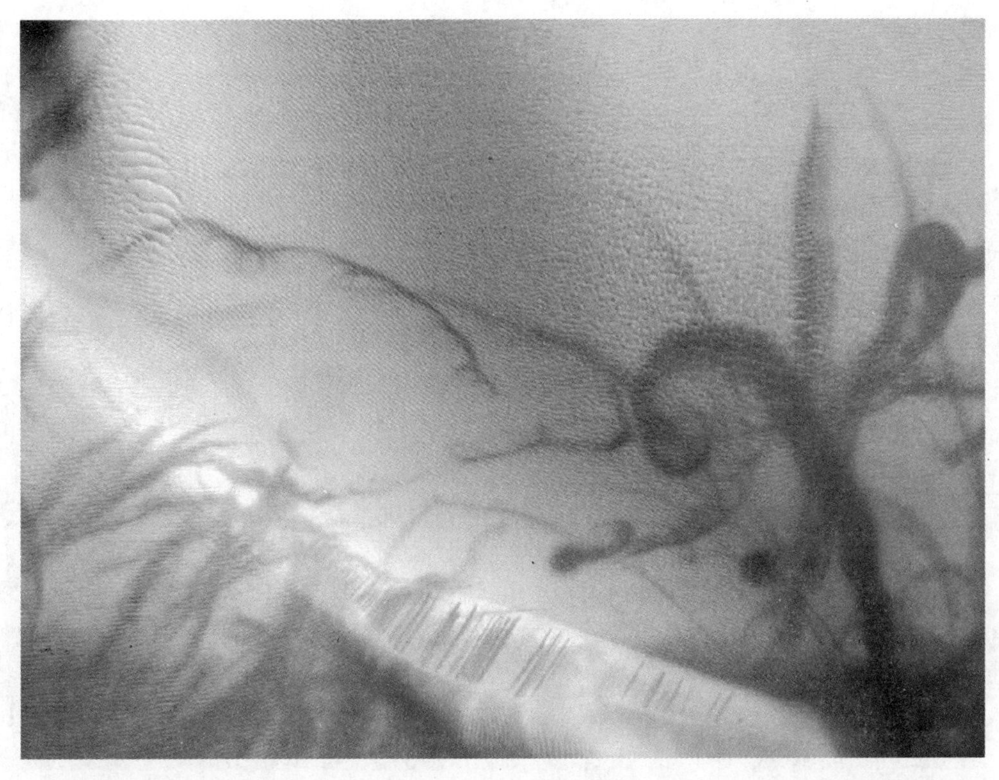

尘暴在火星浅色调地形上留下的精致、纹身般的黑暗痕迹（NASA/JPL/亚利桑那大学）

困难。相机也对猎兔犬 2 号着陆椭圆的部分区域和苏联火星着陆器的“标称区域”进行了成像，但并没有进行严格意义上的搜寻。真正的搜寻需要数百甚至数千张的图像。最好的搜寻方法是寻找着陆器的降落伞，但似乎火星 2 号（Mars 2）从未打开过降落伞，也不清楚火星极地着陆器和猎兔犬 2 号是否打开了降落伞[26]。然而，俄罗斯爱好者在仔细核查火星 3 号（Mars 3）预测着陆点的高分辨率图像时，在其表面上识别出了人造物体，还从后续图像中找到类似降落伞、制动火箭包、防热罩、泡沫减震器以及长期失联了的苏联着陆器。除了对凤凰号的候选着陆点完成了成像以外，探测器还为火星科学实验室拍摄了 50 多处候选着陆地点。同时还引入了一些公众参与计划，包括公众可以通过互联网提出观测目标并参与寻找失踪探测器的任务，尤其是火星极地着陆器[27-28]。

与高分辨率相机相比，背景相机并没有产生如此惊人的科学成果，但截至 2010 年，它以 6 m 的分辨率绘制了火星 50％表面的地图。成像红外光谱仪以 200 m 的分辨率绘制了约 66％表面的成分。它检测到含水硅或蛋白石的证据，表明在 20 亿年前火星的某些地方存在液态水。其中一个蛋白石矿床位于水手峡谷。在尼罗瑟沟群和两处相邻的区域，成像光谱仪发现了相对较大的矿物沉积物，被证明是碳酸镁。高分辨率图片显示这些沉积物存在于明亮的侵蚀台地中。碳酸盐沉积物总是与黏土和橄榄石密切相关，因为橄榄石容易遇水发生蚀变而生成硅酸盐和黏土，这表明在火星历史早期的某段时间内是有水存在的。这种联系还表明，在尼罗瑟沟群形成黏土的水不像在子午平原（Meridiani Planum）中形

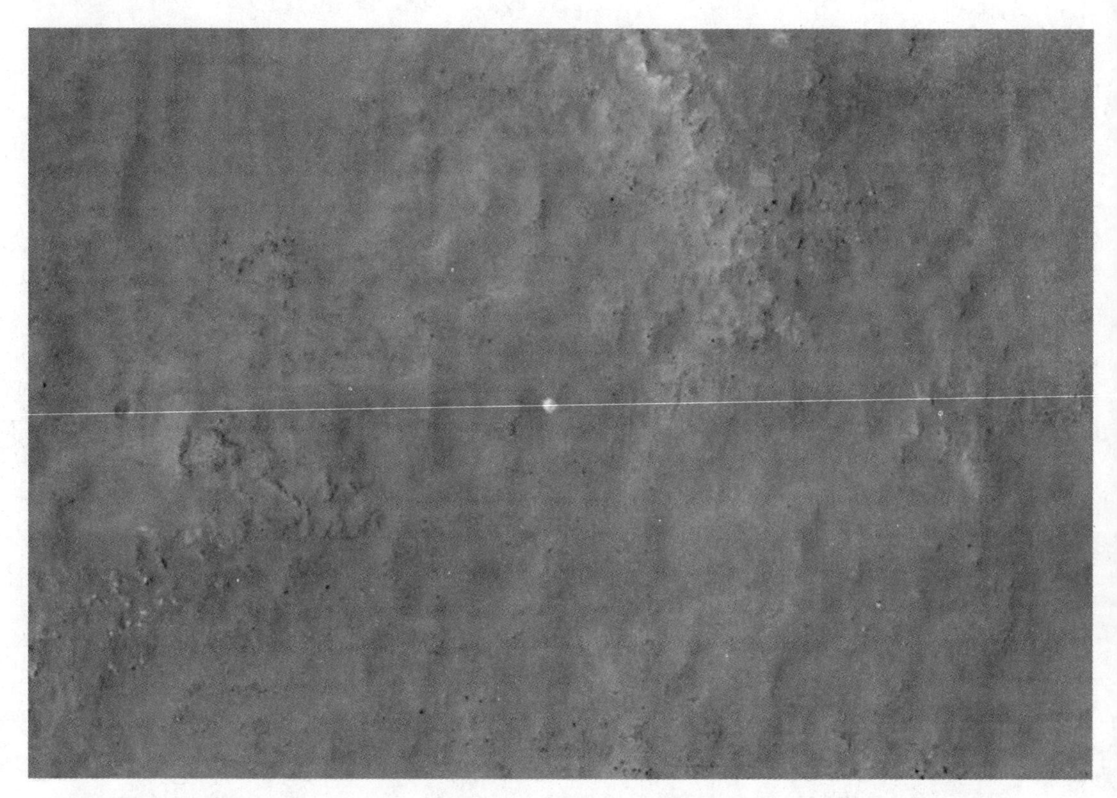

这张照片中央的明亮圆形物体可能是苏联火星 3 号着陆器的降落伞，距离它到达火星已经 41 年。周围其他较小的物体特征暂时被确定为制动火箭包、防热罩、泡沫减震器和着陆器本体（NASA/JPL/亚利桑那大学）

成赤铁矿的水那样呈酸性，因为酸性水会溶解碳酸盐[29]。光谱仪在几个撞击穿透地表以下数千米的撞击坑中探测到了硅酸盐。事实上，消失的碳酸盐可能只是简单地被埋在了更年轻的火山岩下面。在 500 km 的巨型撞击坑惠更斯（Huygens）边缘的黏土中发现了碳酸钙或碳酸铁。在名为莱顿（Leighton）撞击坑内的一个小撞击坑附近探测到了其他碳酸盐。由于分辨率足够高，光谱仪检测到了 10 000 种黏土沉积物，其中许多由于面积太小而不能被火星快车检测到。通过探测数据，科学团队确认了这些矿床主要位于古老的南部高地。黏土通常与撞击坑的坑壁、中央峰和溅射物有关，数据表明由黏土形成了古老而深埋的地层。此外，黏土通常被埋在橄榄石层下面，而橄榄石层是在表面上不再存在大量水时形成的，否则会被风化掉。光谱仪还检测到了高岭石，这种矿物在地球上与水文系统有关。但事实上，这些矿床在火星上很罕见，仅存在几百米的宽度，这反驳了存在大面积水的猜测[30]。

火星勘测轨道器与火星快车上的矿物学仪器合作，对所有直径超过 30 km 的北半球撞击坑进行了分析。科学家认为这些撞击坑足够大，以至于能够穿透覆盖了整个火星北半球的火山岩层，这些火山岩层深达数百米至数千米。其中的 9 个撞击坑显示出黏土和其他含水矿物的光谱迹象，显然它们没有受到撞击加热的影响，还保存着火星原始的表面。这证实了潮湿环境不仅在南部高地留下了多处印迹，同样也对北半球产生了影响，尽管北半球所有的痕迹都被熔岩、尘埃和沉积物所掩埋[31]。虽然存在被掩埋的含水矿物，但这本身并不能说明这个低洼地区曾经是一片海洋，不过这种假说仍是很振奋人心的。

探测器也对火卫一和火卫二进行了红外观测，特别是在红外光谱中首次解析出了火卫二的轮廓。

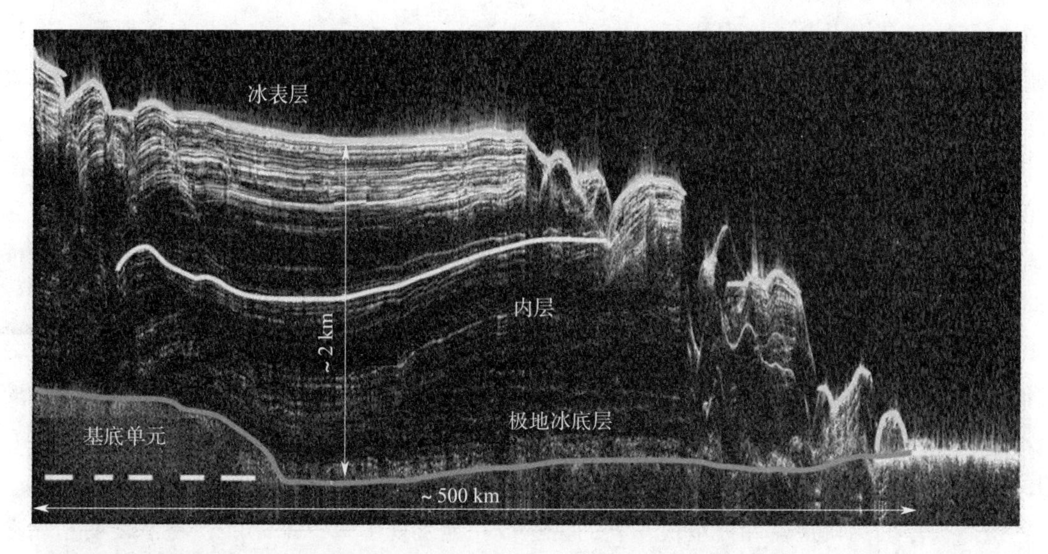

火星勘测轨道器浅表层雷达设备探测到北极冰盖的横截面（NASA/JPL－Caltech/ASI/UT）

浅表层雷达分别获取了以两极为中心的分层地形数据，其分辨率足以支持对地层进行详细研究。北极地形的数据证实了地形变化周期性，细间隔的反射冰层聚集成小簇，与低反射率的主要由纯冰形成的地层交替存在。这些区域可能是在火星运行在更圆轨道、气候更稳定的时代形成的，那时只有偶发风暴会导致尘土积累；或者可能是在火星的自转轴倾角小而稳定的时代所形成的。此外，对下层岩石表面变形的测量表明，火星北极岩石圈的厚度超过 300 km。在北半球低地边缘崎岖的亚尼罗桌山群（Deuteronilus Mensae）地区发现了几百米厚的近乎纯净的冰层。北极深谷（Chasma Boreale）也位于北极冰盖的边缘，长 500 km，类似于地球上的科罗拉多大峡谷（Grand Canyon）。它的起源长期存在争议，其中一个形成假说解释其是由火山融化了极冠底部引发了灾难性的洪水冲刷形成的。然而，峡谷的雷达切片显示它具有相对古老的地层，排除了融化的起源假说。另一种说法是，北极深谷的形成似乎是由于之前存在的地形和冰层偏转了风向并控制了分层地形积累的位置和方式。类似的过程似乎是导致火星表面从极点向外辐射形成螺旋槽地形的原因，因为这些槽看起来是由北极上方反气旋大气结构的风相互作用而形成的。火星勘测轨道器也对普罗米修斯舌状地（Promethei Lingula）和南半球南极桌山（Australe Mensa）地区的风雕峡谷开展了研究。南极沟脊地（Australe Sulci）的分层似乎在近期才暴露于地表。南部中纬度地区沿着希腊盆地（Hellas basin）和阿耳古瑞盆地边缘的叶状流体一直被怀疑掩盖了浅水区的水冰沉积物，这一点得到了雷达的证实，雷达探测到了许多此类特征及其背景的内部结构。沉积物似乎由相对薄的灰尘和碎片层所覆盖的巨大冰川组成。

为了绘制埋藏在埃律西昂平原（Elysium Planitia）表面下的河道，火星勘测轨道器专门进行了至少58次雷达扫描。人们相信这些河道是在过去的几亿年内由于火山活动而被覆盖的。科学家们根据雷达数据能够详细地重建该地区最长且较年轻的泄水河道——马尔特峡谷（Marte Vallis）的历史。马尔特峡谷长达1 000 km，宽100 km。关于它是否被一次长期事件或在过去50亿年发生的一系列灾难性洪水所摧毁，还一直是个谜。该地区的一部分在后来被熔岩流填满而掩盖了大部分的地质历史，因此这些研究受到了阻碍。雷达观测数据揭示，河道较小的分支在第一阶段形成，留下了四个流线型岛屿，这些岛屿在火山地面上仍依稀可见。在第二阶段，深而宽的单河道蚀刻而出。洪水的源头可以追溯到刻耳柏洛斯堑沟群裂缝中的地下水库。马尔特峡谷最有趣的地方是，考虑到火星地质特征测年的不确定性，它非常年轻，可能只存在了1 000万年[32-38]。雷达探测到了“无反射”区域，在南极冰盖底部的区域散射出极其微弱的反射信号。这些区域被解释为存在低孔隙度的干冰沉积物，厚度达700 m，相当于火星大气层含量的80%。该区域与存在坍塌坑和其他挥发物释放迹象的地形特征相匹配。当火星的轴向倾斜角度增加时，这些沉积物可能会融化并进入大气层，从而增加大气密度。这些沉积物的二氧化碳含量不足以增加温室效应并温暖湿润火星，而且如果它们完全蒸发，将导致更频繁和剧烈的沙尘暴。另一方面，它们的蒸发可能会产生一些“绿洲”，而液态水可能存在于其中[39-40]。

虽然火星勘测轨道器和火星快车上的雷达成功地发现了地下水冰沉积物，表明水冰在火星上非常普遍，但它们没有成功地找到任何可能从火星早期时代幸存下来的液态水。如果这些“含水层”仍然存在，那么它们的深度一定超出了轨道器雷达的探测范围[41]。

气候探测仪除了对天气进行常规监测外，还完成了一项意义非凡的观测。该仪器在火星南部第一个冬季里运行时，首次发现极地的二氧化碳云正在降雪，从而证明降雪是冬季形成极地冰盖的主要手段，而非冻结的大气落在了地面上。

火星勘测轨道器的轨道近地点在南极上空，特别适合进行南极冰盖的引力研究。通过无线电跟踪测量了南极冰盖的质量，再结合火星全球勘探者高度测量所得出的体积数据，可以证明南极冰盖的密度仅略高于水冰的密度，这意味着水冰一定是其主要成分。这使得火星的南极成为太阳系内部最大的水库之一[42]。地面通过跟踪火星勘测轨道器开展引力研究，对火星极端平坦的北部低地和崎岖的南部高地之间天壤之别的二分差异开展了有意思的深入研究。一种理论解释该差别现象是由于火星遭受了巨大的撞击而导致的；另一种理论解释涉及了半球尺度的地幔循环，这种地幔循环削弱了北半球的地壳或加强了南半球的地壳。虽然“北极盆地（Borealis basin）”在边界上并不完全与南北二分差异现象匹配，塔尔西斯地区的发展使边界产生了变形。将火星全球勘探者和火星勘测轨道器的引力数据“减去”塔尔西斯区域，可以估计出下层地壳的厚度，最终得出二分差异区域的边界可以通过一个8 500 km×10 600 km的椭圆进行拟合，这可能标记着一颗直径约2 000 km的小行星与火星曾发生撞击。对于相邻区域，如阿拉伯台地，高度测量显示那里可能存在多个环。虽然这个盆地可能是迄今为止在太阳系中所发现的最大的盆地，但撞击能量只相当于地球所受撞击能量（一种假说认为地球受到了一次剧烈撞击而形成了月球）的1%。

对火星低地巨盆地理论的一种反对意见是，纵然小行星对火星的撞击并没有分裂整个行星，这种撞击事件的证据也应当已经被其自身撞击所产生的熔化物而掩盖。但模拟结果表明，低撞击速度和倾斜角度是可以产生如北极盆地这样的盆地的。另一种进一步研究这个问题的方法是在地表安装地震仪来测量地壳的厚度并确定其结构和成分，从而比较高地和低地的基岩[43-46]。

2008 年年初，火星勘测轨道器将其轨道与即将到达的凤凰号火星着陆器的着陆点同步，以记录凤凰号在进入、下降和着陆期间的遥测数据。在成为凤凰号着陆器的主要中继卫星后，火星勘测轨道器于 2008 年 12 月完成了其主要科学任务。2009 年 8 月 26 日，它重启了计算机，自年初以来第 4 次进入安全模式。在对异常情况进行调试时，工程师发现了一种潜在的风险，尽管这个风险不太可能导致任务的中止，但会引起多次计算机异常重启。为了消除这种异常情况，工程师编写了软件补丁来修改器载闪存中的数据文件，这些补丁在 11 月下旬完成了上传并进行了彻底的测试。在此间歇期间，所有的科学和数据中继操作都被暂停。12 月初，探测器脱离了安全模式，但在检查和重新校准仪器完成之前，所有科学观测都无法恢复。

为了研究沙丘迁移和瑞士奶酪状小坑（Swiss cheese pits）等表面变化，火星勘测轨道器任务期限被延长了 2 年，至 2012 年。任务延期可为火星科学实验室和 ExoMars 火星车提供候选着陆点的特性，并且后续还可为这些任务提供数据中继服务。截至 2010 年 4 月，探测器还剩余 290 kg 推进剂，其中 120 kg 打算用于支持火星科学实验室任务。它以每年约 15 kg 的速度消耗推进剂，按此速度推进剂应该能够支持整个 21 世纪 10 年代甚至更长时间[47]。由于当前没有任何国家的航天局有发射亚米级成像分辨率的火星轨道器计划，火星勘测轨道器的在轨工作能力尤为重要。不幸的是，在 2011 年夏天，高分辨率相机的一个 CCD 出现了问题，在两周内对其进行了两次预防关机的故障处理。在对传感器完成了调查的同时，相机恢复了其他 13 个 CCD 的工作，此时星下点轨迹图像的宽度限制在了 5.4 km 而不是以往的 6 km。该任务的最大限制因素是远程通信系统中发生了硬件故障，采用了部分硬件备份消除了此类故障的影响。

到 2012 年年初，探测器已经返回超过 155 Tbit 的数据，覆盖了 1.4%的火星表面，拍摄了 22 000 多幅高分辨率图像，立体图像占其中的 0.25%。另一方面，背景相机以 6 m 的分辨率绘制了火星表面 75%以上的地图，其中 6%为立体图像。雷达扫描超过了 10 000 行[48]。还有人建议重启到达火星时使用的光学导航相机，以便寻找失败的火星全球勘探者，这项操作还可以对轨道不确定样品罐的定位技术进行演练[49]。

在 2013 年的夏季和秋季，使用探测器上的高分辨率相机对明亮的艾森彗星进行了观测。第一批图像拍摄于 8 月下旬，当时这颗彗星距离火星还有 1.48 亿 km，并未被探测到。到 10 月初艾森彗星与火星之间的距离将小于 1 000 万 km，9 月下旬探测器拍摄到了艾森彗星，其在图像上只是一个拥有微弱彗尾的亮点。机遇号和好奇号火星车也在火星表面对艾森彗星进行了观测。这些观察结果显示，彗核的大小可能不到 1 km，这可能是它无法在 11 月份通过近火点后幸存下来的原因之一。

2014 年 10 月 19 日左右，火星勘测轨道器以及其他火星轨道器可能被用于对 C/2013 A1 赛丁泉彗星进行长周期的观测，该彗星将从火星上方约 135 000 km 处经过。彗星经过火星时距离非常近，事实上，火星（以及其表面和轨道上的探测器）可能以大约 56 km/s 的相对速度穿过彗星的彗发，这让人们对彗星大颗粒粒子高速撞击探测器产生担忧。尽管相机没有针对这种微弱物体进行成像优化，但彗星的彗核本身被认为有几千米宽，可以通过高分辨率相机来观测。如果能够实现，它将成为第一个由航天器近距离观测的奥尔特云彗星。通过火星的环绕器，可以观察到伴随着彗星的电离气体与火星弱磁场相互作用而可能触发的短暂极光[50]。

近期的火星轨道任务和表面探测任务所积累的探测结果支持了这样的假设：过去在温暖的火星上存在丰富的水。但科学家们对这些潮湿时期的持续时间和时代划分仍存在分歧，他们认为这是一段短暂的时期，在此期间的降水不足以形成广泛的排水系统。事实上，所有与水有关的火星地质特征和现象似乎都是被水流短暂地冲刷过几十年或者最多几个世纪而形成的。如果是这样的话，那么这些短暂的时期可能是在火星历史的前十亿年中，由于小行星或彗星的撞击向大气中注入热蒸汽而引发的。火星快车和火星勘测轨道器在几年内收集了数千个含黏土的岩石露头的光谱观测数据，这些数据的分析结果证实了这一观点。火星表面具有相对丰富的富铝黏土。然而，在浅层形成的富含铁和镁的黏土似乎散布在整个火星上。此外，在黏土沉积物中发现的矿物仅与在温暖的地下热液环境中形成的矿物相容。这对于寻找古生命存在的证据有何意义尚不清楚[51-52]。

12.2 极地着陆器的绝地反击

在失去火星气候轨道器和火星极地着陆器之后，NASA 将其刚刚发起的火星勘测者计划（Mars Surveyor program）转化为火星探测计划（Mars Exploration program），这要求其中的一部分项目开展一系列“低成本”的火星巡视任务，通过采用对科学发现快速响应的手段，来弥补系统探测途径的不足。与发现计划一样，每一项任务都在首席研究员的领导下完成。第一个火星车将在 2007 年 8 月的发射窗口发射，恰好处在 2005 年的火星勘测轨道器和 2009 年的火星智能着陆器（Mars Smart Lander）（后来被命名为火星科学实验室）之间的空档期，该任务最初的成本上限是 3.25 亿美元。NASA 收到了不少于 24 个来自高校和研究中心的建议书。这些建议包括环绕器、巡视器、极地着陆器、飞机与滑翔机、着陆器网络和穿透器（penetrator）①。其中的 4 项建议被选中，开展了为期 6 个月的详细研究，只有一项建议最终会获得支持。这 4 项建议包括凤凰号着陆器、航空区域环境调查项目（Aerial Regional - scale Environmental Survey，ARES）、火星探测样品采集任务（Sample Collection for Investigation of Mars，SCIM）、火星火山爆发和生命侦察——“奇迹号”火星环绕器（Mars Volcanic Emissions and Life scout，MARVEL），“奇迹号”

① 穿透器是对天体表面以下一定深度进行探测的一种探测器。——译者注

火星环绕器将专门寻找火山或者有机体活动的迹象。

根据亚利桑那大学、JPL 和洛克希德·马丁公司的提议，火星探测样品采集任务将于 2008 年 5 月到达火星，并于 2009 年 4 月大气层最可能尘土飞扬的时候，再进行一次 1 200 km 的飞越。在第二次飞越时，飞行路径的最低点将低至 40 km，在这段时间内，航天器的最前端将打开一个入口让大气尘埃进入，同时侧面的舱门打开，一个气凝胶样品收集器将捕捉到尘埃粒子。此次飞越将把航天器的近日点降低到地球轨道附近。在进行一次轨道机动之后，样品将于 2011 年 1 月送回地球。探测器将被封闭在一个锥形的防热罩内，用于在与火星大气相遇时，保护探测器并保持探测器的空气动力学稳定。航天器携带 2 个蝶形太阳能帆板，连同高增益天线一起都收拢在防热罩内。防热罩内还设置一个大型推进贮箱、综合电子设备和一个继承自起源号和星尘号的返回器。火星探测样品采集任务预计收集至少 1 L 的气体、1 000 个较大尘埃粒子和数百万个较小的粒子。由于火星大气中的样品能够通过太阳紫外线进行消毒，此次任务与火星表面采样返回相比，行星保护要求没有那么严格[53-55]。

航空区域环境调查飞机的提案寻求重新启用微型火星任务飞机。航空区域环境调查飞机将在一架小型飞机上安装照相机、磁力计和光谱仪，并通过它们完成大气层、火星表面和内部的测量，这架飞机将在 1 km 或 2 km 的高度飞行 500 km，飞行时间持续约 1 h。航天器将使用德尔它 2 号火箭发射，并于一年之后抵达火星。航空区域环境调查飞机的进入方式与火星探测漫游者相似，只不过巡航级将不再撞击火星，而是进行偏转操作，从而进行一次火星飞越，在此过程中，巡航级将接收飞机上的数据，并将数据转发给地球。目标地点将选在能够使用火星勘测轨道器做数据中继备份的位置。这架飞机由混合机身和机翼组成，横向跨度 6.25 m，总面积 7 m^2，其尾部安装了一对折叠尾桁，用于支撑一个倒 V 型的尾翼。当飞机随背罩下降时，它会被释放出来，并附在一个降落伞上。这个降落伞可以在飞机展开机翼时帮它保持稳定，随后将被丢弃。飞机在进行工作时，长度为 4.45 m。在完成俯冲后，飞机将进行水平飞行，此时启用推进系统。研究表明在稀薄空气中飞行需要一个非常大的螺旋桨，所以飞机决定使用双组元火箭来提供动力。飞机的推进剂质量为 175 kg。飞机基本沿直线飞行，也可能进行 180°的转弯，最终飞机将撞向地面，需要采取机体解体可能性最低的方式，以降低生物污染的可能。采用 0.62 ～ 0.71 马赫数的飞行速度和合适的雷诺数，使设计人员能够在地面风洞和高空气球下降的真实条件下开展空气动力学试验。2002 年夏天，NASA 利用兰利跨声速风洞进行了一系列火星模拟环境试验，最终成功验证了在 30 km 多高空展开和水平飞行的测试。随后的全尺寸试验验证了硬件的可靠性和成熟性[56]。航空区域环境调查飞机没有最终入选，然而这并不令人惊讶，因为尽管它会提高公众对该计划的兴趣，但科学家们相信，在火星上飞行的飞机，与配备有厘米级分辨率摄像机的轨道飞行器相比，没有显著的进步。尽管飞机的任务极其短暂，但它们有可能执行“生态”任务，比如“嗅探”甲烷的来源。

“奇迹号”火星火山爆发和生命侦察轨道器是一个轨道飞行器，携带用于研究火星大气的仪器，可以定位水蒸气的浓度，从而确定地下水体的储集层。当然，这些地方有可能是生命孕育的良好环境。

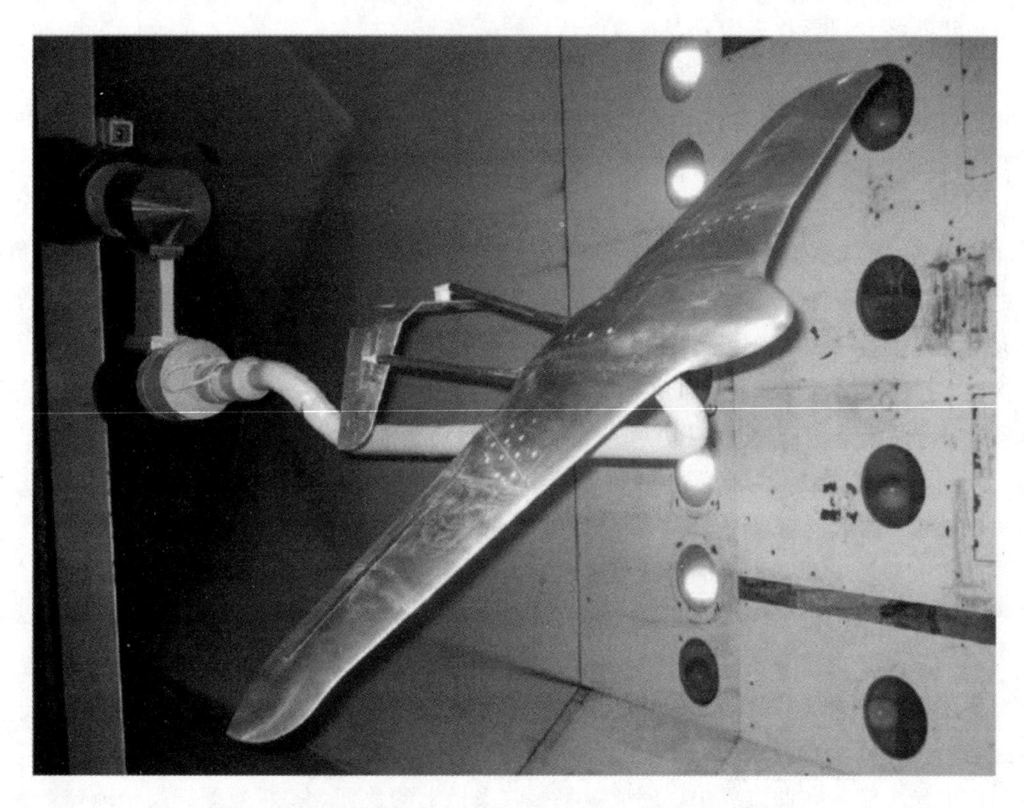

航空区域环境调查项目（ARES）火星飞机的风洞试验模型

2003 年 8 月，NASA 还是选择了最传统的侦察方案，也是最具科学依据的方案。

亚利桑那大学和 JPL 提出的“凤凰号”火星探测任务，旨在利用奥德赛号火星轨道器在北极地区表面附近发现水冰的机会，通过发射一个着陆器来解决以下三个问题：极地能维持生命吗？登陆点的水、冰的历史是怎样的？极地上空大气的动态特性是如何影响气候的？正如“凤凰号”这个名字所暗示的那样，该航天器将重新利用火星勘测者计划设计的大部分硬件，包括来自火星极地着陆器和整个 2001 着陆器的设备，后者在任务取消之后，被存入了安全可控的存储容器之中。事实上，在竞标公告中已经说明了 2001 着陆器的设备可供使用，因此凤凰号并不是唯一一个提出再次使用该着陆器设备的提案。例如，JPL 和美国地质调查局的探测任务尤里号（Urey）火星着陆器就计划再次使用 2001 着陆器、玛丽·居里号（ Marie Curie）火星车和 2003 采样返回着陆器的设备，对火星岩石的绝对年代进行测定[57]。获胜提案内容中包括一个再次启用 2001 着陆器的详细计划：将着陆器从贮存容器中取回，对其进行测试，分析和解决所有已知的故障场景，并对其进行升级。当然，由于已经拥有了一个着陆器，更多的资金可以用于分析和修改，而不必开发新的系统。整个任务的总费用估计为 4.17 亿美元。

除了纠正已知的缺点之外，该小组还进行了一项彻底的研究，鉴定了另外 12 个没有进行详细审查的问题，这些问题也都得到了解决。关键单机着陆雷达进行了比以往所有火星着陆器加起来还要多的试验，它被吊在直升机上，用缆索拖了超过 60 h，穿越各种地形、地质和结构，并以各种不同垂直和水平速度降落。通过试验暴露出来了一些问题，所有这些问题都得到了解决。这也是任务超支 3 000 万美元的很大一部分原因。例如，人们发现，来自防热罩的回波可能导致雷达过早地关闭发动机。探测器增加了一个利用雷达数据评估水平风速的系统，该系统可以在必要时执行分离操作，以防止着陆器被已经使用的舱盖污染。由于封存的 2001 着陆器最初的推力器已经被火星勘测轨道器改装使用，所以在下降的最后 26 s，将由 12 台新的 293 N 肼发动机来完成减速制动。为了防止发动机温度过低（火星极地着陆器可能会发生这种情况），推力器上安装了加热器，并对其抗冲击能力等进行了彻底的测试[58]。由于 2007 年的发射窗口不如 2001 年有利，任务进行了一些修改；具体来说，在探测器到达时，火星距离太阳远了约 0.2 AU。此外，不利的发射窗口对发射提出了更高的能量要求，迫使任务使用更强大的德尔它 2 号火箭。有利的一面是，在接近远日点时进行着陆将使探测器进入大气层的速度降低 1 km/s 以上，达到 5.7 km/s[59]。凤凰号最终的构型非常类似于火星极地着陆器，由一个直径 1.5 m 左右的圆形本体构成，并通过三条着陆腿进行支撑，距离地面为 53 cm。所有的科学仪器都安装在本体上方，而系统和综合电子设备则安装在本体下方。在两侧安装了两个直径1.8 m 的十边形太阳能阵列，每个阵列面积为 4.2 m^2，两侧的太阳翼使得着陆器的总跨度达到 5.52 m。在太阳能阵列能力不能满足需求时，将由一对备份蓄电池来补充能量。着陆器本身的质量约为 410 kg，其中包括 67 kg 的推进剂肼。科学仪器的总质量为 59 kg，与总发射质量 664 kg 相比，凤凰号是所有火星着陆器中载荷质量比最高的。

凤凰号着陆器位于火星北极的效果图（图片来源：NASA/JPL - Caltech）

凤凰号从2001着陆器上直接继承下来了一个2.35 m长的反铲机械臂，它拥有四个自由度，用来收集样品，并可以刨出只存在于地表以下几厘米的冰层。于研制后期，在铲斗的后面增加了一个电动锉刀，用于刮碎坚硬的冻土样品以便进行收集。锉刀由一家公司负责制造，这家公司曾经为勇气号和机遇号提供岩石研磨工具。2003年，联合国空间研究委员会（United Nations' Committee on Space Research，COSPAR）修订了航天器灭菌要求，说明了陆地细菌可能增殖的“特殊区域”。其中的一个区域就是火星的地下，所以机器人手臂需要进行热消毒，在地面操作过程中，它的无菌状态通过一个形似翻倒的帐篷的防护罩进行保护。此外，德尔它2号火箭整流罩内部的隔热层也首次进行了加热杀菌处理。

热演化气体分析仪（Thermal and Evolved Gas Analyzer，TEGA）本质上与火星极地着陆器携带的仪器相同。它由8个迷你烘箱组成，每个烘箱可以容纳20～30 mg的土壤。烘箱入口的前面安装了孔隙为1 mm的振动筛，只允许最小的颗粒进入烘箱。和热演化气体分析仪所继承的产品一样，它通过加热样品、分析释放气体和记录吸收的热量来寻找挥发性化合物，其中记录的热量通过一个关于温度的函数来识别相变。该仪器先温和加热到35 ℃，此时可以使冰融化，然后达到175 ℃，此时样品将释放气体，最后达到1 000 ℃，分解出有机物、盐和水合矿物。挥发出水分的温度有助于确定当前水合矿物的类别。

其他仪器包括一台加拿大提供的激光雷达，它可以向上发射一束激光并记录尘埃、光层、冰晶等物质散射的光，进而确定设备上方云层的垂直结构，检测雪降水，记录湍流和对流在低层大气中的混合过程。本次任务特意增加了显微镜、电化学和电导率分析仪。这个低功耗的显微镜对于几毫米成像目标的分辨率达到了4 μm（是勇气号与机遇号火星车上显微镜成像精度的8倍）。此外，在星际任务上首次使用了原子力显微镜，通过硅针进行成像，单个尘埃颗粒的分辨率达到了10 nm。在一个转轮上安装了69种不同的基质，表面特性涵盖了从粘性到磁性，用于为显微镜提供样品。这套装置还包括一个热导和电导探头，探头由附着在机械臂上的四个金属尖刺组成，探头将插入土壤进行测量。湿化学实验仪器中，有4个单元含有纯水。将土壤样品经过浸泡和搅拌后，对盐度、酸碱度、氧化电位等进行测试，从而确定表层下的冰是否有利于生命存活。它还能识别阳离子，并通过向试验单元添加酸来促使碳酸盐释放二氧化碳，从而完成对碳酸盐的检测。着陆器计划进行三次取样，一次在地表，一次在地表以下，一次在任何冰可能存在的地方。第四个单元作为备份使用。在对火星有机物进行测试之前，研究人员将一块非常低碳的陶瓷放在机械臂铲和锉刀够得着的地方，以评估分析仪器从地球携带的“偷渡碳”的含量。

凤凰号的相机与火星极地着陆器的相机类似，后者本身就是基于火星探路者的硬件开发出来的。不过，凤凰号使用了更大的1 024×1 024像素的CCD相机，并在轮子上安装了12个从可见光谱到红外光谱的滤镜。就像在火星探路者上一样，相机安装在一个螺旋形的桅杆上，这个桅杆可以把装在其上面的光学设备放置在离地面2 m的位置上。在机械臂上的铲子上方还安装了另一个相机，用于提供土壤样品的近景。虽然这款相机没有配备滤镜，但它可以通过使用蓝色、绿色和红色的LED灯照亮场景，从而拍摄“彩色”图像。

第三个向下拍照的相机将在着陆下降的最后 3 min 拍摄一系列彩色图像，以帮助确定着陆地点的特征。一根 1.12 m 高的气象台桅杆上装有三个不同高度的温度传感器，桅杆顶部安装一个风速计，风速计处在主摄像机的视野中。气象实验设备还包括几个压力传感器。最初的火星侦察计划采用中子分光计来探测水，但这台设备在早期就被取消了。

安装在机械臂上的相机用于拍摄主相机无法到达的区域。LED 灯阵用于获取彩色图像（图片来源：NASA/JPL－Caltech）

与之前的任务类似，着陆器安装在一个直径为 2.65 m 长的气动外壳内飞往火星，在气动外壳的顶部安装有一个小型太阳能巡航级。该巡航级将在到达火星前不久被分离。除了用于最终降落到火星表面的主发动机外，着陆器还配备了几个推力器，点火后的羽流通过背罩上的导流槽导出。4 个 15.6N 发动机用于轨道修正；4 个 4.4 N 姿态控制推力器，用于在星际巡航期间保持探测器的三轴稳定性。所有的发动机均使用相同的单组元无水肼。为了提高着陆的准确性，计划在接近火星的最后 18 天内进行三次轨道修正，并以每天两次的频度来确定轨道，而不是每周两次的频度。在整个航行过程中，NASA 将使用 ESA 位于澳大利亚和西班牙的两个跟踪站，以提高轨道确定精度。最初倾向于使用火星勘测者着陆器的进入制导程序，以便将着陆区域控制在一个 10 km 的椭圆范围之内，但很快就认为这样做过于复杂而且没有必要，这个轨道还要求进入器在非常低的高度打开降落伞，于是就取消了。在考虑了一个无动力提升的半弹道式进入轨道后，团队最终决定采用一个简单的弹道式进入轨道。与火星极地着陆器一样，在进入火星后，着陆器将使用一个 11.8 m 的降落伞进行减速，但为了增加其阻力特性，着陆器对降落伞进行了改进，用尼龙伞衣取代了聚酯伞衣。随后，进入器将释放背罩和附加在其上的降落伞，并使用发动机继续逼近火星表面。着陆器将以大约 2.5 m/s 的垂直速度着陆，但为了避免翻倒，要求水平速度不能超过 1.4 m/s[60]。工程师从火星极地着陆器的故障中充分吸取了教训，在设计上，将一根超高频的天线嵌在背罩上，以便在着陆过程中能够通过一个比较宽的主瓣与轨道中继卫星建立无线电链路。与大多数任务不同，凤凰号着陆器将完全依靠螺旋型超高频天线和轨道器来接收指令并将数据返回地球。不过，由于着陆点地处高纬度，轨道器可以更频繁地通过着陆点上方。火星勘测轨道器和火星奥德赛号将作为主份中继卫星，而火星快车将作为备份。尽管这种通信策略存在着一定的缺陷，但凤凰号火星着陆器仍能够每天传回数百兆比特的数据[61-64]。

2001 年火星勘测者着陆器的探测目标区域是广阔的赤道地带，然而由于火星奥德赛号已经在北纬 65°和 72°之间探测到了含冰的土壤，凤凰号的着陆区域定在这个范围内的任何地方。与火星极地着陆器任务的南方目标相比，北方平原一般比较平坦，海拔较低，这意味着可以有更多的大气层供降落伞进行制动。至于具体的着陆地点，那里超过 50 cm 大小的岩石应该越少越好。大型岩石不仅会带来着陆危险，还会干扰精密太阳能电池板的展开。着陆区域初步选择的主要依据是来自火星全球勘探者的图像和高度信息以及来自火星奥德赛号的可见光和红外图像。最开始选择了 4 个大小为 20×7°的区域。后来，确定东经 130°附近“区域 B”的冰层在其表面 10 cm 之内，便一度将该地点定为首选着陆地点。当火星勘测轨道器于 2006 年年末进入环绕轨道之后，在进入太阳会合之前，以 30 cm 的分辨率对这片区域完成拍摄。探测结果显示该区域遍布大型岩石。显然，在冰冻地带的融化-冰冻循环不仅生成了多边形裂缝，还将埋在地下的大型岩石推向了地面。因此，必须放弃该区域，并需要寻求一个新的候选区域。在一个名叫“海姆达尔”（Heimdal）的 10 km 撞击坑以西的“D 区”，人们发现了一个宽广的山谷。这个山谷看起来岩石较少，斜坡较缓，并可以在海姆达尔撞击坑的喷出物覆盖层之外容纳一个 100 km×20 km 的椭圆形安全着陆区域，山谷坐落在广阔的北方荒原（Vastitas Borealis）和斯堪的亚小丘群（Scandia Colles）之间。为了确保 98%的安全着陆概率，着陆器使用了一种岩石自动计数算法[65-66]。火星快车和火星勘测轨道器都提供了近红外数据，证实浅层确实存在水冰。

凤凰号任务拥有一个 22 天的发射窗口，每天拥有两次间隔 40 min 的发射机会，探测器将在 2008 年 5 月 25 日至 6 月 5 日之间到达火星。这次火星表面任务只会持续 3 个月。与其他任务不同的是，这项任务能够接受的延长时间比较短，因为接下来的冬季将使着陆器被厚厚的二氧化碳冰层覆盖[67]。在发射任务推迟 1 天之后，凤凰号于 2007 年 8 月 4 日发射。尽管探测器和地球之间、遥测飞机和地面之间存在通信问题，它还是成功地进入了火星转移轨道。事实上，这次发射非常精确，第一次轨道修正就节省了 10 kg 的推进剂，并完成了更精确的航向瞄准[68]。在执行任务的第六天，凤凰号完成了 197 s 的推力器点火，由此形成了 18 m/s 的速度变化，将航向由脱靶 95 000 km 修正为了指向靶心。在研制后期发现了一个问题，当下降成像仪向数据处理系统发送图像时，可能会干扰陀螺仪平台的运转，进而危及着陆器着陆。由于没有时间和资金来弥补这一缺陷，任务一开始就决定关闭下降成像仪。由于火星勘测轨道器可以很容易地获得非常高分辨率的图像，来确定着陆地点的具体位置，所以做出关闭下降成像仪的决定并不艰难[69]。探测器在 2007 年 10 月 24 日和 2008 年 4 月 10 日进行了 2 次轨道修正。然后在距离火星还有 4 天航程的地方进行了一次轨道机动，目标是椭圆着陆区域的远端。在进入大气层前 7 min，巡航级在 650 km 的高空丢弃，并在大气层中烧毁。凤凰号随后将防热罩调整至朝前的方向，与火星奥德赛号建立了关键的通信联系，火星奥德赛号是本次着陆任务的主要通信中继。无线电波也被美国弗吉尼亚州格林班克（Green Bank）的射电望远镜监测到了。在凤凰号进入和下降阶段火星快车飞越了该区域，其中继天线接收了遥测的备份记录，并使用相机和其他仪器对大气层进行了检测。

凤凰号从 125 km 的高空穿过火星大气层，进入大气速度为 5.7 km/s。随后不久，减速过载峰值就达到了 9.2g，防热罩温度超过了 1 400 ℃。在大约 13 km 的高空，凤凰号的速度降至 1.68 马赫数，打开降落伞，15 s 后抛掉防热罩。几周前洛克希德·马丁公司的一个工程师注意到，火星勘测轨道器高分辨率相机能够监测到凤凰号，如果要求它拍摄一张照片，可以提供一份第三方的数据，来调查如火星极地着陆器失败那样的事故。尽管有人担心操作相机可能会干扰至关重要的无线中继链路，但最终还是决定这样去做。利用最新可用的导航数据，火星勘测轨道器在凤凰号打开降落伞大约 47 s 后，在距地面近 800 km 的高度，以海姆达尔陨石坑为背景拍摄了一幅重要的照片，这是一项火星探测的“第一”。由于这张照片拍摄时的角度为 26°，显示当时距离地面 9.2 km 的凤凰号似乎正要坠入火山口。让人意想不到的是，这幅图中包含了自由下落的防热罩，尽管它只是作为一个黑点出现。着陆器在 960 m 的高度以 55 m/s 的速度下降时，抛开背罩。随后着陆器自由下落了几秒钟，使重心与速度矢量保持一致，然后给发动机发送了 5 个短脉冲，将之唤醒。由于风力很小，所以着陆器不需要为躲避背罩和降落伞进行机动操作。最后，凤凰号旋转成背对太阳的姿态，这样机械臂的动作区域就会处于阴影中，在取样过程中可以将冰的升华降至最低。凤凰号的动力飞行持续了 37 s，其中有 3 个推力器持续点火，其余 9 个推力器在雷达和计算机输入信号的要求下以 10 次/s 的点火脉冲进行工作。当它在 50 m 的高度时，水平速度实际上已经降为 0，同时保持着2.38 m/s 的恒定下降速度。凤凰号于世界协调时间 5 月 25 日 23 时 38 分着陆，倾斜角度仅为 0.25°。这也是首次在火星表面同时开展三个有效的任务[70-71]。

着陆 1 min 后，凤凰号停止发送信号，此时奥德赛号正处在火星地平线以下。氦气加压系统的阀门随后打开，其目的是防止升温膨胀后的气体在随后的任务中损伤甚至破坏管路。不过，这样处置也导致凤凰号无法再进行一次短暂的飞行跳跃。而短暂的飞行跳跃可以进行一次新的探测，就像 1967 年勘探者 6 号在月球上做的一样。在等待 15 min 后，尘埃落定，着陆器利用电池提供的能量展开太阳能电池板、照相机和气象站桅杆。2 h 后，奥德赛号再次经过凤凰号上方，并与地面取得了联系。第一步最需要进行传送的就是有关太阳能能量的遥测。如果太阳能电池板没有展开，电池仅能够维持着陆器正常进行一次标准动作。

正如轨道图像所预计的那样，这个着陆地点的风景远不如之前的着陆器已经探测过的五个区域。这里地形非常平坦，一些小石块散落在几米宽的多边形“枕头”上，这是由于冰季节性的膨胀和收缩造成的，类似于加拿大或西伯利亚的永久冻土层。只有远处的群山扰乱了原本平坦的地平线。这些多边形被 20～50 cm 深的窄槽分隔开。更大一些的岩石非常稀少，这里也没有沙丘和起伏的地形。幸运的是，着陆器的机械臂不仅能够对着陆区域富含冰的土壤进行取样，还能够收集到一个窄槽内的贫冰土壤。第一次检查时，表面没有露出冰，当然这也是意料之中的，因为冰应该存在于永久冻土之中。22 h 后，火星勘测轨道器拍摄到的照片显示，着陆器、防热罩和带降落伞的背罩躺在距离着陆器 300 m 远的地方，这也确认了着陆器所看到的亮点就是背罩。凤凰号处在一个直径 10 m 较暗椭圆的中心位置，这个椭圆可能是反推发动机将灰尘吹起的区域。从这些图片和稀疏地标可以判断，着陆点是 68.219°N、234.248°E，大概位于海姆达尔以西 20 km 的位置，此地距离北极约 1 200 km，并处于“海平面”之下 4.1 km[72]。

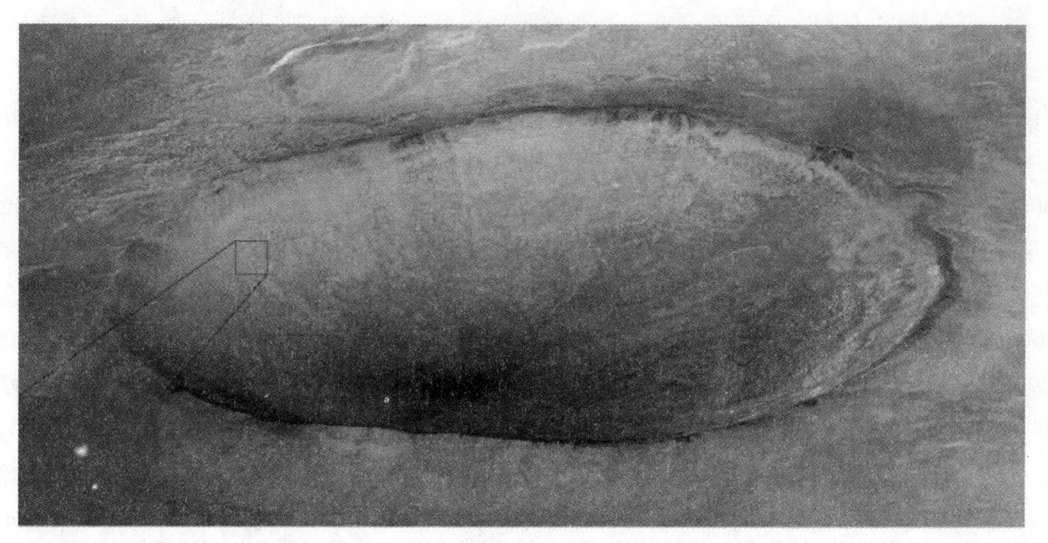

火星勘测轨道器拍摄到的挂在降落伞上的凤凰号。从这张图片倾斜的几何形状来看，它似乎是要降落在海姆达尔陨石坑内，但其实它只是个远远的背景（图片来源：NASA/JPL/亚利桑那大学）

凤凰号安全着陆后，控制权移交给了位于图森市（Tucson）的亚利桑那大学（University of Arizona），该大学将指挥进一步的行动。在第 1 个火星日，亚利桑那大学通过火星勘测轨道器发出了解锁和移动机械臂的命令，但由于通信中继似乎正处于待机模式，所以该指令并没有执行。当天，在没有命令的情况下，凤凰号执行了一个备份序列，并在随后发送了一些数据。在第 2 个火星日，着陆器展开手臂，并进行了七步动作，包括转动手腕，将前臂从锁定位置抬高，然后移动，松开肘部，将其从形似翻倒的帐篷的防生物污染防护罩中抽出。在此期间，着陆器提供了其初步拍摄的低分辨率全景图，并测试了激光气象仪。在第 4 个火星日，机械臂上的相机拍摄了着陆区域和着陆器下面地面的一些图像。那遭受反推发动机作用的地面让人吃惊，这里存在一个明亮、坚硬的特征，可能是一块岩石，但看起来也非常像一块冰。随后一天拍摄的照片显示了另一块明亮的石板，被称为“白雪皇后（Snow Queen）”，这可能是同一冰块的一部分，上面覆盖着一层薄薄的

凤凰号着陆器着陆后不久拍摄的火星北极的全景图（图片来源：NASA/JPL - Caltech）

松散泥土。模拟仿真显示，脉冲推力器比海盗号着陆器所使用的连续喷流发动机会侵蚀更多的尘埃。由着陆腿上的阴影估计，这里大概存在 5 cm 厚的冰层。对于科学探测任务而言，这是一个良好的开端。在第 1 个火星日，温度范围从清晨的－80 ℃，到下午相对温和的－30 ℃。同时，东北方向刮来了 20 km/h 的风，并带来了 8.55 hPa 的压力。这间接证实了这块冰是由水构成的，因为二氧化碳在这样的温度下会迅速升华。研究小组利用童话故事来命名着陆器附近的特征和目标。例如，“白雪公主（Snow White）”居住在离着陆器最近的多边形龟裂区域“仙境（Wonderland ）”的顶部。另一个着陆器触手可及（虽然距离还是有点远）的多边形龟裂区域是“矮胖子（Humpty Dumpty）”。在第 5 个火星日，机械臂与火星表面进行了第一次接触。进行了几次挖掘和倾倒练习之后，在地表以下几厘米处挖掘出了可能是冰或盐的白色条状物质——通过几个特定的火星日进行成像将可以揭示这种物质的成分，因为冰暴露在阳光下会慢慢升华，而盐不会。第一批样品取自“矮胖子”龟裂区域一侧的“渡渡鸟（Dodo）”沟，这里也位于“兔子洞（Rabbit Hole）”槽附近。在几个火星日里，铲子伸向着陆器附近的“红心国王（King of Hearts）”区域，安装在臂上的相机检查了被举起并倒在地上的样品。图片显示有一束闪亮的物质，同样可能是冰或盐。这个相机还被用来拍摄更多着陆器底部的照片，包括“冰雪皇后”冰层。之后，决定演练样品操作，为准确地将物质送至分析容器中做好准备。与此同时，显微镜对落在一个暴露的粘性表面上的小尘埃和沙粒进行了成像——样品盘是敞开的，用来收集着陆器着陆时吹到上面的灰尘颗粒[73-74]。

凤凰号着陆点的多边形龟裂地形（图片来源：NASA/JPL - Caltech）

凤凰号最终在第 11 个火星日期间为气体分析仪进行了第一次采样。样品采自“熊宝宝（Baby Bear）”位置最上面的几厘米处，该位置位于“渡渡鸟”和“金凤花姑娘（Goldilocks）”两个多边形龟裂区域之间的沟内。样品物质在下一个火星日被倒入第 4 个烘箱中。然而，烘箱入口的两个门中的一个没有完全打开。而这只是困难的开始；由于当样品被倒在仪器上时，并没有触发“烘箱已满”传感器，估计只有不到 1 mg 的样品倒入了其中[75]。30 多年前的海盗 1 号着陆器（Viking 1）也面临过类似的问题。工程师决定用振动筛把一些较小的颗粒震松。然而，在几个火星日内，通过这项工作也仅仅填补了理想容量的不到 10％。显然，北极的土壤比预期更有凝聚力。在第 18 个火星日的第七次也是最后一次努力中，筛子在被“烘箱已满”传感器触发几秒后自动关闭。到第 22 个火星日，前两个加热阶段已经完成。样品达到 35 ℃时没有检测到水。这并不令人意外，因为在极地，似乎冰只有在夏日阳光下升华之后，土壤才会失去粘性，才能够穿过筛子。此外，样品来自一个预计大部分无冰地区的暴露表面。二氧化碳在更高的温度下被释放，然后是氧气，最后是一些结合水。在加热过程中记录到了两个气体释放高峰。较低温度的高峰应该是在水中形成矿物，如针铁矿或高岭石，或各种硫酸盐，较高温度的高峰可以用滑石和蛇纹岩等含水岩石来解释。

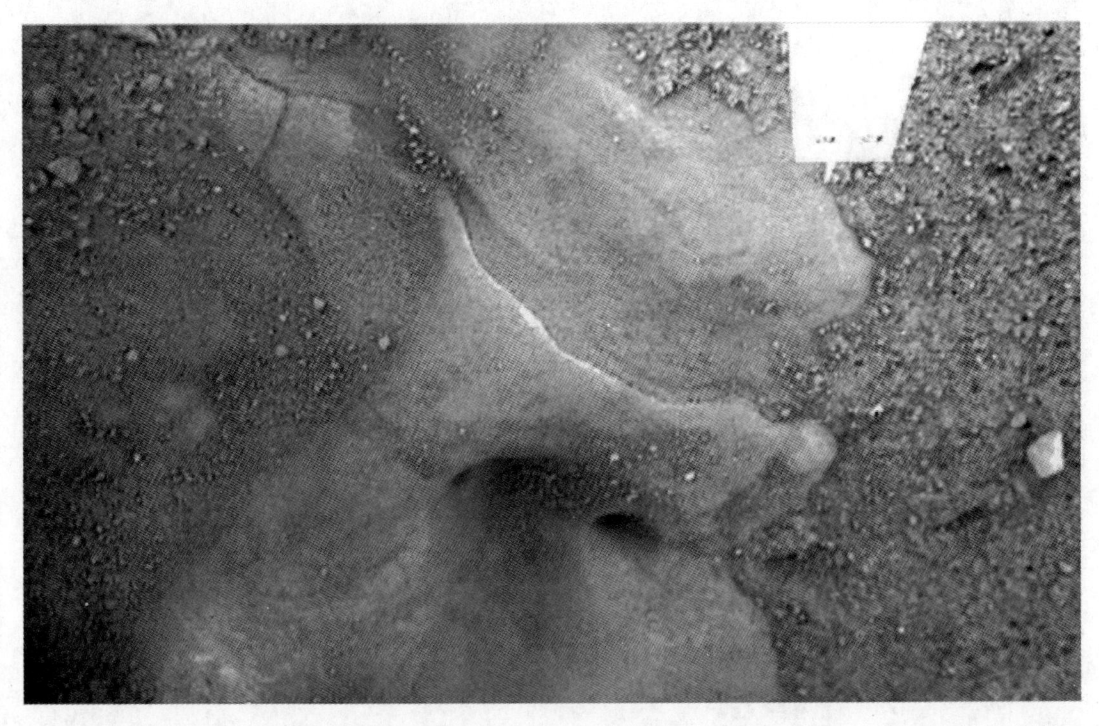

机械臂上相机拍摄到的近景镜头，展示了凤凰号着陆器反推发动机吹去浮土后的“冰雪皇后”冰块（图片来源：NASA/JPL－Caltech）

气体分析仪中的质谱仪也被用来测量大气中碳的同位素比率，提供了比海盗号更为准确的结果。如果火星是一颗不活跃的行星，大气中就会富含较重的同位素，而较轻的同位素更容易被太阳风“侵蚀”。令人惊讶的是，探测发现较轻的同位素与地球大气层的含量相当。这意味着某种物质正在补充大气中较轻的同位素，最有可能是火山活动。以此推断，火星在过去的几亿年间肯定是活跃的。然而，氧同位素比率并没有显示出任何这类活动的特征，如果火山向大气中注入二氧化碳，氧同位素的比率也应该有所显示。如果氧在最近与液态水或盐水反应生成碳酸盐的话，探测结果的矛盾就解决了[76-77]。

在早期的操作中，气体分析仪出现了一个故障，导致备用灯丝出现间歇性短路。诊断该问题并找到解决方案花费了几个火星日。这个问题可能是由于仪器刚刚受到震动引起

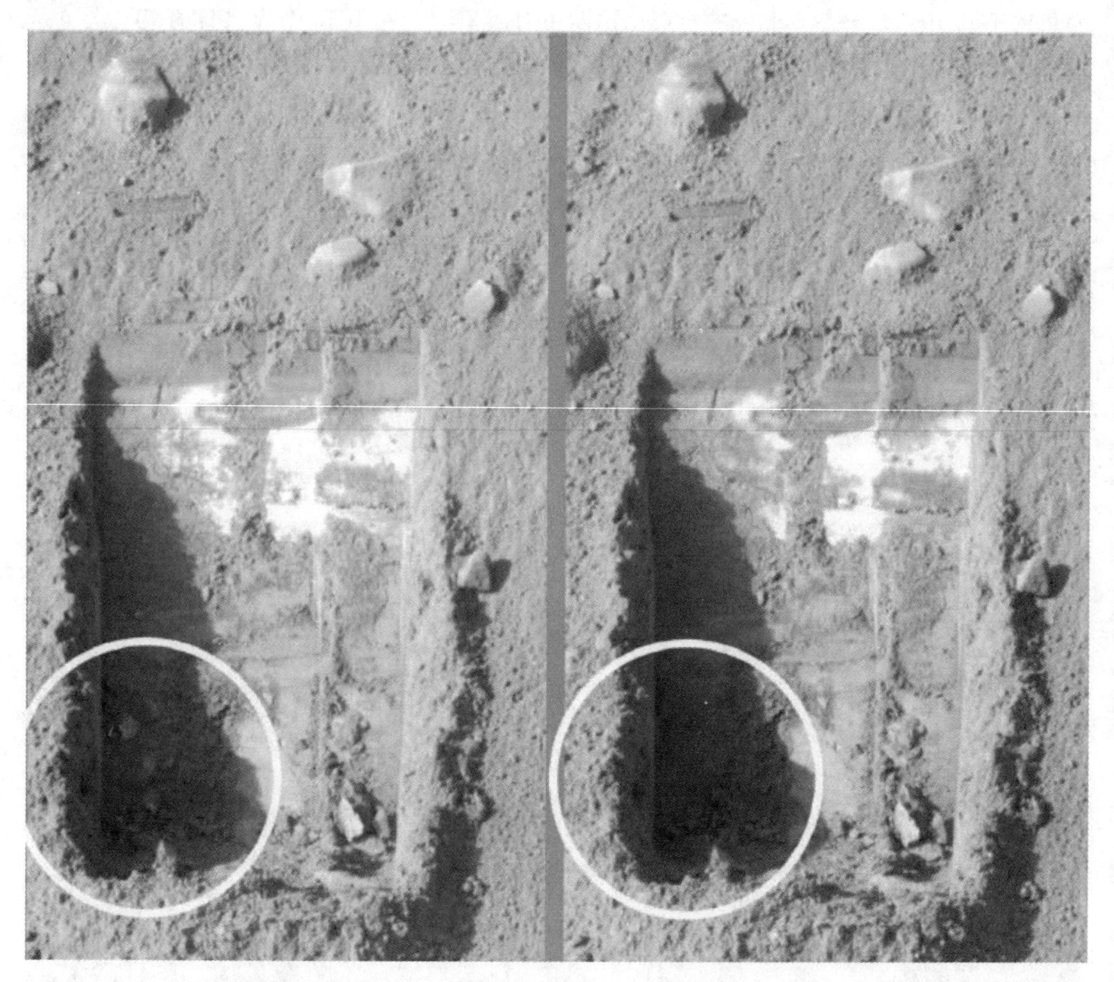

在第 20 火星日（左）和第 24 火星日（右）拍摄的渡渡鸟沟的两张照片显示，一些明亮的物体消失了，可能是小块的冰块（图片来源：NASA/JPL - Caltech）

的。事实上，在被运往洛克希德·马丁公司进行总装集成的几天前，该仪器也发现了类似的短路现象。在该仪器进行第一次分析时，测试了一种通过使用勺式锉刀振动手臂来喷洒样品的方法。首先，在一个干净的表面对这种方法进行测试，结果理想，进而在第 17 个火星日利用这种方法为光学显微镜提供了第一份土壤样品，从中观察到了成千上万的颗粒，包括小型红色颗粒和较大玻璃状的黑色颗粒，它们可能来源于火山，但现在也已经是赤铁矿了[78]。

与此同时，凤凰号继续在“渡渡鸟”“金凤花姑娘”的沟槽中进行采样，挖掘深度为 7～8 cm，收集到了更多的白色物质。在第 22 个火星日，着陆器开始对“柴郡猫（Cheshire Cat）”多边形龟裂区域进行采样，但在开始的几厘米内没有发现白色的物质，可能是因为那里的土层比较厚。着陆器还遇到了一个软件问题：由于着陆器产生了大量日常遥测数据，以至于无法将科学数据存储在闪存中。这个问题导致在第 23 个火星日收集的大部分数据丢失。不过还好，它们都是一些容易被替换的天气监测和图像数据。

第 20 个火星日，“渡渡鸟-金凤花姑娘”沟的表面暴露了一小块明亮的物质，不过这块物质在 4 个火星日后成像时消失了，这种现象提供了令人信服的证据，证明这些物质不是盐，而是会升华的冰[79]。

在第 26 个火星日，着陆器采集了第二个显微镜样品。在将这些样品传输给仪器之前，安装在机械臂上的摄像头拍摄了一幅 30 μm 分辨率的图像，显示出铲斗中部松软的红色土壤。

在第 29 个火星日，第一个样品被用于“湿态化学”试验。这些样品是在多边形龟裂区域中心位置附近，从几厘米深的浅“玫瑰红（Rosy Red）”处采集的。在与水混合后，该样品显示出约为 8.3 的微碱性 pH 值，这与海盗号着陆器的分析结果并不一致。之前认为土壤是酸性的，渗透着一种强氧化化合物，这种化合物被初步鉴定为过氧化氢。在溶液中加入酸性物质本应可以降低 pH 值，但却发现 pH 值几乎保持稳定，好像有什么东西在进行“缓冲”。缓冲物质最有可能是某种形式的碳酸盐。事实上，这种碳酸盐的某种特性可以使火星表面对生命的危害大大降低。这种盐包括镁、钠、钾、钙以及氯，但硫酸盐很少，没有一点硝酸盐。最有趣的结果，可能也是整个任务中最重要的成果是找到了浓度约为百分之几的高氯酸盐离子，这个浓度是相对较高的。地球上的这些高氯酸盐被一些特殊的植物和细菌用作能量的来源。气体分析仪的检测结果可以确认盐的存在。更值得注意的是，水与硅、铁、钙、氯和其他元素的混合物即使在低于冰点的温度下也能保持液态，而这种液体甚至可能是神秘沟壑形成的原因。尽管这些结论来自于海盗号的研究结果，但是凤凰号着陆点的土壤被证明是“非常适宜生命生存”的，而且并不比南极洲干旱的山谷差。

第 41 个火星日里，在位于“玫瑰红”右边的“女巫（Sorceress）”多边形龟裂区域的顶部，采集了一个尘埃与冰的混合样品，该样品被送入第二个湿态化学分析单元[80-81]。在第 43 个火星日进行了第一次电导率测量，将安装在机械臂上的尖刺插入一块未受干扰的土壤中，结果表明电极之间不传导电荷，这又意味着靠近地表的土壤大部分是干燥的。在任务后续过程中，观察到夜间积聚了少量的水。这个仪器也经常用来测量大气湿度。在第 8 个火星日和第 44 个火星日之间针对着陆腿拍摄了一系列的照片，检查着陆后看到的斑点是否是由于泥浆溅出导致的，结果显示这些斑点已经融合并移动。有可能是由于探测器的加热器加热了着陆腿，高氯酸盐降低了水的熔点，导致了冰块出现了融化和流动。另外，也可能是由光照变化引起的错觉。无论如何，持怀疑态度的人坚持认为，相机的分辨率不足以证明着陆器腿上确实有水滴。

在 7 月初，NASA 的管理者们开始批评整个探测任务进展缓慢，并且开始要求科学家收集坚冰样品。由于担心会发生短路问题并影响到气体分析仪，NASA 敦促工程师应该把该样品当作最后采集的样品。首先需要刮一下沟里表面的浮土，以便将冻土暴露出来，接下来使用锉刀收集土壤和冰的混合物，这其中最多包含几茶匙的水。接下来的几个火星日，在“白雪公主”底面上的“恶女巫（Wicked Witch）”处，选取了 16 个不同的地点进行刮擦和研磨取样，结果只获取了 3 cm^3 冰和泥土的混合物。连铲子上的碳化物刀片也刮不掉坚硬如岩石的冰[82]。彩色滤镜的成像证实这种材料具有水冰与少量尘埃混合的光谱特性。样品将被送到分析仪的“0 号”烘箱。这一次，入口门按计划打开，但当样品再次喷洒时，未能触发“烘箱已满”传感器。看起来，冻土的粘性非常大，以至于它粘在了铲子的侧壁上，“就像饮料杯里的冰块再次冻结一样”。探测器尝试了不同的方法来传递样品，包括振动铲子和手臂，但是最终还是决定换一个样品，下一样品将是冰土而不是硬冰。无论如何，在空气中暴露了 2 个火星日之后，样品中的一些冰已经升华，从而使得样品更为容易处理，其中的一小部分很快就进入了烘箱，可以用来进行分析。土壤在－2 ℃和＋6 ℃之间发生了相变，表明其中有 1 mg 的冰融化成水。不幸的是，由于水太少，无法确定同位素氢氘比，而同位素氢氘比有助于人们了解演化历史，特别是证实北半球曾存在一个古老海洋。虽然在光谱中发现了氯，但在任何温度下都找不到它。这表明高氯酸盐释放的可能是氧气（在本次试验中得到的记录和“熊宝宝”地区的分析一致），而不是氯本身。400 ℃左右的尖峰可能是由于碳酸镁，或高氯酸碳材料的氧化所引发的。在这样的温度下，高氯酸盐会释放氧气，氧气会与任何有机分子发生反应，形成二氧化碳和水，彻底破坏它们。事实上，这可能在海盗号的气相色谱中发生，所以海盗号也没有检测到任何有机物的痕迹。与实验结果最吻合的分子是高氯酸镁，与湿态化学结果一致。然后样品显示两个高温相变：第一个在 725 ℃，可能是二氧化碳从富含钙的碳酸盐中分解；但是第二个在 860 ℃，原因无法确定。

在第 74 个火星日，从“玫瑰红”采集了另一些表面样品，提供给第 3 个气体分析仪，不过除了第一个样品外，所有这些样品都是在“仙境”多边形龟裂区域中获得的。这一次用的是 5 号烘箱，但是门几乎没有打开。可悲的是，在执行任务之前，在地球上就发现了这个问题，即舱门和舱底支架之间存在微小的干涉。但是更换的零件显然是按照原来有缺陷产品的规格和设计进行投产的！在火星上只有 0 号烘箱能正常打开。幸运的是，机械臂成功地在这种配置下传递了样品。8 月中旬，这只机械臂将“橱柜（Cupboard）”沟拓宽，将另一个名为“活烧（Burn Alive）”的沟挖深，并在那里采集了样品进行气体分析。为了进行化学实验，将位于多边形龟裂区域之间凹槽上的“石头汤（Stone Soup）”沟加深了近 20 cm[83]。其中一些沟的可见光和红外图像似乎表明，高氯酸盐是由盐水（可能是它的薄膜）浓缩成小块的，这些盐水有可能在上一个夏季或春季还是以液体形态存在的[84]。在第 85 个火星日，第四个样品，也是主任务的最后一个样品，被送进了气体分析仪。该样品取自“活烧”沟的中间深度，并交付给了 7 号烘箱。第 3 次和第 4 次的气体分析结果与前两次分析结果相互印证，特别是碳酸盐的存在。然而，目前尚不清楚这些碳酸盐是在有水存在的情况下于原地形成的，还是像火星全球勘探者的数据所怀疑的那样，是由火星风以尘埃的形式传播而来的。

由于着陆器看上去很健康，而且有足够的能源余量，任务从 8 月下旬延长到 9 月底，以便使用还健在的气体分析仪烘箱和湿态化学单元开展进一步的探测。随着太阳以越来越低的高度出现，第一批霜冻开始出现，到 8 月底，迫切需要完成任务的主要目标。到 9 月中旬，较短的白昼使电源水平下降到 5 月底的 65%，气象仪器也显示大气压力在下降[85]。

激光仪主要探测到低层大气中的尘埃，这些尘埃在 4 km 的高度出现，表明湍流运动将低层大气和尘埃混合在了一起，并将尘埃在全球范围内重新分布。这种大气中的尘埃负荷在秋分之后便急剧地减少了。在接近夏至的时候（也就是着陆后不久），云层大多出现在 10 km 高空，然后黑暗中在靠近地面的地方开始形成冰晶。这些低空云层持续了整个上午，然后随着大气变暖而消散，但它们随着季节的推进，消失得越来越晚。在第 99 个火星日，激光仪进行了一个该任务中最直观的观察。大气剖面图显示，几乎垂直的条纹从高空云层一直延伸到地面。这些条纹明显是雪的降落，就像地球上经常出现的卷云一样，冰晶在到达地面之前就已经升华了。然后，在第 109 个火星日的清晨，探测器观察到了雪从天空一直落到地面。

相机还进行了一些大气观测：在第 104 个火星日中午之前，看到了沙尘暴在平原上肆虐。其他的仪器还检测到了大气压力的突然下降。可能是由于某些季节性的影响，沙尘暴在任务的后期才出现。在第 126 个火星日，拍摄到的图像显示了云的形成、增长和消散，这些云被认为是雪升华所产生的云，就像激光仪观察到的那样。

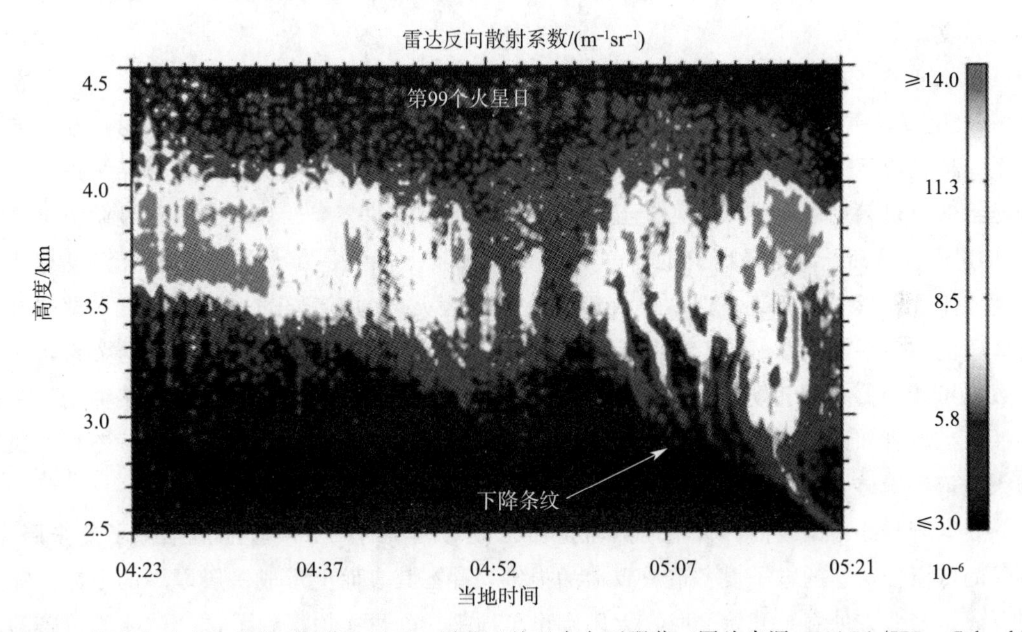

凤凰号上的激光雷达获得的“图像”显示，雪花正从云中向下飘落（图片来源：NASA/JPL-Caltech）

同时，分析仪器继续提供分析结果。最后的湿态化学样品是在“石头汤”沟的深处艰难采集的，寄希望在较深的位置可以收集到高氯酸盐，但它们的浓度并不随深度变化。在第 120 个火星日，来自萨姆·麦吉（Sam McGee）的样品被提供给了 1 号烘箱，2 个火星日之后，一个不含有机物的样品提供给了 2 号烘箱。3 号烘箱的门从来没有打开过，所以没有用。剩下的 6 号烘箱在第 131 个火星日填满了来自于“玫瑰红”的样品。不幸的是，在那时，从烘箱输送到质谱仪的阀门发生了故障，使得数据的价值受到质疑。最后一个实验是在 3 号烘箱中对大气样品中的污染气体进行分析，力求在这糟糕的情况下更好地利用设备[86-90]。

从 10 月 28 日开始，凤凰号一个接一个地关闭了加热器，以节省能源来维持操作相机和气象仪器，目的是监控冬季的来临和研究干冰沉积物的形成。因为第一个被关掉的加热器就是机械臂加热器，所以后面也无法再挖掘样品了。凤凰号将机械臂的电导率针插入地面，从而可以继续进行电导率的测量。天气迅速恶化，在 7 h 的夜晚里，气温下降到了 −100 ℃，冰云和温和的沙尘暴遮挡了阳光，从而导致太阳提供给电池的能量减少。为了防止电池在夜间耗尽，着陆器被命令关闭所有不必要的设备。10 月 27 日，也是“大功率”活动的最后一天，一场沙尘暴出人意料地席卷了现场，阻止阳光照射到太阳能电池板，使着陆器进入了安全模式。沙尘暴也使得一些火星日内的通信变得困难（正是这场沙尘暴几乎扼杀了勇气号，使它的发电量达到了 5 年来的最低水平）。在 11 月 2 日（第 152 个火星日）之后，再也没有收到来自凤凰号的信号，也宣告凤凰号结束了 5 个多月的地表活动。轨道中继卫星继续发送命令，命令着陆器打开发射机，但经过了一个月的沉寂以及很快进行太阳会合之后，这种努力也停止了；最后一次尝试是在 11 月 30 日，由火星奥德赛号实施的。到那时，凤凰号可能已经进入了“最小模式”，其计算机运行基本的勤务工作，但不再接受新的命令。

凤凰号安装在机械臂上的全景相机和光学显微镜总共提供了大约 2.5 万张照片。在第 43 个火星日，原子力显微镜传回了第一张图像，后续又进行了数十次这样的扫描，结果显示一般情况下尘埃颗粒通常是平的。机械臂从 12 个沟里共获取了 31 个样品。这些样品输送给 8 个烘箱中的 6 个以及 4 个湿态化学实验单元中的 3 个。其中有两个显微镜卡槽从未使用[91]。然而，并不是所有的科学目标都实现了。特别是对水的历史的研究没有达到预期。正如科学家们所说，这“很大程度上是因为火星的不配合”。例如，根本没有可能在坚硬的冰土层挖到 5 cm 以下的深度，从而导致无法测量盐的分布与深度的关系，而这些数据可能会揭示在气候变暖的短暂时期内海水的涨落。这项研究显然需要某种钻头或地下探头。尽管如此，凤凰号任务所呈现的火星环境，至少在高纬度地区，与海盗号和最近的火星探测漫游者所发现的氧化或酸性土壤相比，对生命的敌意要小得多[92]。

在太阳最终落山之前，火星勘测轨道器已经对沉默的凤凰号着陆器拍摄了几张照片。冬天的低温会对它的电子设备造成致命的损害，并在其表面上形成一层厚厚的干冰。2009 年夏天，当北方的春天开始之时，太阳爬出了地平线，再次拍摄到了这个被冰雪覆盖的着陆器。在明亮的霜冻和厚重的雾霾之中，几乎看不见着陆器，只能看到一个黑点。控制团队决定尝试将着陆器唤醒，并恢复一个最小任务[93]。2010 年 1 月 18 日，凤凰号开始尝试复苏，火星奥德赛号也在监听凤凰号的发射信号，不过这个努力徒劳无功。2 月下旬，太阳在地平线之上的时间已经达到了 90%，又进行了另一次尝试，但着陆器还是没有反应。4 月初，每天太阳已经持续地待在地平线以上，重现了凤凰号一年前着陆时的环境。尽管火星奥德赛号在着陆器上空飞行了 60 次，但没有探测到来自着陆器的任何信号。第 4 次行动是在 5 月中旬夏至后不久进行的，但还是没有反应。与此同时，火星勘测轨道器拍摄的图像显示，一块太阳能电池板已经没有阴影了。这表明，在冬天的某个时候太阳翼被干冰的重量给压断了。此外，冬季的冰冠几乎抹去了降落伞的任何痕迹。如果极地环境能如此轻易地抹去火星成功着陆的痕迹，这对十多年前在南方失踪的火星极地着陆器来说，可不是个好兆头。

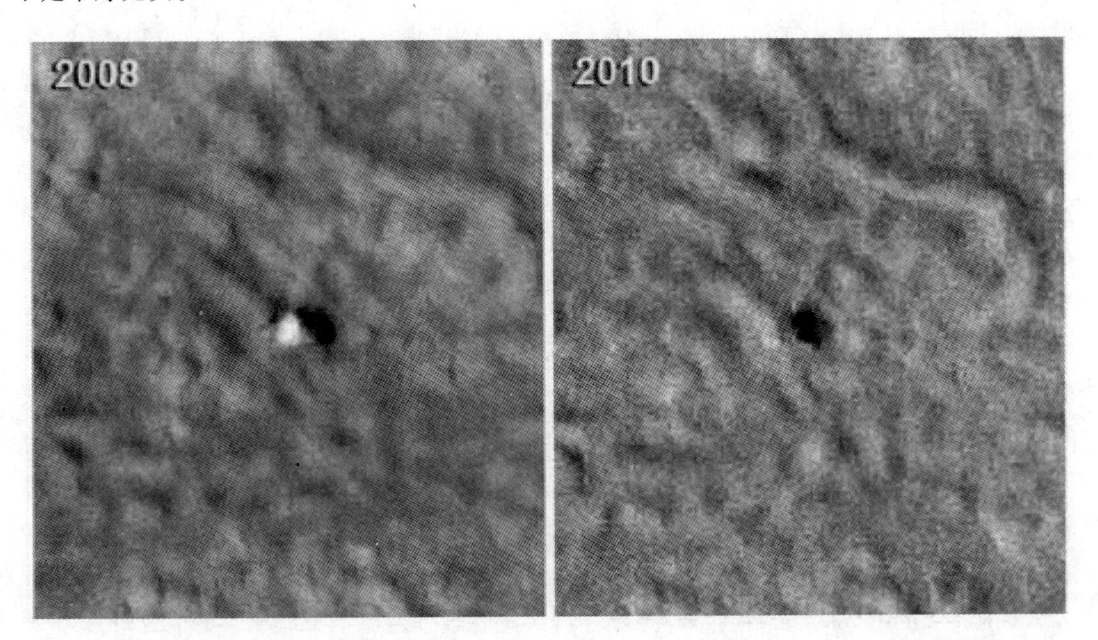

凤凰号在火星表面上的照片，是火星勘测轨道器在冬天前（左）和冬天后（右）拍摄的。照片显示，太阳能电池板很明显在冬天突然折断了（图片来源：NASA/JPL/亚利桑那大学）

12.3　重回火卫一

在 20 世纪 90 年代早期，俄罗斯空间研究所（IKI）的科学家和拉沃奇金联合体（Lavochkin Association）的工程师们开始考虑从火星主要的小卫星火卫一表面获取样品。就任务所需能量而言，这将是超越月球以远最容易的采样返回任务之一。“福布斯-土壤”任务最早的设想是基于火星、金星和月球通用（Universal for Mars，Venus and the Moon）探测器平台，该平台已用于 1988 年的火卫一任务，并应用于火星 96 探测器（Mars 96），初始质量为 7 700kg。它可能于 2003 年由质子号或能源 M 号运载火箭发射，能源 M 号火箭是 20 世纪 80 年代为暴风雪号（Buran）航天飞机研制的重型运载的轻量化版本，并也可能用于在月球上建立人类基地。据设想，该探测器将于 2004 年在火卫一上着陆，并在经过 2.7 年的飞行后带回来最多 1 kg 的样品[94]。此外还有一项提议，让俄罗斯人使用美国提供的由发现级计划资助的返回舱和探测仪器执行飞行任务[95]。但在 1996 年火星 8 号发射失败之后，俄罗斯行星探测计划本就紧张的财政状况进一步恶化，不得不彻底重新规划“福布斯-土壤”提案。在 1997 年，俄罗斯科学院的“行星和小天体”部门试图制定一项现实的国家近期行星探索政策。为了实现预期的科学目标，需要三项任务：探测月球内部结构的月球-全球任务（Luna Glob）、福布斯-土壤任务和火星-小天体任务（Mars - Aster）[96-97]。最终决定首先资助福布斯-土壤任务。

在此之前，原始的设计已经被一个在星际巡航中使用电推进级的设计方案所取代，航天器可以通过一个更小、更便宜的闪电号（Molniya）或联盟号（Soyuz）运载火箭来发射[98]。该设计包括：一个基于弗雷加特（Fregat）的上面级，用于将近地轨道加速；一个电推进巡航级，配备9台经过验证的法克尔（Fakel）SPT-100V离子推力器和425 kg氙推进剂；一个轨道模块，其本身包含一个用于火星轨道进入和火卫一着陆的推进模块；一个地球轨道进入模块和一个返回模块，包含能够将样品送回地球的大气进入舱。航天器的发射质量（包括弗雷加特上面级）有7 250 kg。在2004年12月发射后，福布斯-土壤号将在日心轨道缓慢加速，并在800天内到达火星。在进入火星轨道之前，将抛离电推进模块。也许会将一个小型探测站送到火星表面。福布斯-土壤号将在初始火星轨道上对火卫一进行导航观测，并对火卫一和火星进行遥感。着陆阶段将使用低推力发动机，最后将发射鱼叉，在极小的重力场中将航天器牢牢地固定在火卫一的表面上[99]。在一项为期数天的样品收集工作中，将收集175 g风化层土壤，并将其放入返回舱。然后，进入模块将点火，开始为期280天的回归地球之旅[100]。2008年夏天，航天器将释放返回舱，后者将软着陆至哈萨克斯坦。还有一项提议让该航天器继续执行一项拓展任务，通过轨道机动完成对几颗小行星的飞越[101]。

面对持续的财务问题，福布斯-土壤号再次进行了彻底的重新设计，取消了电推进系统。从技术角度来看很有意思的是，这个版本的任务设计将使俄罗斯的电子设备第一次在星际航行的真空环境中运行，从而使苏联遗留下来的体积很大、质量很重的高压壳体得以废弃。2003年8月，俄罗斯航天局确认，福布斯-土壤号将于2009年10月由联盟-弗雷加特号（Soyuz-Fregat）运载火箭发射，并计划于2012年7月将样品送回地球。在这个版本中，福布斯-土壤号的初始质量将达到11 100 kg，其中大部分是“旗手”（Flagman）级的推进剂，旗手级是一个改进的弗雷加特级，装有一个附加的可分离的环形贮箱。航天器本身质量为1 400 kg。它将在2010年7月或8月到达火星，进入一个为期9个月的环绕轨道阶段，该阶段将从一个周期为3天的轨道开始，后续将逐步调整并与火卫一的轨道相匹配。2011年4月，将使用加装了着陆腿的“统一运输模块”平台在火卫一上着陆。火卫一总是向它的母星展示同样的面孔，所有计划的着陆点都位于火卫一远离火星的一侧。火卫一的表面任务需要使用太阳能电池板发电，并与地球进行通信，而在大部分时间内火星或火卫一巨大的体积都会有所遮挡，从而使火卫一的表面任务变得复杂。根据任务所处的阶段，数据传输速率可能高达16 kbit/s。航天器在着陆后将立即收集应急样品，并制定了应急程序，以确保上升器可以在通信故障情况下起飞。另外，样品收集阶段将持续一周。最初的设想是使用取心钻头钻取风化层内部的分层，就像20世纪70年代月球着陆器一样，但后来意识到，在如此低的重力场下，钻取装置与坚硬土壤的作用，将很容易使航天器翻倒。因此，最终还是决定使用铲子机构进行采样，并利用全景图像来提供支持。铲子内的活塞将样品送入返回舱，后者最多可以容纳20铲样品，总计400 g[102]。159 kg返回段中的上升级从火卫一上升，需要加速到1～10 m/s以脱离这颗卫星。为了防止发动机的羽流损坏着陆器，在发动机点火之前，弹簧要把上升级弹射到一个安全的高度。从火星出发基本上与之前的轨道机动序列相反，首先进入一个环绕火星的圆形轨道，近似火卫一的轨道，然后进入一个偏心轨道，从这个轨道起进行一个为期 11 个月的巡航旅程，逃逸回地球。返回舱像馅饼上的樱桃一样安装在堆栈顶部，在接近地球时，这个重达 10.9 kg 的卵形太空舱将被释放进入大气层。它将不使用降落伞，而由可压溃的减震器缓冲来自着陆的冲击。

随着俄罗斯经济因化石燃料储量增加而繁荣增强，恢复行星探测的前景也有所改观。到 2007 年，经过 10 年的紧缩，俄罗斯空间研究所获得了支持运营的资金，有可能向福布斯-土壤号总共拨款 20 亿～25 亿卢布，相当于 1.6 亿美元。由于 10 年停滞所产生的代沟，有必要招募一批相关级别的年轻的研究人员，具有讽刺意味的是，其中大多数人的职业生涯始于分析美国任务的数据。就像福布斯号和火星 96 一样，俄罗斯人采用了一种“圣诞树”式的方法来装载有效载荷，最终将 20 个总质量为 50 kg 的仪器塞进了航天器，以确保即使采样任务失败，也能获得一些科学数据。有效载荷随着时间在改变，但要包含用于导航和表面成像的宽视场和窄视场 CCD 相机，以及机械臂上的立体显微镜。还有一些仪器将用于分析火卫一的表面。其中包括：一个复杂的质量色谱仪和光谱仪，用于检测水和其他挥发物，并可以测量氧、氢和碳的同位素比率；一台研究含铁矿物的穆斯堡尔谱仪（Mossbauer spectrometer）；一台中子谱仪，用以研究风化层的组成和寻找水合矿物；一台检测放射性元素的伽马射线光谱仪；一台对深度约 50 μm 的风化层成分进行研究的激光质谱仪；一台用于测量太阳风从火卫一表面释放出二次离子的质谱仪。此外，还有一台傅里叶光谱仪，用于研究火卫一表面矿物学和热特性，包括白天和黑夜，以及太空和星体表面；一台雷达测深仪，用于探测风化层，垂直分辨率为 2 m；一台热探针，可以测量风化层热导系数；一台地震仪，可以记录地震活动。轨道环境的研究使用一台进行电磁场测量的等离子波系统，一台微流星体探测器和尘埃计数器。最后，使用超稳定振荡器进行精确跟踪，可以研究火卫一的轨道和振动运动、质量和惯性特性，并进行基本物理实验。本次任务是一个国际合作任务，两个苏联共和国——乌克兰和白俄罗斯进行了投资，欧空局、德国、法国、瑞士、瑞典、荷兰、奥地利和匈牙利也进行了一定的投入。意大利原本计划提供一个尘埃计数器和一个热红外绘图仪，但由于经费限制，已经毫无可能[103-104]。另外还有两台仪器将参加任务，尽管它们不是官方有效载荷配套的一部分。一台是由美国行星协会（US Planetary Society）资助的小钛罐，内含 10 种微生物，通过从地球到火卫一往返，以确认生命是否真正能够在陨石上“搭便车”存活，从一个星球飞往另一个星球，进而在太阳系内撒播生命的种子。另一台是来自保加利亚的仪器，用来记录星际航行的驶离段和火星轨道上的辐射危害。从项目一开始，一台小型可展开的有效载荷就获得了研制经费，该有效载荷包括一个火星表面气象台、穿透器或气球，或者某种火卫二的探测器。

经历了多年的传言，2007 年 3 月，俄罗斯和中国航天局的负责人签署了一项联合探测火星的协议，中国将使用“福布斯-土壤”号探测器余下的能力。随着参加了一系列用气球探测宇宙辐射的联合实验之后，中国还希望参加俄罗斯计划在 20 世纪 90 年代开展的火

2003 年 11 月，哈尔滨工业大学深空探测中心主任崔平远在北京航天展会上回答了中国电视台的提问。在他身后是一个中国火星轨道飞行器的模型（图片来源：深空探测研究中心网站）

星探测任务。然而，行星探测并不优先，一直推迟到第一次嫦娥探月任务实施之后。2003 年 11 月，哈尔滨工业大学新近成立的深空探测研究中心，在北京的一个展览会上展示了一个小型火星轨道器的模型。大约同时，宣布开展了类似于美国火星探测巡视器的表面交通工具和类似于 NASA 空中吊车着陆系统（下一节将详细介绍）的预先研究。2005 年，俄罗斯邀请中国考虑参与福布斯-土壤任务[105]。对于中国来说，2007 年的协议意味着将有机会在福布斯-土壤号探测器上搭载一个小型（115 kg）有效载荷，并将其释放到 800 km×80 000 km 的捕获轨道上，与火星赤道的夹角仅为 3°。上海航天技术研究院在短短 23 个月的时间里研制了这个航天器，并将其命名为“萤火”（字面意思是萤火虫，也是火星的古代中文名字，意为“不可预知的火”）。

该项目要求萤火号在当地时间的一年内运行包含六台仪器的有效载荷。广角彩色 CMOS 相机可以在分离程序中对福布斯-土壤号进行成像。在近火点，该相机的分辨率大约为 500 m，将可以对火星进行成像，从而监测沙尘暴，并且拍摄火卫一的图像以进行公众宣传。此外，萤火号和福布斯-土壤号都有可能飞越火卫二，并在环绕任务开始时对其鲜有观测的背面进行拍照。一个星载存储器可以在每圈轨道存储多达 10 张图像。它还将携带一个中国和瑞典联合研制的等离子体探测系统，由一台电子监视器、一对离子监视器和质谱仪、一个无线电掩星探测器和一个磁通门磁强计组成。极偏心的轨道将有助于探索太阳风与行星之间相互作用的几乎所有区域，包括电离层的弓形激波、磁鞘、堆积区域、磁尾和等离子体片。较低的电离层处于探测范围之外，但可以通过萤火号和福布斯-土壤号之间的双频无线电掩星实验来进行探测，俄罗斯的探测器发射，中国的探测器接收。当然，本实验的垂直分辨率会随着萤火号在其椭圆轨道上的位置而变化。这将是首次轨道器对轨道器的无线电掩星实验。这在轨道器到地球的无线电掩星实验无法进行时，能够对赤道盘面 50～500 km 高度的电离层进行“探测”。特别是，它将首次提供关于夜间电离层的有效数据[106]。此外，通过近火点的精确跟踪，可以详细地绘制赤道附近的重力场。此外，中俄签署的协议还要求香港理工大学为俄罗斯着陆器提供一套样品研磨和制备系统，这套系统来自于“牙医钻”，为不幸的“猎兔犬 2 号”着陆器开发。

毫不奇怪，萤火号航天器与哈尔滨工业大学展示的模型有一些相似。它有一个小的 0.75 m×0.75 m×0.6 m 的中央平台，两个跨度 6.85 m 的太阳能电池板，其中一个太阳翼的顶端装有磁强计。这些电池板可以生成 110～190 W 的能源。在平台一侧安装了一个 0.95 m 的高增益天线，能够以 16 kbit/s 的速度将数据传回地球，并可以将航天器定位到 1 km 以内。低增益天线与高增益天线的安装方向相同。使用太阳敏感器、惯性平台、动量轮和氨气推力器的三轴稳定系统可以调整航天器的姿态指向，以便于太阳能发电、相机操作、双星掩星系统以及高增益天线通信。任务剖面提出了重大的设计约束，当航天器在偏心轨道的远火点时，几乎在赤道轨道上，同时火星将遮住太阳，萤火号将在黑暗中飞行 9 h，在此期间太阳能电池板将无法发电，并且航天器的温度将会接近－180 ℃。不过，实验室的测试表明，萤火号能够在－260 ℃的低温下存活[107]。如前所述，在 2007 年发射嫦娥月球轨道器之后，这将是中国深空探索的第二步，它将利用为月球任务而建造的设施，包括经过重新改造、直径达到 50 m 的通信天线。同时还设想使用欧洲和俄罗斯的深空设施[108-110]。

对于拉沃奇金的工程师而言，福布斯-土壤号与萤火号的接口显然是一个巨大的挑战。第一套设计方案将卫星背负在采样返回舱上方。在意识到分离释放机构的失效将危及任务的主目标后，他们决定将小卫星“关在”福布斯-土壤号和旗手级之间。但这种方案也存在一定的困难。探测器原计划只在地球逃逸机动中使用推进级，而在火星轨道进入中则使用福布斯-土壤号上的主发动机。但由于萤火号在航天器的下方，阻碍了发动机的工作，所以原设计方案已经变得不可能了。修改后的方案在星际巡航期间保留了旗手级，在完成火星轨道进入后将其抛弃，随后释放小卫星，后续的所有机动都将由福布斯-土壤号探测器实施。此外，由于增加了萤火号，安装在着陆器太阳能电池板顶端的姿控推力器将无法有效地控制整个组合体的方向。系统重新进行设计，增加了相当耗电的动量轮，这意味着太阳能电池板的尺寸必须增加。为了适应中国的子卫星，对任务剖面进行了深入的再设计，需要将运载火箭从联盟-弗雷加特号转换到更为强大的天顶号（Zenit），但是后者从未用于行星际任务。具有讽刺意味的是，中国根本没有必要依赖俄罗斯，因为它自己的运载火箭具有足够的能力。的确，中国工程师表示，如果与福布斯-土壤号的联合任务过于复杂，那么他们也不妨“单干”。事实上，萤火号的基本平台能够用于 80～150 kg 的微型卫星，如果增加一个用于自主轨道进入的推进模块，则质量为 300 kg，中国的资料表明，它可以作为火星、金星或月球的轨道器[111-112]。

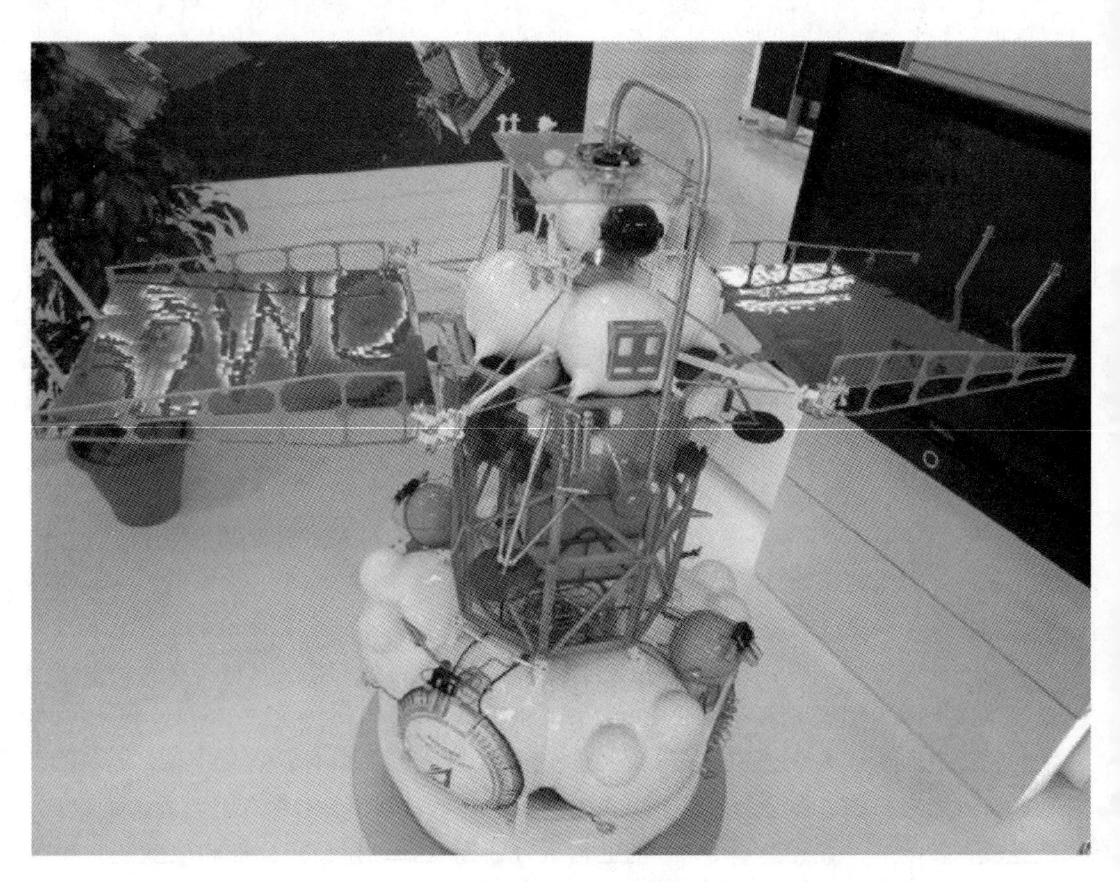

俄罗斯福布斯-土壤号样品返回航天器的模型。顶部的长管用于把样品输送到返回舱内。中国的萤火号轨道器位于福布斯-土壤号与改进型弗雷加特级之间的桁架内

中国萤火1号小型火星轨道器的概念图

萤火号于2009年年中被运抵拉沃奇金，与福布斯-土壤号集成。航天器预定在2009年10月6日至26日期间发射，如果有效载荷能够减轻一些，发射时间可能延长到11月。然而，整个任务还有一些问题。其中一个是苏联时代的深空通信设施的老化。当前只有远东地区乌苏里斯克（Ussurisk）的天线可以使用。麦维德沃茨基耶·奥兹约（Medvezkye Ozyora）的天线正在进行升级，并将恢复使用。俄罗斯已经与ESA达成了使用其通信设施的协议，但欧洲的天线只能够从福布斯-土壤号接收下行信号，无法向航天器发送上行

命令[113-115]。原定于当年夏天抵达拜科努尔的航天器硬件产品直到 9 月底才交付。最后，随着发射窗口的临近，俄罗斯空间研究所（而不是拉沃奇金或俄罗斯航天局）宣布福布斯-土壤号将不得不推迟到 2011 年发射。俄罗斯科学家首次坚称，发射延迟不是由于经费问题；根本原因是没有足够的时间来完成必要的测试，事实上，一些关键项目的测试，例如着陆雷达，直到 8 月份才开始进行。其他的一些硬件问题涉及拉沃奇金研制的飞行计算机及其软件，它们还需要进行系统性的调试。推迟的另一个原因，是决定让波兰科学院为机械臂提供一个备用采样器，以防火卫一的表面太硬而无法使用铲子挖取样品。新型采样器称为仓鼠，由一个小型自主钻入的钻组成，其工作方式与猎兔犬 2 号的撞击式鼹鼠取样器类似，后者能够钻入软质或硬质材料。除了仓鼠外，航天器还将配备两个机械手，其中一个由拉沃奇金提供，另一个由俄罗斯空间研究所提供，它们可以对柔软表层土壤和坚硬岩石之间的任何硬度的土壤进行采样。这次延期使麦维德沃茨基耶·奥兹约（Medvezkye Ozyora）深空天线有了更多的时间升级。同时，俄罗斯寻求与乌克兰达成协议，以使用克里米亚的耶夫帕托里亚的通信设施，这是苏联在执行首次深空任务时使用的设备。不幸的是，没有取得成功。俄罗斯与哈萨克斯坦达成了协议，样品返回舱将返回至位于哈萨克斯坦的萨里沙干导弹试验场，该试验场已经装备了所有必要的雷达和光学跟踪系统，因此返回舱没有必要配备信标和其他主动定位系统。最后，任务的延迟使得以前被砍掉的一些仪器可以重新上器，包括次级离子光谱仪、红外光谱仪和低速尘埃探测器[116]。另外，俄罗斯医学生物学问题研究所（Russian Institute of Medical - Biological Problems）和莫斯科罗蒙诺索夫州立大学农业生物学学院（Faculty of Agrobiology of Moscow's Lomonosov State University）提供了两个附加的菌落培养基。经过几次修改后，福布斯-土壤号在发射时含推进剂的总质量约为 13 535 kg，其中 1 560 kg 为装满推进剂的着陆器。返回模块为 285 kg，其顶部安装了一个重新设计的 11 kg 返回舱，返回舱的外形为锥形而不是球形。着陆器的能源由两块太阳能电池板提供，总面积为 10 m^2。返回模块通过一个 1.62 m^2 的太阳能电池板供电[117]。2010 年全年进行了一系列的测试工作，随着萤火号在 12 月交付，航天器最终状态的组装、集成和测试终于可以开始。热真空试验于 6 月完成，开始准备 9 月底将航天器往发射基地运输。飞行软件的开发仍然进展较慢，不得不像卡西尼号一样，发射搭载基本软件版本的航天器。全功能的软件将在后续阶段上传相关代码来修复。

旗手级在 9 月末到达发射场，随后，福布斯-土壤号和萤火号于 10 月 17 日到达发射场。这两个航天器在 11 月 8 日（即发射窗口的第一天）发射；这是俄罗斯 15 年来首次发射行星际任务。福布斯-土壤号和旗手级在升空后 11 min 与天顶号运载火箭分离，并进入 207 km×348 km 的停泊轨道。在滑行 11.5 min 后，它们将进行两次点火，第一次是将远地点提升到 4 162 km，第二次是在 2.4 h 后，在近地点附近，前往火星。如果一切顺利，它们将在 2012 年 10 月到达火星，在 2013 年 2 月或 3 月登陆火卫一，并在 2014 年 8 月将样品送回地球。着陆器将在火卫一表面继续工作一年。当组合体完成第一圈飞行后，地面站接收到的遥测数据证实，太阳能电池板已经展开，并且探测器已经指向太阳。然而，在

载着福布斯-土壤号和萤火号的天顶号运载火箭正在被火车运往发射台。虽然天顶号火箭是在 20 世纪 80 年代面世的，但这还是它第一次执行星际任务（图片来源：俄罗斯航天局）

第二圈轨道时，通信突然中断，探测器显然在从地球向光面到背光面的过程中失去了方向。两次点火发生在福布斯-土壤号向北飞行的过程中，经过南美洲，并超出俄罗斯地面站的联系范围。俄罗斯航天局并没有要求沿着地面轨迹的国外跟踪站监控遥测数据，而是要求国际空间站的乘员和业余天文学家用光学设施观察点火过程。而实际上，也正是业余天文学家首先注意到这次变轨没有发生。探测器已经终止了两次点火，推进剂并没有浪费，也没有丢弃辅助推进剂贮箱，因此它仍然能够尝试继续执行任务。俄罗斯工程师将有几天的时间来挽救探测器，重新设定程序，在发射窗口关闭或轨道衰变之前进行地火转移轨道进入点火。但是，他们首先要等到航天器再次经过拜科努尔，这是唯一一个配备了上传指令的跟踪站。即使通信在发射窗口关闭后才重新建立，福布斯-土壤号仍然可以被送入地球和月球之间的一个高轨停泊轨道，等待 2013 年的发射窗口，同时工程师可以解决这个问题[118]。不幸的是，设计人员显然没有考虑航天器在第一次点火前与地面建立双向联系，因为环形的旗手级贮箱遮挡了天线。ESA 提供了其地面站网络，但一开始没有收到遥测数据。与此同时，这个沉默的航天器正在缓慢地改变它的轨道。看起来为了稳定其指向进行的一些小规模点火，已经稍微改变了轨道的高度。

最后，在 2 周的沉寂之后，在 11 月 22 日，ESA 位于澳大利亚珀斯（Perth）站的一个 15 m 天线进行了更改，通过增加一台低功率的 3 W 发射机，模拟航天器在深空接收到的微弱信号，尝试将福布斯-土壤号上的发射机打开。在 24 h 后再次经过时，收到了遥测，显示通信设备和太阳能电池板在工作。随后拜科努尔也取得联系，几天后，ESA 在加纳利斯的另一个地面站也进行了修改，以便接收信号。但是，由于轨道太低，并且还在继续收缩，导致每一圈的通信窗口只能持续几分钟，然后探测器就会落到地平线之下。珀斯站于 11 月 28 日和 29 日发出命令，将发动机点火以提高轨道的近地点，以提供更长的通信窗口。然而，发动机没有点火，探测器仍然停留在不断衰减的停泊轨道上。大约在同一时间，太空跟踪雷达发现福布斯-土壤号弹出了几颗小碎片。当时，可充电电池和应急电池可能都已经耗尽，探测器已经停止通信。地面的高分辨率图像显示，福布斯-土壤号结构完好，但太阳能电池板已经不再指向太阳。

到了 12 月，探测器轨道已经衰减到大部分时间都处在阳光下的程度，这又点燃了微弱的希望，即电池可以充电，使通信恢复。但这并没有发生，随着发射窗口的关闭，ESA 也于 12 月 9 日停止了通信的尝试。

由于探测器被困在地球轨道上，并且无法进行通信，所有的目光都转向了它最终再入地球，以及成吨的有毒推进剂抵达地面带来的环境影响。与此类似的情况，一颗“死亡”的美国军用卫星，携带的大量肼推进剂看起来已经冻结，在一次反卫星系统的机会性测试中被摧毁。此外，福布斯-土壤号还携带了极少量的放射性钴-57，用作光谱仪的阿尔法射线源。不过，探测器最终于 1 月 15 日在智利以西的太平洋地区坠毁，显然没有造成任何伤害（值得注意的是，这里距离报道的 1996 年火星 96 探测器再入地球的地点不远）[119]。

与此同时，俄罗斯航天局在 12 月份宣布成立一个调查委员会，来调查事故原因，一些政客还警告称，如果发现了明显的疏忽，那些责任人将被惩罚。调查于 1 月末提交了结果。本次失利，可能是以一种过分的自我开脱方式，归咎于电子元件，认为这些元件可能被宇宙射线击中而锁定，毁坏了飞行计算机，从而阻止了发动机点火。如果真是这样的话，那么人们不禁要问，如果成功地离开了相对安全的地球磁层，在地球磁层中这种事件几乎很少，那接下来航天器会发生什么？无论如何，在没有通信联系的情况下，问题无法及时进行诊断和纠正。更大的麻烦是，调查发现了各种各样的设计缺陷和疏忽事项：主飞行控制系统显然在地面上没有进行充分的测试，并且几乎或者根本没有受到监督或质量控制。作为质量控制松懈的结果，据报道使用了仿造的电子部件，以及很容易被宇宙射线锁住的非防辐射加固芯片。这些可疑的芯片因其对辐射的敏感而闻名，它们很容易因为极端的锁定事件而导致永久损坏。根据独立消息的报道，飞行控制计算机在拉沃奇金内部完成研制后，没有在无错的情况下成功通过一次地面测试，并且在最终测试期间还发现了大量的大大小小的问题，以至于器上电缆路径在开发后期必须进行重新设计。这些问题或许能够归因为拉沃奇金雇佣了没有深空任务经验的年轻工程师，何况福布斯-土壤号这样复杂的任务，但同时年长的工程师们也已经有 25 年没有飞行过一个完全成功的任务了。

还有人提出了其他理论来解释这一失败，包括一种异想天开的理论（俄罗斯航天局官员也不经意地表示了赞同），认为这是由于美国太空监视雷达的干扰造成的。更现实的可能是，在发射后不久，由于很多设备集中开机工作，飞行计算机过载而崩溃并进行了重启。无论如何，福布斯-土壤号的失败揭示了一个事实，俄罗斯的规划者没有从希望号（Nozomi）、彗核之旅号彗星探测任务（CONTOUR）以及他们更糟糕的火星 96 探测器上吸取教训：在离开停泊轨道这样的关键事件上，跟踪覆盖很差。这次失败，以及令人尴尬的苏联式“掩盖问题”的企图，为俄罗斯航天器和运载火箭包括多年来首次纳入发射计划的载人航天项目，罩上一系列失败。就在几个月前，俄罗斯航天局新任局长还认为，用于载人航天和国际空间站的 48％的预算过高，并宣布需要将更多的资金用于应用和科学航天器。而福布斯-土壤号恰恰证明了这种重要科学任务资金的匮乏和计划的糟糕。

悬挂在充气减速器上的火星气象网（MetNet）穿透器模型（图片来源：帕特里克·罗杰-拉维利提供）

曾经，福布斯-土壤号的有效载荷包括一个火星气象地面站，该气象站作为俄罗斯与芬兰、西班牙联合任务的演示验证项目，任务中将为气象网（Meteorological Network）建立许多小型气象站。该项目最初由俄罗斯出资，用以抵消苏联时期欠芬兰的债务。气象站进入质量为 17 kg，由一个在大气进入时使用充气环形防热罩的穿透器和一个大型充气制动稳定装置组成。一个 1 m 的防热罩将被充气以提供高超声速下的防护。一旦达到亚声速，将打开一个外部可充气的 1.8 m 的稳定器，使穿透器的速度减至 50 m/s 进行撞击。最终火星气象网（MetNet）穿透器将携带进入加速度计、全景相机，可能还有降落照相

俄罗斯的火星气象网（MetNet）探测器

机、气压表、温度计、磁力仪、地震仪、土壤温度和湿度传感器和其他仪器，通过一个小型放射性同位素温差电源来获取能量，将在火星收集数个当地年的数据。充气防热罩和减速器已经在俄罗斯得到了广泛的研究。它们曾安装在火星96穿透器上，但任务刚开始就失败了。这项技术在2000年才首次在飞行中进行测试。针对火星气象网开展了大量的空气动力学试验、热试验和穿透试验，并利用飞机进行了空投试验。在2005年，计划使用一枚退役的波浪号（Volna）潜射导弹发射一个火星气象网地面站至亚轨道上，然后进行再入稳定性试验，但是火箭发射任务失败。将火星气象网运送到火星有几种选择。初期论证时，计划将一个穿透器布置在福布斯-土壤号上，不过后来为了中国的轨道器而被放弃。另一种选择是将一枚穿透器放在一个小型离子推进巡航级上，由波浪号导弹发射，或者放在一个常规巡航级上，由另一枚继承自退役弹道导弹的小型呼啸号（Rokot）导弹发射。在21世纪初，拉沃奇金研究了一项1 200万美元的火星飞越和小型着陆器任务，该任务将由一枚静海（Shtil）潜射导弹发射，并装备了一个源自弗雷加特的小型上面级。当然，由联盟-弗雷加特号发射的火星快车级别的轨道器可以搭载数个穿透器。在演示验证任务完成后，一个类似于福布斯-土壤号的航天器将至少可以搭载12个火星气象网着陆器。第一波着陆器将在接近火星时释放，其他的将从轨道上释放。这一概念设计是为了着陆器能够被分发到几乎任何纬度。一个穿透器可以降落在火星探路者或某个海盗号附近，以将长时间的大气测量结果与之比较[120-128]。

在福布斯-土壤号和火星气象网之后，拉沃奇金计划使用重量500 kg的“统一运输模块”（Unified Transport Module）平台来执行一系列雄心勃勃的行星任务，其方式与20世纪80年代末和90年代使用火星、金星和月球通用平台UMVL方式大致相同[129]。其中一项提议是开展火星-土壤号任务，航天器将地球返回器留在环绕火星的轨道上，然后完成火星着陆和样品收集。着陆器包括一个2 750 kg的下降模块、一个配有采样机械臂的750 kg的着陆平台和一个1 700 kg的充分基于福布斯-土壤号返回模块的三级上升火箭。开拓性的研究可以追溯到20世纪70年代，火星进入剖面需要综合考虑空气动力学升力和降落伞。进入模块的锥形防热罩在巡航期间还可以作为高增益天线使用。探测器外围的十几个铰接面板，可以为升力进入剖面提供一个可控几何形状，还可以给太阳能板提供安装表面。整个着陆平台和上升火箭将被一个“生物屏障”外壳包裹，以免地球微生物污染着陆点附近的洁净环境。进入器的另一个概念是火星气象网充气防热罩的放大版本。在火星表面取样之后，上升器将与轨道器（继承自福布斯-土壤号）交会对接，将样品返回地球。由于发射质量约为5 200 kg，火星-土壤号任务可以由质子号或天顶3号SL运载火箭发射。近期还推出一个6 000 kg的版本，在驶向火星的巡航期间将采用离子推进，可能在2022年使用新的安加拉-微风（Angara - Breeze）号运载火箭发射。就像20世纪70年代的5M提案一样，在正式任务之前，可能会先执行一项火星车任务，来验证进入和着陆技术[130]。尽管损失了福布斯-土壤号，俄罗斯仍在推动21世纪20年代初发射火星气象网和火星-土壤号。

其他可能的任务包括木卫二穿透器，用于轨道观测和木卫二次表层勘测。它包括一个福布斯-土壤号的标准模块和一个子航天器，子航天器源于为苏法两国的灶神星小行星计划开发的模块，携带了两个27 kg的穿透器[131]。航天器有一个大型几何可变的防热罩和背罩，这样它就可以使用大气俘获方法减速进入木星轨道。此后，航天器将接近木卫二，发动机点火，进入环绕木卫二的轨道。穿透器将以大约120 m/s的速度撞击被冰层覆盖的卫星表面。航天器的发射质量为6 800 kg。另一个想法是开发木卫二着陆器。据报道，一个木卫二任务最早将于2020年或2021年发射，并在7年后到达目的地。其他由放射性同位素温差电源（RTG）提供动力的任务可以探索木星和木卫三、土星和土卫七（Gipersat任务）、土卫八、天王星、天卫四和天卫三（Obertur任务）、海王星和海卫一（Neptrit任务）以及柯伊伯带。

福布斯-土壤号还有一些更简单的衍生航天器，这其中包括恢复对金星探索的金星-D号（后文会有介绍）。俄罗斯还对小型和中型的近地小行星任务进行了初步的概念研究，任务使用联盟-弗雷加特号或更小的运载火箭。这些研究包括小行星-旅行号任务，一项

“标记”存在潜在危险的阿波菲斯（Apophis）近地小行星的任务，以及小行星-P号着陆器。小行星-土壤号探测器将完成小行星带的取样返回。拉沃奇金曾希望能在21世纪10年代早期发射小行星-土壤号，但现在看来，21世纪20年代发射似乎更为现实。航天器的发射质量可能超过5 000 kg，但其中大部分将是推进剂[132-136]。在装备了防尘罩后，它将成为彗星-土壤号（Kometa-Grunt）采样返回航天器。最终，在2008年拉沃奇金和俄罗斯空间研究所进行了一项基于福布斯-土壤号的水星轨道器和着陆器任务的初步研究[137]。由于开发计划冻结到了21世纪10年代的下半段，福布斯-土壤号的失败让所有的这些项目都受到了质疑。或许，与其追逐雄心勃勃的项目，俄罗斯航天局应该专注于更简单的“发现级”任务，以重拾其在20世纪90年代和21世纪头十年失去的竞争力。

俄罗斯航天局并不是唯一研究和计划从火星的卫星取样返回的机构。大家相信，火卫二上层风化层的大部分是由于火星撞击的喷射物质被小卫星清除而成。这个，以及它光滑的表面应该比火卫一更容易着陆的事实，使火卫二成为一个更有吸引力的采样返回目标。在21世纪头十年的中期，ESA进行了一系列技术参考研究，以确定可以在21世纪10年代尝试的与科学任务相关的技术。其中一项研究是从火卫二收集1 kg的风化层样品并返回地球。探测器将采用一种类似于隼鸟号即触即走的策略，将短暂地触碰小卫星表面，从而省去了复杂的着陆、锚定和取样装置。探测器包括一个推进级，负责在取样前的所有轨道机动，还包括一个返回级，装有太阳能电池板、通信系统和样品返回舱。气动取样系统包含一个穿透器，它将压缩气体注入土壤中。当然，行星际空间的通信延迟需要整个操作自主进行。人们认为不太可能在这样一次交会中收集到全部的样品，因此计划设想进行多达五次取样过程。在这项研究的基础上，ESA研究了一项从近地小行星取回大量样品的任务[138-139]。

12.4 火星SUV

美国的火星探测计划（Mars Exploration program）于2000年重新进行了规划，计划在2007年发射一颗火星智能着陆器（Mars Smart Lander，MSL），以验证火星采样返回任务所需要的技术。按照最初的设想，这项任务需要选择一个具有科学探测意义的着陆点，使用避障方式实现精准着陆，并将一个大型火星车送至火星表面，火星车还能够在目标着陆区域之外的地点进行巡视探测。火星车配备一些必要的有效载荷，地球上的科学家借助它们可以评估火星上哪些样品值得收集和分析。火星车将探测一些地质学和地球物理学的相关目标，包括火星地表的元素、化学、矿物和同位素组成，火星大气的演变过程，火星上存在水的证据，火星上水的历史以及火星地表的辐射环境。与海盗号着陆器等以往的火星着陆器不同，本次探测将首次寻找与生物学相关化学物质的踪迹，并对现场的有机碳化合物进行详细勘察，识别可能与火星生物有关的特征。为了保证火星车可以在任何纬度进行探测，并且不再担心灰尘会影响太阳能电池板的能量输出，保证火星车可以维持较长的火星行走时间，火星车将通过放射性同位素热发电机来提供动力。实际上，比起“更快、更省、更好”的口号，这个“移动的海盗号”与20世纪70年代的理念更为接近。

技术演示验证的重点内容是“第二代”着陆器，其目标着陆区域的范围至少要比火星探路者任务和火星探测漫游者任务缩小一个数量级。工程师们通过一系列的工程设计来实现这个目标。首先，在到达火星前的最后几天里，探测器将利用火卫一和火卫二作为定位基准来修正探测器的火星大气通道，火星勘测轨道器对其进行评估。其次，进入器在进入大气时将进行高超声速下的轨道控制，随后通过一个可以控制的大型降落伞进行减速下降。最后，当着陆器降落时，激光雷达将扫描目标着陆区域，寻找可能存在的危险，并通过一个制导系统向发动机发送指令，着陆导航系统使用了源自阿波罗任务的精确登月算法。推进系统使着陆器在几米高的地方完全悬停，随后，着陆器将自由下落，并以4 m/s的垂直速度着陆。推进和制导系统安装在一个可压溃的低挂吊舱内，吊舱采用铝板和蜂窝结构，可以通过一种可控方式来吸收撞击时的部分能量。6个蜘蛛状的舱外支架和缓冲器能够保证着陆器即使在30°的斜坡上也能保持直立，并且还可以在与大约1 m高的岩石接触时保持稳定。JPL对这项设计进行了全面的测试。此外，JPL还研究了一个“重量级”的安全气囊着陆系统和一个独立的自动扶正系统[140-141]。

火星智能着陆器的计算机效果图，火星科学实验室就是由它衍生出来的

（图片来源：NASA/JPL - Caltech）

如果火星智能着陆器成功，NASA 希望最早在 2011 年进行火星采样返回任务。火星采样返回任务包括一个基于 2007 年任务的 NASA 火星着陆器和火星车，一个轻型上升器和一种基于火星采样返回和网络试验项目的法国火星采样返回探测器（Programme de Retour d'Echantillons Martiens et Installation d'Expériences en Reseau，PREMIER）[142]。

还有一颗火星通信卫星也在考虑之中。这项意大利航天局的提案以无线电先驱古格列尔莫·马可尼（Guglielmo Marconi）的名字命名。通信卫星在高度为 4000 km 的准极轨道上运行，可以每天多次飞越火星上的任何指定地点。通信卫星通过使用超高频通信链路发送和接收着陆器的命令和数据，并使用 X 波段通信链路与地球进行通信，它将能够支持超过 200 kbit/s 的数据传输速率。这颗通信卫星继承自意大利的宇宙地中海号（Cosmo Skymed）地球观测卫星，重量为 700 kg。卫星的标称寿命为 6 年，不过它将携带足够 10 年使用的推进剂和其他消耗品。通信卫星还可以配备一颗较小的西班牙中继卫星，中继卫星可以布置在较低高度、更加接近赤道的轨道，以便更好地支持在低纬度着陆的着陆器。该卫星平台可以在 2009 年或 2011 年重复使用，将为意大利提供完整的火星地表之下的雷达地图[143-145]。

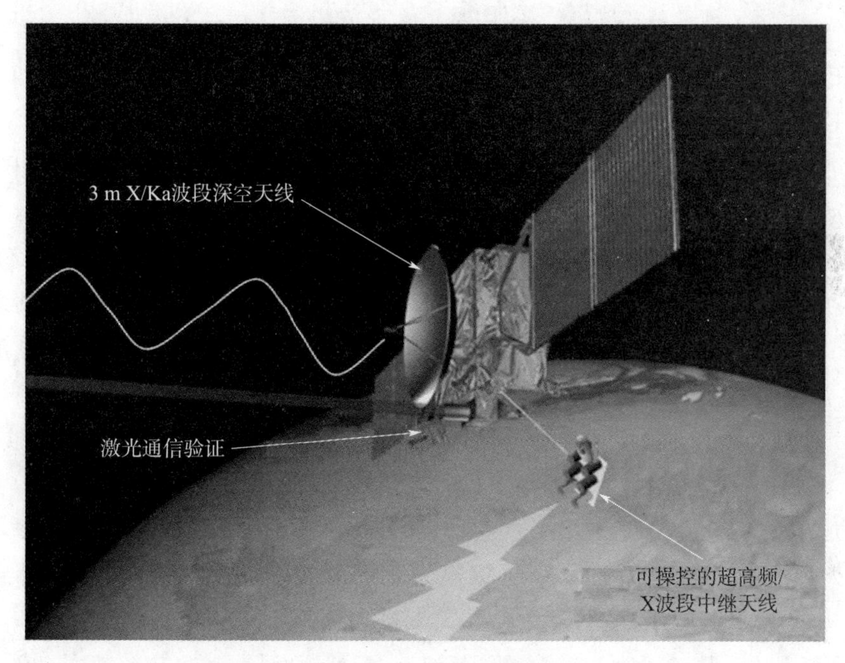

被提出的火星通信轨道器

与此同时，NASA 正在为 2009 年的火星远程通信轨道器寻求资金。该轨道器将配备可操控的超高频和 X 波段天线，用于接收着陆器的信号，还配备一个 3 m 口径的天线，通过 X/Ka 波段与地球进行通信。NASA 还希望该轨道器可以携带一个实验性的光通信组件，该组件将使用一个 5 W 的远红外激光器，能够以 1～10 Mbit/s 的速度向地球发送数据，传输速率取决于火星和地球在各自围绕太阳运行轨道上相距的距离。这个系统重达 50 kg，可以通过星敏感器或发送信标来对准地球。地面接收机由一个位于高海拔干燥地区的大型望远镜组成，在这个位置大气湍流不会“破坏”信号。或者，接收机也可以安装在地球的同步卫星上。这样的激光通信系统能够传回地球的数据至少比使用无线电多一个数量级。而且，与其他方式不同的是，它将允许火星车和着陆器进行几乎实时的成像。火星远程通信轨道器的第二个功能是为在火星表面运行的火星车提供导航定位，并为探测器在接近火星时提供位置参考信息。此外，如果它要发射一颗小的子卫星，可以跟踪它并执行交会对接，有效地验证采样返回任务所必需的能力。火星远程通信轨道器的成本估计为 5.5 亿美元。此外，激光演示器还需要 1.7 亿美元，交会对接试验需要 8 000 万美元。探测器计划于 2009 年 9 月由德尔它 4 号或宇宙神 5 号发射，以 4 500 km（远高于以科学探测为目标的轨道器）的高度环绕火星运行，提供更长的中继通道，并在轨运行至少 10 年[146-147]。

到 2005 年，在 NASA 的年度预算中，大约有 6.5 亿美元用于火星探测，预计到 2010 年这一数字还将翻一番。然而，布什总统为 NASA 设定了一个新目标，即在本十年的末尾，替代航天飞机并开启一个旨在实现人类重返月球的项目，因此用于火星无人探测的预算依旧不是很充裕。火星采样返回计划再次暂停，火星远程通信轨道器也被取消了。尽管如此，这个项目仍然非常有吸引力，直到本十年结束前，任务得到批准并获得了可靠的资金。本来很有希望将火星远程通信轨道器的光学中继系统添加到计划于 2013 年发射的轨道器上，不过，在此之后，未来再次变得扑朔迷离[148]。

与此同时，火星智能着陆器的目标从技术验证转变为一个合适的科学探测任务，它被重新命名为火星科学实验室（Mars Science Laboratory，并保留了项目缩写 MSL）。然而，探测器的发射日期被推迟到了 2009 年，该项目原本是一个“中等”规模的项目，研发和运营成本约为 6.5 亿美元。但到 2003 年年底，包括研发、放射性同位素热发电机、发射和运行在内的总成本预计将达到接近 15 亿美元，几乎是勇气号和机遇号总成本的两倍[149]。科学顾问小组建议发射一对相同的航天器来进行冗余备份，就像火星探测漫游者一样，但由于资金紧张，排除了这种可能性。本任务将再次依赖于单一的探测器完成。在 2005 年，本次任务又差点被再延期 2 年，原因是在哥伦比亚号航天飞机失事之后，为了开展航天飞机的回归飞行、缩短航天飞机退役与引进继任者的时间间隔，需要一些资金来支付这些花费。不过，由于火星远程通信轨道器已被取消，这些资金问题得到了部分缓解[150-151]。

在这个任务中，删除了“智能”着陆系统，在设计的早期就决定使用一个创新而复杂的“空中吊车”来取代它，最终通过空中吊车将火星科学实验室火星车送到火星表面。实际上，这也是一个概念的发展，在初始的概念中，制动火箭通过一个绳索将气囊着陆器制动停止，然后将绳索松开。以反推火箭为动力的空中吊车，正式名称为动力下降飞行器，能够悬浮在火星表面几米高的地方，将火星车通过绳索的伸展放下，然后飞离着陆点附近火星表面，最终进行紧急着陆。与使用安全气囊相比，这种方法可以将更重的有效载荷以更慢的着陆速度送至火星表面。此外，它可以很容易地适应在其他没有空气的天体着陆，比如木卫二。事实上，尽管安全气囊在火星着陆已经取得了三战三捷的成功，但火星探测漫游者已将该系统的能力利用到了极限。没有先驱的技术验证，空中吊车的首次应用将是一个伟大的挑战。火星科学实验室的发射质量超过 3 000 kg，包括空中吊车、气动外壳、巡航级和推进剂，它是火星探测漫游者的 3 倍。运载火箭将不可能使用便宜的德尔它 2 号，因此必须从更大且更昂贵的德尔它 4 号或者宇宙神 5 号中做出选择。在 2006 年年中，洛克希德·马丁公司获得了一份价值 1.95 亿美元的合同，将在宇宙神 5 号 541 火箭的基础上增加 4 个固体燃料助推器进行发射。与此同时，研制成本继续攀升，到 2007 年已经达到了 17 亿美元。如果考虑物价因素，此项任务比海盗号的花费要少得多，但如此高昂的费用也使得火星科学实验室成为 NASA 在 21 世纪第一个旗舰任务。研制团队已经在考虑取消下降相机和激光化学分析仪来降低成本。到 2008 年的夏天，预计成本已经达到 19 亿美元，而且预计还会有更多的超支。

探测器在星际巡航中将保持自旋稳定，8 个推力器负责完成探测器的自旋和轨道控制。火星车和空中吊车被一个史上最大的气动外壳包裹和保护，直径达到了 4.5 m，这种气动外壳广泛应用于不重复使用的航天器。相比之下，海盗号的气动外壳只有 3.5 m 多一点，而阿波罗号飞船的本体更小，只有 2.9 m。探测器使用两组 4.35 N 的推力器来进行姿态控制和轨道控制。推力器安装在探测器两侧太阳能电池板的下面，两个 36 kg 重的贮箱负责提供推进剂肼。到达火星时，使用太阳能的巡航级将被丢弃。随后，气动外壳将使用 8 个 300 N 的推力器来消去探测器 2 r/min 的旋转，并调整为火星大气进入姿态。在火星大气进入前 5 min 左右，一对 75 kg 重的 L 形配重块被抛弃，目的是将进入器的质心拉偏，从而保证进入器在大气进入过程中能够获得升力。防热罩的烧蚀材料在很早之前就完成了改变，已经从海盗号使用的碳基材料演变到了星尘号样品返回舱使用的酚醛材料，因为星尘号的空气动力加热预期要比早期的火星着陆器高得多。防热罩上安装了大量的传感器，用于收集空气动力学相关的数据，以供未来载人火星探测任务使用。通过在接近火星时的轨道机动和在进入大气阶段的主动控制，探测器可以实现一次非常精确的着陆。通过气动外形设计和质量布局，进入器在高超声速下可以获得一个比海盗号更大的升阻比，从而可以获取更为显著的气动升力。此外，还有推力器可以调整进入轨迹。在降落伞打开之前，探测器将释放 6 个 25 kg 重的钨合金配重块，以调整飞行轨迹并将探测器的质心调正。在进入大气层 225 s 后，超声速降落伞将会打开，从而使进入器的速度迅速降至亚声速。美国自海盗号登陆以来，所有着陆器的降落伞均使用相同的设计，这个 21.5 m 的降落伞是它们的放大版本。事实上，这也是迄今为止最大、最快、开伞高度最高的火星任务降落伞。由于海盗号较小的降落伞不一定能够证实这个降落伞可以满足要求，必须针对降落伞开展全面的测试。就像为火星探测漫游者研制降落伞一样，2007 年年末，于加州 NASA 艾姆斯研究中心，在世界上最大的风洞中对其进行了测试。

在释放背罩之后，火星车将在与空中吊车连接的状态下接近火星，空中吊车配备了 8 个增压发动机。这些 MR－80B 发动机是从海盗号着陆器的发动机衍生而来的，虽然每一个发动机只有一个喷嘴，而不是以往的一组 18 个喷嘴，但是它具有更高的最大推力，并可以在 400～3 000 N 的范围内调节推力。3 个贮箱为这些发动机提供高纯肼。发动机一共分成四组，安装在空中吊车桁架结构的转角处，并向外倾斜，以防止发动机的羽流喷到火星车上。空中吊车的水平速度为零，垂直速度降至 0.75 m/s 左右，然后用一条 7.5 m 长的三股尼龙绳将火星车缓缓放下。火星车和空中吊车之间还有一条电缆。与此同时，火星车的轮子将使用与飞机起落架类似的液压系统展开。当检测到着陆信号之后，空中吊车会停止下降，切断绳索和电缆，然后垂直上升一段时间，以 45°的角度倾斜，继续全速推进直至推进剂耗尽。空中吊车将在与火星车保持安全距离的地点坠毁。在进入大气层 6 min 后，火星车就会到达火星表面，并基本准备好在火星表面行驶[152-154]。第一次使用这样一种创新的方式进行火星着陆，遥测肯定是必需的。火星奥德赛号和火星勘测轨道器都将飞过着陆点，并以高速率记录数据。另外，工程师还设想了一种直接联系地球的通信方式，遥测像往常一样由简单的“信号”组成，可以表征探测器的状态。

火星科学实验室“好奇号”的全尺寸模型

火星科学实验室的火星车本身就有一辆小型汽车那么大，配备了 6 个直径为 50 cm 的轮子和索杰纳号（Sojourner）火星车“摇臂转向架”机构的放大版，火星车的轴距为 1.1 m，离地间隙为 66 cm。为了控制车辆，火星科学实验室的火星车携带了一对互为备份的、200 MHz 抗辐照 RAD750 计算机，配备了 256 MB 内存和 2 GB 闪存。几乎所有的电子设备和部分仪器安装在一个长 2.7 m 的长方体结构的上面，顶板距离地面约 1.1 m。就像勇气号和机遇号一样，新的火星车在前方安装了一个桅杆，上面装有相机和其他仪

好奇号上机械手臂的“末端执行机构”，拍摄于登陆火星之后（图片来源：NASA/JPL－Caltech）

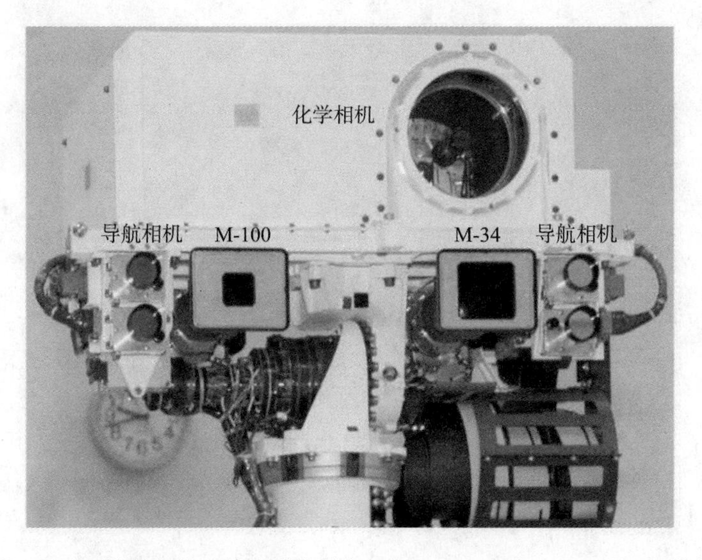

好奇号的桅杆顶部，显示了导航相机、两个科学彩色相机（34 mm 和 100 mm）和激光化学相机的位置（图片来源：NASA/JPL－Caltech）

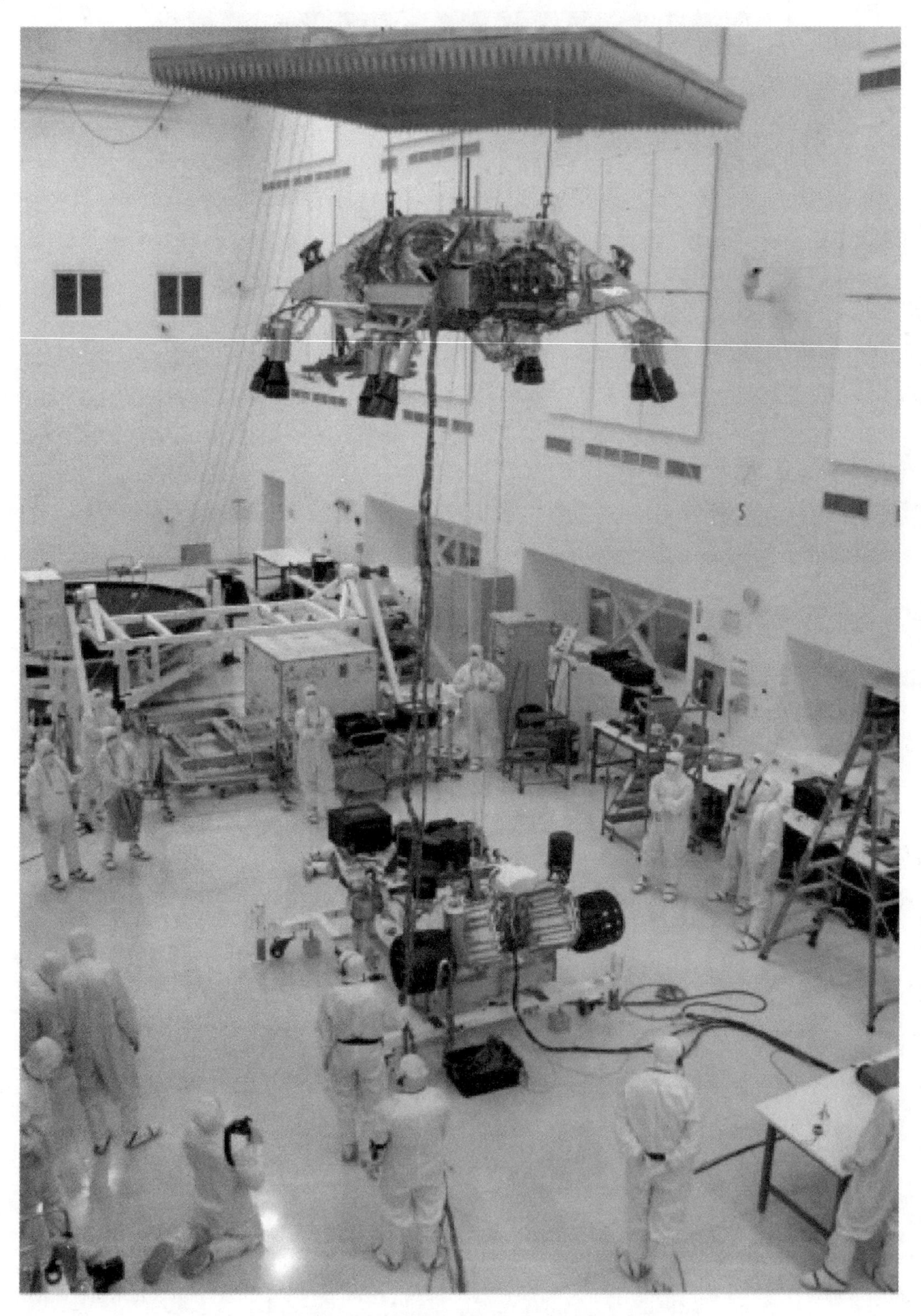

好奇号火星车与空中吊车在进行集成测试

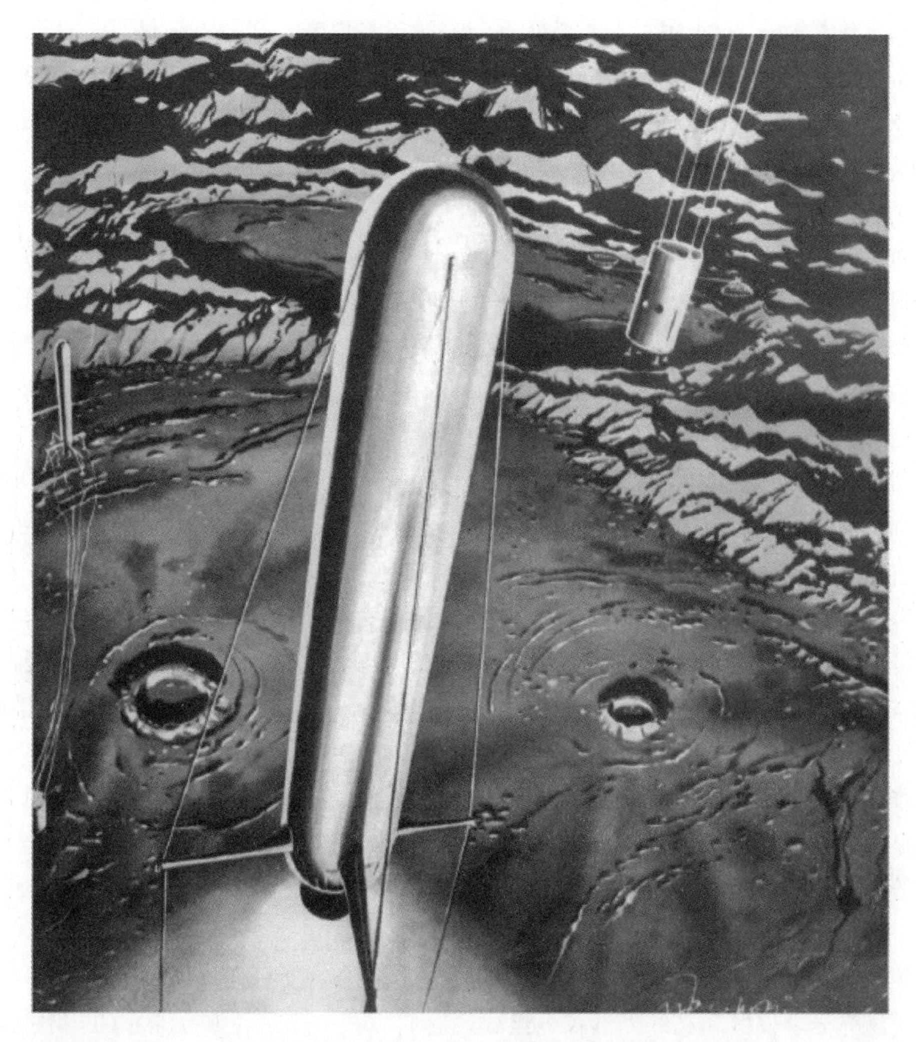

20 世纪 50 年代，一架用于将航天员送上月球的老式“空中吊车”，航天员与核动力火箭保持了一定的安全距离（由杰克伯尼绘制，源自 1959 年出版的《超越太空》的第 40 页）

器，可以在 2.1 m 的高度进行观测。火星车的背部安装了放射性同位素热发电机，有点像蝎子的毒刺，放射性同位素热发电机赋予了火星车一种掠食者的形象。它能够爬过 60 cm 大小的岩石，每个火星日可以行驶 200 m，在当地一年的时间内至少能够行驶 20 km。其中一半的行驶时间用于识别、避免危险和路径规划，火星车在平坦地形上的最高速度可以达到 4 cm/s。在 JPL 的火星试验场，通过一个工程模型进行了广泛的测试。在火星上，火星车拥有对地通信的直接链路，通过使用西班牙提供的高增益天线，数据传输速率达到 500～32 000 bit/s。然而，与勇气号和机遇号类似，最好的通信手段是利用火星车与轨道器之间的 UHF 频段链路，传输速度取决于轨道器的发射方向。

火星科学实验室的发射质量达到 3 839 kg，包括 539 kg 的巡航级、385 kg 的防热罩、349 kg 的背罩和降落伞、300 kg 的可分离的配重、1 370 kg 的空中吊车以及 387 kg 的推进剂，当然还有 899 kg 的火星车。

科学有效载荷在 2004 年年末才被选定。自海盗号以来，美国的着陆器在生物学上的探测策略就是“寻水而行”。火星科学实验室除了寻找现存的有机物和甲烷等“生命起源”气体外，还将通过寻找远古生命的踪迹来践行“寻碳而行”的策略。火星车将评估探测区域是否具备潜在的生存环境，无论是过去还是现在。为了做到这一点，火星车将详细勘察含碳、氢、氮、氧、磷和硫的分子；确定有机化合物的性质；识别可能具备生命起源条件的化学物质。它将研究火星表面的化学、同位素和矿物组成，并研究岩石和土壤的形成和演化过程。火星车将研究大气演化的过程，并确定水蒸气和二氧化碳的现状和分布。最后，还要对辐射环境的特点进行探测。为了完成这些任务，火星车携带了十台仪器。

安装在桅杆上的立体相机由两个 1 200×1 200 像素的 CCD 相机组成。它是第一个在火星上能够以每秒 8 帧的速度提供高清全彩视频的相机。图像和视频将存储在一个容量为 8 GB 的固态内部存储器中。最初，这两台相机的光学功能是可缩放的，例如，如果它们安装在“机遇号”上，就可以方便地以安全距离对燃烧崖（Burns Cliff）进行详细的勘察。为了节省成本，这两台相机被一对固定焦距的相机取代，2 台相机分别设置了一个较大和一个较小的焦距。一台中角相机可以进行初步观测，然后通过一台窄角相机提供详细的图像信息。可缩放相机的研发是同步进行的，直到很明显及时准备好所有相机已经是不现实的了。右边的相机配备了一个长焦镜头，焦距为 100 mm，视场角为 6°。左边的相机配备了一个 34 mm 焦距的中角度镜头，具有三倍大的视野。两台相机只能对两者共有的视场生成三维视图。这些相机不使用滤镜进行彩色成像，而是使用直接安装在 CCD 显示器上的拜耳显微镜滤镜，就像消费品数码相机一样。与火星探测漫游者和凤凰号着陆器一样，探测器舱板上也安装了一个用于磁性尘埃实验的颜色校准目标。另外，它也装备了滤镜，用于窄带和太阳成像。

由美国和法国联合研制的化学与微成像相机安装在桅杆的顶部，由一个 11 cm 的小型望远镜、激光光学仪器和光纤光学仪器组成，它们与 3 个光谱仪和 1 台 CCD 相机配合使用。激光光学仪器可以将大约 0.4 J 的能量集中在一个针孔大小的表面，发射的激光能够将 7 m 内的尘埃从岩石上剥离并蒸发，随后通过 3 个光谱仪 6 144 个独立通道对底层岩石的成分进行分析，光谱范围涵盖了从紫外到可见光到红外，能够识别单一元素以及水合矿物、冰和有机物等。据估计，在一个 700 个火星日的任务中，每个火星日可以击中 20 个目标，一共可以进行至少 14 000 次分析。从相同的距离，相机能够呈现小至 1 mm 的细节，可以为分析结果提供高分辨率的成像。在火星车的后部，在靠近放射性同位素热发电机的地方安装了一个校准目标，目标内装载了许多不同的、激光可以击中的岩石样品。有两台仪器安装在一个 2.25 m 长、拥有 5 个自由度的机械臂上。一台仪器是阿尔法粒子 X 射线光谱仪，用于测定物质的元素组成，另外一台是手持透镜成像仪，这是一个 1 600×1 200 像素的显微镜相机，视野更宽，分辨率是火星探测漫游者上的同类相机的 2.4 倍。该相机在距离目标 2.1 cm 的位置，空间分辨率可以达到 0.014 mm/像素。此外，相机配备了发光二极管，从而可以实现在夜间工作，并获得彩色图像，另外还安装了可调焦距光学设备，能够在很宽的范围内成像。另一方面，与勇气号和机遇号上类似的仪器相比，光谱仪能够更快地整合光谱，从而可能分析更多的岩石，并可以借助于冷却系统，在一天的任何时间都可以获得这些光谱。勇气号和机遇号上的非制冷光谱仪只能在夜间进行拍摄。此外，体装 X 射线衍射和荧光分析仪用于检测样品中的矿物质。复合气相色谱/质谱仪和可调谐激光光谱仪配备了 59 个可重复使用的石英烘箱，还有一个公共的样品处理和分配系统，它是自海盗号以来美国首个检测简单氨基酸等有机物和羧酸的仪器，可以为深入研究生物学或生命前化学提供相关的内容。激光光谱仪由两个激光器组成，激光在一个 20 cm 的充气单元内穿行不少于 81 次，以便进行精确的分析。它将定期通过火星车一侧的加热入口对甲烷进行测量，从而获得甲烷的含量和其季节性的变化。仪器能够探测到一万亿分之一的甲烷，这个比例远低于轨道器或地面望远镜所报告的比例。另一方面，如果甲烷以十亿分之几十的比例存在，该仪器将能够区分其中碳同位素的比例，而在地球上，碳同位素比例可以代表其有机或化学来源。凤凰号曾经对土壤中氧化剂进行研究，火星科学实验室在这方面也进行了拓展研究。俄罗斯的一台仪器将用中子照射土壤，测量它们是如何反向散射的，进而可以推断出地下浅层以冰或水合矿物形式存在的氢元素。它能在 2 m 的深度探测到 0.1%的水。一些来自西班牙的传感器安装在火星车内部及两个小悬臂杆上，可以探测火星车周围的火星环境。这些传感器包括温度计、风速表、安装在相机桅杆上的压力和湿度传感器，可以首次传回火星上连续的气象数据，这项任务海盗 1 号没能成功完成。另一个传感器将记录紫外线辐射。还有一台辐射探测器可以探测宇宙射线、太阳风粒子以及到达火星表面的辐射。这台仪器，和最初为 2001 火星勘测者着陆器和奥德赛号轨道器设计的一台仪器类似，主要是为了获取与载人火星探测有关的数据。另外，向国际空间站也运送了一台类似的仪器，以便直接与近地轨道的辐射环境进行比较。与火星奥德赛号将传感器安装在探测器外部不同，火星科学实验室将它们安装在防热层内部，以便模拟航天员在飞向火星时所处的位置和所接受的热防护。

一台下降相机用于拍摄着陆地点的地形地貌，并通过火星勘测轨道器的高分辨率相机对其进行精确定位。与火星探测漫游者上的初级下降相机不同，这台 1 600×1 200 像素的彩色相机能够以每秒至多 5 帧的速度提供约 100 s 的高清视频数据。与火星探测漫游者一样，在底架的前后两侧共装有四台成对的避障相机，桅杆上还安装了 2 台黑白导航相机。

火星车上有一台关键的样品采集、制备和处理系统，它能够刷掉浮尘和研磨岩石，且能够在岩石上钻进 5 cm 的深度并获取核心样品，同时还能够将小岩石、岩石核和砾石颗粒研磨成小颗粒，从而可以将其送入分析仪器，生成的岩石或灰尘样品多达 70 个。作为收集样品的备份手段，机械臂还配备了一个 4.5 cm 宽、7 cm 长的勺子。在将样品送到色谱仪之前，制备系统能够通过化学处理来增加有机化合物的浓度[155-156]。然而在发射后发现，钻取样品可能会被来自钻头密封件的特氟隆（即碳和氟）污染。即便如此，科学家们仍然相信他们能够区分特氟隆的碳和火星上的碳。

一个 40 kg 的多任务放射性同位素热发电机是基于海盗号着陆器和深空先驱者号使用的 SNAP-19 电源研制的。它有 8 个以氧化钚为燃料的热源模块。放射性原材料由俄罗斯提供。这是自海盗号着陆器以来首个利用行星大气对流冷却的放射性同位素热发电机。热电偶的效率略高于 6%，在任务开始时的输出功率约为 125 W[157]。

火星科学实验室完成了彻底的消毒程序，其消毒程度只有海盗号能与之相比。如果着陆失败，放射性同位素热发电机将会出现不寻常的污染问题。比起辐射，科学家们更担心的是热源的释放，因为热源会导致地下冰层融化，引发化学反应，甚至是生物反应，其中包括从地球上“偷溜”出去的微生物。候选着陆点要求在离地面 1 m 以内没有冰层。

在不受太阳能限制的情况下，任务人员可以考虑在赤道 60°以内、“海平面”以上 1 km 的任何地方着陆。在进入大气层过程中利用空气动力升力进行可控飞行意味着，着陆目标的范围可以缩小到几十千米，从而可以选择一个单独的地表特征进行着陆。事实上，空中吊车可以适应比安全气囊系统更陡的斜坡，从而可以考虑在更严苛的地点着陆。同时，火星科学实验室火星车应该能够应付 15°的斜坡和 50 cm 大小的障碍物。在确定条件和限制之后，着陆地点的选择问题比以前的任务更为复杂。着陆地点研讨会在 2006 年年中开始，即计划发射前三年。最初提供的场地不少于 35 个。这些建议包括回到子午平原（Meridiani Planum）。事实上，该高原北缘外的一个地点甚至进入了“前十”。在某种意义上，研讨会强调了尽量选择“火星车探测空白区域”。根据火星快车和火星勘测轨道器的勘察结果，候选者中有那么多有趣的地点，而可以用于后续火星表面探测任务的地点又是那么的少。在 2007 年的第二次研讨会上，由于火星勘测轨道器光谱仪观测到了黏土，所以选择黏土区域进行着陆的可能性大大提高。建议包括盖尔撞击坑——一个位于赤道以南 154 km 的陨石坑，其中心附近有一座山，可以认为是一个接近 5 km 的地面剖层。撞击坑内山的图像和光谱显示，在这座山的底部附近有几层黏土，再往上是硫酸盐与黏土的混合物，然后是较年轻的、成分不明的物质。这种地形可以揭示出盖尔撞击坑内部的环境是如何随着水变得越来越酸的。火星探测漫游者曾经考虑在盖尔撞击坑进行探测，但后来证明这个想法不切实际，因为将火星车送入一个 100 km 的着陆椭圆，同时还要避开各种危险地形，基本上是不可能实现的。此外，火星车的主要任务行程仅有 600 m，无法进入任何有意义的探测区域。67 km 长的埃伯斯瓦尔德撞击坑（Eberswalde crater）有一个保存完好的三角洲，在那里曾有一条古老的河流流入湖泊，并留下了黏土沉积物，可能保留了一些古代生命的痕迹。另一个极好的候选是霍尔登撞击坑中的层状物质。从工程方面考虑，本次任务无法前往任何一个从科学角度有意义的峡谷，因为这些峡谷可能风会太大，无法保证安全降落。这意味着，在水手峡谷（Valles Marineris）侧谷之一的米拉斯峡谷（Melas Chasma）着陆，在早期就不得不被否定了[158]。

2008 年 9 月的第三次研讨会将着陆地点的入围名单缩减至 5 个。这次会议突出了“光谱学科学家”和“地质学家”之间的区别。前者强调的是，轨道侦察显示有一个存在水合矿物的地点，而后者强调的是，地质学显示过去这个地点曾有过水的存在或者痕迹。光谱学科学家倾向于选择茅尔斯峡谷附近的高地，那里有超过一半的地表是由黏土构成的，或者是选择覆盖着黏土沉积物的尼罗堑沟群，火星车可以从那里安全地驶入峡谷。地质学家认为，水合矿物来源的不确定性可能会使数据解析变得非常复杂。他们更喜欢像盖尔撞击坑、埃伯斯瓦尔德撞击坑和霍尔登撞击坑这样地形历史比较容易理解的地方。但这一论点也有其不足之处，勇气号当年就被送到了一个地质条件被认为很好理解的地方，而事实证明并非如此。古谢夫撞击坑最初被认为是一个湖床，但后来发现大部分区域其实被火山玄武岩所覆盖。最终，埃伯斯瓦尔德撞击坑成为首选目标，但这还不是一个最终的决定，因为工程问题可能迫使人们重新考虑其他的着陆地点，尤其是南部纬度地区可能存在火星车温度过热和光照问题[159]。

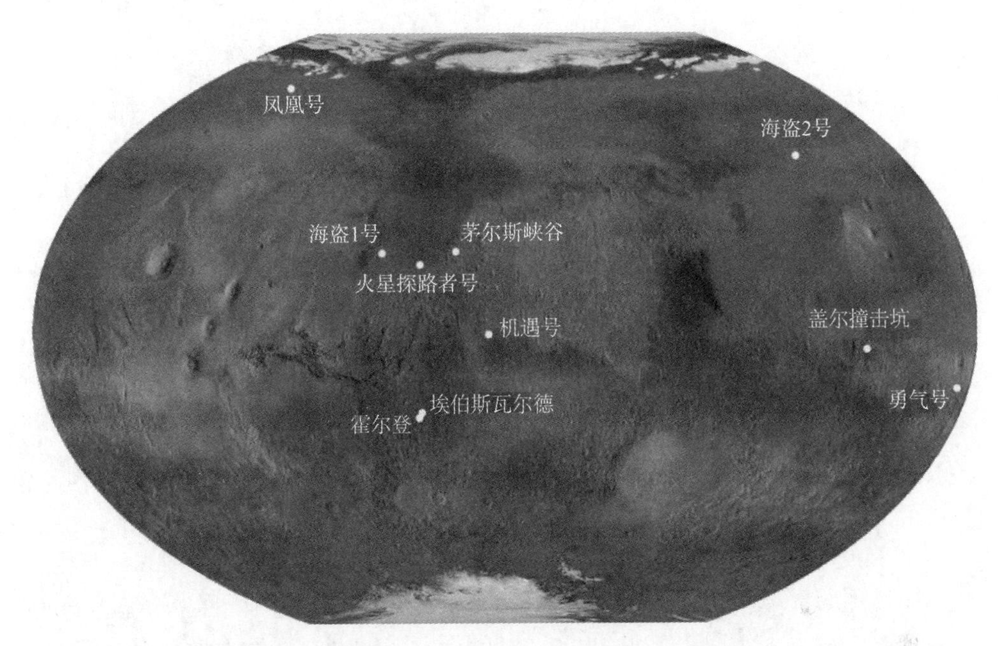

火星科学实验室的候选着陆地点和 NASA 之前其他任务的着陆地点。火星科学实验室的最终着陆地点为盖尔撞击坑

火星科学实验室原计划在 2009 年 9 月中旬至 10 月初的窗口发射，于 2010 年夏天抵达火星。到 2008 年年底，该任务显然已经无法按时进行。于是，发射计划又不得不顺延了 26 个月。其中一个主要问题是火星车上驱动装置有技术上的问题，因为火星车上用于行驶以及操纵车轮、移动手臂、获取和处理样品等任务的驱动装置有 30 多个。驱动装置上的减速齿轮最初使用一种“湿”润滑剂，但后来为了避免使用加热器，决定改用一种“干”润滑剂。同时，齿轮的材料也由钢改为钛，以减轻重量，但由于找不到钛材料与“干”润滑相适应的合适方法，重新设计后材料和润滑方式又改回了钢和“湿”润滑。这个反复将研制工作推迟了大约 9 个月，并提高了成本。本次任务在软件定型上也有一些问题，部分原因是硬件本身尚未修复。最后，发现推进系统引线的焊接存在严重的问题，需要一定的时间来解决。2008 年 12 月，NASA 宣布，该任务将推迟到 2011 年发射，于第二年抵达火星。这是自 1996 年以来，美国首次打算错过火星探测器的发射窗口。当然，还有一些几乎没有报道过的问题，比如钻头、车轮以及防热罩的微生物污染问题，它们可能导致任务会再延期 2 年。最后，之所以任务获得了放行，主要是因为着陆地点的选择要求为缺水环境，这种干燥的环境不太可能给偷渡的陆地细菌和微生物留下任何生存的机

会[160]。驱动装置最终在 2010 年 2 月通过了测试。几个月后，直升机对着陆雷达进行了测试，后来还使用 NASA 的超声速飞机进行了高空高速性能测试[161-163]。

火星奥德赛号拍摄图片拼接后的盖尔陨石坑，这是火星科学实验室选择的着陆地点。在这幅图中，实际的目标位置位于 12 点附近（图片来源：NASA/JPL - Caltech/亚利桑那大学/MSSS）

火星科学实验室的任务本来就已经是美国最昂贵的行星任务之一，这一延迟将成本增加到了 23 亿美元，超出预算 3.53 亿美元，几乎是发现级项目或所有火星侦察级任务成本的总和。为了支付这笔费用，NASA 被迫取消了其他的行星计划，包括未来的火星探测任务、2020 年后采样返回任务研究、未来行星任务的技术研究，以及 NASA/ESA 旨在探索外太阳系的联合旗舰任务。然而，这只是一系列太空探测任务预算危机中的一个小插曲。就在詹姆斯·韦伯太空望远镜——哈勃太空望远镜的继任者超出预算的同时，NASA 正试图完成国际空间站的组建、航天飞机的退役、一个新的载人飞船和运载火箭的研发以及确立人类重返月球的计划。

从积极的一面看，火星科学实验室的推迟使工程师们能够从凤凰号着陆器在处理样品时所面临的困难中吸取教训，并据此改进他们的仪器。不过，除了这些调整外，探测器不会再进行更改，因为修改科学有效载荷只会增加任务成本。与此同时，硬件测试仍在继续。在延期前的两个月，大家迎来了一个具有里程碑意义的时刻，JPL 的工程师们首次将巡航级、气动外壳、空中吊车和火星车进行了接口匹配。在一场公众命名比赛之后，这款新的火星车被命名为“好奇号”。

推迟意味着最终的着陆地点选择将推迟到 2011 年。随着名单被缩减到屈指可数的几个，一项发现让人们对着陆地点的选择又产生了纠结。科学家们宣布，他们使用地面望远镜测量了火星北半球大气中水和甲烷的分布和季节性行为，发现甲烷存在于一些延伸的羽流中，这些羽流起源于一些不连续的区域，可能是由于一些最活跃的碳氢化合物从陆地渗出。甲烷排放量增加的地区包括阿拉伯台地以东的一个地区、尼罗堑沟群和大瑟提斯高原（Syrtis Major Planum）东南部的一个地区。其中，阿拉伯台地以东的那个甲烷排放区还存在水蒸气，大瑟提斯高原的表面显示出甲烷与富含挥发物地层相互作用的迹象[164]。尼罗堑沟群最近刚刚从目标列表中删除，而这一发现使得它的支持者要求重新考虑尼罗堑沟群。事实上，新一轮的征求意见要求已经发出，另外还有 7 个地点也加入了候选名单。2009 年 12 月，科学家们开会讨论这些候选地点是否比那些已经入围的候选地点更有实力。最后，火星勘测轨道器和火星奥德赛号对两个区域——多种矿物聚集的大瑟提斯高原东北区域以及富含氯化物和黏土矿床的珍珠台地（Margaritifer Terra）进行了高分辨率成像和热分析，从而可以更好地评估这两个可能的着陆点。但在这两个地点都发现了严重的安全隐患，因此它们都没有进入主要候选名单。

在 2010 年的第五次研讨会上，工程师们完全有信心探测器在火星上的任何一个候选地点着陆，因此，选择哪个候选地点完全取决于科学家们。科学家们只在 2011 年做出了一些选择。他们无法令人信服地证明霍尔登撞击坑曾经拥有一个湖泊，因为没有发现任何河流或峡谷流入这个湖中，所以霍尔登撞击坑被删除了。同样被删除的还有茅尔斯峡谷，一个原因是人们还不了解它的形成过程，另一个原因是，与机遇号探索的子午平原平坦区域相比，它缺乏地质多样性。最后，候选着陆地点只剩下了埃伯斯瓦尔德撞击坑和盖尔撞击坑。考虑到研讨会无法就单一的候选地点达成共识，最终由少数管理人员和任务科学家选定了目标着陆地点，并在 7 月份宣布最终的选择是盖尔撞击坑。该撞击坑以澳大利亚业余天文学家沃尔特·弗雷德里克·盖尔（Walter Frederick Gale）的名字命名，位于赤道以南 5°，横跨了火星南北两个半球。它也是火星上继希腊盆地和北部平原之后的最低点之一。相比之下，它比地球上尤卡坦（Yucatan）半岛的希克苏鲁伯（Chicxulub）撞击坑要小一些。人们认为，正是希克苏鲁伯撞击坑的形成导致了恐龙的灭绝。盖尔撞击坑被选中是因为它的地质、形态和矿物学的多样性，并且很明显可以提供火星环境长期、多样的记录，盖尔区域的环境涵盖了从潮湿到寒冷，从冰雪覆盖到干旱无比。

21 km×14 km 的着陆区域位于撞击坑中央山的北部，靠近一个来自于撞击坑背部侧壁的扇形碎片。根据火星奥德赛号上红外摄像机的观测，这个扇形区域具有比周围环境更高的热惯量，表明它可能含有固结物质，这些物质可能是由水粘合在一起的，最后这个扇形区域被正式命名为“和平峡谷”（Peace Vallis）。在访问这个扇形区域之后，火星车将穿过一个小沙丘到达中央山的底部，在峡谷将可以直接探测层状地形，最底层富含铁的黏土可以提供一些矿物学、形态学上的线索，用以证明曾经有水的存在。特别是，科学家们正试图确定这座山的分层是否为沉积在湖底的物质，以及是否为撞击或者火山爆发所产生的风吹物质的堆积。探测完黏土后，火星车可能会爬到硫酸盐层。最后，如果任务延期，它可能会试图到达这座山的顶峰——这个山丘以加州理工学院已故地质学家罗伯特·P. 夏普（Robert P. Sharp）的名字被非正式地命名为夏普山（Mount Sharp），夏普曾参与了 NASA 的许多早期火星任务；这座山的官方名称是伊奥利亚山（Aeolis Mons）[165-167]。选择盖尔撞击坑的一个次要因素是火星探测的一个现实情况，即该地点几乎位于机遇号火星车的相反位置，这样两辆火星车都可以在没有另一辆车天线干扰的情况下执行任务。

2011 年 5 月 12 日，探测器的第一批成员抵达佛罗里达州，包括防热罩、背罩和巡航级，随后好奇号和空中吊车也于 6 月 23 日到达。不过，根据一份 NASA 的监督报告获知，预算增加的问题还在持续，许多技术问题到 2011 年 6 月底仍处于未解决状态。综合电子、雷达、钻机、移动系统和样品分析仪器系统都还存在一些难以解决的问题。建议的解决办法是将预算再增加几千万美元。此外，与之前的探测器一样，火星车在发射时还没有配置火星着陆和火星表面操作所需的软件，因为这些软件仍在开发之中，计划在探测器在轨飞行中将这些软件上传。在研制后期，资金困难并不是面临的唯一困难。当背罩被错误地操作之后，可能会再出现一次任务延迟，事情是这样的：背罩在与一个 1 t 重的架车连接时，被吊车给起吊了几秒钟。幸运的是，后来经过非破坏性试验验证，背罩的结构没有受到损坏。发射窗口于 2011 年 11 月 25 日开启，一直持续到 12 月 18 日。发射被推迟一天，以腾出时间来更换运载火箭“飞行终止系统”（即自动摧毁）的电池。11 月 26 日，发射任务没有遇到任何问题，NASA 主管空间科学的副署长约翰·菲尔德（John Grunsfeld）要求探测器按计划发射，这名官员曾将好奇号比作“火星探索的哈勃太空望远镜”。大约 44 min 后，探测器与运载火箭的最后一级分离，并执行了一次轨道机动，旨在防止意外地撞到火星。半人马座上的相机拍摄到的图像显示，探测器一侧的太阳能电池板正在按计划动作。10 多分钟后，探测器与深空网天线建立了联系。当时它的轨道是 0.98 AU×1.54 AU，并将在 61 200 km 的高度经过火星；飞行轨道与计划轨道基本一致，原定于任务开始后 15 天进行的第一次轨道修正推迟了数周。

探测器在进行状态检查时，一个星敏感器出现了故障，导致探测器以 2.05 r/min 的速度自旋，并进入了安全模式。12 月 6 日，辐射探测器打开。它是唯一一个在巡航过程中收集数据的仪器，主要用于监测高能粒子，并记录撞击到巡航级后产生的二次粒子。这台仪器检测到了 2012 年 1 月的太阳风暴，这次风暴是多年来最大的一次，同时它也袭击了地球。

由于人们担心推进系统的阀门存在缺陷问题，在 12 月 22 日，为了评估推进系统的状态，探测器进行了一次小规模的点火，然后在 1 月 11 日进行了六次轨道修正中的第一次，消除了有意设计的发射偏差。3 月 26 日，进行了第二次轨道机动，首次将飞行方向瞄准了盖尔陨石坑。在飞行过程中，由于对火星表面风和大气条件有了更好的预测，工程师们能够将着陆椭圆缩小到 7 km×20 km。好奇号将能够在更靠近预定目标的地点着陆，从而将行驶距离缩短一半。

7 月 14 日，探测器在着陆前关闭了辐射探测器。该仪器收集了此次巡航大部分时间里太阳粒子和银河宇宙射线通量的数据，特别是记录了 5 个太阳耀斑，这些耀斑的粒子能够穿透防热罩。银河宇宙射线的数据是最令人期待的，因为它们将有助于评估未来人类航天员前往火星时的健康状况。可以肯定的是，人类从低能弹道飞行到火星时，受到的辐射剂量是在近地轨道 6 个月时的 3 倍，是腹部 X 射线计算机断层扫描的数百倍。从统计上看，这将大大增加罹患致命癌症的风险。另一方面，太阳粒子看起来相对温和，尽管这可能是因为飞行发生在一个相对平静的太阳活动时期[168-169]。在飞行最后 45 天里，探测器几乎连续不断地收集跟踪数据，以便以要求的精度确定火星大气进入点，在飞行最后 28 天里，探测器使用遥远的类星体和环绕火星的轨道器作为参考，每天收集 2 次更精确的数据。

2012 年 8 月 6 日，探测器沿着 1 型轨道抵达火星。它本可以采用 2 型轨道，以较慢的速度到达火星，但这将与朱诺号预定飞往木星的轨道相冲突。然而，就在着陆前两个月，作为下降着陆阶段主要中继的火星奥德赛号轨道器，由于反作用轮问题进入安全模式。工程师们很快就启用了一个自 2001 年发射以来从未使用过的备份反作用轮，奥德赛号也恢复了使用。然后在距着陆一个月的时间还差 21 h 时，它又重新进入了安全模式。这次最新的故障使得火星奥德赛号作为探测器下降过程中的中继存在一定的风险，但最后，在剩下不到两周的时间内，火星奥德赛号能够启动它的推力器，提前 6 min 飞抵盖尔撞击坑的上方。好奇号原计划再进行两次轨道机动，但后来飞行过程中发现没有必要。在抵达火星前 6 天，最新进入点预测被上传到了导航系统。然后，火星车的计算机将利用这些数据和着陆地点坐标，完成高超声速飞行过程的导航。在着陆时，有三个轨道器将处在好奇号的上方，除了火星奥德赛号，火星快车和火星勘测轨道器也将参与其中，它们将试图获取探测器打开降落伞后下降时的照片，就像当年给凤凰号拍摄照片一样。此外，在探测器进入火星的最初几分钟，它会向地球广播自己的状态。此时，机遇号火星车仍在工作，正在探索奋进撞击坑（Endeavour crater）。在这段时间，机遇号将通过自身的高增益天线直接向地球传回数据，以便将轨道中继让给它的大型妹妹——好奇号。

在到达当天的世界协调时间 05：00，巡航级被释放，随后将在进入火星大气层中烧毁。5 min 后，首批两个平衡配重被释放。在巡航级被释放 10 min 后，仍然包裹在防热罩内的火星车在约 125 km 的高度，以 6.1 km/s 的速度进入火星大气层。后来确认，好奇号的进入点偏离理论值仅 200 m，进入角度比目标角度 15.5°低 0.013°。下降 4 min 后，剩下的 6 个配重被释放，以便将进入器的重心重新调整至接近几何中心。大约 34 s 后，降落伞打开。好奇号在距离火星表面 10 km 的时候，速度约为 500 m/s。大约在这个时候，地球和预计的一样处在当地地平线的下方，也失去了与火星车的直接联系。着陆阶段所有剩余的工作仍然由 JPL 通过火星奥德赛号的“弯管”转发进行“实时”跟踪（实际上，由于火星和地球之间的距离，有 14 min 的延迟）。大约 20 s 后，防热罩被释放，随后下降雷达打开。与此同时，下降相机开始拍照，它拍下了烧蚀后的防热罩脱落并最终击中地面的画面。在着陆地点和伊奥利亚山底部之间的黑色沙丘地带清晰可见，许多小撞击坑也清晰可见。火星勘测轨道器几乎从头顶飞过，在着陆前仅 1 min，在距离地面 3 km 的位置，它重复了拍摄凤凰号的壮举，拍摄到了一张好奇号的照片，照片中好奇号嵌在背罩内，悬挂在一个巨大的白色降落伞下。这张照片是火星勘测轨道器从 340 km 的高空，以近乎垂直的角度向下拍摄的。这幅图也碰巧拍到了自由落体的防热罩。好奇号在降落伞下持续下降了 100 s，在此期间，好奇号相对于火星的速度从 500 m/s 下降到了 100 m/s。在大约 1.6 km 的高度，带着降落伞的背罩被释放，空中吊车抓着好奇号自由下落了 1 s 左右，随后启动了 8 个发动机。这些推力器首先以 50%～70% 的最大推力工作，以便进行横向操纵，避免与后盖碰撞。在接近火星表面时，4 台推力器推力调至最大推力 1%，而其他推力器的推力设置为 50%。在着陆前约 12 s，在 20 m 的高度，空中吊车开始释放火星车[170-171]。

在被释放几秒钟后，好奇号上的下降照相机拍下了这张被抛弃的防热罩的照片。同时可以看到盖尔撞击坑底部的黑色沙丘（图片来源：NASA/JPL - Caltech/MSSS）

在世界协调时间 5 时 17 分 57 秒，好奇号火星车以 0.75 m/s 的垂直速度和 4 cm/s 的水平速度精确地下降到火星表面。该地点位于 4.589 5°S、137.441 7°E，位于预定目标以东约 2.4 km，以北 400 m，距伊奥利亚山脚约 6 km，距盖尔撞击坑的边缘 28 km，靠近扇形区域的边缘。此地后来用以向已故美国科幻作家雷·布拉德伯里（Ray Bradbury）致敬。火星车停了下来，将车身弯下了 4°，并将头部转向了东南偏东方向。当时是盖尔撞击坑的傍晚时分。一些“缩略图”是透过保护相机的透明防尘罩拍摄的。这些图像模糊不清，受到了落到保护罩上灰尘的干扰，但它们能够显示空中吊车撞击火星后形成的黑色灰尘羽状物。在与奥德赛号进行较短的联系之后，照相机保护罩打开，好奇号拍出了一张更清晰的照片，这张照片显示，好奇号长长的影子投射在布满灰尘的撞击坑底部，远处有几块小岩石和伊奥利亚山。同批传回的照片还有一些下降相机拍摄的低分辨率照片。

这是一张火星勘测轨道器拍摄的照片，展示了悬挂在降落伞上的好奇号
（图片来源：NASA/JPL - Caltech/亚利桑那大学）

火星勘测轨道器在着陆当天晚些时候拍摄了一组照片，显示好奇号处于一个蝴蝶形状区域的中心位置，这个蝴蝶形状就是火星表面被空中吊车的发动机羽流吹动而形成的，同时地表也被防热罩砸出了一个坑，防热罩距离好奇号大约 1 500 m，背罩和降落伞距离好奇号大约 615 m，照片上还显示了一个黑色的斑点，它是由于空中吊车爆炸引起的，爆炸物一直向西蔓延了 650 m（当空中吊车释放好奇号时，贮箱里还剩下大约 140 kg 的推进剂，远远超过最初的预期）。由背景相机拍摄的图像精确定位了 6 个配重的撞击地点，它们距离好奇号约 12 km。几个月后，在距离着陆点西北 80 km 的地方，在盖尔撞击坑外发

好奇号在火星着陆后不久拍摄的一张躲避危险的照片，背景是伊奥利亚山（也被称为夏普山）（图片来源：NASA/JPL - Caltech）

现了由巡航级和两个钨配重物撞击形成的撞击坑。显然，巡航级在大气层中已经分解，并砸出了两个单独的撞击坑。接下来几个月拍摄的照片显示，降落伞在风中摆动。

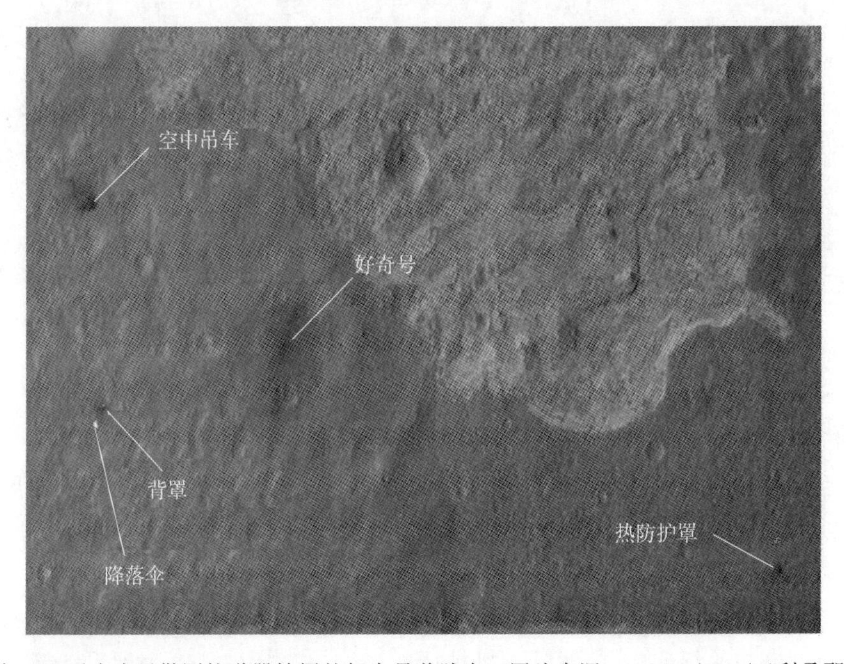

在着陆 24 h 后由火星勘测轨道器拍摄的好奇号着陆点（图片来源：NASA/JPL/亚利桑那大学）

在着陆后不久，好奇号上的导航相机拍摄了这张着陆地点的早期全景图，照片显示了盖尔撞击坑的遥远边缘。在靠近火星车的位置，有两个被空中吊车发动机羽流冲刷的地形

（图片来源：NASA/JPL - Caltech）

第二天，火星上太阳升起，火星车开展了第 1 个火星日的地面任务，好奇号根据指令解锁并打开高增益天线。由于一个罕见的小故障，天线一开始不能正确地对准地球。一些仪器也进行了测试，包括臂装相机，它通过一个透明保护盖拍摄了火星表面的照片。在第 2 个火星日，好奇号最终展开了相机桅杆，用导航和科学相机拍摄了第一批照片。首次使用广角相机拍摄了周围环境的彩色全景图，该全景图由 130 幅照片组成；由于在传回数据时，工程数据具有优先级，最终这张照片通过多个火星日才传回地球。在着陆之前，全景图中的每张照片的方位和高度都是预先设定好的，不知道火星车将会在哪里着陆，所以这个照片序列忽略了伊奥利亚山的顶峰。导航相机还传回了一些分辨率更高的黑白图像。在火星车附近，空中吊车的发动机已经清除了四个地方的灰尘，露出了灰尘下面的地层。这些浅浅的伤疤分别被命名为伯恩赛德（Burnside）、古尔伯恩（Goulburn）、赫伯恩（Heburn）和睡龙（Sleepy Dragon）。比较特别的是，古尔伯恩（Goulburn）暴露了似乎是独立的岩石粘合在一起的地形。在火星车附近，还发现了一些神秘的岩石，这些岩石由浅色的物质组成，嵌在黑色的基质之中。可以看到盖尔北坡的一部分，以及一个由流水侵蚀山谷和冲积河流组成的网络。在下降过程中看到的黑色沙丘向南延伸，距离火星车约 2～4 km，远处是层叠的平顶山、高达数十米的山丘和山脚下的峡谷。沙丘前面是一块布满岩石的、砾石似的地面。

在第 4 个火星日，好奇号不得不在软件更新的时候停止工作。不再需要的下降和着陆功能被删除，用于驾驶火星车和操作机械臂的功能被上传。软件更新工作在第 8 个火星日完成，随后2台计算机重启，好奇号也开始校准和使用它的仪器。与此同时，科学家们正忙于仔细检查轨道图像，并设计了首次科学探测穿越。好奇号决定放弃北部假定的冲积区域，转而前往东南偏东400 m处的一个地点，那里交杂了3种地质，被命名为格伦格(Glenelg)，以加拿大北部的一个地质遗址命名。这些地质单元包括层状基岩，布满陨石坑的可能具有古老历史的地形以及好奇号着陆的那种尘土飞扬的地形[172-175]。

同时，仪器继续进行练习、校准和测试。气象台传回了第一组数据。一般来说，气温处在0～－75 ℃之间。唯一发现的较大故障是，安装在相机桅杆上的两组风传感器中，有一组无法提供有意义的数据。一些暴露在外的后置传感器电路板可能已经永久损坏，可能是着陆时弹起的小石子造成的。此外，传感器的位置非常高，很难用装在机械臂上的相机对它成像，因为相机无法接近该位置短于0.5 m。好奇号探测风向的能力受到了影响，不过前置传感器工作状态良好。

接下来好奇号对化学激光器进行了测试。第一个目标是一块棱角分明的岩石，其表面扁平，直径约8 cm，距离好奇号约2.5 m。在第13个火星日，30个14 mJ的激光脉冲在10 s内射向它，记录了蒸发岩石的光谱。这块石头似乎是一颗相当典型的火星玄武岩。光谱仪检测到氧、硅、镁、铁、钠、钾、钙和铝，以及钛、锂和锰。最初的脉冲释放出了氢，它是表面薄层的一部分。这可能是空中吊车排出的肼分解后的氢沉积到了岩石表面。大气中的碳也被检测到了。同一天，好奇号首次用窄角科学相机拍摄了火星上的伤疤和伊奥利亚山的照片。山脚下的小山丘清楚地显示出它们两侧明显的分层。第二天，机械臂也没有收拢，它练习了所有的驱动装置和末端工具。接下来激光照射了古尔伯恩的三个部位。经证实它是由玄武岩成分的碎片黏合在一起组成的。其他几块石头也被击中。在现场，分析光谱仪也进行了测试。然而，烘箱中残留的地球空气比预计的要多，这导致了泵停止工作。因此，该仪器最终主要分析的是佛罗里达的空气和校准气体。对火星空气的后续测试是在第22个火星日和第23个火星日完成的。

在所有这些测试中，火星车都保持静止。然后，终于到了测试移动系统的时刻。前后轮转向系统在第15个火星日进行测试，第二天火星车又前进了4.5 m，然后右转120°，接着后退了2.5 m。16 min后，火星车在离着陆点约6 m的地方停了下来。为了更好地对焦，在第19个和第21个火星日之间拍摄了更多的伊奥利亚山底部的窄角图像。沙丘前的地形似乎被一层比深色沙丘更红的沙子覆盖，暗示这里由不同的沙子组成。在山丘上，有一条线，地形从那里改变了纹理，这条线似乎是一条存在黏土和不存在黏土地形之间的分界线。此外，边界以上的地形有不同角度的更倾斜的地层，这个角度已经接近于山坡的角度。这可能是由火山活动，或者水或风的作用产生的。在第19个火星日，火星车通过向五个不同的地点各发射了50道激光，对3.5 m外名为比奇（Beechey）的岩石进行了探测。

在此期间，好奇号进行了一系列的通信试验。在第13个火星日，通过欧洲火星快车对备份中继进行了测试，到第20个火星日时，已经传回了超过7 Gbit的数据，其中大部分是通过火星奥德赛号和火星勘测轨道器传回的。在后者飞越盖尔撞击坑时，好奇号采用

在第 34 个火星日拍摄的一组好奇号“腹部”的拼接照片。前面 4 个避障相机清晰可见
（图片来源：NASA/JPL－Caltech/MSSS）

古尔伯恩是好奇号着陆地点的四个区域之一，在这里，空中吊车吹去了地面上的灰尘，
露出了一个沉积卵石状的砾岩（图片来源：NASA/JPL－Caltech/MSSS）

自适应通信策略与之进行了通信，该策略根据盖尔撞击坑的几何结构、两航天器之间的最小距离等优化了传输数据速率。“快速接力”作为噱头也被用于许多公共关系场合。NASA 查尔斯·博尔登（Charles Bolden）的声音以音频文件的形式上传到了火星，然后人类的声音第一次从另外一个星球传回地球，从而验证了一系列通信系统的功能。几天后，流行歌手威尔（will. i. am）的一首歌也以同样的方式进行了播放。

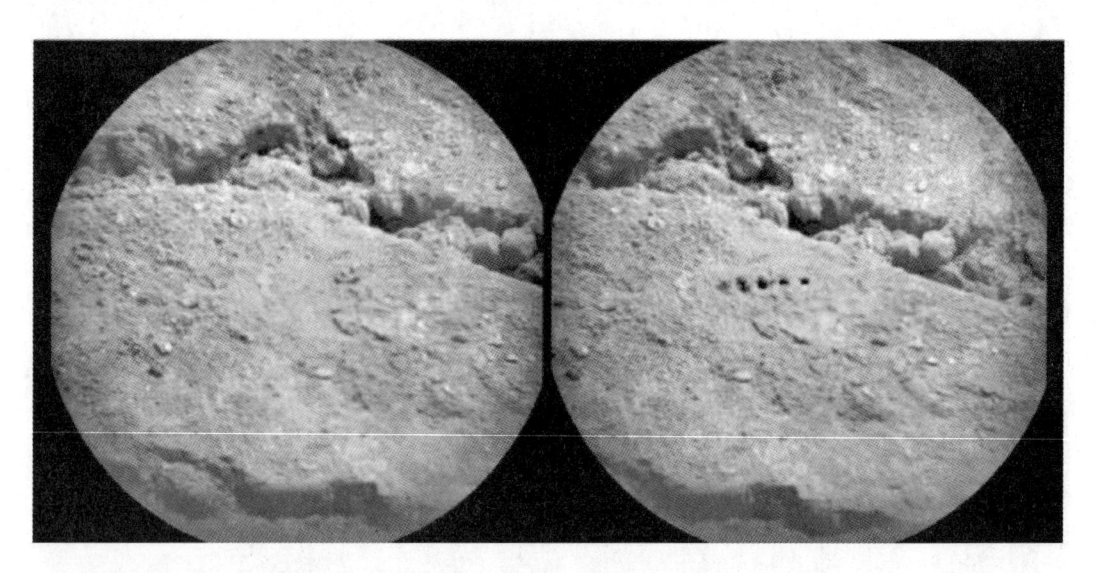

在第19个火星日，激光光谱仪进行了状态检查，上图为比奇目标在激光击中前后的对比照片
（图片来源：NASA/JPL - Caltech/LANL/CNES/IRAP/LPGN/CNRS）

在第21个火星日，经过第2次行驶，火星车到达古尔伯恩伤疤（Boulburn scar）的上方，目的是使用俄罗斯的中子探测仪来探测含水化合物。好奇号在着陆地点的活动结束后，于22日下午驱车15 m，在那里停下来拍摄了更多伊奥利亚山的照片。当与从10 m外初始位置拍摄的图像相结合时，就有可能生成山脚和山坡的三维视图。在第24个火星日，火星车行驶了21 m，测试了一些规避危险的算法，并结束了8月的行程[176]。

在第29个火星日，好奇号行驶了109 m之后，原地停留了几天，同时对安装在机械臂上的仪器进行了评估和练习。特别值得一提的是，在第32个火星日，显微镜相机拍下了桅杆的“自拍照”，第二天，在最终打开防尘罩后，又拍摄了火星车的底面。然后，机械臂移动到仪器舱板的上方，通过这种方式测试了导航算法的准确性。火星车随后重新启动，并在行进过程中使用了中子探测仪，对地下进行了探测。在第37个火星日，它第一次观测到了火卫一的日偏食，几天后又观测到了火卫二的日偏食。两天后，好奇号经过了一个名叫霍塔（Hottah）的裸露岩石，它看上去像“一条破碎的人行道”。这是一块露出来的基岩，由小型而松散的岩石碎片挤压在一起形成。嵌入的砾石呈圆形，由几厘米宽相对较大的卵石构成，这些卵石似乎是随着长期流动的水流来到这里的，然后被嵌进沙质材料的基质，它们也许曾是“和平峡谷”的一部分。在古尔伯恩和林克（Link）也观察到了类似的基岩，它是在第27个火星日左右发现的。在所有这些地点只进行了遥感，但是激光能够探测水合矿物。从形态和组成上看，科学家们一致认为霍塔和林克，与古尔伯恩一样，曾经是流动溪水的浅底，溪水的流速为步行速度[177-178]。在第43个火星日的一次行驶中，火星车到达了它的第一个使用机械臂探测的科学目标。科学家们发现了一块金字塔状的岩石，高50 cm，横向尺寸约40 cm，它的名字叫杰克·马蒂耶维奇（Jake Matijevic，或缩写为“Jake_M”），取自一位已故的JPL工程师，他曾参与火星车的研制工作。在接下来的几天里，科学家们用阿尔法射线光谱仪、显微镜和激光光谱仪对这块深灰色的岩石进行了检测。激光光谱仪采集了 14 个不同的点，阿尔法射线光谱仪采集了 2 个点，结果显示这是一块令人惊讶的非均质岩石。与勇气号和机遇号分析的其他火星岩石相比，这个岩石被归类为碱性玄武岩火成岩，铁、镁含量较少，钠、钾含量较高，可能是富水岩浆在相对较高的压力下结晶形成的。它的组成接近于在裂谷带和海洋岛屿（如加那利群岛）发现的罕见陆地岩石[179]。在第 45 个火星日午后，在正午过后不久，窄角相机抓拍到了天空中月牙状的火卫一——这是第一张从火星表面拍摄到的火星卫星照片。照片中展示了很多的细节，特别是锯齿状的边界以及被“火星光”照亮的夜空。最后，在花费五天时间分析杰克·马蒂耶维奇岩石之后，好奇号又开始了它的旅程，并在离格伦格 42 m 的地方结束了这一天[180]。

为了验证危险识别和自动导航算法，最初的行驶距离都很短，但随着对控制火星车的信心增长，行驶的距离也变得更长。在第 54 个火星日，在目标巴瑟斯特（Bathurst）的入口使用了阿尔法射线光谱仪。两天后，好奇号共行驶了 484 m，到达了离格伦格只有几米远的地方，遇到了一片古老流水冲击的细沙，尺寸为 2.5 m×5 m，那里还形成了一层外壳，被命名为石巢（Rocknest）。火星车在原地停留了几个星期，进行了第一次铲土试验。在样品采集和处理系统中收集了很多样品之后，在仪器内部将灰尘进行了振动筛选，以便进行“喷砂”，同时清除所有来自于地球的残留污染物，然后将样品送到化学分析仪器中。在第 61 个火星日，使用“勺子”收集了第一个样品。然而在第二天，活动不得不停止，因为图像显示地面上有一个几毫米长的明亮物体，必须对其进行探测。最后，它被确定为火星车的一个碎片，可能是一些绝缘材料或一些缠绕的电线。在第 66 个火星日，用洁净的勺子收集了第二个样品，在第 69 个火星日，在前两个采样点的右边，收集了第三个样品。然后，该样品被送到探测器的观察盘（一个平坦的金属平面），使用显微镜和射线光谱仪进行仔细检查。事实证明，这种沙子由一种更细、更轻的成分和一种“颗粒状”更暗的成分组成，其矿物学特征与地球上的火山土壤相似。颗粒主要由斜长石、辉石和橄榄石组成，但也有火山玻璃。沙子中也发现了一些闪亮的颗粒，可能是石英的小碎片。在第 74 个火星日，收集了第四个样品，其被送到样品分析仪器中，并筛出直径小于 0.15 mm 的颗粒，随后被送到了化学实验室。

与此同时，其他的探测活动也在进行。在第 78～81 个火星日期间进行了第二次气体分析。虽然第一次开展研究的时候发现的强烈甲烷信号由于分析仪中存留的地球气体而打了折扣，第二次几乎没有甲烷成分，只有十亿分之三。大气成分中大约 96%是二氧化碳，其余是氩气、氮气以及氧气和一氧化碳。总的来说，这些结果与 35 年前海盗号探测到的是一致的，除了氮气的含量明显低。氩和碳的同位素比值表明，与地球相比，较重同位素的比例更高，这意味着轻同位素被大气侵蚀掉了。好奇号需要监视大气组成随季节的变化情况，特别是在春季和夏季随着表面极冠融化释放到大气中的二氧化碳。甲烷的探测总是有些欺骗性，因为它常被看成有生物活动的最好代表。然而，该团队最近用望远镜观测的记录得出了与好奇号同样的结果，就是其浓度与 21 世纪初记录的结果相比增加了 10 倍。

图中所示为一个名叫霍塔的露出地表的岩石，它“看起来像一个破碎的人行道”，这张图片提供了盖尔陨石坑中古老河床的最早证据（图片来源：NASA/JPL - Caltech/MSSS）

可能是由于21世纪初发生了甲烷爆炸，气体后来扩散了[181-183]。气象仪器包也在忙着收集数据。虽然轨道器几乎没有观测到盖尔撞击坑处遭受到沙尘，但在最开始的三个月还是探测到20多次，这也比勇气号和凤凰号登陆点遭受的比例少多了。更多的时候，有从东到西的风，科学家们希望看到有更多从北向南的风，能和伊奥利亚山的上坡风一致。另一方面，明显的风与火山平面几乎对齐，由南部的伊奥利亚山和北部的盖尔撞击坑边缘作为障碍。在最初的三个月，大气压力增加了大约10%，原因是南极的极冠释放了二氧化碳。表面辐射量与日夜压力周期有关，在火星表面巡航的时候有所减小，这些不会对未来人类的探险造成影响。11月10日，火星轨道器发现了一场区域性沙尘暴。火星车上的气象仪器包记录了大气的变化，发现气压降低并且夜间气温升高。更明显的是，风暴改变了空气的透明度，以至于几天之内盖尔撞击坑的东部边缘消失了。

好奇号用铲子在“石巢”沙丘中采样后在地上留下痕迹。底部是圆形的观察盘
(NASA/JPL - Caltech)

在第 90 个火星日，所有的仪器都工作了，任务过程中压力最大的部分结束了，任务团队控制火星车的时间从火星时间转回地球时间。在第 91 个火星日，阿尔法射线光谱仪探测到一个后来被命名为“Et - Then”的目标。在第 93 个火星日，第五次也是最后一次从石巢采了样品。与此同时，对第四次采到的样品开展了高达 825 ℃的升温分析。通过对第一次采到的样品分析明显发现了大量的水蒸气、二氧化碳和二氧化硫。一些二氧化碳在高温下被释放出来，可能是由于一些碳酸盐矿物分解了。另外，产生的水足够进行火星上的首次氘氢比测量。它揭露了，石巢的水氘含量比地球的海洋丰富 5 倍，可能意味着大部分更轻的火星水已经消失了。换种说法，大气中氢的比例与土壤是一致的，表明后者的水合矿物可能是通过与前者的相互作用形成的。与存在争议的“火星上的生命”陨石 ALH84001 上的气穴所记录的形成于超过 35 亿年前的古老气体相比，当时已经发生了大部分的大气损失。这里没有明确的有机化合物痕迹，但众所周知，沙子不是特别适合寻找

有机物，因为它已经彻底暴露于火星环境。但是，在这些采样点，仪器中发现了氯化碳氢化合物——含碳和氯的分子，它们通过氯气（可能来自凤凰号探测到的火星高氯酸盐）与碳在高温炉中反应而产生。如果这种碳不是残存在设备中的地球污染物，则可能来自富含碳的陨石，陨石在地球和火星形成初期普遍存在。不过，即使它是火星上的，也很有可能源自碳酸盐石这样的非生物。X 射线衍射的分析显示出灰尘的化学和物理成分，但出乎意料未能检测到任何黏土的痕迹。从矿物学讲，石巢的玄武岩尘土与火星其他地方的土壤类似，说明尘土普遍分布在这个星球上。在第 102 个火星日，通过 α 阵列对第三次采样的样本进行检测，发现与火星土壤的普遍情况一致。截止到第 100 个火星日，好奇号已经进行了 11 次 α 射线、425 次激光、171 次中子分析，共拍摄了大约 11 000 张科学图像。特别是进行了 3 600 次激光照射，识别出不同类型的土壤和灰尘。最重要的是，发现了无处不在的氢，意味着矿物和大气中存在水。火星奥德赛号和火星快车上的伽马射线光谱仪探测到的氢中，这种水合物质可能占了很大一部分[184-190]。在石巢待了 40 天之后，好奇号在第 100 个火星日行驶了一段距离，以便于找到进一步开展研究的位置。2 天之后，朝东行驶了 25 m 来到了格伦格更明亮的一处地形，然后停在被命名为波因特湖（Point Lake）的眺望点。在这个过程中，它穿过石巢，经过了它采样的地方，以便于收集研究了很长时间的土壤里的中子。在第 102 个火星日，好奇号开展了一次“接触即走”的快速分析，包括打开 α 射线光谱仪、展开机械臂、整合地形、收起手臂、恢复移动。一到达格伦格它就开始拍摄全景图，用于评估未来可能的驾驶情况并确定目标。这些图像显示了一些有意思的区域，包括沙勒（Shale）岩石，它是一个保存完好的交叉分层矿床，跨度超过 60 m，厚度至少为 80 m。沙勒岩石类似于机遇号发现的露出地面的岩层，以化石的形式保存了携带细粒的浅水流动方向。格伦格呈现出各种各样的地质目标：具有明亮石英状侵入体的砂岩、基岩板块和令人惊讶的泥泡化石。

第 125 个火星日，好奇号驶入一个名为耶洛奈夫湾（Yellowknife Bay）的洼地。这个洼地由一系列层组成，每层厚度超过 1 m，其中较低层被称为西普拜德（Sheepbed）和吉莱斯皮湖（Gillespie Lake）。该区域看起来与着陆点明显不同。事实上，虽然布拉德伯里的岩石由小圆形鹅卵石的砾岩组成，但接近耶洛奈夫湾的时候开始呈现出薄薄的泥岩和砂岩层。这反映在了气象仪器测量到的温度上，由于岩石地形的热惯量较高，沿途的气温也升高了。好奇号火星车分别在第 125 个火星日和第 135 个火星日对克莱斯特（Crest）和拉皮坦（Rapitan）的纹理进行了激光分析，探测到了表明硫酸钙的钙和硫的排放线以及以石膏形式存在的氢。地球上的假期期间，好奇号继续停留在耶洛奈夫湾对其周围成像。

为了在 2013 年开始活动，在第 150 个火星日，好奇号“擦净”了它的第一个目标——西普拜德上一个名为埃克韦尔-1（Ekwir-1）的平坦岩石区域，后来用安装在机械臂上的光谱仪进行了探测。显微镜图像显示出非常细小的颗粒，并证明它是泥岩沉积岩。十天后，好奇号开过只有几厘米宽的迪恩蒂纳（Tintina）岩石。岩石破裂，露出明亮的白色内部。在第 165 个火星日，火星车使用安装在机械臂上的相机，加上白光和紫外线二极管的增强，拍摄了萨尤奈（Sayunei）岩石的夜间图像，来寻找荧光矿物质。这个晚上好

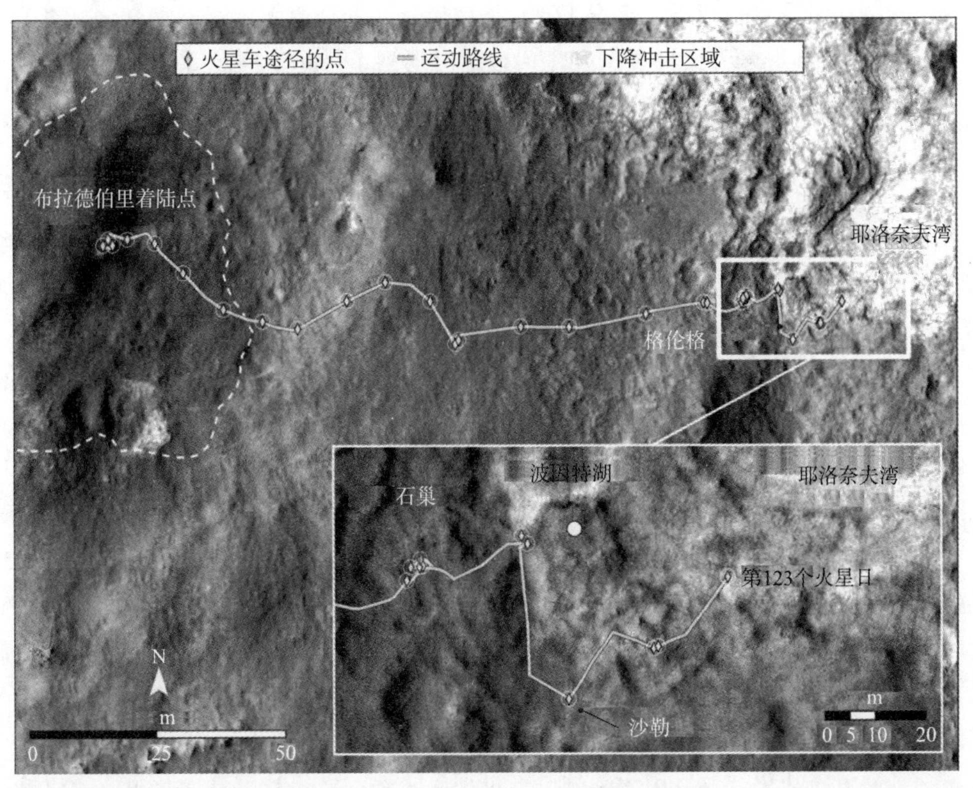

火星勘测轨道器拍摄的盖尔撞击坑图像以及前 123 个火星日好奇号的运动轨迹（NASA/JPL/亚利桑那大学）

奇号拍摄到了天空的图像。约翰·克莱因（John Klein）是一片适合进行第一次钻孔的区域，由平坦的、有纹理的和破碎的岩石组成。在某些时候，水已经通过岩石中的裂缝过滤，留下了水合矿物质的纹理，其中富含钙和硫而镁和硅非常贫瘠。在一些地方，岩石被侵蚀剩下垂直的纹路，也使得好奇号能够行驶过去压碎一些东西来开展分析。这种纹路最明显的地方被命名为蛇纹（Snake），它呈现为堤坝一般的特征，横切耶洛奈夫湾。在西普拜德的另一些区域，嵌入岩石的一些小圆石现在看起来是几毫米大小的颗粒，周围有磨耗，看起来与白色晶体相似。在第 171 个火星日，火星车进行了预测试，将钻头放置在四个不同的位置，然后钻下。三天后，钻头锤击方式试验没有成功完成，在第 176 个火星日依然如此。第 180 个火星日，进行了一次对粉状岩石特征的钻探试验，钻了一个 1 cm 深的孔。控制团队非常谨慎地避免将钻头整晚留在岩石里，因为机械臂的热收缩影响可能会损坏钻头。终于在第 185 个火星日，钻成了一个 1.6 cm 宽、6.4 cm 深大小正合适的洞，跨过岩石中一条细纹。钻屑的颜色令人惊讶，不是火星的灰暗色，说明岩石内部没有像其表面的其他部分那样被氧化。岩石的粉末顺着钻头上的凹槽流到两个储存室。然后在第 193 个火星日，一匙的岩石粉末终于转移到了筛子上进行筛分，并送到科学仪器上。第一次采集到的灰尘也将用来清洁被污染的硬件。然而几天之后，在第 200 个火星日，好奇号两台计算机中的一台出现闪存问题，车辆进入安全模式。当工程师们调查这个问题时，它切换到备份设备继续常规的操作。在恢复的过程中，火星遭到日冕抛射物质的袭击。与其在第一个问题还没有完全解决的情况下再次冒风险进入安全模式，还不如命令好奇号“休眠”。几天之后，好奇号尝试将数据发送回地球时遇到了另一个问题，虽然这个问题比较常见，但还是导致它拖延了几天才得以完全恢复。3 月 19 日，好奇号终于退出了安全模式，因为研制人员正在准备四月份第一次的行星聚合（在此期间通信会中断 2 周半）。在聚合期间，即使通信中断，好奇号也继续监测大气。继续分析约翰·克莱因的钻尾料时，样品分析仪器还对大气中的氩同位素比率进行了最精确的测量，发现氩-36 的数量是氩-38 的 4 倍，这个比例比太阳系形成时要低得多。这意味着大气损失过程更易侵蚀较轻的同位素。这个结果比海盗号测量的精确得多。

在行星聚合之后，好奇号开始分析第二次钻取采样以确认这些结果。第二次的目标是坎伯兰（Cumberland），距离约翰·克莱因不到 3 m。规划和执行都进行得更快了，在第 279 个火星日开始采样。坎伯兰似乎富含抗侵蚀的结核和颗粒，钻头花了 6 min 达到 65 mm 的深度。它获得了大约 14 cm^3 的材料，其中不到一半通过筛子。这次通过激光检查了钻尾料的组成。对约翰·克莱因和坎伯兰的样本分析表明，它们是由岩浆物质组成的，但包含高比例的黏土状矿物，它们被加热到高温时会释放出水蒸气。黏土中富含硫和铁，表明它们是在中度含盐且具有中性或微酸性的水中形成的，与机遇号在子午平原研究的酸性水完全不一样。这表明好奇号研究的区域曾经是一个湖床，水环境至少持续了几千年，理论上适合微生物生存。通过西普拜德岩石的形态特征，确定了曾经存在水环境。再次探测到了高氯酸盐化合物，因为系统已经过彻底清洗、样品被氦气净化过，所以这次高氯酸盐化合物完全不可能来自地球上的污染。此外，在约翰·克莱因和坎伯兰检测到的高氯酸盐化合物富集程度是几乎一样的，说明它不可能来自采样处理系统的污染。再次采集到了二氧化碳以及更复杂的有机物，这次通过钻尾料释放的比尘埃样品中释放的更多，而且是在更低的温度释放，如预期的那样是有机分子而不是碳酸盐矿物。再一次，火星上的有机物不一定意味着生物的来源，并且火星表面的陨石将足够说明所有发现的碳。

此外，科学家们开发了一种技术，通过比较 α 射线光谱仪测得的钾同位素和样品分析过程中释放的氩同位素来确定岩石的年龄；氩是钾放射性衰变的产物。科学家确定坎伯兰的年龄为大约 42 亿年，这与通过统计盖尔周围地区撞击坑数量的方式估计出来的年龄相当符合。此外，通过测量稀有气体和暴露在宇宙射线下产生的同位素比值，科学家们能够确定岩石暴露在火星表面的时间。结果发现，可能是因为风蚀作用，坎伯兰已经露出火星表面近 8000 万年。这个结果说明，在此处不利于寻找到有机物，因为长时间宇宙射线的照射会破坏岩石中的有机分子。科学家们将发现和分析近期露出地表的岩石作为该任务剩余时间里的优先任务之一，因为这样的岩石中可能保存着有机物。在去往伊奥利亚山的路上找到了几个候选目标[191-196]。

在第 295 个火星日，好奇号继续前进，并进行了一次中子谱扫描，为的是将钻取样本中水化物的存在与氢气的存在联系起来。然后继续向波因特湖和沙勒前进。波因特湖是一个黑暗的岩石露头，在相距几十米远的时候才能看到。它有几厘米宽的凹陷，可能是火山熔岩形成时产生的气泡。接下来好奇号向后退了几米，对波因特湖正后方处沙勒的交叉分

好奇号在约翰·克莱因钻的第一个洞。右边是它测试时钻的浅洞
（NASA/JPL－Caltech/MSSS）

层露头进行研究，以确定它形成的水环境。接下来，继续向伊奥利亚山驶去，沿途只进行几次科学停留。在驶向沙勒的时候必须非常小心，因为车的倾斜超出了限制，到达之后也停留了一些时间才移动机械臂，以确保好奇号在适当的位置且不会滑动。

在对这两个地点进行探测的同时，还进行了其他的观测。特别是在前300个火星日里，直到2013年6月，辐射监测仪测量了宇宙射线平均值，大约为星际巡航时的一半。这个结果并不意外，因为宇宙射线一半的通量被火星拦截。在第242个火星日（4月11日）记录到了一串太阳粒子，这些粒子从地球上也观测到了。这是一次相对较弱的事件，也被日地关系天文台中的一个太阳探测器观测到了。此外，在第313个火星日，好奇号第六次读取了大气中甲烷的含量，还是没有发现甲烷，其含量低至十亿分之一[197-198]。

在第326个火星日，好奇号结束了在沙勒的活动，开始向伊奥利亚山前行，根据9个月前的规划，这些天只行进了几米远。此时距离山脚大约有8 km远，工程师希望用10～12个月的时间能够走过去。与此同时，在第335个火星日行进的过程中，差不多正好走了669个火星日的主要任务的一半，火星车通过了“1 km”的标记点。工程师和操控人员计划借助平坦的地形，开始使用自动导航来运行更远。在第340个火星日，火星车第一次在一天之内走了超过100 m，第385个火星日快结束时通过自动导航走了100 m。最终，它

沙勒处交错的岩石层保存着水流的证据（NASA/JPL - Caltech/MSSS）

创造了 4 个多小时行程 144 m 的新纪录，向南移动到了一个感兴趣区域。最后十天，行驶了大约 400 m，差不多到达了大洼地的边缘，就停下来几天以进行地理特性的勘测。此外，它仍然是边移动边探测，也进行了天文观测。8 月 1 日，好奇号拍摄了一些火卫一的照片（能看到它最大的撞击坑），火卫一挡住了远处的火卫二。在 8～9 月，好奇号在日食和其他夜晚观测时，发生火卫一凌日现象。特别的是，好奇号拍摄了仙女座星系的图像，为的是判断相机是否能够发现赛丁泉彗星于 2014 年近距离飞越火星以及其他明亮的彗星接近内太阳系。可惜的是，拍到的图像连银河都看不到。在第 392 个火星日，火星车在前往伊奥利亚山途中的第一个地质航路点停下来，对达尔文（Darwin）岩石露头和岩石纹理进行了探测。它已经走完了到伊奥利亚山全程的五分之一。达尔文岩石从火星勘测轨道器上看更明亮一些。它被发现是由卵石状砂岩和新生纹理组成的胶结砾岩。在进行了一些“接触科学”之后，在第 402 个火星日好奇号继续移动。在第 439 个火星日，它到达了 1.1 km 外的下一个探测点。那里是被称为库珀斯敦的一个岩石露头，好奇号在这里花费好几天的时间用激光和 α 射线光谱仪进行分析。

在第 447 个火星日（11 月 7 日），当好奇号向火星勘测轨道器传送数据的时候，遭遇了一次计算机重启，使它进入了安全模式。火星车在三天的时间里进行了软件更新，恢复到正常状态。几天之后，探测又不得不停止，因为工程师要调查火星车底盘和电源总线之间的电压变化。这次发现了一处存在于放射性同位素热发电机的软缺陷，并没什么危害，一两天之后就恢复了。这次休息之后的主要任务之一是将在坎伯兰钻出的样品送到分析仪。第 465 个火星日，好奇号再次开始行驶。这时铝制的车轮已经有一些大的撕裂，这些撕裂虽然很大，不过既不是意外的也不太可能有什么严重的影响。操控人员开始考虑到伊奥利亚山的路线以减少这种磨损。第 487 个火星日，在坎伯兰钻取的样品中剩余的灰尘被倒到了地面上，样品处理系统被清空以简化后面机械臂的使用。2013 年年底，好奇号正在接近前往伊奥利亚山途中的第三个航路点。之后，第四个航路点所在的区域里风蚀仍在继续，在这里更有可能寻找到最新暴露出来的岩石，其中可能仍存留古老的有机分子。

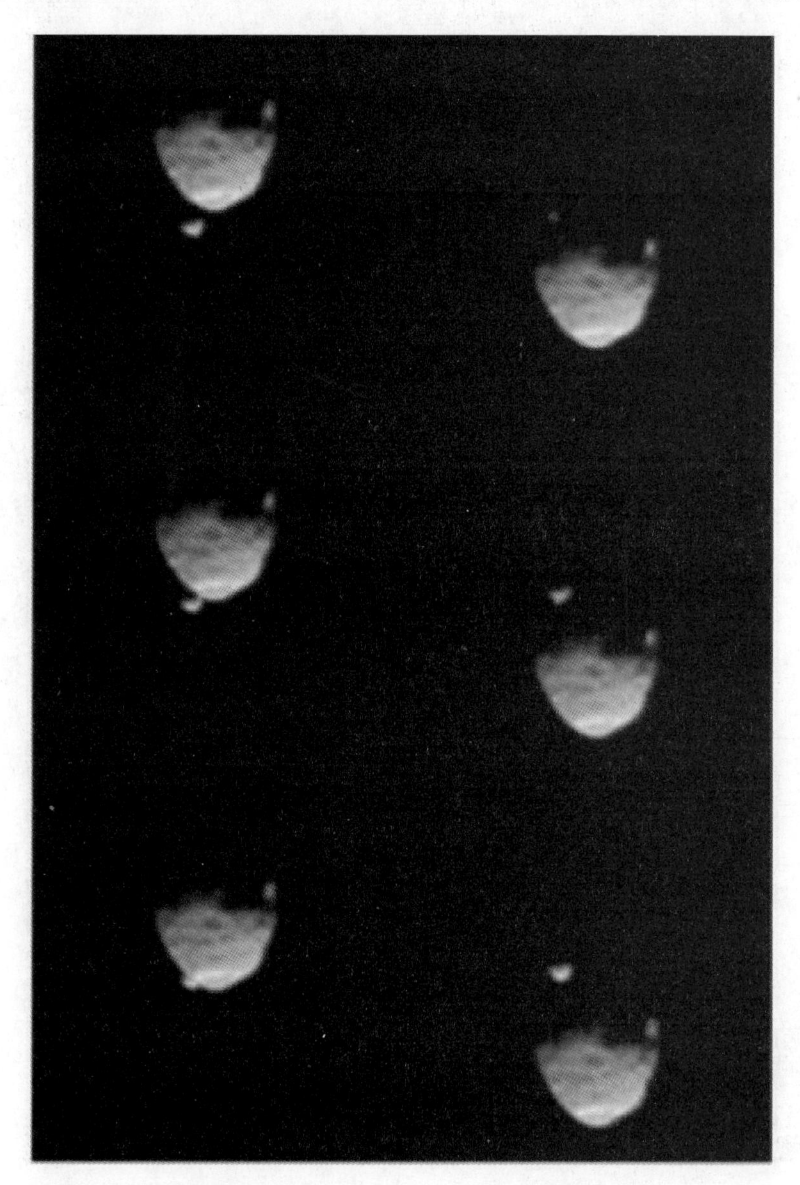

2013 年 8 月 1 日，好奇号拍摄到火卫一挡住了火卫二。这些长焦照片是在火星表面拍摄的两颗卫星最好的照片（NASA/JPL－Caltech/MSSS/得克萨斯 A&M 大学）

“好奇号”将从 2014 年年中开始探索伊奥利亚山下游和层叠的穆雷山丘（Murray Buttes）。这张照片是在着陆后不久拍摄的（NASA/JPL - Caltech/MSSS）

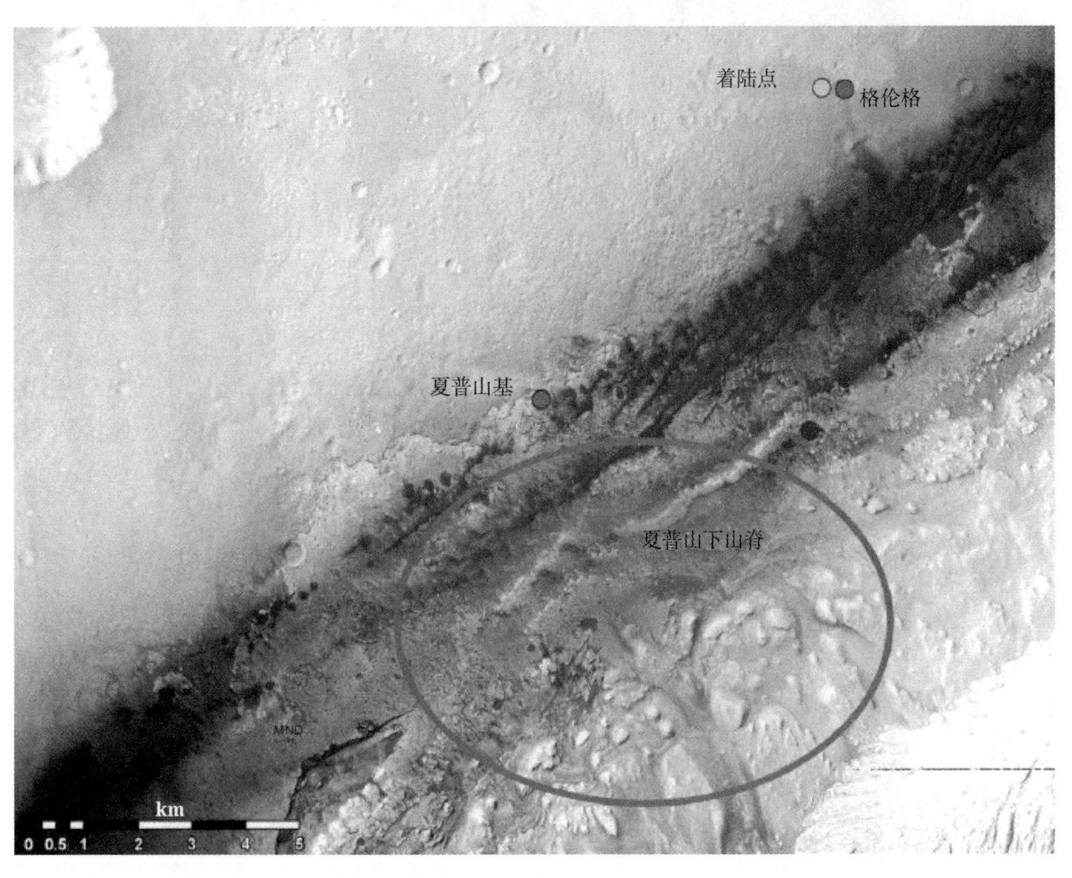

“好奇号”的着陆点——格伦格（Glenelg）以及在盖尔撞击坑底部背景下的伊奥利亚山下游（NASA/JPL/亚利桑那大学）

2014 年中期，好奇号接近伊奥利亚山，它将在沙丘区域寻找一个缝隙以便接近沙丘底部和穆雷山丘（Murray Buttes）。穆雷山丘是一个具有特殊分层结构的台地，以 JPL 主任布鲁斯·穆雷（Bruce Murray）的名字命名。这项探测可能会占用好奇号任务大部分的剩余时间。

12.5　嗅探火星空气

月船（Chandrayaan）轨道器成功完成，约 8300 万美元的花费使其成为至今最具成本效益的月球探测任务，在此之后，印度空间研究组织（ISRO）开始研究使用国内最大推力的运载火箭——地球同步卫星运载火箭（GSLV），发射一个火星轨道器研究火星大气和天气系统，及其与太阳风的交互作用。但是，正如印度空间研究组织主席马德哈万·奈尔（Madhavan Nair）所解释的，该任务需要一个良好的科学合理性，因为印度科学家不希望投资如此复杂且昂贵的任务，仅仅是为了重复其他国家正在进行的研究。

2010 年 8 月开始了一项可行性研究，由于福布斯-土壤任务失败，印度空间研究组织与俄罗斯合作建造的月船 2 号月球着陆器推迟，使得该研究变得更加紧迫。因此，研究聚焦于轨道器，它可以由更小但更可靠的极轨卫星运载火箭（PSLV）发射，这种火箭有 4 个可替换的固体和液体推进剂级，有望最早在 2013 年发射。印度媒体为火星轨道器任务（MOM）命名了一个非官方的昵称——曼加里安/火星船（Mangalyaan）（火星探测器），与月船月球探测器命名风格类似。2012 年该项研究的预算先是增加了 40 倍，达到 100 亿卢比（2 490 万美元），随后的 8 月 3 日，印度政府批准了预算为 7 300 万美元的火星轨道器任务，将于 2013 年 11 月发射。这将是自 20 世纪 60 年代以来研制周期最短的火星任务。该项目在这个亚洲国家引发了争议。批评集中在一个第三世界国家空间探测的优先级，以及该任务在政治丑闻过程中仓促提出并获得批准。一些评论认为印度正在追求在一场实际上并不存在的亚洲超级大国之间的“火星竞赛”中超越中国。有批评认为该任务是“有限科学目标的次最优任务”。实际上，该任务从一开始就被认为是一种技术演示验证而不是真正的科学考察。

航天器基于 21 世纪初以来使用的一种经过验证的卫星平台，该平台也用于月船号，根据地火巡航和环绕火星轨道的热需求进行了升级。月船号原本预计可以持续 3 年，但仅仅 9 个月后就由于热控问题而失效，此前它已经完成了 95%的目标。探测器的主结构是由复合材料和金属蜂窝夹层板构成的中心承力筒，由印度主要航空公司班加罗尔印度斯坦航空公司（Hindustan Aeronautics of Bangalore）在项目获得批准的 2 个月内制造完成。探测器干重 500 kg，中心承力筒内的两个贮箱容纳 850 kg 的四氧化二氮和肼。总发射质量为 1 350 kg。推进系统包括一台 440 N 双组元主发动机，其进行过改进以确保能在长时间巡航到达火星后重启，以及 8 个 22 N 推力器，用于姿态控制和中途修正。除此之外，还使用 4 个动量轮进行精确姿态控制。能源由单个太阳阵提供，太阳阵由三块 1.4 m×1.8 m 的太阳能电池板组成，在火星附近发电可以达到 840 W。通信由 2.2 m 的高增益天线提供，与太阳翼相对安装在平台上，可确保数据速率达到 40 kbit/s。圆锥形的中增益天线和低增益天线用于地球附近应急通信或抛物面型高增益天线无法使用时。为支持火星轨道器任务和其他未来的行星际飞行，印度将对在班加罗尔附近村庄拜阿拉鲁（Byalalu）建造的支持月球探测任务的 18 m 和 32 m 天线进行升级。

2011 年年底的会议讨论了任务的科学目标和有效载荷，但作为一项技术演示验证任务，有效载荷限制为仅 14.5 kg，基本上是实验性的仪器。大部分仪器由印度空间研究组织的空间应用中心提供，并且完全由印度研制。相比之下，月船号则携带了大量国际仪器，甚至包括一台由 NASA 通过发现级计划资助的仪器。这次火星任务携带了莱曼-阿尔法光度计以测量火星大气中的氘氢比并估计侵蚀率，以及携带了精度达到十亿分之一级的甲烷传感器。仪器主要在远火点工作，这期间观察的几何关系基本保持不变，以允许更长时间的扫描和更高的信噪比。热红外成像光谱仪用于绘制火星表面组成和矿物分布图。四极杆质谱仪将对火星高层大气取样并直接分析其组成。有效载荷还包括近火点分辨率为 25 m 的 2 048×2 048 像素的 CCD 彩色相机。

极轨卫星运载火箭的动力不足以将火星轨道器直接送入飞往火星的太阳轨道，探测器的发动机推力也相对较低，这些约束使得通过一次点火从地球逃逸变得不切实际。因此 1.5 km/s 速度增量的逃逸机动被分成几次“类福布斯-土壤”的机动。探测器发射入轨后，440 N 发动机点火将远地点从 23 000 km 提高到超过 200 000 km，最终从地球逃逸。到达火星后，进行速度增量为 1.1 km/s 的轨道进入点火，使探测器进入周期约 77 h，与赤道夹角为 150°的 365 km×80 000 km 的椭圆轨道，该轨道可避免长期日食。这条轨道也可观测火卫一和火卫二，尽管后者不是官方目标。主任务将在火星持续 6～10 个月，可能会受到即将接近并经过火星的赛丁泉（Siding Spring）彗星的影响。另一方面，这颗彗星将甲烷和其他复杂分子运送到火星大气层，该任务配备了相关设备将开展研究[199-203]。

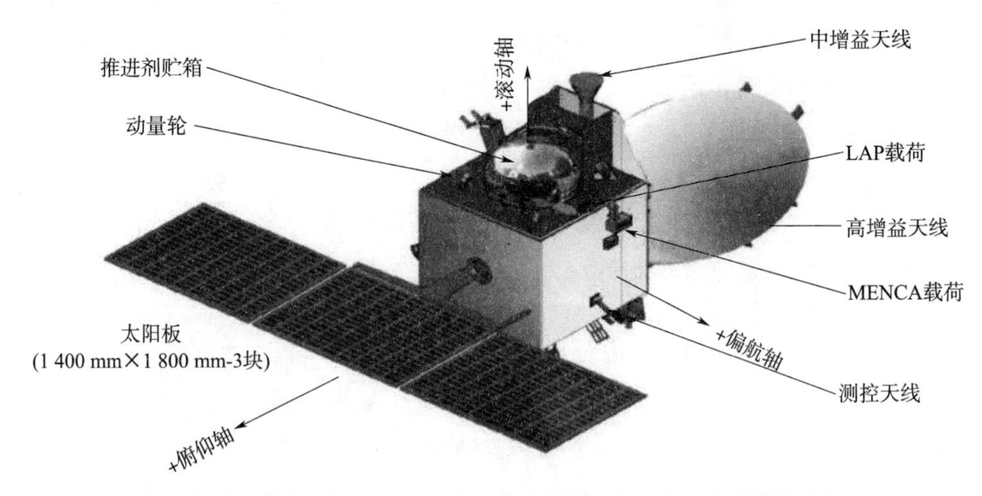

印度火星轨道器任务（MOM）航天器（图片来源：印度空间研究组织）

2009 年火星科学实验室（Mars Science Laboratory）发射后，火星侦察兵计划（Mars Scout）的第二颗探测器将利用 2011 年的窗口。NASA 在 2006 年 8 月发布了一项机遇公告并收到了 26 份建议书。同时，认识到几乎不可能在现有的预算限额内成功执行一项全新任务，该计划试图将预算增加到 4 亿美元以上。其中一项由亚利桑那大学（University of Arizona）提出的建议书是追踪可居住性、有机物和资源（THOR 雷神）任务。该提议的灵感来自于探测彗星的深度撞击任务，主探测器发送一个撞击器（“雷神之锤”）到火星中纬度地区的永久冻土层，凿出一个 10 m 深的撞击坑，同时主探测器使用能够检测水、甲烷和其他有机物特征的仪器进行观测。埃姆斯研究中心（Ames Research Center）提出 MATADOR（可部署、使用和回收的火星先进技术飞机）。与先前关于飞机的提案不同，该飞机在飞行结束时并不坠毁，而是进行可继续生存的垂直降落，以便继续提供数据。火星地质勘探自主巡视器（MARGE）提案为一对小巡视器，探测已知的被水改变的地区，使用包括为猎兔犬 2 号研制的生命探测光谱仪在内的一套设备[204]。另一个提议为在接近有沟壑的陨石坑的平原着陆，并释放巡视器进行就位探测。

地面测试中的 MAVEN 航天器，一侧“鸥翼”太阳板展开

两项提案被选定并开展了进一步研究，其中一项提议将被实施。两项提案分别为火星大气和挥发物演化任务（MAVEN）和大逃亡（TGE）任务。有趣的是，它们都是轨道器，研究高层大气的结构和动力学，以及火星大气层向太空消失的过程。

NASA 最初的意图是在 2007 年年底选择一个任务，并于 2011 年实施。不幸的是，一起利益冲突被揭发：参与遴选过程的一名科学家也参与了其中一项提议。结果代表 NASA 的空间科学家和工业代表组成的遴选委员会被解散，4 个月后遴选委员会重新成立时，2011 年发射所预留的时间已经不足，任务不得不推迟到 2013 年。一方面，推迟发射将给该计划增加 4 000 万美元，但另一方面，2011 年没有火星侦察兵计划任务的发射将会释放资金以弥补火星科学实验室不断上升的成本。因为火星勘测轨道器将达到其预期寿命，2013 年窗口的研究最初设想的任务是火星勘测轨道器级别的火星科学轨道器（Mars Science Orbiter）。该任务将兼顾科学仪器和通信中继。不过，经过调整，火星科学轨道器推迟到了 2016 年发射。

2008 年 9 月，NASA 最终选择火星大气和挥发物演化任务（MAVEN）作为火星侦察兵计划的第二个任务，基于它能以最低的风险提供最大的科学潜力。该项目由美国戈达德航天飞行中心（Goddard Space Flight Center）、科罗拉多大学（University of Colorado）和洛克希德·马丁（Lockheed Martin）公司联合研制，洛克希德·马丁公司负责制造航天器，利用火星奥德赛号（Mars Odyssey）和火星勘测轨道器使用的系统和结构。项目总预算为 6.71 亿美元，包括运载火箭、备份和一套标准的 JPL 中继设备。2 454 kg 的火星大气和挥发物演化探测器主结构尺寸为 2.3 m×2.3 m×2 m，质量为 125 kg，主结构由碳复合材料和铝蜂窝材料制成，1.3 m 的中心承力筒构成主要结构单元，支撑可容纳约 1 640 kg 肼的贮箱。贮箱本身比火星勘测轨道器的贮箱要大，以适应所预期的轨道变化。两个跨度 11.43 m 的太阳翼在火星轨道上提供 1 700 W 能源。太阳翼具有独特的鸥翼形状，角度为 20°，以在探测器深入火星大气层时提供气动稳定性。通信使用一个安装在固定方位的 2 m 高增益天线。由于固定天线与地球通信时需要调整探测器的姿态，从而中断科学活动，每周只与地球进行两次通信——比以前火星轨道器和着陆器的时间要短得多。由于探测器没有大数据量的相机或成像设备，这种通信方式足够将存储在探测器上 32 Gbit 内存中的数据传回地球。探测器前面和后面两个附加的低增益天线也可以使用。推进系统包括 6 台 200 N 推力器用于轨道进入，以及 6 台 22 N 推力器用于小推力点火。姿态控制主要由 4 个动量轮完成。探测器上还有一张 DVD，里面有一千多首来自公众的俳句。

火星大气和挥发物演化探测器携带了 65 kg 的科学有效载荷，由 8 台仪器组成。包括高能粒子分析仪用来测定太阳的氢和氦离子的能量和方向，离子和电子分析仪用来测量太阳风粒子与火星高层大气相互作用的参数。电子分析仪安装在 1.65 m 长的悬臂末端。另一种仪器是用于测量火星高层大气中高能离子的组成和速度的朗缪尔（Langmuir）探测仪，其传感器装在两个 7 m 长的悬臂上，磁强计的两个传感器安装在太阳板顶端伸出的三角形碳棒上。中性气体和离子质谱仪直接对火星高层大气取样，测量其组成、结构和同位素的比值，紫外成像光谱仪将测绘火星高层大气的组成。三台仪器安装在 2.3 m 悬臂末端的铰接扫描平台上。特别的，在经过近火点时，平台将质谱仪的入口指向冲压方向，并将紫外光谱仪指向火星。从某种意义上说，火星大气和挥发物演化探测器要将对火星上水的历史研究从火星表面扩展到大气，在设计上用以测量水、二氧化碳和氮从火星大气中逃逸的速度，以及这些与太阳活动的关系，从而深入了解火星如何失去其早期的稠密潮湿的大气。从这个角度看，2003年“万圣节（Halloween）”太阳耀斑事件尤其重要，因为在那次事件中，火星全球勘探者观测到火星高层大气密度增加了一个数量级，无疑在随后的一段时间内加速了大气侵蚀。与火星快车和福布斯2号不同，它们测量大气离子的侵蚀，火星大气和挥发物演化探测器配备了设备来研究中性“热”粒子的逃逸，如高能氧原子等。火星大气和挥发物演化探测器也有可能与火星快车进行联合大气研究。

火星大气和挥发物演化探测器将由宇宙神5号401运载火箭在2013年11月18日至12月7日的窗口发射，并于2014年9月22日抵达火星，此时正值11年太阳活动周期减弱阶段的开始。38 min的机动将使探测器进入一个初始椭圆轨道，与火星赤道倾角为75°，周期为35 h，近火点约380 km。在接下来的5个星期里，探测器将建立一个150 km×590 km，周期4.5 h的科学轨道，展开悬臂并校准仪器。由于计划内开展的测量不需要圆形轨道，不进行气动减速。主任务将持续半个火星年（一个地球年），在这期间，探测器将进行5次“深浸”活动，每次持续20圈轨道，在此过程中近火点将降低到125 km，以对火星高层大气和电离层直接取样。第一次深浸计划在2015年1月进行。此外，由于椭圆轨道的进动，近火点的纬度将在北纬75°和南纬75°之间循环，使探测器能够在大纬度范围内研究太阳风和大气之间的相互作用，并覆盖所有当地时间（在如此低的近火点，探测器有可能被火星表面的巡视器拍摄到）。在可能延长到一个火星年的主任务结束后，探测器将提供中继服务。事实上，随着火星探测计划的发展，NASA希望随时至少有两个可用的轨道中继。火星大气和挥发物演化探测器将补充并可能取代已经老化的火星奥德赛号和火星勘测轨道器[205-210]。

印度的火星轨道器任务将首先发射。任务的发射窗口在2013年10月25日开启，尽管10月、11月和12月是印度在斯里哈里科塔（Sriharikota）的发射设施最有可能遭受季风降雨和飓风的月份。航天器和仪器于8月中旬运往斯里哈里科塔，运载火箭已在那里开始集成，10月2日航天器和相关设备被货车运至发射场，选择这天是因为这天是印度的假日，公路交通较为顺畅。为了在极轨卫星运载火箭四级和末级点火以及星箭分离时为探测器提供关键阶段跟踪，在南太平洋安排了两艘船。不幸的是，恶劣的天气使其中一艘船未能及时抵达斐济（Fiji），导致发射不得不推迟到11月5日，探测器将于11月30日完成地球逃逸，2014年9月24日到达火星。探测器在11月5日由第25个极轨卫星运载火箭成功发射。航天器在发射大约45 min后与运载火箭分离，进入标称250 km×23 500 km，周期略小于7 h的调相轨道。探测器太阳板和高增益天线成功展开。11月6日至8日期间每日在近地点点火。11月10日的第四次点火中，工程师们决定进行冗余方法测试，同时使用主份和备份燃路阀门和管路，但测试失败，探测器只获得了计划的速度增量的四分之一，远地点仅提高了7 000 km，而不是超过30 000 km。第二天，成功进行了一次补充点火，将远地点提高到近11.9万km。经过15日最后一次机动，远地点几乎到达20万km，即地球和月球之间距离的一半。与此同时，对各个系统开机进行检查，进行了通信测试，包括火星轨道进入机动时将使用的 NASA 深空网。包括相机在内的一些仪器开机并进行了测试和校准。11 月 19 日，在 7 万 km 外，探测器拍摄了第一张以印度为中心的彩色地球图像。探测器在偏心环形轨道上停留了两周。最终，11 月 30 日，当火星轨道器在南非上空飞行时，发动机重新启动，速度增加了 648 m/s。经过 22 min 点火后，探测器在班加罗尔上空飞行，加速离开地球飞向火星，进入 0.98 AU×1.45 AU 的轨道。12 月 11 日，成功完成了首次中途修正，精确调整了飞往火星的路线。计划进行四次中途修正，最后一次仅在轨道进入前 10 天实施。

极地卫星运载火箭发射印度火星轨道器任务（图片来源：印度空间研究组织）

如果火星轨道器任务成功，第二个印度探测器将于 2018 年升空。除了火星任务，印度空间研究组织还希望在 2015 年后的某个时间发射深空探测任务，进入环小行星轨道，或者进行彗星飞越探测。火星探测之后，在 21 世纪 20 年代将可能开展金星和水星探测任务。

印度火星轨道器相机拍摄的第一张地球图像（图片来源：印度空间研究组织）

2013 年 10 月，美国联邦政府“关门”，给火星大气和挥发物演化探测器的发射带来风险，可能导致其推迟到 2016 年，那将需要更多的推进剂来完成任务，并影响轨道中继相位。因此，在停工两天之后，下达了豁免书，在卡纳维拉尔角恢复发射准备工作。该任务于 11 月 18 日，即窗口期的第一天成功发射。在低轨道上运行了大约 30 min 后，半人马上面级将探测器送入 0.97 AU×1.47 AU 的轨道。发射后不到 55 min，火星大气和挥发物演化探测器展开了太阳板，在接下来的几周里，大多数仪器开机并进行了检查。紫外光谱仪在 12 月初开启并进行了测试，在用于尝试观测伊森彗星（ISON）或者观测伊森彗星经过近日点被撕裂的残留物之前，在不同范围的设置下拍摄了行星际氢的图像。同时，探测器在 12 月 3 日进行了四次中途修正中的第一次修正。

不幸的是，NASA 面临着严重的预算限制，宣布在完成两项任务后就将停止火星侦察兵计划的一系列任务，以将精力集中在昂贵的火星表面任务上。火星侦察兵计划中的一些提案可能在发现级计划内实施，但前提是它们能在与其他行星任务的激烈竞争中生存下来。

12.6 奉子成婚？

2000 年年底，欧洲宣布了名为曙光（Aurora）的“太空战略”。该战略提出了长期的载人太阳系探测，从月球、火星和近地小行星的探测开始。这一概念得到了欧洲联盟研究理事会（European Union Council of Research）和 ESA 理事会的充分赞同，并在 2001 年 11 月的部长级理事会上通过。曙光（Aurora）计划由两部分组成，一是核心计划，旨在开发技术、定义方法和框架以及提升公众意识；二是任务本身，将快速开发的“飞箭（Arrow）”技术演示项目与更复杂的旗舰任务结合。希望通过这种方式在 21 世纪 30 年代或 40 年代开始实现载人太阳系探测的目标。

ESA 的大多数成员国都对该计划为期三年的筹备阶段进行了资助，但实际计划将由一系列的连续五年为周期的计划组成，从 2005 年开始。与要求所有成员国都必须参加的 ESA 科学计划不同，该计划由载人航天理事会提供计划经费，各成员国自愿选择参加。尽管在工业和科学上有广泛兴趣，如火星快车的立体相机是德国项目，但德国一开始并没有加入曙光计划。该计划进行了概念征集，收到了 300 份建议，最终结果提交到一个专门研讨会。第一批任务于 2002 年 10 月获准进行进一步研究。选择了两个飞箭项目：一个是进入飞行演示验证器，用来测试从深空高速再入地球大气层所需的技术，另一个是小型“气动捕获”演示验证，将利用法国早期对火星采样返回和网络试验建设计划 PREMIER 轨道器的研究成果。其他建议包括测试从月壤提取推进剂和氧气的技术。对于旗舰级任务有数百条建议。首先被选中的是由轨道器、进入模块和大型巡视器组成的火星生物学（Mars Exobiology）任务。它将在 2009 年左右发射，携带一个专门用于“生物学”的表面有效载荷，以及 2003 年意大利为火星勘测者（Mars Surveyor）取样返回任务研制的钻。火星生物学号 ExoMars 钻探深度可达 2 m，从某种意义上说，其更倾向于对地表进行“垂直”探测，而不是“水平”探测。该任务将寻找过去或现在生命的证据，确定对人类的危害，并增进对火星及其环境的了解。此外，它还将利用欧洲多年来对巡视器和“行星移动能力”的研究成果，同时对进入、下降和着陆过程进行演示验证。为了跟进两个飞箭项目和火星生物学号 ExoMars，ESA 希望能够尽早在 2011 年发射取样返回旗舰任务。飞箭项目和火星生物学号 ExoMars 于 2003 年 9 月签订了初步合同，一个月后签订了取样返回任务研究合同[211-213]。

同样在 2003 年，英国国家航天中心（British National Space Center）邀请国内研究人员提交飞箭级（Arrow - class）微型任务的提案，涉及离子推进。共形成了三个提案。一项是双轨道器飞行任务，研究火卫一和火卫二，以确认其起源，与已知小行星类型的关系（如果有的话），以及与火星及其环境的相互作用。离子推进将用于地球轨道和火星轨道之间的飞行，随后进入两个火星卫星的轨道。除了对其分配的目标进行遥感观测外，每个轨道器还将释放一个小型软着陆器，类似于罗塞塔（Rosetta）彗星任务中的菲莱（Philae）着陆器。另一项提案是由一组无任何科学仪器的小型轨道器组成的星座，只携带超稳定振荡器和无线电系统，进行大量相互的无线电掩星测量，在很宽的地域范围和一天中很宽的时间范围“探测”火星大气层。星座的无线电信号也可以提供一个基础的“火星 GPS”，为火星表面的任务提供导航帮助。第三项提案涉及载体航天器，将所研制的类似于美国深空 2 号（Deep Space 2）任务的穿透器运送至火星赤道和极地目标，收集火星次表层的水和冰的数据[214-215]。

ESA 于 21 世纪初期所设想的曙光计划取样返回着陆器（图片来源：ESA）

火星生物学号 ExoMars 计划使用俄罗斯天顶 3 号（Zenit 3）或联盟号（Soyuz）火箭发射，并使用类似于福布斯（Fobos）和火星 96（Mars 96）任务的驶离曲线，即首先到达一个高度偏心的地球轨道并在近地点进行逃逸点火。任务将使用之前仅海盗号（Vikings）采用过的任务飞行剖面，在进入火星轨道后释放着陆器。在这种情况下，由于进入舱本身没有推力，需要轨道器完成降轨操作，释放着陆器，然后迅速“重回轨道”。基于火星快车（Mars Express）研制的轨道器没有携带科学有效载荷，它的角色是作为巡视器的中继，但是它将释放小型子卫星进行一些自主交会模拟。

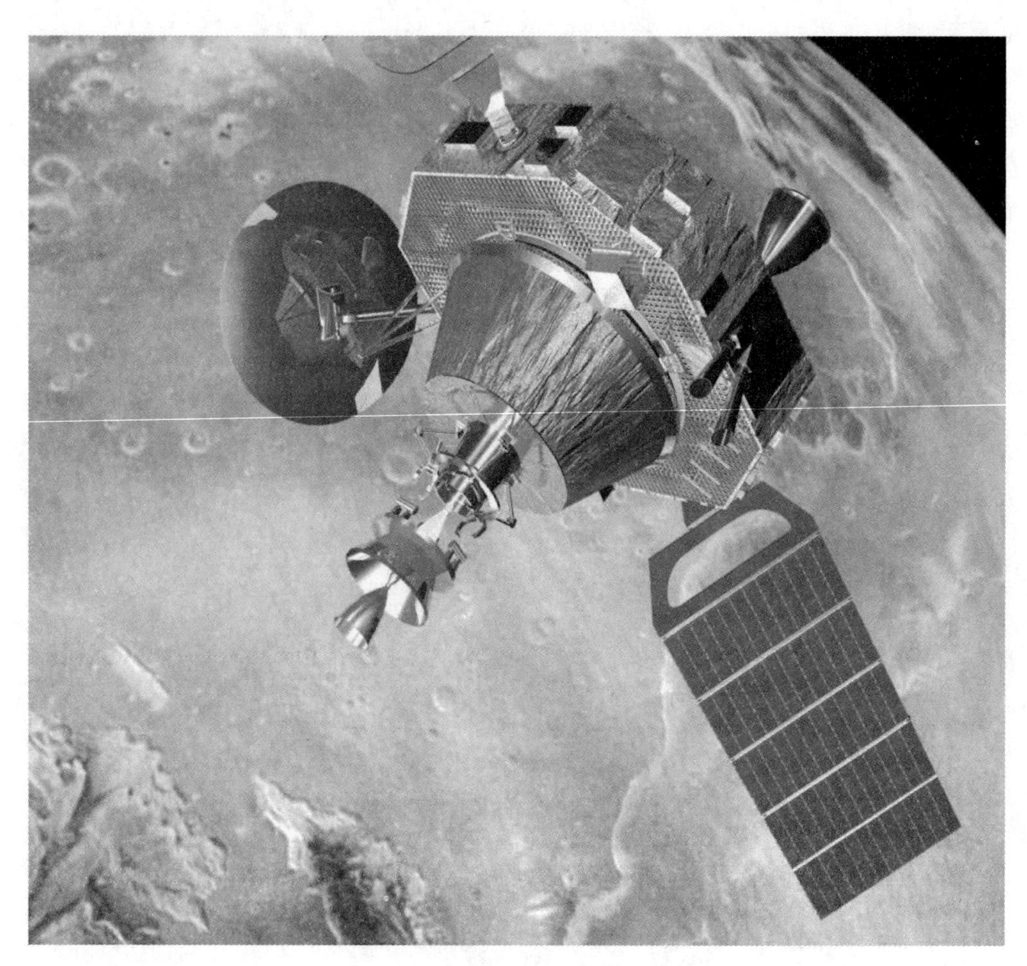

ESA 曙光计划火星取样返回轨道器。它将与样品容器交会对接并返回地球（图片来源：ESA）

在俄罗斯和欧洲多年研究的基础上，火星生物学号 ExoMars 着陆器将使用一个大型充气防热罩和减速器。在第一阶段为火星大气进入提供防热罩，在第二阶段充气到 25 m 直径。通过将下降速度减慢到 17 m/s 左右，该减速器可以有效地取代降落伞。这种方式可以确保巡视器以垂直姿态着陆，从而消除对自校正机构的需求。但首先需要进行测试，证明巡视器的车轮可以在失效并放气的减速器上行驶，而不会与织物纠缠在一起。按照最初的设想，220 kg 的巡视器将由太阳能供电，在崎岖地形上的平均速度可与 NASA 的同类巡视器媲美。从外观上看，它与美国之前的巡视器类似，有一个方形隔热外壳，从顶板伸出的太阳能电池板，类似于 JPL 开发的“摇臂转向架”的底盘上的六个可转向的轮子，一台安装在桅杆上的全景相机，以及一个太阳翼上与轨道器通信的“微带天线”[216]。2003 年 ESA 征集了有效载荷提案，被选中的有效载荷将以法国化学家和微生物学家路易斯·巴斯德（Louis Pasteur）的名字命名为巴斯德（Pasteur）。经过同行评审后，在 50 份提案中推荐了 22 份供进一步研究，2005 年 9 月，ESA 召开了一次科学会议草拟了一个初步的仪器套装。（在参与国提出建议之后）还研究了是否可能利用一些可用的空闲质量将火星生物学号 ExoMars 与取消的法国火星登陆器（NetLander）项目相结合[217]。研究结果产生了名为洪堡的天体物理有效载荷，以纪念普鲁士地理学家、博物学家和探险家亚历山大·冯·洪堡（Alexander von Humboldt）。该有效载荷包括尘埃计数器、紫外光谱仪、测量地表电离辐射的仪器和一套气象设备。其安装在着陆器本体上，当巡视器驶离时被留下来。

在火星生物学号 ExoMars 任务的总成本被设定为 4 亿欧元后，ESA 开始与俄罗斯和 NASA 就加入该项目进行探索性谈判。事实上，在放射性同位素热源设计方面需要这两个中一个或另一个的协助，以在火星夜间为电子设备保温，而 ESA 没有这方面的先期经验。在 2001 年的部长级峰会上，ESA 计划在 5 年周期内寻求 4 000 万欧元启动曙光计划，但经过 3 年只获得了 1 400 万欧元，项目更为详细的定义也悬而未决[218]。瑞典于 2004 年年底加入该计划，同时 ESA 理事会也将预算提高到了 4 150 万欧元。到 2005 年年底，包括德国在内的 10 几个国家已经承诺加入该计划，预算也已增至 4 800 万欧元[219]。但由于哥伦比亚号航天飞机失事，欧洲几个与国际空间站（International Space Station）有关的项目被推迟，结果（还有其他的事情）火星生物学号 ExoMars 的发射从 2009 年推迟到 2011 年。此外，预算问题促使飞箭级技术演示验证项目被取消，这意味着未来的任务将不得不依赖现有的解决方案[220]。随着火星生物学号 ExoMars 的延期，考虑了一些可以验证进入、下降和着陆系统的选项。其中一项提案是火星着陆演示器（Mars Demonstration Lander）[221-222]。将火星生物学号 ExoMars、猎兔犬 2 号（Beagle 2）和法国火星登陆器（NetLander）的某些方面组合，形成不那么雄心勃勃的简化版火星生物学号 ExoMars（ExoMars - Lite）。2005 年成员国部长会议之后，火星生物学号 ExoMars 获得了 6 亿欧元的拨款。四个主要合作伙伴中，意大利将提供拨款的 36.4%，英国 15.5%，法国 14.5%，德国 13.2%。但 ESA 尚未决定是仅实施着陆任务还是开展环绕加着陆任务，前者使用美国火星勘测轨道器作为中继，后者使用自己特制的轨道器进行科学探测和中继通信[223]。

2007 年，火星生物学号 ExoMars 获得了继续研制的许可，配置包含了轨道器，8.5 kg 的洪堡有效载荷放在着陆器本体上，16.5 kg 的巴斯德（Pasteur）有效载荷在巡视器上。着陆器本体由俄罗斯提供的小型放射性同位素温差电源（RTG）供电。但到目前为止，该任务的预计成本已经超过 10 亿欧元。这将任务推迟到 2013 年，需要使用比联盟-弗雷加特更强大的运载火箭，即联盟 2b（Soyuz - 2b），在法属圭亚那库鲁（Kourou）发射场发射。不幸的是，2013 年的窗口不适合着陆，因为到达时将是沙尘暴季节。一种可能的解决方案是采用一个“延迟轨道”，将在稍晚些到达。

该航天器将由一个财团研制，主承包商是泰雷兹阿莱尼亚航天公司（Thales Alenia Space）的意大利分公司。在最终的设计中，着陆器将使用六瓣安全气囊系统，以不超过 25 m/s 的速度撞击火星表面。安全气囊的设计保证压缩和迅速排气时发生“爆裂”，以防止弹跳。由于安全气囊只覆盖了着陆器的一侧，而没有包围它，这将比火星探路者（Mars Pathfinder）和火星探测漫游者（Mars Exploration Rover）任务中使用的不排气的弹跳茧更轻。另一方面，火星生物学号 ExoMars 将是第一个测试这种安全气囊的探测器。巡视器重约 150 kg，比最初设想的要轻。巡视器有 6 个安装在可伸展腿上的转向轮，可以通过“行走”越过松软的沙地。巡视器每个火星日可行走 125 m，在持续 180 个火星日的基线任务期间，至少访问 7 个地点。有效载荷的配置根据 ESA 在 1997 年开始的外空生物学研究的建议。当然，尽管火星生物学号 ExoMars 不属于该机构的科学计划，也不受科学目标的严格限制，但欧洲的科学家仍充分利用他们的第一次机会，通过指定大量科学仪器去执行巡视探测任务以研究火星表面和次表层，特别是寻找过去或现在生命的证据。到 2007 年，建议在巡视器上安装的科学仪器不少于 12 台，基于着陆器的不少于 11 台。

与美国巡视器相同，一台高分辨率全景相机提供当地图像。立体相机用于导航和科学探测。红外光谱仪确定取样的含水矿物，以及碳酸盐、黏土、硫酸盐、硅酸盐和有机分子。一只机械臂，类似于猎兔犬 2 号可调节式有效载荷工作台（PAW），携带若干仪器，包括一台显微镜用以近距离观察岩石结构，一台穆斯堡尔（Mossbauer）光谱仪用以研究含铁矿物，以及拉曼（Raman）光谱仪和激光光谱仪的取样头用以分析岩石元素组成、矿物学和结构。这些仪器的头部与巡视器车内的分析仪通过光纤电缆连接。安装在钻杆上的红外仪器将检测钻孔的纹理。一个专用系统对钻头获得的样品进行粉碎和研磨，然后将碎屑送入相关的仪器。这套仪器包括尤里（Urey）有效载荷，使用有机物探测器和氧化剂分析仪寻找生命。有机物探测器提取氨基酸、胺、糖和其他有机分子，并将它们传递给光谱仪，光谱仪通过荧光对它们进行识别。设计上其能够检测浓度为万亿分之一的有机物。有机物探测器还可确定有机分子的手性（在地球上，左手性有机物比右手性有机物更为常见）。氧化剂分析仪研究大气和土壤中氧化物和自由基的化学反应活性，特别是随着深度的变化。气象色谱仪和质谱仪对表面和大气样品进行分析。“生命标记芯片”使用医学诊断方法“可靠地检测存在的生命”。X 射线衍射仪将测定固体物质的矿物学和晶体结构。其他建议的配置包括测量尘埃颗粒尺寸范围的仪器，评估表面辐射水平的紫外光谱仪和电离辐射探测器[224-225]。

与此同时，洪堡有效载荷的质量增加了两倍，这是由于增加了地震仪等仪器以及从巡视器上转移过来了一些有效载荷，包括例如研究近次表层分层的探地雷达。

2007 年年末，曙光计划发起了关于下一步任务的提案征集，并选择了火星轨道器和表面网络，以及携带巡视器的月球精确软着陆器。这个火星任务命名为火星下一代探测科学与技术任务 MarsNext，将由联盟号于 2016 年或 2018 年发射，向火星表面运送至少 3 个探测器，用于法国火星登陆器样式（NetLander - style）的研究——这些着陆器规模较大且在进入过程中提供遥测，将使用制动火箭减速并由两个环形气囊保护。伴随的轨道器将完成科学目标，同时进行自主交会试验[226-227]。

随着火星生物学号 ExoMars 的研制进展，在 2007 年和 2008 年对关键技术进行了广泛的测试，并预计于 2009 年进行防热罩测试和气囊空投试验[228]。但随着 2008 年成员国部长会议的临近，项目前景变得十分黯淡。除其他事项外，这次会议的目的之一是解决这项任务日益增加的成本。然而，意大利改变了一项政策，旨在将其力量转向国家太空计划并参与日本隼鸟 2 号等项目，意大利决定不增加对火星生物学号 ExoMars 的投资。拯救火星生物学号 ExoMars 的一种可能性是取消巡视器，但这样做会降低任务的科学价值，并严重破坏现有的支持。为获得喘息空间，ESA 考虑将发射推迟到 2016 年并吸引合作伙伴来分担成本——例如，NASA 提供轨道器，作为回报让其在火星表面任务中发挥作用。最终 ESA 支付了 8.5 亿欧元，比目标少了 1.5 亿欧元，其余资金由国际合作伙伴提供。虽然这种方式使任务得以继续，但显然必须做出权衡处理[229-232]。

在 ESA 对火星生物学号 ExoMars 苦苦挣扎的同时，NASA 也面临着困难：在可预见的未来，其火星探测（Mars Exploration）计划的预算被冻结，火星科学实验室（Mars Science Laboratory）的成本不断上升，火星大气和挥发物演化探测器的发射推迟到 2013 年。2005 年开始进行火星科学轨道器（Mars Science Orbiter）的研究，以期 2013 年发射，目的是处理一些火星勘测轨道器和火星科学实验室任务无法解决的问题，尤其是大气侵蚀和微量气体的研究，但侵蚀已成为第二次火星侦察兵计划研究的重点。微量气体观测将进一步研究最近在火星大气中发现的甲烷。不仅这种气体浓度的存在的事实耐人寻味，而且可以看到它们以某种方式随季节变化，并且无法由气候模型再现。由于甲烷分子可以在大气中存活数个世纪，它应该有时间在火星均匀分散。甲烷存在的事实意味着它正在被补充，但这一来源是否涉及无机化学或有机化学尚不清楚。探测结果显示甲烷的生命周期只有几百天，说明一种有效的机制正在破坏这些分子。这“将表明有机物生存的环境异常恶劣”[233]。因此，这样的观测结果将可能关系到火星上生命的问题。新研制的轨道器还将进一步观测火星表面活跃的沟壑，并使用在火星勘测轨道器基础上改进版的设备寻找火星浅层地下液态水。考虑增加一个超高分辨率相机，但这将大大增加探测器数据处理需求、质量和成本。高倾角轨道将有助于大纬度范围的大气扫描，以进行甲烷探测。探测器在为期三年的“科学重点”任务阶段将在 300 km 高度飞行，随后将抬升到 400 km 轨道，为火星表面探测任务提供 7 年中继服务[234]。

NASA 在 2016 年和 2018 年窗口的可选方案包括：另一项火星侦察兵任务，类似于火星探测漫游者（Mars Exploration Rovers）的中型巡视器，长寿命火星表面网络，以及天体生物学外场实验室（Astrobiology Field Laboratory）。中型巡视器也称为火星勘探者巡视器（Mars Prospector Rover），将进行相对精确的着陆并收集和存储样本，从而对取样返回任务所需的两项技术进行演示验证[235-236]。另一方面，天体生物学外场实验室将携带专门用来寻找火星上过去或现在存在生命证据的仪器。如果重用为火星科学实验室制造的硬件，它将成为更为昂贵的选择[237]。

随着 ESA 和 NASA 在探索火星方面分别采取了各自的战略，2009 年年初进行了一些研究，以确定他们是否可能合作以及如何合作。研究结果是火星探索联合倡议（Mars Exploration Joint Initiative，MEJI），提出了 2016 年、2018 年和 2020 年窗口的发射任务。一种可能性是在 2016 年使用美国提供的基于火星科学轨道器（Mars Science Orbiter）的平台携带火星生物学号 ExoMars 巡视器。由于这种方案将严重限制轨道器的有效载荷，建议采用 ESA 的“增强基线任务”，在第一个窗口发射一个装有全部科学有效载荷的轨道器，随后在 2018 年窗口发射一对巡视器，分别是来自欧洲的火星生物学号 ExoMars 和美国的巡视器。2020 年部署携带洪堡有效载荷的着陆器网络。到 2022 年，该计划可以解决取样返回框架中的第一个要素。虽然比最初的设想推迟了 9 年发射，但在这种新形势下，火星生物学号 ExoMars 将成为更宏大任务中的一部分。火星生物学号 ExoMars 将与它的美国伙伴使用同一架空中吊车，意味着欧洲不需要开发自己的进入、下降和着陆技术，这一结果可能会使欧洲企业对目前的任务——更侧重于科学而非技术——是否会让他们受益产生怀疑[238]。2009 年 12 月中旬，ESA 理事会确认了“分摊”任务将于 2018 年发射以及 10 亿欧元的预算。

针对 2016 年的发射窗口，联合倡议提出在一次任务中使用美国轨道器携带欧洲着陆器，此任务命名为火星生物学号 ExoMars 和微量气体任务轨道器（Trace Gas Mission Orbiter)。此轨道器基于火星科学轨道器（Mars Science Orbiter）的设计，测量火星大气中的微量气体（主要是甲烷，还有二氧化硫、硫化氢、氧化氢、臭氧、一氧化碳、氮氧化物等)，分辨率为万亿分之一，监测微量气体的时空变化以及与尘度等大气参数的相关性。探测器发射质量超过 3 000 kg，包括 125 kg 的科学有效载荷。在火星捕获后，利用气动减速进入与赤道倾角 74°、高约 400 km 的圆轨道。探测器携带中继有效载荷，支持着陆任务至少到 2022 年。为此，ESA 将提供一个从罗塞塔任务继承的大型高增益天线，数据吞吐量为每天 8 Gbit。一项关于科学探测仪器的征集收到了 19 份建议书，其中四份美国建议书和一份欧洲建议书得到了采纳，分别为：用于探测和定位微量气体来源的微量气体掩星光谱仪和高分辨率天底和掩星光谱仪；用于探测尘埃和水蒸气，并探测其分布与微量气体存在联系的红外辐射计；提供甲烷本地来源环境的高分辨率彩色立体相机；全球天气监测广角相机。为了回应欧洲工业界的担忧，ESA 承担的部分任务中，将演示验证一些专利技术，这是欧洲自 2003 年猎兔犬 2 号遭到不幸以来首次尝试在火星上实现软着陆[239-240]。

该任务将于 2016 年 1 月由 NASA 提供的宇宙神 5 号运载火箭发射，标称于当年 10 月 19 日抵达火星。包括发射在内，任务的总成本估计为 7.5 亿美元。

2018 年，ESA 将提供带有钻头和巴斯德（Pasteur）生物套件的火星生物学号 ExoMars 巡视器，美国则提供宇宙神 5 号运载火箭、巡航级、进入系统、空中吊车和第二个巡视器。该任务将于 2019 年 1 月到达火星[241-243]。美国的巡视器由太阳能供电，源自中型巡视器概念的火星天体生物学探索者-捕捉者（Mars Astrobiology Explorer - Cacher，MAX - C)。在大约 10 km 的行程中，火星天体生物学探索者-捕捉者 MAX - C 将处理地质学以及过去或现在的生物学问题，并收集存储样品，这些样品有一天可能会被带回地球。要做到这一点，需要一个能钻到岩石 5 cm 深处的钻头[244]。当然，在同一平台上携带两辆具有不同能力的巡视器在着陆地点的选择上提出了问题——是否有一个地点既适合火星生物学号 ExoMars 进行地下钻探，又适合使用火星天体生物学探索者-捕捉者 MAX - C 收集存储样品？2009 年开始对包括黏土沉积物和沟壑在内的备选着陆点进行成像。

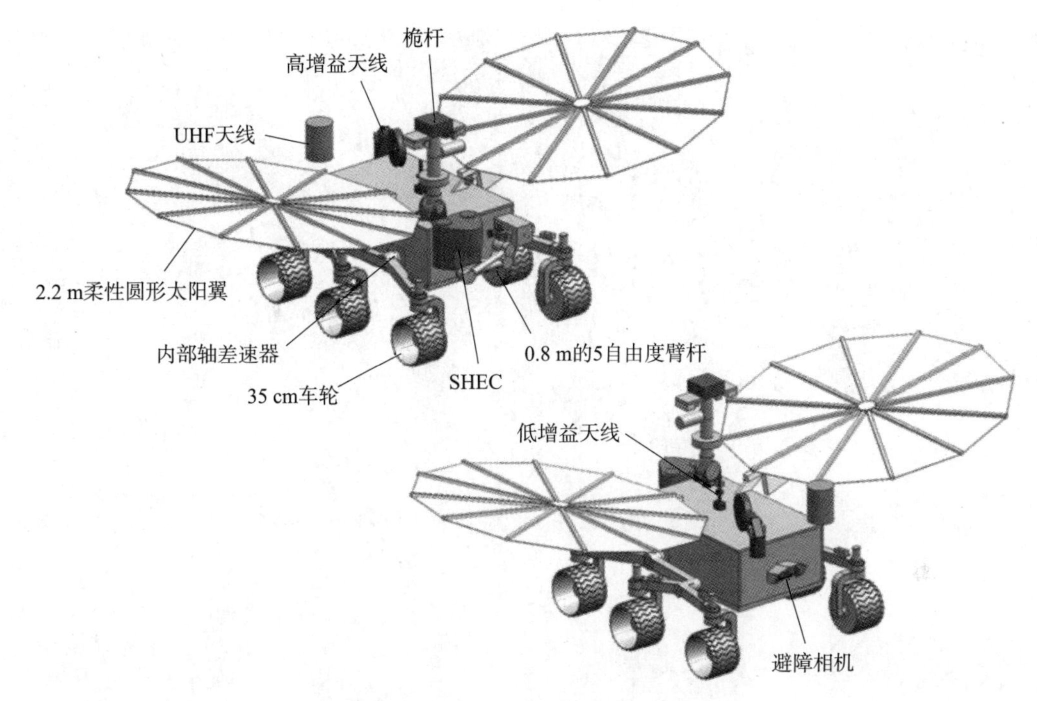

源自好奇号的美国火星天体生物学探索者-捕捉者 MAX-C 巡视器，
是 NASA 与欧洲 ExoMars 任务合作的巡视器

2011 年年初，随着美国第二次行星探索十年调查（将在最后章节详细介绍）的公布，这一联合计划再次受到质疑。该报告支持 2016 年的任务，并将火星天体生物学探索者-捕捉者 MAX-C 列为十年中优先级最高的旗舰任务，为火星取样返回任务做准备。但独立评估估计，该任务成本为 35 亿美元，在美国行星探测预算中占用了“不成比例的份额”。成本主要与改进空中吊车有关，以能使两个独立的巡视器着陆火星。调查建议执行这项任务，但前提是飞行费用不超过 25 亿美元。有人半开玩笑地提议巡视器应命名为“紧缩”号。另一方面，如果不实施火星天体生物学探索者-捕捉者 MAX-C 任务，将没有替代的火星探测架构。

因此，为了使 NASA 该项任务及发射预算低于 12 亿美元，大西洋两岸都停止了巡视器的研制工作，并成立了联合工程工作组（Joint Engineering Working Group），以设计一个更大的通用平台。理想情况下，巡视器仍将在欧洲建造，搭载美国和欧洲的多种仪器，NASA 提供运载火箭以及与火星科学实验室基本相同的空中吊车和进入系统。这种安排将利用欧洲多年来对火星生物学号 ExoMars 移动能力的研究，从而避免研究成果的浪费。单个巡视器的成本将低于两个独立的巡视器，但究竟便宜多少还存在争议。如何在国际武器贸易条例 ITAR 军备控制的限制下共同开展通用着陆器的工作还有待观察。值得一提的是，国际武器贸易条例 ITAR 使美国和欧洲工程师之间的交流非常有限，以至于在发射前竟然没有发现惠更斯（Huygens）的发射机和卡西尼（Cassini）探测器的接收机不匹配。

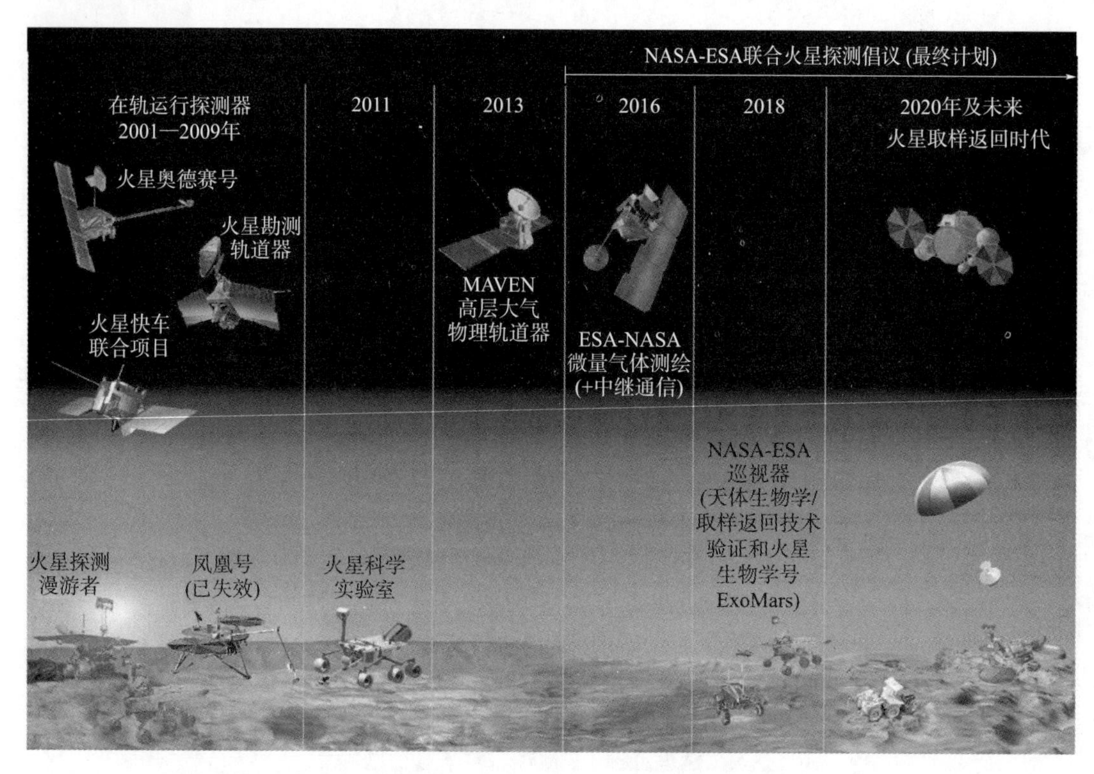

NASA 退出与 ESA 的联合火星生物学号 ExoMars 项目之前，未来火星探测时间表

此外，最近对甲烷数据进行了重新评估，表明数据与非常低的浓度一致，因而对其演绎产生了疑惑。特别的是，火星快车和火星地基设备的测量数据报告中有关短时间尺度内大气中甲烷的数量和变化，与已知的大气化学和动力学特性不一致，因为这种现象既需要大量甲烷源，也需要大量甲烷沉积。而破坏所预估的甲烷量将迅速消耗火星大气中存在的少量氧气。最近提出了无需生物或火山作用而在大气中产生大量甲烷的替代机制。实验已经对此证明，事实上，照射富含有机物的陨石样本，这种样本在火星表面很常见，在模拟太阳辐射的紫外线以及“火星”的温度和压力条件下，这些陨石可以释放大量甲烷。由此产生的气体同位素比率很难与代谢过程产生的区别开来，使得甲烷的起源很难确定。一些美国科学家认同这些结果，并在一定程度上削弱了微量气体轨道器的科学理由[245-247]。

与此同时，欧洲方面再次与成本进行斗争，据估计，成本比预算高出约 40%。这包括用于轨道器的 1.35 亿欧元，用于 2016 年着陆演示器的 1.45 亿欧元，用于 2018 年巡视器的 2.4 亿欧元，以及其余包括项目管理、发射和初期操作的费用。此外，某些不确定因素使得明显可能错过 2016 年发射窗口，顺势影响了 2018 年的任务，因为微量气体轨道器将为其提供中继服务。更复杂的是，对于 ESA 来说，2016 年和 2018 年的任务是同一预算项目，因此，停止后者工作的命令也自动停止了前一工作。一个解决方案是与欧洲工业界重新签订火星生物学号 ExoMars 合同，仅包括 2016 年轨道器和着陆器。ESA 的载人航天理事会在 5 月下旬重启工作。不过，法国政府拒绝批准任何新的支出，除非 2018 年任务得到更好的安排，具有更为现实的预算。当 NASA 宣布不能完全承诺 2018 年任务时，巡视器的全面开发就停止了。事实上，NASA 的 2011 年预算需求没有包括 2016 年后火星探测的资金。因此，项目陷入了僵局，NASA 不能说任务将继续进行，ESA 拒绝在没有美国明确承诺的情况下签署完整的工业合同。在下一轮削减中，NASA 表示可能无法提供宇宙神运载火箭，迫使要么取消原任务，对航天器和任务重新进行设计，要么改用替代运载火箭。ESA 开始考虑节约成本的措施，如请求俄罗斯捐助一个质子号（Proton）运载火箭换取科学上的参与，或者推迟、缩减甚至完全取消由意大利工业界大力支持的 2016 年着陆演示器[248-249]。

最终，NASA 于 2012 年年初退出了这个项目。2 月发布的 NASA 的 2013 年预算中，为了弥补詹姆斯·韦伯太空望远镜（James Webb Space Telescope）的超支，大幅削减了行星科学的经费。特别的，取消了火星大气和挥发物演化探测器 MAVEN 之后的所有火星任务。NASA 的决定，对 ESA 来说很是幸运，看起来与俄罗斯在福布斯-土壤探测器失败后对其行星探测计划进行重新设计相吻合。为了提高系统和硬件的可靠性，俄罗斯停止或推迟了 2015 年之后实施的所有项目，资源集中在与 ESA 的联合火星生物学号 ExoMars 任务上。俄罗斯将提供两枚质子号重型运载火箭以及科学仪器，以弥补 NASA 的部分。最初，俄罗斯还考虑与 2016 年的轨道器一起发射四个类似于火星 96（Mars 96）的探测器或火星气象网 MetNet 表面站，但随后建议俄罗斯为 ESA 的进入、下降和着陆演示验证器提供 RTG，使该演示验证器成为本身具有一年长寿命的着陆器，同时作为 2018 年着陆系统的一大部分。这个计划依然失败，一方面是由于俄罗斯技术出口的限制，另一方面是由于将短期生存的着陆器修改为由 RTG 供电的技术问题，同位素热源在火星巡航阶段将产生大量的多余热量，这就需要对热控系统进行非常大的调整。因此，设计回到电池供电的短期生存选项。根据意大利航天局（Italian Space Agency）的提议，着陆器命名为斯基亚帕雷利（Schiaparelli），这是 19 世纪末期对这个红色星球进行过大量科学研究的意大利天文学家的名字。这将纪念他 1910 年逝世的 100 周年[250]。

按照撰写本文时（2013 年 12 月）的计划，2016 年的任务将包括携带 4 台仪器的微量气体轨道器。天底和掩星光谱仪由太阳掩星红外光谱仪，天底、太阳和天体边缘红外光谱仪，紫外和可见光光谱仪组成，由比利时领导的欧洲企业联盟开发，其基于金星快车（Venus Express）的仪器。这些仪器将在日出和日落时对边缘进行扫描，在明亮的太阳背景下探测大气中微量的气体分子，可以达到十亿分之几的水平。这些仪器还能直接对探测器下方的表面进行扫描，尽管灵敏度非常低。好奇号着陆点缺乏甲烷可能意味着这种气体在火星上确实较为稀少，或者在盖尔（Gale）陨石坑，或在某些季节，或者只能在高层大气中找到，在这种情况下，掩星光谱仪应该能够探测到。俄罗斯空间研究所（IKI）即将研制大气化学套件，该套件由中红外光谱仪、近红外光谱仪、热红外光谱仪和太阳相机组成。一台俄罗斯超热中子探测器，基于 NASA 月球勘测轨道器的一台仪器，将对水冰的次表层沉积物进行高分辨率绘制，并研究其季节性循环。瑞士和意大利联合研制的 4.5 m 分辨率彩色立体相机将对微量气体的来源区域进行初步绘制，也可用于确定未来的着陆点。此外，在三轴稳定的探测器上还有 NASA 提供的带有冗余的标准 UHF 中继包，以及

预计 2016 年发射的 ESA -俄罗斯联合微量气体轨道器模型

一个短期生存的着陆器。

任务的标称发射窗口为 2016 年 1 月 7 日，备份发射窗口在 3 月，质子号- M 运载火箭发射后，微风- M（Briz - M）上面级将在近 4.5 h 的时间内完成 4 次点火，离开地球轨道。发射质量为 4 332 kg 的微量气体轨道器将进入 2 型转移轨道。600 kg 的进入、下降和着陆演示验证器斯基亚帕雷利（Schiaparelli）将于 2016 年 10 月到达火星前 3 天分离，由弹簧推出，旋转速度为 2.75 r/min。轨道器将进行轨道机动以避免撞击火星，并为轨道进入做准备。进入、下降和着陆演示验证器具有一个直径为 2.4 m 的大气进入模块。前端的防热罩，是技术上最为关键的部分，具有 120°倾角，使用的烧蚀材料基于法国火星登陆器（NetLander）和猎兔犬 2 号的研究成果。防热罩内嵌有许多热电偶、热流传感器和其他工程传感器，用于确定进入系统性能。前后防热罩之间夹着直径 1.7 m、重 300 kg 的圆形着陆器。着陆器通过定时器在进入前约 1 h 唤醒。在通过防热罩减速后，将打开其单一的 12 m 超声速降落伞，该伞基于惠更斯号（Huygens）研制。随着防热罩的分离，在高度约 1 400 m，垂直速度为 90 m/s 时，着陆平台本身将由背罩释放。随后开始使用三个 400 N 肼脉冲推力器进入动力下降阶段。推力器安装在着陆平台的周围，每个推力器都从单独的肼贮箱中抽取燃料，燃料共 32 kg。在验证欧洲制导算法的过程中，雷达高度计将主导下降过程。在大约 1.5 m 的高度，推力器关闭，允许位于可压溃的蜂窝状结构之上的平台自由降落，雷达高度计安装于该结构的中心。进入过程约 6.5 min 后，平台以约 4.2 m/s 的速度着陆，承受的最大加速度为 40g 。可压溃结构能将着陆器的基板放置在地

预计 2016 年发射的短期生存的斯基亚帕雷利欧洲着陆器模型

面以上 25～60 cm。因为火星生物学号 ExoMars 将在尘暴季节到达火星，其系统必须设计能够在恶劣风暴中安全着陆。它的设计寿命为仅在火星表面生存 8 天，并利用 NASA 的轨道器回传数据。没有直接与地球通信的计划。由于操作寿命较短，它并未配置太阳能电池板或放射性同位素热源，最终将把电池耗尽。3 kg 的有效载荷将为科学研究提供有限的机会。有效载荷包含一个进入和下降包，使用加速度计对进入轨道和大气主要物理参数进行重建；一台尘埃特性和环境站，装有风速计、湿度传感器、气压计和温度计；并开展大气透明度试验。火星表面测量包将通过测量表面电场，以监测灰尘的静电充电、放电和电磁噪声。还搭载了一台降落相机，基于 ESA 在包括火星快车的许多航天器上安装的视觉监控相机，在抛除防热罩后将至少拍摄 15 张下降图像。没有搭载火星表面相机的计划。由于中继轨道器不常经过上方，并且地面指令发送困难，有效载荷必须自动收集数据。着陆区的选择基于着陆安全性和科学价值。着陆区必须在北纬 25°～30°之间，高度在火星基准面以下至少 1.3 km，在 110 km×25 km 的椭圆内，具有最少的大小坡和最小的表面粗糙度。在子午平原（Meridiani Planum）中心，西经 6.1°，南纬 1.9°的一个50 km 的椭圆区域，位于机遇号探测过的奋进陨石坑以西，是首选着陆区的位置，但仍有三个备选着陆区[251-253]。

在释放斯基亚帕雷利之后，探测器将进入一个初步椭圆轨道，周期为 4 天。8 天后，在第二个近火点，轨道器将进行一次机动，将轨道周期降到一天，建立期望的 74°倾角轨道，为火星大气研究而获得最大的太阳掩星，同时具有良好的季节和纬度覆盖，并开始为期 6～9 个月的气动减速阶段，以建立高度 350～420 km 的圆轨道。微量气体轨道器（Trace Gas Orbiter）将在 2017 年 6 月开始其主任务[254]。

2018 年的任务将于 5 月发射，备份窗口为 2020 年 8 月，分别于 2019 年 1 月中旬或 2021 年 4 月到达火星。探测器包括 ESA 提供的小型运输模块（在巡航期间提供动力、轨道控制和通信），俄罗斯的下降模块和欧洲提供的表面模块，以及 300 kg 的 ESA 巡视器。作为该任务走走停停历史的例证，欧洲巡视器在 2010 年通过了初步设计审查之后即被搁置，直到在 ESA－NASA 联合设计中被再次采纳。1 250 kg 的下降模块安装在可伸缩腿上，这些腿稍后用于调整着陆平台水平度，并允许巡视器通过平台的可展开太阳能电池板形成的斜坡行驶到火星表面。2016 年微量气体轨道器（Trace Gas Orbiter）将会提供进入和着陆期间的中继。ESA 巡视器的特征包括：隔热的“浴缸”主体结构，用于热控制的电加热器和俄罗斯提供的放射性同位素热源，以及总面积约 2.5 m^2 提供能源的太阳能电池板。驱动系统由三个独立转向架上的六个车轮组成。巡视器的有效载荷是在 2012 年 7 月选定的，包括一些欧洲和美国的仪器以及两台俄罗斯的仪器。可展开桅杆携带一台导航相机，两台全景相机，一台高分辨率相机以及一台俄罗斯红外光谱仪。探地雷达将以厘米分辨率获得火星表面上层几米的地层学资料，确定感兴趣的矿床，以进行次表层采样。采样通过安装在两自由度机械臂末端的多杆钻具实现。它能够从 2 m 深的地方获得 2.8 cm^3 的样品。钻具的钻头上配置钻孔红外光谱仪和近距离样品成像仪。俄罗斯科学家还将提供一个类似于好奇号上安装的中子光谱仪。另外，巡视器上配置具有样品准备和分配系统的

预计 2018 年发射的欧洲火星生物学号 ExoMars 巡视器模型，注意前面的钻具箱

分析实验室，用于监测过去或现在生物物质且包含气体色谱仪的有机分子分析仪，在样品晶粒尺度研究矿物学成分的质谱仪和激光光谱仪，拉曼（Raman）光谱仪和可见光及红外光谱仪。巡视器任务预计持续 218 个火星日（约 7 个月），在此期间它将行驶约 4 km。着陆平台设计寿命为一个火星年，有效载荷将包括中子谱仪、地震仪、气象学包和测量电特性的仪器（基于 2016 年着陆演示验证器）、收集直到 10 km 高度大气廓线的激光雷达、大气成分仪器、辐射剂量计和高能离子通量计[255]。

2013 年 12 月，ESA 和俄罗斯联邦航天局（Federal space agency in Russia）提出了征集着陆地点的提案。为了给太阳能电池板提供足够的光照，着陆点必须位于南纬 5°到北纬 25°之间，能够找到 104 km×19 km 的椭圆形、安全、适合寻找过去或现在生命存在的区域。更重要的是，这种区域必须古老，并且在整个着陆椭圆区内，有露出地面的沉积岩记录过去存在水的证据，以便最大限度增加巡视器接近它们的机会，而且覆盖的尘土应该很少。最后，区域必须处于相对较低的位置，以使着陆系统能够在减慢着陆速度情况下正常工作。

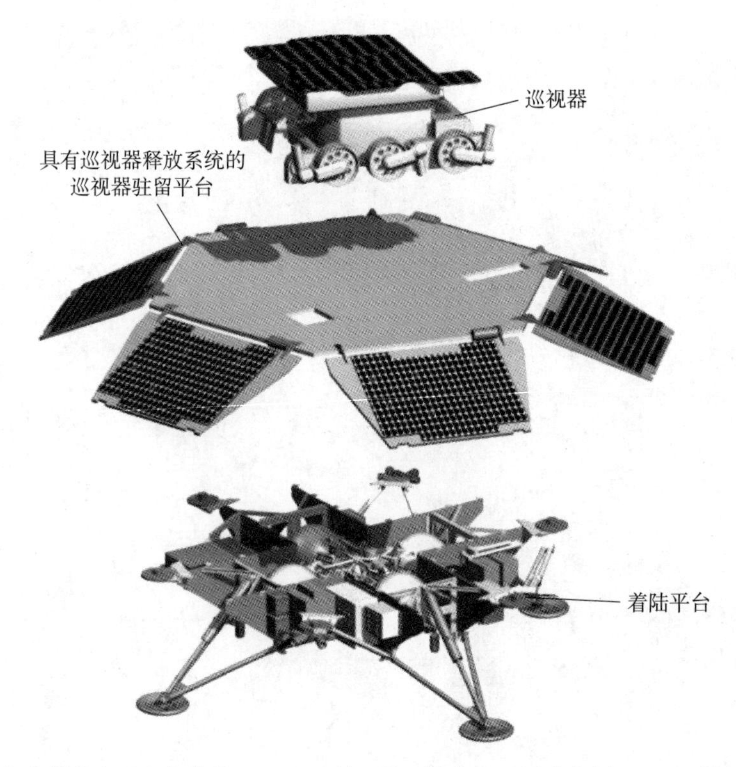

预计 2018 年发射的火星生物学号 ExoMars 的一种可能构型（图片来源：ESA -俄罗斯航天局）

作为 NASA 退出的结果，ESA 在该项目中所占的份额预计将增至 12 亿欧元，从而再次引发了最终取消该项目的担忧。为此提出了各种解决方案，包括将 ESA 的 21 世纪 20 年代的 JUICE（木星冰卫星探测，Jupiter Icy Moons Explorer）任务从阿里安（Ariane）5 号改为俄罗斯质子号（Proton）发射，允许俄罗斯航天局（Russian Space Agency）在该任务中发挥更大的作用，并将资金转移到火星生物学号 ExoMars。ESA 的新成员国波兰和罗马尼亚可能至少在财政上参与火星生物学号 ExoMars，以及将火星生物学号 ExoMars 作为科学“机会任务”，将其从载人航天和探测部门转移出来。2013 年 3 月中旬，ESA 与俄罗斯最终签署了正式合作协议[256-257]。

除了参与火星生物学号 ExoMars，俄罗斯开始考虑在 ESA 的帮助下，在 2018 年或 2020 年执行福布斯-土壤 2 号（Fobos - Grunt 2）任务。俄罗斯是否有能力重新完成曾经失败的取样返回任务还有待观察。

切换到空中吊车着陆系统以及俄罗斯随后提供的系统，意味着洪堡（Humboldt）有效载荷必须从火星生物学号 ExoMars 上取消，但 ESA 设想将其纳入后续的任务。事实上，在 2016 年进行演示验证的 21 世纪 20 年代着陆器设计可能释放 4 个小站组成的网络，将能够与法国火星登陆器（NetLander）和洪堡有效载荷协同工作[258]。值得注意的是，从 20 世纪 80 年代开始，建立火星网络一直被视为行星任务的头等大事，在 2003 年的“十年调查”中也重申了这一观点，但到目前仍未尝试，原因可能是相对于巡视器和寻找生命而言，公众对天体物理学的兴趣相对较低。具有讽刺意味的是，火星网络很容易实现，仅需小型的火星探路者级别的着陆器。

GEMS（天体物理监测站，Geophysical Monitoring Station）着陆器，更名为洞察号（InSight，利用地震勘测、大地测量和热传导的内部探测，Interior Exploration using Seismic Investigations，Geodesy and Heat Transport），是第 12 个发现级任务的三个最终入围项目之一，由天体物理网络探路者组成。就在好奇号成功着陆两周后，NASA 宣布耗资 4.25 亿美元的洞察号从其他两个更具雄心、风险更大的候选项目中胜出。对任务预算的信心显然是获选的一项关键因素。这项 JPL 任务是火星探路者之后第一个进入发现级最终名单的任务，可能是因火星侦察兵（Mars Scout）计划取消而对科学界的补偿。洞察号将于 2016 年 3 月 4 日开始的为期 21 天的窗口发射，进行不到 7 个月的巡航飞行之后，于 9 月 28 日在一个平坦的、没有太多岩石也没有太多沙子的埃律西昂平原（Elysium Planitia）近赤道区域着陆。利用火星勘测轨道器提供的高分辨率环境图像，研究了埃律西昂内多达 22 个 130 km×27 km 的着陆椭圆。2013 年 9 月，备选着陆区缩减为 4 个。洞察号前 67 个火星日将致力于在火星表面展开和设置仪器。随后工作一个火星年的时间，来研究火星内核与地壳的吸积、演化和分化，以确定火星内核的大小、组成和状态，火星地幔及地壳的厚度和结构，以及它的热状态。这些研究通过测量当前的地质活动水平，地震活动的数量、频率和分布以及陨石撞击来进行。

洞察号是基于一项新疆界计划提出的，该计划中要求在一个单一平台上配置三个凤凰号级的着陆器。为了适应发现级计划的成本上限，最终设计为单一的、太阳能供电的凤凰号类型的着陆器，由洛克希德・马丁公司在丹佛建造，其备受关注的有效载荷包括三台科学仪器加上一些工程仪器。主载荷是较为灵敏的地震仪，基于被取消的法国登陆器（Netlanders）研制，能够测量十亿分之一厘米的位移。该仪器由法国空间研究中心（CNES）提供，其输入来自法国、英国、瑞士、德国的研究机构和 JPL。一台德国的热流和物理性能包能够自挖掘，在 4 m 线缆末端装有 35 cm 长的“鼹鼠”，每隔 35 cm 均有热、介电常数和加速度的测量装置。这台仪器的设计基于猎兔犬 2 号的鼹鼠取样器和洪堡有效载荷的某些研究。JPL 提供的 X 频段无线电科学实验将监测火星自转和其他物理及动力学参数，这些参数反过来将给出火星内部结构和火核大小的约束。这是在火星探路者 20 年之后和海盗号 40 年之后仅有的第三次确定火星自旋轴方向的实验，并确定进动率和转动惯量，除此之外，还将在 2 年跟踪的基础上，更为精确地测量火星章动。在最初的 60 个火星日中，地震仪和鼹鼠取样器将在选定地点通过配备了摄像头的机械臂放置在表面，以免出现海盗号地震仪的问题，该地震仪大部分记录的都是着陆器的内部振动。基于好奇号搭载的西班牙气象包的工程仪器将测量压力、风和温度，地震仪在测量时必须考虑这些因素，以达到必要的精度。它们也可提供额外的科学数据。此外，地震仪本身被安装在圆锥形的铝结构内，并由气凝胶隔热，外部覆盖防热多层，以在放置到火星表面之后避风。虽然精确定位地震需要至少三或四个着陆器组成的网络，例如，确认地震是均匀分布的还是集中在火山地区，比如塔尔西斯高原（Tharsis bulge），单个着陆器的测量结果将提供极有价值的数据，尽管科学家们将不得不强烈依赖火星内部模型进行补偿。位于机械臂肘部的彩色相机——源自火星探测漫游者和火星科学实验室的“导航相机”——在任务的最初两个月也将被用于提供低优先级的着陆点全景图像，并监测云、尘暴和其他瞬态现象，此外着陆器将携带一台改装过的火星探测漫游者的“避障相机”，安装在平台下方，对仪器部署区域成像。最后，着陆器还将搭载德国的三谱段红外辐射计和矢量磁强计。着陆器与地球的通信使用两个中增益天线完成，另外还有 UHF 天线将数据通过轨道中继传输[259]。虽然美国有两个未分配发射任务的德尔它 2 号运载火箭正在存储阶段，但洞察号将使用宇宙神 5 号 401 运载火箭发射，这是该系列运载火箭推力最小版本。值得一提的是，发射将在加利福尼亚范登堡空军基地进行，从而到达高倾角停泊轨道。我们记得，这最初是为火星奥德赛号计划的。

美国洞察号天体物理着陆器的效果图。图中机械臂正在部署地震仪，地震仪的热防护装置和热通量“鼹鼠”仍在着陆器平台上（图片来源：NASA/JPL - Caltech）

除了洞察号外，NASA 还启动了另一项预算与火星探测计划不同的“综合”火星计划，称为火星未来十年（Mars Next Decade)。尽管期望该计划有助于将人类送上火星的雄心，但目前还没有批准或资助规划，而且无论如何，这种任务最早也要到 21 世纪 30 年代才可能实现。火星未来十年计划中的第一个任务最早能够在 2018 年或 2020 年实施，可能不仅要动用科学任务理事会的预算，还要动用载人探测的预算。2012 年 6 月举办了一个研讨会，评估 2018 年至 2024 年之间的近期任务框架，以及到 21 世纪 30 年代的规划。会议提交了超过 390 篇论文摘要，来自十个不同国家。提出的建议包括几个能够精确着陆和可为后续取样返回任务取回样品而进行样品缓存的火星探测漫游者(MER)的变体，能够测试小型上升火箭的基于凤凰号的着陆器，一系列航空飞行器，以及可以下降到火星高层大气并释放由 RTG 供电的模块的轨道器。这些任务可能会搭载一台地质年代计至火星表面，它是为数不多的拒绝小型化但足以适应行星探测器质量预算的仪器。地质年代计是一种测量岩石年龄的仪器，虽然已用于测定美国阿波罗和苏联月球任务从月球上获得的样品的年龄，但到目前为止这种测量任务仅在地球上完成。按照其目前的形式，一个可飞行的地质年代计将发射激光将样品气化，并使用一对调谐激光器激发铷-87 及其衰变产物锶-87。通过质谱仪测得的两者的比值即可表明岩石的年龄。目前火星年龄测定使用的是陨石坑计数和陨石坑比率的计算方法，但误差范围非常大。

从科学的角度看，这些任务如何与第二次行星科学十年调查的优先级顺序相符合仍有待观察，该调查提出逐步推进取样返回任务。事实上，这项调查（更多内容将在下一章介绍）呼吁如果火星取样返回不能获得支持，NASA 应资助欧洲的火星任务，并批准优先级较低的火星任务有竞争性地通过发现计划或新疆界计划[260-261]。火星计划规划小组（Mars Program Planning Group）于 2012 年 9 月提交了最终报告。认为在目前的预算下，数年内不可能实现火星取样返回任务，但应致力于坚持十年调查提出的优先事项，即向着取样返回努力。预计 2018 年可获得约 8 亿美元，2018 年也将是新框架的第一个发射窗口。这意味着发射轨道器可能是可行的，而不是巡视器。事实上，2018 年窗口与 2003 年窗口类似，是“大冲日”窗口，是着陆任务的理想选择。另一方面，等到 2020 年将能够发射一个火星巡视器，但却意味着那时将没有轨道中继。轨道器的选择范围从简单的 2 亿美元的单用途中继卫星（它甚至可能作为一个搭载的有效载荷到达火星）到火星勘测轨道器和火星大气和挥发物演化探测器（MAVEN）的进化版，甚至电推进取样返回轨道器。确定了 4 种可能的巡视器结构，其复杂性和成本依次递增。最简单的方案是重用火星探测漫游者的结构及其升级版的电子设备及仪器。第二种方案是比例增大的火星探测漫游者，有更多的空间用于样本存储，但这种方案需要研制升级的安全气囊和着陆系统。虽然前两种方案将恢复到气囊缓冲着陆方式，但将使用好奇号首创的精确制导着陆技术。第三种方案是单一的好奇号级的巡视器，由太阳能供电。最昂贵的方案是基于好奇号的巡视器，携带火箭，可将样品送入轨道。若有预算，“愿望清单”甚至包括一项任务，将使三个火星探测漫游者级别的巡视器着陆，在三个不同的地点采集样品，之后的返回任务将在这三个中最感兴趣的地点附近着陆，并获得存储的样品。最后，在 21 世纪 20 年代中期，可以发射一个大型的单次采样返回任务，使用 NASA 新的太空发射系统（SLS）重型运载火箭，该运载火箭为地球轨道以外的载人航天任务而研制。按照 NASA 的要求，报告试图将载人任务强行塞进这个框架中，甚至到了建议航天员可以回收样品返回模块的程度，并在太空中检查样品，确认它们不会造成健康风险[262-263]。

根据这份报告，只要有预算，NASA 将在 2020 年保留一个 15 亿美元的好奇号级别巡视器。该任务将于 2020 年 7 月下旬或 8 月由宇宙神 5 号级别的运载火箭发射，2021 年 1

月到 3 月之间到达火星。为更好地明确任务和目标，并与十年调查的科学目标一致，2013 年 1 月成立了科学团队。团队在 2013 年年中发布了报告。在为期一个火星年的主任务期间，这辆仍未命名的巡视器将寻找过去宜居性的化学、矿物和形态学指征，同时也将对取样返回技术进行演示验证。此外，它可能为未来的载人任务进行科学实验和测试，评估火星尘埃带来的健康危害，还可能对从火星表面可用的原材料生产火箭燃料的技术进行演示验证。这个重达 950 kg 的巡视器将再次使用好奇号和空中吊车的结构，虽然对太阳能供电的版本进行了评估，但基线任务将使用好奇号级的 RTG 作为动力。科学载荷的成本上限为 1 亿美元，2013 年 9 月对巡视器的仪器进行了公开招标。巡视器可以对含碳岩石遥感进行紫外光谱学研究，用某种钻取工具获得并存储 30 多个总质量为几百克的样品。巡视器将能够携带地形相对降落相机，与存储的火星表面遥感地图比较，将着陆预估位置的误差减小到几十米。有了对障碍物存在的先验知识，相机可以在巡视器下降过程中帮助其远离危险区域。着陆地点的选择过程预计将是漫长的，为了实现科学目标，探测器必须在一个适合记录和保存古代生物学痕迹的环境中着陆[264]。

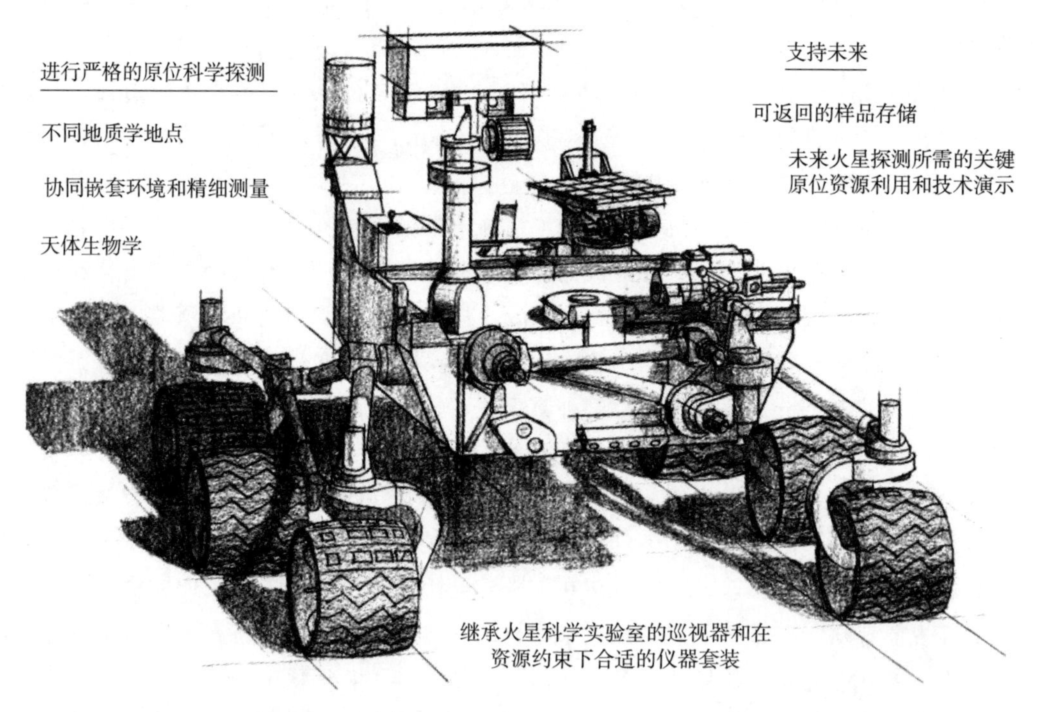

艺术家视角中的 2020 年 NASA 火星巡视器，该巡视器旨在寻找古代生命的迹象，并收集和存储样品，以便将来返回地球（图片来源：NASA/JPL - Caltech）

美国国家侦察办公室（National Reconnaissance Office）最近向 NASA 捐赠了两台侦察卫星的光学组件。其中的一项使用建议是，将其中一台送入火星轨道获取火星表面厘米级分辨率图像。不过必须指出的是，具有如此高分辨率的火星探测器并没有被科学界列为优先任务，而且很可能还有比这一任务更值得花费 9 亿美元的行星任务。

12.7　亚洲的火星探测

在印度火星轨道器任务成功发射后，对于 21 世纪 10 年代末的发射窗口，可以看到另外两个亚洲国家在火星探测中首次亮相（或者对日本来说，是重返舞台）。

JAXA 计划使用重型 H－ⅡA 火箭发射 MELOS（Mars Exploration with Lander and Orbiters Synergy，火星着陆器和轨道器协同探测），执行其第 4 个行星科学任务。它将实现失败的希望号火星探测器的一些科学目标，并进行火星内部结构和大气侵蚀研究，作为美国和欧洲任务的补充。MELOS 有一颗运行在椭圆轨道上的卫星对火星进行全球观测，另一颗卫星在圆轨道上对火星电离层进行观测，并将释放三个配置地震仪的着陆器，也可能附带着巡视器、气球或飞机[265]。JAXA 也在研究使用隼鸟号的技术在 2018 年进行火星尘埃取样返回。就像美国侦察兵计划的 SCIM（Sample Collection for Investigation of Mars，火星调查样品采集）所提议的，探测器在火星椭圆轨道上完成捕获，先使用气动减速，下降到近至火星表面 35 km 的高度，期间进行大气样品采集并收集尘埃颗粒，然后用双组元发动机返回地球[266]。

根据《中国的航天》“白皮书”，中国将在 21 世纪 10 年代上半段开展独立火星探测的初步研究。据报道，一个类似月球探测嫦娥工程的三阶段火星探测计划正在研究中，首先是轨道遥感，然后是软着陆和巡视探测，最后可能是在 21 世纪 30 年代左右完成无人自动取样返回。中国航天官员曾表示，他们希望最早在 2013 年发射一项完全由国家主导的火星探测任务，2011 年在北京展示了轨道器模型和与火星探路者类似的气囊缓冲着陆器模型。然而，政府层面并没有给出正式的许可，当然，2013 年的任务也没有实现。

与此同时，中国进行了大量火星探测方案研究，并且已经公布了大量的细节。第一个详细介绍的方案包括轨道器和半硬着陆演示验证器，后者看上去与斯基亚帕雷利（Schiaparelli）进入、下降和着陆演示验证器较为类似。从科学的角度看，这种任务可以完成火星表面的化学分析并探测着陆区域的环境，尽管这些目标随着萤火号（Yinghuo）的失败可能被重新审查。该任务的一大部分将用于未来深空任务的技术发展。在长征三号乙运载火箭发射后，2 000 kg 的三轴稳定的航天器将进入近火点为 300 km 的火星近极轨道，进行为期一个火星年的观测。有中国消息，他们正在研究利用气动减速使轨道圆化的可能性。着陆器将在进入椭圆环火轨道的前期被释放，与海盗号的着陆器相同。自海盗号以来，没有其他航天器采用过这种方式，其他任务更倾向于在星际巡航的最后阶段释放着陆器。在亚马逊（Amazonis）、克里斯（Chryse）和乌托邦（Utopia）确定了三个平坦的候选着陆区。50 kg 着陆演示验证器的任务持续不超过 5 天。轨道器的有效载荷将向国外参与者开放，可能包括探地雷达、高分辨率相机、成像和红外光谱仪、伽马射线光谱仪，等离子体和场测量仪器。探测器可能是芬兰的火星气象网（MetNet）表面站的潜在搭载者，瑞典可能提供离子和中性原子分析仪。

更简单的替代方案是基于萤火号的小型轨道器，配备推进模块而不是依赖俄罗斯的平台。它将释放两个穿透器，一个瞄准火星北极，另一个瞄准赤道。从轨道上释放后，每个穿透器都会先被大气阻力减速，然后通过降落伞减速。在 200 m 的高空，穿透器将抛掉降落伞，然后以 80～100 m/s 的速度冲入地下。重 50 kg 由电池供电的穿透器将携带降落相机、表面相机和相关仪器，来确定着陆地点的地形特征，包括可能存在的水或有机物，并将至少工作 10 天。值得注意的是，中国从 20 世纪 90 年代就开始研制行星穿透器，也许是军事研究的副产品[267]。

最近，钱学森空间技术实验室（Qian Xuesen Laboratory of Space Technology）公布了所提出的一项任务的细节。这项任务将在 2024 年左右由长征五号（Long March 5）运载火箭发射，包括一个轨道器和一个大型进入模块，携带三个穿透器、一台巡视器和一个气球。目标为记录黏土或水化沉积物存在的着陆地点，尼洛赛蒂斯（Nilosyrtis）是主着陆点，盖尔（Gale）陨石坑为备选着陆点。中国的火星任务研究似乎对复杂的多航天器概念特别感兴趣。另一项此类研究提出一个主轨道器和一个小型搭载航天器，搭载航天器进入火星共振轨道，确保能够飞越火卫二数百次，火卫二由于距离火星有一段距离，自海盗号以来已经被其他国家的轨道器所忽略。有理由认为这项任务具有独特的科学意义。此外，子卫星还将与母船进行相互的掩星活动，与福布斯-土壤和萤火号所预期的相同。另一个多航天器概念将包括一组在火星轨道上编队飞行的微型卫星，由母船提供与地球的通信。

据报道，火星轨道器和着陆演示验证器在 2013 年通过了设计审查，将于 2018 年发射，但任务的实际情况尚不清楚。事实上，就在 2013 年 12 月，在庆祝嫦娥三号成功着陆月球的同时，中国航天官员指出，火星还未被列入未来太空探索的官方目标[268-273]。

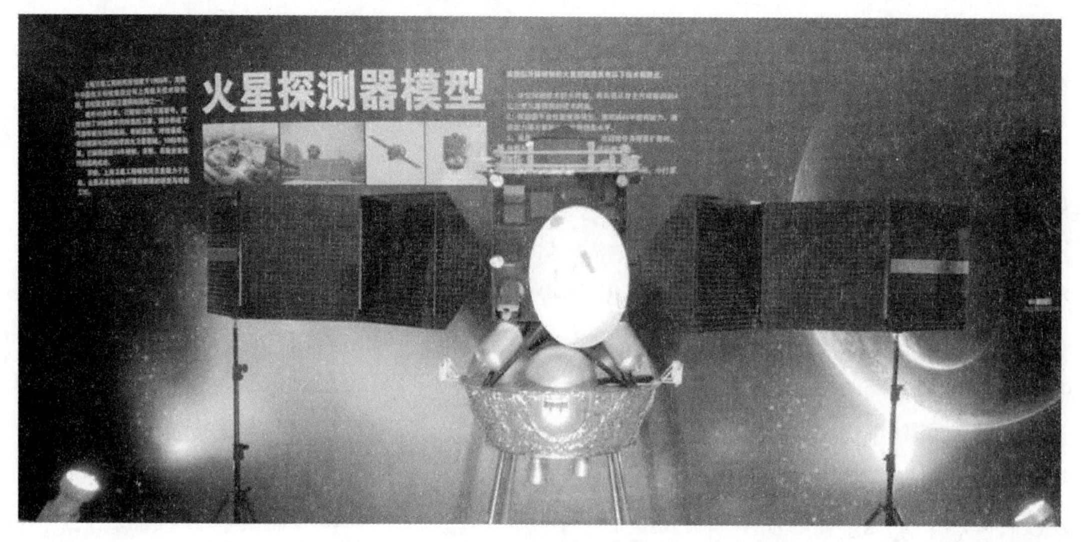

中国公布的火星轨道器模型。包括一个类似于欧洲斯基亚帕雷利的 60kg 小型短期工作着陆器（顶部），一个 590 kg 的轨道器和一个 1 700 kg 的可分离推进模块（图片来源：weibo. com）

长征五号火箭（左侧）的首次任务预计在 2015 年左右完成。它相当于阿里安 5 号，用于月球和其他太阳系探测的重型任务。长征三号乙和甲（右图）已经用于嫦娥工程的月球探测器。嫦娥二号月球轨道及小行星飞越探测器是由长征三号丙发射的，较长征三号乙少两个助推器

12.8 2020 之后

除非进一步削减预算，在 21 世纪 20 年代，航天机构应该最终准备好尝试从火星上取回样品。火星取样返回的主要优点是对用于分析的仪器没有限制，理想情况下可使用包括任务开始时尚未发明或完善的仪器对样品进行分析，此外还可以使用不同的技术或不同的样品来验证和重复分析结果。海盗号生物学实验结果重复的困难可以作为例证。在世纪之交，NASA 曾希望在 2011 年发射它的首个火星取样返回任务，但 2005 年火星探索（Mars Exploration）计划资金的冻结让这一切变得不可能。火星取样返回需要开发一系列技术，包括定点着陆、复杂的样品处理系统、火星上升器以及自主交会和对接。这些技术应在一系列先期任务中进行测试，但为了弥补火星科学实验室（Mars Science Laboratory）的超支而被搁置。在欧洲，曙光计划也提出了类似的时间表。2006 年年中开始了一项为期 12 个月的系统研究，当时看来极有可能获得必要的资金。欧洲的框架需要两次阿里安 5 号的发射，第一次发射着陆器、巡视器和上升器，另一次发射轨道器和携带 500 g 岩石、土壤和大气样品返回地球的返回舱。与这些独立航天机构并行，一个国际火星取样返回框架（International Mars Architecture for the Return of Samples，iMARS）工作组，包含了许多国家空间科学团体代表，在 2008 年发表了一份报告，呼吁开始一项计划，从 21 世纪 10 年代中期开始技术开发，于 2022 年左右发射一次任务，任务成本预计在 45 亿～80 亿美元之间。

所有这些研究和提议都被纳入了火星探索联合倡议（Mars Exploration Joint Initiative）中，NASA 和 ESA 将共同努力，在 21 世纪 20 年代发射一次样品返回任务。NASA 将提供进入、下降和着陆系统，毕竟，它是唯一成功将工作着的有效载荷软着陆于火星表面的机构。ESA 希望能提供巡视器，以及基于为火星生物学号 ExoMars 而设计的钻的深层地下采样系统，该钻自身是基于 2003 年取样返回任务设计的。此外，ESA 在自动转移飞行器（Automated Transfer Vehicle）上有自主交会和对接（诚然，ESA 使用的系统是为与俄罗斯对应的系统交会对接设计的）的经验。该飞行器在 2008 年首次与国际空间站对接，法国有兴趣将其开发成能与非活动的、“非合作”地球卫星对接的系统，以进一步向火星取样返回任务迈进[274]。

一些技术已经进入开发阶段。NASA 和美国空军最近对一种由铝粉和水冰混合作为燃料的小型火箭进行了试验，通过利用火星表面获取水将可以降低火星上升器的质量和复杂性。此外，NASA 与麻省理工学院和极光飞行科学公司（Aurora Flight Sciences）在 2010 年 4 月签署了一份合同，开发一种光学制导的火星轨道交会系统并能够在国际空间站上进行测试。NASA 在一架低重力飞机上完成了一个样品捕获筐设计的测试。法国一家公司为 ESA 研制了直径为 230 mm 的样品返回舱的原理样机，可容纳 11 个独立的样品容器并承受 400g 的着陆冲击。实现火星取样返回是一个漫长的过程，但各方已经开始走到一起。

法国工业部门在与 ESA 的合同中研制的火星取样返回容器原理样机

为努力降低成本，航天机构似乎准备把取样返回分成三个更简单、更便宜的任务。在首次任务的最近一次迭代中，2018 年的火星天体生物学探索者-捕捉者 MAX－C 巡视器，将在一主一备两个独立的存储容器中收集多达 38 个样本。第二次任务是一个轨道器，在地球返回舱和样品取回巡视器任务的前两年到达火星并找到巡视器，并为它们提供中继通信。轨道器将配备一套光学系统，能够在远至 10 000 km 的范围内对返回容器进行探测，还具有自主交会和对接系统。轨道器的推进剂占总质量的三分之二。轨道器通过气动减速形成一条圆轨道，因此大部分推进剂将用于火地返回的点火。最后一次任务中，着陆器着陆后，释放巡视器取回样品存储容器。两级全固体火箭将把样品容器送到大约 500 km 的轨道，轨道器在此对其进行回收。作为预防措施，返回舱将被射入偏离地球的轨道，并在到达前再进行一次目标机动。返回舱着陆的标称地点在犹他州（Utah），在确认可以安全分发给全球的科学家之前，样品将被保存在接收设施中[275-278]。在这种设想中，每次任务的发射质量都足够小，可以使用相对便宜的运载火箭。缺点则是整个任务的持续时间跨越了三个发射窗口，焦急等待的样品要到 2030 年才能返回地球进行分析。设想中的第一次任务可能由 2020 年 NASA 的巡视器实现。

2011 年发布的第二个十年调查评估了除火星天体生物学探索者-捕捉者 MAX－C 和取样返回外的一些火星任务。其中包括由至少两个类似洞察号的长寿命着陆器组成的天体物理网络，以及一系列探索火星两极的任务。发现级或新疆界级的轨道器可以携带背景相机、热成像仪、光谱仪、极高精度高度计和辐射计等仪器，以探测火星极地冰盖及其季节性循环特征。作为替代方案也可使用短寿命的精密航天器降落在极地层状地形或其边缘，以监测火星表面过程并进行样品分析。最昂贵的方案是发射火星探测漫游者级别的巡视器，也许采用核动力并因此长期生存，且能够在极地环境中生存[279-280]。

目前已知至少有一个团队正在研究这些任务概念。据报道太空探索技术公司（SpaceX）和 NASA 埃姆斯研究中心正在研究一种基于太空探索技术公司载人龙飞船（Dragon capsule）的无人火星着陆器，龙飞船的最初开发是为了向国际空间站（International Space Station）运送货物和航天员。这个“红龙（Red Dragon）”号航天器将承担破冰任务，在火星极地进行钻探，并在未来十年后期作为发现级计划选择的提案。将载人飞船改装为火星着陆器比研制专用返回器是否更具意义尚待观察[281]。与此同时，荷兰非营利组织的火星 1 号（Mars One）计划将在 2018 年发射一个基于凤凰号的着陆器，对未来载人任务所需的一些技术进行演示验证，特别是用火星现有原料就地生产推进剂。它将提供自己的中继卫星。不过该组织几乎不可能筹到足够的钱来发射任何航天器[282]。

另一方面，ESA 正在研究一项欧洲无人探测计划（EREP），以延续火星生物学号 ExoMars 并最大限度地利用未来的发射窗口。这一设想是在 2022 年发射基于火星下一代探测科学与技术任务 MarsNext 的三着陆器网络，同时进行一颗火星卫星取样返回任务。2024 年发射带有 100 kg 巡视器的精确（10 km）着陆器。火星精确着陆器（Mars Precision Lander）是欧洲版的火星科学实验室，测试制导、进入技术，并使用一种与美国空中吊车概念相似的“降落船”将巡视器送到火星表面。第四步是样品返回轨道器，尽管它的发射时间将取决于样品存储巡视器是否已经收集完返回地球的样品[283]。

人们已经考虑了许多另类的，有时甚至是非传统的探索火星的方式，其中一些可能在某一天实现。包括可穿透 100 m 深度的钻头，以及在载人任务的背景下现场推进剂生产的演示验证。为了使巡视器更“智能”，工程师们正在试验各种算法，通过比较不同图像中“信息”的数量来对新的地形特征进行识别和反应[284]。这些已经在与其他行星有一定相似性的陆地场景进行了测试，其中一个例子是在第一次遇到时识别出一块地衣，然后地衣不再是新鲜事物，接下来就忽略掉它。

太阳能热气球在地球上常用作玩具，由黑色的塑料外壳组成，在太阳的照射下可以飞行。对于火星版，则更为复杂并且可以控制飞行高度，在长期处于连续光照下的极地特别有用。衍生品可以是发射率可变的气球，通过展开和收缩不同发射率的覆盖层来实现着陆“控制”。气球也可以代替降落伞，用来投放较小的有效载荷。这种系统可以实现进入器更大一部分质量的着陆。JPL 试验的一项相关技术是大型巡视器使用充气轮子，能够越过巨大的障碍[285]。充气技术还可以用于防热罩。自 20 世纪 90 年代以来，俄罗斯和 ESA 一直在试验这种想法，美国最近成功发射了一个蘑菇形状的充气式再入飞行器，进行了亚轨道弧线试验。这种方案最初是为了在火星上实现高海拔着陆而设计的。

20 世纪 90 年代，ESA 对火星悬翼飞机进行了试验，这是一种使用无动力转子的直升机。这种装置可以进入陨石坑、峡谷和洞穴等其他方式无法进入的地方[286]。其他如沟壑、极地冰穴洼地、台地和山谷等崎岖地形的探测可以使用小型穿透器，与带有测量仪器的火箭类似，可以由固定的着陆器发射，甚至由巡视器发射到其自身无法到达的地点。与从太空发射的“传统”穿透器相比，这种小型穿透器具有更低的撞击速度和更高的精度。从军事上进行类比来看，在 5 km 的范围内，这些穿透器能够被发射到指定地点的 120 m 范围内[287]。另外，ESA 的先进概念团队（Advanced Concept Team）与赫尔辛基理工大学（Helsinki University of Technology）合作研究了 20 世纪 70 年代提出的“火星气球”（Mars Ball）的受风滚草启发的升级版，使用外部涡轮叶片及相关可能的机构进行转向并越过障碍[288-289]。

圣马可（San Marco）计划的一个版本是测量火星外层大气的密度和其他参数，这是一项作者希望有一天能实现但尽其所知还尚未提出的项目。圣马可卫星由意大利和美国在 20 世纪 60 年代和 70 年代发射。每颗卫星的球形壳体里面都有一个检测质量块。当卫星壳体受到大气阻力的阻碍时，内部质量块基本不受影响，通过柔性臂可以测量二者的相对位移。作用在航天器上的极小阻力能够以简单、精确和优雅的方式直接测量轨道高度处的大气密度[290]。20 世纪 90 年代初，紧随“绳系卫星”在航天飞机（Space Shuttle）上的两次试验研究之后，提出了一种有趣的、未经测试的替代方案，此前在轨的两次试验得出了好坏参半的结果。这种方案由一个轨道器和一个小型大气探测器组成，二者通过 100 km 长的高阻石墨电缆连接。不幸的是，尽管多年来已经多次使用小卫星进行了测试，但空间绳系技术还没有成熟到使这种高空大气任务可能实现的地步[291]。

火星探测目前缺乏的是协调和理智的技术重用。21 世纪头十年和 10 年代早期，美国着陆器所使用的或者即将使用的三种不同的着陆技术，每一种都是从无到有，煞费苦心地开发出来的。欧洲、俄罗斯和中国都有自己的想法。同时也没有一个真正的通用数据中继系统。更糟糕的是，在发现级计划（Discovery）和火星勘测者（Mars Surveyor）等发起的“更快、更省、更好”的方式以控制行星任务成本的倡议 20 年之后，成本又一次像 20 世纪 80 年代那样开始不断攀升[292]。

12.9　人类去往火星？

在 21 世纪 30 年代或 40 年代的某个时候，几次取样返回任务成功之后，我们有可能决定将人类送上火星。甚至在太空时代之前，人们就已经探索过这种任务的可能性。早在 1952 年，沃纳·冯·布劳恩（Wernher von Braun）就出版了他的《火星计划》（*Das Marsprojekt*）。在 20 世纪 60 年代，NASA 研究了载人飞行和着陆，苏联（Soviet Union）的科罗廖夫（Korolev）设计局开始设计大型火星飞船。这些努力在阿波罗（Apollo）登月时到达顶峰，那时火星看起来是理所当然的下一步。不幸的是，在随后的几十年里这种势头消失了，所有计划都夭折，包括老布什总统和小布什总统雄心勃勃的计划[293-294]。

人类飞往火星会带来许多问题。从技术角度看，这将需要从地球发射或在轨道上组装数百吨的结构。此外，如何保护航天员免受太空辐射的问题还有待解决。还有一个问题是航天员长期处于零重力或低重力状态。并且每个人对禁闭、孤独和心理压力的反应也有所不同。目前俄罗斯和欧洲已在地球持续开展了 520 天的模拟联合实验。当然，这类任务至少要花费几千亿美元。

另一方面则必须要说，许多科学家认为没有理由在不久的将来进行人类探险，因为大多数科学问题都可以通过无人任务来回答。事实上，机器人越智能，人类现身的需求就越少。此外，作为英国太空顾问，鲍勃·帕金森（Bob Parkinson）观察到一个悖论，如果无人任务找不到生命的痕迹，火星将不再被认为那么有趣，载人任务可能看起来不再那么值得，但是如果发现了生命，也可能决定人类不应该再去那里[295]！

参考文献

1 McEwen - 2007a
2 Graf - 2005
3 Covault - 2005a
4 Graf - 2005
5 Covault - 2005a
6 Covault - 2005b
7 Dornheim - 2006a
8 Dornheim - 2006b
9 Tolson - 2008
10 Graf - 2007
11 Bishop - 2008
12 Covault - 2006
13 Ryan - 2012
14 Shinbrot - 2004
15 McEwen - 2011
16 Jaeger - 2007
17 Kerr - 2007
18 Okubo - 2007
19 Lewis - 2008
20 Bridges - 2012
21 Kok - 2012
22 Herkenhoff - 2007
23 Hansen - 2011
24 参见第一卷第 215 页海盗号探测器
25 参见第二卷第 350 页火星探路者
26 Parker - 2007
27 McEwen - 2010
28 McEwen - 2007b
29 Ehlmann - 2008
30 Mustard - 2008
31 Carter - 2010
32 Seu - 2007
33 Holt - 2008a
34 Phillips - 2008
35 Kerr - 2008a
36 Holt - 2010
37 Smith - 2010
38 Morgan - 2013
39 Phillips - 2011
40 Thomas - 2011b
41 Kerr - 2010a
42 Zuber - 2007
43 Andrews - Hanna - 2008
44 Marinova - 2008
45 Nimmo - 2008
46 Kiefer - 2008
47 Plaut - 2010
48 Zurek - 2012
49 Adler - 2012
50 Zurek - 2013
51 Kerr - 2008b
52 Ehlmann - 2011
53 Leshin - 2002
54 Jurewicz - 2002
55 ASU - 2002
56 Braun - 2006
57 Randolph - 2003
58 Covault - 2007a
59 Garcia - 2007
60 Grover - 2007
61 Edwards - 2006
62 NASA - 2008b
63 Covault - 2007b
64 Covault - 2007c
65 Spencer - 2009
66 Garcia - 2007
67 Kerr - 2008c
68 Covault - 2007d
69 Kerr - 2008c
70 Grover - 2008
71 Covault - 2008a
72 Covault - 2008b
73 Covault - 2008c
74 Covault - 2008d

75　参见第一卷第 216 页海盗号取样传输问题
76　Niles - 2010
77　Kerr - 2010b
78　Covault - 2008e
79　Covault - 2008f
80　Kremer - 2008
81　Covault - 2008g
82　Covault - 2008h
83　Covault - 2008i
84　Kerr - 2010c
85　Covault - 2008j
86　Smith - 2009b
87　Boynton - 2009
88　Hecht - 2009
89　Whiteway - 2009
90　Hand - 2008
91　Covault - 2008k
92　Kerr - 2009a
93　Kremer - 2009a
94　Galeev - 1996
95　Day - 2010
96　Korpenko - 2000
97　参见第二卷第 97～98 页火星-阿斯特任务
98　Eneev - 1998
99　Kuzmin - 2003
100　Korpenko - 2000
101　Eismont - 1997
102　RDIME - 2008
103　Zelenyi - 2007
104　IKI - 2008
105　Coué - 2007b
106　Hu - 2010
107　People's Daily - 2009
108　Zhao - 2008
109　Wu - 2010
110　Chen - 2010
111　Barabash - 2007b
112　Chen - 2010
113　Kopik - 2004
114　Kopik - 2003
115　Zak - 2008
116　Stone - 2009
117　Martynov - 2010
118　Morin - 2011
119　Kolyuka - 2012
120　Harri - 2003
121　Polischuk - 2006
122　Harri - 2007a
123　Harri - 2007b
124　Harri - 2008
125　Holt - 2008b
126　IKI - 2008
127　Korablev - 2009
128　Marraffa - 2000
129　参见第二卷第 118～119 页和第 326～335 页火星-金星-月球通用探测平台（UMVL）
130　Korablev - 2009
131　参见第二卷第 94～97 页维斯塔任务
132　Polischuk - 2005a
133　Polischuk - 2005b
134　Polischuk - 2006
135　Konstantinov - 2004
136　Martynov - 2009
137　IKI - 2008
138　Lyngvi - 2004
139　Renton - 2006
140　Smith - 2000a
141　Smith - 2000b
142　参见第三卷第 322～324 页 PREMIER 任务
143　Asker - 2000
144　Smith - 2000a
145　Taverna - 2000
146　Morring - 2003b
147　Covault - 2005c
148　Lawler - 2006
149　Covault - 2004b
150　Reichhardt - 2005
151　Morring - 2005c
152　Steltzner - 2008
153　Powell - 2009

154　Way－2006

155　Buch－2009

156　Morring－2011c

157　Balint－2007

158　Kerr－2006

159　Kerr－2008d

160　Morring－2013b

161　Kremer－2009b

162　Lawler－2008

163　Sietzen－2009

164　Mumma－2009

165　Edgett－2011

166　Hand－2011a

167　Kerr－2011b

168　Zeitlin－2013

169　Kerr－2013a

170　Martin－Mur－2012

171　Abilleira－2012

172　Morring－2012a

173　Norris－2012a

174　Morring－2012b

175　Lakdawalla－2012

176　Norris－2012b

177　Williams－2013

178　Jerolmack－2013

179　Stolper－2013

180　Kelly Beatty－2013

181　Kerr－2012

182　Hand－2012b

183　Kerr－2013b

184　Grotzinger－2013a

185　Meslin－2013

186　Bish－2013

187　Leshin－2013

188　Blake－2013

189　Webster－2013a

190　Grotzinger－2013b

191　Grotzinger－2014

192　Ming－2014

193　McLennan－2014

194　Farley－2014

195　Vaniman－2014

196　Kerr－2013c

197　Hassler－2014

198　Webster－2013b

199　Kumar－2006

200　Rao－2009

201　Morring－2010

202　Lele－2013

203　Goswami－2013

204　Pillinger－2007

205　MAVEN－2008

206　Jakosky－2010

207　Jakosky－2012

208　Witze－2013

209　Morring－2013c

210　MAVEN－2013

211　Schultze－2002

212　Gardini－2003

213　Messina－2003

214　Walker－2006

215　Ball－2009

216　ESA－2002

217　Rouméas－2003

218　Morring－2003c

219　Messina－2006

220　Taverna－2005

221　Peacock－2005

222　Wall－2005

223　Taverna－2006

224　Vago－2006

225　Marlow－2009

226　Taverna－2006

227　Lognonné－2010

228　Morris－2009

229　Clery－2008a

230　Taverna－2008a

231　Clery－2008b

232　Taverna－2008b

233　Lefèvre－2009

234 Calvin - 2007
235 Hayati - 2009
236 Christensen - 2009
237 NASA - 2006
238 Lawler - 2009
239 Zurek - 2009
240 Coradini - 2010
241 Lardier - 2009
242 Taverna - 2009a
243 Taverna - 2009b
244 Pratt - 2009
245 Zahnle - 2011
246 Keppler - 2012
247 Kerr - 2012
248 de Selding - 2011
249 Svitak - 2011
250 Messidoro - 2014
251 ESA - 2010a
252 Van den Broecke - 2011
253 Capuano - 2012
254 Vago - 2013
255 Cassi - 2012
256 Morring - 2012c
257 Svitak - 2012
258 Lognonné - 2010
259 Banerdt - 2013
260 Morring - 2012d
261 Hand - 2012c
262 MPPG - 2012
263 Morring - 2012e
264 Mustard - 2013
265 Sasaki - 2009
266 Fujita - 2014
267 Tan - 1999
268 Huang - 2011
269 Yuan - 2011
270 Siili - 2011
271 Ying - 2013
272 Ming - 2013
273 Hou - 2013
274 Taverna - 2008c
275 Syvertson - 2010
276 Mattingly - 2010a
277 Mattingly - 2010b
278 Li - 2010
279 JPL - 2010a
280 JPL - 2010b
281 Hand - 2011b
282 Morring - 2013d
283 de Groot - 2012
284 Kean - 2010a
285 Jones - 1999
286 Hill - 2000
287 Garrick - Bethell - 2005
288 Menon - 2006
289 参见第一卷第234页“火星球”
290 Broglio - 1966
291 Lorenzini - 1990
292 Nature - 2008
293 Portree - 2001
294 Siddiqi - 2000
295 Ashworth - 2009

第 13 章 未 来

13.1 NASA 的发现级任务

由于预算出现困难，加之彗核之旅探测器的失败以及起源号（Genesis）任务的部分失败所带来的打击，NASA 放慢了对发现级项目的遴选。原计划每 2 年部署一项，但实际上，在 11 年内仅仅部署了 3 项。结果，在 21 世纪头十年结束时，发现级和新疆界级任务的部署频率基本相同。在 2001 年的黎明号之后，分别于 2007 年和 2012 年选出了两项任务。然而，在这段时间内，NASA 资助了该项目下几个更便宜的“机遇任务”，包括印度的月船号月球轨道探测器、ESA 的比皮科伦坡号水星轨道探测器，以及星尘号和深度撞击号的扩展任务。同时，发现级项目中飞行器的平均成本超过了 4.5 亿美元。

2007 年入选的候选名单中包括 1998 年最新入围的金星号（Vesper）金星轨道器、欧西里斯（OSIRIS）小行星任务（其名字为“起源、光谱释义、资源识别和安全”的首字母缩写）以及测量月球重力场的圣杯（GRAIL）任务。欧西里斯任务提议与直径约 600 m 的近地小行星（101955）贝努会合，并在 2017 年将 150 g 的样本送回地球。然而，此时选中的是圣杯（GRAIL）任务[1]。

在下一次竞标中，NASA 希望能在发现级的第 12 次任务中在轨试验一种电源，可以在未来的外太阳系任务中取代放射性同位素温差电源。所选的技术是高级斯特林放射性同位素电源（ASRG），这将是首个设计用于太空任务的机械动力转换系统。高级斯特林放射性同位素电源最初由洛克希德·马丁航天公司为普罗米修斯项目开发，并由美国能源部管理，它可以使用两台机械的斯特林发电机将来自一对标准的氧化钚球的热量转化为电能。该装置重约 20 kg，在任务开始时将提供约 143 W 的功率，转换效率约为 28%，是放射性同位素温差电源的 4 倍。与传统的放射性同位素温差电源相比，斯特林电源的重量更轻、效率更高、比功率更高、成本更低，使用的钚量仅为火星科学实验室（MSL）装载的多任务放射性同位素温差电源的四分之一，总共约为 1 kg。它的衰退主要是由于同位素源的自然衰变，斯特林发电机比放射性同位素温差电源的功率退化要小，但由于涉及运动机构，将会带来可靠性的问题。因此，每台发电机上都要安装两个相同的转换器。然而，其中一个转换器的故障会以振动的形式引起运动部件的机械不平衡。作为替代方案，可以携带冗余发电机。另一个缺点是机械部件对加速度较为敏感，虽然高级斯特林放射性同位素电源尚可接受发射环境，但是无法适用于硬着陆器。由于工程师和科学家的保守态度，高级斯特林放射性同位素电源一直没能在太空任务中应用。为了便于高级斯特林放射性同位素电源实现首次应用，NASA 为下一轮的发现级任务提供了一个免费的高级斯特林放射性同位素电源。同时，进行了累计超过 14 000 h 的全尺寸测试。

据报道，截至 2010 年 6 月收到的 28 份提案中，约有三分之一的提案设想去往小行星和彗星的任务。至少有 7 项提案提出前往金星执行任务，反映出人们重新燃起了对地球“姊妹行星”的兴趣。这 7 项中，有 4 项是对金星进行雷达测绘。其中一个提案是金星雷达（RAVEN），它将对金星进行 25 m 分辨率的扫描，并对包括先前任务着陆地点在内的选定区域进行米级分辨率扫描，将两者相结合，从而试图改善麦哲伦任务的结果。同时还有一个美国-以色列小组提出，使用为以色列间谍卫星开发的轻型雷达来提供米级分辨率的图像。候选提案中还包括一个长持续时间的金星气球、两个月球极地水冰探测任务、一个特洛伊小行星探测器、一个带采样钻头的火星极地着陆器、前往木卫一和土卫六的任务、彗星彗发采样返回任务等。目前还没有透露有多少提案将使用高级斯特林放射性同位素电源[2-3]。一半的发现级任务提案被认为是不可行的，其他的要么需要昂贵的技术研发，要么缺乏一流的科学目标。

其中一个落选的高级斯特林放射性同位素电源动力任务是木卫一火山观察者，在 2021 年到达木星，探测目标为木卫一的火山，并探索木星的内部磁层。它以一个倾斜轨道飞越 1 次木卫一，以使探测器避开大部分的辐射带，在接下来的 10 个月里，在 100～1 000 km 的距离上 6 次飞越木卫一。在扩展任务中，将进行更近距离的飞越，并在撞击之前，还将看到该飞行器通过活火山的羽流。其有效载荷将包括一个相机以至少每像素 10 m 的分辨率拍摄关键的表面特征，一个热成像仪，以及木卫一附近木星环境的远程和原位探测仪器。在每次飞越过程中产生的卫星数据将是伽利略任务的百倍。还有几项任务提案是针对土星系统的。土卫二和土卫六之旅（JET）是一个土星轨道器，它将对土卫二和土卫六这两颗卫星进行多次飞越探测。其中一个最为开放的提议是由应用物理实验室提出的原位和机载土卫六侦察飞行器（AVIATR）。它设想了一种由高级斯特林放射性同位素电源驱动的螺旋桨飞机，有一个 3.5 m 跨度的三角翼，可以在向光面几千米的高度上绕圈飞行一整年。由于其非常稠密的大气层（密度是地球的 4 倍）加之其较弱的重力（地球的七分之一），使土卫六对于飞机而言是一个绝好的地方。飞机能够以远低于地球上的动力和速度起飞。事实上，甚至人力飞行器“爱亚伊卡洛斯”（à la Icarus）在土卫六上也是理论可行的。由于通信延迟有数小时，原位和机载土卫六侦察飞行器（AVIATR）必须能够自主地进行任务规划并处理不可预见的事件。其机械装置必须能够在持续一年的飞行中正常工作，因此可靠性也是一个主要问题。在抵达土卫六时，原位和机载土卫六侦察飞行器（AVIATR）将被包裹在一个长约 4 m 的进入舱内。然而，与火星飞机不同，火星飞机将在很高的速度下释放，由于土卫六上稠密的大气层降低进入舱速度的方式，使土卫六上的飞机释放速度可以低至 10 m/s。这次任务将于 2017 年发射，2024 年抵达土卫六，进行为期 23 个当地日（1 个当地日为 16 个地球日）的飞行。在此期间，飞机将研究不同地表和大气目标，研究范围从布袋圆弧（Hotei Arcus）、仙那度（Xanadu）、赤道沙丘一直到两极的湖泊，使用的仪器包括成像仪器和光谱仪器、一个大气和气溶胶探测包、一个用来导航的雷达高度计以及一个由学生研制的声学雨滴探测器。在飞机机头装有一个平面可控的天线，提供与地球之间的直接通信。即便使用高级斯特林放射性同位素电源，原位和机载土卫六侦察飞行器（AVIATR）也不得不在通信会话期间采用滑行方式，为通信发射机提供足够的功率。该任务的倡议者们估计这项任务（包括高级斯特林放射性同位素电源在内）的总费用为7.15亿美元。这使之成为一个很好的新疆界级候选任务。他们希望原位和机载土卫六侦察飞行器（AVIATR）将是土卫六发现计划的第一步，类似于火星勘测者和火星探测计划，通过设计一系列更小、更便宜、更频繁的任务来取代一个巨大而昂贵却在二三十年后才能交付结果的大型任务[4-5]。

还有一些其他的任务也很值得注意。原始物质探险器（PriME）旨在分析彗星附近原位挥发物，从而研究原始物质在向地球输送水和其他挥发物方面的作用。惠普尔（Whipple）任务旨在以每秒数次监测数以万计的恒星，通过探测小天体引起的掩星，从而对太阳系的外部区域进行普查，包括那些不太可能很快探测到的区域，如奥尔特云。JPL的近地天体相机（NEOCam）在发现级计划中提出过两次。近地天体相机（NEOCam）在日地系统内拉格朗日点（L1）执行一个4年期的任务，旨在使用红外望远镜发现并描绘2/3大于140 m的近地天体。该航天器将以开普勒望远镜为基础，并广泛地继承其他空间天文任务[6]。该任务也可能引起人类太空飞行的兴趣，因为它可以帮助寻找适合进行有人驾驶的小行星任务的目标。近地天体相机（NEOCam）估计耗费4.25亿美元。

2011年5月，NASA宣布了最终的三个候选项目，包括两个ASRG动力任务和一个太阳能火星着陆器。

土卫六海探测器（TiME）由APL和普罗希米研究公司（Proxemy Research Inc.）提出，计划在土卫六的一个极地湖泊中降落一个漂浮探测器，用来解决卡西尼号任务所提出的问题——这些湖泊的化学性质、它们在甲烷循环中的作用、这种甲烷循环对应地球水循环的关系以及极地湖泊的起源和季节性过程。该任务将于2016年1月由宇宙神5号411火箭发射，进行一次深空机动，一次地球飞越和一次木星飞越，并于2023年7月抵达土卫六。因为探测器携带的所有科学仪器都封装在下降舱内，所以在巡航过程中不进行科学探测。飞碟状的探测器计划在丽姬娅（Ligeia）海上溅落，以克拉肯（Kraken）海为备份方案，将于冬天之前抵达它的目的地，届时太阳尚能照到该极区。在当地为期6天的主任务中，地球和太阳都需要高于地平线。这个没有动力系统的探测器会随风漂流，测量温度、湿度和风力，观察甲烷在地表和大气之间的循环。土卫六海探测器（TiME）配备了一台质谱仪来分析湖泊的液体含量，并有可能探测到在这种富含有机物的环境中可能发展出生命形式的任何特殊化学特征。在下降过程中，照相机将生成全景图，此后将产生数量有限的海洋和天空的图像。探测器的有效载荷为一个测量物理性质和气象学的仪器包，其中包括一个声纳，用于测量海洋的深度和容积，并确定存在有机物的数量。由于没有一颗围绕土星或土卫六运行的中继卫星，探测器使用一个万向节天线来跟踪地球。不过，探测器将生成相对少量的数据。这次任务将开创低成本的外行星任务的先河，并在深空环境和行星表面验证高级斯特林放射性同位素电源技术[7]。

彗星跳跃器（绰号Chopper）是马里兰大学、戈达德航天飞行中心和洛克希德·马丁

先进斯特林放射性同位素电源（ASRG）原理样机正准备进行测试

公司共同提出的一项计划。其目的是在一个彗核的轨道周围进行伴飞，通过在不同的地方着陆，来研究这颗彗核由于接近太阳变暖而产生的变化。该任务将于 2015 年 11 月由宇宙神 5 号火箭发射升空，进行一次地球飞越，并于 2022 年 8 月在木星轨道附近抵达目标。被选为探测目标的彗星是维尔塔宁。由于维尔塔宁彗星是罗塞塔任务的最初目标，其特征已经被详细地研究和描绘过了。探测器将与彗核伴飞 2 年多，在 2024 年年中经过近日点，期间将着陆在相距数百米的 3 个地点，以便观察太阳活动活跃期的开端。

以 ASRG 为动力的探测器将在距离彗核几十千米的地方进行遥操作，以便完成测绘，并且选择合适的着陆地点，之后探测器将以低于 1 m/s 的速度降落。在降落过程中，如果超过安全参数和阈值，探测器能够自动返回到安全距离。作为备份的芬利（Finlay）彗星探测器将于 2016 年年底发射，预计 2024 年 12 月抵达目标。彗星跳跃器任务基于深度撞击任务，还包括许多深度撞击任务科学委员会的成员，旨在提供一个比短暂飞越探测更为深入的彗星探测。该任务也被认定为“侦察”任务，为后续的彗核样品采样返回任务打前站。航天器将配备一台近红外光谱仪、一台质谱仪、α 和 X 射线光谱仪、一台多光谱相机、一台热探测器和透度计以及一组全色照相机，其中全色照相机固定于圆形着陆平台和防尘罩后面。通过航天器的观测结果，可以确定彗核的地表元素、矿物、挥发物、有机物和冰的分布，建立地表特征与喷流之间的关系，将侵蚀与挥发物出气的变化联系起来，并研究彗核的演化和作用过程[8]。

另一个进入本次竞标最终评选的发现级计划提案是 JPL 的洞察号火星着陆器。该任务已在前一章介绍过。

三个候选项目各得到了 300 万美元的预算，用于更多的研究与初步设计的开展。本次任务将于 2012 年年中选定，并在 2017 年年底之前发射，费用上限为 4.25 亿美元（不包括运载火箭费用）。

发现级计划还决定出资支持三个落选任务的关键技术研发，以提升这些任务的技术成熟度。具体涉及近地天体相机（NEOCam）和惠普尔太空望远镜以及一种使原始物质探险器（PriME）能够分析彗星冰层的新型质谱仪[9]。

最终，NASA 选定了风险较小的洞察号发现级任务，计划于 2016 年发射。

彗星跳跃器（Chopper）是入围发现级任务竞标最终轮的任务之一。这个由高级斯特林放射性同位素电源驱动的探测器计划在维尔塔宁彗星的几个位置上着陆，以研究彗星活动与日心距离的关系

考虑到NASA的行星探测所面临的预算和程序化问题，如果没有进一步削减预算，下一次发现级计划的提案征集将于2014年或2015年年初发布，于2015年或2016年进行甄选，并在2020年左右发射。必须说，与20世纪90年代发现级计划启动时的精神相反，由于发射机会减少，导致每项任务的复杂性和成本不断增加，迫使科学家和工程师尽努力降低任务的风险[10]。

13.2 NASA的新疆界级任务

2007年，在选择新视野号和朱诺号作为第一和第二个新疆界任务后，NASA要求国家研究委员会对该项目的进展进行评估，并建议除了十年调查中剩余的任务以外，再进一步提升中级任务的优先级。确定下来了五个候选任务，分别是“原始”小行星样品采样返回任务、木卫三和木卫一的观测任务、火星或月球着陆器网以及特洛伊或半人马侦察任务[11]。

几乎同时，开始征集该系列中第三个任务的提案。2009年年底，三家公司分别获得330万美元以开展可行性研究。这些提案分别是：月升号（MoonRise）月球南极艾特肯盆地采样返回任务，欧西里斯-雷克斯（OSIRIS－REx）近地小行星采样返回任务以及金星表面、大气和地球化学探测器（SAGE），欧西里斯-雷克斯（OSIRIS－REx）任务从发现级候选项目“升级”为新疆界级项目。最终，只选择其中一个项目实施。

JPL对金星表面、大气和地球化学探测器（SAGE）的研究始于21世纪初期，该任务由JPL和科罗拉多大学联合提出。金星表面、大气和地球化学探测器（SAGE）计划于2016年12月由宇宙神5号或德尔它4号运载火箭发射，2017年5月抵达金星，研究金星的地表性质、气候和大气历史。探测器由一个飞越平台释放。先驱者号金星级太空舱将释放一个加压球形着陆器，该着陆器在下降过程中能够工作1 h，之后在金星表面上至少工作3 h。球形模块具有一个可压溃的圆柱形“裙座”减震器和5个外伸支架，既可以缓冲冲击，又可以稳定探测器。金星大气下降的第一部分设计使用降落伞完成。就像苏联的金星号（Venera）一样，将在高空释放，着陆器自由降落到金星表面上，在此过程中由安装在球形压力舱正上方的减速板进行减速和稳定。压力舱在大约15 km的高度开始对星表进行成像，此时刚刚穿过较低的薄雾层。着陆速度为10 m/s。着陆目标位于火山梅莉凯山（Mielikki Mons）的边缘，该火山超过300 km宽、1 500 m高。根据金星快车的观测，该火山被认为是一次近期火山喷发的地点。对于SAGE（自20世纪70年代以来美国首次探测金星大气的探测器）和苏联的金星着陆器，大气下降过程并不是二者唯一的共同点，两者还都使用了硝酸锂盐为承载电子设备和飞行设备的钛制压力舱提供热缓冲，这种物质在从固态转变为液态的过程中吸收大量的热量。在下降过程中，探测器将测量压力、温度和风速。一旦到达金星表面，一台耐高温机械臂和钻机就会钻进岩石10 cm深，露出“未风化”的物质。显微镜将对岩石成像，并通过两个可调谐的激光器将岩石烧灼，所释放出的气体馈入伽马射线和中性质谱仪进行分析。4个摄像头将拍摄下降过程中以及星表上的照

土卫六海探测器（TiME）——另一个由ASRG驱动的发现级计划提案，最终没有获选

片。由于与地球的直接链路需要耗费太多的能量，数据将通过承运航天器中继，类似于火星勘测轨道器（MRO）和月球圣杯（GRAIL）轨道器，航天器将数据存储并转发到地球。探测器还将配备一台俄罗斯的紫外和近红外相机，在执行飞行任务的同时拍摄进入地点的背景图像[12-15]。

然而，2011年5月，最终选定欧西里斯-雷克斯（OSIRIS－REx）任务。该项目由亚利桑那大学和NASA戈达德航天飞行中心联合提出，基于20世纪90年代末的一项发现级采样返回计划——赫拉（Hera）[16]。该项目将于2016年9月使用宇宙神5号运载火箭发射，于2018年9月飞越地球，于2019年10月或11月抵达目标小行星，收集样本，2021年3月从小行星出发，2023年9月返回地球。探测目标是近地天体（101955）贝努

(Bennu)。这颗非常暗的原始碳质天体最初曾被命名为 1999 RQ36，直径约 550 m。这颗小行星被归为潜在威胁目标，在 22 世纪下半叶具有相对较高的撞击地球概率（撞击概率约为 1∶1 800）。在 1999 年 9 月，林肯近地小行星研究小组（LINEAR）发现这颗小行星之后不久，立即使用雷达对其成像。令人惊讶地发现，这颗小行星基本呈球状，没什么显著特征，自转周期仅为 4.3 h。赫歇尔（Herschel）红外太空望远镜和欧洲甚大望远镜（VLT）的一个 8.2 m 组件对目标小行星进行了更多的观测，发现其地表广泛存在着精细的风化层并且其平均密度相对较低。其表面粗糙度的变化意味着人们在其表面上可能发现一些区域，这些区域里会暴露出非常新鲜的物质。这颗小行星的热惯量类似于隼鸟任务研究的糸川小行星（Itokawa），这说明贝努也可能是一个碎石堆[17]。在选定任务时，目标小行星还没有命名，但就像深空 1 号的目标小行星（9969）布拉耶（Braille）一样，NASA 和行星协会举办了一场征名比赛，获胜的提案“贝努”（Bennu）是一只神圣的埃及苍鹭，它是欧西里斯神的象征之一。

在发现级计划中，欧西里斯（OSIRIS）提案只注重样本返回。而与之不同，新疆界级计划中 8 亿美元的欧西里斯-雷克斯（OSIRIS - REx）任务将伴随其目标小行星飞行 15 个月，详细描绘小行星的特征。特别是，欧西里斯-雷克斯（OSIRIS - REx）任务需要提供更好的定轨精度，从而直接测量亚尔科夫斯基（Yarkovsky）效应和其他微小扰动。这些数据将对评估危险天体未来偏转的可能性，以及对可能的载人近地小天体飞行任务规划具有很大价值。

这个重 1 530 kg 的航天器将以火星勘测轨道器 2 m 宽的主结构平台为基础，并采用有效面积为 8.5 m^2 的太阳能阵列。四个 200 N 推力器在整个任务期间提供轨道控制。该航天器携带三台相机：一个 20 cm 的望远镜用于获取目标的远距离图像以及近距离的 1 m 分辨率视图；四色测绘相机将搜索卫星和活动迹象，并拍摄采样点的高分辨率图像；俯瞰采样相机将以毫米级分辨率记录采集的每个阶段。一款学生研制的 X 射线成像光谱仪将通过光谱和 16 个不同波段提供小行星表面的测绘图，以便确定最感兴趣的采样地点。可见光和红外光谱仪将产生 20 m 分辨率的光谱图，生成候选采样点的高分辨率地图。与火星奥德赛号所携带的类似的热发射光谱仪和辐射计将确定小行星的表面组成并测量其热收支。加拿大航天局提供的激光高度计将从距离小于 7.5 km 的地方对小行星整个表面进行测绘。根据从隼鸟号任务中学到的经验教训，欧西里斯-雷克斯（OSIRIS - REx）不会在抵达后立即进行样本采集，而是详细描述小行星的特征，进行测绘，以选择最佳着陆地点，并通过演练，验证合理的采样策略。在选定几个地点后，探测器将下降并进行取样。不同于隼鸟号采用目标标记和频闪观测仪灯的方案，欧西里斯-雷克斯（OSIRIS - REx）采用激光高度计，通过合成地形图像来控制水平速度。探测器并不实际降落在小行星上进行样品采集，而是以 10 cm/s 的速度接近目标，每秒拍摄一张照片，并伸出一个机械臂。在臂的顶端有一个类似汽车空气过滤器的采集盘。采集盘将向小行星表面喷射一股环状超纯的氮气射流，以搅动表土、灰尘、污垢和砾石。气体将通过过滤器逸出，但表土材料会被保留在收集盘内。探测器将利用机械臂上的弹簧反弹而离开小行星表面，之后推力器点火使探测器离开。探测器有足够进行3次采样尝试的机动推进剂。微重力试验表明，该系统每次操作至少能获取60 g样品，希望这次任务能够携带总共2 kg的样品返回地球。完成所有的采样操作之后，采集盘将被存储在一个样品返回舱中，样品返回舱和机械臂都继承自星尘号任务。

在任务结束时，样品返回舱将在犹他州着陆。其着陆地点和起源号以及星尘号所使用的军事管制范围一致。如果NASA能提供资金，欧西里斯-雷克斯（OSIRIS－REx）探测器将在太阳轨道上继续执行扩展任务。位于休斯敦的约翰逊航天中心负责样品的存储和记录，并将样品分发给研究人员。在这里还存有之前由阿波罗任务带回的月球岩石样品、星尘号和起源号带回的样品以及来自火星的陨石等。来自碳质小行星的原始物质是很难在陨石中找到的，因为即使个别的陨石能够幸存掉落地面，其中的含碳物质也在进入大气时燃烧转换为了热量。从贝努带回的样品将在返回的6个月后完成编目，并开始分配给科学小组开展研究。然而，绝大部分（约3/4）样品将存档以供后续分析[18]。值得注意的是，2008年10月，在苏丹境内的小行星样品返回过程以一种不同的、廉价型的方式完成。这些进入大气层的小天体目标先被望远镜发现，几个小时之后在沙漠中找到了这些米级直径的小天体碎片。这是人类首次确定太空天体撞击地球的轨迹，因此可以预先计算出其撞击点，并派出一个小组去查看天体撞击的现场[19]。

为了扩展欧西里斯-雷克斯（OSIRIS－REx）任务范围，JPL提出了一项提议，将表面和内部科学撞击器（ISIS）作为搭载载荷与NASA的洞察号火星着陆器一同发射。使用像宇宙神5号这样的重型运载火箭执行洞察号火星任务，将可以提供大约1 000 kg的剩余载荷重量。表面和内部科学撞击器（ISIS）将被安装在支撑洞察号的标准适配器上，这样就不会显著影响主载荷的设计。在适配器上增加1个推进模块、1个综合电子模块、6个小型太阳能电池板和4个配重物，使其成为一个完全独立、干重为420 kg的航天器。在2019年1月第二次飞越火星后，表面和内部科学撞击器将于2021年3月抵达贝努［此时，欧西里斯-雷克斯（OSIRIS－REx）已经完成其主任务］，并以约14.9 km/s的速度撞击这颗小行星。撞击能量相当于14 t的TNT。这时，欧西里斯-雷克斯（OSIRIS－REx）探测器应该能够在安全距离上观察几十米宽撞击坑的形成，并监测这种碰撞所产生的地震效应。此外，在短短的两三周内，欧西里斯-雷克斯将能够精确地测量这次撞击给小行星带来的速度变化。据估计，表面和内部科学撞击器（ISIS）的成本约为1亿美元，需要在2013年年底获得批准，以做好充分的准备与洞察号一同发射。但是，由于NASA目前的预算困难，这一预期并没实现，表面和内部科学撞击器（ISIS）最终可能在2017年或2018年作为一个通信卫星搭载载荷发射[20-21]。

继欧西里斯-雷克斯（OSIRIS－REx）之后，NASA预计将于2016年发布“新疆界”计划第四次任务的招标公告。

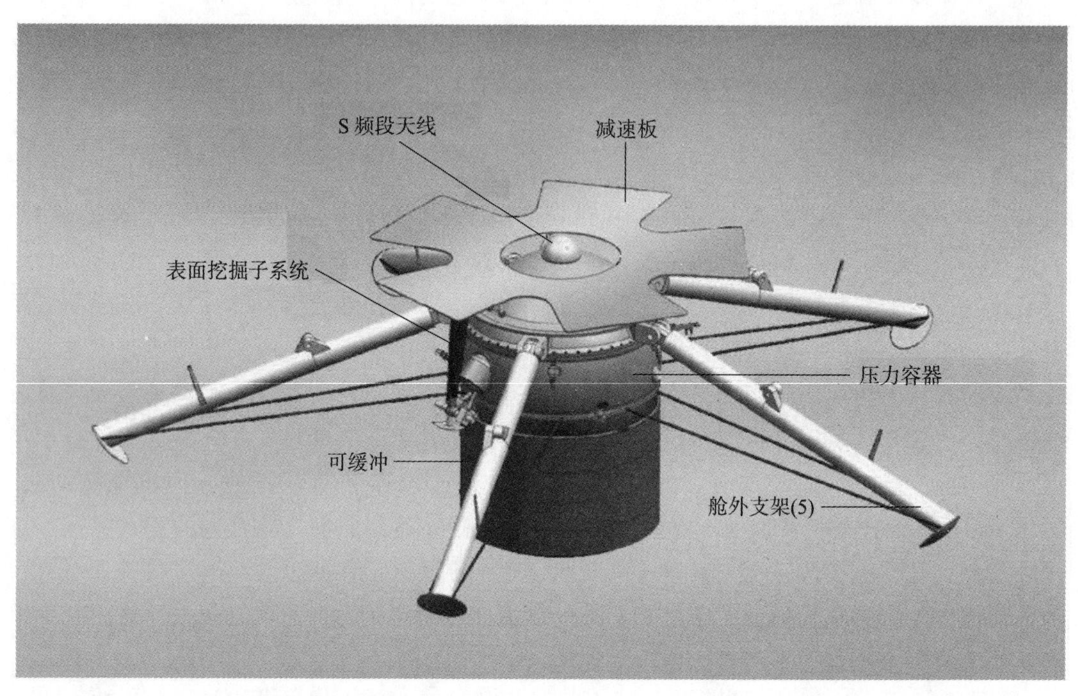

SAGE“新疆界”计划最后一轮入围项目，如果最终入选，它将是美国第一个金星着陆器

欧西里斯-雷克斯（OSIRIS - REx）探测器环绕小型的近地小行星贝努，展开其采样机械臂

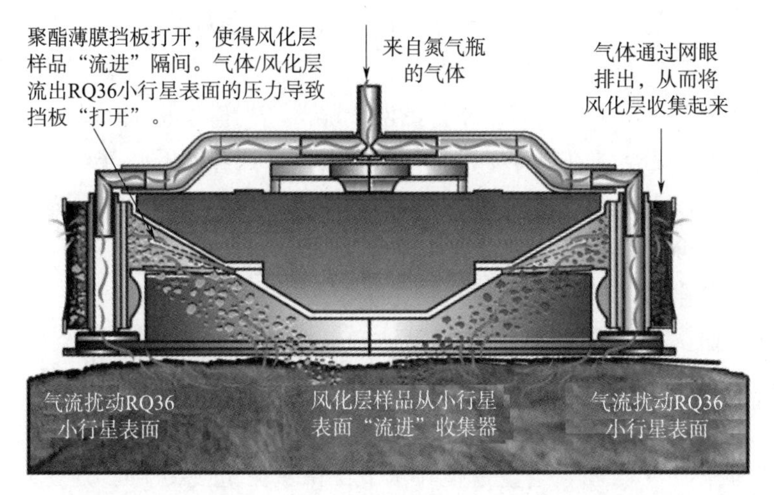

欧西里斯-雷克斯（OSIRIS - REx）用来在贝努上采样的系统

（Lim，L. F.，“OSIRIS - REx Asteroid Sample Return Mission”，presentation at the 7th Small Bodies Assessment Group（SBAG）meeting，Pasadena，July 2012）

13.3　木卫二还是土卫六?

大约在 21 世纪头 10 年的中期，NASA 和 ESA 开始相互独立地研究对太阳系巨行星（包括木星和土星及其卫星）的探测任务，这些任务延续了先前对这些行星系统的研究，包括伽利略号和卡西尼号任务，以及短暂但非常成功的惠更斯号对土卫六的探测。

自从伽利略号探测器对木卫二进行了观测并发现其地表下可能存在一个液态水海洋以来，科学家们就一直渴望有一项独立任务来探测这个被描述为“冰冻奇境”的木星卫星。事实上，根据它的地质和化学成分，木卫二是太阳系中除地球以外最有可能出现生命的地方。20 世纪 90 年代和 21 世纪初，低成本的木卫二轨道器项目被取消，而被完全不切实际的木星冰卫星轨道器（JIMO）所取代[22]。前往木卫二的任务的主目标是使用探地雷达来确认海洋的存在并测量其范围。最近的一项研究推测，液态水可能只存在于奇特的混杂地形下几千米处，如希拉（Thera）和色雷斯斑（Thrace Macula）等，这些地区为数百米深的洼地。局部少量的液态水会导致上表面破裂、坍塌，并形成这些结构。反过来，这些水坑可能形成于诸如火山口或海底热液源等热点地区之上。地球上类似的地形是冰岛的格里姆斯沃特火山。它被冰盖覆盖，冰盖的底部在火山喷发时融化，导致表面塌陷。当木卫二上的水坑重新冻结并膨胀时，会导致混杂的地形膨胀，形成一种不同类型的混杂地形，就像迷人的科纳马拉地区。活跃的热点也有可能间歇性地导致地表特征在较短的时间内发生移动和变化，该过程或许短暂到能够通过与伽利略号的测绘结果比较看出差异[23-24]。

围绕木卫二运行的雷达也将深入探查陨石坑消失的机理，可能发现被掩埋的撞击结构。目前，木卫二表面上仅可以看到 24 个大于 10 km 的陨石坑。轨道上的探测器将提供其他有价值的科学数据。多普勒跟踪可以探测海洋底的诸如海脊一般的特征和结构，可以表明木卫二具有活跃的内核。此外，通过测绘重力场将能够确定木卫二上潮汐隆起的幅度，从而揭示薄冰壳是否通过全球海洋与岩石核心完全断开。分离的星表和内部结构连接的星表相比，前者会产生大于后者数十倍的潮汐涨落。光谱仪将试图确定星表非冰物质的组成，特别是曾经可能溶解在海洋中的任何盐类物质。这可能意味着，对海洋进行取样的最简单方法是对海洋表面的适当区域进行取样。不幸的是，伽利略红外光谱仪不具有探测盐特征所需的光谱分辨率，但最近在地面对木卫二后随半球的观测显示，存在着硫酸镁，它可能代表来自海洋的氯酸镁。氯酸镁到达星表后，经历了源于木卫一火山的硫元素的“喷涂”。科学家们认为星表还存在着氯酸钠和氯酸钾。伽利略号已经探测到大量的硫酸——那是水冰和硫离子反应的结果。检测到含量丰富的过氧化氢——它由星表水冰受到辐射而产生。有趣的是，当过氧化氢溶解在水中时，它可以释放游离氧，这是产生复杂生命形式的关键分子[25]。哈勃太空望远镜在木卫二南极附近观测到了类似土卫二的水蒸气羽流，从而增强了木卫二上存在海洋的可能性。伽利略号曾寻找过这种活动的迹象，但未曾发现，表明这种活动可能是间歇性的。土卫二上的水蒸气羽流也存在差异性，羽流在远土点比近土点更活跃。不幸的是，以前的任务对木卫二羽流起源的区域成像很差，因此无法深入了解其来源。然而，事实上，木卫二羽状物的发射意味着，应该能够通过一个穿越羽流的探测器对海洋成分进行取样[26]。

另一个引起科学家兴趣的木星卫星是木卫三，它是太阳系中最大的卫星，也是唯一一颗具有内禀磁场的卫星。根据伽利略号的重力数据，木卫三似乎是一个具有 800 km 厚冰层、岩石地幔和铁核的强分化体，其中铁核可能产生内禀磁场。冰层可能是覆盖在液态水海洋上的一层 100 km 厚的结晶冰，其下是几层结晶冰和非晶冰。此外，伽利略号发现木卫三正以独特的方式与木星磁层相互作用，包括木卫三磁场在两极是开放的，这种相互作用可能改变了表层冰的化学性质。

在另一方面，人们强烈期望继续对土卫六和土星系统进行探测。在卡西尼号之后，我们对土卫六的认识与 1972 年水手 9 号之后对火星的认识相当，因为我们只进行了初步中等分辨率的地质勘察。毕竟，卡西尼号在土卫六附近总共只呆了几天。卡西尼号和惠更斯号没有回答的科学问题包括前生物（或可能是原生物）化学成分、星表有机物的分布和演化、大气动力学和气象学的详细情况。为了解决这些问题，有必要派遣着陆器进行进一步的探测，着陆器可能在星表上漫游或在碳氢化合物构成的湖泊上漂流，特别地，还可以使用气球或“重于空气”的飞行器，实现对土卫六的广域遥感探测。

在美国，任务规划开始阶段涵盖了大部分主要的行星探测参与方，包括喷气推进实验室（JPL）、APL、戈达德航天飞行中心和 NASA 兰利研究中心，并评估了在新疆界级任务的成本上限内，是否可以执行具有科学价值的土卫六和土卫二任务。其中一个任务可能是基于星尘号的土卫二采样返回任务，该任务飞越这颗卫星并收集其间歇喷泉喷射的冰粒子。然而，这次任务将过于复杂，土卫二处于土星重力场的深处，探测器的高速飞越无法使样本保留其大部分原始化学成分。最后，研究发现，低成本或中等成本的任务不会带来显著的成果。

对于木卫二和土卫二，都没有可行的低成本探测方案，这为2007年NASA的旗舰级任务研究奠定了基础，在这项研究中，给了四个小组6个月的时间来构建可能前往土卫六、土卫二、木卫二和木卫三的任务。

对土卫六的研究集中在气球和其他空中飞行器上。“土卫六加强型”后卡西尼任务的研究在20世纪80年代和90年代缓速进行，而科学家和工程师则忙于开发空中飞行器。20世纪80年代，一个参考任务被塑造成了先驱者金星号的风格，设想了1个轨道器和4个进入器，进入器将释放出设计在不同高度飞行的“漂浮站”。一个大型的进入器将展开一个动力飞艇，将进行长时间的受控飞行，并释放表面探测包[27]。

2001年一个研讨会上，从空中探索土卫六成为焦点。当时讨论的概念包括气球、飞艇、直升机、垂直起飞的飞机和一个“空中巡视器”。基于“火星球”的研究，“空中巡视器”是一个带有大型充气轮胎的探测器，也可以提供气球般的浮力。还重新使用了一个苏联工程师为探索金星而设计的概念。这个概念由两个绳系气球组成，一个装满氢气或氦气等轻量气体，另一个装满可压缩气体。当气球上升时，气体会在较冷的大气中凝结并降低浮力。当它高度降低时，气体就会蒸发并恢复浮力。这将使它在给定的高度范围内随风漂移。另一种替代形式的飞行器是双壳浮力滑翔机，它利用质量的非对称位移进行机动，这种机动机制类似于已经得到充分验证的海洋自动探测器[28]。自20世纪70年代以来，已经提出多项提案，通过探测器携带的氧气来使土卫六大气中的甲烷燃烧，从而产生浮力。然而，这一策略的效率较低，考虑到氧的高分子质量，需要从地球发射的质量超出了可以接受的范围。此外，包括二氧化碳和水在内的燃烧产物会立即在寒冷的土卫六大气中冻结，堵塞排气口。飞艇可以由类似木星冰卫星轨道器（JIMO）的土星-普罗米修斯航天器运送到土卫六，这个航天器还可以依次释放一个小型两栖跟踪巡视器。在那些年里，还开展了土卫六大气俘获任务的预先研究工作。也考虑过适合的固定翼或旋转翼飞机。一架飞机以每秒几米的速度飞行，从一个极点到另一个极点大约需要6个月的时间，由于经度上有强烈的纬向风，飞机可以到达地面上的任何一点。飞机将具备空气动力学特性，这样它就可以空中熄火，以一种温和且安全的速度着陆。作为一种替代方案，可以将着陆器悬挂在机翼下，在进入土卫六大气过程中飞行数小时[29]。不幸的是，在土卫六上驾驶一架真正的“重于空气”的飞机似乎不是一个可行的选择，因为放射性同位素温差电源（RTG）的功率质量比很低，而放射性同位素温差电源是当时在远离太阳的长期任务中唯一可用的能量源。高级斯特林放射性同位素电源（ASRG）能够提供更好的比率［如原位和机载土卫六侦察飞行器（AVIATR）所设想的］，但这项技术尚未进行飞行测试。

因此，飞艇成为土卫六旗舰级任务研究的一部分，由APL牵头，JPL、NASA兰利研究中心以及一些私人公司也提供了大量投入。在NASA戈达德航天飞行中心进行了土卫二任务的独立研究。研究了三种可能的任务架构：第一种架构是轨道器和着陆器组合；第二种架构是独立的土卫二轨道器；最后一种架构是土星轨道器和土卫二着陆器。但是，由于对于现有技术而言，就位于土星重力场的深处又如此小的天体而言，进入其环绕轨道或者着陆其上是极其困难的，因而研究很快就停止了。

APL 的研究集中在一个土卫六探测任务，包含轨道器、着陆器和气球，任务将这些模块搭载在独立的进入器或大气俘获的飞行器上，使用一个巡航级，由一枚宇宙神 5 号运载火箭发射。人们认为，这种模块化方法将允许在开发过程中去除一个组件，而对其他组件的影响最小。

轨道器将执行为期 4 年的任务，与之相比，着陆器和气球的任务期限为 1 年。到达土卫六时，轨道器位于隔热罩内，穿入土卫六的深层大气，通过大气捕获进入轨道，从而消除了对反推减速的需求。在土卫六上实现大气俘获比在任何其他太阳系天体上都更容易且更有效，但由于轨道器在入轨之前都一直封装在空气动力学外壳内，在此之前不可能进行任何巡航观测或抵近观测。再者，在土卫二附近无法收集到任何新的数据。为了能够装入热防护罩内，轨道器采用一个矮胖的主体设计，上面连接一个可旋转的高增益天线和五个斯特林发电机。通过采用大气俘获技术，1 800 kg 的探测器能够携带 170 kg 的有效载荷抵达土卫六。由于大气俘获机动，探测器首先进入环绕土卫六的 1 100 km×1 700 km 椭圆轨道，倾角为 85°。不久之后，圆化至 1 700 km 轨道。在整个飞行任务中，土星会对其轨道产生扰动，从而使遥感和磁层观测获得多种不同几何结构。在任务接近尾声时，为了使用质谱仪对大气进行取样，轨道近拱点将在北极上空降低。观测还包括通过相机、紫外线、微波和红外光谱仪进行遥感探测，并进行原位粒子测量和场测量。不幸的是，与卡西尼号的情况一样，为了尽量减少与大气层的摩擦，探测器需要保持在 1 000 km 以上的高度，加之朦胧的大气层的影响，无法对土卫六进行高分辨率的成像。由于这种约束，也无法进行更精细的重力场成分测量。

着陆器和气球将在接近土卫六时释放，并分别进入大气层，包括隔热罩在内，它们分配的重量分别为 900 kg 和 600 kg。前者是一个类似火星探路者的气囊式着陆器。不过，由于浓厚的土卫六大气层将使着陆速度低于 4 m/s，所以气囊并非绝对需要。由于土卫六距离太阳较远，加之大气层的屏蔽，使用太阳能电池板是不切实际的。一个短寿命、电池驱动的着陆器并没有足够的科学价值，在早期的研究中就被排除了。着陆器计划使用斯特林同位素发电机来提供电力。据设想，着陆器将携带气象仪器和磁强计，在表面部署地震仪，并释放一架飞机或类似于猎兔犬 2 号火星着陆器的“掘进机”（mole）。一架 1 kg 重的垂直发射的飞机，由电池供电，携带气象仪器和相机能够飞行数小时，对距离着陆点几千米半径的地区进行高分辨率成像[30]。目标暂时选择为贝勒特（Belet），该目标位于赤道地区，有很多的沙丘，就星表有机化学的研究而言很有吸引力。同时，气球用于研究大气化学和动力学，进行气象观测，对其下表面进行高分辨率成像，并进行雷达次表层探测。气球还会配备一个比惠更斯号气相色谱仪和质谱仪更加先进的化学装置，以及一个既能定位磁场异常又能确认表层之下是否存在液态水海洋的磁强计。采用 10 km 高空飞行的蒙哥菲雷热气球，随风漂行，在飞行途中扔下大气剖面探测器。由于气球受到不可预测的近地面风的影响，它的纬度可能会变化。此外，因为它不会受到地球上气球所承受的压力（频繁的加热循环、充气织物的紫外线降解、强氧化的大气层等），它很容易在土卫六上漂行多年。在一年的标称任务周期内，气球将绕土卫六飞行一到两圈。与充气球相比，热气球更加适合土卫六，因为土卫六的大气温度非常低，热气球可以利用放射性同位素发电机对空气加热来产生浮力，而且热气球不太容易受到气囊上小型泄漏和裂缝的影响。斯特林发电机将被安装在气球的颈部，将热空气送入气囊。气囊在进入土卫六大气层后能否在半空中充气还是一个有待验证的问题。来自着陆器和气球的数据可以通过一个小型的高增益天线以非常慢的数据速率直接发回地球，也可以通过轨道中继以更快的速率发回地球[31-33]。

在美国开展研究的同时，ESA“宇宙愿景”2015—2025年的任务征集也在开展。巴黎天文台科学家牵头的一个大型欧洲团队在2007年提出了土卫六和土卫二任务（TANDEM）。计划在2011年选定一项6.5亿欧元的“奠基石”任务和一项3亿欧元的中型任务，在21世纪10年代末或20年代初发射。收到的提案数量超过50项。入围的8个项目包括土卫六和土卫二任务（TANDEM）以及拉普拉斯木卫二与木星任务。

土卫六和土卫二任务（TANDEM）征集两个中型的航天器，其中一个航天器进入土星轨道，多次飞越土卫二，然后被捕获进入环绕土卫六的轨道；另一个航天器将一个热气球和多个着陆器送至土卫六。但据判断，土卫六和土卫二任务（TANDEM）的技术成熟度低于美国的土卫六探测器，后者已进行了多年工程研究。

在NASA和ESA针对土卫六的研究成果基础上，2008年，NASA指示JPL着手研究联合的土卫六和土星系统任务（TSSM），其目标不仅是土卫六，还包括土卫二。土卫六和土卫二任务（TANDEM）的研究已经表明，在不干扰土卫六探测目标的情况下可以对土卫二进行探测。在土卫六和土星系统任务（TSSM）中，计划采用传统的技术进入土星环绕轨道，而并非大气捕获技术。TSSM保留了长寿命的土卫六气球探测方式，而沙丘着陆器被一个溅落在北极附近碳氢湖泊中的探测器所取代。

航天器的重量为6 200 kg，将于2020年9月由宇宙神5号运载火箭发射。它采用太阳能＋电推进的设计，即太阳能电池板（提供不低于15 kW的功率）和三个一组的NASA改进型氙离子推力器（NEXT），推力器由格伦中心研发。推力器将为航天器提供0.236 N的推力，总燃料供应量为450 kg。执行任务5年后，在经过三次地球飞越和一次金星飞越之后，推进级将被抛弃。任务计划在2029年10月到达土星。轨道器的干重将超过1 600 kg，其中包括165 kg有效载荷，共10台仪器。5台斯特林发电机提供能量，在任务结束时至少能提供540 W的功率。通信将通过一个4 m口径可转动的高增益天线实现，支持科学数据的实时采集和下行传输。土星环绕轨道的入轨过程将采用化学推进系统实现，类似卡西尼号。计划在两年的轨道旅程中提供7次与土卫二接触的机会，可以直接对南部的羽流进行采样，并且将实现不少于16次土卫六飞越。到那时，航天器的速度已经足够慢，可以利用化学推进进入土卫六轨道。它最初将以椭圆轨道飞行，近拱点低至600 km，以便直接对光化学反应产生的复杂分子进行取样，这个位置远低于卡西尼号的飞越高度。2个月的气动减速将使远拱点降低，并将轨道圆化为高度1 500 km、倾角85°的圆轨道。这次任务的轨道勘察阶段将再持续20个月，专门开展测绘、大气动力学及其组成以及电离层研究等活动。任务结束时，除了气球对其飞行经过的范围进行1 m分辨率的成像之外，整个土卫六将通过雷达完成全球测绘，分辨率为100 m。

土卫六和土星系统任务将包括一个土星轨道器、一个土卫六气球和一个湖泊着陆器

ESA 将提供气球，也可能提供漂浮的湖泊探测器。当轨道器第一圈接近土卫六时，释放一个 600 kg 重的蒙哥菲雷热气球。热气球在一个隔热罩内将于大约 20°N 的纬度进入土卫六大气层，该隔热罩内可以安装仪器，以执行类似惠更斯号的大气和表面探测任务。在下降过程中，由美国提供的类似于好奇号探测器的多任务放射性同位素温差电源（RTG）对空气加热，使热空气充满气囊以获得浮力。直径 10.5 m 的热气球随后将上升至 10 km 的巡航高度，开始至少 6 个月的飞行任务，在此期间将飞越 10 000 km，至少绕土卫六飞行一圈。顶篷上方的阀门可以让气球保持相对固定的高度。144 kg 的气球吊篮内携带25 kg 的仪器，包括能够传回米级分辨率图像的相机、光谱仪、磁强计和一台探地雷达探测仪，用于定位星表以下甲烷沉积物。热气球上还可以携带几个星表探测器，在选定的地点上方释放。通过对探测器的精确跟踪可以重建风场。来自气球的数据大部分将通过轨道器中继传送到地球。190 kg 重的湖泊探测器将在轨道器第二次与土卫六交会前释放，其着陆目标是克拉肯（Kraken）海。和惠更斯号一样，湖泊探测器也在下降过程中回传大气探测情况。其主科学目标是确定湖泊中液体的成分，其他目标将通过一个包含 5 种仪器的套件来实现，包括对表面进行成像。电池将确保总工作寿命至少为 9 h。为了保护土卫六表面，尤其是其湖泊，任务设计将尽一切努力防止地球生物的污染。鉴于土卫六和土星系统任务（TSSM）的范围和复杂性，这项任务的基础价格约为 37 亿美元[34]。

木卫二探测任务也有类似的进展，欧洲和美国正各自进行独立的研究。21 世纪头十年的中期，ESA 开始考虑将木星探测任务作为其技术参考研究概念之一。最初的设想是

土卫六和土星系统任务轨道器

两个干重不超过 200 kg 的“微型卫星”，它们由联盟-弗雷加特（Soyuz - Fregat）运载火箭发射，利用金星和地球的飞越到达木星。第一个航天器是木星木卫二轨道器，它将在进入木卫二环绕轨道之前对木星的卫星们进行一次巡视。第二个航天器是木星中继卫星，它将进入高轨道，以避开大部分辐射带。木星中继卫星将研究木星的粒子和场，对木星卫星们进行远程观测，并为其同伴提供通信中继。由于围绕木卫二的在轨飞行任务将持续不超过 2 个月，最后的扰动将会导致航天器撞上木卫二或强烈的辐射将损坏其电子设备，其丰富的探测数据将必须由中继轨道器存储，并在一年多的时间内传输到地球。两个航天器都将继承罗塞塔所使用的传统太阳能电池，并增加了反射镜“聚光器”以获得更大的输出。木卫二轨道飞行器将搭载一套高度集成的传感器套装，其中最重要的是一个探地雷达。ESA 还研究了在小型硬着陆器中安装地震仪的可能性，用来探测任何冰壳的破裂和冰与下面液态水边界处的声波。但是，上述目标需要使着陆器稳定，并使着陆器至少具有在降落过程中刹车的基本能力，这会使着陆器重量过重。研究的第二阶段涉及一些额外的科学目标，包括一个多航天器联合粒子和场探测任务以及多个穿透行星大气的木星探测器，相比于伽利略进入器所到达的 23 000 hPa 区域，这些研究中的木星探测器目标是到达 100 000 hPa 或 100 atm（1 atm＝101.325 kPa）的深度[35-36]。

在进行这些概念研究的同时，当2007年ESA发出任务征集时，收到了一份与航天器架构理念完全不同的提案。这项提案以法国科学家皮埃尔·西蒙·拉普拉斯（Pierrer - Simon de Laplace）的名字命名，这位法国科学家的天体力学研究涵盖了太阳系的起源。拉普拉斯项目理想地设想了一个三个航天器协同的任务，包括一个专用的木卫二轨道器、一个为遥感优化的木星行星轨道器和一个研究行星磁层的轨道器。如果燃料充足并且任务设计允许，行星轨道器随后将进入木卫三环绕轨道。“宇宙愿景”计划的主题之一是太阳系生命的起源及其产生的有利条件，包括在气态巨行星周围存在可居住卫星的可能性。为此，拉普拉斯任务特别选出木卫二和木卫三作为蕴藏地下海洋的冰卫星的例子，对木卫三来说，还存在着一个相当大的内禀磁场。这项任务从一开始就由ESA和NASA联合设计[37]。

在美国，2002年木卫二轨道器任务取消后，JPL仍然继续对该项任务进行研究。此外，还并行研究过类似伽利略号的木星系统任务。美国和欧洲科学家举行了多轮会谈，以进行概念研究并向航天机构提出任务规划的初步准备。正如土卫六任务所经历的，2008年，各种研究被重新整合成为木卫二和木星系统任务（EJSM），该任务设想了两个航天器，每个航天器的干重约为1 700 kg：即美国的木星木卫二轨道器（JEO）和欧洲的木星木卫三轨道器（JGO）。每个轨道器将携带超过100 kg互补的有效载荷。估计预算要求NASA花费20亿美元，ESA花费10亿美元，俄罗斯和日本可能会所有贡献——前者可能提供一个木卫二着陆器，后者可能提供一个木星磁层轨道器。

美国的木星木卫二轨道器将探测并描绘薄冰壳的特征，进一步获取地下海洋的证据，并测量其范围、与木卫二更深内层的关系以及对行星磁层和引力潮汐的作用，并描绘其表面非冰物质和表面山脊裂缝形成过程。探测器将由JPL制造，由多任务放射性同位素温差电源（如好奇号火星车所使用的）提供能量，到任务结束时提供540 W功率。通信系统将使用4 m口径的高增益天线，以确保快速下传雷达产生的大量数据。设计的有效载荷包括三个具有不同视场和空间分辨率的相机，以高于每像素1 m分辨率和10 m分辨率对选定区域进行成像，并对至少80%的表面进行100 m分辨率的彩色覆盖（color coverage）。可见光和红外光谱仪、紫外光谱仪和热成像仪将构成遥感有效载荷的光谱部分，并特别对非冰物质的组成进行研究。激光高度计有可能彻底改变对木卫二地形的认识，就像火星全球勘探者（MGS）上所携带的激光高度计设备在火星探测中所起到的作用一样。激光高度计还将测量引力潮汐引起的潮汐隆起。与其他轨道飞行器的提案一样，穿冰雷达是最重要的仪器。雷达将用于描述次表层电特性剖面的特征，在最表层几千米能够提供10 m或更高的垂直分辨率，在30 km深度能够提供100 m的垂直分辨率。有效载荷还包括磁强计、质谱仪和用于粒子和场研究的仪器设备。通过无线电科学实验利用精确的轨道跟踪数据来进一步描述木卫二内部深层的特征。

由于欧空局从未研制出等效于放射性同位素温差电源（RTG）的产品，欧洲的木星木卫三轨道器将采用太阳能驱动，大型电池板在木星将提供600～700 W的功率。该轨道器将研究这颗最大的木星卫星的内部结构，特别是它的地下海洋和磁场。为了实现这些目标，其有效载荷与木卫二轨道器类似，具体包括两个相机、可见光和红外成像光谱仪、紫外光谱仪、微波辐射计、激光高度计、穿冰雷达、磁强计、质谱仪以及无线电和等离子波传感器。配备的3.2 m口径的高增益天线每天至少能返回1 Gbit的数据。当然无线电跟踪数据将有助于进行无线电科学实验。

任务有可能增加一个木卫二着陆器。这个着陆器将面临两个设计问题：第一，木卫二上缺乏大气用于着陆器在下降过程中减速；第二，着陆器发动机排出的气体可能会污染木卫二表面，这可能会使生物探测结果失效。为了解决上述问题，人们提出了一种类似深度撞击任务的小型抛射体，以便航天器、地面和近地望远镜能够扫描由此产生的碎片云中的有机物。然而，与深度撞击任务不同的是，由于木卫二的引力远大于一个小彗星核的引力，碎片云的寿命很短，需要在几秒钟或几分钟而不是几小时内完成分析[38]。

此外，日本微型磁层轨道器可以与木卫二轨道器相伴飞行，作为JAXA的木星和特洛伊小行星太阳帆演示任务的一部分到达木星。更重要的是，莫斯科的拉沃奇金(Lavochkin)联合体和俄罗斯空间研究所（IKI）愿意参与该项目，并提供一个木卫二穿透器（或继承于福布斯-土壤任务的拉普拉斯-P着陆器）。拉普拉斯-P着陆器包括一个电力推进舱、一个入轨级、一个轨道器和一个1 210 kg的木卫二软着陆器，类似于20世纪70年代的E-8月球着陆器。

美国的探测器将于2020年首先发射，使用宇宙神5号或德尔它4号运载火箭，并通过金星和地球飞越，在6年内到达木星。在飞越全部4颗伽利略卫星之后（3次飞越木卫一），探测器将于2028年进入木卫二环绕轨道。在距离木卫二表面仅几百千米的大倾角轨道上对其进行勘察，该过程只会持续几个月。

欧洲的轨道器在之后的一个月，使用阿里安5号ECA重型运载火箭发射。2026年到达木星，花费2年时间巡视木星系统，其中将不少于9次飞越木卫四，之后在2028年年底进入木卫三环绕轨道。在从高、中、低空轨道上（后者的高度低至200 km）观测木卫三之后，于2029年7月结束其主任务。

对于这两项任务，在前往木星的途中都可以选择飞越一些小行星，而且一些任务时间将用于对木星的一个或多个外部不规则卫星进行远距离观测。木星环和附近的小卫星也将成为观测的目标[39]。

这是第一次在两个旗舰任务之间发生竞争，一个是土星和土卫六，另一个是木星、木卫二和木卫三。在其报告中，2002年的十年调查优先考虑了到外太阳系的任务，建议执行木星内部任务（朱诺号）和木卫二轨道飞行器。但是在那以后，卡西尼号的数据将土卫六和土卫二提升到了与木卫二轨道器相同的优先级。

和往常一样，NASA做出了选择之后，ESA注定会紧随其后。由于自20世纪90年代末以来，木卫二轨道器的任务一直在研发当中，所需技术更加成熟，NASA最终选择了木星任务[40]。NASA能否在其不断缩减的预算范围内再启动一个新的旗舰项目（尤其是如此昂贵的项目），仍有待观察。探测仪器的竞标通知，预计将在2010年年底发布，任务中欧洲的贡献要到2011年确定，届时ESA将从其他有效候选项目中选取一个大型科学任务。

新视野号在前往冥王星和柯伊伯带的途中，旅行者号正在对日球层终端激波进行采样。太阳系中只有少数区域尚待探索，其中包括距离太阳 0.3 AU 范围内的空间环境、日冕和太阳风加速的区域。到目前为止，这些区域只通过地球轨道卫星、绕日任务或日地拉格朗日点探测任务进行“遥感”探测。

自从 1958 开始，就已经有研究者提出了一些这个区域的探索任务，包括 NASA 和 ESA 在 20 世纪 80 年代和 90 年代提出的“太阳潜入”任务，该任务已在本丛书的前几卷中描述[41]。在澳大利亚空间科学十年计划的支持下[42]，澳大利亚科学家提出了太阳潜入者任务。最近，向 NASA 和 ESA 提出了一项太阳极地任务，该任务将在距离太阳 0.2 AU 范围内飞行，并继续尤利西斯（Ulysses）任务的工作。该项目以希腊神话中尤利西斯忠实的儿子忒勒玛科斯（Telemachus）命名。在金星飞越之后，再进行几次地球和木星飞越，配合数次推进机动，最终将进入 0.2 AU×2.5 AU 的太阳环绕轨道，轨道面垂直于太阳赤道，以小于 0.4 AU 的距离通过太阳两极，轨道周期为 1.5 年。航天器将以太阳能作为能量源，配备太阳日球层（其“可见表面”）和内部日冕成像仪，以详细研究在太阳两极、活动区域、恒星风、耀斑、日冕喷射物中的物质流动和磁场[43]。

2003 年，太阳物理学十年调查再一次将近日太阳探测定为最高优先级的任务选择之一，这促使 NASA 在 2004 年和 2005 年对其进行可行性研究。经过研究发现，近日探测任务具有较高技术可行性，但是还建议进行诸多修改。20 多年前提出的最初架构中，太阳探测器由放射性同位素温差电源（RTG）提供能量，并且首先向木星发射，以便利用这颗巨行星的引力降低探测器的动能，并向着太阳“坠落”，使轨道的近日点降低至几个太阳半径的高度。此外，科学家们一直倾向于选择极地轨道，以便能够以非常近的距离飞越两极，从而在尽可能大的纬度范围内对日冕进行研究。但这种任务架构过于昂贵，NASA 要求进行独立研究，以确定是否可以通过一个更简单的任务设计，以合理的成本实现核心科学目标。

2008 年，在首次提出太阳探测器计划整整 50 年后，NASA 终于在其太阳物理学部的“与恒星共存”计划的支持下，批准了增强太阳探测器（或者“太阳探测器＋”，Solar Probe Plus①）计划。任务将由 APL 实施，由戈达德航天飞行中心进行管理。单次木星飞越被多次金星交会替代，近日点的最小距离增大到了近 10 个太阳半径，太阳极地轨道被偏离黄道平面仅几度范围内的轨道所取代，放射性同位素温差电源（RTG）也被换成太阳能电池板。虽然这种轨道方案会减小一些观测角度，但却可产生更频繁的探测数据，因为探测器将每 3 个月返回一次近日点，而不是木星飞越方案中的 5 年近日点返回周期。而且，一些错失的观测可以由欧洲同时代的大倾角太阳轨道器所弥补。

增强太阳探测器任务的主要科学目标是了解在日球层仅 5 800 K 的温度条件下，太阳磁场在日冕加热到数百万摄氏度过程中所起的作用，并了解太阳风是如何从其中加速出来

① “太阳探测器＋”（Solar Probe Plus）已于 2017 年被重命名为“帕克太阳探测器”（Park Solar Porbe）。——译者注

与ESA联合执行木卫二和木星系统任务的美国轨道器

的。为了实现这一目标，该任务将对太阳磁场的结构和动力学进行原位观测，测量电子、质子和 α 粒子的密度、速度和温度，对太阳风的快、慢部分以及日冕抛射物进行采样，进行可见光观测，绘制太阳风内部结构的形态和密度图，并测定这些粒子加速区域中高能电子、质子和重离子的通量和能量谱。最近，搭载在探空火箭上的极紫外望远镜证明了日冕精细结构观测能力的重要性，分辨出光球层上小至 150 km 的细节，成功观测到一束束磁场线相互缠绕。这些磁场线的重新连接和消散被认为是最有可能的日冕加热机制[44-45]。

增强太阳探测器将于 2018 年 7 月 31 日至 8 月 18 日的窗口发射，使用与新视野号相同配置的宇宙神 5 号 551 火箭，但使用为该任务研发的能力更强的上面级。在任务发射 2 个月后进行金星飞越，并在随后一个月到达 0.16 AU（即大约 35 个太阳半径）的近日点。再经过六次金星飞越，逐渐降低轨道近日点高度。任务设计了 24 个距离太阳表面 35 个太阳半径范围内的近日点，不少于 19 个距离在 20 个太阳半径范围内的近日点，在任务末期，从 2024 年 12 月开始，有 3 个近日点高度在 10 个太阳半径（700 万 km）范围内。探测器将主要在距离太阳 0.25 AU 的范围内收集数据，并在 10 个太阳半径内度过至少 25 h，在 20 个太阳半径内度过 950 h。665 kg 重的飞行器将充分利用其他 APL 任务开发的设备或者装置，包括信使号水星轨道器的耐高温太阳能板。探测器大致呈锥形，高度为 2.9 m，其前方的隔热板跨度为 2.3 m。隔热板是决定任务成败最为关键的部件，必须承受 500 倍于 1 AU 处的太阳辐射，其向阳侧的温度几乎达到 2 000 ℃。隔热板厚度为 12 cm，由一个碳泡沫芯、一个碳薄片夹层和一个向阳的铝涂层组成。隔热罩通过一个“热阻”连接到探测器主体上，几乎消除了热量向探测器主体的传递。在大部分情况下，飞行器在近日点都会隐藏在隔热罩的阴影锥中。部分仪器被放置于阴影锥之外，包括安装在主阵顶端的两个小型太阳能电池板，其用于在近日点收集太阳光并提供 377 W 的电功率。因此，太阳能电池板将由一个主段和一个次段组成。根据机构设计，在一个轨道周期内，太阳能电池板能够根据距离太阳的远近调整主段的角度，在远日点时以近乎垂直的角度面向太阳以获得最大的光照面积。近日点时，只有次段被照亮，主段呈平行于太阳光的角度，以减小照射面积。次段使用经过优化的高温太阳能电池，以保证在较高的温度下正常工作。尽管如此，次段太阳能电池配备一个主动液体循环冷却系统，以便将热量传导给安装在支柱之间的大型散热器，这些支柱用于支撑隔热罩。在原始方案中，曾设计配备两组独立可展开的太阳能电池板，一组用于离太阳较远的地方，另一组在近日点附近使用，并配备相关的伸展机构，但最终被上述简单的设计方案所替代。为了避免在近日点时出现过热，保持探测器三轴稳定的姿态控制特别关键，其姿态必须控制在 2°的公差范围内。姿态由 4 个动量轮和 12 个推力器共同控制，后者也用于轨道控制。太阳边缘传感器和其他传感器将用于角度超限预警。一旦发生重大故障，探测器将自动开启安全模式，进入能够防止探测器暴露在太阳下的姿态。

任务的有效载荷于 2010 年 9 月初选定，具体包括一台太阳风电子、质子和氦离子探测器，一台质谱仪以及粒子和离子监测器，用于测量出日冕中化学元素。电磁场、无线电和冲击波设备包将使用三个铌天线，这些天线从隔热板延伸出几米。这个设备包兼作尘埃探测器，记录尘埃颗粒以接近 200 km/s 的速度在航天器上撞击和蒸发时所产生的等离子体云。最后一台仪器是一台宽视场望远镜，它可以看到隔热罩的一侧，装在探测器侧面朝向前方，当探测器通过太阳大气和日冕时，对太阳大气进行扫描并对日冕及其结构进行成像。60 cm 口径的高增益天线和其他天线安装在隔热罩阴影下固定位置，其在每个近日点期间可传输高达 128 Gbit 的数据。

增强太阳探测器任务目前正在研发中①，包括发射和运行在内的费用估计为 14 亿美元。定于 2014 年第二季度进行初步设计审查。希望该任务能够正式立项实施[46-48]。

21 世纪 20 年代还可能出现另一个由 NASA 赞助的太阳任务——太阳极地成像仪。该任务设计的轨道为绕日 0.5 AU 的圆轨道，轨道周期为 4 个月，与太阳黄道面的倾角为 60°，可以对太阳极地进行观测。这可能是一个利用太阳帆进行轨道控制的理想机会。

增强太阳探测器离开地球前往金星，其轨道的几个近日点具有较小的日心距离

13.4　越来越大

2004 年 1 月，美国总统布什发布了“太空探索愿景”（Vision for Space Exploration, VSE），旨在提供一种替代航天飞机的航天器，搭载人类进出国际空间站，并在 21 世纪 10 年代末，在阿波罗任务结束的半个世纪后重返月球。该计划也将为一个最终去往火星的任务提供垫脚石。太空探索愿景带来了星座计划（Constellation program），NASA 及其工业伙伴开始开发中型和重型运载火箭，分别命名为战神 1 号（Ares Ⅰ）和战神 5 号。前者将

① “增强太阳探测器”（Solar Probe Plus）已于 2018 年 8 月成功发射。——译者注

把类似于阿波罗计划的猎户座（Orion）飞船送入地球轨道，用于执行前往空间站的任务或者与由战神 5 号运载火箭发射的月球着陆器和推进级实现交会，战神 5 号将重新使用最初为航天飞机开发的技术和组件，推力类似于已经停产的阿波罗时代的土星 5 号（Saturn V）运载火箭或者苏联 N-1 火箭和能源号运载火箭。战神 1 号火箭第一级将在结构上基于航天飞机的外部贮箱，其推力将由航天飞机式的固体燃料助推器予以推升。战神 1 号火箭将使用加长版的航天飞机助推器作为第一级，然后用一个大功率的阿波罗时代的发动机来驱动其致冷上面级。2009 年，搭载了一个惰性上面级的战神 1 号原型火箭发射升空，但开发战神 5 号会迫使美国严肃承诺使人类重返月球并拨付此项计划所需的巨额预算。经过数月辩论，奥巴马政府停止了关于星座计划的工作，与此同时支持将人类和货物运送至空间站以及开展其他可能的低轨任务的商业替代方案。

但是国会，受星座计划取消和航天飞机退役将遭受大规模裁员的州的议员们的怂恿，命令 NASA 继续开发猎户座载人飞船作为多用途载人飞船（MPCV），并且启动了代替战神 5 号火箭的太空发射系统（Space Launch System，也被戏称为“参议院发射系统”）的并行开发。这枚重型火箭的最终任务是将 130 t 的有效载荷送入低轨道，以便于开展载人深空任务。考虑到 NASA 面临的捉襟见肘的预算现实，这枚火箭是否能发射升空还存在争议，因为其需求实际上由政客“设计”，目前仍未获得任何正式任务。若 NASA 获得了完成载重为 70 t 的轻量版运载系统和猎户座飞船研发工作所需的 180 亿美元资金，那么它们最早将于 2017 年开展无人飞行。开发 130 t 版的运载系统并实现可行的载人深空探测的目标则需要更多年类似的投资。

2007 年，“星座计划”还在进行，NASA，由于担心科学家们的冷淡，要求美国国家研究委员会对利于使用重型火箭的科学任务和机遇进行评估研究。共评估了 14 个概念，主题涵盖天文学、天体物理学、太阳物理学和行星科学。委员会旨在确定每个概念是否会带来重大科学进步，以及是否会从星座的基础设施中获益。基本上以战神 5 号重型运载火箭为主。战神 1 号被取消，因为即便搭载了半人马座上面级，其运载性能与现役运载火箭也没有明显区别。唯一的优势就是其“载人评级”，因为必要的冗余设计使其比同等级的无人运载火箭更为可靠[49]。战神 5 号很有吸引力，因为该型火箭拥有一个巨大的有效载荷整流罩，能够容纳宽度达到 8 m 多、体积达到 860 m^3 的有效载荷。本书所感兴趣的几项任务也被纳入该项研究。

星际探测器必然会得益于战神 5 号的应用。一枚搭载了半人马座上面级的战神 5 号，可将一艘常规推进的探测器的速度提升至 23 年内飞到 200 AU。战神 5 号可以向天王星或海王星发射 10 t 有效载荷，而向木星或火星发射的更重，便于使用传统引擎实施海王星或土卫六任务，而非使用大气俘获技术进入轨道。这具有重大意义，因为 NASA 还没有确定的计划去测试大气俘获技术的可行性。

2004 年，JPL 设计了帕尔默探索项目（Palmer Quest）作为一项“愿景任务”，采用核动力并且获得了资助以提高其技术成熟度[50]。该项目需要一个火星极区着陆器来运送一个核动力穿冰机器人（源自探索木卫二的研究项目），以融冰方式进入永久冰盖底部，从而确定火星上是否曾存在过微生物生命。在探测途中，穿冰机器人将对冰进行地层学分析，并且寻找在不同时期嵌入冰层的有机分子。基线任务将在21世纪20年代由德尔它4号运载火箭发射升空，包括一个搭载小型气象站的着陆器，一个核反应堆，一个穿冰机器人和一台由放射性同位素温差电源供电且安装了充气轮胎的巡视器。然而，此项任务需要大量的技术进步，并且战神5号将无法提供任何显著的好处。

太阳极区成像仪将在0.48 AU的轨道上运行，与黄道夹角为78°，通过遥感、原位粒子和场仪器对太阳进行观测，这些仪器基于太阳和日球层天文台（SOHO）、日地关系天文台、尤利西斯号等多个航天器。基线任务计划由德尔它4号发射，然后使用太阳帆机动至使命轨道，这一过程耗时7年。使用战神5号可大大简化这一过程，因为它可以使用经过验证的太阳能电推进甚至化学推进来代替太阳帆。使用战神5号的备选方案还可能将至少两颗较小的航天器送入等距极区轨道，以实现对太阳不间断的监测。

一个由战神5号发射升空的太阳探测器2号任务，将使用太阳探测器增强的硬件并抵达4个太阳半径的范围之内，与20世纪80年代的恒星探测器（Starprobe）和90年代的“火与冰”太空飞行任务的设想基本相同[51-52]。与太阳探测器增强相比，这个任务需要较短的时间进入最终轨道，其近日点距离太阳更近，周期仅100天。

与此同时，JPL并行开展了对火星采样返回任务如何从战神5号获得好处的研究。他们提议建造一艘40 t的航天器，使用大气捕获技术运送两个着陆器和一个轨道器。着陆器将配备巡视器、深钻、原位推进剂生产演示验证装置以及至少三个带有样品罐的上升器。重7 t的轨道器将回收三份样品并送回地球，每份样品分别着陆。还将验证一种用于高速（行星际）进入地球大气层的隔热罩。这次任务中测试和验证的很多技术将会应用到载人火星任务中[53]。

太空发射系统（SLS）的巨大运载能力，已被吹捧到可从火星，甚至木卫二、土卫二运回样本了。

美国国家研究委员会的研究指出了合理的担忧，战神5号所能实现的各项任务都将会是极其昂贵的旗舰级任务，或者可能更大，而且每一项都能给NASA的科学预算造成巨大压力。尽管并未估算火箭本身的费用，但该费用估计不菲，会大大增加任何使用该型火箭的任务的总成本。从某种意义而言，战神5号和太空发射系统都无法在空间科学项目中立足。此外，研究还警告，这种极为昂贵的战神5号能够实现的任务可能会重复两项重量级行星探测项目的历史：20世纪60年代的旅行者号火星着陆器（本将由土星5号发射）和深空木星冰卫星轨道器，两个任务均超过了百亿美元现值的报价，并且均在实施过程中被削减[54-55]。

在星座计划取消后，一些新的项目被起草，可用于发展和获取将人类带到地球轨道之外的任务的技术和知识。这些包括无人行星际项目，由多个探索先驱者计划的任务组成，每项任务成本为5亿至8亿美元，以及关注点更窄、风险更高的侦察任务，每项任务成本为1亿至2亿美元，关注点可能是技术，但也有些会开展有价值的科学研究。

可能的先驱者项目包括多艘航天器联合实施的小行星交会任务、登月任务、各种各样的火星探测任务等。早期的火星建议书包括一个凤凰号级别的着陆器，可以进行技术演示验证，包括利用土壤制造推进剂、各种各样的巡视器、轨道资源测绘、大气捕获演示验证、大气和尘埃样品返回以及火卫一和火卫二交会等[56]。有人提出一个轨道器，搭载一台像素分辨率达 7 cm 的照相机，甚至比火星勘测轨道器的分辨率还好。其他正处于研究之中可能的项目包括一个大功率太阳能电推进演示验证器先飞越一颗“死亡”的地球同步卫星，随后访问一颗近地小行星。小行星是几项为载人任务做准备的先驱者任务的关注点。这些任务要先于载人任务数年去对可能的目标进行侦察，记录表面纹理、强度、辐射环境等数据。APL 提出的一项类似的任务将耗资 5 亿美元。这个下一代近地小行星交会任务（NextGenNEAR）装有低成本仪器和传感器，是一项新版的近地小行星交会与探索任务。最简单的提议是埃姆斯研究中心提出的开展一次飞越探测。另一方面，波音公司提出了一个近地天体探测系统，包括一颗改进的、离子推进的通信卫星，携带一个小型着陆器。后者将会配备相机、激光障碍检测系统、应变仪、透度计和其他仪器，并由斯特林发电机供电。

但是，由于无法引起载人航天界的兴趣，探索先驱者计划仅在一年后便被取消[57]。一些技术演示验证任务也未获得资金支持，包括一项 NASA 与国防部合作的任务，旨在与火卫一或火卫二开展交会之前，在地球轨道上对一些轨道机动进行演示验证。航天器装载了 1 000 kg 氙燃料，将能够在 1 100 天内飞往火星并返回地球[58]。

与此同时，载人小行星任务则发展出一种出人意料的方式。2012 年，凯克空间科学研究所发布了一项由 JPL 实施的研究，阐述了一种使用现有技术捕获约 1 000 t 小天体并将其机动至一条稳定的高月球轨道的方法，在此可相对容易地对其进行研究并易于载人任务完成。这项研究得出结论：使用现有的火箭可以发射一个重约 18 t 且大部分质量为氙燃料的大功率电推进航天器，可在十年内捕获一颗小行星，成本不超过 30 亿美元。该航天器将配备用于导航、科学研究和目标特性探测的相机和光谱仪，此外，还将配备一个可充气展开的圆柱圆锥形采集袋，宽约 15 m，内含可压碎的泡沫垫，来吸收所收集的直径仅数米的小行星所产生的冲击力。美国军方显然也曾对类似的技术进行了研究，用来回收失效的和“不合作”的卫星[59]。

基于此项研究，NASA 在 2014 年提出的预算要求中包含了 1 亿美元用于启动一项任务，该任务将回收一颗数米尺寸的碳质小行星，在 21 世纪 20 年代将其送入月球轨道或地月系拉格朗日点 L2，这都是可以使用太空发射系统搭载人类到达的地方。由于发射质量将为 15 t，这个小行星返回任务（ARM）将或者需要一个长期推进机动以盘旋摆脱地球轨道，或者一个重型运载火箭来飞离地球轨道，但这种能力的运载火箭目前尚不存在。与此同时，通过对已知的小行星目录进行调查，人们确定了十几个潜在目标，其捕获需要相对较小的速度增量并且飞行最多持续几年。这个项目（在没有咨询 NASA 的小天体科学评估小组的情况下启动）已被 NASA 初步采纳，目前正与欧洲空间局、意大利航天局和印度空间研究组织就该项目开放进行对话[60-61]。

被取消的美国战神1号和战神5号运载火箭属于星座计划，旨在搭载航天员重返月球

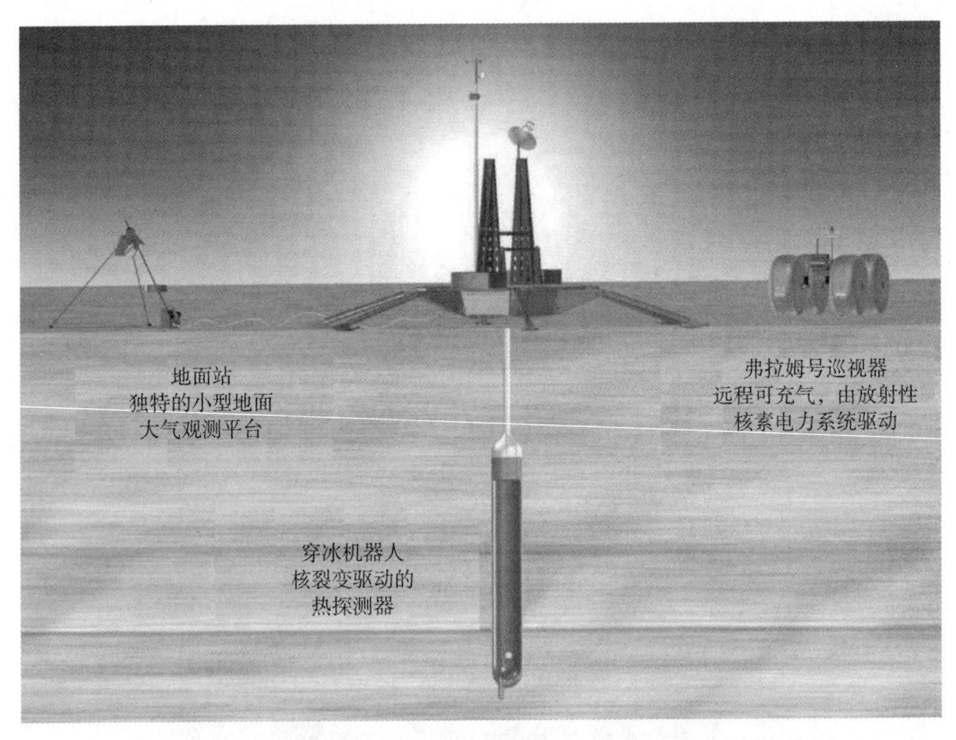

帕尔默探索项目（Palmer Quest）的火星探索任务规模宏大。它将由战神 5 号或已经取而代之的 SLS 等重型运载火箭来驱动

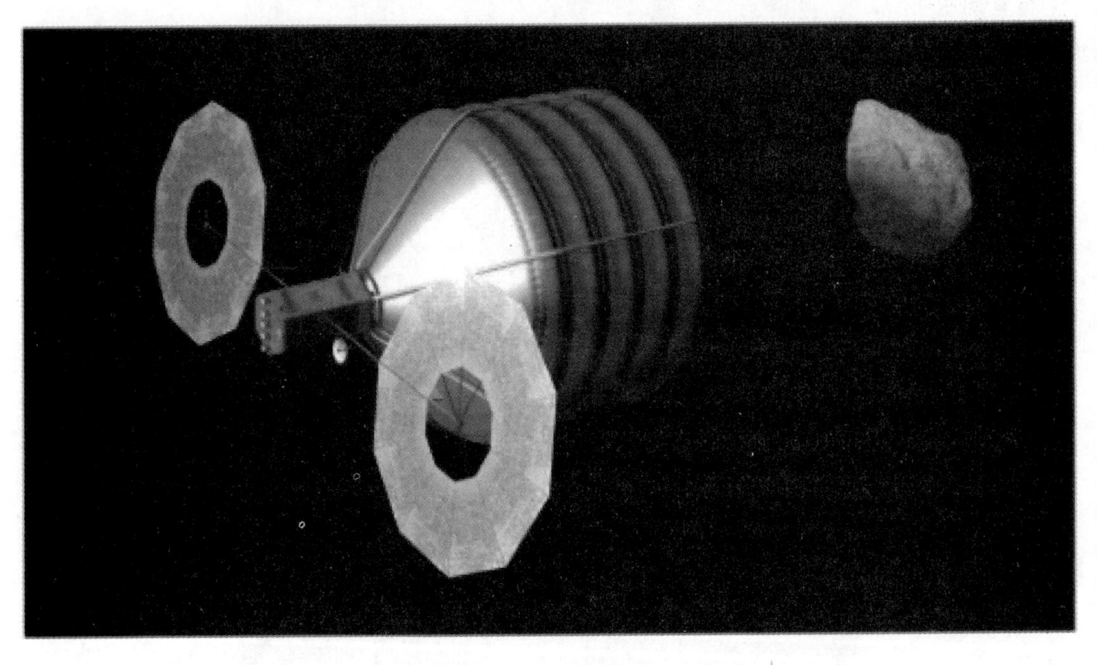

小行星返回任务即将捕获其目标小行星

13.5 黯淡的愿景

随着美国第二次太阳系探索十年调查日期日益临近，科学家们有理由对第一次调查的成果感到高兴，但也有感到担心的理由。2003 年的调查指出，应该每 18 个月发射一次小型且廉价的发现级任务，发射窗口分别在 2004 年、2005 年、2007 年、2009 年、2011 年。而且，首次火星侦察兵低成本任务应该在 2007 年发射，第二次计划应在 2013 年；但不幸的是，该项目被终止了。或已发射或即将发射的两个中型新疆界任务，新视野号和朱诺号，均在调查中提出了相关的主题。调查中的大型且昂贵的“旗舰”项目表现欠佳。木卫二雷达任务最初 6.5 亿美元的预算估值过于乐观，而类似火星科学实验室这种本就高昂的任务成本也已远远超出预期。尽管国家研究委员会已建议开始启动火星采样返回相关技术的研究，但在第二次调查期间这项任务无法实施。最终，大量时间与金钱被浪费到了不切实际的木星冰卫星轨道器上。鉴于火星科学实验室和詹姆斯·韦伯太空望远镜等项目的成本急剧增加，科学家和工程师们需要一种更好的成本估算方法，让他们优先考虑更现实的前景，以防预算超支而吃掉原本用于其他同样值得的项目的资金[62]。

同时，美国行星发现计划面对的赤字不仅是由于那些预算失控的项目，同样还由于火箭成本节节攀升。和商业公司签订的一批 2010 年发射的服务合同的价格远超以往。此外，价格相对低廉的德尔它 2 号运载火箭正逐步退役，但还没有出现真正的替代品。同等运载火箭正处于研发阶段并被暂时征用，其中包括私人资助的猎鹰 9 号和安塔瑞斯号运载火箭，但是 NASA 在这些火箭成功实施多次任务之前并不打算使用它们[63]。

2009 年，NASA 和美国国家科学基金会启动了第二次十年调查。然而，第一次调查仅提供了一份值得实施的任务清单，第二次调查则注重推荐符合预期预算和出资水平的任务。为打造一个现实的优先任务清单，专家组和指导组包含了工程师以及项目管理和成本估算方面的专家。此外，还并行开展了独立的成本分析，更加注重每项提案的实际可行性和技术成熟度[64]。此外，NASA 指示美国国家科学基金会在调查中对待火星要像对待其他目标一样，宣称他们不会像过去的十年那样给火星探测独立的预算。

根据行星科学界的评估和评级，本次调查迅速从 JPL、APL 和戈达德航天飞行中心确定了 24 个足够成熟的候选任务。包括一个水星着陆器和不少于三次金星任务，表明在忽略了 20 年之后，至少在美国，人们重新开始关注我们的“姐妹星球”。有两项月球任务：地球物理学网络和极区挥发物探测器。火星任务旨在持续跟踪 21 世纪头十年的发现，包括火星微量气体轨道器、极区任务、着陆器网络，当然还包含采样返回任务。除了木卫二和土卫六的旗舰级任务外，针对巨行星的任务还包括木卫一和木卫三探测器、土星大气探测器、土卫六湖泊着陆器以及土卫二探测任务。APL 和 JPL 提出了天王星、海王星及其卫星系统探测的任务。对太阳系小天体的兴趣表现在一个主带小行星着陆器、一个喀戎星轨道器、一次特洛伊小行星飞行和一次彗星表面采样返回任务。

该调查报告于 2011 年 3 月发布，标题为《未来十年的行星科学愿景与旅程》，言辞激烈。它将一些任务置于优先地位，但也认识到大部分旗舰级任务将不得不被“压缩”，并且在被认为可行之前，其成本也要大幅削减。

按照程式化的观点，发现级计划获得了支持，像2002年那样，但它看起来不属于战略性的计划，因此调查除给出它应继续保持（或增加）目前的预算水平和节奏之外，并未提出特别的建议。理想情况下，发现级任务应该每两年进行一次选择和飞行，而不是像当前这样频繁选择。另一方面，这份报告未建议在火星大气和挥发物演化任务之外继续开展此前中断的火星侦察兵系列的专项小型任务。新疆界计划也应该继续推行，并且在接下来十年中选定第四次和第五次任务。该报告建议将新疆界计划的成本上限从包括发射在内的10亿美元提升至10亿美元但不包括发射，从而防范“波动”的火箭成本。无论如何，即便行星科学预算将遭削减，该调查建议通过削减旗舰级任务来继续保持发现级和新疆界计划。第四次新疆界任务概念包括一个彗星表面采样返回任务、一个月球南极采样返回任务、一个土星大气探测器、一个特洛伊小行星飞行和交会任务以及一个没有表明特别优先级的金星原位探测任务。对于第五次任务，增加了上一轮落选的一个木卫一观测者和月球地球物理学网络概念。与此同时，与ESA联合开展的火星微量气体轨道器任务获批，建议于2016年发射。

该调查提出三项优先开展的旗舰级任务。排名第一的任务是火星缓存巡视器，作为从红色星球采样返回的第一步。然而，同欧洲空间局联合开展的火星天体生物学探索者-捕捉者（Mars Astrobiology Explorer - Cacher，MAX - C）任务建议压缩，费用不超过25亿美元。但在开展调查时，该任务预估成本还要高10亿美元，使其在预算中占据了“不成比例的份额”。事实上，NASA后来单方面取消了这一项目。木卫二轨道器排名第二，但其范围和成本必须缩减，因为难以支撑预估的47亿美元预算。然而，即便其费用能够减少，调查仍然建议只有在行星探测预算增加的情况下方可采纳这一项目，否则该项目将占到预算很大比例，从而挤掉很多其他的机会。换句话说，为了继续开展此项任务，就必须降低其成本，同时行星科学预算也必须增加。排名第三的是个“新面孔”，是一个搭载大气探测器的天王星轨道器。大多数任务的研究均面向海王星——另一个“冰巨星”，而天王星则由于发射窗口、飞行时间和成本而更为优先。土星、土卫六和土卫二的旗舰级任务没有入选，是因为卡西尼号任务将持续到2017年，人们认为，在启动另一项针对土星系统的任务前，需要更多时间来适当地解读此项任务的发现。尽管如此，在不太可能增加行星科学预算的情况下，推荐了第四个旗舰级任务。这一任务可能是土卫二轨道器或金星气候任务。报告建议大幅增加研究、开发和分析的资金，尤其是涵盖未来旗舰级任务的技术，比如火星上升器和应用于海王星轨道器及其探测任务的大气捕获技术。

该调查还为近地轨道之外的小行星或其他目标的载人太空飞行任务提出了一些建议（至今未获得资助）。美国国家科学基金会认为，飞往小行星的无人科学任务应该时刻聚焦科学，而不能仅仅充当载人飞行的先驱。因此，若这些任务的任何数据有助于载人探测，那么相关的载人项目应该为其分析买单。

地面设施方面，该报告支持大型综合巡天望远镜，这是位于智利的宽视场望远镜，将于21世纪20年代初投入使用。该望远镜，被认为，将对行星科学有所帮助，发现数以百计的近地小行星、柯伊伯带天体和彗星。

未来行星探索的两大潜在"障碍"是美国节节攀升的发射成本和为外太阳系任务提供动力的钚-238的可获得性。美国正面临用于放射性同位素温差电源的宇航级钚氧化物的短缺，而俄罗斯则希望将其库存价格定得尽可能高。因此，除非重新开始生产钚-238，否则未来任务就需要替代的能源。能源部是美国唯一允许生产和储存核原料的机构。恢复生产核原料预计将在5年内耗资7 500万～9 000万美元，但据报道，因为受益方为NASA，而生产的负担则将完全落在能源部，所以美国国会曾多次拒绝恢复核原料生产的请求[65-66]。并行开展了可替代能源的研究。特别的是，在十年调查的巨行星专家组建议下，NASA的格伦研究中心组织了一项针对行星任务的小型裂变反应堆可行性研究。它采用了小型化概念，有一个固体铀钼核心，使用液态金属冷却，采用热电转换器发电。由于该系统中13 kW热量只能产生1 kW电能，其效率相对较低。对于宇航级，该设计方案在包括发射事故在内的许多场景中保持"亚临界"状态，只能在太空中激活。若要实施该项目(不大可能)，则需要进行10年的研发[67]。

不幸的是，这项十年调查发布于NASA公布2012年和2013年预算请求前。此项拟议的预算将使行星科学每年的经费从15亿美元削减至12亿美元，一直削减到2017年。2016年后，将不再为火星任务或者木星-木卫二任务提供任何资金，取消了美国对火星生物学号（ExoMar）的参与，并且采取了一些激进的做法，比如对处于拓展阶段的任务进行审查以终止其运行。甚至连卡西尼号也成为被取消的目标。在接下来的几月里，NASA将火星采样缓存巡视器的发射时间重新安排至2020年，并收到了专门用于开展简化版木卫二任务的资金。由于目前的财政紧张局面，在十年调查给定的2013年至2022年时间框架内，NASA只能为行星任务进行5～6次发射，而上一个十年为12次。特别的，在2003年至2012年期间，实际发射了5次发现级任务，这次也就1～2次。并且NASA所有的任务即将针对月球、火星及近小行星，外行星及其卫星将被完全忽略。

从积极方面来说，在中断25年后，NASA资助的钚-238试生产于2013年初重新启动。尽管钚-238以前是制造核武器所用核材料裂变所获得的副产品，但此次将通过照射镎-237产生。以每年1.5～2 kg的产量，需要花费5年才能获得足够一次太空飞行任务所需要的钚，然后与旧的、部分衰变的材料混合，以生成适于空间应用的能量密度。开发先进斯特林放射性同位素发电机（ASRG）的花费已经显著增加，但还没有任务获批使用。因此，鉴于NASA不断缩减的预算和钚-238的恢复生产，NASA的行星科学部在2013年11月宣布将停止先进斯特林放射性同位素发电机的采购，并将继续使用传统低效的放射性同位素温差电源代替。尽管如此，格伦中心仍在继续开发斯特林发电机。钚的生产速度及其现有供应量应该可以允许2020年的火星巡视器继续进行，以及开展一次以放射性同位素温差电源为动力的木卫二或天王星任务。

在发布十年调查并放弃木星-木卫二任务后，JPL开始对那些去往木卫二的低成本任务开展一项为期1.5年的评估，这些任务仍可提供很高的科学回报。不久前探讨的一个选项包括两个分开的、独立的航天器：一个有几台照相机和一个激光高度计，具备在木卫二轨道上运行所需的防辐射罩；另一个将进入木星谐振轨道，并将数次飞越该卫星，从而构建出次表层的雷达图，其方式与卡西尼号针对土卫六开展的观测大体一致。数据将在飞越之间的空闲期内回放至地球。他们将再次使用为新视野号和朱诺号任务开发的硬件。这将允许每个航天器能够在 21 世纪 20 年代通过宇宙神 5 号或德尔它 4 号发射升空，并且成本控制在 15 亿美元上限之内，从而将木卫二任务的总成本削减三分之一[68-70]。

然而，这个任务期望节省下的经费还不足以让其获得批准。因此，研究迅速聚焦到两个单航天器的框架：一个真正的木卫二轨道器和一个能够频繁对其飞越的木星轨道器，二者将完全能够符合十年调查的科学目标。应 NASA 总部要求，开始研究开发一个耗资 15 亿美元，科学、合理、可信的着陆器任务。于是产生了一个 500 kg 的腿式软着陆器的设计，携带 50 kg 有效载荷，可以在木卫二表面存活至少 3 个木星轨道周期，对冰壳进行地震测量[71]。然而，在短期内着陆器看起来过于野心勃勃，因为其中一些技术还不可用，而且任务的费用无论如何都过于昂贵[72-75]。

通过对这些研究进行比较，JPL 采纳了木卫二快船（Europa Clipper）多次飞越的框架作为其新的木卫二基线任务。这项任务预估将以约 20 亿美元的成本研制一个专门的轨道器，可以实现大部分科学目标。此外，在最终获批的 NASA 的 2013 年预算中，有 7 500 万美元将用于启动木卫二任务。依照目前的设想，该任务将在三年半时间内以简单重复的操作和观察序列对木卫二执行 45 次低空飞越观测（典型高度 100 km）。每次飞越都将实施重力研究、低分辨率/高分辨率地形成像、红外扫描、大气质谱仪采样和海拔 1 000 km 以下的雷达刈幅扫描。在任务结束时，雷达数据将形成一个密集且覆盖整个星球的交叉刈幅的网络，探测到它大部分的次表层构造。除了证明次表层海洋的存在之外，这些数据还可用于确定薄冰层区域，以便作为未来着陆器的目标。另一方面，一台地形图相机将获取其地表图像，空间分辨率的精度与卡西尼号拍摄的土卫二图片相同，同时还提供一张每像素 100 m 的全近景地图。高分辨率照相机可能会描绘出潜在的着陆点。此外，基线科学有效载荷可能包括一台中性质谱仪、一台识别其表面非冰物质特征的红外光谱仪、一台磁强计和朗缪尔探测器，以通过监测其对木星磁场的响应来调查是否存在液态水。剩下的有效载荷是一根专用的引力科学天线。引力科学天线将在宽范围轨道位置上测量木卫二的形状，并且监测冰壳对潮汐变化的响应。此外，它还将使科学家能够确定这颗卫星的岩石核心的结构，尤其是它是否存在一个半熔融的地幔。海底存在火山活动将增大木卫二存在生命的可能性。

木卫二快船最初被设想成一个矮胖的、模块化的、三轴稳定的航天器，最里面埋藏着一个类似朱诺号的钛制的电子设备罩，外部被推进模块保护，为的是能够使地球轨道卫星的电子设备具有抗辐射能力。先进斯特林放射性同位素发电机或放射性同位素温差电源将为其提供电力，但也研究过使用继承自朱诺号的太阳能电池板。使用太阳能电池板将把航天器的总成本降低约 2 亿美元，但也会面临一些技术问题。特别的，尽管通过使它到达近拱点时与木星的距离不近于木卫二的轨道，从而将其所承受的辐射降到最低，但木卫二快船上的太阳能电池板承受的辐射量却比朱诺号探测器的水平更高。此外，很重的电池组将必须在日食期间维持航天器的运转，并在飞越期间提供动力。后来，设计改成了组合体结构，看起来与卡西尼号极为相似。尽管这一修改简化了其结构设计，但内部的电子设备将无法受到保护，需要配备更重的辐射防护罩。与卡西尼号一样，木卫二快船顶部也有一个高增益天线，然后是电子设备、通信和仪器模块，中部是一个圆柱形推进剂贮箱，尾部是一个推进单元。因其复杂性而放弃了先进斯特林放射性同位素发电机供电的配置，也刚好在先进斯特林放射性同位素发电机项目被取消之前。将由太阳能电池板或者含有超过14 kg 钚-238 的多任务放射性同位素温差电源来提供高达 440 W 的电力。

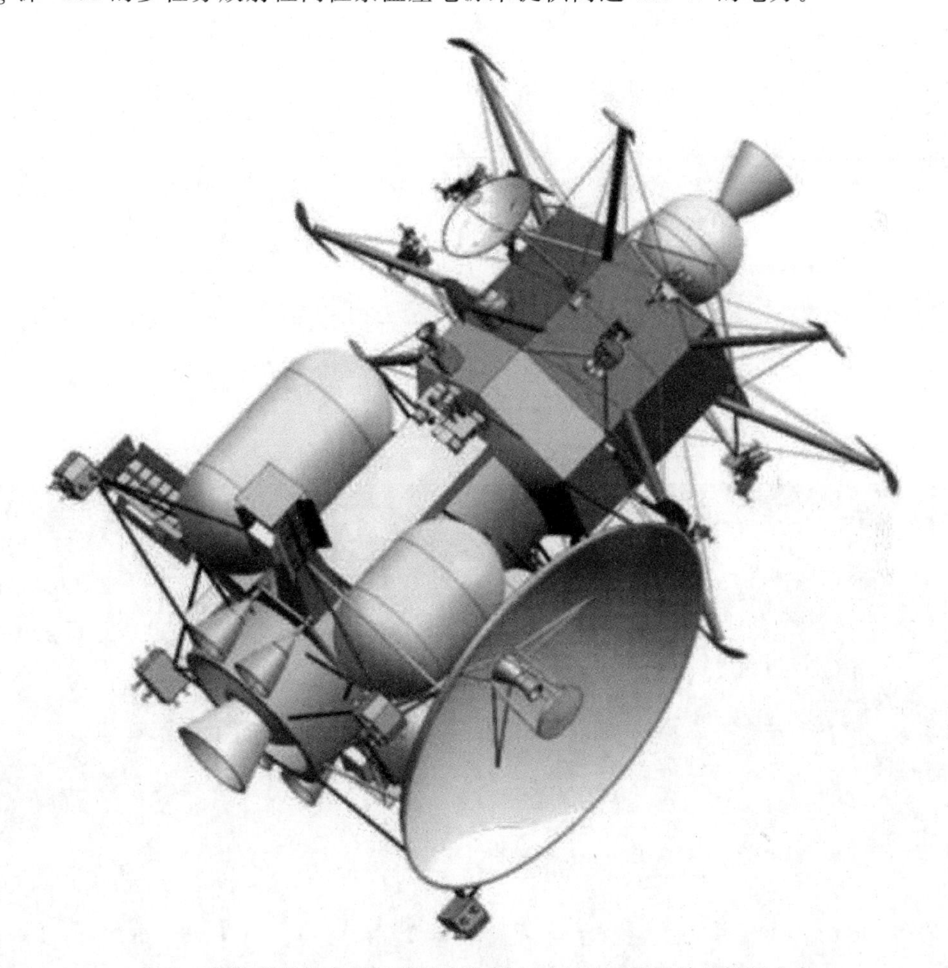

木卫二着陆器的提案属于美国为这颗木星卫星重新设计的探测方案

若木卫二快船任务得到 NASA 的批准和资助，那么基准发射窗口将于 2021 年 11 月开启，在金星和地球飞越后，将于 2028 年 4 月到达木星。还有一个选择，可以使用太空发射系统将该探测器直接发射到木星，其航程仅需两年半。但另一方面，这种发射的成本可能超过整个任务成本[76]！

当然，鉴于目前 NASA 行星探索预算的收缩，木卫二快船基本不可能在短时期内发射。

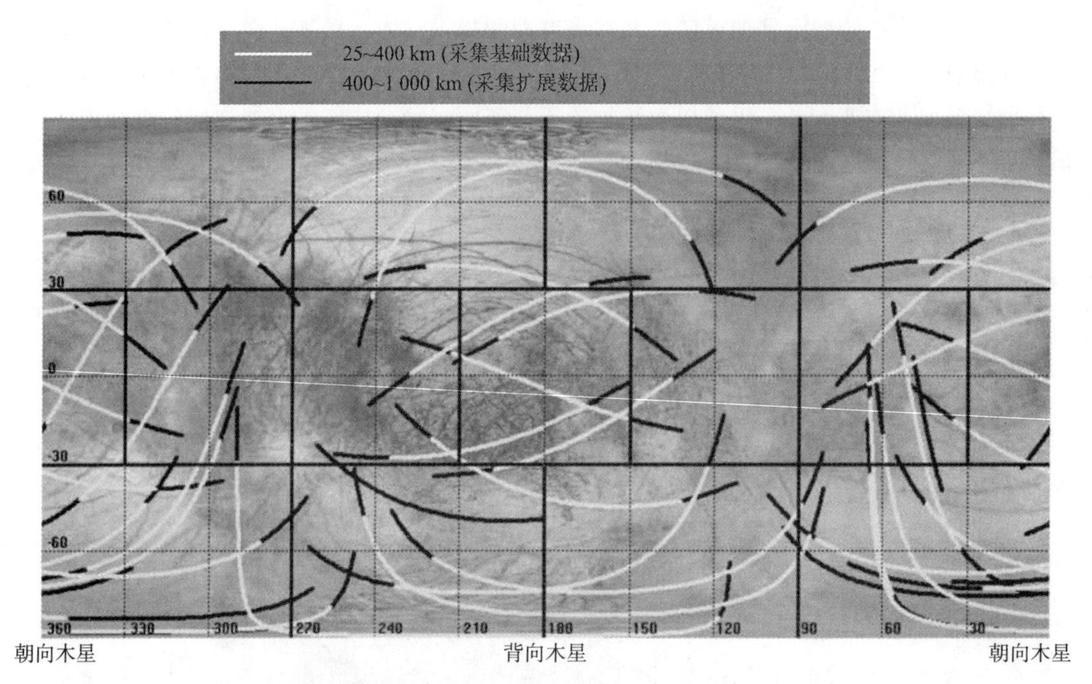

木卫二快船任务将在环木星轨道上实现的木卫二雷达覆盖

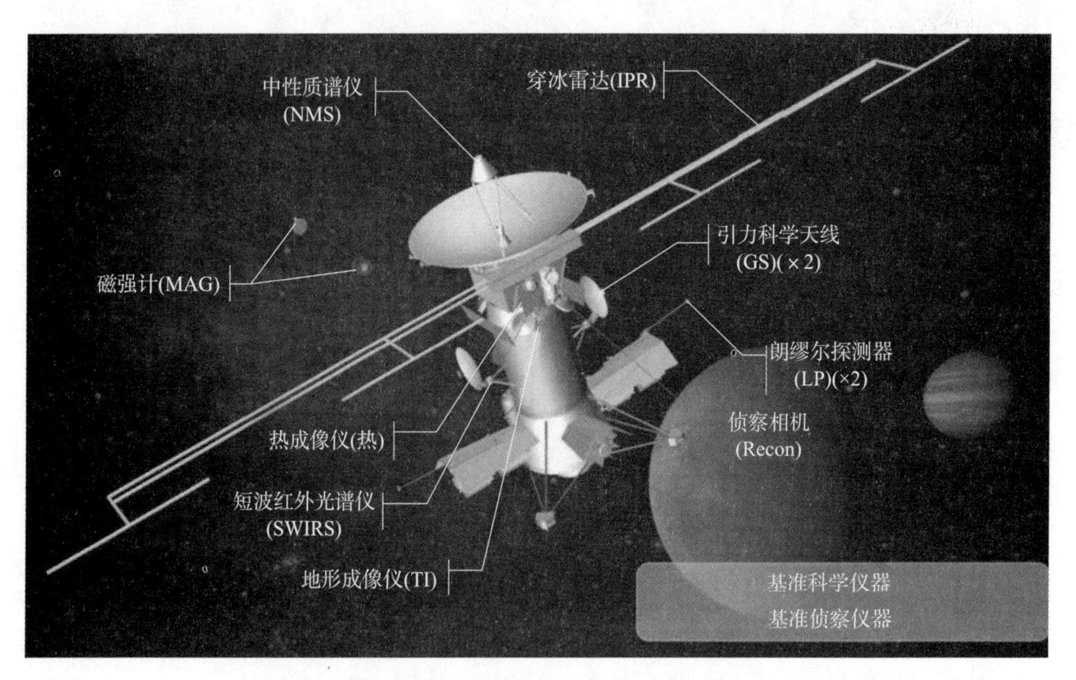

一种由放射性同位素温差电源提供能源的木卫二快船的可能配置

13.6 ESA的“基石”

与NASA相比，ESA的行星探测状况可以说状态良好：在2003年至2013年期间，发射了四次行星和深空探测任务，包括一次实验性的月球探测任务，并且预计未来10年至少还会有5次发射，包括将抵达更具挑战性目标的木星冰卫星探测器（JUICE）和比皮科伦坡号（BepiColombo）。

早在20世纪80年代中期，ESA便开始研究使用太阳能电推进的水星轨道器，到1997年终于启动了此类任务中一项的详细设计工作。设计方案起初为一个双飞行器的框架，包括一个观测行星的三轴稳态轨道器和一个小一些的自旋稳定的磁层轨道器，磁层轨道器用于粒子和场的原位研究。另外还设想了一个着陆器[77]。也考虑到了更为传统的方式：在这10年的前期开展一次中型水星轨道器任务，然后是一次水星快车（Mercury Express）“牵引”任务。比较为人所知的就是低成本水星统一地球物理学探测器（Low-cost Unified Geophysics at Hermes，LUGH，凯尔特神话中的赫尔墨斯等同于墨丘利，即水星），包括一颗飞越探测的母探测器和两颗极区微型探测器。但是因为NASA刚刚批准了更复杂的信使号（MESSENGER）任务，所以这个看起来不那么吸引人。

1996年，在认识到水星在研究太阳系起源方面的重要性之后，ESA的地平线2000+科学计划中纳入了一个轨道器作为其中一项“基石”任务，相当于NASA的旗舰任务。ESA挑选了四项耗资不菲的世界级的任务以尽快实施。这些包括：“行星发现者”达尔文太空望远镜、可对我们银河系超过10亿多颗恒星开展精确测量的盖亚任务、探测穿过太阳系的引力波的激光干涉空间天线（Laser Interferometric Space Antenna，LISA）任务和一个理所当然的水星轨道器。并且决定盖亚和水星轨道器仅需最小化的技术开发工作。

与此同时，日本的空间机构日本空间科学研究所（ISAS）也正在研制一个水星轨道器，并且于1997年组建了工作组开展可行性研究。这次任务将使用日本国家航天发展局（NASDA）的H-ⅡA运载火箭，通过将太阳能电推进级和其间的几次飞越相结合进入水星椭圆极轨道，专为粒子和场类观测而量身定做。基线方案要求于2005年秋实施发射，在2008年年初到达。该航天器将搭载大量用于研究水星表面和内部结构、大气、磁层和当地环境的仪器[78]。

ESA的科学计划委员会在2000年年底选出了水星轨道器，草案设计已交给欧洲工业界招标。任务被命名为比皮科伦坡，以纪念为行星探索尤其是水星科学做出了巨大贡献的朱塞佩·科伦坡（Giuseppe Colombo，他是乔托·哈雷任务之“父”），而比皮是意大利东北部朱塞佩的缩写。例如，在20世纪60年代他成为最早指出了水星旋转周期的人员之一，而这最近才通过雷达证实，正好是轨道周期的三分之二，为自旋轨道共振提供了一个解释。此外，是他向JPL建议，通过精确地控制“水手10号”，该任务能够每隔6个月同水星交会一次[79-81]。

2000年，ESA和日本空间科学研究所达成协议，日本将为此次任务提供一个磁层轨道器。

比皮科伦坡号的任务是考察水星地质演化过程；设法解释水星高密度的原因；提供内部结构的细节，尤其是寻找液态金属核和磁场来源；绘制包括极地沉积物在内的地表成分图；绘制磁场图并且研究太阳风和行星际环境相互作用的机理；研究其外大气层并确定其组成和来源；研究水星附近的粒子；开展基础物理和广义相对论相关实验。

人们讨论了紧随信使号飞往水星的逻辑依据并且看起来绝对必要，因为双轨道器能开展更加专业、更为深入的研究。特别是，比皮科伦坡号将有一个更大的有效载荷套件，其中的设备所开展的研究是信使号无法直接处理的，并且所提供的全部数据将是信使号的 80 倍。此外，本次任务不是瞄准产生新发现，而是要收集数据，将关于水星的认知提升到与其他岩石质地的“类地球”行星相同的水平。就某一方面而言，信使号对于水星就像水手 9 号对于火星，而比皮科伦坡号则将与海盗号轨道器相对应。它将填补信使号在南半球上空留下的高分辨率图像和高程的空白，因为那颗美国探测器的远金点位于南半球的高纬度地区。

初步方案包括一个小型着陆器，将着陆于向极区的 85°地区并且靠近晨昏线，那里的热负载较为温和，可以开展物理、化学、矿物和遥感观测。这个“表面装置”将由一个硬着陆站和一个穿透器组成，或者是一个由反推火箭和安全气囊制动的软着陆器并释放一台小型巡视器或一个猎兔犬 2 号类型的“鼹鼠”取样器。ESA 对小型巡视器的研究已经开展了一段时间。一台“微机器人（nanokhod）”原型样机提出一种只有 2.5 kg 重的带绳履带式机器人，能够满足有效载荷舱开展不同的分析。一个较大的版本可能携带一个深钻和取样系统[82]。整个有效载荷将包括测量地表物理特性和热特性的仪器、测定岩石成分的仪器、磁强计和相机。据报道，ESA 曾考虑利用穿透器采样并将样品带回地球[83]。尽管着陆器是此次任务中一个通用的要素，但由于其造价高昂，早期便遭放弃。水星着陆器的问题之一是与月球类似，水星没有大气层为着陆器的下降进行制动，另一个就是水星的热环境（是太阳系中最具有挑战性的）所带来的任务复杂度。

在 ESA 初步评估了此项任务后，开展了大量的轨道和任务设计方案研究，然后选择了一种将太阳能电推进和化学推进以及行星引力借力相结合的飞行剖面。权衡了两种方式：一是将所有设备组成一个整体由阿里安 5 号发射升空，二是将其分为两个相同的推进级，由联盟-弗雷加特（Soyuz - Fregat）火箭发射升空。在单发模式下，发射质量将在 2 500～2 800 kg 之间，而在双发模式下，每组发射质量则会接近 1 500 kg。两种解决方案均十分复杂且耗资不菲。然而，一个新版联盟号和升级的弗雷加特上面级处于开发之中，将从库鲁发射，利用接近赤道的位置以增加其有效载荷。因此在 2004 年，采用了单发联盟-弗雷加特的方式，并开始工业定义。为了弥补相对阿里安 5 号所缺乏的推力，需要采用绕行的飞行剖面，包括对月球和地球进行飞越。必须使用一个较小的巡航级的事实表明可用的离子发动机推力已经减半。

依照这一基线任务，比皮科伦坡号将于 2013 年 8 月从库鲁发射。比皮科伦坡号将被运载火箭将组合体送入转移轨道，这条轨道与一个进入地球静止轨道的卫星的转移没有什么不同。在轨道上，航天器将使用化学发动机将其轨道的远地点提升至月球轨道。在经过多次地球轨道调相后，比皮科伦坡号将飞越月球并弹射，进入与地球轨道相似的太阳轨道，但偏心更大。然后将开始为期6个月的电推进，确保可返回地球实现一次飞越，以降低日心速度，使它能够更加深入地进入我们这颗恒星的引力井。通过两次金星飞越，两次经过同一轨道，不仅会减小近日点到水星轨道的距离，还可以将倾角增至7°，从而与这颗最内侧的行星相匹配。在随后的两年内，比皮科伦坡号将绕太阳公转6.5圈，期间在金星和水星之间保持推进和巡航。其结果将是两次飞越水星，共44天（水星轨道周期的一半），第一次发生在近日点，另一次在远日点。

完成第二次飞越后，比皮科伦坡号将进入太阳轨道，然后于2019年3月回到水星。由于入轨无需发动机点火，所以在抵达前2个月将抛弃巡航级。其轨道将通过“智能1号”月球轨道器（小型先进技术研究任务）验证过的“引力捕获”技术来实现。在此情况下，航天器与行星间较小的相对速度，加上太阳引力的扰动，将使航天器在缓慢通过一个太阳-水星系统共线的拉格朗日点之后，轻松进入远距离轨道。然后，飞行控制人员便有相当多的机会，在航天器被拉回太阳轨道前，建立一个稳定轨道[84]。比皮科伦坡号将逐渐进入一个高度偏心的400 km×180 000 km轨道，能够在整个水星年（88个地球日）期间足够稳定。化学推力器将首先把远水星点降至磁层轨道器的高度，约12 000 km。在此释放这颗日本轨道器及其遮光罩。然后欧洲的航天器则会下降到自己的极轨道，范围在400～1 500 km，周期为2.3 h，并且近拱点在赤道上方。完成仪器校准后，观测将马上开始，标称将持续1个地球年，还可能有1年的拓展。由于有大量的飞越观测和推进弧段，为了确认这些事件出现差错时，该任务是否可以继续，而开展了详细分析和模拟工作。2006年2月，科学计划委员会批准了此项任务。其成本预计约10亿欧元，ESA将提供其中的6.65亿欧元。余下的，将由日本宇宙航空研究开发机构（JAXA）提供磁层轨道器，俄罗斯和NASA提供部分仪器，欧洲各国提供一些仪器和试验。

日本宇宙航空研究开发机构提供的水星磁层轨道器（Mercury Magnetospheric Orbiter，MMO）由日本电气公司（NEC）制造，为重250 kg的八边形鼓形状，宽180 cm、高90 cm。它将以15 r/min的速度自旋稳定以扫描周围环境。该“鼓”的结构包含两层，由一个中央推力管和四个隔板连接。在外侧，航天器的上部覆盖着50%的太阳能电池，提供最高达450 W的电力，以及50%的反光镜。下部则完全被反光镜覆盖。在圆柱体顶部有一个直径0.8 m的消旋抛物面天线，以平均16 kbit/s的速度与地球通信，下层板上安装了一个中增益天线。太阳敏感器和恒星扫描仪用于姿态确定，姿态控制通过6个0.2 N的气体推力器，可用总计4 kg的压缩氮。其有效载荷约为25 kg，包括7台用于等离子体和粒子研究的传感器：2台电子分析仪，1台质谱仪，1台离子分析仪，用于电子和离子探测的高能粒子探测器，以及1台高能中性粒子分析仪。质谱仪由美国西南研究所提供并由发现级项目资助，旨在研究水星的外逸层。4台传感器和3台覆盖不同频率范围的接收机将开展等离子体、无线电波和电磁场研究。传感器包括一根探针天线、一台电场传感器和安装在5 m悬臂的顶端和中间的探测线圈磁强计。探测包还将用到垂直线天线，其端到端跨度为 32 m。1 台光谱成像仪将获得水星的全盘面图像，以及钠发射线的外逸层。最后，1 台尘埃监测器将提供关于太阳系内部环境的数据。

在行星际航行期间，磁层轨道器将被遮光罩和飞行器的连接接口所保护。该轻质遮光罩呈对角线斜切的锥形，为碳纤维材质，并进行过防热处理。连接接口是一个具有四点连接的轻质十字结构。

2007 年，欧洲航空防务与航天公司（EADS）的德国阿斯特里姆（Astrium）公司（即现在的空中客车防务与航天公司）被选为 ESA 开发的水星行星轨道器（Mercury Planetary Orbiter，MPO）的主工业供应商，泰雷兹阿莱尼亚航天公司的意大利分公司被选为“联合主供应商”。这个三轴稳定航天器将详细绘制水星表面的地图，并且研究其结构、组成和重力场。它的干质量为 1 075 kg，看起来是一个铝蜂窝面板的 3.9 m×2.2 m×17 m 的盒子。六个面中的五个将不时受到阳光照射。第六面安装了一个 2 m×3.6 m 的散热器，将一直处于对日的阴影中。一个双 H 形的内部结构将支持发射时的动态负载。内部为两个装着 790 kg 肼和四氧化二氮的贮箱。一个独立的三面板太阳能电池阵将提供电能，其 70％的面积覆盖高效太阳能电池，其余部分则覆盖镜面。此外，面板将通常保持一个倾斜角度，因为直接面对太阳会致使电池片过热，降低效率，还有可能失效。即便如此，该阵列在近日点仍将能产生 1 515 W 的电能。Ka 频段通信系统每年能够传输 1 550 Gbit 的数据。一年的总传输量大约是磁层轨道器的 10 倍，该磁层轨道器使用 X 频段遥测技术。一个带有万向节的钛材质的高增益天线将置于悬臂末端，直接在太阳视线之内。为了防止盘面受热变形，开发了一种特殊涂层，可以将其最高温度限制到 300 ℃。一根可控中增益天线和两根固定在散热器边缘的低增益天线将保证在任务期间随时保持联系，包括巡航阶段。航天器的姿态将由陀螺仪、三个星敏感器和粗太阳敏感器来确定，并由 4 个动量轮或 1 N 的肼单组元推力器控制。水星周围的轨道机动将由四个 22 N 的双组元推力器完成。

和信使号当时一样，在水星绕太阳运行时，比皮科伦坡号的两个飞行器的轨道平面应在空间上保持固定。与直觉相反，本次任务设计中，在金星位于近日点时，航天器的远金星点位于太阳与水星之间。这是因为太阳的辐射通量在该轨道上的变化相对较小，但这颗表面温度达 400 ℃的行星所辐射的红外热量则并不如此，在远金星点将大幅降低。实际上，水星表面辐射的热量是隔热罩设计的最主要原因。对于未来更为复杂的情况是，安装了大部分仪器的那个舱板或多或少需要持续朝向这个行星。这是航天器设计中最复杂的部分之一，因为热量有可能由此“泄漏”到其他结构[85]。耐高温材料从 2001 年就开始选择，提前了 10 多年。轨道高度较低的比皮科伦坡号轨道器将受到来自太阳的 14 kW/m^2 的热流，比在地球要多 10 倍，还有来自水星不低于 6 kW/m^2 的热流，这“比电炉上的热锅还糟糕”。它将采用被动和主动相结合的热控方式。航天器将被 66 kg 的隔热材料覆盖，包括 10 层传统防热层和 30 层高温陶瓷布。外层要承受超过 360 ℃的高温，并且为了使热量传输最小化，它们将通过垫片与内层隔开。93 根密封的热管嵌入在结构板中，其中流动的液体将朝向太阳一侧的热量传递到阴影侧的散热器。钛质的百叶窗将防止散热器朝向水星时直接面对其炽热的表面。百叶窗的温度能达到400 ℃，而散热器则运行在温度相对较低的60 ℃。为了开展比皮科伦坡号的测试，ESA必须改造它的热真空罐以模拟水星周边轨道的环境条件。

行星轨道器的有效载荷总重量将达到50 kg，共计11台仪器。有两台相机将绘制出分辨率为30 m的水星全景立体图，选定区域的分辨率可达10 m。它们还可能被用于寻找比水星更接近太阳的祝融型小行星。一台可见光和红外光谱仪将对整个表面进行测绘，为X射线和伽马射线光谱仪提供遥感部分的支持。X射线和伽马射线光谱仪将确定火星的表面成分，并且绘制出两极永久阴影陨石坑的冰层沉积图。伽马射线光谱仪将由俄罗斯航天局提供，继承自为福布斯-土壤开发的产品[86]。另一台具有辐射测量能力的红外测绘光谱仪将在一定光照条件的范围内测量地表温度，并且提供有关其结构和热传导特性的数据。激光高度计将生成一个垂直精度为1 m的全球地形图。一台紫外线光谱仪将绘制外逸层地图，既监视已知成分，又可搜寻新成分，包含稀有气体在内。一台中性和电离粒子分析仪将对外逸层以及水星高能粒子环境进行调查。安装在3.2 m长悬臂上的磁强计将绘制出内部磁层的动力学和结构。一个精确的振荡器将允许无线电科学对水星的旋转状态、重力场和质量分布进行调查。此外，通过精确跟踪航天器随水星绕太阳飞行时的运动轨迹，同时在频繁的合日期间计算电磁波传播时间，将有可能准确测定一些相对论参数，并测量出水星的扁率以及首次测量出太阳的扁率。

水星转移模块在发射时将安装在组合体的最底部，为行星际巡航提供推进、电能和姿态控制。它是一个具有热控制的封闭舱，包含三台散热器和一个中心锥体碳纤维结构（以支撑行星轨道器）。它有五块巨大的太阳翼，当完全展开时跨度达30 m，面积达48 m^2，在水星时能够提供高达14 kW的电力，使用了与主轨道器相同的高温太阳能电池片。模块底部安装的是由英国奎奈蒂克公司（Qinetiq）提供的一组4个离子推力器，每一个最大推力是145 mN。欧洲的电推进系统及其与深空探测器的集成，已经在智能1号月球轨道器上进行了验证。在太阳距地球的距离上，任何时候都只有一个推力器处于工作状态，提供100～130 mN的推力。在金星的轨道内，太阳能电池板提供的电能将驱动两个推力器同时运行，提供的总推力达290 mN，大约相当于地球上一个30 g物体的力。在整个任务期间，电推力器将提供至少4.5 km/s的总速度增量。行星际巡航期间的轨道机动将辅以化学推力器。

开发工作一直顺利进行，直到2008年，发现太阳能电池板无法应对预计的高温和紫外线通量。这些太阳能电池板必须重新设计，面积将大幅增加。这既提高了太阳能电池板的成本，又增加了其质量，以及支撑结构的质量。由于这些和其他的改动的结果，组合体的发射质量增加了1 t达到4 t，以至于这一任务无法再使用任何版本的联盟-弗雷加特运载火箭。这个项目又落到阿里安5号ECA型上。额外的运力为该航天器提供了巨大的质量裕度，但将ESA的任务成本从6.65亿欧元提升至9.7亿欧元。尽管人们普遍认为比皮科伦坡号会遭取消，但它还是再次获得了ESA的科学计划委员会（Science Program Committee）的支持。经过重新设计，发射窗口最初预计在2014年7月，随后调至2015

年 8 月，但推力器、高温太阳能电池片和天线的开发工作和测试问题意味着它不得不推迟至备份机会。2016 年 7 月 9 日，一枚阿里安 5 号运载火箭将直接将比皮科伦坡号送入太阳轨道，避免了月球飞越。在新的行星际巡航中，它将于 2018 年 7 月飞越地球，在 2019 年 9 月和 2020 年 5 月飞越金星，在 2020 年 7 月、2021 年 4 月、2022 年 7 月和 12 月及 2023 年 2 月五次飞越水星。预计在 2024 年 1 月 1 日当天或左右进入水星轨道。主任务将持续 15 个月，直到 2025 年 4 月[87-90]。截至本书编写之时（2013 年 12 月），该任务正进入其开发的最终阶段。2010 年年底，日本的轨道器开展了首次试验，当量等同于 0.3 AU 距离处的热流，欧洲的轨道器则在 2011 年进行了试验。

微机器人（Nanokhod）巡视器最初计划成为比皮科伦坡号水星着陆器的一部分

在 21 世纪 10 年代初，ESA 的下一代大型任务候选方案的三个中有两个是深空飞行任务。一个是已有的行星任务，即欧洲参加的与 NASA 联合的木星项目，另一个是在深空中寻找引力波的激光干涉空间天线（LISA）联合任务。第三个候选方案是国际 X 射线天文台（IXO），是与日本 JAXA 联合的天文任务。尽管木星-木卫二任务在美国行星科学十年调查中排名第二，但天体物理学的十年调查将激光干涉空间天线和国际 X 射线天文台分列第二和第三位。

激光干涉空间天线任务的目标是研究爱因斯坦关于引力的观点，这种力的效应需要通过波以光速来传播。在这个理论中，引力是时空结构的一种变形，在某些特定情况下，一个移动的巨大物体会在时空结构中产生涟漪，以引力波的形式传播。这种波已通过间接方式得以探测，为物理学家赢得了当之无愧的诺贝尔奖。但由于其作用效果微乎其微，还未

比皮科伦坡号组合体模型。由上至下：藏在隔热罩内的日本磁层轨道器、欧洲的行星轨道器和太阳电推进模块

被直接测量到。值得记住的是，人们曾试图广泛使用在轨的探测器去发现引力波，如伽利略号、尤利西斯号、命运多舛的火星观察者号等。激光干涉空间天线任务最初由一个美国和欧洲的科学家团队在1993年提出，作为ESA的第三个中型项目。一个德尔它级别的运载火箭将用来部署三个单重460 kg的航天器，一旦就位，三者将飞行到位于地球后方20°太阳轨道的位置，将生成伸展数百万千米的等边三角形的顶点。每个航天器将包含两个光学组件，由完全相同的30 cm口径的卡塞格伦望远镜组成，一台向下一个航天器发送激光束，另一台接收前一个航天器发射的光束，互相联系在一起。每个航天器将包含一个5 cm的铂和金的立方体"检验质量"，屏蔽任何能够作用其上产生加速度的外界的干扰。激光将跟踪每个检验质量和几个航天器的相对位置，借助小推力离子发动机保持稳定的三角形结构，同时将航天器外壳校零至"检验质量"校验模块不受扰动的位置。这种安排将使阵列成为在毫赫兹到分赫兹频率范围内对引力波敏感的天线。当引力波穿过太阳系时，它会使三角形的边沿发生小于一个原子直径的位移，但该系统可以检测到这一位移。根据这些数据，能够确定扰动波的振幅、方向和频率。不久前在地球上开展过类似实验，但不得不使用至多数千米的低灵敏度的基线[91]。

比皮科伦坡号航天器的组件。从左到右：推进模块，日本的磁层轨道器及其隔热罩和欧洲的行星轨道器（图片来源：ESA）

人们很早就认识到，这次任务的规模，特别是必须开发的技术，将会超过一个中型任务的经费上限。因此，该任务提出后不久，它便被重新规划为地平线 2000＋科学计划的基石项目，与比皮科伦坡号水星轨道器一起。到了 1997 年，激光干涉空间天线已成为 ESA 和 JPL/NASA 的合作项目，ESA 负责提供航天器部分，NASA 负责提供运载火箭和任务操作。两个机构共同承担有效载荷[92]。鉴于技术上存在很多的未知，JPL 提出应该开展一次演示验证任务来对不同的系统进行确认，包括检验质量跟踪和“无拖曳”飞行器居中技术。该提案成为智能 2 号（SMART 2），也叫激光干涉空间天线探路者（LISA Pathfinder），是 ESA 快速开发的小型先进技术研究任务（Small Mission for Advanced Research in Technology，SMART）系列中的第二项任务。激光干涉空间天线探路者的初始预算为 1.85 亿欧元，计划 2005 年左右发射升空，但已涨价到超过 4 亿欧元，并且不可能在 2014 年之前发射。当然，如此长的开发周期并不是一个小型先进技术研究任务所期望的！与此同时，天体物理学家们一直在使用超级计算机来模拟事件中的引力波信号，比如两个超大质量黑洞的合并，为的是将来在真正获得激光干涉空间天线的数据后能够进行解析[93]。

尽管 ESA 在 2010 年宣布了下一届大型任务的候选项目，但事实上三次任务中的两次都有 NASA 参与，由于 NASA 的财政问题，意味着首个任务的角逐和最终选择将延迟到 2012 年年初。由于天体物理学项目可用的预算减少，迫使 NASA 在 2011 年 4 月撤回了对激光干涉空间天线项目的支持，同时解散了它的科学团队。随后，激光干涉空间天线项目重新进行设计，成为欧洲自有的新引力波天文台（New Gravitational wave Observatory，NGO），包括一颗母卫星和两颗子卫星，由一对联盟-弗雷加特运载火箭送入太阳轨道。只有母卫星将数据传输到地球，两个子卫星通过激光链路连接到母卫星。

退出激光干涉空间天线项目的同时，由于国际 X 射线天文台需要昂贵的技术开发，NASA 还退出了木卫二和木星系统联合任务，尽管这个任务看起来风险很低，且不存在关键的新技术。因此在 2012 年 5 月，最初的欧洲木星冰卫星探测器毫无悬念地成为 ESA 下一个大型任务[94]。早期估计把它放在 8.3 亿欧元外加 2.4 亿欧元仪器的规模，后一数字可能包括了来自 NASA 贡献的 1 亿美元。

大体上基于 ESA 的木星木卫三轨道器提案，木星冰卫星探测器任务将详细探测那颗木星卫星的海洋和冰壳的延展，以及它与深层岩石内部之间的关系。它将绘制地表物质的组成、分布和演化，考察地表的地质情况以寻找过去和/或当前活动迹象。此外，它将探测卫星附近的粒子和场的环境，以及分析其如何与木星的磁层和太阳风相互作用。

依照目前计划，木星冰卫星探测器将于 2022 年 6 月发射（其备份机会为 2023 年 11 月），并经过数次地球和金星飞越后，将于 2030 年 1 月进入木星附近的轨道，然后在 2032 年 9 月进入木卫三轨道。该任务标称将于 2033 年 6 月结束。在进入木星的阶段，探测器将在入轨前稍早的时候首次飞越木卫三，以获得借力。额外的木卫三飞越将降低捕获轨道的远拱点。在 NASA 放弃木星木卫二轨道器后，木星冰卫星探测器的任务被修改，包括了两次在辐射防护允许的范围内尽可能接近木卫二的飞越，以弥补一些科学上的损失。两次飞越将间隔 36 天，并将获得首次对木卫二冰壳厚度的测量。木星冰卫星探测器还将对木卫四进行研究，寻找为何木卫三内部区别如此之大的证据，而木卫四则不然。但是木卫四飞越的主要任务是建立围绕木星的高倾角轨道，木星冰卫星探测器将在此飞行 260 天，对微粒子和场环境开展研究。在总共 12 次木卫三飞越和 13 次木卫四飞越后，木星冰卫星探测器将进入前者的极轨环绕轨道。它首先会在远拱点为 1 万 km 的偏心轨道上飞行 30 天，然后在 5 000 km 的圆形轨道上运行 90 天，之后在第二条椭圆轨道上运行 30 天，再在 500 km 的圆形轨道上运行 102 天，最终在 200 km 的圆形轨道上运行一个月。

2013 年 2 月，在众多参与过欧洲和国际任务的仪器中，选出 11 台有效载荷，总重 100 kg。宽视场和窄视场相机将使用多种滤镜拍摄出空间分辨率达 2.4 m 的木卫三照片和分辨率为 10 km 左右的木星照片。一台可见光和红外线成像光谱仪将分析木星的大气以及冰卫星表面的冰和矿物质的化学成分。一台美国制造的紫外线成像光谱仪将利用继承自罗塞塔、新视野号、月球勘测轨道器和朱诺号的产品。亚毫米辐射计将测量木星大气、外逸层及其卫星表面的温度、结构和成分。一台磁强计将研究木星和木卫三的磁层及其相互作用，以及在这颗大卫星冰表面下咸海中感应的磁场。无线电和等离子波传感器将记录电场和磁场。一台瑞典制造的粒子、等离子体和离子包及质谱仪（APL 提供）将探测木星粒子环境、中性气体、等离子体和中性原子。激光测高计将在 200 km 的轨道上以 10 cm 的垂直分辨率绘制木卫三的地图。意大利航天局在 JPL 的协同下，提供一个 10 kg、带有

16 m 直径天线的探冰雷达，将以 30 m 的垂直分辨率穿透木卫三、木卫四和木卫二的冰层约 10 km。最后，两台无线电科学实验设备将对木星及其卫星的重力场进行研究，并且提供有关木星大气层和其卫星微弱包层的无线电掩星数据。

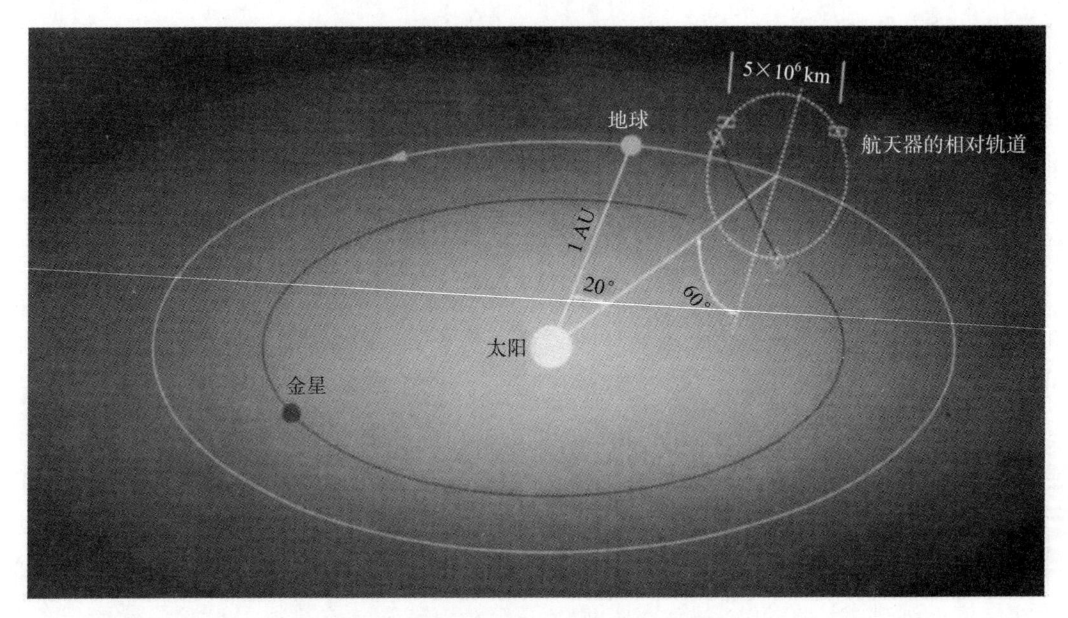

激光干涉空间天线引力波任务最初设想的轨道形式（图片来源：ESA）

欧洲对木星和木卫三探测的木星冰卫星探测器（图片来源：ESA）

木星冰卫星探测器的干重约为 1 900 kg，燃料为 2 900 kg，发射质量近 5 t。尽管如此，它将具有相对较轻的防护罩来保护其电子设备免受木星辐射，实际上比传统木卫二轨道器要轻许多。该探测器将采用三轴稳定，同时将使用基于罗塞塔的大型低强度太阳能电池阵，其有效面积约 65 m^2，在木星附近将产生高达 700 W 的电能。本体固定的 3 m 天线将在每日标准的 8 h 跟踪时段内传回超过 1.4 Gbit 的数据。

由俄罗斯提出的与木星冰卫星探测器相伴的木卫三着陆器效果图（图片来源：拉沃奇金联合体）

在选定木星冰卫星探测器后，空中客车和泰雷兹阿莱尼亚航天公司两家公司开始了竞争性的工业研究。主承包商遴选和研制工作的启动预计在 2014 年年底。该基线任务将由阿里安 5 号 ECA 火箭发射升空，但随着与俄罗斯就联合的火星生物学任务展开对话后，该任务可能转而采用不那么昂贵的质子号运载火箭，并搭载一台俄罗斯的木卫三着陆器作为交换。另一方面，着陆器可能需要一个专用的轨道中继，这对本已十分复杂的任务来说可能行不通[95]。

展望未来，ESA 的第三次大型太空飞行任务（X 射线望远镜之后）很可能是一项升级版的新引力波天文台方案，称为演化激光干涉空间天线（eLISA），将于 21 世纪 30 年代中期发射[96]。

13.7　ESA 的中型任务

为接续火星快车任务，ESA 在 1999 年发布了建议书，要在 21 世纪头 10 年末实施两项“扩展”任务，每项任务成本上限为 2 亿欧元。共收到了 49 套方案。选定了其中 6 项展开深入评估，其中两项是深空任务：火星与小行星号（Master）和太阳轨道器

（SOLO）。火星与小行星号将再次使用火星快车的航天器平台，搭载 4 个猎兔犬 2 号级别或法国火星登陆器（Netlander）级别的着陆器前往火星，然后对灶神星低速飞越。太阳轨道器在欧洲传统的太阳探测器及卫星之中，是一个黄道面之外的低近日点任务[97]。

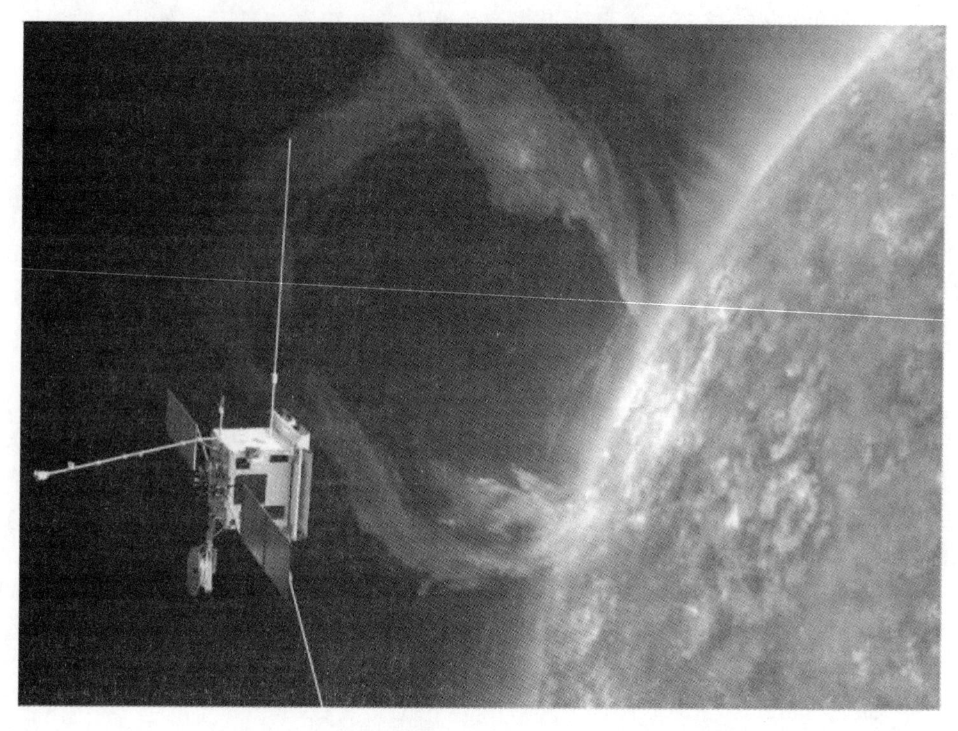

欧洲的低近日点和高倾角太阳轨道器（图片来源：ESA）

1998 年 3 月，在欧洲太阳物理学会议上，首次对太阳轨道器任务开展了讨论。在 2000 年预评估研究之后，该任务和欧洲参与的 NASA 下一代太空望远镜（即后来的詹姆斯·韦伯太空望远镜）被推荐采纳。太阳轨道器的发射时间将在 2008 年至 2013 年的某个时间点。它的建造将基于 ESA 太阳能电推进的经验，并通过数次地球和金星飞越后，轨道倾角将慢慢增至与黄道面为 30°左右，同时将近日点拉至 50 个太阳半径以内。它将继续尤利西斯号对太阳所开展的粒子和场观测，在离我们的恒星更近的位置采集不同“味道”的太阳风样本。这条轨道一个引人注目的特点为近日点的速度，这个速度与太阳本身的自转速度相匹配。实际上，在近日点附近的数天里，航天器基本上在“盘旋”，类似地球上的同步轨道卫星。此次任务将采用大量的光学和遥感仪器。工作在不同电磁波谱区域内的高分辨率全盘望远镜将能够分辨出光球层上的详细信息，小到几十千米，从而解开一些关于太阳磁场如何与炽热大气相互作用的谜团。同时，日冕仪将对日冕最内部进行成像。由于航天器与太阳的角速度相匹配，日冕仪能够跟踪单个日冕特征的演化过程，而不受特征（从边沿升起、穿过盘面并在远端边沿落下）形变的影响，从而扩展了 ESA 和 NASA 的太阳和日球层天文台（SOHO）任务的工作，该任务自 20 世纪 90 年代中期以来对日冕的观测几乎没有中断。

和比皮科伦坡号一样，太阳轨道器的设计要特别注意，其结构和仪器能够承受近日点的热负荷，几乎是地球附近的25倍。因此，太阳轨道器要顶着一块巨大的遮阳罩，遮阳罩上提供仪器开口，并且这些光学仪器将包括镜面、开口阻挡装置以及能够最大限度地减小高温形变的材料。磁强计和等离子波传感器需要悬臂和天线，将被安装在背光侧，以避免尤利西斯号曾遭遇的热形变问题；此外，太阳能电池板能够旋转，最大限度地减少在近日点遭受的热量。

由于太阳轨道器本要基于为比皮科伦坡号任务开发的技术，从而延续了比皮科伦坡号的曲折过程，逐渐耽误了其乐观的计划。同时，对不同的推进方案进行了全面评估，包括化学推进或混合推进。评估结果再次强化了太阳能电推进方案。这次任务将在库鲁的新发射台上，由联盟-弗雷加特火箭发射。该任务得到了确认，并在2004年6月纳入地平线2000＋科学计划中，发射日期定于2013年至2015年之间[98-103]。

与此同时，随着任务成本的增加，ESA和NASA成立了联合科学技术定义组，考虑如何将ESA的太阳轨道器与NASA的太阳哨兵计划合并，以减轻财政负担。NASA提出的太阳哨兵计划包含四个独立的航天器，与20世纪70年代的太阳神号探测器类似，由一个单独的宇宙神5号运载火箭发射，并利用金星飞越进入两条不同的水星穿越轨道。该任务最初预计于2015年发射，将提供日光层内部的等离子体和磁环境的三维重构影像，耗资约8.75亿美元[104]。

经过这些研究，太阳轨道器成为一项欧洲和美国的联合任务，并发布了仪器需求。共收到14套方案。与此同时，一项为期18个月的航天器工程研究开始启动。除了运载火箭之外，NASA还将提供两台仪器并为另外两台仪器提供部件。但是，2008年，NASA决定开发增强太阳探测器（Solar Probe Plus），以尽可能飞得离太阳更近一些，同时位于黄道附近，同步执行其他任务开展互补的观测。初始仪器选择必须要重新确认欧洲的小型近日观测任务的合理性。太阳轨道器上将装有10种观测仪器，对太阳和内部日光层开展原位和遥感探测。一台极紫外线相机将提供太阳大气最外层和日冕的图像，将首次提供我们恒星的黄道外视角。还将有一台日冕仪，在可见光和紫外线下对日冕成像；一台可见光成像仪和磁强记录仪，提供光球层磁场和气体速度的高分辨率测量，以研究太阳的对流运动；一台高能粒子探测仪；一台英国科学家提供的磁强计；一台无线电和等离子波传感器，对磁场和电场进行测量。NASA将提供一台成像仪，用于对太阳的高分辨率成像并跟踪日冕物质抛射演化过程；一台极紫外光谱仪；一台超热离子光谱仪。太阳风的分析将由一台专用仪器完成，一台X射线成像仪将补齐遥感仪器。因此，有效载荷的电磁波谱将覆盖可见波到X射线谱段。

然而，2008年11月，随着工业合同的签订和有效载荷预选的开始，科学计划委员会将太阳轨道器列为规模更大、造价更高的2015—2025年“宇宙愿景”计划的中型候选项目，发射机会在2017年。2010年2月，委员会建议将其作为三个中级太空飞行任务候选项目之一，应进入方案阶段，另外两个项目是柏拉图项目（Plato，观察行星凌星）和欧几里得项目（Euclid，研究暗物质和暗能量）。更为复杂的是，2011年3月，预算的原因迫使 NASA 提供的有效载荷减少至一台仪器和另一台仪器的部件。未获得资助的仪器将由另外一台由欧洲主导的仪器所取代。尽管存在这些困难，欧几里得号和太阳轨道器还是在 2011 年年底被选为 ESA 的下一代中级任务。建造太阳轨道器的合同签给了英国阿斯特里姆（Astrium）公司。然而，这时该任务的总成本已增至将近 5 亿欧元。

太阳轨道器将是一个三轴稳定航天器，将指向太阳，带有一个继承自比皮科伦坡号的防热罩用于在近日点附近提供保护，两侧为太阳能电池阵，还有一个高温高增益天线。基线发射窗口在 2017 年 1 月和 3 月，备份窗口在 2017 年 7 月及 2018 年 8 月和 10 月。该任务将由一枚宇宙神 5 号 401 火箭从卡纳维拉尔角发射，阿里安 5 号火箭作为更为昂贵的备份。2013 年年底，高温太阳能电池板和一些仪器遇到困难，导致发射推迟至 2017 年 7 月的窗口。发射后，太阳轨道器将在 2018 年 7 月和 2020 年 6 月两次飞越地球，在 2020 年 5 月和 2021 年 1 月两次飞越金星，在距日心 1.5 AU 的距离飞行一段时间。由于太阳轨道器不需要在离太阳那么远的地方工作，会进入持续数月的“轻度休眠”状态。在首轮一系列飞越结束后，它将进入一个 180 天的轨道，近日点低至 0.28 AU（相当于 60 个太阳半径，或者距离光球层 4200 万 km）的轨道。这本应该是在 0.22 AU 左右，但将会在不影响科学目标的前提下稍微增加到一个略微安全些的范围。太阳轨道器将以大约 20 km/s 的相对速度快速飞越金星，从而使其轨道面偏离黄道面。这将在 2023 年 6 月和 2025 年 4 月的第三次和第四次金星飞越的过程中开始，把倾角提高至 21°。标称任务将在第四次金星飞越时结束。2026 年 7 月和 2027 年 10 月的第五次和第六次金星飞越将成为拓展任务的一部分，轨道与黄道倾角将增至 27°，相当于与太阳赤道形成 34°的夹角。增强太阳探测器和太阳轨道器都是太阳观测任务，它们的轨道和操作很相似，在近日点进行行星交会并且具有大量的活动，然后是长期安静的巡航段，在此期间将开展数据下传、仪器校准和轨道修正工作[105-109]。

早在 21 世纪头 10 年中期，一项适合的行星任务就已经开始进行中型任务的竞争，这就是马可波罗小行星取样返回任务，最初是 ESA 与 JAXA 的联合任务。马可波罗是一位威尼斯商人和探险家，他在 13 世纪末忽必烈可汗统治时期前往中国，为欧洲提供了关于日本的存在及其文化的第一手资料。

马可波罗任务将对一颗原始小行星进行取样，从而研究生成太阳系的星云的条件和演化过程，同时寻找可能为地球提供生命“构成要素”的有机物的证据。目标将是处于休眠状态的威尔逊-哈灵顿（Wilson - Harrington）彗星，于 2018 年 4 月发射，2022 年交会，并于 2026 年返回地球。还有一种选择是在 2017 年或 2018 年发射，目标是未命名的小行星（162173）1999 JU3，绕其飞行 17 个月后，于 2024 年返回地球。对许多不同的框架进行了评估，包括化学和离子推进。一个日本牵头的马可波罗号，将会提出一个基于隼鸟号的航天器，携带一台继承自菲莱号的欧洲静态着陆器，以及数台巡视器和跳跃器。另外的选择是一个 ESA 牵头的马可波罗号，它将利用在火卫二采样返回研究中开发的采样技术，并且使用小型联合轨道器和着陆器在多达三个不同地点采样，然后在小行星的弱引力条件下升空。作为一项更复杂的替代方案，一个着陆器可以用于次表层取样，然后将样品罐抛向在附近盘旋的母航天器。尽管风险更大，但可以收集到表层之下未风化的物质，并对一些火星取样返回技术进行演示验证。不论用哪种方式，这个任务都会为地球带回至少 30 g（最好是 100 g）的小行星物质。

马可波罗是 2015—2025 年“宇宙愿景”计划的候选项目，但它的预算超过 6 亿欧元，远远高于 4.75 亿欧元的中型任务上限[110-114]。当 JAXA 将注意力转向隼鸟 2 号任务时，欧洲科学家开发了马可波罗-R 项目，以努力在不牺牲太多科学目标的情况下，将成本降低到 4.7 亿欧元。马可波罗-R 的目标是小行星（175706）1996 FG3，一个快速旋转、原始、含碳的双小天体，一个直径 1.4 km，另一个是约 400 m 的小卫星。人们认为，像这种快速旋转的小行星，如果是表面疏松的“碎石堆”，很容易会甩掉自身的一些物质，形成卫星。1996 FG3 小行星于 1996 年 3 月由澳大利亚赛丁泉天文台（Australian Siding Spring Observatory）发现，它很快就成为适合的任务目标，从地球轨道上只需要一个很小的速度增量就能到达[115]。在 2020—2024 年期间有几个发射窗口，由联盟-弗雷加特运载火箭发射，将最晚于 2029 年返回地球。到达目标后，离子推进的马可波罗-R 将进入在垂直于太阳方向的盘面上的轨道，保持 6 个月，在小行星上空约 10 km 处飞行。在这一轨道上，探测器将持续受到太阳的照射，以使其太阳能电池板发电。它将识别和测绘多达 5 个合适的着陆点，然后再尝试在其中一个着陆点着陆。同时，相机和激光高度计将确定这两个目标的形状，详细研究它们的轨道运动、旋转和引力场，以推断其内部结构。

2012 年，马可波罗-R 作为中型科学任务提交至 ESA，JAXA 提供一台仪器，NASA 也许会提供另一台仪器。这次 ESA 共收到 47 份方案，其中包括金星、天王星、特洛伊小行星探测器。选出了 4 项任务进行初步评估，并将从中选出一项于 2014 年 2 月启动。马可波罗-R 再次成为最终候选之一，其他候选任务包括：寻找生命证据的系外行星大气观测任务、一个研究快速变化的天文现象的 X 射线天文台、一项验证等效原理的基础物理实验。两个有竞争性的工业研究开始启动，要求小一些的公司提供一个取样系统。包括旋转刷轮和抓斗在内的技术还处于研究中，将于 2014 年在微重力环境下接受测试。在等待最终选择时，马可波罗-R 团队将目标改为小行星（341843）2008 EV5，一颗 400 m 宽的球状 C 类小天体，雷达成像显示它有一个与赤道平行的山脊和一个 100 m 的空洞，可能是陨石坑。2022 年和 2023 年将有到 2008 EV5 的发射机会，任务持续 4.5 年。2024 年会有一次备份发射机会，但任务持续时间为 6.5 年。与 1996 FG3 相比，新目标提供了更短的任务时间并需要更小的速度增量。此外，整个任务将在一个距离地球更近、更圆的太阳轨道上进行，将简化热控制，并且最终样品舱将以更慢的速度返回地球。但不幸的是，ESA 并未选中这个任务。

与欧西里斯-雷克斯、两个隼鸟号一起，马可波罗-R 有可能让人们更好地了解近地天体多样性[116-119]。

13.8 俄罗斯的计划

并非只有 NASA 和 ESA 开展低近日点的太阳探测任务。俄罗斯研制的日际探测器（Interhelioprobe 或 Intergeliozond）与 ESA 的太阳轨道器（Solar Orbiter）很相似。日际探测器是俄罗斯科学院（Russian Academy of Sciences）、俄罗斯空间研究所、德国马克斯·普朗克研究所于 1995 年共同提出的构想。1998 年，俄罗斯航天局资助了任务的初步研究。该任务将研究日冕发热机制，太阳大气和太阳风结构、动态，特定太阳现象的起源与传播。最初的设想，是由拉沃奇金（Lavochkin）研制 430 kg 重的航天器，由联盟号发射。航天器将有一个锥形碳保护罩以减小太阳热量的影响，并从可折叠、可丢弃的太阳能电池板中获取能量。它将携带大约 70 kg 的仪器，其中包括数架太阳望远镜、日冕仪、研究太阳风的仪器、磁强计以及用来对星际物质采样的仪器。与欧洲的太阳轨道器相同，日际探测器将利用金星展开抵近飞行，在离子推力器的帮助下进入最终轨道。起初的一系列抵近飞行将减小轨道周期以及将近日点距离缩短到 30 或 40 个太阳半径（随后修正为 60～70 个太阳半径或约 4 000 万～5 000 万 km）。第二轮抵近飞行将使轨道与黄道夹角增加至 30°。经过多次推迟，并开展了可能发射两枚相同航天器的讨论，日际探测器获得了资金并开展研制，将在 2019 年搭乘质子号火箭发射升空[120-121]。

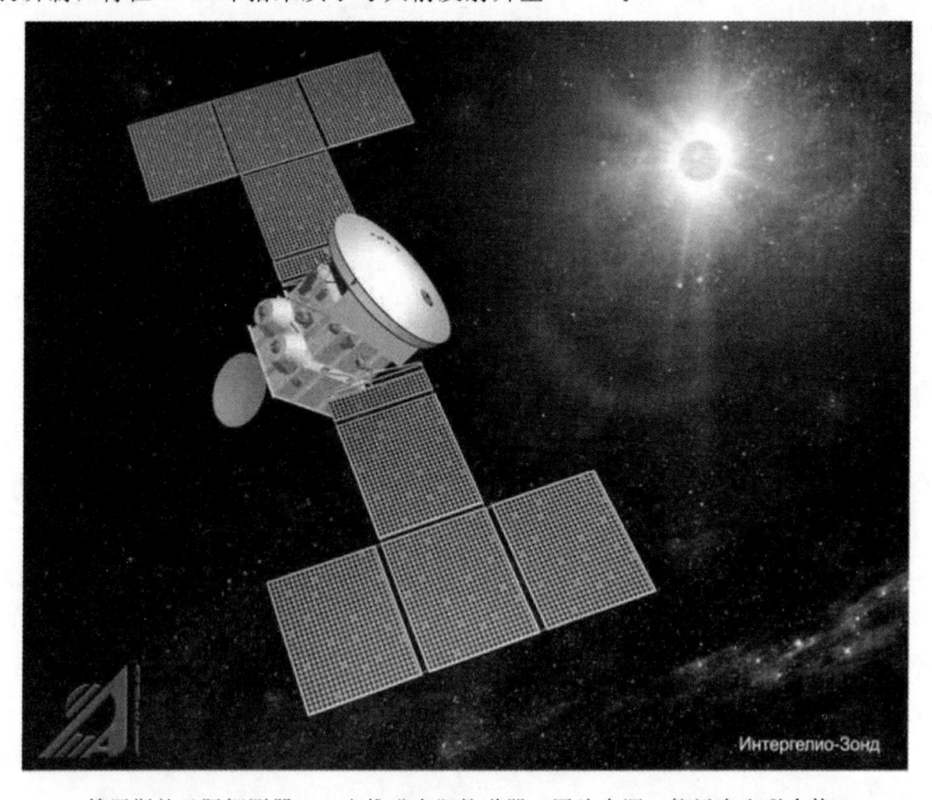

俄罗斯的日际探测器——电推进太阳轨道器（图片来源：拉沃奇金联合体）

苏联在金星探索上卓有建树，尽管自20世纪80年代中期以来，俄罗斯没有发射过一个航天器，但金星探索在俄罗斯的计划中仍举足轻重。与最近发射了一些金星轨道飞行器的欧洲和日本不同，俄罗斯重返金星的重点将在于着陆器。考虑到俄罗斯科学家和工程师们的技术水平，正在开发的两个最重要的行星项目为金星-D（Venera-D或Dolgozhivyshii，长期）和金星-全球（Venera-Glob）。

金星-D任务的目标是测量金星大气中微量气体与同位素比率、云层的组成结构和化学成分、超速自转、热平衡以及失控温室效应。它还将调查金星古老的地表地质结构和化学成分，测量岩石的同位素比率，并且寻求当前存留的火山和地震活动的迹象。金星着陆器的第一目标是镶嵌地块，例如福尔图那（Fortuna）、克洛托（Clotho）和特勒斯（Tellus），以及镶嵌地块的过渡地形，随后是盾状和瓣状平原以及褶皱平原。事实上，下一波（若有）金星着陆区目标之一将是寻找比5亿年前出现的“毁灭性重塑事件”更古老的岩石，从而发现在此之前的金星样貌。例如，寻找重塑前类似于花岗岩的岩石会很有意义，因为花岗岩的形成条件包括水。这可能意味着，与一些科学家怀疑的一样，金星曾一度与地球相似[122-123]。了解金星岩石的同位素比率也将有助于科学家们完善对月球形成过程的认识。目前理论认为，月球是原始地球被一个大小与火星相仿但成分不同的天体撞击后形成的。这种假设基于火星物质的同位素比率，但模型可能过于简单。若人们发现金星上存在和地球类似的同位素比率，那么便可反驳一些反对意见，这个撞击物体则与地球更为相似[124]。

金星-D任务将一次发射一个大气进入模块和一个小型轨道飞行器。自21世纪头十年首次提出项目建议以来，它的技术细节和技术参数已历经多年的发展。它将使用拉沃奇金为福布斯-土壤任务设计的统一运输模块（Lavochkin Fobos-Grunt Unified Transport Module），其重量约600 kg，有效载荷为40～60 kg。为研究外逸层、电离层、大气质量损失，它将运行在一个近拱点为250～300 km，远拱点超过6万km的极轨道，周期约24 h。在轨运行任务的标称期限为2年（随后会增至3年）。福布斯-土壤任务的地球返回火箭和返回舱被安排在一个球形进入舱中（其他资料则将其描绘为一个切头的锥形舱）。该舱将搭载一台150 kg的着陆器，携带15～20 kg的有效载荷，其中部分载荷可能置于一个热控外壳内以延长使用寿命。着陆器的主要目标是在夜间从40～45 km高度的下降过程中对地面进行红外成像，分析60 km高度处的大气成分和物理特征，测量20 km高度以下的水浓度，测量氧和氙的同位素比率，最后测量地表成分。

借鉴20世纪80年代长期金星探测器（Dolgozhivushaya Veneryanskaya Stanziya，DZhVS）的研究成果，金星-D着陆器的最初设计方案是在金星表面运行30天，开展详细的地震研究，可能使用水冰散热，从而便于使用在200 ℃左右运行的常规电子设备。与长期金星探测器项目相同，有效载荷中的短寿命和长寿命仪器也分开放置[125]。但有人认为这些目标过于宏大，着陆器的生存要求降至24 h（但与仅生存几小时的老式金星着陆器相比仍然是一个有重大工程意义的成就），然后在减少1 h下降时间的基础上又减少了1～1.5 h。经过改进的着陆器将搭载一组分辨率优于1 mm的全景式特写镜头，同时配备大气和表面分析仪。对两个任务剖面进行了研究：一个是着陆器将在接近段被释放，以星际速度进入大气层；另一个是在轨道的远拱点附近由一个轨道器释放着陆器，在下一个近拱点以低于 7 km/s 的速度进入金星大气。

俄罗斯金星-D 的轨道飞行器和着陆器图

与维加任务相同，金星-D 将至少搭载两个高空气球，每个均有 20 kg 的有效载荷，与着陆器一同放入进入舱，或放在另一个带有充气隔热罩的舱室中。一个气球将在大约 60 km 的高度飞行，另一个将在 10 km 以下飞行，研究气象状态以及云层和大气的化学成分。这两个气球都将存活至少 8 天，足以让它们在超级旋转的大气层中完成两次环金星的飞行。此外，它们将携带可丢弃的小型压舱物“下降探测器”，在其下降过程中收集大气基本成分。轨道设计中设计了高远拱点，其目的是长时间跟踪高空气球。高空气球任务结束后，远拱点可能降低到 1 万 km。

在2003年首次向俄罗斯科学院提出建议后，金星-D便被列入2006年至2015年的十年联邦太空预算。2009年，俄罗斯空间研究所在莫斯科举行的会议标志着该任务论证结束，进入实际的开发阶段。若该任务可以获得5 500万美元的预算（不同来源但更符合实际的信息是3亿欧元），那么该任务可能会在2016年12月初发射升空，在2017年5月中旬抵达金星。无论如何，该项目将依赖于大量的国际合作，可能有来自英国、意大利、法国、匈牙利的飞行仪器。由于任务和航天器设计的不确定性，上报的发射质量是4 580～8 100 kg之间，可能采用质子M型、新安加拉多用途火箭或联盟-2型火箭。该任务最终在2011年进入初步设计阶段，气球被取消了，由一颗小型子卫星取而代之，该卫星将携带用于研究电离层的等离子体和无线电科学仪器，纳入考虑的轨道周期为12 h、24 h、48 h。

俄罗斯的第二个项目是金星-全球任务。该任务包含一个携带高分辨率雷达的轨道飞行器，用以识别未来的着陆点，还有多达6个的着陆器和航空探测器。俄罗斯对长期生存着陆器展开了诸多研究，其中一项方案有多达8个轮子和密封的发动机、变速箱和刹车。科研人员还提出了一个飞行探测器方案：长达30天的气球计划、变高度气球以及真正的飞机。20世纪80年代，科研人员最初为灶神星（Vesta）任务设计了一架类似风筝的小型滑翔伞“vertolyet”飞行探测器。它将携带20 kg有效载荷，在50 km的高空停留1个月。这个飞行探测器与火星快车或火星勘测轨道器类似，可以携带一台意大利次表层雷达。

2011年，福布斯-土壤号在地球逃逸机动中丢失，其原因还存在争议；金星-D由于其复杂性以及完成任务设计和目标的需要，至少要被推迟到21世纪20年代初，而金星-全球任务则被无限延期。遗憾的是，2021年或2024年的发射窗口与科学上理想的任何镶嵌地块着陆的弹道都不兼容[126-134]。

拉沃奇金还开展了一项名为水星-P（Merkur-P）的水星着陆器可行性研究，该着陆器将调查水星表面的化学成分、地质、地震活动。水星-P的发射质量超过8 000 kg，将由一个轨道飞行器和一个小型着陆器组成，类似于“月球9号”的“鸡蛋”和之前的火星太空飞行任务。俄罗斯工程师认识到，由于高温，让着陆器在日光照射的水星表面长时间运行会十分困难，但开展一项简短任务是有可能的。将使用由拉沃奇金开发的“德维纳”（Dvina）电力推进传输模块（可能用于火星-动力采样返回任务）抵达水星。尽管设想的2016年发射日期明显不现实，但水星-P任务被采纳为俄罗斯行星探索的一项高优先级任务。俄罗斯航天局认为它是对美国、欧洲和日本的轨道飞行器的一个有价值的补充。在福布斯-土壤号丢失之后，这个任务也被延期至不早于2026年了。

13.9 隼鸟号之子

日本的JAXA吸取了第一次小行星采样返回任务的经验教训，开始着手研制下一代，即“隼鸟2号”[135]。为了节省时间和金钱，新的航天器借鉴了上一代设计，探测目标是一个可能富含有机物的更原始的C类天体。它在改进样品采集方法（返回的原始物质可能不超过 1 g）的同时，还更加关注技术和科学。首选目标是十个候选清单中的近地小行星（162173）1999JU3①。为此次任务，已经对该目标小行星开展了大量的观测。该小行星是一个直径约 900 m 的黑暗天体，大约是糸川（Itokawa）尺寸的两倍，旋转周期不到 8 h。“隼鸟 2 号”最初的基准计划是于 2010 年 9 月发射升空，2013 年 7 月到达 1999JU3，并在 2016 年 1 月返回地球。2007 年，意大利航天局开始与 JAXA 进行谈判，考虑通过提供一架由 ESA 开发的织女星（Vettore Europeo di Generazione Avanzata，VEGA）新型运载火箭参与此次任务。但最终还是决定采用一枚日本国内生产的 H－2A202－4S 火箭。在隼鸟号成功返回且 ESA 决定取消马可波罗联合采样返回（joint Marco Polo sample－return）任务之后，科学技术部承诺给这个资金不足的项目增加资源。根据修改后的时间表，隼鸟 2 号将于 2014 年 12 月出发，2015 年 12 月飞越地球，然后于 2018 年 6 月或 7 月抵达 1999JU3。与隼鸟号在采样之前必须开展一次抵近观测不同，隼鸟 2 号将在近日点附近展开为期 18 个月或一小行星年以上的抵近飞行，以便对所有的动作进行充分的测试和预演。隼鸟 2 号将在 2019 年 2 月完成全局表征阶段后进行采样，随后在 2019 年 8 月开展弹坑试验。然后，它将于 2019 年 12 月离开小行星，并且在 2020 年 12 月返回地球，最终以大约 11.6 km/s 的速度进入大气层。隼鸟 2 号在 2015 年 6 月和 12 月均有备份发射窗口，但需要离子发动机在 96%（而非标称的 80%）的时间内提供推力才能到达目标。

隼鸟 2 号的总发射质量为 600 kg，相比隼鸟号质量增加了大约 90 kg——主要是提高了冗余度和性能。其四四方方的外形也略大了一些，为 1.0 m×1.6 m×1.25 m。在接近 1.4 个天文单位的远日点时，太阳能电池板将产生 1.4 kW 电力。与拂晓号相同，而与隼鸟号不同的是，隼鸟 2 号将配备两个平面高增益天线：一个用于 X 波段通信，另一个用于 Ka 波段通信，能够以 32 kbit/s 的速度向地球传回数据。在返回地球之前，所有科学数据将存储在一个 1 GB 的数据记录器中。在推进方面，隼鸟 2 号将配备 4 台大功率的 10 mN 级离子发动机，燃料为 50 kg 氙气，总速度变化量可达 2 km/s。一台传统的肼和四氧化二氮化学推进系统和 12 个 20 N 的推力器将提供姿态控制和更敏捷的轨道控制；经过改进的管路配置方案可防止出现困扰隼鸟号的推进剂泄漏问题。改良后的自主导航系统应可避免在小行星上二次硬着陆，这种着落方式是导致推进剂泄漏及后续问题的可能原因。此外，这套系统能够使探测器在推进期间自主飞行，不需要飞控人员控制。

主探测器上的仪器将继承拂晓号及隼鸟号的产品。将会安装 3 台 CCD 相机，其中包括一台展示着陆点地平线影像的鱼眼相机，一台激光测高计，一台可识别水合物的近红外光谱仪，一台热红外成像仪。采样系统在基线系统上做了重大修改，理论上能够带回更多样本。它将携带 4 枚而非 3 枚投射物以及 5 枚目标标记物，使该系统能够获得 3 份不同的样本，而非两份。即使投射物没有发出，采样装置本身也能在其边缘收集毫米大小的微粒。当载具升空时，脱落的微粒将通过漏斗落入采样室。这套系统应该能在每次取样过程中采集大约 100 mg 的土壤。样品容器不仅能够用来存放样品，还能够保留由星状尘埃释

① 小行星“1999 JU3”被命名为龙宫（Ryugu）。——译者注

放的惰性气体供深入分析。

与隼鸟号相同，此次任务的大部分科学探测将在接近合日的时刻开展，即小行星、探测器、太阳、地球大致在一条线上，因为这样将简化太阳能电池板和通信系统的设计方案。在2018年12月合日时，探测器将撤退到一个安全距离并暂停一个月通信。在释放这些着陆装置和执行采样之前，隼鸟2号将经历远距离全球测绘阶段和低空阶段。与隼鸟号相同，在此次采样的下降过程中，将于飞越选定采样点的光照面，从100 m开始完全自主降落，此时会释放由强反光面料和软材料填充的目标标记物，以防止探测器弹回。相机将识别出目标标记物，用它测量并消除相对于小行星表面旋转的水平速度，从而实现悬停。和隼鸟号一样，主探测器将携带可扩展的有效载荷。其中最引人关注的无疑是一台装有爆炸装置的小型撞击器，它将制造一个数米宽、至少50 cm深的坑。探测器最后一次着陆将尝试在这个新坑中采样，希望能找到自太阳系形成以来一直保持不变的有机分子和水合矿物。无论如何，这次试验将提供关于近地小行星的强度和内部结构的信息。撞击器将是一个直径30 cm的圆柱体，质量为18 kg，其中含有9.5 kg的炸药。为了安全起见，在500 m的高度释放撞击器后，探测器将机动到小行星的另一侧。操作约45 min后，锥形的爆炸装置起爆，一个重2.5 kg的铜制圆盘将像一颗子弹一样在不到1 ms的时间内被加速到2 km/s。它撞击小行星的动能将远低于深度撞击任务对坦普尔1号彗星产生的动能，但也足以完成此项任务。此次撞击将由一个可展开的相机监测，类似于伊卡洛斯号太阳帆演示任务中所使用的相机。

同时部署的还有三个日本研制的机器人——小行星微型巡视器（MINERVA），它们的设计基于隼鸟号上的一个跳跃器。这三个机器人每个重约1 kg。还部署了德国提供的一个可移动的小行星地表侦察员（MASCOT）。这个名为“吉祥物”的小行星地表侦察员着陆器是因马可波罗联合任务计划出来的，德国航天局（Deutsche Zentrum für Luft - und Raumfahrt，DLR）受到JAXA的邀请，为“隼鸟2号”提供了一台30 cm×30 cm×20 cm鞋盒一般大小的电池驱动机器人，重量为9.4 kg。这个机器人计划在机动或采样过程从100 m的高度由弹簧释放。设计上，它将完全自主运作，可能在异常情况下由地面飞控人员予以干预。预计在电池耗尽前，它可以工作两个“小行星日”（大约16 h），探索3个不同的地点。由一个偏心旋转物体启动跳跃并在每次落地后校正“吉祥物”，每次跳跃的最高高度超过200 m，并能够持续约1 h。弹跳器上安装4台科学仪器，数据将回传至探测器，然后传回地球。一台红外高光谱显微镜将研究小行星表面的矿物成分，一台辐射计将测量其热特性，一台装有LED灯的广角相机将在夜间拍摄全景照片，最后一个有效载荷是磁通门磁强计。

尽管存在财务困难，特别是在2011年3月灾难性的地震和海啸发生之后，日本政府依旧在2012年1月给该任务分配了所需的314亿日元（3.67亿美元）。隼鸟2号的基本结构在2012年年底完成，在2013年年初开始系统测试。

鉴于H-ⅡA火箭拥有出色的运力，JAXA征集了几个在太阳轨道上释放的小型“背负式”有效载荷方案。起初，可能是要将一枚大气俘获演示器送入火星轨道，但现在看来，它至少将搭载三颗微型卫星。由东京大学与 JAXA 合作开发的光学导航抵近天体近距离观测系统（PRoximate Object Close flYby with Optical Navigation，PROCYON），质量为 59 kg，将验证高效的 X 频段传输和精确的无线电导航，还将验证抵近小天体近距离观测成像技术。光学导航抵近天体近距离观测系统在任务实施一年之后会返回地球附近，然后会通过一台微型电推力器重新奔赴一颗小行星，并将在 2016 年年初到达距离其 30 km 以内的地方进行抵近观测，之后可能还至少开展两次抵近观测。由东京大学与多摩艺术大学联合开发的艺星（Artsat）2 号，重 30 kg。它是一个使用 3D 打印技术实现的螺旋形艺术结构，将验证使用单向天线进行遥测传输并通过社交网络的通信。有意思的是，它还将从传感器获得的数据生成音频样本。艺星 2 号由电池供电，预计其能传回数据的时间不超过一周，在此期间它将处于远离地球 300 万 km 的地方。最后，如果大量预算获批，那么 H-ⅡA 还将为鹿儿岛大学携带 15 kg 重的申恩 2 号微型卫星，开展远程通信测试，并且验证热塑性碳复合材料在航天器结构中的应用。

JAXA 还制定了名为“隼鸟 Mk-2”的可操控采样返回初步计划。它将与最初的概念完全脱离，其规模将扩大数倍。该计划将对要灭绝的威尔逊-哈林顿彗星-小行星带进行采样。但是，该计划在“隼鸟 2 号”发射升空后方可成行。这也就意味着，如果一切进展成功，那么它将于 21 世纪 20 年代的某个时候发射升空[136-144]。

其他可能的日本太空飞行任务在本卷其他地方讨论过，包括米洛斯号火星探测器、木星太阳帆和月女神 2 号月球着陆器。

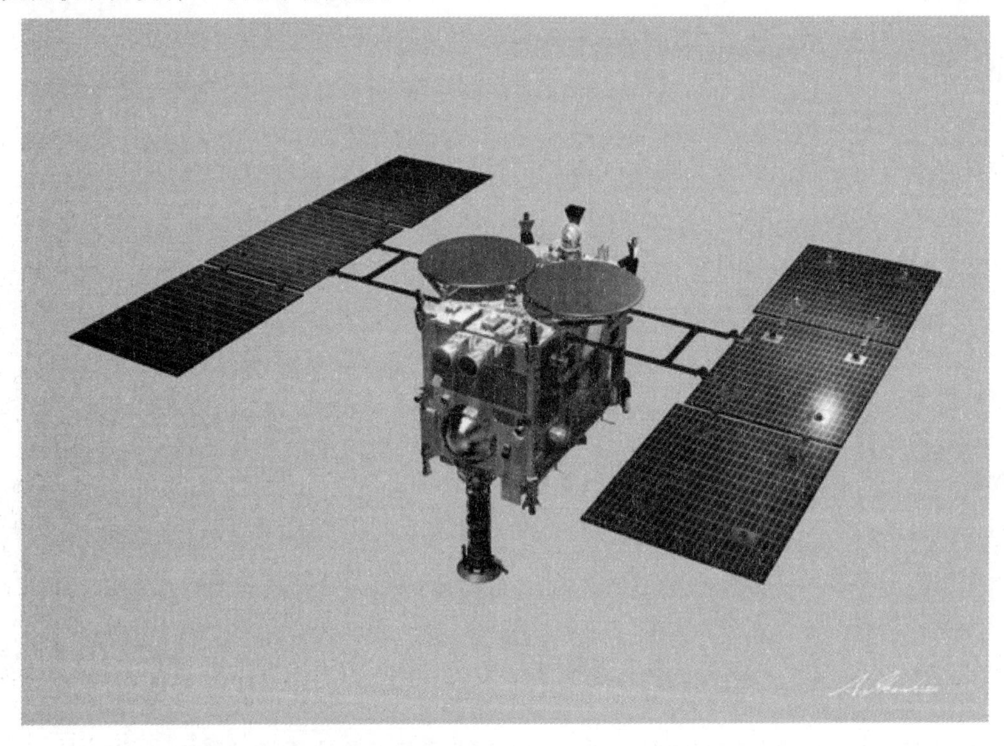

日本隼鸟 2 号近地小行星采样返回任务效果图（图片来源：JAXA）

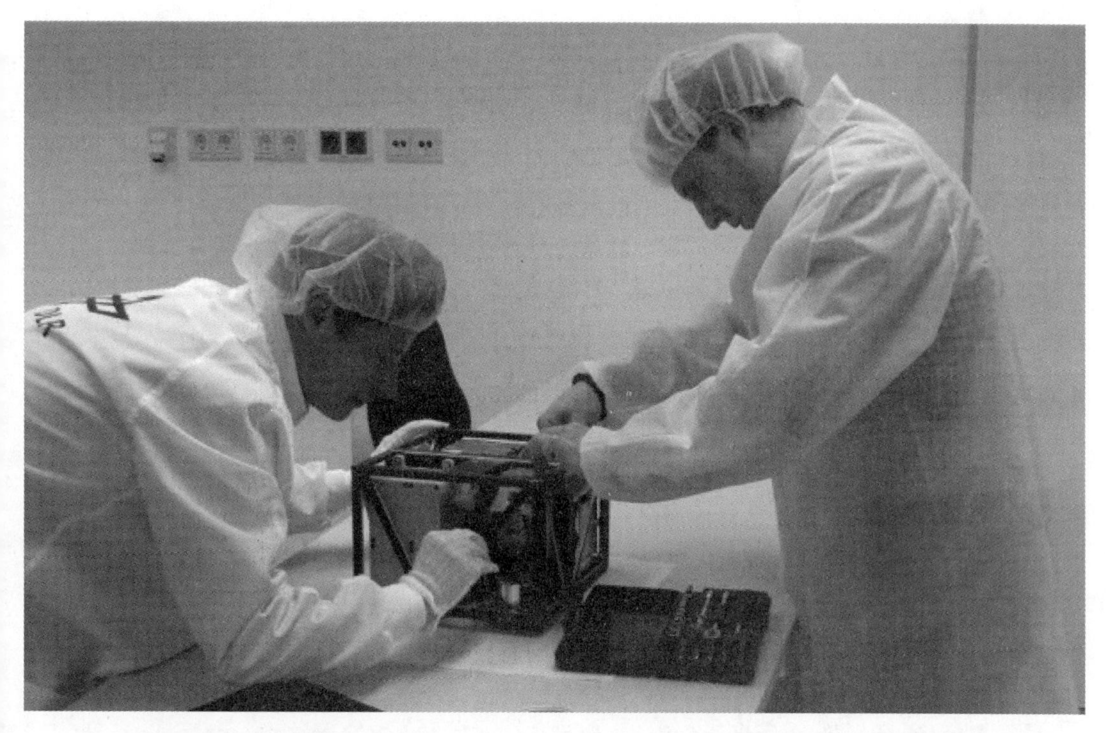

与隼鸟 2 号一同发射升空的德国“吉祥物”号微型跳跃器（图片来源：德国航天局）

隼鸟 2 号小行星撞击器试验件（图片来源：JAXA）

13.10 内行星

在比皮科伦坡号（BepiColombo）之后，目前还没有水星（距离太阳最近的行星）探测任务获得资金。探测水星的首选方式可能是着陆器，相比轨道器能更好地解决一些科学问题，尤其是岩石的成分、内部结构、磁场、地质历史。

着陆水星是之前提到的俄罗斯水星-P（Merkur-P）任务的目标，同时也是NASA 2011年十年调查中所关注的唯一一项水星任务研究。由美国应用物理实验室（APL）提出的一项方案，正好处于旗舰任务的成本范围之内，不论是像信使号那样完全沿着弹道飞行，还是像比皮科伦坡号那样采用电推进方式，估计其成本都将超过15亿美元。研究认识到着陆水星的任务将极其复杂；从能源角度来看，到达水星已是一项困难的目标，更不用说以尽可能低的相对速度到达水星，还要在缺乏大气制动的大型行星上着陆。该任务将采用一枚大型固体燃料火箭来减速，其方式类似于20世纪60年代的勘测者号（Surveyor）月球着陆器。为了减小着陆器所承受的热应力，可能不得不选择在日落前几天着陆到高纬度地区。事实上，此次任务预计只会持续数个星期，而且大部分操作都发生在夜间，在第二个水星日的早上太阳高到导致硬件故障前结束。具有讽刺意味的是，尽管这颗行星距离太阳如此近，但着陆器可能还得靠同位素源提供动力[145]。

至于太阳系中距离太阳第二近的金星，科学家们认为（可能有点太乐观），金星快车和拂晓号将基本完成金星的轨道探测工作。因此，大部分的中期金星探索研究又在设想各种大气层的和着陆的任务，如俄罗斯的金星-D。但这些在21世纪20年代中期之前均无法成行。毕竟各国航天局对火星的偏爱超过金星，其部分原因是很可能在21世纪中叶之前实现首次载人火星任务。若人类能够踏上我们这颗姊妹星炙热的表面，那将是一项壮举。尽管飞往火星所需要的时间更长，但是使用轨道飞行器和着陆器从火星获取数据要比从金星表面获取数据更加容易。尽管如此，由于在研究其他恒星系中靠近恒星环绕的热行星时，有众多的发现，重新激发了人类研究金星的兴趣。

正如前面简要提到的那样，2012年，印度空间研究组织（ISRO）透露，他们在研制火星探测器的同时，也对金星轨道飞行器开展了初步研究，可能于2015年5月使用极地卫星运载火箭（PLSV）或更大的地球同步卫星运载火箭（GSLV）Mark Ⅲ发射，5个月后到达金星。此项任务将使用各种科学仪器（还可能包括测绘雷达）对大气和地表开展研究。此外，中国正在开展金星轨道飞行器的初步研究，据报道，中国表示愿意促进一项国际探索项目。2005年，日本工程师和科学家们开始研发“拂晓号后续”水蒸气气球，它可以在主云层下面，以相对较低的35 km的高度巡航。气球将由一个低阻力、快速下降的太空舱部署，该太空舱基于隼鸟号的硬件，由一个鼓形的运载器运送，该运载器将利用大气捕获实现绕飞。在大约50 km的高度开始部署气球，在到达巡航高度时完成启动工作。这项任务面临的主要挑战将是在最少14天的工作寿命期内忍受超过200 ℃的高温，并且使用高温太阳能电池供电。质量为1 kg的有效载荷将包括一个甚长基线应答机，用于地面无线电望远镜的干涉跟踪，与 1985 年为织女号气球制作的天线相同[146-147]。

ESA 关于行星的技术参考研究是一个金星进入探测器（Venus Entry Probe，VEP）。尽管此类研究并不属于正式的科学项目，但它旨在确定以科学为关注点的低成本任务所需开发的技术。金星进入探测器研究（同类研究中最先进的之一）设想了一项由三个航天器组成的任务，包括一个高空科学轨道器和中继卫星、一个极地轨道飞行器，还有一个小型长持续性气球。这个气球将在 55 km 左右的固定高度飞行至少两周，期间定期释放 15～20 个作为压舱物的微型探测器。每一个微型探测器的大小与手机相当，最终会落到行星表面。每个微型探测器将有约 10 g 的有效载荷，其中可能包括微型温度计、气压计、光通量计。除了接收传回数据外，气球还会“轮询”每个探测器来改变其轨迹。为了延长探测器的寿命，电子设备将安装在一个保温区内，在快速下降的过程中，温度仅会缓慢变化。此项任务需要开发的技术包括用于气球吊篮的长寿命动力系统、轻量的结构、先进的推进系统等[148-150]。

另一个可能被考虑的提案是法国机构 d’Aéronomie 提出的拉瓦锡（Lavoisier）任务，该任务以一名从事气体研究的法国科学家的名字命名。与 20 世纪 60 年代由该机构提出的“曙光女神”（Eos）提案一样，拉瓦锡任务包括一个由多个气球组成的漂浮物，用于研究金星低层大气的动力学和化学成分。一天之后，每个气球将被放气，有效载荷下降，以开展一次短暂的表面飞行任务。2000 年，它作为一个“弹性”任务（‘flexi’ mission）提交给 ESA，并于 2002 年再次提交给了法国航天局[151]。

在金星进入探测器和拉瓦锡任务的基础上，欧洲和俄罗斯科学家为 ESA 的 2015—2025 年“宇宙愿景”计划提出了一个提案。最初是一个雄心勃勃的夏娃号欧洲金星探测器（European Venus Explorer，EVE）计划，它包括一个轨道器、金星进入探测气球和微探测器、JAXA 的低空气球和 4 个小型下降探测器，甚至可能还有一个返回地球的大气取样器。一个更合理的场景是使用金星快车衍生轨道飞行器、可飞行一周的气球、一个短期工作的下降舱和借鉴了俄罗斯经验的着陆器。虽然欧洲金星探测器没有入选“宇宙愿景”计划，但其科学目标很受欢迎。近期 ESA 又收到了多项金星任务，作为未来的大型飞行任务，其中包括气球平台、配备雷达的轨道飞行器、下降探测器、短程着陆器和飞机[152-155]。

NASA 也考虑了将气球用在金星探测上。在 21 世纪初，JPL 和亚利桑那大学提出了金星火山和大气探测任务（Venus Exploration of Volcanoes and Atmosphere，VEVA），作为一项发现级任务。该任务包括一个携带大气探测器的金星先驱者式进入舱，一个持续飞行 1 周的气球和一些可拍摄地面目标点航空影像的“下降探空仪”。该任务的目的是：最大程度地确定大气的组成和同位素比率，研究地壳中的任何剩余磁场，并获得与麦哲伦雷达数据相关的“机载”光学图像[156]。第一个十年调查也推荐使用金星原位探测器（Venus In-Situ Explorer）来研究“陆地式”行星及其大气和挥发物质的多样演化问题以及一些金星的特有问题，包括其温室消失的源头，历史早期可能存在的海洋和星球表面最近浮出的原因。考虑到这些问题，NASA 格伦研究中心研究了一项任务，包含高空飞行器

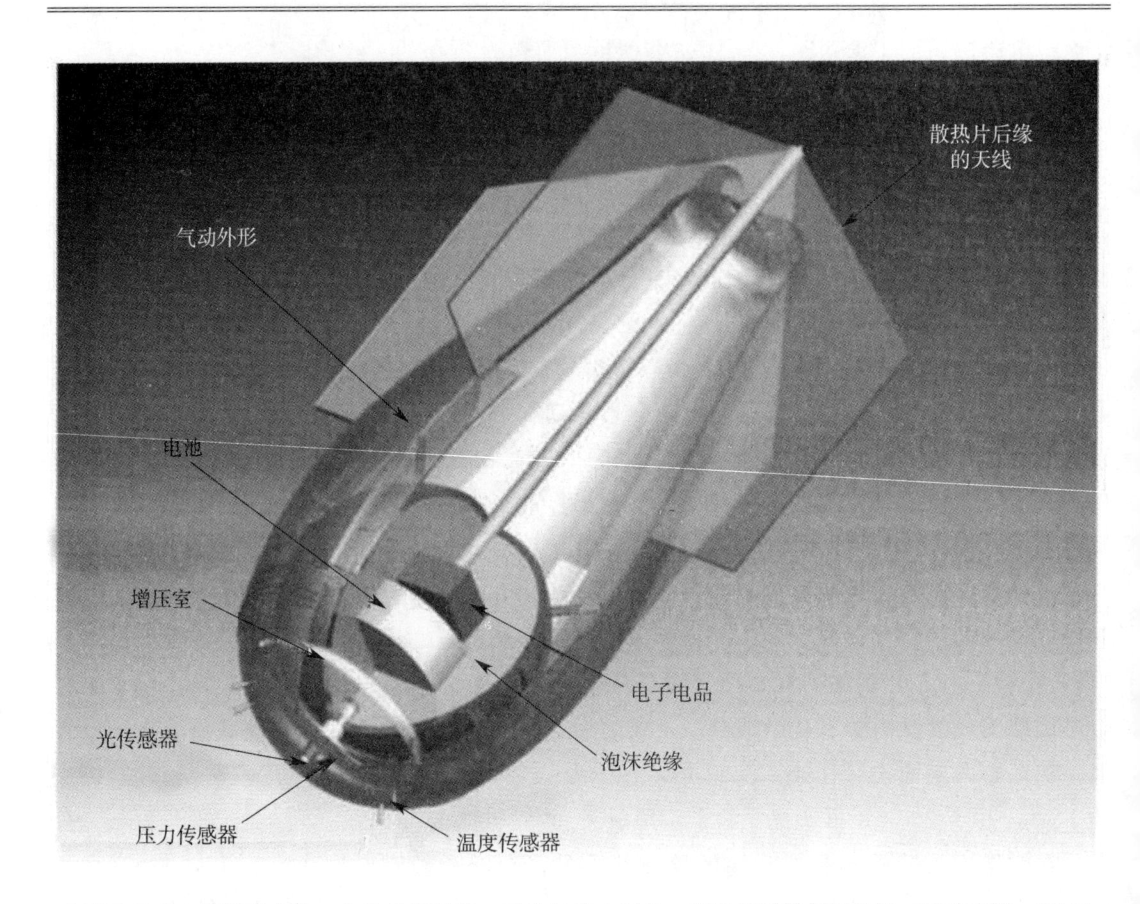

欧洲金星进入探测器中的一个微型探测器，可从气球中释放，落到行星的任何位置（图片来源：ESA）

和长时间工作的巡视器。巡视器的大小和能力与火星探测漫游者相似。与苏联工程师和他们在 20 世纪 70 年代提出的 DZhVS 概念相似，美国工程师面临着权衡选择的难题，要么需要给巡视器配备耐高温硬件，要么需要为电子产品和所有温度敏感的硬件创造一个“防热外壳”。他们设计了一个有趣的“第三种方式”，按照这种方式，只有具有耐高温性能的硬件被放置在巡视器上，而所有的计算和控制电子产品将被装在一个太阳能驱动的飞行器中。格伦研究中心测试了一种用于喷气发动机排气口的高性能电子芯片，并证明它能够在 500 ℃的温度下工作 1 700 h。它可以为长期工作的金星探测任务提供便利，应用在高温无线电系统和车轮马达上。

金星被认为是太阳系中使用太阳能的航天器的最佳目的地，因为：金星上高海拔地区的太阳光强度与地球上的太阳光强度相似（或者不大于地球上的太阳光强度），云层的反射性很强以至于可以在移动装置底部也安装上额外的太阳能面板；高海拔地区的压力与地球相近，具有熟悉的飞行环境和风速；缓慢的自转速度将使其在连续的日光下能长时间飞行，而其高度恰恰是吸收太阳能最多的地方，可以直接测量温室效应。可选的装置包括：一架小型飞机，具有可折叠的太阳翼，使其能够装到金星先驱者式“小型探测器”的隔热罩内。针对发现级任务，还开展了飞机的简化设计研究。

夏娃号气球效果图（图片来源：ESA）

格伦研究中心的任务将包括：四个以放射性同位素为动力的巡视器（每个巡视器都有自己的机载计算机等电子设备），四个科学探测器，一颗中继卫星，以及由巡视器和探测器释放的一些地震计和下落探测器。由于发射的装置质量很大，这次任务将使用核电力推进级[157-160]。一项更为稳健、更为可信的研究是使用风动力着陆帆（landsailer）。这辆三轮推车将安装高温电子设备和 5 m 长的帆，帆的两侧覆盖着提供推进和动力的高温太阳能电池阵。车只需要两个马达：一个控制机翼，另一个控制前轮。理论上这项任务将持续近一个月（当地太阳时间上午 9 时至下午 3 时），每天行驶 15 min，每次行程约 30 m。当然，着陆地点必须平坦、无碎片，并有风。考虑这些方面，金星 10 号着陆点（Venera 10 site）似乎很合适。并且有意思的是，着陆帆还可以适应火星和土卫六的环境。

JPL 和 NASA 艾姆斯研究中心开展了一项更简单的金星原位探测任务研究，这项任务主要聚焦于使用更小、更传统的着陆器，可用于进入最近才被发现的金星最古老的裸露地形高地。这块高地形成时间早于最近的地形重塑。但这些区域也是一些地面最粗糙的地点，可能出现陡峭的斜坡和影响成功着陆的其他障碍。因此，艾姆斯研究中心的工程师们提出了一种带有自动旋翼和避障系统的探测器，以实现类似直升机的软着陆[162]。这些研究结果形成了圣贤号任务的提案，并入选“新疆界计划”的最终名单，该计划很可能在 21 世纪 10 年代的后 5 年再次提出。

第二个十年调查至少开展了 3 项任务概念的研究，希望至少美国能重燃起对“姐妹星球”的兴趣。当然，最简单的概念任务是戈达德航天飞行中心提出的类似圣贤号的金星无畏泰塞拉着陆器（Venus Intrepid Tessera Lander，VITaL）。另一个是金星移动探测器（Venus Mobile Explorer），它将在两个相距几十千米的地点分析地表的化学成分，并确定大气与地表的起源、演化和相互作用。此外，这次任务还将寻找远古地表富含水的证据。探测器由一个用于装载仪器的尖舟和填充氦气以提供浮力的波纹管组成。探测器在第一个着陆点上用 20 min 的时间完成岩石分析，然后对波纹管充气，在抛掉作为压舱物的氦罐后，能够飞行约 10 km 到达另一个地点。它在上升、飞行和下降过程中，将从几千米的高度进行成像。整个地面任务最多持续 6 h，其中包括了 3～4 h 的飞行时间。就像苏联的金星号和其他提案一样，由一个轨道器执行抵近飞行任务，并将表面探测器的数据中继传送到地球。然而，金星移动探测器需要更多更先进的技术，这将超出新疆界级任务的成本上限。还有一个更为传统的做法是运送多个着陆器进行此类测量，这是一种风险较低的替代方案，可以以同样的成本对更多地点进行取样。

最后是金星气候任务（Venus Climate Mission），它将采用一个轨道器、一个长寿命气球、两个下落探测器和一个微型探测器，对金星大气开展三维研究。轨道器基本上只携带一个大气监测摄像机和中继设备。由电池供电的 8.1 m 气球将漂浮在 55 km 左右高度处温暖适宜的大气层内，该大气层远高于云层底部。在为期 21 天的科学活动中，超级旋转风将裹挟气球旋转 5 次。该气球是由 JPL 开发的探测器原型的放大版。在进入和下降过程中，气球放置在金星先驱者式的太空舱内，从气球中将释放一个微型探测器。这个微型探测器为一个直径只有几厘米的钛容器，它将在 45 min 的下降过程传输数据。在飞行过程中，气球会释放下落探测器，每个下落探测器大约只有微型探测器的一半大小。这项任务被认定具有相当高的成熟度，值得作为低预算任务的首选方案。事实上，如果 NASA 增加行星探索的预算，该任务会是旗舰级任务的建议方案之一[163-165]。

正如 NASA 和 ESA 在 20 世纪 90 年代后期所设想的那样，太空气球必然为金星采样返回任务提供重要的经验。

欧洲空间局的方案是采用两次发射，使用阿里安 5 号火箭在连续的两个发射窗口向金星发射一个离子推进的轨道器和一个大型着陆器。轨道器将首先到达，进入一个高远拱点的捕获轨道，然后使用空气制动降低轨道器高度并形成圆轨道。之后发射着陆器。尽管很可能利用俄罗斯的专业技术，但该任务与金星号（Venera）着陆器大不相同。事实上，它不需要压力容器，而是使用换热器让空气保持环境压力和可接受的温度。与金星号一样，它的散热器材料可以防止电子设备在必要的短暂地表任务期间过热。在着陆器下降过程中，将在不同高度获取对大气取样，以评估水蒸气的存在、大气化学成分随高度的变化规律以及目前火山活动的影响（如果有）。地表的任务只持续 1 h。在此期间，着陆器将开始进行实验，并使用两种不同的装置收集大约 200 g 的样品。一个是钻头，可以钻到 50 cm 的深度以获得岩芯。另一个是放在地上的“吸尘器”，借助于金星高压大气冲入真空罐，可以获得大气样品、灰尘和卵石。一旦现场操作完成，将撤离样品罐。当然，试图直接将样品罐从金星表面返回到达轨道是不可能的。需要一个助力火箭克服厚厚的大气层和与地球几乎相当的引力，并运送甚至比离开地球时更大质量的装置。这次任务将使用一个“气球火箭（rockoon）”发射器，它是一个悬挂在高空气球上的小型火箭。由耐温抗酸织物制成的气球使用与着陆器内部用于冷却空气相同的氦气充气后，将迅速上升到54 km 的发射高度，那里的环境更适宜。一个发射筒承载着固体推进的上升火箭（并为其提供热防护），发射筒正确的指向保证样品能够被放置到轨道器附近。火箭将从发射筒内点火发射。几十年来，气球火箭一直被用作探空火箭，并被设想用于加拿大的达芬奇次轨道旅行飞行器。但从来没有从气球平台上进行过轨道发射，预计需要克服一些难度极高的制导问题。到达轨道后，轨道器将自主跟踪和回收样本容器，并将其带回地球。一个折衷的方案是，让气球到达一定高空，即对样本进行数小时或数天的分析，而不是仅仅几分钟。

ESA 1998 年列出了需要具体攻关的技术，据估计，这次任务的费用几乎是罗塞塔等基础性任务的两倍。不过，可以通过使用一个更强大的阿里安 5 号改进型火箭大大降低任务成本[166]。

NASA 的采样返回任务构想与上面极为相似，上升飞行器有可能乘坐气球、飞艇或飞机在高空飞行，并通过另一个气球运送样品[167]。

一个更简单的采样返回任务是星尘号类航天器，它将飞过金星的上部大气层，得到气体样本。尽管其材料会因为高超声速飞行而受到空气动力热效应的极大影响，但它仍能够精确测量同位素和其可能的比率[168]。

波纹管状的美国“金星移动探测器”，能够在几个小时内到达若干个采样点

美国空军的“远边火箭”（Farside）是一个多级探空火箭气球（火箭+气球），它在1957年就可达到6 000 km以上的高度。为了在金星轨道上放置一个样品罐，将采用一个类似的概念来执行ESA的样品返回任务

13.11 毁灭女神

在20世纪90年代和21世纪初期，近地小行星成为几个空间探测任务的主题，并继续激发科学家和太空工程师的兴趣。当若干小行星被探测及采样后，各国航天局开始研究建立危险小行星统计的最佳方法，并开始讨论如何防止灾难性撞击事件的发生。20世纪70年代末，当两个美国团队开始巡天成像以更准确地计算小行星与地球的撞击概率时，发现了许多已知的近地小行星。在20世纪80年代进行了首次数字相机测绘。而到了20世纪90年代，该工作全部由全自动测绘所取代。

1998年，NASA太阳系探测首席科学家在美国国会作证时说："航天局将致力于在10年内完成90%以上直径大于1 km的近地天体的探测及编目的目标"。到2008年，已发现5 500个不同大小的近地小行星，相比于1978年增加了一百倍，可以说已经实现了上述目标。剩余的威胁是更小的天体可能会造成区域性的破坏，如果撞击在海洋上将会引发海啸，如果撞击在陆地上将会造成千米级的撞击坑。因此，有人呼吁找到90%以上直径大于140 m的小行星，据信它们的数量大约有2万个。NASA在2009年发射的宽视场红外勘测探测（Wide - field Infrared Survey Explorer，WISE）卫星定位了大量直径约为100 m的近地天体以及一些以前从未发现的千米级大小的天体。加拿大在2013年发射了第一个专门用于搜索近地天体的太空望远镜——近地天体监视卫星（Near - Earth Object Survey Satellite，NEOSSat），将能够定位直径大于500 m的天体。JPL为发现级计划提出了近地天体相机任务（Near - Earth Object Camera，NEOCam）。最后，在21世纪10年代投入使用的大型监测望远镜应该能够完成小行星普查这一任务。

最近，人们逐渐开始急于发现更小的近地天体并对其进行编目。2013年2月15日在俄罗斯城市车里雅宾斯克上空发生的爆炸源于一个直径为15m的小天体在该城上空的大气层中爆炸，爆炸能量相当于50万t炸药。虽然流星本身是无害的，但是爆炸冲击波震碎的玻璃造成数千人受伤。这次空中爆炸是自1908年西伯利亚通古斯"事件"以来有记录的最大的空中爆炸。然而值得注意的是，造成2013年爆炸的小天体的尺寸比未来期望能监视发现的目标天体的尺寸小了整整一个数量级，而对这种规模的所有小天体进行全面普查是不现实的，其总数可能有数百万之巨。

与21世纪头十年末和21世纪10年代早期的地基监视研究并行开展了另一项工作，人们呼吁空间机构筹划任务对320 m大小的小行星阿波菲斯（99942，Apophis）进行探测，该小行星以埃及毁灭女神的名字命名。在一段时间内，它是唯一已知的在可见未来会对地球造成不容忽视的撞击风险的天体。2004年6月被发现以后，最初认为阿波菲斯有可能在2029年4月13日有2.6%的概率撞击地球，直到经过很长时间的观察后才排除了这次撞击的可能性。届时，它将在3万km的距离下飞过地球，欧洲和非洲的人们将能够用肉眼短暂地看到它[169-171]。但这次飞越可能会产生长期后效，因为其轨道的不确定性，小行星通过地球时可能的位置范围包括一系列“锁眼”①，而这些“锁眼”可能导致它在 2034 年和 2037 年之间返回，并在 2036 年有 1/5 500 的概率造成撞击。具有相当于约 200 艘航空母舰的质量，阿波菲斯的撞击将导致区域性的灾难。

B612 基金会（B612 Foundation）是一个致力于保护地球免受撞击的非营利组织，B612 基金会的名字来源于安托万·德·圣埃克苏佩里（Antoine de Saint Exupéry）的小说《小王子》中的小行星。B612 基金会使阿波菲斯受到 NASA 的关注，基金会声称撞击风险值得发射一个装有应答机的小型航天器飞向小行星，通过射电望远镜对其进行跟踪，使人们有充足的事先预警来消除或确认撞击的可能性[172-174]。此外，行星协会（Planetary Society）与包括 NASA 和 ESA 在内的其他几个协会和机构合作，宣布了一项阿波菲斯任务设计竞赛，目的是开发一个可以与小行星交会并进行“标记”的任务。在数十项提案中，排名前三位的作品于 2008 年 2 月公布。

美国太空工程公司（US Space Engineering Inc.）提交的预见号（Foresight）任务最终获胜，预算金额为 1.4 亿美元，于 2012 年至 2014 年间发射，并在 10 个月后与阿波菲斯交会。它将使用美国米诺陶 4 号运载火箭发射，该运载火箭衍生于民兵弹道导弹。进入环绕阿波菲斯轨道约一个月后，预见号将使用多光谱相机对阿波菲斯进行特征识别，然后退到几千米外的编队飞行轨道，利用携带的激光设备对地球和阿波菲斯间的距离进行 300 天的精确测量，同时在地球上对预见号进行跟踪测量，以确定该小行星的轨道并便于分析其未来的轨迹。西班牙得摩斯航天公司（Deimos Space）提交的 A 跟踪任务号（A - Track）获得亚军，预算金额为 3.88 亿美元。该方案首先通过导航相机、多光谱相机、可见光和近红外光谱仪以及红外辐射计等仪器来确定阿波菲斯的矿物成分。之后通过精确跟踪航天器，并对影响小行星和航天器的扰动进行建模，可以重建小行星的轨道。第三名是阿波菲斯探索者号（Apophis Explorer），预算金额约为 4.95 亿美元，该方案由欧洲航空航天巨头欧洲航空防务与航天公司（European Aeronautic Defence and Space Company，EADS）的分支机构英国阿斯特里姆（Astrium）公司提出[175]。

各国航天局也提出其他相当数量的阿波菲斯探测任务。2009 年，得摩斯航天公司向 ESA 提议将普罗巴行星际任务（Proba InterPlanetary，Proba IP），作为普罗巴（Proba）系列技术演示验证任务的下一个任务。通过利用微型探测器飞到阿波菲斯，将对自动导航、深空制导和控制技术进行测试[176]。俄罗斯正在开展阿波菲斯标记任务。这是拉沃奇金联合体在纪念通古斯（Tunguska）撞击事件 100 周年的会议上首次提出的。该任务基于福布斯-土壤号（Fobos - Grunt）的硬件，目前计划在 21 世纪 20 年代初实施，似乎由俄罗斯航天局资助。作为替代方案，俄罗斯各个航天工业和研究所的年轻工程师最近提出了一项小型技术演示验证任务，以黑海度假胜地——阿纳帕（Anapa）命名，使用太阳能电推进技术与阿波菲斯及另一颗小行星交会。最后，法国空间研究中心（CNES）提出了

① 锁眼：为重力锁眼（gravitational keyhole）的简称，是太空中的一个小区域，该区域因为行星重力影响，可能使轨道通过该区域的小行星改变轨道，甚至让小行星在下一次轨道周期中撞上行星。其所强调的是相对于广大太空的天体可能经过的相对较小空间，与形状无关。——译者注

一个任务，使用热像仪和可见光相机对小行星进行特征识别，使用无线电高度计进行绘图，使用无线电应答机进行精确跟踪[177]。有趣的是，本有机会将一些辅助探测有效载荷设备搭载在日本拂晓号（Akatsuki）任务上，在前往与金星交会轨道的途中于 2012 年 7 月飞越阿波菲斯，但并没有抓住这个机会[178]。

与此同时，截至 2009 年，通过阿波菲斯的轨道跟踪将其 2036 年撞击的可能性降低到了 1/250 000。2012 年和 2013 年年初的光学和雷达观测有效地排除了这次撞击可能性。然而，2068 年的碰撞仍然存在些许可能。尽管如此，2029 年小行星与地球的近距离飞越将是研究一颗小行星及其内部结构的绝佳机会，因为如果小行星由“碎石堆”组成，地球的吸引力将有机会改变其自旋状态，引发其内部的分裂、地震以及质量调整。考虑到这一点，法国空间研究中心启动了另一项阿波菲斯任务研究，这次要求设计离子推进探测器在小行星与地球交会之前 6 个月与小行星会合，以释放一群装有小型地震计的着陆器网络，来研究小行星近距离飞越地球期间的潮汐效应，同时通过应答机精确完善其轨道[179]。

关于“行星保护”，或者使危险小行星在与地球相撞过程中偏转的能力，第一项理论研究是由麻省理工学院的学生们在 20 世纪 60 年代进行的伊卡洛斯（Icarus）项目。这一设想认为，近地小行星伊卡洛斯注定在 70 个星期内与地球相撞，并考虑如何阻止这次撞击。这项研究建议使用 6 枚土星 5 号运载火箭，与当时为阿波罗登月计划制造的相同。在预计的撞击日期前 72 天至 5 天期间，分 6 次发射，每次发射 1 枚，每枚运载火箭将在离小行星表面 30 m 之内引爆一颗 1 亿 t 炸药当量的炸弹。将采用光学和雷达传感器来识别和瞄准小行星[180]。但科学家们担心，一个旨在使用核武器保护地球的项目也可能打开空间“武器化”的大门。这一点在 20 世纪 90 年代初举行的首次大型的预防近地小行星研讨会召开时尤为明显，核武器设计人员和科学家参加了会议，前者以氢弹之父爱德华·泰勒（Edward Teller）为代表，他抓住机会提出小行星具有足够大的威胁，以证明研制更大的炸弹是正确的[181-183]。

最简单的保护方法（也是少数几种可以利用现有技术的方法之一）是在离小行星表面数十米的地方引爆一枚核武器，从而使小行星偏离轨道。目标不是摧毁该物体，因为碎片仍然可能击中地球或经过“锁眼”并在稍后返回。相反，爆炸将使小行星表层汽化，这将像火箭一样推动小行星向相反方向运动，并对其日心速度造成每秒几厘米的改变。这种爆炸可以通过类似于深度撞击号（Deep Impact）的运动撞击器来部署。偏转越早，实现越好。理想情况下，这项工作应提前数十年完成。因此，有必要对所有具有潜在危险的天体进行编目。

或者使用不太成熟的技术，太阳帆或镜阵能够集中太阳的热能，使岩石“沸腾”并产生气体喷射。能够达到同样效果的还有用于击落弹道导弹的激光束技术。但是由于武器的原型样机太过庞大，以致在测试中整整装满了一架波音 747 飞机！其他技术包括通过给小行星喷漆或者制造一种能够溅出更明亮喷射物的撞击以改变小行星的反射特性，目的是通过亚尔科夫斯基①（Yarkovsky）效应来改变它的轨迹。当然，使用这种方法必须考虑威胁天体的性质、表面结构、旋转轴的方向、转动速度、质量和一些其他变量，而成功的可能性还将取决于有多少时间可用[184]。

阿波菲斯在 2036 年撞击地球的可能性引发了一系列关于如何改变其方向的研究。最简单的概念是一艘“小行星拖船”，依靠核裂变反应堆供电，并配备了相对高推力的等离子体发动机。当拖船在小行星附近悬停后，将使用鱼叉和绳索锚定在小行星上。之后的第一步任务是将旋转轴重新定向到最有利的方向上。然后，拖船将施加一定量级的轨道速度，而量级大小将取决于可用的时间。在阿波菲斯的例子中，如果在 21 世纪 10 年代能够达到每秒几厘米的速度变化，那可能就足够了。小行星偏转是普罗米修斯空间核能倡议设想的可能任务之一。

一项能够代替锚定拖船而显得更优雅的方案是只使用重力，将其变成一台“重力拖拉机”。质量为数吨的航天器将与小行星会合，并使用离子发动机保持离小行星表面之上数十米的位置，就像隼鸟号（Hayabusa）在与小行星糸川（Itokawa）维持静止时所做的那样。经过若干个月（如果不是几年），小行星与航天器所组成的系统质心将逐渐移位，从而使其轨道发生偏转。如果小行星和偏转要求都很小，那么所需的拖拉机就与典型通信卫星大小相近。B612 基金会聘请 JPL 针对一个假想的 140m 的小行星对这一方案进行了详细分析。结论是操作可行。当然，可靠的推进技术将是在如此接近一个不规则的、大规模的旋转物体时保持相对稳定静止的关键技术[185-189]。

ESA 于 2004 年设立了一个外部近地天体任务咨询专家组（external near - Earth object mission advisory panel），并已研究了通过开展廉价任务测试轨道偏转动力学技术的可行性。该机构还资助了 6 项关于近地小行星任务的预先研究，包括 3 个探测小行星的空间望远镜和 3 个交会任务。交会飞行任务有：西蒙娜（Smallsat Interception Mission to Objects Near - Earth，SIMONE），即小卫星对近地天体拦截任务，由 5 颗微型卫星组成的舰队探索不同光谱类型的天体；伊什塔尔（Internal Structure High - resolution Tomography by Asteroid Rendezvous，ISHTAR），即小行星内部结构高分辨率断层成像交会任务，利用雷达断层成像研究两个近地天体的内部结构，包括一个碳质天体和一个石质天体；唐吉诃德（Don Quijote）任务，用于测绘一个近地天体的特性并对偏转技术进行测试。

唐吉诃德任务获得了最高优先级，日本宇宙航空研究开发机构（JAXA）支持了一些预先工业研究。这个任务由两个独立的航天器组成。第一个航天器名为桑丘号（Sancho），将进入一颗百米尺寸小行星的环绕轨道，携带常规有效载荷设备，如相机、辐射计和光谱仪，以确定小行星的表面表征，并确定其质量。第二个航天器，伊达尔戈号（Hidalgo），将在几个月后抵达，并使用光学自主导航系统以大约 10 km/s 的速度撞击小行星，这样桑

① 亚尔科夫斯基效应——是指当小行星吸收阳光和释放热量时对小行星产生的微小的推动力。准确来说，即是一个旋转物体由于受在太空中的带有动量的热量光子的各向异性放射而产生的力。此效应在直径 10 cm～10 km 的天体（流星、陨石和小行星）上较为明显。——译者注

丘号能够观察到撞击，还可能使用地震仪网络来探测。虽然对小的目标天体来说通过动能撞击实现偏转将是有效的，但成功与否则取决于撞击目标的密度、结构和组成等未知特性。唐吉诃德任务能够真正搞清楚一个小行星的特性是如何影响轨道速度变化的。精确的无线电跟踪系统将能够在试验前确定小行星的轨道，并在几个月内测量任何扰动。据估计，伊达尔戈号仅通过动能手段就能将这样一颗小行星的轨道半长轴改变 100 m 以上。

发现级计划近地天体相机任务的在轨示意图，将完成对飞行在地球附近的小行星的普查

这两个航天器基本相同，桑丘号将为仪器和穿透器提供必要资源保障，而重达 500 kg 的伊达尔戈号撞击器将简化动力、通信和推进系统。科研人员研究了两种方案。第一种方案是，桑丘号和伊达尔戈号将使用一枚联盟-弗雷加特（Soyuz - Fregat）运载火箭发射，利用一次地球飞越以将它们的轨道分离，再利用一次与内行星的飞越以推迟伊达尔戈号的到达时间，直到它的伙伴桑丘号到达并环绕这颗小行星飞行 6 个月之后。在第二种方案中，这两个航天器将分别使用成本低廉的导弹进行发射，可能是俄罗斯退役的弹道导弹第聂伯（Dnepr）。桑丘号将于 2011 年 3 月发射，使用等离子推力器推动，在 2015 年 6 月到达 380 m 长的无编号天体 2002 AT4。随着桑丘号安全地进入目标轨道，伊达尔戈号将于当年 12 月发射，于 2017 年 6 月以 9 km/s 的速度实施撞击[190-191]。不幸的是，唐吉诃德任务被认为过于昂贵，并没有进一步进行下去。

欧洲的伊达尔戈号是唐吉诃德任务的一部分，在桑丘号轨道器的监视下撞击目标小行星（图片来源：ESA）

各国航天局依然致力于测试动能偏转技术。目前的小行星撞击和偏转评估（Asteroid Impact and Deflection Assessment，AIDA）研究实际上包括两个独立的任务。一个是双小行星重定向测试（Double Asteroid Redirection Test，DART）任务，由应用物理实验室（Applied Physics Laboratory，APL）领导，并有包括 JPL 在内的许多 NASA 研究中心参与其中。它将以迪蒂莫斯（65803，Didymos）为目标，这是一颗经过充分研究的双小行星，主星大小约 800m，其卫星长约 150m。这颗卫星使科学家们估计出主星的密度几乎是水的两倍，这表明它是一个“碎石堆”①。航天器的质量为 300 kg，包括配重，设计简单，安装固定式高增益天线，并且广泛继承了应用物理实验室其他任务的产品，包括一台基于新视野号望远镜的高分辨率相机，同时用于瞄准和成像。航天器耗资不超过 1.5 亿美元，将由一枚轻型的米诺陶 5 号（Minotaur V）运载火箭发射。2022 年 10 月到达迪蒂莫斯后，航天器将以超过 6 km/s 的速度猛撞向小的卫星。这个办法很聪明，双小行星中的卫星在被撞击后的轨道变化更容易测量，相比瞄准单独的近地小行星观察其围绕太阳轨道的变化量更为容易。事实上，卫星的轨道周期会因为撞击而改变 10 min 左右，足够从地球上很容易地探测到这种变化。当然，在附近的航天器将获得更好的测量结果，例如欧洲的小行星撞击任务（Asteroid Impact Mission，AIM）。小行星撞击任务最初提出的是像唐吉诃德一样的两个航天器任务，现在是一项 1.5 亿欧元的小行星特性探测任务，航天器携带小型离子推力器，由织女星（VEGA）中等升力运载火箭发射。它将在双小行星重定向测试任务到达迪蒂莫斯前两个月抵达，以便对这两个天体进行研究，然后测量撞击、羽流和撞击坑的形成过程[192-194]。

相对简单的小行星交会任务是新兴的“太空强国”冒险进入深空探测领域，并提供独特而有价值的科学发现的好机会。如前所述，印度和中国计划在 21 世纪 10 年代末进行彗星飞越和小行星交会任务。巴西国家空间研究所（National Space Research Institute）已开始与俄罗斯空间研究所（IKI）开展合作，进行一个低成本项目的预先研究。巴西的科研工作者打算发射一颗质量为 100 kg 的航天器，与至少拥有一个卫星的近地小行星交会。它将使用太阳能电推进技术，其有效载荷可能包括多光谱相机、激光高度计、近红外光谱仪和质谱仪。主目标是未命名的小行星（153591），也被列为 2001 SN263，小行星（136617）1994CC 作为备份目标。雷达成像显示，这些小行星都至少有两颗卫星。主目标是一颗真正的“三体小行星”，由一颗宽度为 2.8 km 的主小行星和两颗 1.2 km 和 0.5 km 的卫星构成，而备份目标的主小行星小于 700m，其卫星宽度只有 50m。飞行任务的轨道设计甚至可以从三体系统的一颗小行星跳到另一个。巴西长期以来一直在研制一种小型国产火箭，但到目前为止，所有发射均以失败告终，一次导致许多技术人员丧生的事故使其发展大大倒退。巴西正在开展的合作项目是允许更大的乌克兰火箭使用其赤道发射设施，并与中国在地球观测卫星领域开展合作。然而，巴西航天局在 21 世纪 10 年代的十年规划中没有包括深空任务[195-196]。

几年来，韩国也一直在开发一系列国产运载火箭，但成果喜忧参半，并据报道正准备在 21 世纪 20 年代发射月球轨道器和着陆器。尽管官方尚未宣布相关计划，但在其之后对一颗近地小行星发射一个简单的深空探测器将是合乎逻辑的后续行动[197]。当然，在韩国的月球探测计划公布后，正如预期，朝鲜也宣布开始研制月球探测器。朝鲜于 2012 年 12 月成功发射了第一颗人造卫星，但显然航天器并未发回过任何数据。月球探测任务将使用推力更大版本的银河（Unha）弹道导弹和空间运载器，这种火箭可用于发射地球静止卫

① 在天文学中，“碎石堆”是一种不是整体的天体，而是在万有引力作用下由多块岩石组成，在各块“碎石”之间存在较大的空腔，因此一般来说“碎石堆”的密度都很低。——译者注

星和载人飞船，可以很容易地修改成适用于深空探测任务飞行。

还有一项喜人的新发展，20 世纪 90 年代末和 21 世纪 00 年代初，私营企业表示出对近地小行星商业勘探的可行性进行演示验证的兴趣，包括对未来采矿和资源利用提出归属要求。这一领域最活跃的公司是科罗拉多州的航天德福（SpaceDev）公司，该公司包括圣地亚哥加利福尼亚大学空间研究所（Space Institute of the University of California）的学生和教师以及洛克希德·马丁公司的工业团队。该公司设想开发一个小型的近地小行星勘探者号（Near Earth Asteroid Prospector，NEAP），其科学有效载荷包括相机、中子谱仪、阿尔法射线光谱仪、X 射线光谱仪及其他仪器，还将部署 4 个可展开的“降落罐”。该公司希望 NASA 能够通过发现级计划（Discovery program）资助一些载荷设备，或者向其售卖一些取得的数据。事实上，资金主要来自出售探测器上的多余空间来搭载仪器和一些“新奇”的有效载荷，例如向小行星发送个人物品。重达 700 kg 的近地小行星勘探者号起初将由一枚俄罗斯弹道导弹改装的呼啸号（Rokot）运载火箭发射，但航天器在重新设计后，预估价值达到 5 000 万美元，可作为阿里安 5 号运载火箭的搭载有效载荷发射。根据近地小行星勘探者号的经验，航天德福公司希望以后能够为月球和火星的深空探测任务提供一个小型平台。根据一系列约束条件对当时已知的 416 颗近地小行星进行了数值搜索，约束条件包括任务最长持续不超过 550 天等，但发现所有可行的目标都相当小并且之前观测数据较少。标称的目标是（65717）1993 BX3 或（249603）1999 F03，飞行时间为 9～15 个月。1998 年，任务目标更改为（225312）1996 XB27，随后又改为涅柔斯（4660，Nereus），探测器将于 2001 年 4 月发射并于次年与小行星会合。但很快又放弃了涅柔斯，因为它已成为日本缪斯-C［MUSES-C，后来改名为隼鸟号（Hayabusa）］任务的预定目标。探测目标改回 350 m 大小的未命名小行星（65717）1993 BX3。在接近目标时，近地小行星勘探者号将利用一个月的时间降低其相对速度，为与小行星轨道速度匹配做初步准备。在特征识别阶段，它将用仪器设备观测小行星，并将探测包释放到表面上。大约一个月后，整个航天器将在小行星上着陆。不幸的是，在 1999 年，当人们意识到没有人有意愿购买搭载的有效载荷空间使用权，甚至连 NASA 也不会将其列入发现级计划的机遇任务时，近地小行星勘探者号提案最终取消[198-200]。事实上，在探测器上出售任务数据或携带仪器的想法没有任何市场。特别是，除非得到国家航天局的财政支持，否则任何研究所或大学都负担不起数百万美元的仪器研制费用。

尽管如此，至少有两家公司和一个基金会正在积极推动私人小行星任务。行星资源股份有限公司（Planetary Resources Inc.）是在 2012 年由互联网和信息技术界的亿万富翁以及其他一些“大人物”在美国成立的，其目的是探索和开发近地小行星矿物开采途径。第一步，计划发射一组 22cm 口径的太空望远镜入轨，以发现附近的小行星。这些太空望远镜将基于 Arkyd-100 平台，这是一种 11 kg 重的微小型卫星平台，尽可能使用货架产品组件，可以作为许多不同火箭的搭载载荷。太空望远镜将对所发现的天体进行初步光谱识别。接下来，公司将向这些小行星发射小型 Arkyd-200 探测器，评估其矿物组成，并向选定的多个目标发射几组 Arkyd-300 探测器，之后从 21 世纪 30 年代开始将开采铂等稀有金属和能生产燃料的水[201]。在2013年1月出现了一个竞争对手。深空工业公司（Deep Space Industries）计划从2015年开始发射一系列小型、低成本的小行星探矿者，作为搭载载荷发射。第一步是使用萤火虫航天器通过成像和光谱分析来探索近地小行星，该航天器质量约为25 kg，采用绕地球轨道运行的“立方星”技术。萤火虫航天器之后是蜻蜓航天器，质量约为30 kg，在经过4年的飞行后，它们能将采集到的大约65 kg小行星物质送回近地空间。紧随其后的是真正的矿车。该公司还计划解决通过3D打印机利用太空原材料生产金属零件所需的技术问题。但是，像萤火虫航天器一样大小的深空探测器还没有过成功的验证，唯一微型深空航天器是由日本发射的进入环日轨道的“神恩”（Shin - en）号探测器，但发射后不久就以失败告终。

为此，NASA正在资助JPL开发一对质量小于5 kg的卫星——行星际相关环境纳航天器级探路者号（Interplanetary NanoSpacecraft Pathfinder In Relevant Environment，INSPIRE）。这对卫星将在2014年后进入类地球环日轨道，利用磁强计和相机进行简单的科学实验，并开展远程通信测试[202]。

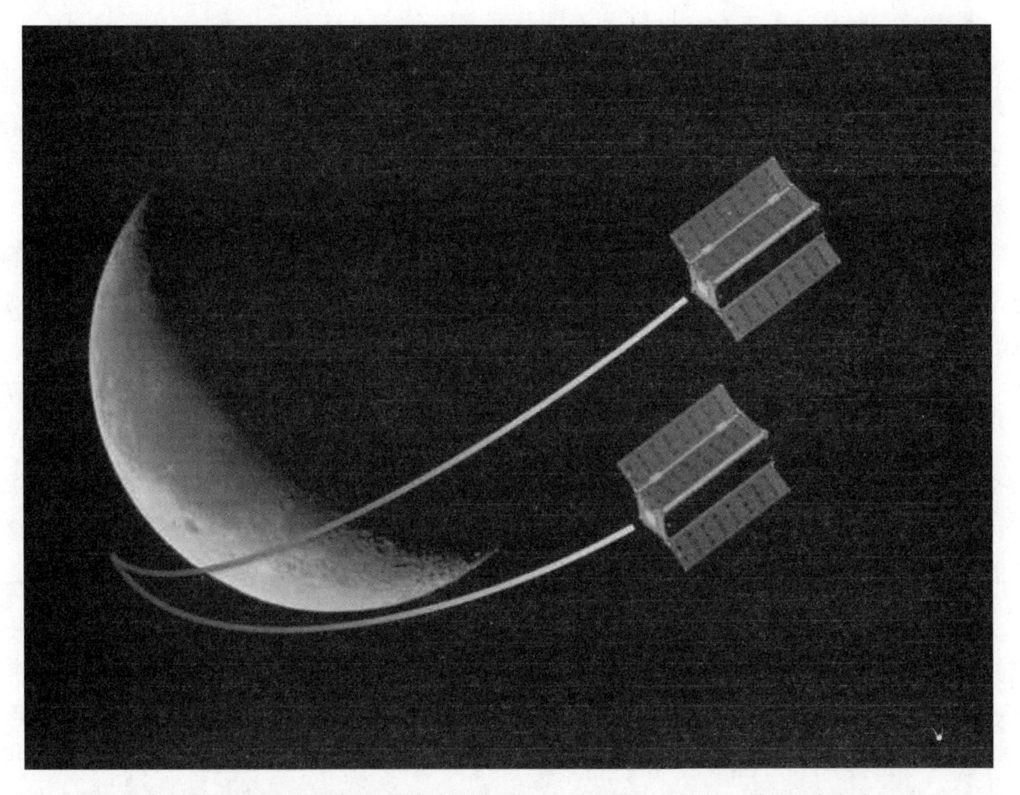

行星际相关环境纳航天器级探路者号质量为5 kg，将是第一个进入环日轨道的美国纳卫星

当然，关于行星资源和深空工业的这类任务设想引发了关于所有权的关键问题，因为在1967年“联合国外层空间条约”（United Nations Outer Space Treaty）规定，地外天体不属于任何国家。此外，更重要的是，人们对小行星采矿的经济意义，特别是对其财政可行性和产生正向现金流的可能性存在严重怀疑[203]。

B612基金会宣布了一项争议较小的任务。它将发射一台私人资助的50 cm口径红外望远镜，进入类金星的环日轨道，以探测潜在危险天体，该任务与JPL的近地天体相机任务类似。这个侦察任务航天器最早可于2016年或2017年发射，任务寿命为6.5年，提供的资金也即将到位。任务目标是发现90%以上直径大于140 m的近地天体，发现50%以上直径大于50 m的近地天体，同时发现50万个以上直径大于25 m的近地天体。该航天器将基于斯皮策望远镜（Spitzer）和开普勒（Kepler）望远镜的遗产，采用一次金星借力（这不需要非常精确），以达到0.6 AU×0.8 AU的环日轨道，在此轨道上将能够探测到近日点在地球轨道以内的小行星[204-205]。

13.12 主带小行星以及希尔达、特洛伊、半人马小天体

与近地小行星相比，主带小行星受到的关注一直相对较少。除了黎明号（Dawn）任务在环绕灶神星（Vesta）一段时间后，又环绕谷神星（Ceres）飞行之外，对这类天体的探索主要是由航天器在前往其他目标天体的途中，制造飞越的机会探测完成的。一方面，这意味着被访问的小行星有一定随机性，但另一方面，由于访问的主带小行星个数有限，可以说我们对主带小行星知之甚少。到目前为止，在已知的24种小行星类型中，只访问过5种类型。欧洲的科学家和工程师拓展了随机飞越的概念，提出了小行星数量调查和星座探索任务（Asteroid Population Investigation and Exploration Swarm，APIES，拉丁语为“蜜蜂”），该任务将为小行星特性研究提供更重要的统计基础。小行星数量调查和星座探索任务将包括一个离子推进的“核心航天器”，被称为核心行星际飞行器（Hub and Interplanetary Vehicle，HIVE），以及多达19个相同的主带探索者探测器（Belt Explorers，BEE）在穿过主带小行星的轨道上飞行，主带探索者探测器分布在半径约0.1 AU的范围中。这个星座在6年内将飞越上百个小天体。每只主带探索者探测器都将装备一台低推力发动机用以机动实现飞越，同时还将装备一台多光谱相机，以及用于测定小行星质量的无线电科学实验装置。核心行星际飞行器将提供星座进入主带小行星的必要动力，然后承担主带探索者探测器和地球之间的数据中继[206]。

2013年，ESA提出一项原始小行星内部结构和地球水起源探测器（Interior of Primordial Asteroids and the Origin of Earth's Water，INSIDER）的大型未来探测任务提案，该任务将探索几个不同的大型主带小行星，可能存在太阳系形成以来未发生变化的原始天体。它将与相关小行星交会并进入相应轨道。一旦发现一个富含水的小行星，它将释放出一个菲莱式的着陆器来研究它的组成，并测量氘与氢的比率，以确定地球海洋中的水是否有可能来自富含水的小行星。地球上的水是彗星带来的通识尚存疑问，迄今为止所研究的大多数彗星光谱中的氢与同位素氘的比率与地球上水中氢与同位素氘的比率不匹配。在包括谷神星、泰美斯（24，Themis）和库柏勒（65，Cybele）在内的主带小行星表面也发现了大量的水冰沉积，这些将是着陆任务进行化学和同位素分析所感兴趣的目标[207]。该飞行任务的基线是环绕一个或两个富含水的小行星，环绕一个拥有一个或两个卫星的多

天体系统以及环绕一个富含金属的天体。由于已经对石质小行星进行过大量探测（石质小行星也占小行星的大多数），将避免探测石质小行星。健神星（10，Hygiea）和泰美斯是富含水的目标，将在此释放着陆器。三体小行星西尔维娅（87，Sylvia）也是候选目标，特别是其光谱与特洛伊天体①和外海王星天体②的光谱相似。最后，已知的最大的金属小行星灵神星（16，Psyche）也将成为探测目标。在这种情况下，原生小行星内部结构和地球水起源探测器将查明该天体是否是一个分化的古老天体的内核或者是在富含金属的状态下形成的。还将研究小天体的内部结构，以解释金属小行星密度相对较低而金属陨石密度相对较高的原因，可能的原因是小行星具有明显的多孔性。为了实现探测目标，探测器除了装载一般的遥感相机和光谱仪外，还将使用雷达和磁强计（这两种仪器以前从未在专门的小行星任务中使用过）。探测器需要高性能的电推进系统，提供至少 12 km/s 的速度增量，或者使用先进的化学推进系统，但这需要增加地球和金星的借力飞行。如果将西尔维娅小行星从探测目标中划去，则可以去除高轨道倾角的要求，从而可以大大降低对推进的需求[208]。然而，由于 ESA 选定的首个新的大型任务是一个木星环绕器——木星冰卫星探测器（JUpiter ICy moons Explorer，JUICE），第二个和第三个任务将研究行星科学之外的问题就一点也不奇怪了。

在黎明号任务之后，人们对重访最大小行星并可能采样返回地球的兴趣预计将会增强。最新的十年调查判断：携带穿透式地震仪并将炸药作为撞击装置前往灶神星的任务，适合于新疆界计划（New Frontiers program），但任务方案尚未成熟。在小行星取样方面，ESA 设计了一种次表层穿透器和灵感来自于胡蜂钻孔产卵原理的取样器。该机构由两个带齿的阀门组成，一个相对另一个进行滑动，以驱动钻头能够前进。与传统的旋转钻头相比，这种钻头的优点是不会被传统旋转钻头的反作用力推离小行星表面，因为在小行星的微弱引力作用下，反作用力可能会使着陆器翻倒[209]。

运行在主带小行星外缘，并且在木星绕太阳公转 2 圈的时间内能够绕日旋转 3 圈，这种小行星是目前鲜为人知和未被探索的小行星家族——希尔达小行星，它们以该小行星家族中首个被发现并且最大的一颗成员希尔达（Hilda）命名。其中已经发现的约 1 500 个，大多数是表面类似彗核的暗天体。

目前还没有任何外太阳系任务访问过日木系统（太阳-木星系统）的 L4 和 L5 拉格朗日点。只有尤利西斯号（Ulysses）任务在 1997—1998 年间接近过木星对映点的 L3 点，尤利西斯号当时处于远日点。因此，木星系统的特洛伊小行星尚未被探测。估计有 60 万大小超过 1 km 的小行星，但已知的仅有 5 000 个。对于特洛伊天体云（Trojan clouds）起源的解释，人们提出了两种相互矛盾的理论。在第一种理论中，这些小行星形成于木星轨道附近，然后在拉格朗日点被木星的质量和引力捕获。在这种理论下，它们的样品将代表

① 特洛伊天体，是指轨道与某大型行星或卫星轨道交迭的小型行星或卫星。后者一般现于前者与其环绕的中心天体连线外的某个稳定的拉格朗日点（L4 点和 L5 点）附近的区域。特洛伊天体最初特指木星附近的特洛伊小行星，但后来发现土星、火星、海王星和地球都存在特洛伊天体。——译者注

② 外海王星天体，是指太阳系中所在位置或运行轨道超出海王星轨道范围的天体。——译者注

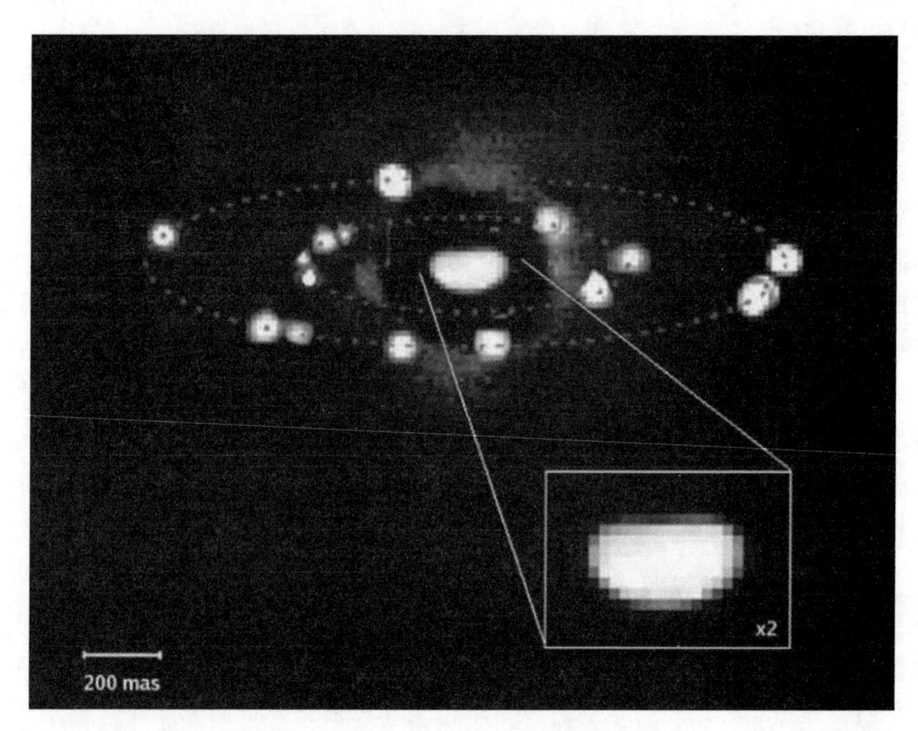

小行星西尔维娅及其两个卫星雷穆斯（Remus）和罗慕路斯（Romulus）的合成望远镜图像
［图片来源：欧洲南方天文台（European Southern Observatory，ESO）］

木星、土星以及它们的卫星形成过程中的物质。最近，非常成功的太阳系形成的“尼斯模型”（Nice model）中，所有的巨行星都在离太阳很近的地方形成，但后来它们的轨道变得混乱，导致它们远离太阳。特别是天王星和海王星的迁移，分散出较宽范围的类似彗星的天体，这些天体被抛入木星经过的轨道。由于木星这颗巨行星的强大引力，大多数被排出太阳系，也有一些成为木星的遥远且不规则的卫星。一些天体在拉格朗日点被俘获成为特洛伊天体，另一些则飞到主带形成希尔达天体。如果是这样，特洛伊天体和希尔达天体将非常类似于其他“彗星天体”，如半人马和外海王星天体，因为它们有着共同的起源。

众所周知，特洛伊天体相当暗，它们只反射一小部分太阳光，并覆盖着红色，可能是富含碳和富含有机物的物质。它们的光谱特性与一些短周期彗星相似，有些人认为它们是木星族彗星的来源之一。但是人们对它们的关联程度是有争议的，并且有迹象表明特洛伊天体中有两个不同的种类。目前地面仅观测到两颗特洛伊天体有伴随卫星，从而能够据此确定它们的质量和平均密度。第一个是帕特洛克罗斯（617，Patroclus），已经证实它的平均密度接近于水，这表明它是一个中空多孔的天体，可能像彗星一样富含水冰。另一个是赫克托（624，Hektor），它是最大的特洛伊天体，其密度是帕特洛克罗斯的两倍以上，因此更类似于主带小行星[210-212]。在新视野号探测冥王星和其他在柯伊伯带的目标天体后，与半人马小天体一样，特洛伊天体和希尔达天体将是太阳系最后一大块未被人类探索的族群。特洛伊天体巡查交会任务可以探测几个小行星并对某个小行星开展伴飞拓展任务，这是新疆界计划的最高优先项目之一。21世纪前10年中期的一项提案提出进行一次黎明号式的任务，希望对赫克托和至少再一个特洛伊天体进行探测。但是与黎明号不同，它将使用放射性同位素电推进，其中，放射性同位素温差电源同时为航天器和离子发动机供电[213]。奥德修斯特洛伊（Odysseus Trojan）任务方案于2008年提交给NASA参选新疆界计划，但没有被采纳。

然而，如前所述，在2011年的十年调查中，利用宇宙神5号发射的特洛伊天体巡查交会任务被提升为第4或第5优先级的新疆界任务。应用物理实验室（APL）研究了两个任务方案。第一个方案是利用纯弹道轨迹机遇，航天器将在发射约两年后飞越木星，进入主带小行星外部轨道，远日点位于前方拉格朗日点L4点的特洛伊天体云，从发射开始将历时10年。第二种方案是使用带离子推进的航天器直接到达目标，在没有引力借力的帮助下，将经过8年的巡航。之后，它将再花费5年时间穿越特洛伊天体云。两种方案都将以大型小天体为目标进行交会，基线为167 km的阿伽门农（911，Agamemnon），探测器将用一年时间进行轨道探测任务，与近地小行星交会探测器（Near Earth Asteroid Rendezvous，NEAR）探测爱神星（Eros）的过程类似。此外，在到达主探测目标之前，探测器将沿途飞越其他较小的特洛伊天体。虽然没有列出特定的探测目标，但由于特洛伊天体云所拥有的小天体众多，且探测器穿越它的时间也足够长，一定能找到合适的探测对象。在离子推进的选项中，可获得的余量将能够扩大至与两个及以上天体交会或者在一个小天体上着陆。基线任务将是确定某个特定特洛伊天体的主体构成、物理特性和表面形态，并探测几个其他天体。探测器将使用伽马射线光谱仪和红外成像光谱仪测量关键元素丰度和表面组成，使用中子谱仪确定是否有冰的存在，并使用紫外光谱仪寻找类似彗星出气活动的证据。此外，它还将携带具有窄视场和宽视场的多光谱相机、激光高度计、热红外成像仪和无线电科学实验装置。化学推进和电推进的两种航天器都将使用斯特林发电机作为动力来源（电推进方案需要配置多达6台斯特林发电机）。化学推进的方案将使用NASA目前正在研制的高级双组元发动机。这被认为是依靠现有技术可以实现，风险最低，而且预算费用不超过10亿美元[214]。

在美国进行研究的同时，一项名为特洛伊奥德赛的任务作为中型任务提交给了ESA的"宇宙愿景"（Cosmic Vision）计划。该任务专门飞越至少5个特洛伊天体和1个希尔达天体，而不进入其中任何一个天体的轨道。探测器将由一枚联盟号运载火箭发射，在飞越金星和地球若干次后，到达位于前方的拉格朗日点L4点，这将历时7年。探测器将相对缓慢地飞过一或两个直径大于90 km的天体，这些天体可能是原始的、未经破坏的天体，还将飞过几个略小的天体，这些应该是较大的小行星碰撞后的碎片。在离开拉格朗日点附近后开始往回朝着太阳方向前进，探测器将飞过一个希尔达天体。与美国任务一样，ESA也不需要显著的新技术开发。探测器将继承火星快车、罗塞塔和木星冰卫星探测器的系统、仪器和结构。此外，还将得益于21世纪10年代的地面望远镜巡天计划以及空间望远镜巡天计划，这将大大增加已知特洛伊和希尔达天体的数量。不幸的是，ESA并没有选择这个任务[215]。

木星并不是唯一一颗在拉格朗日点拥有特洛伊小行星的行星。已知海王星和天王星拥有少量特洛伊天体，甚至更有趣的是，火星和地球也有特洛伊天体。

火星最大的特洛伊天体是尤里卡（5261，Eureka），该天体为3 km，伴有一颗小卫星。它于1990年被发现。在多数情况下，这些小行星的轨道从太阳系诞生到现在一直是稳定的，因此它们的样品能够代表火星和其他“类地”行星形成之时的原始物质。尤里卡及其卫星以及火星拉格朗日点L5点上的其他5个天体，似乎是一个更大的天体分解后的碎片。不幸的是，尽管它们都很有科学探测价值，但所有这些天体的轨道倾角都比较大，不适合作为交会任务的目标。也有人建议，对于探测那些可能与地球相撞的小行星，木星和火星的特洛伊天体将是理想的放置天文台的位置[216-218]。

地球至少有一个小型特洛伊天体，初步命名为2010 TK7，目前处在前方拉格朗日点的一条混乱的轨道上运行。要对这个300 m大小的天体实施探测比较困难，因为它的轨道倾角高达21°[219]。小行星克鲁特尼（3753，Cruithne）也很奇特。这个5 km大小的天体围绕太阳的运行轨道是一个周期为364天的偏心圆。尽管从地球上看，它似乎以蚕豆状的马蹄形轨道运行，但它并不像人们有时所说的那样是地球的第二颗卫星。它的相对较高的轨道倾角，使得探测非常具有挑战性。然而，一个配有小型离子推进的探测器将能够在不到一年的时间内到达克鲁特尼[220]。

在木星轨道之外有一个小天体家族。这些半人马小天体被认为是休眠的彗核，这些彗核正处于从柯伊伯带的彗星储备库迁移到内太阳系的过程中。1920年，希达尔戈（944，Hidalgo）是第一个被发现的，但直到1977年发现喀戎（2060，Chiron）后，科学家们才确认它们是一种类型的天体。在它被发现的时候，科学家们发现它有小行星的特征，其轨道的远日点在天王星轨道外，而近日点位于土星轨道内。在接下来的几年里，人们第一次（也是到目前为止唯一一次）观测到它进入近日点时产生了彗发[221-222]。半人马小天体是既能显示小行星特征又能显示彗星特征的混合型天体，其中一个是已知最小的拥有星环系统的天体。

20世纪90年代初，有人提议了一项发现级任务，使用冥王星快速飞越（Pluto Fast Flyby）任务的备份航天器来探测喀戎。使用放射性同位素温差电源（RTG）供电，然而这无法满足此类计划的成本上限要求。在最近十年的调查中，戈达德航天飞行中心将探测喀戎的轨道器提交给新疆界计划的概念研究。它将研究这个半人马小行星的内部、表面和大气，并监测它的放气和喷发。推进系统有5种选择，包括化学推进系统、太阳能推进系统和放射性同位素离子推进系统的不同组合方式。不管采用哪种推进系统，即使考虑采用地球、木星或土星的借力飞行，在为期3年的有效目标探测之前，巡航飞行阶段将持续11年至13年。多种选项中，要么是到达喀戎时速度过快，要么是探测器质量余量很小，要么是分配给有效载荷的质量太少，要么就是电力不足。结论是在新疆界计划规定的费用上限内，喀戎轨道器的方案不可行。但并不是所有的半人马小行星都探测不了，探测奥基罗（52872，Okyrhoe）或厄开克洛斯（60558，Echeclus）这样的半人马小行星就更为可行，因为它们在距离太阳更近的轨道上运行，将可以实现同样的科学目标[223]。

13.13　气态巨行星

随着朱诺（Juno）任务将于21世纪10年代中期到达木星，以及木星冰卫星探测器将于21世纪20年代初发射执行木卫二探测任务，木星系统成为太阳系探索的最高优先级之一。所有这些任务的目标要么是木星及其磁层，要么是木星伽利略卫星的最外侧三颗，但对于最内侧的木卫一，也是太阳系中火山活动最活跃的天体，仅会进行远距离观测。为填补这一空白，在2007年，国家研究委员会（National Research Council）提出了木卫一观察者（Io Observer）任务，作为一项新疆界计划级别的任务，并再次作为第二次十年调查的一部分。此外，由先进斯特林放射性同位素发电机（ASRG）驱动的木卫一火山轨道器（Io Volcano Orbiter）方案作为一项发现级计划提交。

新疆界计划中的木卫一观察者任务将设法确定木卫一的内部结构、潮汐加热和消散机理，及其地质构造、化学、组成、大气和电离层等相关情况。基线任务将于2021年发射，经过几次金星和地球借力飞行，6年多后到达木星。探测器随后将进入环绕木星的大倾角椭圆轨道，大部分飞行时间都在木星辐射带外，除了穿过卫星轨道平面上的木卫一之外。这将确保探测器采用像朱诺号一样“温和”的辐射防护就足够了。标称任务将进行6～10次木卫一飞越，距离介于500～90 km之间，覆盖了木卫一的白天和夜晚，最后一次飞越在2030年。相机在每一次交会时都会对木卫一布满火山的表面进行成像，分辨率优于1 km，对特定地点的分辨率则可以达到10～100 m。当木卫一进入木星阴影期间，热成像仪将定位并监测火山热点区域，而磁强计将寻找木卫一是否有感应磁场或固有磁场的证据。为了获得一些快速的变化，需要至少两次飞过同一个给定的位置。有可能飞行穿过火山的羽流，中性粒子质谱仪将进行采样以探测其成分组成。当然，在这样一条轨道上，航天器也可以对木星进行监测，并对其他大的卫星进行常规观测。与发现级的木卫一火山观察者（Io Volcanic Observer）任务不同，该任务打算使用高级放射性同位素电源供电，而新疆界计划的木卫一观察者任务将由类似朱诺号的太阳能电池板供电[224]。

在2011年的十年调查中，JPL研究的重点是木卫三轨道器，这与欧洲的木星冰卫星探测器非常相似。研制此航天器不需要新技术的研发。

从长远来看，中国有可能在21世纪30年代的某个时候向外太阳系发射探测任务。

除了之前提到的土卫六和土卫二探测任务外，2011年的十年调查还至少评估了4个关于土星及其卫星的方案概念。土星大气探测器（Saturn atmospheric probe）将探测土星内部、惰性气体丰度以及氢、碳、氮和氧的同位素比率，它有可能作为第4或第5优先级的新疆界任务。而且大多利用现有技术，是一个低风险选项。唯一无法使用货架产品的项目是斯特林发电机。另一方面，这项任务很难在21世纪20年代实现，因为此时土星比以往离黄道面更远，需要多次金星和/或地球借力飞行，使航天器偏离黄道面。更进一步，直到21世纪30年代中期以前，都无法使用木星进行借力飞行，就像旅行者号和卡西尼号那样。因此，轨道动力学决定了发射日期不能早于2027年，在一次地球借力飞行后，于2033年或2034年到达土星。任务组成还包括运载器和一个没有载荷设备的中继航天器，以及一个或两个类似于伽利略号的大气探测器，大气探测器携带了质谱仪和由温度、压力和密度等传感器组成的大气结构探测包。每个进入探测器被释放后将以大约27 km/s的速度撞击土星大气层，比伽利略号的速度要低得多。它将通过降落伞下降到与地球海平面压力相当的大气深度。之后将丢弃降落伞，探测器要么使用更小的降落伞，要么自由下落，来完成总共250 km深度的旅程。同时，另一个航天器在太阳系逃逸轨道上快速飞越土星，在此过程中它将收集并转发进入探测器的探测数据[225]。ESA也打算在21世纪20年代末到30年代中期发射一个大型探测任务，对土星进行进入探测以及飞越探测。

两次十年调查的方案概念中都包含了对土卫二的探测。第一个方案是探测器飞过土卫二水冰的羽流并使用星尘号那样的气凝胶收集器，并将样品送回地球。第二个方案采用土卫二轨道器，对于首次将土卫二选为目的地的飞行任务来说，将具有更大的科学价值和吸引力。它被列为第4优先级的旗舰级任务。作为一项相当传统的飞行任务，它不需要研发特别的新技术，利用金星和地球的借力飞行，在8.5年后的2031年到达土星。之后，探测器在进入环绕土卫二的轨道之前，它将花费至少3.5年的时间对土卫六、土卫五、土卫四、土卫三和土卫二进行多次重复飞越探测。再之后，探测器将在几十至几百千米的距离上逐渐接近土卫二表面，这一阶段将持续6～12个月。探测器对磁场和重力场的测绘精度将达到卡西尼号无法达到的程度，以调查内部结构以及是否存在地下海洋，还将监测羽流和热源的时空变化及其来源的环境条件，分析水冰喷射物质的样品以确定大分子组成、化学成分、有机分子的手性①、同位素比率等。还可以研究这些羽流是如何与土星系统中的E环、等离子体和水环面相互作用的。最后，探测器将绘制土卫二的表面特征，以协助未来的着陆点选择。人们还考虑过增加一个着陆器，但很明显，即使是很小的着陆器也可能使探测任务过于复杂和危险，特别由于土卫二的表面特征的范围可能从松散的雪直到固态的水冰[226]。

土卫六在第二次十年调查中占有突出地位。JPL被要求进行湖泊探测器的研究，寻找要么适应新疆界级要么适应旗舰级任务的任务框架。它的任务目标是研究湖泊在土卫六甲烷循环中的作用，研究目标湖泊的组成和化学成分，特别是有机分子和可溶解惰性气体的同位素比率，以深入了解土卫六内部结构及其随时间的演变过程。它还可以通过测量土卫六对土星潮汐的反应来研究土卫六内部结构，每16天重复一次。实现以上任务目标的最好方法被认为是将漂浮着陆器和独立的潜艇相结合，执行的标称任务将持续两个土卫六环绕土星轨道周期。任务框架的不同主要体现在运载器上，新疆界任务选择“哑巴”运载上面级运送至土卫六，而旗舰任务由类似于土卫六和土星系统任务（TSSM）的轨道器运送。由于基本的新疆界选项将直接从土卫六表面与地球通信，目标

---

① 手性，又称对掌性，在多种学科中表示一种重要的对称特点。如果某物体与其镜像不同，则其被称为“手性的”，且其镜像是不能与原物体重合的，就如同左手和右手互为镜像而无法叠合。可与其镜像叠合的物体被称为非手性的，有时也称为双向的。——译者注

湖泊在运行期间需要一直对地球和太阳可见，这将严重限制其位置。这个选项还同时要求着陆器有大口径天线，装有转轴以在任何海况下都能跟踪地球。要想在21世纪20年代初发射，且瞄准土卫六北方湖泊作为目标，则至少需要6年的行星际巡航时间，这意味着需要一个大推力且更为昂贵的运载火箭。事实上，从2025年到2038年，土卫六北方湖泊将是冬天，在这一时期的大部分时间，土卫六这片地区的大部分都看不到地球。像南半球的安大略湖这样的目标对于预期的着陆椭圆区域来说可能太小了。新疆界任务的另一种可行方案是将飞越运载器作为中继使用。这需要它有很大的天线才能将数据传回地球。然而，这种任务方案将大大减少探测器有效运行时间，科学探测目标将会受到严重限制。这些选项的共同之处是有效载荷设备，包括一台质谱仪以分析湖泊的化学成分，一台每天传回几张图像的广角相机以显示波浪情况、甲烷冰筏或冰山等漂浮物质的情况，如果探测器靠得近，则能够得到海岸的更多细节，以及一台声纳成像仪用于描述湖泊的形态和沉积层。不幸的是，所有新疆界级别的任务看起来都有可能超过费用上限，并且这些解决方案均可能无法容纳潜艇。另一方面，旗舰任务将包括一个湖泊着陆器和一个能够到达湖底的被动水下探测器。电池驱动的潜艇将使用VHF链路向湖泊着陆器传输数据，然后在任务结束时浮出水面与主航天器通信，以防止湖泊着陆器漂出视线。水下探测器包括两个模块，一个用于安装仪器设备，另一个用于安装电子设备。水下探测器到达湖底后就会对沉积物进行取样分析。在任务结束后，仪器设备舱将被抛弃，而电子设备舱将浮上水面。与新疆界概念不同的是，旗舰任务方案采用轨道中继通信，这能够在北极地区的冬季工作[227-228]。

ESA正在考虑未来的一项大型任务，包括土卫六海洋着陆器、土卫六气球，以及土星和土卫六轨道器和土卫二任务。德国航天局（DLR）设计的土卫二探测器能够降落在沟槽地形区域里，之后派出线缆牵着的“鼹鼠”穿过融化的冰层进入液态水库，以对其进行取样和分析。另一方面，西班牙航空公司塞纳（SENER）正在研究能够在土卫六湖泊中行驶的桨划船。

在格伦（Glenn）中心给的输入下，JPL进一步研究了土星飞行任务，以此作为21世纪20年代第三次十年调查的可行选项。这个土星环观察者（Saturn Ring Observer）将悬停在土星环系统的平面上方几千米处，基本与土星环中的颗粒进行“编队飞行”，以对颗粒间的动力学和相互作用进行高分辨率的研究，包括位于环中、缝隙中、密度波中、螺旋桨特征以及扇区边缘中的颗粒，收集在地球实验室中无法充分模拟的数据。此外，土星环动力学的研究将有助于深入了解年轻恒星周围盘状结构的形成过程，人们相信行星系统也在其间形成。这次飞行任务理想的目标是沿着土星环“经典”的A环、B环和C环以及之间的范围选择几片区域，此外还有环的边缘区域，每片区域都有几条专门的观测轨道。有两个属性使这项任务具有极大的挑战性。一是需要在土星环的位置处进入圆形轨道，这需要比传统推进系统所能提供的进入和圆化的轨道机动时间长3～4倍。这是核电力推进更适合这类任务的原因之一。另一个难点是，探测器环绕轨道的半径在土星环系统内，那么探测器每轨都要两次穿过土星环，这可能会损坏探测器。工程师们试图通过使用“非开普勒”（non - Keplerian）轨道来绕开这个问题，轨道焦点将被放在离土星质量中心几千米远的地方。这个方法涉及进行推进轨道机动，以连续调整轨道面，使用电推进的方案更容易实现。另一种更为传统的方法是使探测器以较小的倾角进入环绕土星环系统的轨道，并在到达轨道与土星环交点前进行精确定时的发动机点火，修改轨道平面。探测器看起来在土星环的同一侧上下跳动，永远不会穿过土星环。只要倾角足够小，调整轨道面所需的速度增量就不会超过轨道修正方案所需的速度增量，只是太过频繁（每轨至少两次）。燃料耗尽后，探测器注定要穿越土星环，如果被撞碎，它将向土星环中添加一群新的颗粒。虽然这种轨道设计很吸引人，但实现它是一项不平凡的任务。

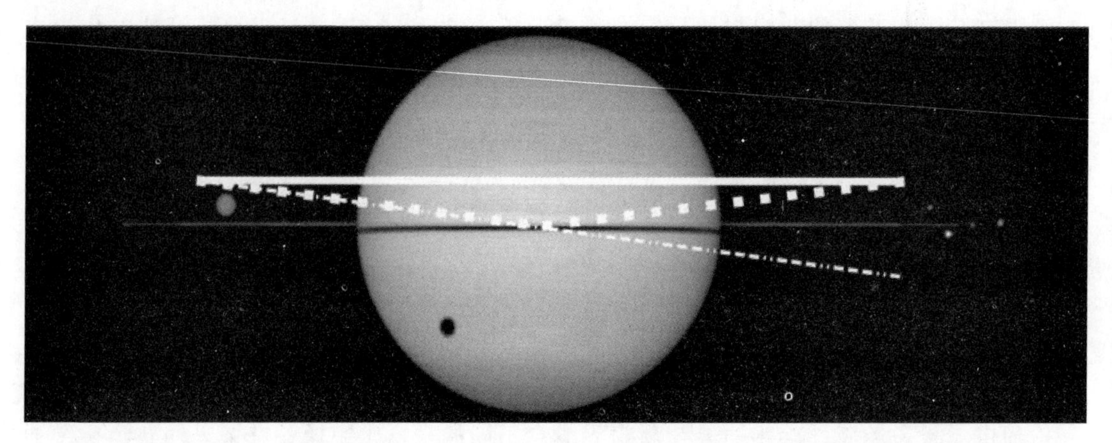

环绕土星的三种理论轨道。点画线表示开普勒轨道，每圈两次穿过土星环。直线表示悬停轨道，使用离子推进的土星环观察者方案就采用这样的轨道。虚线表示化学推进的土星环观察者方案，每圈都需要两次改变轨道平面。图中的轨道高度和相对于土星环的轨道倾角都被放大了，实际上探测器距离土星环的距离一直保持在几千米范围内［图片来源：NASA 及亚利桑那大学月球与行星实验室的埃里希·卡尔科施卡（Erich Karkoschka）］

这种任务的设想最初是在 20 世纪 70 年代提出的，当时的方案是使用核电推进，后来又几次提出，最近一次是在 2011 年进行的行星科学十年调查中提出的。对各种能够实现环绕土星轨道的推进技术进行了评估，包括电推进、高性能化学发动机、利用土星大气层进行大气层内捕获、多次借力飞行以及利用土卫六大气进行气动减速。即使是较简单的探测器，使用电推进模块和斯特林发电机，利用相对轻量级的宇宙神 5 号运载火箭发射，将能够实现任务的大部分目标，尽管其燃料不足以一直盘旋在最内侧的土星环上；它仅仅能够向内迁移到分隔 A 环和 B 环的卡西尼（Cassini）环缝处。化学推进的能力就差得多。只有核电推进才能实现所有的科学目标。基线任务将只携带两台仪器。一台是能对土星环提供空间分辨率约为 10 cm 的窄视场相机，它可用来对环中单独颗粒的自旋、碰撞和其他行为进行成像和分析。另一台是激光高度计，可用它确定到环面的距离、环的厚度和颗粒的离面速度。如果质量余量允许，探测器可以释放一个小的人造的环颗粒，这样能够更好地研究撞击动力学[229-230]。

13.14 天王星、海王星、冥王星和柯伊伯带

在1986年和1989年旅行者2号分别飞越天王星和海王星之后，NASA就规划了探测两颗冰巨行星的任务。NASA在1991年成立的外行星科学工作组（Outer Planet Science Working Group）认为海王星比天王星或冥王星更有科学探测意义，因为它的大气层更为活跃，而且海王星的最大卫星海卫一（Triton）具有间歇喷泉活动。科学家们迫切地想知道为什么海王星的气象学与天王星如此不同（且更有活力）。除了海王星大气的化学、动力学和结构以外，还有内部热源的问题也需要研究。磁场的偏移是海王星与天王星共有的特征。还存在无法解释的环系统结构。当然，对于海王星任务而言，海卫一的历史、如何被海王星捕获、脆弱的大气、活动情况和地质演化等在科学目标清单上的位置一直（现在仍然）很高。在20世纪90年代初，海卫一作为一个容易接近的柯伊伯带的天体变得很有吸引力。但是，由于缺乏核推进技术，所有飞往外太阳系的轨道器任务都必须应对长时间飞行的挑战。从理论上讲，如果航天器要以足够慢的相对速度进入环绕海王星轨道，那么它在地球直接飞行到海王星的低能量转移轨道上需要飞行30年时间。利用木星借力飞行可以将旅行时间缩短至14年到19年之间，但这样的机会在木星绕太阳运行12年的轨道周期中仅有3～4年时间。添加更多借力飞行，例如增加地球和金星借力飞行，虽然不会较大程度缩短飞行时间，但这确实能够增加航天器的发射质量，并将拓展发射的机会。

20世纪90年代初，NASA太阳系探测咨询委员会（Advisory Solar System Exploration Committee）开始倾向于水手2号平台（Mariner Mark Ⅱ）的海王星轨道器和探测器。随着水手2号平台概念在1992年失败，这项建议也不再适用[231]。航天器本应该与卡西尼号类似，携带的大气探测器与伽利略号所携带的类似，配备了升级后的热防护措施和电池组，而不像惠更斯号。轨道器的有效载荷基本相同，但光学载荷除外，特别是相机，需要改造升级以在离太阳非常远、光照水平很低的条件下工作。该任务设想由重型大力神4号运载火箭加半人马上面级于2002年7月发射，利用金星、地球和木星的借力飞行于19年后到达海王星，之后利用4年时间对海王星及其星环和卫星进行探测。巡航飞行过程中将开展“积极”的科学探测计划，包括对木星及其卫星的观测，进入木星磁层尾部为期2年的探测，小行星的飞越探测以及长期对半人马小天体喀戎进行远程天文观测。海王星的巡查轨道设计非同寻常。轨道器最开始在与海王星自转方向相同的环绕轨道上飞行。100天后，当到达远拱点时，发动机点火以反转飞行方向，使其飞行方向与海王星自转方向相反，这样能够与海卫一的逆行轨道相匹配，并使得交会时相对速度较低。海卫一的大质量使得探测器环绕海王星系统成为可能，就像土卫六促成了卡西尼号对土星系统的环绕飞行一样。在这次任务中将对海卫一进行十几次的飞越，将远远超过旅行者2号覆盖的探测范围，旅行者2号在尚好的分辨率条件下绘制了半个海卫一的地图。还将对海王星的一些小型卫星开展非目标的飞越，但无法探测神秘的海卫二，因为它的轨道太远了。轨道器和探测器的基线任务价格估计约为15亿美元，这足以削弱实施这个任务的

兴趣。

在水手 2 号平台的方案取消之后，开始考虑小质量的海王星轨道器，该方案使用为“冥王星 350”快速飞越而研发的技术。使用比大力神 4 号更便宜的火箭，这种海王星轨道器可以在 2002 年发射，并在 2018 年到达海王星。虽然它不能携带探测器或着陆器，而且回传数据能力要差得多，但任务费用只需水手 2 号平台轨道器的一小部分。考虑到常规推进的局限性，一项更为妥当的建议是利用海王星飞越将一个类似于伽利略号的探测器释放到海王星大气层中，并对海卫一进行近距离飞越，以使用最先进的仪器设备重新对其进行探测[232]。

美国国家研究委员会的首次十年调查将海王星探测在科学优先级中列在非常高的位置。在那种环境下提出的任务框架拟采用气动减速方案，可与海卫一飞越相结合，以使航天器能够以尽可能少的燃料到达轨道。将在海王星大气层中释放两个探测器，一个在赤道，另一个在高纬度地区，以测量元素丰度和同位素比率。同时轨道器将用常规仪器来研究海王星、海王星环及其卫星，并绘制磁场、尘埃环境等。当然，任务的大部分时间将用于观测海卫一，为此还将有一个着陆器。由于一定要用到木星借力飞行，如果错过 21 世纪 10 年代中期的发射窗口，将会有一个很长的时间间隔，直到 21 世纪 20 年代后半段才会再有发射机会。

与此同时，人们正重拾对天王星的科学兴趣。1986 年，旅行者 2 号揭示了天王星的几个独特性质。天王星自转轴几乎与其轨道面平行，创造了天王星的极端季节。此外，它的磁场不仅相对自转轴倾斜 60°，而且还从中心位置偏移约 70%。此外，天王星内部热源也比海王星内部热源弱一个数量级[233]。近几年，地面和太空的几部大型望远镜揭开了大量天王星的新的事实，包括比旅行者号观测到的平淡全球更为活跃的气象活动，新的小卫星和第二个环系统[234-235]。最近，以色列科学家利用旅行者号提供的数据，确凿地展示了天王星和海王星上的风和大气动力学特征将其外层厚度限制为不超过 1 000 km[236-237]。

科学家们也热衷于重新探测天王星的星环，因为旅行者 2 号在红外波段无法对其进行探测，它的组成尚且未知。更令人感兴趣的是天王星的卫星，因为行星科学家们发现了天王星和土星系统之间的相似之处。天卫三和天卫四是最大的卫星，这两个卫星足够大，足以在冰层覆盖的表面下留存液态水的海洋，即便某时这些表面冰层融化也仍可留存。存在水的情况将很容易通过这两颗卫星由形状独特的且非对称的天王星磁场所感应出来的磁场而确定。天卫一在天王星系统中相当于土卫二，因为经历了大量的潮汐侵蚀和融化，它应该具有被冰层覆盖的岩石内核。它的相对光滑的表面表明它在近期经历了地质学上的表面重构，浮冰淹没了撞击坑。此外，天卫五上的巨大的椭圆特征很可能就是土卫二上当今活跃的“虎条纹”的古老而安静的对应体。

最后，天王星和海王星都是太阳系中的冰巨行星，可以看作近似一种类型的外太阳系行星。它们的卫星提供的冰冷环境可以使像甲烷冰一样的物质凝结在表面上，而这些物质在土星和木星的卫星上很容易挥发而难以留存。

随着新视野冥王星任务准备在 2002 年中期发射，新提交的一份对天王星进行第二次

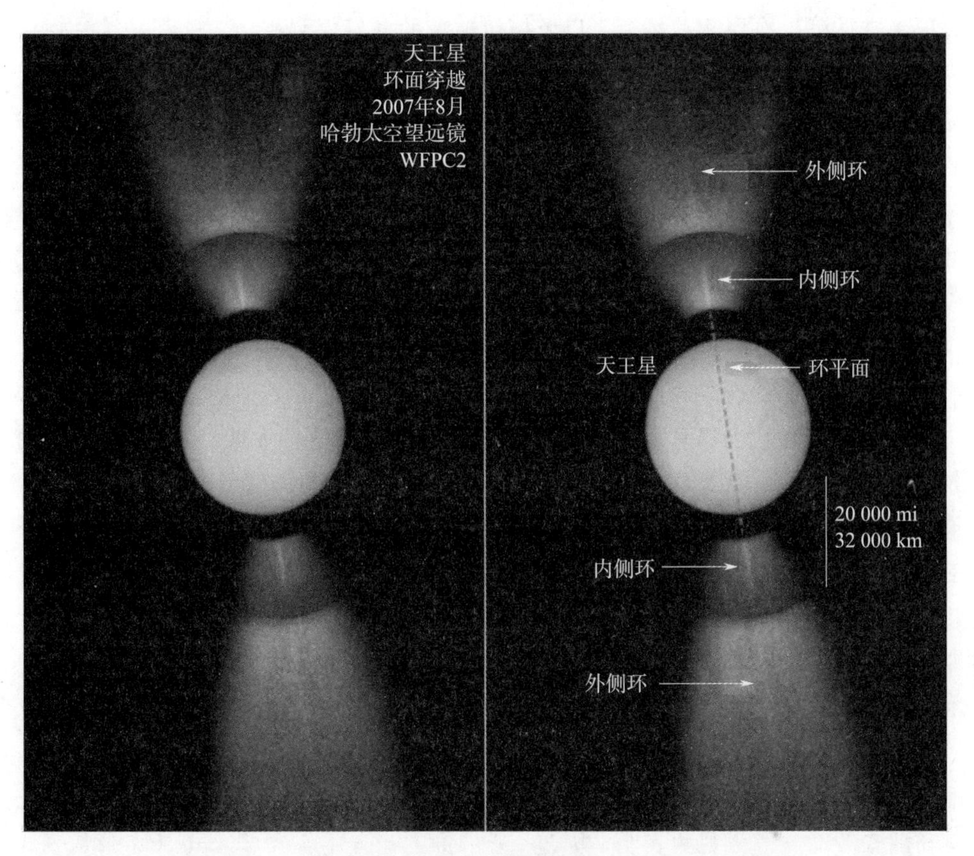

2007 年 8 月，哈勃太空望远镜观测得到的天王星环的边缘图像
（图片来源：NASA、ESA 和地外智慧生命搜寻研究所的 M. 绍尔特）

快速探测的方案取得了进展。科学家和工程师们研究了实施“新视野 2 号”任务是否有科学意义。优化后的最佳飞行程序需要在 2008 年发射，并于 2009 年飞越木星。之后，新视野 2 号将于 2015 年 10 月飞越天王星，仅在它的兄弟新视野号与冥王星交会的 3 个月之后。2007 年，飞越天王星的时刻接近天王星的二分点[①]，根据之前的记录，观测者们在二分点时刻会看到复杂的赤道云状物和带状物（它们果不其然适时地出现了）。另外，当年旅行者 2 号飞越天王星时正值天王星南半球夏至时刻，而二分点时刻飞越将有助于对当年无法观测到的半球进行观测[②]。此后，新视野 2 号探测目标将调整为 47171 号小行星 1999 TC36，计划于 2020 年 9 月飞越，这是除冥王星外发现的第一个柯伊伯带“双星”系统，主星 600 km，卫星 200 km，主星和卫星的直径比新视野号可能飞越的任何柯伊伯带天体都要大。在这之后，新视野 2 号探测目标将锁定为几个略小的外海王星天体。该任务提供

① 二分点：又称“分点”，即春分点或者秋分点，是想象中天球赤道在天球上的位置，是每年太阳穿过天球赤道和黄道在天球上交点的天文事件。——译者注

② 由于天王星的自转轴斜向一边，几乎就躺在公转太阳的轨道平面上运行，因而南极和北极也几乎躺在黄道面上。在天王星至点时刻，从地球只能观测到天王星的一面，而分点时刻加之行星自转，则可以观测到天王星的全部。——译者注

了对天王星进行第二次探测的机会，以及柯伊伯带的备份探测机会，这都被第一次十年调查列为具有关键科学目标的行星探测。此外，这也将标志着 NASA 对外太阳系的双航天器探测“传统”正式回归[238-239]。NASA 对这一任务很感兴趣，专门成立了一个小组来确定是否可以在短时间内用远低于新视野号的成本完成研发及发射任务。小组最终得出结论：这次任务具有科学价值，但对行星科学的认知不大可能产生“范式转移”①。而且由于新视野 2 号可能会遇到各种财务、计划和技术问题，它不可能比新视野号探测器的成本更低。最后，最早也要等到大约 2011 年才能得到翻新的或全新的 RTG，而木星-天王星发射窗口将在 2009 年关闭[240]。

最近一项关于继续探索海王星的方案是 JPL 为新疆界计划提出的阿尔戈号（Argo）探测器，它在飞过海王星和海卫一后，继续到达一个柯伊伯带天体。它将利用现有技术，大部分基于新视野号，由 RTG 提供动力，并力求一个简单的类似于旅行者号的任务剖面。2019 年发射之后，将分别于 2020 年和 2022 年飞过木星和土星，并于 2028 年或 2029 年飞过海王星，在之后的 5 年内到访一个大的柯伊伯带天体。总的来说，与天王星类似，科学界的共识是在旅行者 2 号访问海王星数十年后的再次飞越将可获得许多新的信息。这个任务将填补未来海王星的旗舰级任务之前一段时期的空白，在 21 世纪 30 年代以前对任何海王星旗舰级任务的期望都不切实际，这次任务能够监测海王星星环和环弧的演变，以及对海卫一重新进行半球成像以取代旅行者 2 号时代取得的远距离低分辨率图像，并对当年处于冬季黑暗的北半球高纬度地区重新成像。最后，这次任务还将监测海卫一的大气及其间歇喷泉和羽流活动。地面观测表明，海卫一自 1989 年已显著升温。人们特别渴望从海王星的南半球上空飞越，以便补足旅行者号在北极上空飞越所进行的磁层观测。海王星之外，阿尔戈号所能到达的圆锥空间之中，可选目标包含几十个大的柯伊伯带天体，包括若干双星天体[241]。

欧洲类似的飞越海王星和遥远的柯伊伯带天体的探测计划是法国国家航空航天研究办公室（ONERA）提交给 ESA 的中等级别任务。这个欧洲的外太阳系任务将阿尔戈任务的行星科学目标与深空基础物理实验相结合。特别是，它将携带法国国家航空航天研究办公室在 20 世纪 70 年代开始研制的双向激光链路实验装置和高精度空间加速度计，以再次尝试在卡西尼号上进行的相对论实验，并探求远距离尺度下的广义相对论偏差。它还将对之前提出的“先驱者号异常”（Pioneer Anomaly）问题进行定位②[242]。但这项提议并未得到执行。

还有一个提交给 ESA 的方案在当时也是无出其右——天王星探路者任务（Uranus Pathfinder mission）。2021 年，这个源于火星快车和罗塞塔探测器的航天器将由联盟-弗雷加特运载火箭发射。木星不在可以借力飞行的位置，因此探测器将利用金星和地球甚至

---

① 范式转移，一种在基本理论上从根本假设的改变。这种改变，后来亦应用于各种其他学科方面的巨大转变，范式转变的例子有：从托勒密天文学转变为哥白尼天文学，从牛顿力学体系转变到爱因斯坦广义相对论等。——译者注

② 指两个先驱者号探测器在飞出太阳系的过程中被发现速度略微超出预期的现象。——译者注

类似于木星冰卫星轨道器的海王星探测任务正在向海卫一投放探测器

土星进行借力飞行，以在 15 年后到达天王星，而这刚好发生在旅行者 2 号与天王星交会 50 年之后。天王星轨道周期为 84 年，而探测器到达天王星时，正值天王星北半球夏至时刻，这次任务将提供与旅行者 2 号不同的视角进行观测，当时旅行者 2 号对天王星的观测正值其南半球的夏至时刻。探测器进入环绕天王星的极轨道，近拱点在不到两个行星半径处，远拱点在数百倍行星半径处，这样能够在近拱点处获取数据，并在爬升至远拱点的漫长过程中以低数据速率将数据传回地球。该任务将使用镅-241 作为同位素发电机的核原料，而不是美国使用的钚-238。作为核反应的无用副产品，镅-241 在欧洲将很容易获得。然而单位质量的镅原料产生的热能仅有钚原料的 25%，而且镅原料释放出更多的中子和伽马射线，这意味着需要更厚的防护[243]。

天王星、海王星及海卫一和柯伊伯带天体的飞越在第二次十年调查的任务研究中占据了重要位置。对于海王星来说，可能包括 4 类复杂程度逐步递进的任务：类似于阿尔戈任务的新疆界计划飞越探测器、小型轨道器、小型轨道器星座以及能够给知识带来跨越式进步的旗舰级轨道器，类似卡西尼号之于土星。

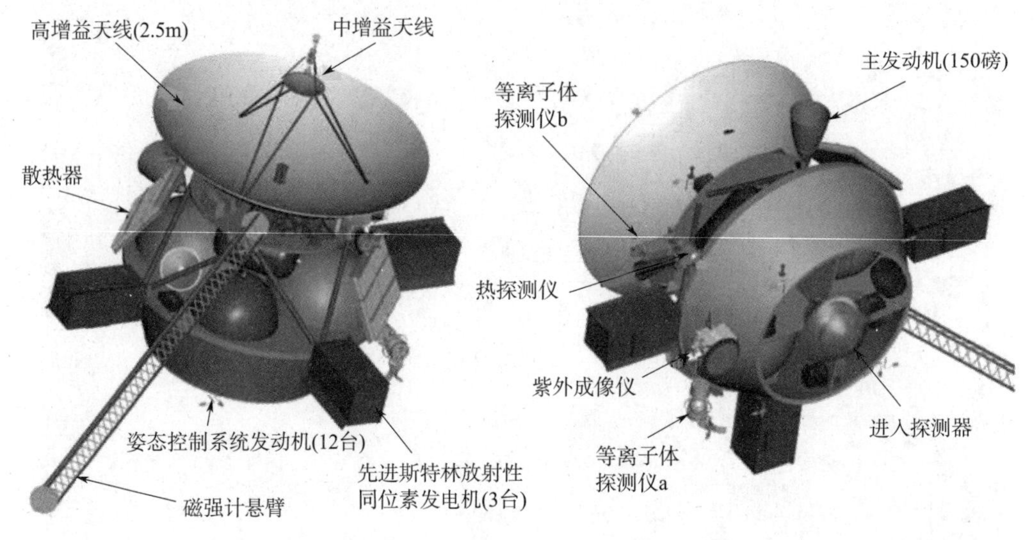

2012 年的十年调查中的天王星环绕探测器

研究中的天王星和海王星旗舰级任务由一个轨道器和一个浅层大气探测器组成，浅层大气探测器可以进入到相当 1 个地球大气压的深度下生存，理想情况下能够达到 5 个地球大气压的深度。但是人们很快就判断这比单独的天王星任务的风险大得多，因为它将可能需要使用气动捕获，而且在 21 世纪 20 年代里都没有合适的发射窗口，另外它的飞行时间也会相当长。海王星的旗舰任务研究早早就被放弃了。另一方面，通过使用太阳能电推进和地球借力飞行可以于 13 年巡航飞行后到达天王星，每年都有的发射窗口也不受木星借力飞行的条件约束。天王星轨道器被推荐为旗舰级类别中第 3 优先的任务。它的预算在 15 亿～19 亿美元之间，也是旗舰级任务中最便宜的。该任务将探测天王星大气层的动力学和组成成分，包括测量稀有气体丰度、研究异样的磁场、确定行星内部结构以及大气结构。它还将对天王星北部的卫星群和星环进行观测。应用物理实验室所研究的基线任务将于 2020 年 7 月末利用宇宙神 5 号运载火箭发射，并于 2024 年 6 月返回地球进行借力飞行，从而使航天器轨道的远日点延展至土星以外。在分离以前，太阳能电推进模块会将远日点延伸至天王星位置。航天器将于 2033 年 8 月到达目的地，接近天王星北半球夏至时刻。在到达的一个月之前，将释放出一个小型探测器沿撞击轨道进入天王星大气层。航天器将进入一条极轨道，近拱点位于 1.3 倍行星半径位置处，因此它可以避免穿越主星环。由于天王星系统中卫星与行星质量比率与木系系统相似，以伽利略号的飞行方式对天王星 4 大卫星天卫一、天卫二、天卫三、天卫四开展探测是可行的，但需要航天器飞行在卫星运行平面上，而飞行在极轨道上开展上述探测基本是不可能的[244]。航天器的近拱点修正基本上在南半球上空，与地球和太阳所处方位相反，使之很难在近拱点开展多普勒跟踪测量来研究行星的引力场。在两年20圈轨道飞行中，大部分时间用来观测行星及星环，之后开始对最大的几个卫星进行飞越，至少与每个大卫星有两次近距离交会。为了完成该任务，与卡西尼号一样，航天器将飞行到非常接近天王星的位置。

天王星轨道器发射总质量约4 200 kg，其中轨道器本身干重仅有900 kg。分配给太阳能电推进级的质量占比最大，该系统有3个冗余离子推力器和两个大型扇形太阳能电池板，电池板形式与凤凰号火星着陆器类似，但规模达到接近7 m直径。这个舱段将工作4年，直到探测器距离太阳超过5 AU，之后与探测器分离。此时探测器将设置成休眠状态。任务唯一所需要的关键技术就是推进模块所需要的太阳能电池，这与为猎户座载人航天器所开发的技术类似（但当时已经被那个航天器所放弃）。轨道器配有3个先进斯特林放射性同位素发电机供电，还配有一台常规双组元发动机以及一些小型单组元推力器，用于轨道机动和姿轨控制。它的科学有效载荷将包括进行中分辨率成像的宽视场相机、可见光及红外测绘光谱仪，以及磁强计以研究行星磁场及其与卫星的相互作用，寻找卫星的内在磁场和地下海洋的存在证据。等离子体仪器和窄视场相机将组成轨道器加强载荷。一个2.5 m直径的高增益天线会将探测数据传回地球。进入探测器将对行星的大气层进行测量，至少能够达到1个地球大气压的深度，在大约1 h的下降过程中，探测器将测定惰性气体丰度、同位素比率和大气结构。蓄电池供电的探测器将基于先驱者号金星探测任务的“小型探测器”，携带质谱仪、浊度计和用来测量温度、压力和加速度的传感器[245]。

同时ESA也在研究一个海王星轨道器，能够多次飞越探测海卫一，作为21世纪20年代到30年代的大型任务。另一个方案是发射两个相同的航天器分别飞往天王星和海王星，以对这两个冰巨行星进行比较研究。

在新视野号冥王星任务之后，鲜有相关的计划。ESA高级概念小组（Advanced Concepts Team）对所提出的一个冥王星轨道器方案进行了技术评估，方案中携带RTG，给探测器和离子推进发动机提供动力。18年的行星际巡航将使这个任务有充分的时间对“先驱者号异常”问题进行验证[246-248]。

在不远的将来，是否对最近在外太阳系发现的许多矮行星进行探测还有待观察。这些天体探测任务无疑需要飞行很长的时间，但却可以为新视野号的冥王星观测补充和提供背景。当然，在如此遥远的世界里光线强度只有在1 AU上的几千分之一，因此需要重大技术进步以使光学仪器能够有效工作。

在这些天体中，最广为人知的是阋神星（136199，Eris），当它于2005年被发现时，曾被短暂地视作太阳系的“第十大行星”。正是阋神星的发现引发了冥王星的行星地位之争，最终证实冥王星实际上是柯伊伯带中最大的成员之一，因此也是最容易观测的。现已知阋神星在比冥王星更为极端也更加倾斜的轨道上运行，近日点为38 AU，远日点为98 AU，相对于黄道面的轨道倾角为44°，运行周期为557年。令人惊讶的是，发现阋神星时，它正处在远日点附近，远离黄道面。其直径已经精确修正为2 326 km，几乎与冥王星一样大。事实上，没有大气的阋神星直径的确定度要高于冥王星，冥王星拥有的大气层使得对其直径的测量显得困难。冥王星和阋神星之间仅仅表层相似。归因于发现了阋神星的小卫星——阋卫一，可知阋神星的密度相当大，可能有很大的岩石内核。并且因为阋神星反射了接收到的阳光的 96%，它的表面必然覆盖着明亮的、纯净的、很有可能是新形成的冰层。它的亮度在太阳系中仅次于土卫二，土卫二表面的高反射率来自喷流运动而覆盖到其表面的雪。也许阋神星也具有活跃的表面，尽管它是太阳系中已知最冷的物体之一。或者它明亮的表面能够证明它曾在近日点（阋神星最后一次处在近日点的时间是在 17 世纪末）时拥有升华而来的大气层，而在它飞向远日点的过程中又成为雪降落在阋神星表面[249-250]。

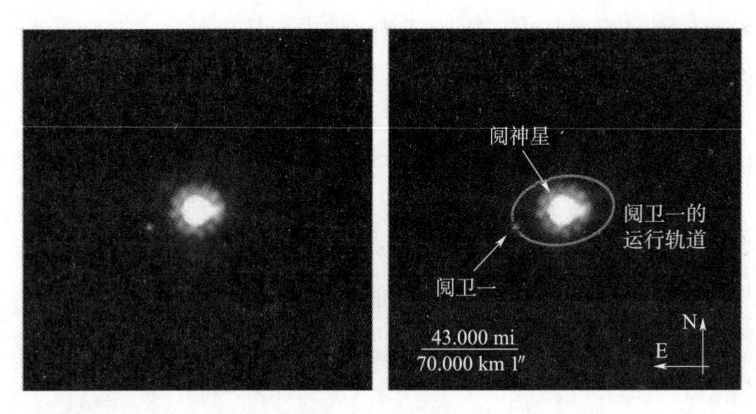

哈勃太空望远镜拍摄到柯伊伯带天体阋神星（Eris）连同它的卫星阋卫一（Dysnomia）的图像。与冥王星相比，阋神星是太阳系中未被探知的最大天体，但在 21 世纪 50 年代之前不会有探测器前去拜访（图片来源：NASA、ESA 和加州理工学院 M. 布朗）

在外太阳系发现的最奇怪的大天体是塞德纳（90377，Sedna），它绕太阳一圈需要 11 400 年。即便它处于 76 AU 的近日点，也比大部分柯伊伯带天体要远。它的远日点在 975 AU。在发现它时，它距离太阳 90 AU，正处在通往近日点的途中，将于 2076 年到达近日点。考虑到奇特的轨道特性，甚至不认为它是柯伊伯带天体，而是来自奥尔特的长周期彗星储藏库。塞德纳的直径是冥王星直径的 75%，它是太阳系中最红的天体之一，甚至有可能在接近近日点过程中，随着其表面的氮冰开始升华，可能会形成一种稀薄的大气[251]。

创神星（Quaoar）的与众不同之处在于它的大小为 900 km（和谷神星一样大），却有一颗卫星，叫作创卫一（Weywot）。创卫一的存在使天文学家能够确定创神星的质量和密度，结果表明它的密度是冥王星的两倍，更接近于岩石行星或小行星，而非由冰组成的天体。然而，通过光谱手段在其表面探测到水冰、甲烷冰和乙烷冰，也许形成了一层薄薄的冰壳。创卫一很可能是在一次撞击过程中形成的，这次撞击将创神星的大部分冰剥落，仅仅留下其岩石核。

鸟神星（Makemake）约 1 500 km，其轨道与冥王星相似。它的反射率约为 77%，是柯伊伯带第二亮的天体。在它周围没有探测到大气，但在日下点①附近可能出现了升华现

① 日下点：是太阳光直接照射在天体表面上的点，也是天体最靠近太阳的一个点。——译者注

象，使其表面明亮。由于鸟神星没有卫星，初步测量得到其密度为不到水的两倍，但尚有争议[252-253]。

柯伊伯带另一个较大的天体是妊神星（Haumea），其不同寻常在于异常快的旋转角速度，自转一周不到 4 h。众所周知，它也是典型的非球形天体，为一个三轴分别为 2 000 km×1 500 km×1 000 km 的椭球。它的两颗卫星妊卫一（Hi'iaka）和妊卫二（Namaka）都可能是在一次巨大的撞击中形成的，同时撞击也使妊神星旋转得非常快，从而拉长了它的形状。再者，它的表面也被冰覆盖。与阋神星和创神星类似，妊神星的密度看起来也较大，可能是岩石核加上一层厚厚的冰壳。

对这些天体进行新视野号类的交会飞越探测开展了预先研究。使用类似发射新视野号的运载火箭，再利用木星借力，如果赶上 2016 年的发射窗口，飞往创神星的任务可能只需要 13.5～14 年时间，可惜已经太晚了，赶不上 2016 年的发射窗口了，而下一个发射窗口则要等到 2027 年至 2030 年之间。2033 年将有飞往塞德纳（Sedna）的发射窗口，但航行旅程要持续 25 年。飞往木星-阋神星的发射窗口在 2011 年前后，同时天王星也处于利于借力飞行的位置，但这样的机会每隔 80 年才会有一次。飞往阋神星的下一个发射窗口在 2032 年。有趣的是，通过木星借力飞到塞德纳和阋神星的交会日期都在 2051 年，两者仅差 5 个月。与塞德纳的交会距离太阳 78 AU，与阋神星的交会距离太阳几乎 93 AU，仍接近其远日点[254-255]。

要对柯伊伯带进行比快速飞越更为详尽的探测则需要推进技术的大幅提升，尤其需要采用更高效的系统。斯特林放射性同位素发电机，先进的发动机，例如 NASA 的新一代氙气推力器（Evolutionary Xenon Thruster）和长寿命霍尔电推力器等，都能够有利于与半人马和柯伊伯带天体的低速交会任务，并且飞行时间可以相对较短。最近，JPL 和 NASA 格伦中心对一个旗舰级的柯伊伯带轨道器进行了研究，使用放射性同位素驱动的电推进技术。研究表明，德尔它 4 号重型运载火箭、放射性同位素电推进和木星借力，将使与卡西尼号类似的航天器能够在仅仅 16 年内就到达距太阳 32 AU 的柯伊伯带天体的环绕轨道，这与 ESA 提出的冥王星轨道器方案相当[256]。

13.15 各种味道的彗星

科学家们衷心希望将航天器送达那些“过渡天体”，如法厄松（3200，Phaethon）和威尔逊-哈灵顿（4015，Wilson - Harrington），它们现在或者过去既显示出彗星特征又显示出小行星特征。另一个彗星转变为小行星的例子是尚未命名的几千米大小的 196256 号小天体 2003 EH1，它似乎与中国、韩国和日本历史上报告的彗星（或至少是彗星的碎片）相同，曾在 1491 年短暂地观测到过，现在已认识到它是一个年周期流星雨的来源。但是其轨道倾角很大，超过 70°，除了进行快速侦察任务之外，其他任何方式探测都非常困难[257]。另一种过渡天体是以 133P/埃尔斯特-皮萨罗（Elst - Pizarro）为代表的，具有狭窄的尾部，但运行轨道完全在主小行星带内。当它在 1996 年被发现时，人们推测这是一颗普通的小行星，但最近经历的一次撞击暴露了它的表面挥发物质。然而，多年来重复发生的彗星活动对这一解释提出了质疑。现在已知埃尔斯特-皮萨罗是一类主带彗星的原型。这些看似普通的主带小行星却周期性地演化出彗发和彗尾。主带彗星是向ESA提出大型任务建议的焦点，因为测定其冰的同位素比率可以确定它们是否是地球海洋中水的来源（或来源之一）[258]。

提到木星族彗星①（Jupiter - family comets），一个有趣的可能性是利用一些"跳跃"天体的特性，与其中一个或多个进行交会。这些彗星的木星引力约束非常弱，经常进行"跳跃"，跳离或者跳近木星。格雷尔斯3号（Gehrels 3）彗星就是一个很好的例子。它在1969年之前是轨道周期为18年的环太阳轨道彗星，之后被木星吸引，进入很大的木星偏心轨道，在1973年逃逸至轨道周期为8年的环太阳轨道。如果能够发射一颗探测器，在1970年8月木星处于近日点时进入环绕木星的弱束缚椭圆轨道，该探测器就能够以慢速接近彗星，仅使用在太阳轨道上与彗星交会所需减速制动的15%。考虑到这一点，减速制动只是欧洲罗塞塔彗星轨道器所需的25%。考虑到相对较小的推进制动，这种任务剖面对采样返回任务特别合适。但是明显的问题是需要对哪些彗星会在不久的将来进行合适的"跳跃"进行预测，目录给出了一些可行的候选者[259-260]。

外太阳系另一个耐人寻味的天体是周期彗星29/施瓦斯曼-瓦茨曼1号（29P/Schwassmann - Wachmann 1）。据估计，该彗星的彗核直径有几十千米大小，而它绕日运行轨道的奇特之处在于以近圆轨道飞行而且在比木星靠外一点的位置。它也时常经历爆发，自身亮度的增加就算没有几百倍也有几十倍，但还没有找到确切的原因。在相似轨道上，还运行着其他彗星，但都没有显示出如此的神秘行为[261]。其他的爆发，例如2007年10月的赫尔墨斯（Holmes）彗星爆发，其亮度在几个小时内就增加了40万倍，肉眼可以看到一片模糊的斑点，据信这是被很厚的"气密"壳体封住的水蒸气瞬间爆炸性释放的结果[262-263]。

考虑到人们对彗星的兴趣，人们越来越迫切地想要实施一次彗星采样返回任务，就像罗塞塔任务最初在20世纪90年代所计划的那样。这将使科学家能够研究复杂有机物的化学成分以及挥发物和水的同位素比率，由于与彗星交会的相对速度很快，样品采集不能采用星尘号使用的气凝胶样品采集器。一个新疆界级的彗星表面采样返回任务是美国第二次十年调查的研究内容之一，其目标是将大约0.5 L的样品带回地球。这个任务将建立在星尘号和深度撞击任务的基础之上，并作为一个更复杂的旗舰任务的探路者，这个旗舰级任务将收集彗核的核心样本，并将其保存在低温下以返回地球。这个航天器将使用可见光和红外相机来对彗核进行测绘并确定采样位置和采集到的样品是否位于活跃区域。然后通过钻或其他装置从几十厘米深度处收集样品。从深度撞击任务的实施结果以及观测到分离出的彗星数量可以看出，从彗星表面获取物质应该是一项相对简单的任务（罗塞塔任务的菲莱着陆器有望证实这一观点）。这个新疆界计划航天器将使用常规或太阳能电推进系统最

① 木星族彗星：短周期彗星中，周期短于20年和低倾角（不超过30°）的被称为木星族彗星。——译者注

终返回地球，释放返回器，该返回器将利用火星采样返回任务进入舱十多年的研究，并增加一个将样品在返回、进入和着陆期间始终保持在－10 ℃以下的系统，防止样品发生改变。

人们相信大多数短周期彗星起源于柯伊伯带，而长周期彗星以及类似于塞德纳的天体似乎来自奥尔特云，对奥尔特云的探索是航天领域的另一个“圣杯”。人们认识到，长周期彗星一定是太阳系最原始的物质，因为它们极少或曾经在近日点受到太阳加热，但制约它们成为最难探索的一类目标的因素有许多：

· 它们像不可预测的幽灵。已知周期最长的彗星是池谷-张彗星（153P/Ikeya - Zhang）。它的运行周期是 341 年，人们仅观测到两次近日点，仍不能预测它在何时回归。

· 它们相对黄道的轨道倾角是随机的。设计在它们轨道升降交点进行交会探测可能使航天器距离太阳和地球都特别远。

· 地球-彗星-航天器三者在交会时的几何位置关系可能不能令人满意。

· 这些彗星需要几个月的观测才能被证实真是长周期彗星，并且获得足够精确的运行轨迹，以对拦截任务进行计算。

· 这些彗星通常是在近日点前的几个月才能发现，因此探测任务必须很快发射，而且飞行时间要尽量短。

· 出于同样的原因，任务不能依靠行星借力飞行。

尽管存在这些限制条件，自 20 世纪 80 年代以来的研究表明，即使以当时发现彗星的效率来看，每年至少应有一次适合的飞行机会[264]。考虑到目前的发现效率要高得多，预计还会有更多的探测机会。例如，2004 年至少新发现了 25 个长周期彗星，相对的 1984 年只新发现了 5 个。小型探测器可能更适合于执行对长周期彗星的飞越任务。它们可以存放在库房中等待探测目标的出现，每年的贮存维护费用预计约为 10 万美元。另外，可以使用美国飞马座号（Pegasus）这样的小型运载器，或俄罗斯真正为能长期贮存而设计的可回收弹道导弹进行发射[265]。

1997 年，海尔-波普彗星（C/1995 O1 Hale - Bopp）提供了实施这种拦截任务的最佳机会之一。估计它的彗核直径为 40 km，是迄今为止观测到的最明亮的彗星之一。它于 1995 年 7 月被发现，比 1997 年 5 月到达近日点提前了近 2 年，轨道周期超过 4 000 年。其轨道升降交点距离太阳仅有 1.1 AU，只比地球到太阳的距离稍远一点。于是开展了假想探测任务的任务剖面计算，可以在 1996 年年初发射探测器，在海尔-波普彗星到达交点时进行拦截。任务将使用 150 kg 的微型探测器，只携带一台宽视场相机和一个磁强计，以便在这种目前发现的最具科学意义的天体其中之一收集数据[266]。我们也曾记得失败的彗核之旅号（CONTOUR）在完成主任务之后，如果出现合适的目标，将很容易对任务重新定向，进行长周期彗星交会探测。如果彗核之旅号在 1997 年就进入太空，它可能会与海尔-波普彗星交会。另一个合适交会的候选者是鹿林彗星（Lulin），它于 2007 年 7 月被发现，并在 2009 年年初到达近日点。没有迹象表明它的运行轨道曾与其他行星相互作用过，因此这可能是它最早几次对内太阳系的短暂访问之一。因为它的轨道几乎与黄道重合，所以它本应是一个容易探测的目标，但由于它是逆行轨道，探测器在与其交会时会产生很高的相对速度。

海尔-波普长周期彗星是已知最明亮的彗星之一，它于1997年经过近日点，
它本应是长周期彗星侦察探测任务的理想目标

对长周期彗星的探测任务应该能够回答太阳系研究的一个基本问题，即不同类别的彗星：木星族小天体、半人马小天体、来自柯伊伯带或奥尔特云的小天体，是否具有不同的化学特征、同位素特征和物理特征。我们现在已经通过地面和太空望远镜以及许多空间交会获得了大量天体的数据信息，但迄今为止，还没能在彗星的动力学与化学特性之间建立任何联系[267]。

在第一次十年调查中提到了对长周期彗星探测的任务，并提出这需要地面望远镜的协助观测。该报告指出，要么需要大大提高在彗星远离太阳时对其发现的能力，要么必须将随时待命的航天器储存在地面或者太阳轨道上。在第二次十年调查中一个发现级别的探测任务被再次提及。

2003年的十年调查中彗星采样返回探测器概念示意图

13.16 日球层之外

除了研究太阳和绕其运行的天体之外，还有一种强烈的愿望是随着旅行者号再进行一次旅行，探索日球层边界和日球层顶的远端的星际介质，对“本星系泡”进行原位取样，这是一个超过400光年宽的空间区域，可能是由于近距离的超新星爆炸而形成的。对宇宙射线、等离子体、中性粒子和尘埃的测量表明，在过去的300万年里，太阳一直在此范围内旅行。科学家还相信，气泡的密度和本地星际介质的密度会影响到达地球的宇宙射线的通量，影响地球的大气，特别是臭氧层。

在2003年的日球层科学十年调查中，一项日球层顶任务获得认可，在两年后纳入了NASA的“太阳物理学路线图”。从那时起，星际边界探测器（Interstellar Boundary Explorer）卫星彻底改变了我们对日球层边界的认识。它发现了来自日球层顶的一个非预期的辐射带，似乎表明了恒星际磁场的方位。它还揭示了太阳磁层与本地星际介质的相互作用和预想的是不同的，且弱于预期。太阳正以非常缓慢的速度穿过星际介质，并且移动方向与原先已知的不同。事实上，太阳的运动速度比星际介质低，意味着在日球层前方并没有形成超声速弓形激波，而是有一个宽而弱的弓形波[268]。进行一次原位探测任务将直接研究日球层顶的结构，并确定星际介质如何影响日球层动力学，以及当然，反之亦然，太阳的存在是如何影响星际空间的。为了能在合理的时间内飞至距日 180 AU 或 200 AU 以远穿越日球层顶，任务对推进系统提出独特的需求。可能的选项包括传统推进、太阳帆、核电推进和放射性同位素温差电源（RTG）供电的离子发动机。核电推进（NEP）选项类似于 20 世纪 80 年代的千天文单位（Thousand Astronomical Unit）方案，由一艘装有反应堆和发动机的“拖船航天器”以及小探测器组成，这些小探测器将在推进阶段完成后被释放。太阳帆和相对较近的太阳飞越被认为是一种较为现实的技术，可以在合理的发射质量和飞行时间内完成对星际探测器的加速[269-271]。

在 21 世纪前 10 年中期，ESA 曾以当时的技术参考研究为背景提出了星际日球层顶探测器。该探测器将在 25 年的时间里沿着太阳向点方向移动 200 AU 的距离。考虑到质量和成本的限制，工程师们认为太阳帆是最有希望的推进技术。探测器将首先向太阳系内盘旋到距离日心 0.25 AU 处，以使探测器在开始加速时能充分利用强烈的太阳光压，并将在 5 AU 的位置抛弃太阳帆并达到预期的速度[272]。最近，一个在 25～30 年到达 200 AU 的太阳帆推进探测器被提议为 ESA 的一项大型任务。

同时在美国，随着 JPL 的实质性的投入，APL 正在研究一种使用 RTG 和离子发动机的创新星际探索者号，同样还要利用木星飞越。它包括一个“低风险”探测器，重 500 kg 自旋稳定，外观类似于先驱者 10 号，装有一个直径 3 m 的高增益天线，能以每秒数千比特的传输速率从距日心 200 AU 的距离传回数据。探测器将由至少两到三台冗余的离子推力器推进，并从多达 6 个 RTG 或斯特林发电机中获得电能。从航天器本体将伸出长 25 m 的天线，用于开展无线电探测和等离子波探测，同时伸出一根较短的悬臂用于安装磁强计。该任务的一个关键问题是在离开太阳系时的渐近速度，进而会影响分配给有效载荷的质量。任务基线要求使用德尔它 4 号重型运载火箭且在其上安装两个额外的固体燃料上面级，或者使用宇宙神 5 号的最强型号，或者使用私人开发的重型猎鹰运载火箭。2014 年将存在使用木星借力去往日球层弓形波区域的轨道，并在之后大约每 12 年（即一个木星年）重复出现。在木星借力后，探测器的离子推力器将需要点火长达 15 年，使得创新星际探索者号飞行 17 年到达 100 AU，并在 29 年内到达 200 AU。使用其他巨行星进行借力将需要更长的飞行时间：土星借力需要 33 年，海王星借力需要 69 年（部分原因是在 22 世纪末之前，海王星借力将不利于使探测器飞向日球层的弓形波区域）。探测器将装有一个磁强计、一台等离子体波接收机和一台用来收集和分析太阳和星际等离子体以及被日球层“捕获”的离子的等离子仪器。其他仪器将包括高能粒子探测器、尘埃传感器和分析仪以及重型原子成像仪。任务决定探测器不携带在木星飞越期间进行成像的相机。此外值得注意的是，为了能收到探测所发出的极其微弱的信号，需要使用改进的深空天线组成的阵列。该任务预计耗资约 16 亿美元，包括德尔它 4 号重型运载[273-275]。当然，鉴于目前缺乏研制 RTG 所需的钚，该任务在接下来的几十年内都不可行。

距离日心 550 AU 的位置在科学上很有意思，因为这是“太阳透镜”的第一个焦点。

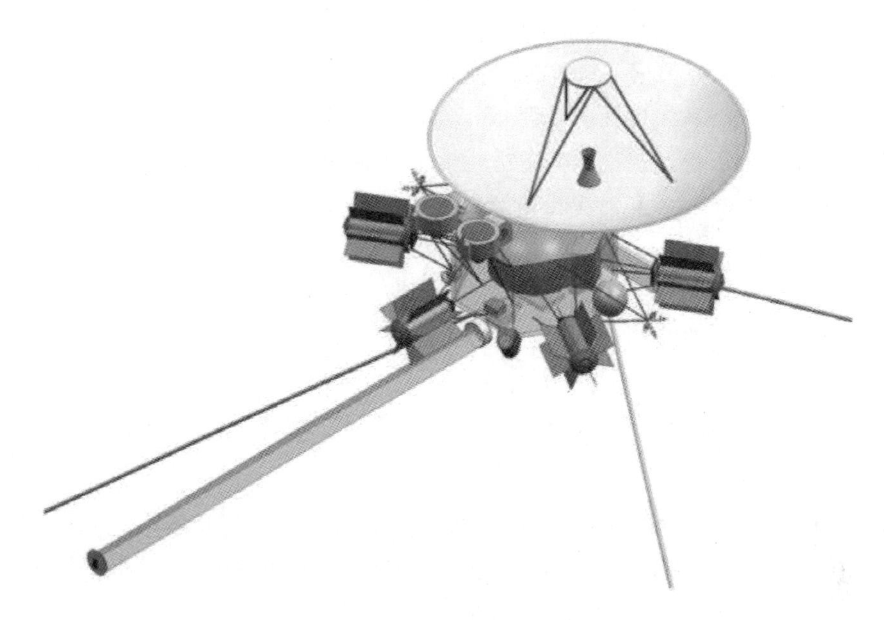

由 RTG 供电的创新星际探索者号的渲染图

阿尔伯特·爱因斯坦在应用他的广义相对论时首次注意到电磁波在大质量下的引力透镜效应。但这几乎快被遗忘了，直到20世纪70年代末，英国天文学家发现了一个由干涉的银河系的引力场产生的“孪生类星体”图像。这才意识到，凝视太阳的电磁波将聚焦在550 AU处，随着凝视距离的增加，将聚焦到更远处。因此，如果将一个航天器放在合适的位置，就相当于其放置了一个直径为150万km（太阳的直径）的透镜，可以将来自太阳系外的电磁波聚焦。搜寻地外文明计划（Search for ExtraTerrestrial Intelligence，SETI）的研究人员已经注意到，这个焦点将是一个“神奇的位置”，可用于在无线电频率上接听来自其他文明的信号并进行星际通信。焦点的另一个应用是对太阳系外行星进行千米级分辨率的成像。距离10″差距[①]的地球大小的行星在太阳透镜上所呈现的像大小将不小于3 km，能被放大得如此巨大，事实上，一个焦点任务将需要一些特殊的推进手段，用以抵消行星围绕其恒星的轨道运动和恒星围绕银河系中心的常规运动所带来的影响。此外，该任务还必须对整个行星盘进行扫描才能建立完整的图像。尽管这些要求看起来很严格，但它们可以通过现有的离子推进技术来满足。除了这种望远镜只能沿着给定的视线方向进行观测，还存在航天器和图像的定位精度都必须达到米级的技术问题。因此，另一些人建议焦点任务应该观察宇宙微波背景，即大爆炸留下的小温度波动，比地球附近获得的清晰度好十亿倍，而不是观察“附近”的天体。根本原因在于微波背景存在于任何方向，不需要航天器相对于焦点位置进行精确导航。但太阳附近的日冕会影响成像质量，降低图像的清晰度，直到非常远的距离才能避免。对于微波背景，估计能够观测的最小距离要

① 1″差距，约3.26光年，以地球公转轨道的平均半径（一个天文单位，1 AU）为底边所对应的三角形内角称为视差。当这个角的大小为1″时，这个三角形的一条边的长度（地球到这个恒星的距离）就称为1″差距。——译者注

763 AU。目前没有非常强烈的进行这种观察的科学兴趣。

如果试图执行这样的任务，面对的挑战是设计一种能够在可接受的时间内到达透镜焦点的航天器。一个旅行者级的任务需要 150 多年才能到达 550 AU。1993 年，一项名为焦点的研究作为中型任务提案提交给了 ESA。该任务需要一个重 800 kg 的航天器，由 RTG 提供动力，装有一个充气展开天线和超过 50 m 的太阳帆，目标是在 25～50 年内到达最近的焦点[276-280]。

13.17 物理学任务

如果没有提及深空物理实验和问题的任务计划，那么本章对未来太阳系任务的调查则并不完整。最著名的例子是 LISA。

在 21 世纪的第一个十年，有许多论文都是关于所谓的先驱者号异常现象，即根据对两次飞往外太阳系的先驱者号任务的无线电跟踪结果，能够推断出存在明显的向日心加速度，约 0.000 000 08 cm/s^2。对此存在各种各样的解释，从巨大的“第十行星”假说到新的引力理论，但如今异常现象已经能被较好地解释为源自探测器热辐射效应，之前并未考虑到。但人们仍设计了相关任务来研究外太阳系中的这种现象。该任务的航天器需要极其精确的无线电跟踪系统，自旋稳定，以及精确校准过的推力器，需要仔细选择 RTG 的安装位置，并且需要精心设计的热控系统。一个被动激光反射器作为“测试质量”与航天器编队飞行，可以对物体间的距离进行精确测量，并对这对物体的加速度进行测量，灵敏度比先驱者号的数据高出 3 个数量级[281-283]。

最近中国和欧洲学者提出了激光天文动力学空间计划（Astrodynamic Space Test of Relativity using Optical Devices，ASTROD），与激光干涉空间天线（Laser Interferometer Space Antenn，LISA）类似，但目的是提高对相对论参数的认识。该任务将解决 20 世纪 70 年代欧洲的太阳轨道相对论实验（Solar Orbiting Relativity Experiment，SOREL）提案的许多任务目标，为了得到高精度的相对论参数，特别要对航天器与地面终端之间的信号进行精确定时，并对一个只受引力作用的“证明质量”进行精确跟踪。对于太阳附近的电磁波弯曲的测量精度将比 2002 年卡西尼号的测量结果高出两个数量级。任务研究了几种配置方案，其中包括研制一颗探测器，由中国长征 4B 中推力运载火箭发射。激光天文动力学空间计划通过一系列金星借力飞行，将进入一个短周期的太阳轨道，在借力飞行期间可以精确测量行星的质量和其他特性。这个项目作为“宇宙愿景”计划的一部分提交 ESA，一同提交的还有类似的太阳轨道相对论测试（Solar Orbit Relativity Test，SORT），但两个计划均没有执行。自此以后，中国科学家就专注于推进一项由中国主导的与 LISA 类似的任务，名为激光天文动力学引力波探测任务（ASTROD - GW），专门为探测引力波而进行了优化。该任务将包括三个探测器，分别位于日地拉格朗日 L3、L4 和 L5 点，形成一个等边三角形，边长约 2.6×10^8 km；L3 点位于地球与太阳连线对面距日心 1 AU 的位置[284-285]。

13.18　总结

在最后一章中提到的一些项目和疯狂的想法得到了相关机构的批准和资助，另外一小部分项目可能在未来几十年内实现，但其余的可能在可预见的未来仍将停留在科幻小说领域。尽管这些任务概念所设想的一些技术进步可能永远无法实现，但只要思考一下这些概念，仍会有助于开阔我们的视野。50 年前，发射探测器探索深空的想法仍属于科幻。一方面，我们正在探索科学的“新疆界”，而另一方面又仍然停留在我们的后院，这就是真实的太阳系。我们想要的所有资源源自那里。我们所需要的，尤其是在金融危机时期，是对上述现实情况的理解、政治上的承诺和公众的支持。

第14章　进　展

14.1　3MV和苏联探测器

最近苏联政府文件的解密揭示了1963年11月11日和1964年2月19日两次失败的深空探测器的真实情况。前者被描述为一次3MV航天器的飞行测试，为金星和火星任务做准备，其中包括一次月球飞越，类似于后来探测器3号进行的飞越；后者是一次演示验证任务，飞行距离相当于与金星交会的距离，是在1964年3月和4月前往金星的发射窗口开启前不久发射的。探测器1号将在该窗口发射。两个航天器的平台都为3MV-1A，类似于3MV-1金星着陆器，包括探测器1号和金星3号。

现在公开了3MV-1A是苏联探测器系列的工程样机，设计为1964年金星和火星飞行的探路者。两个探测器进入距日心大约1 AU的轨道，轨道平面与黄道面的夹角至少5°，周期为一年。在两个探测器6个月工作期间，它们将位于黄道以北，并在发射后3个月左右到达距地球1 200万km至1 600万km的最远距离。探测器将收集太阳紫外线、X射线数据以及行星际环境的数据，并由于飞行位置的特点，可几乎始终与苏联地面无线电天线保持联系。在经过两次轨道修正后，第一颗探测器将释放重270 kg的返回舱，并尝试以逃逸速度着陆地球，以验证返回舱及其降落伞的设计。实际上，第一个探测器仅停留在了近地轨道上，并被命名为宇宙21号。而第二颗甚至没有进入轨道，目前尚不清楚它是否已返回地球，或已开展金星距离的深空测试。不过值得一提的是，探测器在1964年8月之前应该没有再入地球，而此时金星着陆器已经到达了金星，因此没有向金星着陆任务提供任何有价值的工程数据。

苏联还提出了升级的探测器工程样机——3MV-4A，将在距离渐远的过程中开展地球成像测试，并在远至2 AU（3亿km）的距离开展深空通信测试。任务将在1964年4月或5月发射，金星窗口刚刚关闭后不久，但实际情况未知。一种可能是探测器从未发射；另一种可能是它在次年11月以探测器2号的身份发射前往了火星。在后一种情况下，很可能考虑将探测器2号的目标定为撞击火星，以将苏联的旗帜送上火星表面。

14.2　水手火星69任务

水手6号和水手7号的拓展任务一直支持到1970年12月31日。对两个探测器的遥测信号接收持续到12月21日。在12月23日至30日，两个探测器均被设置为任务“最终状态”，关闭发射机。水手7号信号的丢失是因为探测器开始翻滚，这显然是因为它的姿态控制气体已经耗尽。

14.3 旅行者号星际任务

近几年来，旅行者1号已经穿越了日球层顶，这是日球层和星际空间的边界。

佐证这一点的第一个迹象是，在距日心113 AU以外，太阳粒子的径向速度基本降为零。这种现象预期会发生在日球层顶，在那里粒子预期会被偏转，在边界的表面上流动。因此，为验证探测器是否到达了这一边界，从2011年3月开始，地面命令探测器每2个月执行若干次滚转动作，以扫描探查周围的环境。结果发现，这些粒子在任何方向上的速度几乎都为零，看起来还没有到达日球层顶。

2012年7月28日，旅行者1号记录到太阳粒子急剧下降，同时银河射线的水平增加，这是另一种预期会在日球层边界发生的现象。这是低能量的银河宇宙射线第一次能够畅通无阻地到达航天器的传感器。到8月25日为止，记录到了5次类似的事件，距离大约122 AU，当时太阳粒子的通量下降至低于原来的1/1 000，然后保持稳定。对随后几个月的数据分析表明，磁场强度也随着这些事件的发生而产生了变化，尽管磁场的方向没变。后者预期会在日球层顶发生变化，并能模拟星际磁场的方向。因此科学家宣布，旅行者1号还没有离开日球层，实际上还在一块位于太阳主导空间和星际空间之间未被探索且未知的连接区域，称为“磁性高速”或“日光鞘耗尽”区。但并不是所有科学家都同意这个观点，许多人认为，尽管磁场方向没有发生变化，但其他所有的证据都表明旅行者1号已经进入了星际空间。

等离子体数据的缺失使得这一困惑难以解决，其密度预期会在日球层边界处增加。不幸的是，能够进行直接测量的实验仪器很早就失效了。关键的证据来自2013年4月9日监测的一次太阳爆发。等离子体波仪器记录的波表明电子密度比探测器在日球层内记录的要大几十倍，并且接近星际空间的预期密度。此外，正如预期的那样，随着旅行者1号继续远离太阳，密度似乎还在增加。2013年9月，NASA宣布旅行者1号已于2012年8月25日离开了日球层。

考虑到磁场的方向并没有改变，日球层磁场和星际空间磁场间的相互作用看起来比预期要复杂得多。新的模型和仿真似乎表明，日球层顶的结构中星际磁场与太阳磁场只相交了一个很小的角度，因此预期不会发生磁场方向的改变。

旅行者2号，具有工作正常的等离子体仪器，比旅行者1号落后数十亿千米，可能在21世纪10年代后期某个时候离开日球层。

14.4 国际彗星探测器（ICE）

经过9年的沉默，2008年9月18日地面接收到了从国际彗星探测器发出的一个无线电载波信号。当时，NASA收到很多任务提案，以在航天器2014年8月10日返回地球附

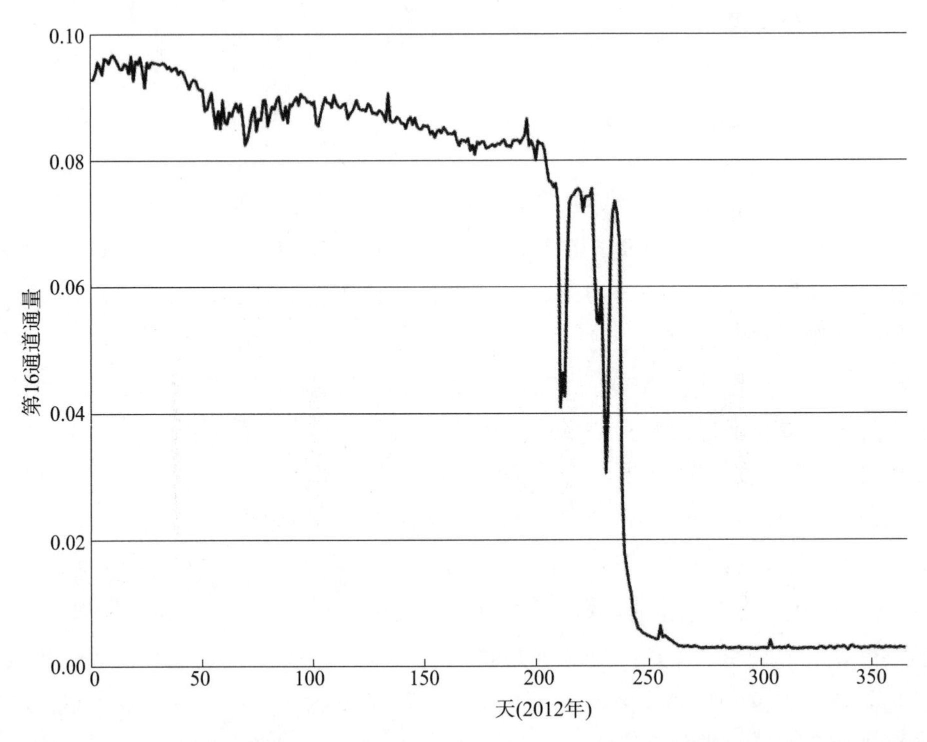

旅行者 1 号在 2012 年记录到的太阳质子通量，在 8 月 25 日通过日球层边界时发生了急剧下降

近后进行另一次拓展任务，并提供资金。其中最有趣的提案，预计持续 6 年时间花费约 2 200 万美元，是使国际彗星探测器在地月拉格朗日 L1 点停留 4 年时间，然后在 2018 年利用月球飞越重新进入太阳轨道，并于 12 月 14 日穿越彗星维尔塔宁（46P/Wirtanen）的彗尾，距离地球 0.08 AU。届时詹姆斯·韦伯太空望远镜（假设那时可以运行的话）也可以同时观测到这颗彗星，并表征其特征。这颗 40 岁的探测器可能不会提供什么科学知识，此次任务主要是作为工科学生的教育工具，他们将参与轨道和机动的设计、规划和实施。在本书编写时，尚没有一项拓展任务得到批准或资助。

14.5 尤利西斯黄道外任务

尤利西斯探测器的测控发射机在 2009 年 6 月 30 日关闭，因为当时探测器距离地球已超过 5 AU，传输数据速率已经下降到几乎不可用的水平。这是 ESA 寿命最长的任务。

14.6 卡西尼任务

卡西尼号仍在观测土星，包括它的磁层、环和卫星，尤其是土卫六和土卫二。

对于土卫六，重力场及其内部的详细建模似乎表明坚硬和厚的冰壳无法与地质活跃的星球表面相匹配。这就排除了发现火山存在迹象的可能性，也使得大气中甲烷的神秘性悬而未决，这些甲烷原本会被太阳紫外线迅速消毁。另一方面，通过研究土卫六在绕偏心轨道运行中6次近距离“引力飞越”时地壳如何对变化的潮汐作用做出反应，有可能推断出在土卫六100 km厚的地壳下面，存在几百千米厚的全球液态海洋。

对于土卫二，通过对2005—2012年间可见光和红外测绘光谱仪200多次观测的分析，科学家们得以探测到羽流活动和这颗卫星略微偏心的轨道的位置之间的关联。当土卫二处于远拱点时，表面的虎条纹比近拱点经受更大的张力，羽流看起来也要明亮数倍。

卡西尼号在2012年5月20日以1 900 km距离飞越时，看到的直径3.2 km的“卵形卫星”土卫三十二

14.7 火星快车

2013年12月，ESA的火星快车再次进行了一系列的火卫一近距离飞越。12月29日，火星快车以45 km的距离创造了自身飞越火卫一的最近距离纪录。在如此近的距离，相机无法使用，只能通过获得的无线电跟踪数据，来进一步完善我们对火卫一重力场和内部结构的认识。

14.8 火星探测漫游者机遇号

通过研究位于奋进撞击坑约克角的Matijevic山的裸露岩石，机遇号发现了微小的嵌入球状物，除了形状之外，与早些时候发现的“蓝莓”没有任何共同之处。这些球状物的直径只有3 mm，可能是火山喷发形成的火山砾，也可能是在撞击过程中形成的球状物，或者实际是由其他地质过程所形成的。然后巡视器检查了颜色明亮的Esperance裸露岩石。这块岩石似乎曾与大量的水接触过，其黏土状矿物的成分与巡视器之前所探测到的其他任何岩石都不同。

在经历2013年4月的合日之后，机遇号继续向南行驶，前往索兰德高地（Solander Point），其位于撞击坑边缘下一个岬角的北端，轨道探测表明那里具有更强的黏土特征。在第3 303个太阳日，机遇号行驶总里程已达到了35.760 km，打破了由阿波罗17号航天员在月球上创下的行驶记录。这使得它成为继苏联月球车2号之后行驶里程第二长的行星巡视器，根据最近的估计，月球车2号在月球上的行驶距离在42.1～42.2 km（几乎是一场马拉松）。机遇号于8月抵达了索兰德高地，在冬季休眠前有充足的时间探索该区域。2014年1月25日，机遇号庆祝了其不同凡响的第10年工作。

术语表

简称	全称	中文
ACE	Advanced Composition Explorer	先进成分探测器
Aerobraking (气动刹车)		一种航天器通过不断进入行星大气层耗散能量而改变运行轨道的机动方式
Aerocapture (气动捕获)		一种航天器通过穿过行星大气层减速进入环绕轨道的机动方式
Aerogel (气凝胶)		硅基泡沫，凝胶的液体成分替换成气体或真空，因此密度很低，在太空的真空环境非常有效
AIDA	Asteroid Impact and Deflection Assessment	小行星撞击和偏转评估
AIM	Asteroid Impact Mission	小行星撞击任务
Aphelion (远日点)		绕日轨道上距太阳的最远点，反之则是近日点 (Perihelion)
APIES	Asteroid Population Investigation and Exploration Swarm	小行星数量调查和星座探索任务
APL	Applied Physics Laboratory	应用物理实验室
Apoapsis (远拱点)		在任一椭圆轨道上距离天体的最远点。使用该词用来避免复杂的命名法，但作为特定天体的专门术语经常被使用。唯一使用的例外是地球（远地点 apogee）和太阳（远日点 aphelion)。与远拱点相反的是近拱点
Apogee (远地点)		卫星轨道距离地球的最大距离。与其相反的是近地点
ARES	Aerial Regional - scale Environmental Survey	航空区域环境调查项目
ARM	Asteroid Return Mission	小行星返回任务
ASI	Agenzia Spaziale Italiana (Italian Space Agency)	意大利航天局
ASRG	Advanced Stirling Radioisotope Generator	先进斯特林放射性同位素发电器
ASTROD	Astrodynamic Space Test of Relativity using Optical Devices	激光天文动力学空间计划
Astronomical Unit (天文单位)		1 个天文单位是日地平均距离的近似值，为 149 597 870 691 (±30) m
AU	Astronomical Unit	天文单位
AVIATR	Aerial Vehicle for In - situ and Airborne Titan Reconnaissance	原位和机载土卫六侦察飞行器
BEE	Belt Explorer	主带探索者探测器

续表

简称	全称	中文
Booster（助推火箭）		用于提高运载火箭升空推力的辅助火箭
Bus（平台）		若干航天器的通用部分
CAST	Chinese Academy of Space Technology	中国空间技术研究院
CCD	Charge Coupled Device	电荷耦合器件
CE	Chang'e Chinese lunar probes	中国嫦娥月球探测器
CHON	Carbon，Hydrogen，Oxygen，Nitrogen rich molecules	富含碳、氢、氧、氮的分子
Chopper	Comet Hopper	彗星跳跃者
CMOS	Complementary Metal-Oxide Semiconductor	互补金属氧化物半导体
CNES	Centre National d'Etudes Spatiales（the French National Space Studies Center）	法国国家空间研究中心
Conjunction（合）		观察者所看到的太阳系物体接近太阳的时间过程。太阳位于观察者和物体之间的连接称为“上合”。物体位于观察者和太阳之间的连接称为“下合”。另见“opposition（冲）”
CNSA	Chinese National Space Administration	中国国家航天局
CNSR	Comet Nucleus Sample Return	彗核采样返回
CONTOUR	Comet Nucleus Tour	彗核之旅
COROT	COnvection，ROtation and planetary Transits	对流、旋转和行星横越任务
Cosmic velocities（宇宙速度）		有三种典型的宇宙飞行速度
First cosmic velocity（第一宇宙速度）		卫星进入低地球轨道所需的最小速度，约8 km/s
Second cosmic velocity（第二宇宙速度）		物体逃离地球引力场所需的速度，从地面计算，约11 km/s，也称为“逃逸速度”
Third cosmic velocity（第三宇宙速度）		物体逃离太阳系所需的速度
COSPAR	the United Nations' Committee on Space Research	联合国空间研究委员会
CRAF	Comet Rendezvous/Asteroid Flyby	彗星交汇/小行星飞越
Cryogenic propellants（低温推进剂）		可以在非常低的温度下及大气压下以液态储存的推进剂，例如，氧是低于−183 ℃的液体
DART	Demonstration of Autonomous Rendezvous Technology	自动交会技术演示
DART	Double Asteroid Redirection Test	双小行星重定向测试

续表

简称	全称	中文
Deep Space Network（深空网络）		美国国家航空航天局建立的一个全球网络，提供与深空机器人任务的全天候通信
DFH	Dong Fang Hong	中国东方红卫星
Direct ascent（直接上升）		深空探测器从地球表面直接发射到另一个天体而不进入停泊轨道的轨道
DIXI	Deep Impact eXtended Investigation	深度撞击扩展勘察任务
DLR	Deutsche Zentrum für Luft－und Raumfahrt	德国航天局
DS	Deep Space	深空
DSN	Deep Space Network	深空网络
DUNE	Dust Near Earth	地球附近尘埃
DZhVS	Dolgozhivushaya Veneryanskaya Stanziya	长期金星探测器
Ecliptic（黄道）		地球绕太阳公转的平面
Ejecta（溅射物）		源自火山喷发的物质，或源自撞击坑、沉积在火山源周围的物质
EJSM	Europa and Jupiter System Mission	木卫二和木星系统任务
EPOCh	Extrasolar Planet Observation and Characterization	太阳系外行星观测和描述特征
EPOXI	EPOCh＋ DIXI	
EREP	European Robotic Exploration Program	欧洲无人探测项目
ESA	European Space Agency	欧洲空间局
Escape speed（逃逸速度）		见宇宙速度
ESRO	European Space Research Organization	欧洲空间研究组织
EVE	European Venus Explorer	欧洲金星探测器
EXCEED	EXtreme ultraviolet spectrosCope for ExosphEric Dynamics	极紫外分光光度计
Flyby（飞越）		航天器与天体之间以较快的相对速度和较短的持续时间实施近距离接触
GEMS	Geophysical Monitoring Station	地球物理监测站
GPS	Global Positioning System	全球定位系统
GRAIL	Gravity Recovery and Interior Laboratory	重力重建和内部实验室
GSFC	Goddard Space Flight Center	戈达德航天飞行中心
GSLV	Geostationary Satellite Launch Vehicle	地球同步卫星运载火箭
HiRISE	High－Resolution Imaging Science Experiment	高分辨率成像科学实验
HIVE	Hub and Interplanetary Vehicle	核心行星际飞行器
HST	Hubble Space Telescope	哈勃太空望远镜

续表

简称	全称	中文
Hypergolic propellants（自燃推进剂）		两种液体推进剂，接触后会自燃，不需要点火系统。典型的自燃剂是肼和四氧化二氮
IAU	International Astronomical Union	国际天文学联合会
IBEX	Interstellar Boundary Explorer	星际边界探测器
ICE	International Cometary Explorer	国际彗星探测器
IKAROS（伊卡洛斯）	Interplanetary Kite - craft Accelerated by Radiation Of the Sun	利用太阳辐射加速的行星际风筝飞行器
IKI	Institut Kosmicheskikh Isledovanii	俄罗斯空间研究所
iMARS	International Mars Architecture for the Return of Samples	国际火星取样返回框架
INPE	Instituto Nacional de Pesquisas Espaciais	巴西国家空间研究所
INSIDE Jupiter	INterior Structure and Internal Dynamical Evolution of Jupiter	木星内部结构与内部动力演化任务
INSIDER	Interior of Primordial Asteroids and the Origin of Earth's Water	原始小行星内部结构和地球水起源探测器
InSight	Interior Exploration using Seismic Investigations, Geodesy and Heat Transport	利用地震勘测、大地测量和热传导的内部探测
INSPIRE	Interplanetary NanoSpacecraft Pathfinder In Relevant Environment	行星际相关环境纳航天器级探路者号
IRAS	Infrared Astronomy Satellite	红外天文学卫星
ISAS	Institute of Space and Astronautical Sciences	日本空间科学研究所
ISHTAR	Internal Structure High - resolution Tomography by Asteroid Rendezvous	小行星内部结构高分辨率断层成像
ISIS	Impactor for Surface and Interior Science	表面和内部科学撞击器
ISO	Infrared Space Observatory	红外空间天文台
ISON	International Scientific Optical Network	国际科学光学监测网
ISRO	Indian Space Research Organization	印度空间研究组织
ISS	International Space Station	国际空间站
IXO	International X - Ray Observatory	国际 X 射线天文台
JAXA	Japanese Aerospace Exploration Agency	日本宇宙航空研究开发机构
JEO	Jupiter Europa Orbiter	木星木卫二轨道器
JET	Journey to Enceladus and Titan	土卫二和土卫六之旅
JGO	Jupiter Ganymede Orbiter	木星木卫三轨道器
JIMO	Jupiter Icy Moon Orbiter	木星冰卫星轨道器
JPL	Jet Propulsion Laboratory	喷气推进实验室（加州理工学院的一个实验室，受美国航空航天局管辖）

续表

简称	全称	中文
JUICE	Jupiter Icy Moons Explorer	木星冰卫星探测器
LADEE	Lunar Atmosphere and Dust Environment Explorer	月球大气和尘埃环境探测器
Lagrangian Points（拉格朗日点）		引力系统的5个平衡点，包括两个大天体（例如太阳和一颗行星）和第三个可忽略的质量体
Lander（着陆器）		设计用于着陆在其他天体表面的航天器
LaRC	Langley Research Center	兰利研究中心
Launch window（发射窗口）		可以发射航天器以确保它到达期望轨迹的时间段
Lidar	laser radar	激光雷达
LINEAR	Lincoln Near Earth Asteroid Research	林肯近地小行星研究
LISA	Laser Interferometric Space Antenna	激光干涉空间天线
LOCO	Long period Comet Observe	长周期彗星观测
LUGH	Low - cost Unified Geophysics at Hermes	低成本水星统一地球物理学探测器
MAI	Moscow Aviation Institute	莫斯科航空研究所
MARGE	Mars Autonomous Rovers for Geological Exploration	火星地质勘探自主巡视器
MARVEL	Mars Volcanic Emissions and Life	火星火山喷发与生命
MASCOT	Mobile Asteroid Surface Scout	可移动的小行星地表侦察员
Master	Mars+ Asteroid	火星＋小行星
MATADOR	Mars Advanced Technology Airplane for Deployment, Operations and Recover	可部署、使用和回收的火星先进技术飞机
MAVEN	Mars Atmosphere and Volatile Evolution	火星大气与挥发物演化探测器
MAX - C	Mars Astrobiology Explorer - Cacher	火星天体生物学探险者-捕捉者
MEJI	Mars Exploration Joint Initiative	火星探索联合倡议
MELOS	Mars Exploration with Landers and Orbiters Synergy	火星着陆器和轨道器协同探测
MER	Mars Exploration Rovers	火星探测漫游者
MESSENGER	Mercury Surface, Space Environment, Geochemistry and Ranging	水星表面、空间环境、星球化学和测距
MetNet	Meteorological Network	气象网络
MINERVA	Micro/Nano Experimental Robot Vehicle for Asteroid	小行星微型巡视器
MIT	Massachusetts Institute of Technology	麻省理工学院
MMO	Mercury Magnetospheric Orbiter	水星磁层轨道器
MMRTG	Multi - Mission RTG	多任务放射性同位素温差电源
MOM	Indian Mars Orbiter Mission	印度火星轨道器任务
MPCV	Multi - Purpose Crew Vehicle	多用途载人飞船
MPO	Mercury Planetary Orbiter	水星行星轨道器

续表

简称	全称	中文
MRO	Mars Reconnaissance Orbiter	火星勘测轨道器
MSL	Mars Science Laboratory	火星科学实验室
MSL	Mars Smart Lander	火星小型着陆器
MUSES	MU [rocket] Space Engineering Satellite	MU（火箭）空间工程卫星
NASA	National Aeronautics and Space Administration	美国国家航空航天局
NASDA	National Space Development Agency	日本国家航天发展局
NEAP	Near Earth Asteroid Prospector	近地小行星勘探者
NEAR	Near - Earth Asteroid Rendezvous	近地小行星交会探测器
NEOCam	Near - Earth Objects Camera	近地天体相机
NEOSSat	Near - Earth Object Survey Satellite	近地天体监视卫星
NEP	Nuclear Electric Propulsion	核电推进
NEXT	NASA Evolutionary Xenon Thrusters	NASA 改进型氙推力器
NGO	New Gravitational wave Observatory	新引力波天文台
NIMO	Neptune Icy Moons Orbiter	海王星冰卫星轨道器
Occultation（掩星）		从观察者视角看去，一个物体从另一个物体的前面经过并将其遮住的现象
ONERA	Office National d'Etudes et de Recherches Aérospatiales	法国国家航空航天研究办公室
Orbit（轨道）		一条天体或航天器相对于其中心天体的运行轨迹。可能有三种情况
Elliptical orbit（椭圆轨道）		一条封闭的轨道，天体每半个周期从距中心天体的最小距离移动到最大距离。这是天然和人造卫星围绕行星以及行星围绕太阳运转的轨道
Parabolic orbit（抛物线轨道）		一条开放的轨道，天体从距中心天体的最小距离，在无限长的时间以零速度到达无穷远处。这是一个纯粹的抽象概念，但是许多彗星围绕太阳的轨道可以用这种方式得到充分的描述
Hyperbolic orbit（双曲线轨道）		一条开放的轨道，天体从距中心天体的最小距离，以非零速度到达无穷远处。这充分描述了飞行器在飞越机动中相对于行星的轨迹
Opposition（冲）		从观察者视角看去，太阳系天体出现在太阳对面的时刻
Orbiter（轨道器）		绕天体运行的航天器
OSIRIS	Origins, Spectral Interpretation, Resource Identification and Security	起源、光谱释义、资源识别和安全

续表

简称	全称	中文
OSIRIS－REx	Origins，Spectral Interpretation，Resource Identification，Security，Regolith Explorer	起源、光谱释义、资源识别、安全和风化层探测器
OSS	Outer Solar System mission	外太阳系任务
Parking orbit（停泊轨道）		深空探测器在飞往目标之前多使用的低地球轨道。这放松了对发射窗口的限制，消除了运载火箭的弹道误差。与其相反的是 direct ascent（直接上升）
Periapsis（近拱点）		任一轨道上距中心天体距离最小的点，另见 Apoapsis（远拱点）
Perigee（近地点）		卫星距地球距离最小的点。与其相反的是 Apcgee（远地点）
Perihelion（近日点）		在日心轨道上与太阳距离最近的点，与此含义相反的名词是 Aphelion（远日点）
POSSE	Pluto and Outer Solar System Explorer	冥王星和外太阳系探测器
PPCO	Planetary Protection Coordination Office	行星保护合作办公室
PREMIER	Programme de Retour d'Echantillons Martiens et Installation d'Expériences en Reseau	火星采样品返回和网络试验建设计划
PriME	Primitive Material Explorer	原始物质探险器
PROCYON	PRoximate Object Close flYby with Optical Navigation	光学导航抵近天体近距离观测系统
PSLV	Polar Satellite Launch Vehicle	极地卫星运载火箭
‘Push － broom’ camera（推扫式相机）		由单行像素组成的数码相机，第二纬度尺寸由相机本身的运动产生
RAVEN	Radar at Venus	金星雷达
Rendezvous（交会）		两个航天器或天体之间以较低的相对速度相遇
REP	Radioisotope Electric Propulsion	放射性同位素电推进
Retrorocket（反推火箭）		一种推力矢量与航天器的运动方向相反的火箭，用于航天器制动
Rj	Jupiter radii	木星半径（约 71 200 km）
ROLAND	Rosetta Lander	罗塞塔着陆器
Rover（巡视器，漫游者）		一种用于探测另一天体的表面的移动航天器
RTG	Radioisotope Thermal Generator	放射性同位素热发电机
SAGE	Venus Surface and Atmosphere Geochemical Explorer	金星表面、大气和地球化学探测器
SCIM	Sample Collection for Investigation of Mars	火星探测样品采集
SECCHI	Sun－Earth Connection Coronal and Heliospheric Investigation	日地关联日冕和日球探测器

续表

简称	全称	中文
SEP	Solar Electric Propulsion	太阳能电推进
SETI	Search for Extra Terrestrial Intelligence	搜寻地外文明计划
SIMONE	Smallsat Interception Mission to Objects Near - Earth	使用小型卫星拦截近地天体任务
SLS	Space Launch System	太空发射系统
SMART	Small Missions for Advanced Research in Technology	小型先进技术研究任务
SOFIA	Stratospheric Observatory for Infrared Astronomy	平流层红外天文观测台
SOHO	Solar and Heliospheric Observatory	太阳和日球层天文台
Sol（火星太阳日）		1个火星太阳日（Martian Solar Day），时长为地球的24 h 39 min 35.244 s
Solar flare（太阳耀斑）		太阳色球爆炸产生的强大高能粒子源
SOLO	Solar Orbiter	太阳轨道器
SOREL	Solar Orbiting Relativity Experiment	太阳轨道相对论实验
SORT	Solar Orbit Relativity Test	太阳轨道相对论测试
Space probe（空间探测器）		用来在短距离内探测其他天体的航天器
SPC	the ESA Science Programme Committee	ESA科学项目委员会
Spectrometer（光谱仪）		一种测量一部分电磁频谱中辐射能量随波长变化的仪器。以波长范围命名，例如紫外光谱仪、红外光谱仪、伽马射线光谱仪等
Spin stabilization（自旋稳定）		一种航天器稳定系统（方式），通过使航天器围绕其主惯性轴旋转来维持姿态
SPORT	Sky Polarization Observatory, Solar Polar Orbit Radio Telescope	天空极化天文台，太阳极轨射电望远镜
STEREO	Solar Terrestrial Relations Observatory	日地关系天文台
TANDEM	Titan and Enceladus Mission	土卫六和土卫二任务
TEGA	Thermal and Evolved Gas Analyzer	热演化气体分析仪
Telemetry（遥测）		航天器通过无线电系统传送工程和科学数据
TGE	The Great Escape	大逃亡
TGO	Trace Gas Orbiter	微量气体探测器
THEMIS	Time History of Events and Macroscale Interactions during Substorms	磁层亚暴期间事件时间历程和宏观相互作用

续表

简称	全称	中文
3 - axis stabilization		一种航天器稳定系统，其中航天器的轴线相对于恒星和其他参考物（太阳、地球、目标行星等）保持固定的姿态
THOR	Tracing Habitability, Organics and Resources	追踪可居住性、有机物和资源
TiME	Titan Mare Explorer	土卫六海探测器
TSSM	Titan Saturn System Mission	土卫六和土星系统任务
UHF	Ultra - High radio Frequency	超高频
UMVL	Universalnyi Mars, Venera, Luna; Universal for Mars, Venus and the Moon	火星、金星和月球通用平台
UNITEC	University space engineering consortium Technology Experiment Carrier	大学空间工程联合会技术实验载体
UTC	Universal Time Coordinated	世界协调时（格林尼治的平均时间）
VCO	Venus Climate Orbiter	金星气候轨道器
VEGA（织女星运载火箭）	Vettore Europeo di Generazione Avanzata	欧洲新一代运载火箭
VEP	Venus Entry Probe	金星进入探测器
VEVA	Venus Exploration of Volcanoes and Atmosphere	金星火山和大气探测任务
VISE	Venus In - Situ Explorer	金星原位探测器
VITaL	Venus Intrepid Tessera Lander	金星无畏泰塞拉着陆器
VLBI	Very Long Baseline Interferometry	甚长基线干涉测量
VLT	Very Large Telescope	甚大望远镜
VSE	Vision for Space Exploration	太空探索愿景
WISE	Wide - field Infrared Survey Explorer	宽视场红外勘测探测
WSB	Weak Stability Boundaries	弱稳定边界
YORP	Yarkovsky—O'Keefe—Radzievskii - Paddack effect	亚尔科夫斯基效应

附录1　太阳系探测编年史（2004—2013年）

太阳系探测器（2004—2013年）

日期	事件
2005年7月4日	深度撞击(Deep Impact)探测器撞击了彗星坦普尔1号
2006年2月28日	新视野号(New Horizons)探测器飞越了木星
2006年3月10日	火星勘测轨道器(Mars Reconnaissance Orbiter)进入了环绕火星轨道
2006年4月11日	金星快车(Venus Express)进入了环金星轨道
2008年5月25日	凤凰号(Phoenix)着陆在火星北极
2010年6月8日	伊卡洛斯(IKAROS)成为首个在轨展开的太阳帆
2010年7月10日	罗塞塔(Rosetta)探测器飞越了小行星司琴星
2010年11月4日	深度撞击探测器飞越了彗星哈特利2号
2011年3月18日	信使号(MESSENGER)进入了环绕水星轨道
2011年7月16日	黎明号(Dawn)进入了环绕灶神星(Vesta)轨道
2012年8月6日	好奇号(Curiosity)着陆在火星盖尔(Gale)撞击坑
2012年12月13日	嫦娥二号以小于2 km近距离飞越了图塔蒂斯

附录 2　行星探测器发射列表（1960—2013 年）

行星探测器

发射日期	探测器名称	主要目标	运载工具	发射场	国家	数量
1960 年 3 月 11 日	先驱者 5 号	绕日轨道	雷神 Able IV	卡纳维拉尔角（Cape Canaveral）	美国	1
1960 年 10 月 10 日	（1M No. 1）	火星	8K78 闪电	丘拉塔姆(Tyuratam)	苏联	1
1960 年 10 月 14 日	（1M No. 2）	火星	8K78 闪电	丘拉塔姆	苏联	1
1961 年 2 月 4 日	（1VA No. 1）	金星	8K78 闪电	丘拉塔姆	苏联	1
1961 年 2 月 12 日	[金星(Venera)1 号]	金星	8K78 闪电	丘拉塔姆	苏联	1
1962 年 7 月 22 日	[水手(Mariner)1 号]	金星	宇宙神 Agena B	卡纳维拉尔角	美国	1
1962 年 8 月 25 日	（2MV－1 No. 1）	金星	8K78 闪电	丘拉塔姆	苏联	1
1962 年 8 月 27 日	水手 2 号	金星	宇宙神 Agena B	卡纳维拉尔角	美国	1
1962 年 9 月 1 日	（2MV－1 No. 2）	金星	8K78 闪电	丘拉塔姆	苏联	1
1962 年 9 月 12 日	（2MV－2 No. 1）	金星	8K78 闪电	丘拉塔姆	苏联	1
1962 年 10 月 24 日	（2MV－4 No. 1）	火星	8K78 闪电	丘拉塔姆	苏联	1
1962 年 11 月 1 日	[火星(Mars)1 号]	火星	8K78 闪电	丘拉塔姆	苏联	1
1962 年 11 月 4 日	（2MV－3 No. 1）	火星	8K78 闪电	丘拉塔姆	苏联	1
1963 年 11 月 11 日	（3MV－1A No. 1）	地球返回	8K78 闪电	丘拉塔姆	苏联	1
1964 年 2 月 19 日	（3MV－1A No. 2）	绕日轨道	8K78 闪电	丘拉塔姆	苏联	1
1964 年 3 月 27 日	（3MV－1 No. 3）	金星	8K78 闪电	丘拉塔姆	苏联	1
1964 年 4 月 2 日	[探测器(Zond)1 号]	金星	8K78 闪电	丘拉塔姆	苏联	1
1964 年 11 月 5 日	（水手 3 号）	火星	宇宙神 Agena D	卡纳维拉尔角	美国	1
1964 年 11 月 28 日	水手 4 号	火星	宇宙神 Agena D	卡纳维拉尔角	美国	1
1964 年 11 月 30 日	（探测器 2 号）	火星	8K78 闪电	丘拉塔姆	苏联	1
1965 年 7 月 18 日	探测器 3 号	月球飞越	8K78 闪电	丘拉塔姆	苏联	1
1965 年 11 月 12 日	（金星 2 号）	金星	8K78M 闪电	丘拉塔姆	苏联	1
1965 年 11 月 16 日	（金星 3 号）	金星	8K78M 闪电	丘拉塔姆	苏联	1
1965 年 12 月 16 日	（3MV－4 No. 6）	金星	8K78M 闪电	丘拉塔姆	苏联	1
1965 年 11 月 23 日	先驱者 6 号	绕日轨道	雷神 Delta E	卡纳维拉尔角	美国	1
1966 年 8 月 17 日	先驱者 7 号	绕日轨道	雷神 Delta E1	卡纳维拉尔角	美国	1
1967 年 6 月 12 日	金星 4 号	金星	8K78M 闪电	丘拉塔姆	苏联	1
1967 年 6 月 14 日	水手 5 号	金星	宇宙神 Agena D	卡纳维拉尔角	美国	1
1967 年 6 月 17 日	（4V－1 No. 311）	金星	8K78M 闪电	丘拉塔姆	苏联	1
1967 年 12 月 13 日	先驱者 8 号	绕日轨道	雷神 Delta E1	卡纳维拉尔角	美国	1

续表

发射日期	探测器名称	主要目标	运载工具	发射场	国家	数量
1968 年 11 月 6 日	先驱者 9 号	绕日轨道	雷神 Delta E1	卡纳维拉尔角	美国	1
1969 年 1 月 5 日	金星 5 号	金星	8K78M 闪电	丘拉塔姆	苏联	1
1969 年 1 月 10 日	金星 6 号	金星	8K78M 闪电	丘拉塔姆	苏联	1
1969 年 2 月 25 日	水手 6 号	火星	宇宙神-半人马（Atlas - Centaur）	卡纳维拉尔角	美国	1
1969 年 3 月 27 日	（2M No. 521）	火星	质子- K/D（Proton - K/D）	丘拉塔姆	苏联	1
1969 年 3 月 27 日	水手 7 号	火星	宇宙神-半人马	卡纳维拉尔角	美国	1
1969 年 4 月 2 日	（2M No. 522）	火星	质子- K/D	丘拉塔姆	苏联	1
1969 年 8 月 27 日	（先驱者 E）	绕日轨道	雷神 Delta L	卡纳维拉尔角	美国	1
1970 年 8 月 17 日	金星 7 号	金星	8K78M 闪电	丘拉塔姆	苏联	1
1970 年 8 月 22 日	（4V - 1 No. 631）	金星	8K78M 闪电	丘拉塔姆	苏联	1
1971 年 5 月 9 日	（水手 8 号）	火星	宇宙神-半人马	卡纳维拉尔角	美国	1
1971 年 5 月 10 日	（3MS No. 170）	火星	质子- K/D	丘拉塔姆	苏联	1
1971 年 5 月 19 日	火星 2 号	火星	质子- K/D	丘拉塔姆	苏联	1
1971 年 5 月 28 日	火星 3 号	火星	质子- K/D	丘拉塔姆	苏联	1
1971 年 5 月 30 日	水手 9 号	火星	宇宙神-半人马	卡纳维拉尔角	美国	1
1972 年 3 月 3 日	先驱者 10 号	木星	宇宙神-半人马	卡纳维拉尔角	美国	1
1972 年 3 月 27 日	金星 8 号	金星	8K78M 闪电	丘拉塔姆	苏联	1
1972 年 3 月 31 日	（4V - 1 No. 671）	金星	8K78M 闪电	丘拉塔姆	苏联	1
1973 年 4 月 6 日	先驱者 11 号	木星	宇宙神-半人马	卡纳维拉尔角	美国	1
1973 年 7 月 21 日	火星 4 号	火星	质子- K/D	丘拉塔姆	苏联	1
1973 年 7 月 25 日	火星 5 号	火星	质子- K/D	丘拉塔姆	苏联	1
1973 年 8 月 5 日	火星 6 号	火星	质子- K/D	丘拉塔姆	苏联	1
1973 年 8 月 9 日	火星 7 号	火星	质子- K/D	丘拉塔姆	苏联	1
1973 年 11 月 3 日	水手 10 号	水星	宇宙神-半人马	卡纳维拉尔角	美国	1
1974 年 12 月 10 日	太阳神（Helios）1 号	绕日轨道	大力神（Titan）ⅢE	卡纳维拉尔角	美国	1
1975 年 6 月 8 日	金星 9 号	金星	质子- K/D	丘拉塔姆	苏联	1
1975 年 6 月 14 日	金星 10 号	金星	质子- K/D	丘拉塔姆	苏联	1
1975 年 8 月 20 日	海盗 1 号	火星	大力神ⅢE	卡纳维拉尔角	美国	1
1975 年 9 月 9 日	海盗 2 号	火星	大力神ⅢE	卡纳维拉尔角	美国	1
1976 年 1 月 15 日	太阳神 2 号	绕日轨道	大力神ⅢE	卡纳维拉尔角	美国	1
1977 年 8 月 20 日	旅行者（Voyager）2 号	木星	大力神ⅢE	卡纳维拉尔角	美国	1
1977 年 9 月 5 日	旅行者 1 号	木星	大力神ⅢE	卡纳维拉尔角	美国	1
1978 年 5 月 20 日	先驱者金星轨道器	金星	宇宙神-半人马	卡纳维拉尔角	美国	1
1978 年 8 月 8 日	先驱者金星多探测器	金星	宇宙神-半人马	卡纳维拉尔角	美国	1

续表

发射日期	探测器名称	主要目标	运载工具	发射场	国家	数量
1978 年 8 月 12 日	国际彗星探测器（International Cometary Explorer）	彗星	德尔它（Delta）2914	卡纳维拉尔角	美国	2
1978 年 9 月 9 日	金星 11 号	金星	质子-K/D	丘拉塔姆	苏联	1
1978 年 9 月 14 日	金星 12 号	金星	质子-K/D	丘拉塔姆	苏联	1
1981 年 10 月 30 日	金星 13 号	金星	质子-K/D	丘拉塔姆	苏联	1
1981 年 11 月 4 日	金星 14 号	金星	质子-K/D	丘拉塔姆	苏联	1
1983 年 6 月 2 日	金星 15 号	金星	质子-K/D	丘拉塔姆	苏联	2
1983 年 6 月 7 日	金星 16 号	金星	质子-K/D	丘拉塔姆	苏联	2
1984 年 12 月 15 日	维加（Vega）1 号	金星＋彗星	质子-K/D	丘拉塔姆	苏联	2
1984 年 12 月 21 日	维加 2 号	金星＋彗星	质子-K/D	丘拉塔姆	苏联	2
1985 年 1 月 7 日	Sagigake	彗星	Mu-3SⅡ	鹿儿岛（Kagoshima）	日本	2
1985 年 7 月 2 日	乔托号（Giotto）	彗星	阿里安（Ariane）1 号	库鲁（Kourou）	ESA	2
1985 年 8 月 18 日	Suisei	彗星	Mu-3SⅡ	鹿儿岛	日本	2
1988 年 7 月 7 日	（福布斯 1 号）（Fobos 1）	火星	质子-K/D	丘拉塔姆	苏联	2
1988 年 7 月 12 日	福布斯 2 号	火星	质子-K/D	丘拉塔姆	苏联	2
1989 年 5 月 4 日	麦哲伦号（Magellan）	金星	OV 104＋IUS	肯尼迪航天中心（Kennedy Space Center）	美国	2
1989 年 10 月 18 日	伽利略号（Galileo）	木星	OV 104＋IUS	肯尼迪航天中心	美国	2
1990 年 10 月 6 日	尤利西斯号（Ulysses）	绕日轨道	OV 103＋IUS	肯尼迪航天中心	美国	2
1992 年 9 月 25 日	（火星观察者）（Mars Observer）	火星	大力神 3 商业版	卡纳维拉尔角	美国	2
1994 年 1 月 25 日	（克莱门汀）（Clementine）	月球＋小行星	大力神Ⅱ SLV	范登堡空军基地（Vandenberg AFB）	美国	2
1996 年 2 月 17 日	近地小行星交会探测器（NEAR）	小行星	德尔它 7925-8	卡纳维拉尔角	美国	2
1996 年 11 月 7 日	火星全球勘探者（Mars Global Surveyor）	火星	德尔它 7925A	卡纳维拉尔角	美国	2
1996 年 11 月 16 日	（火星 8 号）	火星	质子-K/D	丘拉塔姆	俄罗斯	2
1996 年 12 月 4 日	火星探路者（Mars Pathfinder）	火星	德尔它 7925A	卡纳维拉尔角	美国	2
1997 年 10 月 15 日	卡西尼-惠更斯（Cassini-Huygens）	土星	大力神 401B	卡纳维拉尔角	美国	3
1998 年 7 月 3 日	（希望号）（Nozomi）	火星	M-V	鹿儿岛	日本	3
1998 年 10 月 24 日	深空 1 号（DS1）	小行星	德尔它 7326	卡纳维拉尔角	美国	3
1998 年 12 月 11 日	（火星气候轨道器）（Mars Climate Orbiter）	火星	德尔它 7425	卡纳维拉尔角	美国	3

续表

发射日期	探测器名称	主要目标	运载工具	发射场	国家	数量
1999年1月3日	（火星极地着陆器-深空2号）(Mars Polar Lander - DS2)	火星	德尔它7425	卡纳维拉尔角	美国	3
1999年2月7日	星尘号(Stardust)	彗星P/Wild 2	德尔它7426	卡纳维拉尔角	美国	3
2001年4月7日	火星奥德赛号(Mars Odyssey)	火星	德尔它7925	卡纳维拉尔角	美国	3
2001年6月30日	WMAP	绕日轨道	德尔它7425-10	卡纳维拉尔角	美国	4
2001年8月8日	(起源号)(Genesis)	太阳探测器	德尔它7326	卡纳维拉尔角	美国	3
2002年7月3日	(彗核之旅)(CONTOUR)	彗星	德尔它7425	卡纳维拉尔角	美国	3
2003年5月3日	隼鸟号(Hayabusa)	小行星	M-V	鹿儿岛	日本	3
2003年6月2日	火星快车(猎兔犬2号)[Mars Express(Beagle 2)]	火星	联盟(Soyuz)-FG	丘拉塔姆	ESA/英国	3
2003年6月10日	勇气号(Spirit)	火星	德尔它7925	卡纳维拉尔角	美国	3
2003年7月8日	机遇号(Opportunity)	火星	德尔它7925H	卡纳维拉尔角	美国	3
2003年8月25日	SIRTF	绕日轨道	德尔它7920H	卡纳维拉尔角	美国	3
2004年3月2日	罗塞塔-菲莱(Rosetta - Phylae)	彗星	阿里安5+	库鲁	ESA	4
2004年8月3日	信使号(MESSENGER)	水星	德尔它7925H	卡纳维拉尔角	美国	4
2005年1月12日	深度撞击(Deep Impact)探测器	彗星P/坦普尔1号	德尔它7925	卡纳维拉尔角	美国	4
2005年8月12日	火星勘测轨道器(Mars Reconnaissance Orbiter)	火星	宇宙神V 401	卡纳维拉尔角	美国	4
2005年11月9日	金星快车(Venus Express)	金星	联盟-FG	丘拉塔姆	ESA	4
2006年1月19日	新视野号(New Horizons)	冥王星	宇宙神V 551	卡纳维拉尔角	美国	4
2006年10月25日	STEREO A - STEREO B	绕日轨道	德尔它7925	卡纳维拉尔角	美国	4
2007年8月4日	凤凰号(Phoenix)	火星	德尔它7925	卡纳维拉尔角	美国	4
2007年9月27日	黎明号(Dawn)	小行星	德尔它7925H	卡纳维拉尔角	美国	4
2009年3月7日	开普勒号(Kepler)	绕日轨道	德尔它7925-10L	卡纳维拉尔角	美国	4
2009年5月14日	赫歇尔-普朗克(Herschel - Planck)	绕日轨道	阿里安5ECA	库鲁	ESA	4
2010年5月20日	(破晓号)(Akatsuki)-伊卡洛斯(IKAROS)-(神恩)(Shin - en)	金星	H-ⅡA 202	种子岛(Tanegashima)	日本	4
2010年10月1日	嫦娥二号	月球+小行星	长征3C	西昌	中国	4
2011年8月5日	朱诺号(Juno)	木星	宇宙神V 551	卡纳维拉尔角	美国	4

续表

发射日期	探测器名称	主要目标	运载工具	发射场	国家	数量
2011年11月8日	（福布斯土壤-萤火1号）(Fobos Grunt - Yinghuo 1)	火星	Zenit 2 - FG	丘拉塔姆	俄罗斯/中国	4
2011年11月26日	火星科学实验室(Mars Scientific Laboratory)	火星	宇宙神V 551	卡纳维拉尔角	美国	4
2013年11月5日	火星轨道器任务(Mars Orbiter Mission)	火星	PSLV	斯里赫里戈达(Shriharikota)	印度	4
2013年11月18日	MAVEN	火星	宇宙神V 401	卡纳维拉尔角	美国	4

注：任务中文名称带有括号的表示任务失败。

附录3　太阳系探测编年史（2014—2033年）

太阳系探测器（2014—2033年）

发射日期	探测器名称	事件
2014年1月20日	罗塞塔号	从休眠中唤醒
2014年8月6日	罗塞塔号	进入环绕彗星丘留莫夫·格拉西缅科的轨道
2014年8月10日	ICE	返回地球
2014年9月22日	MAVEN	进入环绕火星轨道
2014年9月24日	MOM	进入环绕火星轨道
2014年10月19日	赛丁泉彗星	近距离接近火星
2014年11月11日	菲莱	在彗星丘留莫夫·格拉西缅科上着陆
2014年12月	隼鸟2号/PROCYON/艺星2号	发射
2015年1月12日	新视野号	开始冥王星交会操作
2015年3月28日	信使号	撞击水星
2015年4月	黎明号	进入环绕谷神星(Ceres)轨道
2015年7月14日	新视野号	飞越冥王星
2015年11月21日	破晓号(Akatsuki)	第二次尝试进入环绕金星轨道
2015年12月	罗塞塔号	任务结束
2015年12月	隼鸟2号	飞越地球
2015年12月	PROCYON	飞越地球
2016年1月	PROCYON	飞越小行星?
2016年1月	气体追踪轨道器(Trace Gas Orbiter)	发射
2016年3月4日	洞察号(InSIGHT)	发射
2016年7月5日	朱诺号	进入环绕木星轨道
2016年7月	黎明号	任务结束
2016年7月9日	比皮科伦坡号(BepiColombo)	发射
2016年9月3日	欧西里斯-雷克斯(OSIRIS-REx)	发射
2016年9月28日	洞察号	火星着陆
2016年10月19日	气体追踪轨道器	进入环绕火星轨道
2017年6月	气体追踪轨道器	开始科学探测
2017年7月27日	太阳轨道器(Solar Orbiter)	发射
2017年9月	欧西里斯-雷克斯	飞越地球
2017年9月15日	卡西尼号	穿入土星大气层
2017年10月16日	朱诺号	穿入木星大气层

续表

发射日期	探测器名称	事件
2018 年 5 月	ExoMars 火星车(Rover)	发射
2018 年 6 月	隼鸟 2 号	到达目标小行星(162173)1999JU3
2018 年 7 月 16 日	比皮科伦坡号	飞越地球
2018 年 7 月 27 日	太阳轨道器	飞越地球
2018 年 7 月 31 日	太阳探测器＋(Solar Probe Plus)	发射
2018 年 9 月	洞察号	主任务结束
2018 年 9 月 27 日	太阳探测器＋	飞越金星
2018 年 12 月 14 日	ICE	飞越彗星维尔塔宁?
2019 年 1 月	ExoMars 火星车	火星着陆
2019 年 1 月	欧西里斯-雷克斯	进入环绕小行星(101955)贝努的轨道
2019 年 7 月	欧西里斯-雷克斯	完成对小行星(101955)贝努的采样
2019 年 8 月	隼鸟 2 号	撞击坑实验
2019 年 9 月 22 日	比皮科伦坡号	飞越金星
2019 年 12 月	隼鸟 2 号	离开小行星(162173)1999JU3
2019 年 12 月 21 日	太阳探测器＋	飞越金星
2020 年 5 月 4 日	比皮科伦坡号	飞越金星
2020 年 5 月 15 日	太阳轨道器	飞越金星
2020 年 6 月 25 日	太阳轨道器	飞越地球
2020 年 7 月	NASA 火星车	发射
2020 年 7 月 5 日	太阳探测器＋	飞越金星
2020 年 7 月 23 日	比皮科伦坡号	飞越水星
2020 年 12 月	隼鸟 2 号	返回地球
2021 年 1 月	NASA 火星车	火星着陆
2021 年 1 月 5 日	太阳轨道器	飞越金星
2021 年 2 月 15 日	太阳探测器＋	飞越金星
2021 年 3 月	欧西里斯-雷克斯	离开小行星(101955)贝努
2021 年 4 月 14 日	比皮科伦坡号	飞越水星
2021 年 5 月 27 日	太阳轨道器	距近日点 0.28 AU
2021 年 10 月 10 日	太阳探测器＋	飞越金星
2022 年 6 月	JUICE	发射
2022 年 7 月 6 日	比皮科伦坡号	飞越水星
2022 年 12 月 29 日	比皮科伦坡号	飞越水星
2023 年 2 月 4 日	比皮科伦坡号	飞越水星
2023 年 6 月 23 日	太阳轨道器	飞越金星
2023 年 8 月 15 日	太阳探测器＋	飞越金星

续表

发射日期	探测器名称	事件
2023年9月24日	欧西里斯-雷克斯	返回地球
2024年1月1日	比皮科伦坡号	进入环绕水星轨道
2024年10月31日	太阳探测器＋	飞越金星
2024年12月19日	太阳探测器＋	首次接近近日点
2025年4月1日	比皮科伦坡号	主任务结束
2025年4月27日	太阳轨道器	飞越金星
2026年4月1日	比皮科伦坡号	拓展任务结束
2026年7月21日	太阳轨道器	飞越金星
2027年10月13日	太阳轨道器	飞越金星-任务结束
2030年1月	JUICE	进入环绕木星轨道
2032年9月	JUICE	进入环绕木卫三轨道
2033年6月	JUICE	主任务结束

注：表中只包含了目前已经立项的任务。ICE在2018年飞越维尔塔宁任务目前没有立项。

附录 4　水星探测编年史

飞越水星的探测器

名称	国家	日期	距离/km
水手 10 号	美国	1974 年 3 月 29 日	703
水手 10 号	美国	1974 年 9 月 21 日	48 069
水手 10 号	美国	1975 年 3 月 16 日	327
信使号	美国	2008 年 1 月 14 日	201
信使号	美国	2008 年 10 月 6 日	199
信使号	美国	2009 年 9 月 29 日	228

环绕水星的探测器

名称	国家	日期	轨道参数/km
信使号	美国	2011 年 3 月 18 日	变化

附录 5　金星探测编年史

飞越金星的人造物体

名称	国家	日期	距离/km	备注
金星 1 号	苏联	1961 年 5 月 19 日	100 000	不能工作
Stage L	苏联	1961 年 5 月 19 日	100 000?	金星 1 号运载上面级
水手 2 号	美国	1962 年 12 月 14 日	34 854	
Agena B	美国	1962 年 12 月 14 日	375 900?	水手 2 号运载上面级
探测器 1 号	苏联	1964 年 7 月 19 日	1 000 000?	不能工作
Stage L	苏联	1964 年 7 月 19 日	?	探测器 1 号运载上面级
金星 2 号	苏联	1966 年 2 月 27 日	24 000	不能工作?
Stage L	苏联	1966 年 2 月 27 日	?	金星 2 号运载上面级
Stage L	苏联	1966 年 3 月 1 日	65 500?	金星 3 号运载上面级
Stage L	苏联	1967 年 10 月 18 日	60 000?	金星 4 号运载上面级
水手 5 号	美国	1967 年 10 月 19 日	4 100	
Agena B	美国	1967 年 10 月 19 日	75 000?	水手 5 号运载上面级
Stage L	苏联	1969 年 5 月 16 日	25 000?	金星 5 号运载上面级
Stage L	苏联	1969 年 5 月 17 日	150 000?	金星 6 号运载上面级
Stage L	苏联	1970 年 12 月 12 日	?	金星 7 号运载上面级
Stage L	苏联	1972 年 7 月 22 日	?	金星 8 号运载上面级
水手 10 号	美国	1974 年 2 月 5 日	5 768	
半人马	美国	1974 年 2 月 5 日	?	水手 10 号运载上面级
Stage D	苏联	1975 年 10 月 22 日	?	金星 9 号运载上面级
Stage D	苏联	1975 年 10 月 25 日	?	金星 10 号运载上面级
半人马	美国	1978 年 12 月 2 日	?	先驱者金星轨道器运载上面级
半人马	美国	1978 年 12 月 9 日	14 000?	先驱者金星多探测器运载上面级
金星 12 号	苏联	1978 年 12 月 21 日	35 000	
Stage D	苏联	1978 年 12 月 21 日	?	金星 12 号运载上面级
金星 11 号	苏联	1978 年 12 月 25 日	35 000	
Stage D	苏联	1978 年 12 月 25 日	?	金星 11 号运载上面级
金星 13 号	苏联	1982 年 3 月 1 日	36 000	
Stage D	苏联	1982 年 3 月 1 日	?	金星 13 号运载上面级
金星 14 号	苏联	1982 年 3 月 5 日	36 000?	
Stage D	苏联	1982 年 3 月 5 日	?	金星 14 号运载上面级

续表

名称	国家	日期	距离/km	备注
Stage D	苏联	1983 年 10 月 10 日	?	金星 15 号运载上面级
Stage D	苏联	1983 年 10 月 14 日	?	金星 16 号运载上面级
维加 1 号	苏联	1984 年 6 月 11 日	39 000	
Stage D	苏联	1984 年 6 月 11 日	?	维加 1 号运载上面级
维加 2 号	苏联	1984 年 6 月 15 日	39 000?	
Stage D	苏联	1984 年 6 月 15 日	?	维加 2 号运载上面级
伽利略号	美国	1990 年 2 月 10 日	16 106	
IUS SRM - 2	美国	1990 年 2 月 10 日	?	伽利略号运载上面级
IUS SRM - 2	美国	1990 年 8 月 10 日?	?	麦哲伦号运载上面级
卡西尼号	美国/ESA/意大利	1998 年 4 月 26 日	284	
半人马	美国	1998 年 4 月 26 日	?	卡西尼号运载上面级
卡西尼号	美国/ESA/意大利	1999 年 6 月 24 日	603	
弗雷加特(Fregat)	俄罗斯	2006 年 4 月 11 日	?	金星快车运载上面级
信使号	美国	2006 年 10 月 24 日	2 987	
信使号	美国	2007 年 6 月 5 日	316	
破晓号	日本	2010 年 12 月 7 日	550	
神恩(Shin'en)	日本	2010 年 12 月 7 日?	?	不能工作
H - Ⅱ A 第二级	日本	2010 年 12 月 7 日?	?	破晓号运载上面级
伊卡洛斯	日本	2010 年 12 月 8 日	80 000	
DCAM1	日本	2010 年 12 月 8 日	80 000?	不能工作
DCAM2	日本	2010 年 12 月 8 日	80 000?	不能工作

环绕金星轨道的人造物体

名称	国家	轨道参数	入轨时间	离轨时间	备注
金星 9 号	苏联	变化	1975 年 10 月 22 日		
金星 10 号	苏联	变化	1975 年 10 月 25 日		
先驱者金星轨道器	美国	变化	1978 年 12 月 2 日	1992 年 10 月 8 日	
金星 15 号	苏联	变化	1983 年 10 月 10 日		
金星 16 号	苏联	变化	1983 年 10 月 14 日		
麦哲伦号	美国	变化	1990 年 8 月 10 日	1994 年 10 月 14 日	1994 年 10 月 12 日失联
STAR - 48B	美国	289 km×8 458 km，85.5°	1990 年 8 月 10 日		作为麦哲伦号进入轨道所使用的发动机
金星快车	ESA	变化	2006 年 4 月 11 日		

其他进入金星大气的人造物体

名称	国家	日期	备注
金星3号	苏联	1966年3月1日	北纬0°,东经160°附近
金星4号平台	苏联	1967年10月18日	
金星5号平台	苏联	1969年5月16日	
金星6号平台	苏联	1969年5月17日	
金星7号平台	苏联	1970年12月12日	
金星8号平台	苏联	1972年7月22日	
先驱者金星多探测器平台	美国	1978年12月9日	南纬41°,东经284°附近
先驱者金星轨道器	美国	1992年10月8日	
麦哲伦号	美国	1994年10月14日	日期为外推所得

在金星表面着陆的人造天体

名称	国家	着陆日期	经度	纬度	备注
金星4号着陆舱	苏联	1967年10月18日	38°E	19°N	到达表面后不能工作
金星5号着陆舱	苏联	1969年5月16日	18°E	3°S	到达表面后不能工作
金星6号着陆舱	苏联	1969年5月17日	23°E	5°S	到达表面后不能工作
金星7号着陆舱	苏联	1970年12月12日	9°E	5°S	
金星8号着陆舱	苏联	1972年7月22日	335.25°E	10.7°S	
金星9号着陆器	苏联	1975年10月22日	291.64°E	31.01°N	+相机保护罩
金星9号防热罩球体	苏联	1975年10月22日	接近上述	接近上述	
金星9号防热罩盖	苏联	1975年10月22日	接近上述	接近上述	
金星10号着陆器	苏联	1975年10月25日	291.51°E	15.42°N	+相机保护罩
金星10号防热罩球体	苏联	1975年10月25日	接近上述	接近上述	
金星10号防热罩盖	苏联	1975年10月25日	接近上述	接近上述	
先驱者金星主探测器	美国	1978年12月9日	304°E	4°N	着陆冲击失败
先驱者金星北探测器	美国	1978年12月9日	4°E	60°N	着陆冲击失败
先驱者金星昼探测器	美国	1978年12月9日	318°E	32°S	
先驱者金星夜探测器	美国	1978年12月9日	56°E	27°S	着陆冲击失败
金星12号着陆器	苏联	1978年12月21日	294°E	7°S	
金星12号防热罩球体	苏联	1978年12月21日	接近上述	接近上述	
金星12号防热罩盖	苏联	1978年12月21日	接近上述	接近上述	
金星11号着陆器	苏联	1978年12月25日	299°E	14°S	
金星11号防热罩球体	苏联	1978年12月25日	接近上述	接近上述	
金星11号防热罩盖	苏联	1978年12月25日	接近上述	接近上述	
金星13号着陆器	苏联	1982年3月1日	303.69°E	7.55°S	+相机保护罩(2)
金星13号防热罩球体	苏联	1982年3月1日	接近上述	接近上述	
金星13号防热罩盖	苏联	1982年3月1日	接近上述	接近上述	

续表

名称	国家	着陆日期	经度	纬度	备注
金星 14 号着陆器	苏联	1982 年 3 月 5 日	310.19°E	13.055°S	＋相机保护罩(2)
金星 14 号防热罩球体	苏联	1982 年 3 月 5 日	接近上述	接近上述	
金星 14 号防热罩盖	苏联	1982 年 3 月 5 日	接近上述	接近上述	
维加 1 号着陆器	苏联	1984 年 6 月 11 日	177.8°E	7.2°N	
维加 1 号防热罩球体	苏联	1984 年 6 月 11 日	接近上述	接近上述	
维加 1 号防热罩盖	苏联	1984 年 6 月 11 日	接近上述	接近上述	
维加 1 号 AS Upper Torus	苏联	1984 年 6 月 11 日	接近上述	接近上述	
维加 1 号 AS Lower Torus	苏联	1984 年 6 月 11 日	接近上述	接近上述	
维加 1 号 AS	苏联	N/A	N/A	N/A	到达表面后不能工作
维加 2 号着陆器	苏联	1984 年 6 月 15 日	181.08°E	6.45°S	
维加 2 号防热罩球体	苏联	1984 年 6 月 15 日	接近上述	接近上述	
维加 2 号防热罩盖	苏联	1984 年 6 月 15 日	接近上述	接近上述	
维加 2 号 AS Upper Torus	苏联	1984 年 6 月 15 日	接近上述	接近上述	
维加 2 号 AS Lower Torus	苏联	1984 年 6 月 15 日	接近上述	接近上述	
维加 2 号 AS	苏联	N/A	N/A	N/A	到达表面后不能工作

附录6　飞越地球的深空探测器发射列表

飞越地球的深空探测器

名称	国家	日期	距离/km
乔托号	ESA	1990年7月2日	22 731
伽利略号	美国	1990年12月8日	960
Sakigake	日本	1992年1月8日	88 997
Suisei［非工作］	日本	1992年8月20日	900 000
伽利略号	美国	1992年12月8日	304
Sakigake	日本	1993年6月14日	255 000
Sakigake	日本	1994年10月28日	548 000
近地小行星交会探测器	美国	1998年1月23日	540
乔托号［非工作］	ESA	1999年7月1日	219 000
卡西尼号	美国/ESA/意大利	1999年8月18日	1 166
星尘号	美国	2001年1月15日	6 008
希望号	日本	2002年12月21日	29 510
希望号	日本	2003年6月19日	11 023
隼鸟号	日本	2004年5月19日	3 725
罗塞塔号	ESA	2005年3月4日	1 954
信使号	美国	2005年8月2日	2 347
星尘号	美国	2006年1月15日	258
罗塞塔号	ESA	2007年11月13日	5 301
深度撞击探测器	美国	2007年12月31日	15 566
深度撞击探测器	美国	2008年12月29日	43 000
星尘号	美国	2009年1月14日	9 157
罗塞塔号	ESA	2009年11月13日	2 480

附录 7　火星探测编年史

飞越火星的人造物体

名称	国家	日期	距离/km	备注
火星 1 号	苏联	1963 年 6 月 19 日	193 000	不能工作
Stage L	苏联	1963 年 6 月 19 日	193 000?	火星 1 号运载上面级
水手 4 号	美国	1965 年 7 月 15 日	9 846	
Agena B	美国	1965 年 7 月 15 日	250 000	水手 4 号运载上面级
探测器 2 号	苏联	1965 年 8 月 6 日	1 500?	不能工作
Stage L	苏联	1965 年 8 月 6 日	?	宇宙神 2 号运载上面级
水手 6 号	美国	1969 年 7 月 31 日	3 429	
半人马	美国	1969 年 7 月 31 日	?	水手 6 号运载上面级
水手 7 号	美国	1969 年 8 月 5 日	3 430	
半人马	美国	1969 年 8 月 5 日	?	水手 7 号运载上面级
半人马	美国	1971 年 11 月 14 日	?	水手 9 号运载上面级
Stage D	苏联	1971 年 11 月 27 日	?	火星 2 号运载上面级
Stage D	苏联	1971 年 12 月 2 日	?	火星 3 号运载上面级
火星 4 号	苏联	1974 年 2 月 10 日	1 844	环绕失败
Stage D	苏联	1974 年 2 月 10 日	?	火星 4 号运载上面级
Stage D	苏联	1974 年 2 月 12 日	?	火星 5 号运载上面级
火星 7 号	苏联	1974 年 3 月 9 日	1 300	
火星 7 号着陆器	苏联	1974 年 3 月 9 日	1 300	着陆失败
Stage D	苏联	1974 年 3 月 9 日	?	火星 7 号运载上面级
火星 6 号	苏联	1974 年 3 月 12 日	16 000	
Stage D	苏联	1974 年 3 月 12 日	?	火星 6 号运载上面级
半人马	美国	1976 年 6 月 19 日	80 500?	海盗 1 号运载上面级
海盗 1 号生物防护罩基座	美国	1976 年 6 月 19 日	80 500?	
半人马	美国	1976 年 8 月 7 日	80 500?	海盗 2 号运载上面级
海盗 2 号生物防护罩基座	美国	1976 年 8 月 7 日	80 500?	
福布斯 1 号	苏联	1989 年 1 月 23 日	?	不能工作
火星观察者	美国	1993 年 8 月 24 日	500?	不能工作
TOS	美国	1993 年 8 月 24 日	?	火星观察者运载上面级
Star 48B	美国	1997 年 7 月 4 日	?	火星探路者运载上面级
Star 48B	美国	1997 年 12 月 12 日	?	火星全球勘探者运载上面级

续表

名称	国家	日期	距离/km	备注
希望号	日本	1999 年 9 月 7 日	4 000 000	
Star 48B	美国	1999 年 9 月 23 日	?	火星气候轨道器运载上面级
Star 48B	美国	1999 年 12 月 3 日	?	火星极地着陆器运载上面级
Star 48B	美国	2001 年 10 月 24 日	?	火星奥德赛号运载上面级
希望号	日本	2003 年 12 月 13 日	894?	不能工作
弗雷加特	俄罗斯/ESA	2003 年 12 月 25 日	?	火星快车运载上面级
Star 48B	美国	2004 年 1 月 4 日	?	勇气号运载上面级
Star 48B	美国	2004 年 1 月 27 日	340 000?	机遇号运载上面级
半人马	美国	2006 年 3 月 10 日	?	火星勘测轨道器运载上面级
罗塞塔号	ESA	2007 年 2 月 25 日	250	
STAR 48B	美国	2008 年 5 月 25 日	95 000?	凤凰号运载上面级
黎明号	美国	2009 年 2 月 18 日	542	
好奇号半人马上面级	美国	2012 年 8 月 8 日	347 000?	好奇号运载上面级

环绕火星的人造物体

名称	国家	轨道参数	入轨时间	离轨时间	备注
水手 9 号	美国	1 394 km×17 144 km,64.34°	1971 年 11 月 14 日		
火星 2 号	苏联	1 380 km×25 000 km,48.9°	1971 年 11 月 27 日		
火星 3 号	苏联	1 530 km×214 500 km,60°	1971 年 12 月 2 日		
火星 5 号	苏联	1 760 km×32 586 km,35.33°	1974 年 2 月 12 日		
海盗 1 号	美国	变化	1976 年 6 月 19 日		
海盗 1 号着陆器	美国	变化	1976 年 7 月 20 日	1976 年 7 月 20 日	着陆
海盗 1 号生物防护罩	美国	1 500 km×32 800 km,38°	1976 年 7 月 20 日(?)		
海盗 2 号	美国	变化	1976 年 8 月 7 日		
海盗 2 号着陆器	美国	变化	1976 年 9 月 3 日	1976 年 9 月 3 日	着陆
海盗 2 号生物防护罩	美国	320 km×33 240 km,80°	1978 年 3 月 3 日		
福布斯 2 号	苏联	变化	1989 年 1 月 28 日		
福布斯 2 号 ADU	苏联	6 145 km×6 307 km,1°	1989 年 2 月 18 日		福布斯弗雷加特上面级
火星全球勘探者	美国	变化	1997 年 9 月 12 日		
火星奥德赛号	美国	变化	2001 年 10 月 24 日		
火星快车	ESA	变化	2003 年 12 月 25 日		
火星勘测轨道器	美国	变化	2006 年 3 月 10 日		

其他进入火星大气的人造物体

名称	日期	备注
火星探路者巡航级	1997 年 7 月 4 日	进入坐标接近火星探路者
火星气候轨道器	1999 年 9 月 23 日	探测器失败坠毁
火星极地着陆器巡航级	1999 年 12 月 3 日	进入坐标接近火星极地着陆器
勇气号巡航级	2004 年 1 月 4 日	进入坐标接近勇气号
机遇号巡航级	2004 年 1 月 27 日	进入坐标接近机遇号
凤凰号巡航级	2008 年 5 月 25 日	进入坐标接近凤凰号
好奇号巡航级	2012 年 8 月 6 日	进入坐标接近好奇号
好奇号压舱配重(2)	2012 年 8 月 6 日	进入坐标接近好奇号

到达火星表面的人造物体

名称	国家	着陆日期	经度	纬度	备注
火星 2 号	苏联	1971 年 11 月 27 日	47°E	44°S	坠毁?
火星 3 号	苏联	1971 年 12 月 2 日	158°W	45°S	传回了 20s 数据
火星 3 号防热大底	苏联	1971 年 12 月 2 日	接近上述	接近上述	
火星 3 号降落伞+设备舱	苏联	1971 年 12 月 2 日	接近上述	接近上述	
火星 6 号	苏联	1974 年 3 月 12 日	19.4°W	23.9°S	着陆失败
火星 6 号防热大底	苏联	1974 年 3 月 12 日	接近上述	接近上述	
火星 6 号降落伞+设备舱	苏联	1974 年 3 月 12 日	接近上述	接近上述	
海盗 1 号着陆器	美国	1976 年 7 月 20 日	47.94°W	22.48°N	+采样器盖、碎片等
海盗 1 号防热大底	美国	1976 年 7 月 20 日	接近上述	接近上述	
海盗 1 号背罩+降落伞	美国	1976 年 7 月 20 日	接近上述	接近上述	
海盗 2 号着陆器	美国	1976 年 9 月 3 日	225.71°W	47.97°N	+采样器盖、碎片等
海盗 2 号防热大底	美国	1976 年 9 月 3 日	接近上述	接近上述	
海盗 2 号背罩+降落伞	美国	1976 年 9 月 3 日	接近上述	接近上述	
火星探路者	美国	1997 年 7 月 4 日	33.52°W	19.28°N	
火星探路者防热大底	美国	1997 年 7 月 4 日	接近上述	接近上述	
火星探路者背罩+降落伞	美国	1997 年 7 月 4 日	接近上述	接近上述	
索杰纳号火星车(Sojourner)	美国	1997 年 7 月 4 日	接近上述	接近上述	
火星极地着陆器	美国	1999 年 12 月 3 日	195°W	76°S	坠毁?
深空 2 号(DS-2) 阿蒙森(Amundsen)	美国	1999 年 12 月 3 日	195.9°W?	75.3°S?	坠毁?
深空 2 号斯科特(Scott)	美国	1999 年 12 月 3 日	195.9°W?	75.3°S?	坠毁?
猎兔犬 2 号	英国/ESA	2003 年 12 月 25 日	269.7°W	11°N	坠毁?
勇气号	美国	2004 年 1 月 4 日	175.472 9°E	14.569 2°S	
勇气号基座	美国	2004 年 1 月 4 日	同上	同上	

续表

名称	国家	着陆日期	经度	纬度	备注
勇气号防热大底	美国	2004年1月4日	接近上述	接近上述	
勇气号背罩＋降落伞	美国	2004年1月4日	接近上述	接近上述	
机遇号	美国	2004年1月27日	354.474 17°E	1.948 3°S	
机遇号基座	美国	2004年1月27日	同上	同上	
机遇号防热大底	美国	2004年1月27日	接近上述	接近上述	
机遇号背罩＋降落伞	美国	2004年1月27日	接近上述	接近上述	
凤凰号	美国	2008年5月25日	234.248°E	68.219°N	
凤凰号防热大底	美国	2008年5月25日	接近上述	接近上述	
凤凰号背罩＋降落伞	美国	2008年5月25日	接近上述	接近上述	
好奇号	美国	2012年8月6日	137.441 7°E	4.589 5°S	
好奇号天空吊车	美国	2012年8月6日	接近上述	接近上述	
好奇号防热大底	美国	2012年8月6日	接近上述	接近上述	
好奇号背罩＋降落伞	美国	2012年8月6日	接近上述	接近上述	
好奇号压舱配重(6)	美国	2012年8月6日	接近上述	接近上述	

附录8　小行星探测编年史

飞越小行星的探测器

名称	国家	日期	小行星名称	距离/km	备注
伽利略号	美国	1991 年 10 月 29 日	951 Gaspra	1 604	
伽利略号	美国	1993 年 8 月 28 日	243 Ida	2 410	
近地小行星交会探测器	美国	1997 年 6 月 27 日	253 Mathilde	1 212	
近地小行星交会探测器	美国	1998 年 12 月 23 日	433 Eros	3 827	
深空 1 号	美国	1999 年 7 月 29 日	9969 Braille	26	
星尘号	美国	2002 年 11 月 2 日	5535 Annefrank	3 079	
新视野号	美国	2006 年 6 月 13 日	132524 APL	101 867	
罗塞塔号	ESA	2008 年 9 月 5 日	2867 Steins	802.6	
罗塞塔号	ESA	2010 年 7 月 10 日	21 Lutetia	3 162	
嫦娥二号	中国	2012 年 12 月 13 日	4179 Toutatis	1.564	

轨道围绕小行星的探测器

名称	国家	小行星名称	入轨日期	离轨日期	备注
近地小行星交会探测器	美国	433 Eros	2000 年 2 月 14 日	2001 年 2 月 12 日	
隼鸟号	日本	25143 Itokawa	2005 年 8 月 28 日	2005 年 11 月 25 日	在绕日轨道上做位置保持
黎明号	美国	4 Vesta	2011 年 7 月 16 日	2012 年 9 月 5 日	

完成小行星和彗星着陆的人造物体

名称	国家	小行星名称	日期	经度	纬度	备注
近地小行星交会探测器	美国	433 Eros	2001 年 2 月 12 日	279.5°W	35.7°S	
隼鸟号目标指示器	日本	25143 Itokawa	2005 年 11 月 19 日	?	?	被动目标
隼鸟号	日本	25143 Itokawa	2005 年 11 月 19 日	39°E	6°S	35 min 后起飞
隼鸟号	日本	25143 Itokawa	2005 年 11 月 25 日	?	?	<1s 后起飞

附录 9 木星探测编年史

飞越木星的人造物体

名称	国家	日期	距离/km	备注
先驱者 10 号	美国	1973 年 12 月 4 日	203 240	
TE－M－364－4	美国	1973 年 12 月 4 日	?	先驱者 10 号运载上面级
先驱者 11 号	美国	1974 年 12 月 3 日	42 500	
TE－M－364－4	美国	1974 年 12 月 3 日	?	先驱者 11 号运载上面级
旅行者 1 号	美国	1979 年 3 月 5 日	348 890	
TE－M－364－4	美国	1979 年 3 月 5 日	?	旅行者 1 号运载上面级
旅行者 2 号	美国	1979 年 7 月 9 日	721 670	
TE－M－364－4	美国	1979 年 7 月 9 日	?	旅行者 2 号运载上面级
尤利西斯号	ESA	1992 年 2 月 8 日	379 000	
PAM－S	美国	1992 年 2 月 8 日	?	尤利西斯号运载上面级
卡西尼号	美国/ESA	2000 年 12 月 30 日	9 655 000	
尤利西斯号	ESA	2004 年 2 月 5 日	120 000 000	0.8 AU 飞越
新视野号	美国	2007 年 2 月 28 日	2 300 000	
STAR 48	美国	2007 年 2 月 28 日	2 800 000?	新视野号运载上面级

环绕木星的人造物体

名称	国家	入轨时间	离轨时间	轨道参数
伽利略号轨道器	美国	1995 年 12 月 7 日	2003 年 9 月 21 日	变化

进入木星大气层的人造物体

名称	国家	日期	经度[System Ⅲ]	纬度
伽利略号大气探测器	美国	1995 年 12 月 7 日	4.94°W	6.57°N
伽利略号大气探测器防热罩	美国	1995 年 12 月 7 日	4.94°W	6.57°N
伽利略号轨道器	美国	2003 年 9 月 21 日	191.6°W	0.2°S

附录 10　土星探测编年史

飞越

名称	国家	日期	距离/km
先驱者 11 号	美国	1979 年 9 月 1 日	80 982
旅行者 1 号	美国	1980 年 11 月 12 日	126 000
旅行者 2 号	美国	1981 年 8 月 26 日	101 000

环绕

名称	国家	入轨时间	离轨时间
卡西尼号	美国/意大利	2004 年 7 月 1 日	2017 年 9 月 15 日
惠更斯号	ESA	2004 年 12 月 25 日	2005 年 1 月 15 日

土卫六着陆

名称	国家	日期	经度	纬度
惠更斯号	ESA	2005 年 1 月 15 日	192.3°W	10.3°S
惠更斯号防热罩	ESA	2005 年 1 月 15 日	接近上述	接近上述

附录 11　天王星和海王星探测编年史

飞越

行星	名称	国家	日期	距离/km
天王星	旅行者 2 号	美国	1986 年 1 月 24 日	107 000
海王星	旅行者 2 号	美国	1989 年 8 月 25 日	29 240

附录 12　彗星探测编年史

飞越彗星的探测器

名称	国家	日期	彗星名称	距离/km
国际彗星探测器/国际日地探测器 3 号(ICE/ISEE－3)	美国	1985 年 9 月 11 日	21P/Giacobini－Zinner	7 682
维加 1 号	苏联	1986 年 3 月 6 日	1P/Halley	8 890
Suisei	日本	1986 年 3 月 8 日	1P/Halley	151 000
维加 2 号	苏联	1986 年 3 月 9 日	1P/Halley	8 030
Sakigake	日本	1986 年 3 月 11 日	1P/Halley	6 990 000
乔托号	ESA	1986 年 3 月 13 日	1P/Halley	596
乔托号	ESA	1992 年 7 月 10 日	26P/Grigg－Skjellerup	200
Sakigake*	日本	1996 年 2 月 3 日	45P/Honda－Mrkos－Pajdušáková	>10 000
深空 1 号	美国	2001 年 9 月 22 日	19P/Borrelly	2 171
星尘号	美国	2004 年 1 月 2 日	81P/Wild 2	236
深度撞击探测器	美国	2005 年 7 月 4 日	9P/Tempel 1	500
深度撞击探测器	美国	2010 年 11 月 4 日	103P/Hartley 2	700
星尘号	美国	2011 年 2 月 15 日	9P/Tempel 1	178

注：* 探测器在飞越时不能工作。

参考文献

[Abe -2007] Abe, M., et al., "Ground - Based Observations of Post - Hayabusa Mission Targets", paper presented at the XXXVIII Lunar and Planetary Science Conference, Houston, 2007.

[Abe - 2008] Abe, M., et al., "Ground - Based Observational Campaign for Asteroid 162173 1999 JU3", paper presented at the XXXIX Lunar and Planetary Science Conference, Houston, 2008.

[Abilleira - 2012] Abilleira, F., et al., "Entry, Descent, and Landing Communications for the 2011 Mars Science Laboratory", paper presented at the 23rd International Symposium on Space Flight Dynamics, Pasadena, October 2012.

[Accomazzo - 2006] Accomazzo, A. Schmitz, P, Tanco, I., "From Earth to Venus: Reaching Our Sister Planet", ESA Bulletin, 127, 2006, 38 - 44.

[Accomazzo - 2008] Accomazzo, A., "The Fly - By of Steins - Stretching Rosetta's Limits", presentation at the Rosetta Steins Fly - By Press Conference, Darmstadt, ESA/ESOC, 6 September 2008.

[Adams - 2010] Adams, M.L. (study lead), et al., "Chiron Orbiter Mission Study Final Report - Presented to the Planetary Decadal Survey Steering Committee and Primitive Bodies Panel", 4 May 2010.

[Adler - 2009] Adler, S.L., "Modeling the Flyby Anomalies with Dark Matter Scattering", arXiv astro - ph/0908.2414 preprint.

[Adler - 2012] Adler, M., Owen, W., Riedel, J., "Use of MRO Optical Navigation Camera to Prepare for Mars Sample Return", paper presented to the Concepts and Approaches for Mars Exploration workshop, June 2012.

[Agarwal - 2007] Agarwal, J., Müller, M., Grün, E., "Dust Environment Modelling of Comet 67PJChuryumov - Gerasimenko", Space Science Reviews, 128, 2007, 79 - 131.

[Agnolon - 2009] Agnolon, D., "Marco Polo: The European Contribution", presentation at the International Symposium Marco Polo and other Small Body Sample Return Missions, May 2009.

[A'Hearn - 2005a] A'Hearn, M.F., et al., "Deep Impact: Excavating Comet Tempel 1", Science, 310, 2005, 258 - 264.

[A'Hearn - 2005b] A'Hearn, M., Personal communication with the author, 16 July 2005.

[A'Hearn - 2008] A'Hearn, M.F., et al., "EPOXI's Mission to Comet 103P/Hartley 2". paper presented at the Asteroids, Comets, Meteors Meeting, 2008.

[A'Hearn - 2011a] A'Hearn, M.F., et al., "EPOXI at Comet Hartley 2", Science, 332, 2011, 1396 - 1400.

[A'Hearn - 2011 b] A'Hearn, M.F., and the DIXI Science Team, "Comet Hartley 2: A Different Class of Cometary Activity", paper presented at the XLII Lunar and Planetary Science Conference, Houston, 2011.

[AIDA - 2012] "Asteroid Impact & Deflection Assessment (AIDA) Mission: Opportunities and Tests in a

US - Europe Space Mission Cooperation. Project Options", document dated December 2012.

[Aitenhoff - 2009] Altenhoff, W.J., et al., "Why Did Comet 17P/Holmes Burst Out? Nucleus Splitting or Delayed Sublimation?", arXiv astro - ph/0901.2739 preprint.

[Ammannito - 2013] Ammannito, E., et al., "Olivine in an Unexpected Location on Vesta's Surface", Nature, 504, 2013, 122 - 125.

[Anderson - 2007] Anderson, M., "Don't Stop Till You Get to the Fluff", New Scientist, 6 January 2007, 26 - 30.

[Anderson - 2008] Anderson, B. J., et al., "The Structure of Mercury's Magnetic Field from MESSENGER's First Flyby", Science, 321, 2008, 82 - 85.

[Anderson - 2011] Anderson, B.J., et al., "The Global Magnetic Field of Mercury from MESSENGER Orbital Observations", Science, 333, 2011, 1859 - 1862.

[Andrews - 2010] Andrews, D., et al., "Ptolemy Operations in Anticipation of the Flyby of Asteroid 21 Lutetia", paper presented at the General Assembly of the European Geosciences Union, Vienna, May 2010.

[Andrews - Hanna - 2008] Andrews - Hanna, J.C., Zuber, M.T., Banerdt, B., "The Borealis Basin and the Origin of the Martian Crustal Dichotomy", Nature, 453, 2008, 1212 - 1215.

[APL - 2006a] "New Horizons Launch Press Kit", NASA; SwRI; APL, January 2006.

[APL - 2006b] "STEREO - The Sun in 3 - D: A New Frontier in Solar Research. A Guide to STEREO's Twin Observatories", NASA; APL, 2006.

[APL - 2008a] "Solar Probe + Mission Engineering Study Report", Prepared for NASA's Heliophysics Division, 10 March 2008.

[APL - 2008b] "Solar Sentinels: Mission Study Report", prepared for NASA by The Johns Hopkins University Applied Physics Laboratory, February 2008.

[April - 2008] April, R., "Where Next, Columbus?", Spaceflight, December 2008, 467 - 475.

[April - 2010] April, R., "Short Life on Hellish Planet", Spaceflight, December 2010, 424 - 425.

[April - 2011] April, R., "Five Year Focus on Planets and Moons", Spaceflight, January 2011, 16 - 18.

[Arridge - 2012] Arridge, C.R., et al., "Uranus Pathfinder: Exploring the Origins and Evolution of Ice Giant Planets", Experimental Astronomy, 33, 2012, 753 - 791.

[Ashworth - 2009] Ashworth, S., "Many Ways to Mars", Spaceflight, March 2009, 116 - 118.

[Asker - 2000] Asker, J. R., "Will Phoning Home Yield Busy Signals?", Aviation Week & Space Technology, 11 December 2000, 83 - 84.

[ASU - 2002] "SCIM Sample Collection for Investigation of Mars Fact Sheet", Arizona State University, 2002.

[Atzei - 2005] Atzei, A., Falkner, P., "Study Overview of the JME - Jovian Minisat Explorer TRS - An ESA Technology Reference Study", document ESA SCI - AP/2004/TN - 085/AA dated 22 March 2005.

[Auster - 2007] Auster, H.U., et al., "ROMAP: Rosetta Magnetometer and Plasma Monitor", Space

Science Reviews, 128, 2007, 221 - 240.

[AWST - 1978] "Chinese Space Plans", Aviation Week & Space Technology, 10 April 1978, 20.

[AWST - 2005] "Go the Extra Mile, NASA, And Fund Another Deep Impact Mission", Aviation Week & Space Technology, 11 July 2005, page unknown.

[Baines - 2007] Baines, K.H., et al., "Polar Lightning and Decadal - Scale Cloud Variability on Jupiter", Science, 318, 2007, 226 - 229.

[Balint - 2005] Balint, T., "Exploring Triton with Multiple Landers", Paper presented at the 56th International Astronautical Congress, Fukuoka, 2005.

[Balint - 2007] Balint, T., et al., "Can We Power Future Mars Missions?", Journal of the British Interplanetary Society, 60, 2007, 294 - 303.

[Ball - 1999] Ball, A.J., Lorenz, R.D., "Penetrometry of Extraterrestrial Surfaces: an Historical Overview". Paper presented at the International Workshop on Penetrometry in the Solar System, Graz, 1999.

[Ball - 2009] Ball, A.J., et al., "Mars Phobos and Deimos Survey (M - PADS)- A Martian Moons Orbiter and Phobos Lander", Advances in Space Research, 43, 2009, 120 - 127.

[Ballard - 2008] Ballard, S., et al., "Preliminary Results on HAT - P - 4, TrES - 3, XO - 2, and GJ 436 from the NASA EPOXI Mission", arXiv astro - ph/0807.2803 preprint.

[Balogh - 2007] Balogh, A., et al., "Missions to Mercury", Space Science Reviews, 132, 2007, 611 - 645.

[Balsiger - 2007] Balsiger, H., et al., "ROSINA - Rosetta Orbiter Spectrometer for Ion and Neutral Analysis", Space Science Reviews, 128, 2007, 745 - 801.

[Banerdt - 2013] Banerdt, B., "InSight: A Geophysical Mission to a Terrestrial Planet Interior", presentation dated 7 March 2013.

[Barabash - 2007a] Barabash, S., et al., "The Loss of Ions from Venus Through the Plasma Wake", Nature, 450, 2007, 650 - 653.

[Barabash - 2007b] Barabash, S., "Martian Missions in Asia", undated presentation.

[Barnes - 2012] Barnes, J.W., et al., "AVIATR - Aerial Vehicle for In - situ and Airborne Titan Reconnaissance: A Titan airplane mission concept", Experimental Astronomy, 33, 2012, 55 - 127.

[Barthelemy - 2003] Barthelemy, P., "Rosetta, Sonde Européenne Exploratrice de Comète, Pourrait Revoir son Plan de Vol", Le Monde, 8 January 2003 (In French).

[Barucci - 2007a] Barucci, M.A., Fulchignoni, M., Rossi, A., "Rosetta Asteroid Targets: 2867 Steins and 21 Lutetia", Space Science Reviews, 128, 2007, 67 - 78.

[Barucci - 2007b] Barucci, M.A., "NEO Sample Return Mission《Marco Polo》: Proposal to ESA Cosmic Vision", presentation at the Sputnik 50 - Year Jubilee, Moscow, October 2007.

[Barucci - 2008] Barucci, M.A., et al., "Asteroids 2867 Steins and 21 Lutetia: Surface Composition from Far Infrared Observations with the Spitzer Space Telescope", Astronomy & Astrophysics, 477, 2008, 665 - 670.

[Basilevsky - 2007] Basilevsky, A.T., et al., "Landing on Venus: Past and Future", Planetary and Space Science, 55, 2007, 2097 - 2112.

[Beebe - 2010] Beebe, R., Dudzinski, L., "Mission Concept Study - Planetary Science Decadal Survey - Saturn Atmospheric Entry Probe Mission Study", April 2010.

[Belbruno - 1996] Belbruno, E., Genta, G., "Low Energy Comet Rendezvous Using Resonance Transitions", paper presented at the First IAA Symposium on Realistic Near - Term Advanced Scientific Space Missions, Aosta, 25 - 27 June 1996.

[Belbruno - 1997] Belbruno, E., Marsden, B.G., "Resonance Hopping in Comets", The Astronomical Journal, 113, 1997, 1433 - 1444.

[Bell - 2012] Bell, J., "Protoplanet Close - Up", Sky & Telescope, September 2012, 32 - 36.

[Belskaya - 2010] Belskaya, IN., et al., "Puzzling asteroid 21 Lutetia: our knowledge prior to the Rosetta fly - by", arXiv astro - ph/1003.1845 preprint.

[Belton - 1996] Belton, M.J.S., et al., "Deep Impact: Exploration of the Mantle - Core Interface Region in a Cometary Nucleus", Bulletin of the American Astronomical Society, 28, 1996, 1088.

[Belton - 2005] Belton, M.J.S., et al., "Deep Impact: Working Properties for the Target Nucleus Comet 9P/Tempel 1", Space Science Reviews, 117, 2005, 137 - 160.

[Benest - 1990] Benest, D.G., "P/Ge - Wang Joins P/Slaughter - Bumham and P/Boethin in the club of comets in 1/1 Resonance with Jupiter", Celestial Mechanics and Dynamical Astronomy, 47, 1990, 361 - 374.

[Benkhoff - 2010] Benkhoff, J., et al., "BepiColombo - Comprehensive Exploration of Mercury: Mission Overview and Science Goals", Planetary and Space Science, 58, 2010, 2 - 20.

[Bennett - 2004] Bennett, D., "Deep Impact Microlens Explorer", presentation at the Hawaiian Gravitational Micro1ensing Workshop, 2004.

[Bensch - 2006] Bensch, F., et al., "Submillimeter Wave Astronomy Satellite Observations of Comet 9/ Tempel 1 and Deep Impact", arXiv astro - ph/0606045 preprint.

[Berner - 2002] Berner, C., et al., "Rosetta: ESA's Comet Chaser", Esa Bulletin, 112, 2002, 10 - 17.

[Berner - 2005] Berner, S., "Japan's Space Program: A Fork in the Road?", Santa Monica, RAND Corporation report TR - 184, 2005.

[Bertaux - 2007] Bertaux, J.- L., et al., "A Warm Layer in Venus' Cryosphere and High - Altitude Measurements of HF, HCl, H2O and HDO", Nature, 450, 2007, 646 - 649.

[Bertolami - 2004] Bertolami, O., Pàramos, J., "Pioneer's Final Riddle", arXiv gr - qc/0411020 preprint.

[Bibring - 2007a] Bibring, J.- P., et al., "The Rosetta Lander ('Philae') Investigations", Space Science Reviews, 128, 2007, 205 - 220.

[Bibring - 2007b] Bibring, J.- P., et al., "CIVA", Space Science Reviews, 128, 2007, 397 - 412.

[Biele - 2002] Biele, J., et al., "Current Status and Scientific Capabilities of the Rosetta Lander Payload", Advances in Space Research, 29, 2002, 1199 - 1208.

[Biele - 2005] Biele, J., et al., "Philae (Rosetta Lander): Experiment Status after Commissioning", submitted to Advances in Space Research.

[Binzel - 2012] Binzel, R.P., "A Golden Spike for Planetary Science", Science, 338, 2012, 203 - 204.

[Bish-2013] Bish, D.L., et al., "X-ray Diffraction Results from Mars Science Laboratory: Mineralogy of Rocknest at Gale Crater", Science, 341, 2013.

[Bishop-2008] Bishop, J.L., et al., "Phyllosilicate Diversity and Past Aqueous Activity Revealed at Mawrth Vallis, Mars", Science, 321, 2008, 830-833.

[Blair-2011] Blair, S., Semprimoschnig, C., van Casteren, J., "Hot Stuff: Seven Steps in Making a Mission to Mercury", ESA Bulletin, 146, 2011, 15-20.

[Blake-2013] Blake, D.F., et al., "Curiosity at Gale Crater, Mars: Characterization and Analysis of the Rocknest Sand Shadow", Science, 341, 2013.

[Blanc-2009] Blanc, M., et al., "LAPLACE: A mission to Europa and the Jupiter System for ESA's Cosmic Vision Programme", Experimental Astronomy, 23, 2009, 849-892.

[Blewett-2009] Blewett, D.T., "Do Lunar-Like Swirls Occur on Mercury?", paper presented at the XL Lunar and Planetary Science Conference, Houston, 2009.

[Blewett-2011] Blewett, D.T., et al., "Hollows on Mercury: MESSENGER Evidence for Geologically Recent Volatile-Related Activity", Science, 333, 2011, 1856-1859.

[Blume-2005] Blume, W.H., "Deep Impact Mission Design", Space Science Reviews, 117, 2005, 23-42.

[Bodewits-2011] Bodewits, D., et al., "Hartley-2's Puzzling Gas Anomaly", paper presented at the XLII Lunar and Planetary Science Conference, Houston, 2011.

[Bondo-2004] Bondo, T., et al., "Preliminary Design of an Advanced Mission to Pluto", paper presented at the 24th International Symposium on Space Technology and Science, Miyazaki, June 2004.

[Bortle-1986] Bortle, J.E., "Comet Digest", Sky & Telescope, April 1986, 426.

[Bortle-2008] Bortle, J.E., "The Astounding Comet Holmes", Sky & Telescope, February 2008, 24-28.

[Borucki-2009] Borucki, W.J., et al., "Kepler's Optical Phase Curve of the Exoplanet HAT-P-7b", Science, 325, 2009, 709.

[Bowles-2006] Bowles, N., et al., "Venus Descent Microprobes", presentation at the Venus Entry Probe Workshop, ESTEC, Noordwijk, 19-20 January 2006.

[Boynton-2009] Boynton, W.V., et al., "Evidence for Calcium Carbonate at the Mars Phoenix Landing Site", Science, 325, 2009, 61-64.

[Braun-2006] Braun, R.D., Spencer, D.A., "Design of the ARES Mars Airplane and Mission Architecture", Journal of Spacecraft and Rockets, 43, 2006, 1026-1034.

[Bridges-2012] Bridges, N.T., et al., "Earth-like Sand Fluxes on Mars", Nature, 485, 2012, 339-342.

[Broglio-1966] Broglio, L., "Esperimento e Risultati del Satellite S. Marco I" (Experiment and Results of the San Marco 1 Satellite), Rome, Accademia Nazionale dei Lincei, 1966 (In Italian).

[Brown-2004] Brown, M.E., Trujillo, C.A., Rabinowitz, D.L., "Discovery of a Candidate Inner Oort Cloud Planetoid", arXiv astro-ph/0404456 preprint.

[Brown-2005] Brown, M.E., Trujillo, C.A., Rabinowitz, D.L., "Discovery of a Planetary-Sized Object in the Scattered Kuiper Belt", arXiv astro-ph/0508633 preprint.

[Brown-2013a] Brown, M.E., Hand, K.P., "Salts and Radiation Products on the Surface of Europa", arXiv astro - ph/1303.0894 preprint.

[Brown - 2013b] Brown, M.E., "On the Size, Shape, and Density of Dwarf Planet Makemake", arXiv astro - ph/ 1304.1041 preprint.

[Bryant - 2005] Bryant, G., "Targeting Comet Tempel 1", Sky & Telescope, June 2005, 67 - 69.

[Buch - 2009] Buch, A., et al., "Development of a Gas Chromatography Compatible Sample Processing System (SPS) for the In - Situ Analysis of Refractory Organic Matter in Martian Soil: Preliminary Results", Advances in Space Research, 43, 2009, 143 - 151.

[Buie - 2005] Buie, M.W., et al., "Orbit and Photometry of Pluto's Satellites: Charon, S/2005 P1 and S/ 2005 P2", arXiv astro - ph/0512491 preprint.

[Buie - 2010] Buie, M. W., et al., "Pluto and Charon with the Hubble Space Telescope. II. Resolving Changes on Pluto's Surface and a Map for Charon", The Astronomical Journal, 139, 2010, 1128 - 1143.

[Buie - 2012a] Buie, M. W., et al., "Searching for KBO Flyby Targets for the New Horizons Mission", paper presented at the Asteroids, Comets, Meteors meeting, 2012.

[Buie - 2012b] Buie, M., "The Sentinel Mission", presentation at the 7th Small Bodies Assessment Group (SBAG) meeting, Pasadena, July 2012.

[Burch - 2007] Burch, J. L., et al., "RPC - IES: The Ion and Electron Sensor of the Rosetta Plasma Consortium", Space Science Reviews, 128, 2007, 697 - 712.

[Calvin - 2007] Calvin, W.M., et al., "Report from the 2013 Mars Science Orbiter (MSO) Second Science Analysis Group", 29 May 2007.

[Canup - 2013] Canup, R., "Lunar Conspiracies", Nature, 504, 2013, 27 - 29.

[Capuano - 2012] Capuano, M., et al., "ExoMars Mission 2016, EDM Science Opportunities", paper presented at the 63rd International Astronautical Congress, Naples, 2012.

[Cargill - 2013] Cargill, P., "Towards ever Smaller Length Scales", Nature, 493, 2013, 485 - 486.

[Carlisle - 2009] Carlisle, C.M., "The Race to Find Alien Planets", Sky & Telescope, January 2009, 28 - 33.

[Carnelli - 2006] Carnelli, I., Gàlvez, A., Ongaro, F., "Learning to Deflect Near Earth Objects: Industrial Design of the Don Quijote Mission", paper presented at the 63rd International Astronautical Congress, Naples, 2012.

[Carnelli - 2013] Carnelli, I., Gàlvez, A., "Asteroid Impact Mission (AIM): ESA's NEO Exploration Precursor", presentation to the 8th Small Bodies Assessment Group (SBAG), Washington, January 2013.

[Carr - 2007] Carr, C., et al., "RPC: The Rosetta Plasma Consortium", Space Science Reviews, 128, 2007, 629 - 647.

[Carry - 2007] Carry, B., et al., "Near - Infrared Mapping and Physical Properties of the Dwarf - Planet Ceres", arXiv astro - ph/0711.1152 preprint.

[Carry - 2010] Carry, B., et al., "Physical Properties of ESA/NASA Rosetta Target Asteroid(21) Lutetia: Shape and Flyby Geometry", arXiv astro - ph/2005.5356 preprint.

[Carter - 2010] Carter, J., et al., "Detection of Hydrated Silicates in Crustal Outcrops in the Northern

Plains of Mars", Science, 328, 2010, 1682 - 1686.

[Carusi - 1985] Carusi, A., et al., "Long - Term Evolution of Short - Period Comets", Bristol, Adam Hilger, 1985.

[Carvano - 2008] Carvano, J.M., et al., "Surface Properties of Rosetta's Targets (21) Lutetia and (2867) Steins from ESO Observations", Astronomy & Astrophysics, 479, 2008, 241 - 248.

[Cassell - 1998] Cassell, C.R., et al., "Asteroid Selection and Mission Design for SpaceDev's Near Earth Asteroid Prospector", paper AAS 98 - 183.

[Cassi - 2012] Cassi, C., et al., "ExoMars: One Project Two Missions", paper presented at the 63rd International Astronautical Congress, Naples, 2012.

[Cecil - 2007] Cecil, G., Rashkeev, D., "A Side of Mercury not Seen by Mariner 10", arXiv astro - ph/0708 .0146v2 preprint.

[Chandler - 2008] Chandler, D., "The Burger Bar that Saved the World", Nature, 453, 2008, 1165 - 1168.

[Chang Diaz - 2000] Chang Diaz, F.R., "The VASIMIR Rocket", Scientific American, November 2000, 90 - 97.

[Chassefière - 2006] Chassefière, E., "The Lavoisier Mission Concept", presentation at the Venus Entry Probe Workshop, ESTEC, Noordwijk, 19 - 20 January 2006.

[Chassefière - 2007a] Chassefière, E., "ESA's Venus Entry Probe Workshop and Cosmic Vision Proposal", presentation at the 3rd meeting of the Venus Exploration Analysis Group (VEXAG), Crystal City, January 2007.

[Chassefière - 2007b] Chassefière, E., "Toward an International Venus Exploration Program", presentation at the Sputnik 50 - Year Jubilee, Moscow, October 2007.

[Chassefière - 2007c] Chassefière, E., et al., "European Venus Explorer - A Proposed Mission for ESA's Cosmic Vision 2015 - 2025", presentation at the 4th meeting of the Venus Exploration Analysis Group (VEXAG), Greenbelt, November 2007.

[Chen - 2010] Chen, C., Hu, J., Zhu, G., "The Key Techniques and Design Features of YH - 1 Mars Probe", Chinese Astronomy and Astrophysics, 34, 2010, 217 - 226.

[Chen - 2011a] Chen, Y., Baoyin, H.X., Li, J.F., "Design and Optimization of a Trajectory for Moon Departure Near Earth Asteroid Exploration", Science China: Physics, Mechanics & Astronomy, 54, 2011, 748 - 755.

[Chen - 2011b] Chen, Y., Baoyin H.X., Li J.F., "Target Analysis and Low - Thrust Trajectory Design of Chinese Asteroid Exploration Mission", Science China: Physics, Mechanics & Astronomics, 41, 2011, 1104 - 1111 (in Chinese).

[Chen - 2013] Chen, Y., Baoyin, H., Li. J.- F., "Trajectory Analysis and Design for A Jupiter Exploration Mission", Chinese Astronomy and Astrophysics, 37, 2013, 77 - 89.

[Cheng - 2013] Cheng, A., et al., "AIDA: Asteroid Impact & Deflection Assessment", paper presented at the 64th International Astronautical Congress, Beijing, 2013.

[Cherniy - 2007] Cherniy, I., "Visokotemperaturnaya Elektronika - Klyuch k Taynam Venerii?" (High

Temperature Electronics - The Key to the Secrets of Venus?), Novosti Kosmonavtiki, November 2007 (in Russian).

[Chesley - 2013a] Chesley, S., "ISIS: Impactor for Surface and Interior Science", presentation to the 8th Small Bodies Assessment Group (SBAG), Washington, January 2013.

[Chesley - 2013b] Chesley, S., "ISIS: Impactor for Surface and Interior Science", presentation to the 9th Small Bodies Assessment Group (SBAG), Washington, July 2013.

[Christensen - 2009] Christensen, P., "Science Perspective for Candidate Mars Mission Architectures for 2016 - 2026", presentation to the Mars Exploration Program Analysis Group (MEPAG) meeting #20, Rosslyn, Virginia, March 2009.

[Christiansen - 2008] Christiansen, J.L., et al., "The NASA EPOXI Mission of Opportunity to Gather Ultraprecise Photometry of Known Transiting Exoplanets", arXiv astro - ph/ 0807.2852 preprint.

[Christophe - 2011] Christophe, B., et al., "OSS (Outer Solar System): A Fundamental and Planetary Physics Mission to Neptune, Triton and the Kuiper Belt", arXiv astro - ph/ 1106.0132 preprint.

[Cirtain - 2013] Cirtain, J.W., et al., "Energy Release in the Solar Corona from Spatially Resolved Magnetic Braids", Nature, 493, 2013, 501 - 503.

[Clark - 2012] Clark, B.E., "Asteroids: Dark and Stormy Weather", Nature, 491, 2012, 45 - 46.

[Claros - 2004] Claros, V., Süss, G., Warhaut, M., "ESA Reaches Out into Space - The New Cebreros Station", ESA Bulletin, 118, 2004, 17 - 20.

[Cleave - 2005] Cleave, M.L., letter to the B612 Foundation, 12 October 2005.

[CLEP - 2009] "Chinese Lunar Exploration Program", presentation to the Global Space Development Summit, November 2009.

[Clery - 2003] Clery, D., "Financial Crisis Puts Comet Mission on the Ropes", Science, 300, 2003, 1213.

[Clery - 2008a] Clery, D., "Cloudy Future for Europe's Space Plans", Science, 322, 2008, 1180 - 1181.

[Clery - 2008b] Clery, D., "Ministers Bankroll European Space Agency's Ambitions", Science, 322, 2008, 1447.

[Cochran - 2006] Cochran, A.L., et al., "Observations of Comet 9P/Tempel 1 with the Keck 1 HIRES Instrument During Deep Impact", arXiv astro - ph/0609134 preprint.

[Colangeli - 1999] Colangeli, L., et al., "Infrared Spectral Observations of Comet 103P/Hartley 2 by ISOPHOT", Astronomy & Astrophysics, 343, 1999, L87 - L90.

[Colangeli - 2007] Colangeli, L., et al., "The Grain Impact Analyser and Dust Accumulator (GIADA) Experiment for the Rosetta Mission: Design, Performances and First Results", Space Science Reviews, 128, 2007, 803 - 821.

[Colangelo - 2000] Colangelo, G., et al., "Solar Orbiter: A Challenging Mission Design for Near - Sun Observations", ESA Bulletin 104, 2000, 76 - 85.

[Colombo - 1965] Colombo, G., "Rotational Period of the Planet Mercury", Nature, 208, 1965, 575.

[Connors - 2011] Connors, M., Wiegert, P., Veillet, C., "Earth's Trojan Asteroid", Nature, 475, 481 - 483.

[Cooke - 2011a] Cooke, B., "Orbiter Element", presentation to the Outer Planets Assessment Group,

(OPAG) 19 October 2011.

[Cooke - 2011b] Cooke, B., "Europa Lander Study Background", presentation to the Outer Planets Assessment Group, (OPAG) November 2011.

[Coradini - 2007] Coradini, A., et al., "VIRTIS: An Imaging Spectrometer for the Rosetta Mission", Space Science Reviews, 128, 2007, 529 - 560.

[Coradini - 2010] Coradini, M., "The ESA/NASA ExoMars Programme", presentation to the Mars Exploration Program Analysis Group (MEPAG) meeting #22, Monrovia, California, March 2010.

[Coradini - 2011] Coradini, A., et al., "The Surface Composition and Temperature of Asteroid 21 Lutetia as Observed by ROSETTA/VIRTIS", Science, 334, 2011, 492 - 494.

[Corneille - 2008] Corneille, P., "Avoiding Catastrophe", Spaceflight, October 2008, 395 - 399.

[Coué - 2007a] Coué, P., "La Chine Veut la Lune" (China Wants the Moon), Paris, A2C Medias, 2007, 159 - 164 (in French).

[Coué - 2007b] ibid., 149 - 157.

[Covault - 2004a] Covault, C., "Hot Shot", Aviation Week & Space Technology, 26 July 2004, 58 - 59.

[Covault - 2004b] Covault, C., "Skycrane Reassessed", Aviation Week & Space Technology, 26 July 2004, 58 - 59.

[Covault - 2005a] Covault, C., "A New Mars", Aviation Week & Space Technology, 31 January 2005.

[Covault - 2005b] Covault, C., "Back to Mars", Aviation Week & Space Technology, 22 August 2005, 28 - 30.

[Covault - 2005c] Covault, C., "Martian Infotech", Aviation Week & Space Technology, 28 February 2005, 54 - 55.

[Covault - 2006] Covault, C., "Spying on Mars", Aviation Week & Space Technology, 23 October 2006, 24.

[Covault - 2007a] Covault, C., "Back to Mars", Aviation Week & Space Technology, 11 June 2007, 56 - 59.

[Covault - 2007b] Covault, C., "Bees to the Rescue", Aviation Week & Space Technology, 11 June 2007, 61.

[Covault - 2007c] Covault, C., "Martian Mysteries", Aviation Week & Space Technology, 11 June 2007, 60.

[Covault - 2007d] Covault, C., "Phoenix Streaks toward Mars", Aviation Week & Space Technology, 13 August 2007, 31.

[Covault - 2008a] Covault, C., "Fire and Ice", Aviation Week & Space Technology, 19 May 2008, 36.

[Covault - 2008b] Covault, C., "Carrying the Fire", Aviation Week & Space Technology, 2 June 2008, 24.

[Covault - 2008c] Covault, C., "Phoenix Delivers", Aviation Week & Space Technology, 9 June 2008, 34.

[Covault - 2008d] Covault, C., "Martian Arctic Revealed", Aviation Week & Space Technology, 9 June 2008, 52 - 55.

[Covault - 2008e] Covault, C., "Shake, Shake, Shake", Aviation Week & Space Technology, 16 June 2008, 41.

[Covault - 2008f] Covault, C., "Memory Overload", Aviation Week & Space Technology, 23 June

2008, 54.

[Covault - 2008g] Covault, C., "Phoenix Scores Again", Aviation Week & Space Technology, 11 August 2008, 30.

[Covault - 2008h] Covault, C., "Taste Test", Aviation Week & Space Technology, 7 July 2008, 28 - 30.

[Covault - 2008i] Covault, C., "Phoenix Digs Deeper", Aviation Week & Space Technology, 18 August 2008, 43.

[Covault - 2008j] Covault, C., "Racing the Midnight Sun", Aviation Week & Space Technology, 15 September 2008, 40.

[Covault - 2008k] Covault, C., "A Lander's Legacy", Aviation Week & Space Technology, 17 November 2008, 30.

[Cowan - 2009] Cowan, N., "Alien Maps of an Ocean - Bearing World", arXiv astro - ph/ 09053742 preprint.

[Cowen - 2012] Cowen, R., "Venus's Rare Sun Crossing May Aid Search for Exoplanets", Science, 336, 2012, 660.

[Crovisier - 1999] Crovisier, J., et al., "The Thermal Infrared Spectra of Comets Hale - Bopp and 103P/ Hartley 2 Observed with the Infrared Space Observatory", paper presented at the Workshop on Thermal Emission Spectroscopy, Houston, 1999.

[Crovisier - 2005] Crovisier, J., Personal communication with the author, 2 August 2005.

[Crovisier - 2009] Crovisier, J., et al., "The Chemical Diversity of Comets: Synergied between Space Exploration and Ground - Based Radio Observations", arXiv astro - ph/0901.2205 preprint.

[Cui - 2004] Cui Pingyuan, et al., "Ivar Asteroid Exploration Mission and Trajectory Design", paper presented at the 55th International Astronautical Congress, Vancouver, 2004.

[Cui - 2005] Cui Pingyan, Cui Hutao, Qiao Dong, "The Scenario and Scheme of Exploring Nereus Asteroid Mission", Paper presented at the 56th International Astronautical Congress, Fukuoka, October 2005.

[Cunningham - 1988a] Cunningham, C.J., "Introduction to Asteroids", Richmond, Willmann - Bell, 1988, 71 - 76.

[Cunningham - 1988b] ibid., 118 - 119.

[Cunningham - 1988c] ibid., 125 - 128.

[Cyranoski - 2011] Cyranoski, D., "China forges ahead in space", Nature, 497, 2011, 276 - 277.

[Damiani - 2012] Damiani, S., Lauer, M., Müller, M., "Monitoring of Aerodynamic Pressures for Venus Express in the Upper Atmosphere During Drag Experiments Based on Telemetry", paper presented at the 23rd International Symposium on Space Flight Dynamics, Pasadena, October 2012.

[David - 2011] David, L., "Juno to Jupiter: Piercing the Veil", Aerospace America, July/August 2011, 40 - 45.

[Day - 2010] Day, D., "Journey to a Red Moon", Spaceflight, November 2010, 426 - 428.

[Day - 2011a] Day, D.A., "NASA's Next Discovery Class Mission", Spaceflight, July 2011, 253 - 254.

[Day - 2011b] Day, D.A., "Romancing the Stone", Spaceflight, April 2011, 134 - 135.

[de Campos Velho - 2010] de Campos Velho, H. F., Personal communication with the author, 1

November 2010.

[de Groot - 2012] de Groot, R., "Mars Exploration: The ESA Perspective", presentation to the Mars Exploration Program Analysis Group (MEPAG) meeting #25, Washington, DC, February 2012.

[Deimos Space - 2009] Deimos Space SLU "Micro/Mini - Satellite Interplanetary Mission - Proba - IP Executive Summary", document dated 23 November 2009.

[de la Fuente Marcos - 2013] de la Fuente Marcos, C., de la Fuente Marcos, R., "Three New Stable L5 Mars Trojans", arXiv astro - ph/1303.0124 preprint.

[de León - 2011] de León, J., et al., "New Observations of Asteroid (175706) 1996 FG3, Primary Target of the ESA Marco Polo - R Mission", Astronomy & Astrophysics, 530, 2011, L12.

[Denevi - 2009] Denevi, B.W., et al., "The Evolution of Mercury's Crust: A Global Perspective from MESSENGER", Science, 324, 2009, 613 - 618.

[Denevi - 2012] Denevi, B.W., et al., "Pitted Terrain on Vesta and Implications for the Presence of Volatiles", Science, 338, 2012, 246 - 249.

[D'Errico - 2006] D'Errico, P., Santandrea, S., "APIES: A Mission for the Exploration of the Main Asteroid Belt Using a Swarm of Microsatellites", Acta Astronautica, 59, 2006, 689 - 699.

[De Sanctis - 2012] De Sanctis, M.C., et al., "Spectroscopic Characterization of Mineralogy and Its Diversity Across Vesta", Science, 336, 2012, 697 - 700.

[de Selding - 2011] de Selding, P., "ESA Halts ExoMars Orbiter Work to Rethink Red Planet Plans with NASA", Space News, 25 April 2011, 1, 6.

[Di Pippo - 1999] Di Pippo, S., Ercoli Finzi, A., Magnani, P.G., "Robotic Anns and Surface/ Subsurface Sampling for Mars Exploration". Course presentation for the Summer School 1999 on Mars, Alpbach, 3 - 12 August 1999.

[Dissly - 2003] Dissly, R.W., Miller, K.L., Carlson, R.J., "Artificial Crater Formation on Satellite Surfaces Using an Orbiting Railgun", paper presented at the Forum on Jupiter Icy Moons Orbiter, Houston, 2003.

[Dittus - 2005] Dittus, H., et al., "A Mission to Explore the Pioneer Anomaly", arXiv gr - qc/ 0506139 preprint.

[Dornheim - 2005] Dornheim, M.A., "Crash Course", Aviation Week & Space Technology, 11 July 2005, 28 - 31.

[Dornheim - 2006a] Dornheim, M.A., "Mars fleet Addition", Aviation Week & Space Technology, 6 March 2006, 35.

[Dornheim - 2006b] Dornheim, M.A., "Earning its 'O'", Aviation Week & Space Technology, 20 March 2006, 32.

[Drossart - 2007] Drossart, P., et al., "A Dynamic Upper Atmosphere of Venus as Revealed by VIRTIS on Venus Express", Nature, 450, 2007, 641 - 645.

[Durda - 2005] Durda, D., et al., "A Spacecraft Mission to Near - Earth Asteroid 2004 MN4: Call to Action", paper presented at the Asteroids, Comets, Meteors symposium, 2005.

[Durda - 2006] Durda, D., "The Most Dangerous Asteroid Ever Found", Sky & Telescope, November 2006, 29 - 33.

[Durda - 2010] Durda, D., "How to Deflect a Hazardous Asteroid", Sky & Telescope, December 2010, 22 - 28.

[Edberg - 2006] Edberg, N., "The Rosetta Mars Flyby", Diploma thesis, Master of Science Program in Engineering Physics, Uppsala University, 2006.

[Edgett - 2011] Edgett, K.S., "Gale Crater in Context", presentation at the Final MSL Field Site Selection, Monrovia/Arcadia, May 2011.

[Edwards - 2006] Edwards, C.D. Jr., et al., "Relay Communications Strategies for Mars Exploration Through 2020", Acta Astronautica, 59, 2006, 310 - 318.

[Ehlmann - 2008] Ehlmann, B.L., et al., "Orbital Identification of Carbonate - Bearing Rocks on Mars", Science, 322, 2008, 1828 - 1832.

[Ehlmann - 2011] Ehlmann, B.L., et al., "Subsurface Water and Clay Mineral Formation during the Early History of Mars", Nature, 479, 2011, 53 - 60.

[Ehrenfreund - 2012] Ehrenfreund, P., et al., "MarcoPolo - R: Near Earth Asteroid Sample Return Mission in ESA Assessment Study Phase", paper presented at the 63rd International Astronautical Congress, Naples, 2012.

[Eismont - 1997] Eismont, N.A., Sukhanov, A.A., "Low Cost Phobos Sample Return Mission", paper presented at the 12th International Symposium on Space Flight Dynamics, Darmstadt, 2 - 6 June 1997.

[EJSM - 2010] "Europa Jupiter System Mission (EJSM) - Exploring the Emergence of Habitable Worlds around Gas Giants", Document JPL D - 67959, 15 November 2010.

[Ekonomov - 2008] Ekonomov, A., "How and why to Survive at Venus Surface", paper presented at the European Planetary Science Congress, Münster, 2008.

[Elliott - 2010] Elliott, J.O., Hunter Waite, J., "In - Situ Missions for the Exploration of Titan's Lakes", Journal of the British Interplanetary Society, 63, 2010, 376 - 383.

[Elwood - 2004] Elwood, J., et al., "Rosetta's New Target Awaits", ESA Bulletin, 117, 2004, 4 - 13.

[Encrenaz - 2005] Encrenaz, T., Personal communication with the author, 25 July 2005.

[Eneev - 1998] Eneev, T.M., et al., "Mission to Phobos with the Use of Electric Propulsion", paper presented at the Second IAA Symposium on Realistic Near - Term Advanced Scientific Space Missions, Aosta, Italy, June 29 - July 1, 1998.

[Ercoli Finzi - 2007] Ercoli Finzi, A., et al., "SD2 - How to Sample a Comet", Space Science Reviews, 128, 2007, 281 - 299.

[Eriksson - 2007] Eriksson, A.I., et al., "RPC - LAP: The Rosetta Langmuir Probe Instrument", Space Science Reviews, 128, 2007, 729 - 744.

[ESA - 2000] "Solar Orbiter: A High - Resolution Mission to the Sun and Inner Heliosphere", ESA SCI (2000)6, July 2000.

[ESA - 2001] "Venus Express Mission Definition Report", ESA SCI(2001)6, October 2001.

[ESA-2002] “CDF Study Report: ExoMars09”, ESA CDF-14(A), August 2002.

[ESA-2005] “Solar Orbiter Assessment Phase Final Executive Report”, ESA SCI-A/2000/054/ NR, 15 December 2005.

[ESA-2010a] “ExoMars-EDL Demonstrator Module Surface Payload Experiment Proposal Information Package”, ESA document EXM-DM-IPA-ESA-00001, 8 November 2010.

[ESA-2010b] “Trojans' Odyssey: Unveiling the Early History of the Solar System”, A proposal submitted as an M-class mission to ESA's Cosmic Vision Programme, December 3rd, 2010.

[ESA-2011a] “JUICE: Exploring the Emergence of Habitable Worlds around Gas Giants-Assessment Study Report”, ESA/SRE(2011) 18, December 2011.

[ESA-2011b] “Solar Orbiter: Exploring the Sun-Heliosphere Connection-Definition Study Report”, ESA Document SRE(2011)14, July 2011.

[Espinasse-2008] Espinasse, S., “Italian Activities and Plans in the Field of Exploration”, paper presented at the first Meeting of the International Primitive Body Exploration Working Group, Okinawa, January 2008.

[EST-2012a] Europa Study Team, “Europa Study 2012 Report-Introduction”, JPL D-71990, 1 May 2012.

[EST-2012b] Europa Study Team, “Europa Study 2012 Report-Europa Orbiter Mission”, JPL D-71990, 1 May 2012.

[EST-2012c] Europa Study Team, “Europa Study 2012 Report-Europa Multiple Flyby Mission”, JPL D-71990, 1 May 2012.

[EST-2012d] Europa Study Team, “Europa Study 2012 Report-Europa Lander Mission”, JPL D-71990, 1 May 2012.

[Evans-2002] Evans, N.W., Tabachnik, S.A., “Structure of Possible Long-Lived Asteroid Belts”, Monthly Notices of the Royal Astronomical Society, 333, 2002, Ll-L5.

[Fabrega-2003] Fabrega, J., et al., “Venus Express: the First European Mission to Venus”, paper presented at the 54th International Astronautical Congress, Bremen, October 2003.

[Fabrega-2004] Fabrega, J., et al., “Venus Express on the Right Track”, paper presented at the 55th International Astronautical Congress, Vancouver, October 2004.

[Fabrega-2007] Fabrega, J., et al., “Europe Goes to Venus: The Journey of Venus Express”, Journal of the British Interplanetary Society, 60, 2007, 430-438.

[Farley-2014] Farley, K.A., et al., “In Situ Radiometric and Exposure Age Dating of the Martian Surface”, accepted for publication in Science.

[Farnham-2013] Farnham, T., “Deep Impact Continued Investigations (DI3)”, presentation at the 9th Small Bodies Assessment Group (SBAG) meeting, Washington, July 2013.

[Farquhar-2011] Farquhar, R.W., “Fifty Years on the Space Frontiers: Halo Orbits, Comets, Asteroids, and More”, Denver, Outskirt Press, 2011, 262-263.

[Farquhar-2013] Farquhar, R., et al., “A Unique Multi-Comet Mission Opportunity for China in 2018”, paper presented at the 64th International Astronautical Congress, Beijing, 2013.

[Feldman - 2006a] Feldman, P.D., et al., "Ultraviolet Spctroscopy of Comet 9P/Tempel 1 with Alice/Rosetta during the Deep Impact Encounter", arXiv astro - ph/0608708 preprint.

[Feldman - 2006b] Feldman, P.D., et al., "Hubble Space Telescope Observations of Comet 9P/Tempel 1 During the Deep Impact Encounter", arXiv astro - ph/0608487 preprint.

[Feldman - 2006c] Feldman, P.D., et al., "Carbon Monoxide in Comet 9P/Tempel 1 Before and After the Deep Impact Encounter", arXiv astro - ph/0607185 preprint.

[Ferri - 2004] Ferri, P., Warhaut, M., "First In - Flight Experience with Rosetta", paper presented at the 55th International Astronautical Congress, Vancouver, October 2004.

[Ferri - 2005] Ferri, P., Schwehm, G., "Rosetta: ESA's Comet Chaser Already Making its Mark", ESA Bulletin, 123, 2005, 62 - 66.

[Ferrin - 2010] Ferrin, I., "Secular Light Curve of Comet 103P/Hartley 2, Target of the EPOXI Mission", arXiv astro - ph/1008.4556v1 preprint.

[Fiehler - 2006] Fiehler, D.I., McNutt, R.L. Jr., "Mission Design for the Innovative Interstellar Explorer Vision Mission", Journal of Spacecraft and Rockets, 43, 2006, 1239 - 1247.

[Findlay - 2012] Findlay, R., et al., "A Small Asteroid Lander Mission to Accompany Hayabusa - Ⅱ", paper presented at the 63rd International Astronautical Congress, Naples, 2012.

[Flight - 1998] "NEAP Experiments May Fly in Discovery Mission", Flight International, 21 January 1998, 30.

[Flight - 1999] "Rosetta Goes on as NASA Retires", Flight International, 14 July 1999, 28.

[Flight - 2002] "Europe Faces new Ariane 5 Blow", Flight International, 17 December 2002, 5.

[Flight - 2003] "Rosetta Postponed after Ariane 5 Failure", Flight International, 21 January 2003, 7.

[Fornasier - 2007] Fornasier, S., et al., "Are the E - Type Asteroids (2867) Steins, a Target of the Rosetta Mission and NEA (3103) Eger Remnants of an Old Asteroid Family?", Astronomy & Astrophysics, 474, 2007, L29 - L32.

[Fornasier - 2011] Fornasier, S., et al., "Photometric Observations of Asteroid 4 Vesta by the OSIRIS Cameras onboard the Rosetta Spacecraft", Astronomy & Astrophysics, 533, 2011, L9.

[Förstner - 2007] Förstner, R., Best, R., Steckling, M., "BepiColombo - Mission to Mercury", Journal of the British Interplanetary Society, 60, 2007, 314 - 320.

[Frauenholz - 2008] Frauenholz, R.B., et al., "Deep Impact Navigation System Performance", Journal of Spacecraft and Rockets, 42, 2008, 39 - 56.

[Friedlander - 1984] Friedlander, A.L., "Titan Buoyant Station", Journal of the British Interplanetary Society, 37, 1984, 381 - 387.

[Fu - 2012] Fu, R.F., et al., "An Ancient Core Dynamo in Asteroid Vesta", Science, 338, 2012, 238 - 241.

[Fujita - 2014] Fujita, K., et al., "Conceptual study and key technology development for Mars Aeroflyby sample collection", Acta Astronautica, 93, 2014, 84 - 93.

[Fulle - 2007] Fulle, M., et al., "Discovery of the Atomic Iron Tail of Comet McNaught Using the

Heliospheric Imager on STEREO", The Astrophysical Journal, 661, 2007, L93 - L96.

[Furniss - 1997] Furniss, T., "Asteroid Prospector", Flight International, 29 October 1997, 38.

[Furniss - 2002] Furniss, T., "Ariane 4 Puts Europe back in Space as ESA Probes 5 Loss", Flight International, 31 December 2002, 22.

[Furniss - 2003] Furniss, T., "Ariane 5 ECA to Try Again but Doubts over Rosetta", Flight International, 14 January 2003, 22.

[Gafarov - 2004] Gafarov, A. A., et al., "Conceptual Project of Interplanetary Spacecraft with Nuclear Power System and Electric Propulsion System for Radar Sounding of Ice Sheet of Europa, Jupiter Satellite", Paper presented at the 55th International Astronautical Congress, Vancouver, 2004.

[Gafarov - 2005] Gafarov, A.A., "Yademaya Energiya v Kosmose" (Nuclear Energy in Space), Novosti Kosmonavtiki, January 2005 (in Russian).

[Galeev - 1996] Galeev, A.A., et al., "Phobos Sample Return Mission", Advances in Space Research, 17, December 1996, 31 - 47.

[GAO - 2005] United States Government Accountability Office, "NASA's Space Vision: Business Case for Prometheus 1 Needed to Ensure Requirements Match Available Resources", GAO document 05 - 242, February 2005.

[Gao - 2012a] Gao, Y., Li, H.- N., He, S.- M., "First - Round Design of the Flight Scenario for Chang'e - 2's Extended Mission: Takeoff from Lunar Orbit"; Acta Mechanica Sinica, 28, 2012, 1466 - 1478.

[Gao - 2012b] Gao, Y., "Near - Earth Asteroid Flyby Trajectories from the Sun - Earth L2 for Chang'e - 2's Extended Flight", Acta Mechanica Sinica, 29, 2013, 123 - 131.

[Garcia - 2007] Garcia, M. D., Fujii, K. K., "Mission Design Overview for the Phoenix Mars Scout Mission", Paper AAS 07 - 247.

[Garcia Yarnoz - 2007] Garcia Yarnoz, D., Jehn, R., De Pascale, P., "Trajectory Design for the Bepi - Colombo Mission To Mercury", Journal of the British Interplanetary Society, 60, 2007, 202 - 208.

[García Yárnoz - 2013] García Yárnoz, D., Sanchez, J. P., Mcinnes, C. R., "Easily Retrievable Objects among the NEO Population", arXiv astro - ph/1304.5082 preprint.

[Gardini - 2003] Gardini, B., et al., "The Aurora Programme: A Stepping - Stone Path for Humans to Mars", On Station, December 2003, 10 - 14.

[Garrick - Bethell - 2005] Garrick - Bethell, I., "Artillery Based Explorers: A New Architecture for Regional Planetary Geology", Acta Astronautica, 57, 2005, 722 - 732.

[Genta - 2000] Genta, G., Vulpetti, G., "Some Consideration on Missions to the Gravitational Lens", paper presented at the Third IAA Symposium on Realistic Near - Term Advanced Scientific Space Missions, Aosta, 3 - 5 July 2000.

[Gibney - 2013] Gibney, E., "X - rays top space agenda", Nature, 503, 2013, 13 - 14.

[Gilliland - 2011] Gilliland, R.L., "Kepler Mission Stellar and Instrument Noise Properties" arXiv astro - ph/1107.5207 preprint.

[Gimenez - 2002] Gimenez, A., et al., "Studies on the Re - use of the Mars Express Platform", ESA

Bulletin, 109, 2002, 78 - 86.

[Gladstone - 2007] Gladstone, G.R., et al., "Jupiter's Nightside Airglow and Aurora", Science, 318, 2007, 229 - 231.

[Glassmeier - 2007a] Glassmeier, K.-H., et al., "RPC - MAG: The Fluxgate Magnetometer in the Rosetta Plasma Consortium", Space Science Reviews, 128, 2007, 649 - 670.

[Glassmeier - 2007b] Glassmeier, K.-H., et al., "The Rosetta Mission: Flying Towards the Origin of the Solar System", Space Science Reviews, 128, 2007, 1 - 21.

[Glassmeier - 2009] Glassmeier, K.-H., "Magnetic Twisters on Mercury", Science, 324, 2009, 597 - 598.

[Goesmann - 2007] Goesmann, F., et al., "COSAC, the Cometary Sampling and Composition Experiment on Philae", Space Science Reviews, 128, 2007, 257 - 280.

[Gold - 2010] Gold, R.E., et al., "Uranus Mission Concept Options", Journal of the British Interplanetary Society, 63, 2010, 357 - 362.

[González - 2004] González, J.A., et al., "Don Quijote: An ESA Mission for the Assessment of the NEO Threat", paper presented at the 55th International Astronautical Congress, Vancouver, 2004.

[Goswami - 2013] Goswami, J.N., Radhakrishnan, K., "Indian Mission to Mars", paper presented at the XLIV Lunar and Planetary Science Conference, Houston, 2013.

[Graf - 2005] Graf, J.E., et al., "The Mars Reconnaissance Orbiter Mission", Acta Astronautica, 57, 2005, 566 - 578.

[Graf - 2007] Graf, J.E., et al., "Status of the Mars Reconnaissance Orbiter Mission", Acta Astronautica, 61, 2007, 44 - 51.

[Greaves - 2011] Greaves, J.S., Helling, C., Friberg, P., "Discovery of Carbon Monoxide in the Upper Atmosphere of Pluto", arXiv astro - ph/1104.3014 preprint.

[Grebow - 2012] Grebow, D.J., Bhaskaran, S., Chesley, S.R., "Target Search & Selection for the DI/EPOXI Spacecraft", paper presented at the AIAA/AAS Astrodynamics Specialist Conference, Minneapolis, August 2012.

[Green - 2004] Green, J.L., et al., "Radio Sounding Science at High Powers", paper presented at the 55th Congress of the International Astronautical Federation, Vancouver, 2004.

[Grifantini - 2011] Grifantini, K., "Where Did Earth's Water Come From?", Sky & Telescope, January 2011, 22 - 28.

[Grinspoon - 2010] Grinspoon, D., Tahu, G., "VCM Mission Concept Study - Planetary Science Decadal Survey Venus Climate Mission", Final Report, June 2010.

[Groussin - 2004] Groussin, O., et al., "The Nuclei of Comets 126P/IRAS and 103P/Hartley 2", Astronomy & Astrophysics, 419, 2004, 375 - 383.

[Grotzinger - 2013a] Grotzinger, J.P., "Analysis of Surface Materials by the Curiosity Mars Rover", Science, 341, 2013, 1475.

[Grotzinger - 2013b] Grotzinger, J.P. et al., "Mars Science Laboratory: First 100 Sols of Geologic and Geochemical Exploration from Bradbury Landing to Glenelg", paper presented at the XLIV Lunar and

Planetary Science Conference, Houston, 2013.

[Grotzinger-2014] Grotzinger, J.P., et al., "A Habitable Fluvio-Lacustrine Environment at Yellowknife Bay, Gale Crater, Mars", accepted for publication in Science.

[Grover-2007] Grover, R., Desai, P., "Evolution of the Phoenix EDL System Architecture", presentation at the International Planetary Probe Workshop 5, Bordeaux, 2007.

[Grover-2008] Grover, M.R., et al., "The Phoenix Mars Landing: An Initial Look", presentation at the International Planetary Probe Workshop 6, Atlanta, 2008.

[Grundy-2007] Grundy, W.M., et al., "New Horizons Mapping of Europa and Ganymede", Science, 318, 2007, 234-237.

[Grundy-2013] Grundy, W., "New Horizons Pluto/KBO Mission Status Report for SBAG", presentation at the 9th Small Bodies Assessment Group (SBAG), Washington, July 2013.

[Gruntman-2005] Gruntman, M., et al., "Innovative Explorer Mission to Interstellar Space", paper presented at the Second IAA Symposium on Realistic Near-Term Advanced Scientific Space Missions, Aosta, 4-6 July 2005.

[Gulkis-2007] Gulkis, S., et al., "MIRO: Microwave Instrument for Rosetta Orbiter", Space Science Reviews, 128, 2007, 561-597.

[Guo-2002] Guo, Y., Farquhar, R.W., "New Horizons Mission Design for the Pluto-Kuiper Belt Mission", paper AIAA 2002-4722.

[Guo-2004a] Guo, Y., Farquhar, R.W., "Baseline Design of the New Horizons Mission to Pluto and the Kuiper Belt", paper presented at the 55th International Astronautical Congress, Vancouver, October 2004.

[Guo-2004b] Guo, Y., "New Horizons II Mission Design", presentation dated 16 June 2004.

[Hand-2007] Hand, E., "The Girl Next Door", Science, 450, 2007, 606-608.

[Hand-2008] Hand, E., "Phoenix: A Race Against Time", Nature, 456, 2008, 690-695.

[Hand-2011a] Hand, E., "NASA Picks Mars Landing Site", Nature, 475, 2011, 433.

[Hand-2011b] Hand, E., "Dragon offers ticket to Mars", Nature, 479, 2011, 162.

[Hand-2012a] Hand, E., "Space Missions Trigger Map Wars", Nature, 488, 2012, 442-443.

[Hand-2012b] Hand, E., "The Time Machine", Nature 487, 2012, 422-425.

[Hand-2012c] Hand, E., "NASA Set to Choose Low-Cost Solar System Mission", Nature, 487, 2012, 150-151.

[Hansen-2007] Hansen, K.C., et al., "The Plasma Environment of Comet 67P/Churyumov-Gerasimenko Throughout the Rosetta Main Mission", Space Science Reviews, 128, 2007, 133-166.

[Hansen-2009] Hansen, C., Hammel, H.B., "Argo: Voyage Through the Outer Solar System", presentation to the Small Bodies Assessment Group (SBAG), January 2009.

[Hansen-2011] Hansen, C.J., et al., "Seasonal Erosion and Restoration of Mars' Northern Polar Dunes", Science, 331, 2011, 575-578.

[Hansen-2013] Hansen, C.J., "Juno Status and Earth Flyby Plans", presentation at the NASA Outer

Planets Assessment Group (OPAG), July 2013.

[Harmon - 1992] Harmon, J.K., Slade, M.A., "Radar Mapping of Mercury: Full - Disk Images and Polar Anomalies", Science, 258, 1992, 640 - 643.

[Harmon - 2001] Harmon, J.K., Perillat, P.J., Slade, M.A., "High - Resolution Radar Imaging of Mercury's North Pole", Icarus, 149, 2001, 1 - 17.

[Harmon - 2002] Harmon, J.K., Campbell, D.B., "Mercury Radar Imaging at Arecibo in 2001", paper presented at the XXXIII Lunar and Planetary Science Conference, Houston, 2002.

[Harri - 2003] Harri, A.- M., et al., "MetNet - The Next Generation Lander for Martian Atmospheric Science", paper presented at the 54th International Astronautical Congress, Bremen, 2003.

[Harri - 2007a] Harri, A.- M., et al., "MetNet - In Situ Observational Network and Orbital Platform to Investigate the Martian Environment", Finnish Meteorological Institute, Helsinki, 2007.

[Harri - 2007b] Harri, A.- M., et al., "MetNet - Atmospheric Science Network for Mars", presentation at the Sputnik 50 - Year Jubilee, Moscow, October 2007.

[Harri - 2008] Harri, A.- M., et al., "MMPM - Mars MetNet Precursor Mission", paper presented at the European Planetary Science Congress, Münster, 2008.

[Harris - 2008] Harris, A., "What Spaceguard Did", Nature, 453, 2008, 1178 - 1179.

[Hartogh - 2011] Hartogh, P., et al., "Ocean - like Water in the Jupiter - Family Comet 103P/ Hartley 2", Nature, 478, 218 - 220.

[Hassler - 2014] Hassler, D.M., et al., "Mars' Surface Radiation Environment Measured with the Mars Science Laboratory's Curiosity Rover", accepted for publication in Science.

[Hauck - 2010] Hauck, S.A., Eng, D.A., Tahu, G.J., "Mercury Lander Mission Concept Study", NASA Mission Concept Study, revision 2 April 2010.

[Hayati - 2009] Hayati, S., "Technology Planning for Future Mars Missions", presentation to the Mars Exploration Program Analysis Group (MEPAG) meeting #21, Providence, Rhode Island, July 2009.

[Head - 2008] Head, J.W., et al., "Volcanism on Mercury: Evidence from the First MESSENGER Flyby", Science, 321,2008, 69 - 72.

[Head - 2011] Head, J.W., et al., "Flood Volcanism in the Northern High Latitudes of Mercury Revealed by MESSENGER", Science, 333,2011, 1853 - 1856.

[Heaton - 2001] Heaton, A.F., Longuski, J.M., "The Feasibility of a Galileo - Style Tour of the Uranian Satellites", paper AAS 01 - 464.

[Hecht - 2009] Hecht, M.H., et al., "Detection of Perchlorate and the Soluble Chemistry of Martian Soil at the Phoenix Lander Site", Science, 325, 2009, 64 - 67.

[Heidemann - 1998] Heidemann, J., "Imaging of Extrasolar Advanced Terrestrial Planets", paper presented at the Second IAA Symposium on Realistic Near - Term Advanced Scientific Space Missions, Aosta, 29 June - 1 July 1998.

[Herkenhoff - 2007] Herkenhoff, K.E., et al., "Meter - Scale Morphology of the North Polar Region of Mars", Science, 317,2007, 1711 - 1715.

[Hermalyn - 2011] Hermalyn, B., et al., "The Detection and Location of Icy Particles Surrounding Hartley 2", paper presented at the XLII Lunar and Planetary Science Conference, Houston, 2011.

[Heyman - 2008] Heyman, J., "Australia's Plan for Sundiver Spacecraft", Spaceflight, January 2008, 5.

[Hibbard - 2010] Hibbard, K., et al., "Trojan Tour Mission Concepts Provide Several Options for Cost - Effective Break - Through Science", Journal of the British Interplanetary Society, 63, 2010, 351 - 356.

[Hibbard - 2011] Hibbard, K., "Flyby Element", presentation to the Outer Planets Assessment Group, (OPAG), 19 October 2011.

[Hill - 2000] Hill, W., et al., "Using Microtechnologies to Build Micro - Robot Systems", paper presented at the 6th ESA Workshop on Advanced Space Technologies for Robotics and Automation 'ASTRA 2000', Noordwjik, December 2000.

[Hirose - 2012] Hirose, C., et al., "The Trajectory Control Strategies for Akatsuki Re - Insertion into the Venus Orbit", paper presented at the 23rd International Symposium on Space Flight Dynamics, Pasadena, October 2012.

[Ho - 2011] Ho, G. C., et al., "MESSENGER Observations of Transient Bursts of Energetic Electrons in Mercury's Magnetosphere", Science, 333, 2011, 1865 - 1868.

[Holt - 2008a] Holt, J.W., et al., "Radar Sounding Evidence for Buried Glaciers in the Southern Mid - Latitudes of Mars", Science, 322, 2008, 1235 - 1238.

[Holt - 2008b] Holt, R., "Plan to Set Up Martian Weather Station Network", Spaceflight, October 2008, 367.

[Holt - 2010] Holt, J.W., et al., "The Construction of Chasma Boreale on Mars", Nature, 465, 2010, 446 - 449.

[Hoofs - 2005] Hoofs, R.M.T., et al., "Venus Express - Initial Science Observations at Venus", paper presented at the 56th International Astronautical Congress, Fukuoka, October 2005.

[Hou - 2013] Hou, J., et al., "Joint Mars Exploration with Main - Sub Satellites in Group", paper presented at the 64rd International Astronautical Congress, Beijing, 2013.

[Hsieh - 2004] Hsieh, H.H., Jewitt, D.C., Fernàndez, Y.R., "The Strange Case of 133P/Elst - Pizarro: A Comet Among the Asteroids", The Astronomical Journal, 127, 2004, 2997 - 3017.

[Hu - 2010] Hu, X., et al., "An Emulation Research on the Radio Occultation Exploration of Martian Ionosphere", Chinese Astronomy and Astrophysics, 34, 2010, 100 - 112.

[Hu - 2013] Hu, S., et al., "Combined Orbit Determination for CE - 2 and Toutatis Based on Optical Data at Fly - by", paper presented at the 64th International Astronautical Congress, Beijing, 2013.

[Huang - 2011] Huang, H., "Chinese Mars Exploration Mission Analysis", paper presented at the 7th UK - China Workshop on Space Science and Technology, August 2011.

[Huang - 2012a] Huang, J., et al., "Research and Development of Chang'e - 2 Satellite", paper presented at the 63rd International Astronautical Congress, Naples, 2012.

[Huang - 2012b] Huang, H., et al., "Chang'E - 2 Satellite Lagrange L2 Point Mission", paper presented at the 63rd International Astronautical Congress, Naples, 2012.

[Huang - 2013a] Huang, J., et al., "The Engineering Parameters Analysis of 4179 Toutatis Flyby Mission of Chang'e - 2", Science China Technological Sciences. 43,2013,596 - 601 (in Chinese).

[Huang - 2013b] Huang, J., et al., "The Ginger - shaped Asteroid 4179 Toutatis: New Observations from a Successful Flyby of Chang'e - 2", published online by Nature Scientific Reports, 12 December 2013.

[Iannotta - 2006] Iannotta, B., "A New Day for Dawn", Aerospace America, June 2006, 26 - 30.

[IAUC - 8315] "International Astronomical Unit Circular No. 8315", 4 April 2004.

[IKI - 2008] "Nauchnaya I Nauchno - Organizatsionnaya Deyatelnost' - Otchet Za 2008 G.",(Scientific and Scientific - Organizational Activity - 2008 Report), Russian Academy of Sciences' Institut Kosmicheskikh Isledovanii, 2008.

[Imamura - 2006] Imamura, T., "Planet - C: Venus Climate Orbiter from Japan & Technologies for Future Missions", presentation at the Venus Entry Probe Workshop, ESTEC, Noordwijk, 19 - 20 January 2006.

[Imamura - 2007] Imamura, T., et al., "Planet - C: Venus Climate Orbiter mission of Japan", Planetary and Space Science, 55, 2007, 1831 - 1842.

[Imamura - 2013] Imamura, T., "Akatsuki Mission Update", presentation at the 10th meeting of the Venus Exploration and Analysis Group (VEXAG), Washington, November 2013.

[Ingersoll - 2007] Ingersoll, A.P., "Express Dispatches", Nature, 450, 2007, 617 - 618.

[INSIDER - 2013] "INSIDER Interior of Primordial Asteroids and the Origin of Earth's Water - A White Paper Submitted in Response to ESA's L2/L3 Call for Ideas", 24 May 2013.

[ISAS - 2001] Venus Exploration Working Group, "Japanese Venus Mission Proposal", ISAS, January 2001.

[Ishii - 2009] Ishii, N., et al., "System Analysis and Orbit Design for PLANET - C Venus Climate Orbiter", paper presente at the 27th International Symposium on Space Technology and Science, 2009.

[Izenberg - 2007] Izenberg, N. R., et al., "The MESSENGER 2007 Venus Flyby: Peeking Through Atmospheric Windows with MASCS, MDIS and Venus Express' VIRTIS", paper presented at the Lunar and Planetary Science Conference XXXVIII, Houston, 2007.

[Izenberg - 2009a] Izenberg, N. R., et al., "MESSENGER Views of Crater Rays on Mercury", paper presented at the XL Lunar and Planetary Science Conference, Houston, 2009.

[Izenberg - 2009b] Izenberg, N. R., et al., "Resolved Ultraviolet to Infrared Reflectance Spectroscopy of Mercury from the Second MESSENGER Flyby", paper presented at the XL Lunar and Planetary Science Conference, Houston, 2009.

[Jaeger - 2007] Jaeger, W. L., et al., "Athabasca Valles, Mars: A Lava - Draped Channel System", Science, 317,2007, 1709 - 1711.

[Jafry - 1994] Jafry, Y.R., Cornelisse, J., Reinhard, R., "LISA - A Laser Interferometer Space Antenna for Gravitational - Wave Measurements", ESA Journal, 18, 1994, 219 - 228.

[Jäger - 2004] Jäger, M., et al., "Launching Rosetta - The Demonstration of Ariane 5 Upper Stage Versatile Capabilities", paper presented at the 55th International Astronautical Congress, Vancouver,

October 2004.

[Jakosky - 2010] Jakosky, B., Lin, B., “MAVEN: Mars Atmosphere and Volatile Evolution Mission”, presentation at the Planet Mars III Workshop, Les Houches, April 2010.

[Jakosky - 2012] Jakosky, B., Grebowsky, J., Mitchell, D., “The 2013 Mars Atmosphere and Volatile EvolutioN (MAVEN) Mission”, presentation to the Mars Exploration Program Analysis Group (MEPAG) meeting #25, Washington, DC, February 2012.

[Jansen - 2013] Jansen, F., et al., “Waking Rosetta”, ESA Bulletin, 156, 2013, 19 - 27.

[Jaumann - 2012] Jaumann, R., et al., “Vesta's Shape and Morphology”, Sicence, 336, 2012, 687 - 690.

[JAXA - 2009] “Small Solar Power Sail Demonstrator ‘IKAROS’”, JAXA undated leaflet.

[JAXA - 2011] JAXA report 4 - 2 dated 26 January 2011.

[Jenniskens - 2004] Jenniskens, P., “2003 EH1 is the Quadrantid Shower Parent Comet”, The Astronomical Journal, 137, 2004, 3018 - 3022.

[Jenniskens - 2009] Jenniskens, P., et al., “The Impact and Recovery of Asteroid 2008 TC3”, Nature, 458, 2009, 485 - 488.

[Jerolmack - 2013] Jerolmack, D.J., “Pebbles on Mars”, Science, 340, 2013, 1055 - 1056.

[Jewitt - 1990] Jewitt, D.C., Luu, J.X., “CCD Spectra of Asteroids. II. The Trojans as Spectral Analogs of Cometary Nuclei”, The Astronomical Journal, 100, 1990, 933 - 944.

[Jewitt - 2010] Jewitt, D., Jing, L., “Activity in Geminid Parent (3200) Phaethon”, arXiv astro - ph/1009.2710 preprint.

[Jonaitis - 2003] Jonaitis, J., et al., “A Solar Powered Spacecraft for the INSIDE Jupiter Mission”, Acta Astronautica, 52, 2003, 237 - 244.

[Jones - 1999] Jones, J.A., et al., “Balloons for Controlled Roving/landing on Mars”, Acta Astronautica, 45, 1999, 293 - 300.

[Jones - 2003] Jones, R.M., “Surface and atmosphere geochemical explorer (SAGE) baseline design from March 2003 Team X studies”, presentation at the 38th Vernadsky/Brown Microsymposium on Comparative Planetology, Moscow, Russia, 27 - 29 October 2003.

[Jones - 2013] Jones, M.H., Bewsher, D., Brown, D. S., “Imaging of a Circumsolar Dust Ring Near the Orbit of Venus”, Science, 342, 2013, 960 - 963.

[Jorda - 2008] Jorda, L., et al., “Asteroid 2867 Steins: I. Photometric Properties from OSIRIS/ Rosetta and Ground - Based Visible Observations”, Astronomy & Astrophysics, 487, 2008, 1171 - 1178.

[JPL - 2005] “Prometheus Project: Final Report”, JPL document 982 - R120461, 1 October 2005.

[JPL - 2010a] “Mission Concept Study - Planetary Science Decadal Survey Mars Polar Climate Concepts”, report dated May 2010.

[JPL - 2010b] “Mission Concept Study - Planetary Science Decadal Survey Mars Geophysical Network”, report dated June 2010.

[JPL - 2010c] “Mission Concept Study - Planetary Science Decadal Survey Enceladus Orbiter”, report dated May 2010.

[JPL-2010d] "Mission Concept Study-Planetary Science Decadal Survey JPL Team X Titan Lake Probe Study", report dated April 2010.

[Ju-2008] Ju, G., et al., "A Feasibility Study on Korean Lunar Exploration Mission", paper presented at the 2008 KSAS-JSASS Joint International Symposium.

[Jurewicz-2002] Jurewicz, A.J.G., et al., "Investigating the use of Aerogel Collectors for the SCIM Martian-Dust Sample Return", paper presented at the XXXIII Lunar and Planetary Science Conference, Houston, 2002.

[Jutzi-2010] Jutzi, M., Michel, P., Benz, W., "A large crater as a probe of the internal structure of the E-type asteroid Steins", Astronomy & Astrophysics, 509, 2010, L2.

[Jutzi-2013] Jutzi, M., et al., "The Structure of the Asteroid 4 Vesta as Revealed by Models of Planet-Scale Collisions", Nature, 494, 2013, 207-210.

[Karkoschka-1998] Karkoschka, E., "Oouds of High Contrast on Uranus", Science, 280, 1998, 570-572.

[Kaspi-2013] Kaspi, Y., et al., "Atmospheric Confinement of Jet Streams on Uranus and Neptune", Nature, 497, 2013, 344-347.

[Kawaguchi-2004] Kawaguchi, J., "A Solar Power Sail Mission for a Jovian Orbiter and Trojan Asteroid Flybys", paper presented at the 55th International Astronautical Congress, Vancouver, 2004.

[Kawaguchi-2010] Kawaguchi, J., "Solar Power Sail-Hybrid Propulsion and its Applications-A Jovian Orbiter and Trojan Asteroid Flybys", presentation at the 2nd International Symposium on Solar Sailing, 2010.

[Kayali-2008] Kayali, S., "Juno Project: Challenges for a Jupiter Mission", presentation at the Microelectronics Reliability and Qualification Workshop, Manhattan Beach, California, December 2008.

[Kayali-2010] Kayali, S., "Juno Project Overview and Challenges for a Jupiter Mission", presentation at the NASA Project Management Challenge, February 2010.

[Kean-2010a] Kean, S., "Making Smarter, Savvier Robots", Science, 329, 2010, 508-509.

[Kean-2010b] Kean, S., "Forbidden Planet", Air & Space Smithsonian, November 2010.

[Keck-2012] "Asteroid Retrieval Feasibility Study", report prepared by the Jet Propulsion Laboratory for the Keck Institute for Space Studies, 2 April 2012.

[Keller-2005] Keller, H.U., et al., "Deep Impact Observations by OSIRIS Onboard the Rosetta Spacecraft", Science, 310, 2005, 281-283.

[Keller-2007] Keller, H.U., et al., "OSIRIS-The Scientific Camera System Onboard Rosetta", Space Science Reviews, 128, 2007, 433-506.

[Keller-2008] Keller, H.U., and the OSIRIS Team, "Asteroid (2867) Steins", presentation at the Rosetta Steins Fly-By Press Conference, Darmstadt, ESA/ESOC, 6 September 2008.

[Keller-2010] Keller, H.U., et al., "E-Type Asteroid (2867) Steins as Imaged by OSIRIS on Board Rosetta", Science, 327, 2010, 190-193.

[Kelley-2009] Kelley, M.S., et al., "Spitzer Observations of Comet 67P/Churyumov-Gerasimenko at 5.5-4.3 AU From the Sun", arXiv astro-ph/0903.4187 preprint.

[Kelly Beatty - 2009] Kelly Beatty, J., "Mercury Gets a Second Look", Sky & Telescope, March 2009, 26 - 28.

[Kelly Beatty - 2012] Kelly Beatty, J., "Mercury's Marvels", Sky & Telescope, April 2012, 27 - 33.

[Kelly Beatty - 2013] Kelly Beatty, J., "Curiosity Hits the Road", Sky & Telescope, January 2013, 22 - 25.

[Keppler - 2012] Keppler, F., et al., "Ultraviolet - Radiation - Induced Methane Emissions from Meteorites and the Martian Atmosphere", Nature, 486, 2012, 93 - 96.

[Kerr - 1988] Kerr, R.A., "Another Asteroid Has Turned Comet", Science, 241, 1988, 1161.

[Kerr - 2006] Kerr, R.A., "In Search of the Red Planet's Sweet Spot", Science, 312,2006, 1588 - 1590.

[Kerr - 2007] Kerr, R.A., "Is Mars Looking Drier and Drier for Longer and Longer?", Science, 317, 2007, 1673.

[Kerr - 2008a] Kerr, R.A., "Layers Within Layers Hint at a Wobbly Martian Climate", Science, 320, 2008, 867.

[Kerr - 2008b] Kerr, R.A., "Water Everywhere on Early Mars But Only for a Geologic Moment?", Science, 321, 2008, 484 - 485.

[Kerr - 2008c] Kerr, R.A., "To Touch the Water of Mars and Search for Life's Abode", Science, 320, 2008, 738 - 739.

[Kerr - 2008d] Kerr, R.A., "Culture Wars Over How to Find an Ancient Niche for Life on Mars", Science, 322, 2008, 39.

[Kerr - 2009a] Kerr, R.A., "Phoenix Rose Again, but not All Worked out as Planned", Science, 323, 2009, 872 - 873.

[Kerr - 2009b] Kerr, R.A., "Europa vs. Titan", Science, 322,2008, 1780 - 1781.

[Kerr - 2009c] Kerr, R.A., "Priorities Nearer to Home in Need of Better Cost Estimates", Science, 323, 2009, 579.

[Kerr - 2010a] Kerr, R.A., "Iceball Mars Proving a Tough Place to Find Liquid Water", Science, 327, 2010,1075.

[Kerr - 2010b] Kerr, R.A., "Phoenix Lander Revealing a Younger, Livelier Man", Science, 329, 2010, 1267 - 1269.

[Kerr - 2010c] Kerr, R.A., "Liquid Water Found on Man, But It's Still a Hard Road for Life", Science, 330, 2010, 571.

[Kerr - 2011a] Kerr, R.A., "Mercury Looking Less Exotic, More a Member of the Family", Science, 333, 2011, 1812.

[Kerr - 2011b] Kerr, R.A., "How an Alluring Geologic Enigma Won the Man Rover Sweepstakes", Science, 333, 2011, 508 - 509.

[Kerr - 2011c] Kerr, R.A., "Price Tags for Planet Missions Force NASA to Lower Its Sights", Science, 331, 2011, 1254 - 1255.

[Kerr - 2012] Kerr, R.A., "Could a Whiff of Methane Revive The Exploration of Mars?", Science, 336, 2012, 1500 - 1503.

[Kerr - 2013a] Kerr, R.A., "Radiation Will Make Astronauts' Trip to Man Even Riskier", Science, 340,

2013, 1031.

[Kerr - 2013b] Kerr, R.A., "Life Could Have Thrived on Mars, but Did It? Curiosity Still Has No Clue", Science, 339, 2013, 1373.

[Kerr - 2013c] Kerr, R.A., "New Results Send Mars Rover on a Quest for Ancient Life", Science, 342, 2013, 1300 - 1301.

[Kerr - 2013d] Kerr, R.A., "Planetary Scientists Casting Doubt on Feasibility of Plan to Corral Asteroid", Science, 340, 2013, 668 - 669.

[Keszthelyi - 2011] Keszthelyi, L.P., "Europa Awakening", Nature, 479, 2011, 485.

[Kiefer - 2008] Kiefer, W.S., "Forming the Martian Great Divide", Nature, 453, 2008, 1191 - 1192.

[Kissel - 2007] Kissel, J., et al., "COSIMA - High Resolution Time - of - Flight Secondary Ion Mass Spectrometer for the Analysis of Cometary Dust Particles Onboard Rosetta", Space Science Reviews, 128, 2007, 823 - 867.

[Klaasen - 2003] Klaasen, K. P., Greeley, R., "VEVA Discovery Mission to Venus: Exploration of Volcanoes and Atmosphere", Acta Astronautica, 52, 2003, 151 - 158.

[Klesh - 2013] Klesh, A., "INSPIRE Interplanetary NanoSpacecraft Pathfmder In a Relevant Environment", presentation at the 10th Low - Cost Planetary Missions Conference, Pasadena, June 2013.

[Kletzkine - 2014] Kletzkine, P., Personal communication with the author, 8 January 2014.

[Klingelhöfer - 2007] Klingelhöfer, G., et al., "The Rosetta Alpha Particle X - Ray Spectrometer (APXS)", Space Science Reviews, 128, 2007, 383 - 396.

[Kofman - 2007] Kofman, W., et al., "The Comet Nucleus Sounding Experiment by Radiowave Transmission (CONSERT): A Short Description of the Instrument and of the Commissioning Stages", Space Science Reviews, 128, 2007, 413 - 432.

[Kok - 2012] Kok, J., "Martian Sand Blowing in the Wind", Nature, 485, 2012, 312 - 313.

[Kolyuka - 2012] Kolyuka, Yu.F., et al., "Arrangement and Results of the Phobos - Grunt Emergency Flight Monitoring and its Re - Entry Impact Window Estimation in Russian Conrol[sic] Center", paper presented at the 23rd International Symposium on Space Flight Dynamics, Pasadena, October 2012.

[Konstantinov - 2004] Konstantinov, M.S., "Missions to Asteroids Approaching with the Earth on Very Close Distances", paper presented at the 55th International Astronautical Congress, Vancouver, 2004.

[Kopik - 2003] Kopik, A., "Rossyiskiye Meshplanyetniye Planiy" (Russian Planetary Plans), Novosti Kosmonavtiki, No. 11, 2003, page unknown (in Russian).

[Kopik - 2004] Kopik, A., "Mars v Oblasty Nashikh Interesov", (Mars as Part of Our Interests) Novosti Kosmonavtiki, No.5, 2004, page unknown (in Russian).

[Korablev - 2003] Korablev, O., "Russian Programme for Deep Space Exploration", presentation at the IAA - ESA Workshop "The Next Steps in Exploring Deep Space", Noordwijk, September 2003.

[Korablev - 2006] Korablev, O., et al., "Venera - D: Russian mission for complex investigation of Venus", presentation at the Venus Entry Probe Workshop, ESTEC, Noordwijk, 19 - 20 January 2006.

[Korablev - 2009] Korablev, O.I., Martinov, M.B., "Russian Plans for Mars and Venus", presentation at the International Conference on Comparative Planetology: Venus - Earth - Mars, ESTEC, Noordwjik, May 2009.

[Korpenko - 2000] Korpenko, S., "Nasha Mesplanetnaya Stantsiya (Proyekt Rossiskoy AMS 'Fobos - Grunt')" (Our Planetary Probe, the Russian Project 'Fobos - Grunt'), Novosti Kosmonavtiki, No. 3, 2000, 28 - 32 (in Russian).

[Koschny - 2007] Koschny, D., et al., "Scientific Planning and Commanding of the Rosetta Payload", Space Science Reviews, 128, 2007, 167 - 188.

[Koschny - 2008] Koschny, D., "Marco Polo - A sample return mission from a Near Earth Object (part of ESA's Cosmic Vision programme studies)", presentation at the Marco Polo Cannes Workshop, June 2008.

[Kozyrev - 2009] Kozyrev, A.S., et al., "Studying Mercury Surface Composition by Mercury Gamma - Rays and Neutrons Spectrometer (MGNS) from BepiColombo Spacecraft", paper presented at the XL Lunar and Planetary Science Conference, Houston, 2009.

[Kremer - 2008] Kremer, K., "Phoenix Hits Mars Jackpot", Spaceflight, October 2008, 378 - 385.

[Kremer - 2009a] Kremer, K., "Science from Arctic Mars", Spaceflight, September 2009, 349 - 353.

[Kremer - 2009b] Kremer, K., "NASA Delays Mars Science Laboratory to 2011", Spaceflight, February 2009, 44 - 45.

[Kresak - 1984] Kresak, L., Pittich, E.M., "Opportunities of Ballistic Missions to Long - Period Comets", Bulletin of the Astronomical Institutes of Czechoslovakia, 35, 1984, 364 - 375.

[Kronk - 1984a] Kronk, G.W., "Comets: A Descriptive Catalog", Hillside, Henslow, 1984, ., 324 - 325.

[Kronk - 1984b] ibid., 232.

[Kronk - 1984c] ibid., 306 - 308.

[Kronk - 1984d] ibid., 225.

[Kronk - 2005] "85P/Boethin", G.W. Kronk internet website.

[Krupp - 2007] Krupp, N., "New Surprises in the Largest Magnetosphere of Our Solar System", Science, 318,2007,216 - 217.

[Ksanfomality - 2003] Ksanfomality, L. V., "Mercury: The Image of the Planet in the 210° - 285° W Longitude Range Obtained by the Short - Exposure Method", Solar System Research, 37, 2003, 469 - 479.

[Kumar - 2006] Kumar, V., "Indo - US Cooperation in Civil Space", presentation at the 2nd Space Exploration Conference, Houston, December 2006.

[Küppers - 2005] Küppers, M., et al., "A large dust/ice ratio in the nucleus of comet 9P/Tempel 1", Nature, 437, 2005, 987 - 990.

[Küppers - 2007a] Küppers, M., et al., "Determination of the Light Curve of the Rosetta Target Asteroid (2867) Steins by the OSIRIS Cameras Onboard Rosetta", Astronomy & Astrophysics, 462, 2007, L13 - L16.

[Küppers - 2007b] Küppers, M., et al., "Observations of Gravitational Microlensing Events with OSIRIS:

A Proposal for a Cruise Science Observation", ESA proposal dated 2007.

[Kusnierkiewicz - 2005] Kusnierkiewicz, D.Y., et al., "A Description of the Pluto - Bound New Horizons Spacecraft", Acta Astronautica, 57, 2005, 135 - 144.

[Kuzmin - 2003] Kuzmin, R.O., Zabalueva, E.V., "The Temperature Regime of the Surface Layer of Phobos Regolith in the Region of Potential the Fobos - Grunt Space Station Landing Site", Solar System Research, 37, 2003, 480 - 488.

[Lai - 2012] Lai, H.R., et al., "The Return of Asteroid 2201 Oljato to Venus Conjunction: New IFEs?", paper presented at the European Planetary Science Congress, Madrid, 2012.

[Lakdawalla - 2012] Lakdawalla, E., "Touchdown on the Red Planet", Sky & Telescope, November 2012, 20 - 27.

[Lämmerzahl - 2006] Lämmerzahl, C., Preuss, O., Dittus, H., "Is the Physics Within the Solar System Really Understood?"arXiv gr - qc/0604052 preprint.

[Lamy - 1998] Lamy, P.L., et al., "The Nucleus and Inner Coma of Comet 46P/Wirtanen", Astronomy & Astrophysics, 335, 1998, L25 - L29.

[Lamy - 2007] Lamy, P.L., "A Portrait of the Nucleus of Comet 67P/Churyumov - Gerasimenko", Space Science Reviews, 128, 2007, 23 - 66.

[Lamy - 2008a] Lamy, P.L., et al., "Asteroid 2867 Steins: II. Multi - Telescope Visible Observations, Shape Reconstruction, and Rotational State", Astronomy & Astrophysics, 487, 2008, 1179 - 1185.

[Lamy - 2008b] Lamy, P.L., et al., "Asteroid 2867 Steins: III. Spitzer Space Telescope Observations, Size Determination, and Thermal Properties", Astronomy & Astrophysics, 487, 2008, 1187 - 1193.

[Lamy - 2008c] Lamy, P.L., et al., "Spitzer Space Telescope Observations of the Nucleus of Comet 67P/Churyumov - Gerasimenko", Astronomy & Astrophysics, 489, 2008, 777 - 785.

[Landis - 2001] Landis, G.A., "Exploring Venus by Solar Airplane", paper presented at the STAIF Conference on Space Exploration Technology, Albuquerque 11 - 15 February 2001.

[Landis - 2002a] Landis, G.A., LaMarre, C., Colozza, A., "Atmospheric Flight on Venus", paper AIAA - 2002 - 0819.

[Landis - 2002b] Landis, G.A., LaMarre, C., Colozza, A., "Venus Atmospheric Exploration by Solar Aircraft", paper presented at the 53rd International Astronautical Congress, Houston, 2002.

[Landis - 2004] Landis, G.A., "Robotic Exploration of the Surface and Atmosphere of Venus", paper presented at the 55th International Astronautical Congress, Vancouver, 2004.

[Landis - 2013] Landis, G.A., "Venus Landsailer: A New Approach to Exploring Our Neighbor Planet", undated presentation.

[Lange - 2010] Lange, C., et al., "Baseline Design of a Mobile Asteroid Surface Scout.(MASCOT) for the Hayabusa - 2 Mission", paper presented at the 7th International Planetary Probe Workshop, Barcelona, June 2010.

[Lara - 2007] Lara, L.M., et al., "Behavior of Comet 9P/Tempel 1 Around the Deep Impact Event", Astronomy & Astrophysics, 465, 2007, 1061 - 1067.

[Lardier - 2009] Lardier, C., "Le Nouveau Scénario d'ExoMars" (The New ExoMars Scenario), Air & Cosmos, 23 October 2009, 37 (in French).

[Lardier - 2010] Lardier, C., "Les Futures Evolutions de la Propulsion Spatiale" (The Future Evolutions of Space Propulsion), Air & Cosmos, 14 May 2010, 50 - 52 (in French).

[Larson - 2013] Larson, T., A 'Hearn, M., Chesley, S., "Deep Impact/EPOXI Status and Plans", presentation to the 8th Small Bodies Assessment Group (SBAG), Washington, January 2013.

[Lauretta - 2008] Lauretta, D., "OSIRIS: Regolith Explorer", paper presented at the first open Workshop on the Marco Polo Mission, Cannes, June 2008.

[Lawler - 2006] Lawler, A., "Long - Term Mars Exploration Under Threat, Panel Warns", Science, 313, 2006, 157.

[Lawler - 2008] Lawler, A., "Rising Costs Could Delay NASA's Next Mission to Mars and Future Launches", Science, 321, 2008, 1754.

[Lawler - 2009] Lawler, A., "Can a Shotgun Wedding Help NASA and ESA Explore the Red Planet?", Science, 323, 2009, 1666 - 1667.

[Lawrence - 2009] Lawrence, D.J., et al., "Identification of Neutron Absorbing Elements on Mercury's Surface Using MESSENGER Neutron Data", paper presented at the XL Lunar and Planetary Science Conference, Houston, 2009.

[Lawrence - 2012] Lawrence, D.J., et al., "Hydrogen at Mercury's North Pole? Update on MESSENGER Neutron Measurements", paper presented at the XLIII Lunar and Planetary Science Conference, Houston, 2012.

[Lazzarin - 2009] Lazzarin, M., et al., "New Visible Spectra and Mineralogical Assessment of (21) Lutetia, a Target of the Rosetta Mission", Astronomy & Astrophysics, 498, 2009, 307 - 311.

[Lefèvre - 2009] Lefèvre, F., Forget, F., "Observed Variations of Methane on Mars Unexplained by Known Atmospheric Chemistry and Physics", Nature, 460, 2009, 720 - 723.

[Leipold - 1999] Leipold, M., et al., "Solar Sails for Space Exploration - The Development and Demonstration of Critical Technologies in Partnership", ESA Bulletin, 98, 1999, 102 - 107.

[Leipold - 2010] Leipold, M., "Interstellar Heliopause Probe (IHP) - System Design of a Challenging Mission to 200 AU", presentation at the 2nd International Symposium on Solar Sailing, 2010.

[Lele - 2013] Lele, A., "Mission Mars: India's Quest for the Red Planet", Springer, Berlin, Heidelberg, 2013, 39 - 69.

[Lellouch - 2009] Lellouch, E., et al., "Pluto's Lower Atmosphere Structure and Methane Abundance from High - Resolution Spectroscopy and Stellar Occultations", Astronomy & Astrophysics, 495, 2009, L17 - L21.

[Lenard - 2000] Lenard, R.X., "NEP for a Kuiper Belt Object Sample Return Mission", paper presented at the Third IAA Symposium on Realistic Near - Term Advanced Scientific Space Missions, Aosta, 3 - 5 July 2000.

[Leshin - 2002] Leshin, L.A., et al., "Sample Collection for Investigation of Mars (SCIM): An Early Mars

Sample Return Mission through the Mars Scout Program", paper presented at the XXXIII Lunar and Planetary Science Conference, Houston, 2002.

[Leshin - 2013] Leshin, L.A., et al., "Volatile, Isotope, and Organic Analysis of Martian Fines with the Mars Curiosity Rover", Science, 341, 2013.

[Lewicki - 2012] Lewicki, C., "Planetary Resources", presentation at the 7th Small Bodies Assessment Group (SBAG) meeting, Pasadena, July 2012.

[Lewis - 2008] Lewis, K.W:, "Quasi - Periodic Bedding in the Sedimentary Rock Record of Mars", Science, 322, 1532 - 1535.

[Li - 2010] Li, F., "Mars Sample Return Discussions", presentation to the Mars Exploration Program Analysis Group (MEPAG) meeting #22, Monrovia, California, March 2010.

[Li - 2011] Li, X., et al., "Sun Polar Probe Trajectory Design Based on Multi - objective Genetic Algorithm", Chinese Journal of Space Science, 31, 2011, 653 - 658.

[Li 2012a] Li, M., Zheng, J., "Low Energy Trajectory Optimization for CE - 2's Extended Mission After 2012", paper presented at the 63rd International Astronautical Congress, Naples, 2012.

[Li - 2012b] Li, M., Personal communication with the author, 10 October 2012.

[Li - 2013] Li, C., Li., H., "Chang'e 2 Flyby ofToutatis", presentation at the 8th Small Bodies Assessment Group (SBAG) meeting, Washington, January 2013.

[Lim - 2012] Lim, L.F., "OSIRIS - REx Asteroid Sample Return Mission", at the 7th Small Bodies Assessment Group (SBAG) meeting, Pasadena, July 2012.

[Lipinski - 1999] Lipinski, R.J., et al., "NEP for a Kuiper Belt Object Rendezvous Mission", paper presented at the Space Technology and Applications International Forum 2000, Albuquerque, 3 Nov 1999.

[Lisse - 2006] Lisse, C.M., et al., "Spitzer Spectral Observations of the Deep Impact Ejecta", Science, 313, 2006, 635 - 640.

[Lisse - 2009] Lisse, C.M., et al., "Spitzer Space Telescope Observations of the Nucleus of Comet 103P/Hartley 2", arXiv astro - ph/0906.4733 preprint.

[Liu - 2012] Liu, L., Personal communication with the author, 18 August 2012.

[Lockwood - 2012] Lockwood, M.K., et al., "Solar Probe Plus Mission Definition", paper presented at the 63rd International Astronautical Congress, Naples, 2012.

[Lodiot - 2009] Lodiot, S., et al., "The First European Asteroid 'Flyby'", ESA Bulletin, 137, 2009, 69 - 74.

[Lognonné - 2010] Lognonné, P., "Network Science on Mars", presentation at the Planet Mars III Workshop, Les Houches, April 2010.

[Lorenz - 2000] Lorenz, R.D., "Post - Cassini Exploration of Titan: Science Rationale and Mission Concepts", Journal of the British Interplanetary Society, 53, 2000, 218 - 234.

[Lorenz - 2001] Lorenz, R.D., "Flight Power Scaling of Airplanes, Airships, and Helicopters: Application to Planetary Exploration", Journal of Aircraft, 38, 2001, 208 - 214.

[Lorenz - 2008a] Lorenz, R.D., "Titan Bumblebee: a 1 kg Lander - Launched UAV Concept", Journal of the British Interplanetary Society，61，2008，118 - 124.

[Lorenz - 2008b] Lorenz，R. D.，"A Review of Balloon Concepts for Titan"，Journal of the British Interplanetary Society，61，2008，2 - 13.

[Lorenz - 2009] Lorenz，R. D.，"Titan Mission Studies - A Historical Review" Journal of the British Interplanetary Society，62，2009，162 - 174.

[Lorenzini - 1990] Lorenzini，E.C.，Grossi，M.D.，Cosmo，M.，"Low Altitude Tethered Mars Probe"，Acta Astronautica，21，1990，1 - 12.

[Lowry - 2001] Lowry，S.C.，Fitzsimmons，A.，"CCD Photometry of Distant Comets II"，Astronomy & Astrophysics，365，2001，204 - 213.

[Lowry - 2012] Lowry，S.，et al.，"The Nucleus of Comet 67P/Churyumov - Gerasimenko：A New Shape Model and Thermophysical Analysis"，Astronomy & Astrophysics，548，2012，A12.

[Lu - 2005] Lu，E.T.，Love，S.G.，"A Gravitational Tractor for Towing Asteroids"，preprint astro - ph/0509595，2005.

[Luz - 2011] Luz，D.，et al.，"Venus's Southern Polar Vortex Reveals Precessing Circulation"，Science，332，2011，577 - 580.

[Lyngvi - 2004] Lyngvi，A.，et al.，"Technology Reference Studies"，paper presented at the 55th International Astronautical Congress，Vancouver，2004.

[Lyngvi - 2005a] Lyngvi，A.，et al.，"The Solar Orbiter"，paper presented at the 56th International Astronautical Federation Congress，Fukuoka，2005.

[Lyngvi - 2005b] Lyngvi，A.，et al.，"The Solar Orbiter Thermal Design"，paper presented at the 56th International Astronautical Federation Congress，Fukuoka，2005.

[Lyngvi - 2007] Lyngvi，A. E.，van den Berg，M. L.，Falkner，P.，"Study Overview of the Interstellar Heliopause Probe - An ESA Technology Reference Study"，SCI - A/2006/114/ IHP，17 April 2007.

[Maccone - 1998] Maccone，C.，"The Science Payload and Antenna of the 'Focal' Space Mission to 550 A.U."，paper presented at the Second IAA Symposium on Realistic Near - Term Advanced Scientific Space Missions，Aosta，29 June - 1 July 1998.

[Maccone - 2000a] Maccone，C.，Bussolino，L.，"The Trojan Asteroids as Bases to Monitor Other Asteroids Potentially Dangerous for Earth"，paper presented at the Third IAA Symposium on Realistic Near - Term Advanced Scientific Space Missions，Aosta，3 - 5 July 2000.

[Maccone - 2000b] Maccone，C.，"Sunlensing the Cosmic Microwave Background from 763 AU by Virtue of NASA's Interstellar Probe"，paper presented at the Third IAA Symposium on Realistic Near - Term Advanced Scientific Space Missions，Aosta，3 - 5 July 2000.

[MacRobert - 2005] MacRobert，A.，"Asteroid 2004 MN4：A Really Near Miss"，Sky & Telescope，May 2005，16 - 17.

[Maddé - 2006] Maddé，R.，et al.，"Delta - DOR：A New Technique for ESA's Deep Space Navigation"，ESA Bulletin，128，2006，69 - 74.

[Mahieux - 2012] Mahieux，A.，et al.，"Densities and Temperatures in the Venus Mesosphere and Lower

Thermosphere Retrieved from SOIR on Board Venus Express. Carbon Dioxide Measurements at the Venus Terminator", Journal of Geophysical Research, 117, 2012, E07001 - E07015.

[Mainzer - 2012] Mainzer, A., "Near - Earth Object Camera NEOCam", presentation at the Small Bodies Assessment Group Meeting, 10 July 2012.

[Marchi - 2010] Marchi, A., et al., "The Cratering History of Asteroid (2867) Steins", arXiv astro - ph/ 1003.5655vl preprint.

[Marchi - 2012] Marchi, S., et al., "The Violent Collisional History of Asteroid 4 Vesta", Science, 336, 2012, 690 - 694.

[Marchis - 2006] Marchis, F., et al., "A Low Density of 0.8 g cm - 3 for the Trojan Binary Asteroid 617 Patroclus", Nature, 439, 2006, 565 - 567.

[Margot - 2007] Margot, J.L., et al., "Large Longitude Libration of Mercury Reveals a Molten Core", Science, 316, 2007, 710 - 714.

[Marinova - 2008] Marinova, M.M., Aharonson, O., Asphaug, E., "Mega - Impact Formation of the Mars Hemispheric Dichotomy", Nature, 453, 2008, 1216 - 1219.

[Markiewicz - 2007] Markiewicz, W.J., et al., "Morphology and Dynamics of the Upper Cloud Layer of Venus", Nature, 450, 2007, 633 - 636.

[Marlow - 2009] Marlow, J., "Seeking ET", Spaceflight, April 2009, 140 - 146.

[Marraffa - 2000] Marraffa, L., et al., "Inflatable Re - Entry Technologies: Flight Demonstration and Future Prospects", ESA Bulletin, 103, 2000, 78 - 85.

[Martin - Mur - 2012] Martin - Mur, T.J., et al., "Mars Science Laboratory Navigation Results", paper presented at the 23rd International Symposium on Space Flight Dynamics, Pasadena, October 2012.

[Martynov - 2009] Martynov, M.B., et al., "The Concept of Expedition to Europa, the Jupiter's Satellite", presented at the International Workshop Europa Lander: Science Goals and Experiments, IKI, Moscow, February 2009.

[Martynov - 2010] Martynov, M., "'Phobos - Grount' Project - Mission Concept & Current Status of Development". Presentation at the Moscow Solar Syatern Symposium, IKI, 13 October 2010.

[Mason - 2011] Mason, L., et al., "A Small Fission Power System for NASA Planetary Science Missions", Journal of the British Interplanetary Society, 64, 2011, 76 - 87.

[Matousek - 2005] Matousek, S., "The Juno New Frontiers Mission", paper presented at the 56th International Astronautical Congress, Fukuoka, 2005.

[Mattingly - 2008] Mattingly, R., "A Constellation - Enabled Mars Sample Return (MSR) and Preparation for Humans - to - Mars aka CEMMENT (Constellation - Enabled Mars Mission Exhibiting New Technology)", presentation at the Ares - V Utilization Workshop, NASA Ames, 16 June 2008.

[Mattingly - 2010a] Mattingly, R., "Mission Concept Study - Planetary Science Decadal Survey MSR Orbiter Mission (Including Mars Returned Sample Handling)", report dated March 2010.

[Mattingly - 2010b] Mattingly, R., "Mission Concept Study - Planetary Science Decadal Survey MSR Lander Mission", report dated April 2010.

[Maue - 2008] Maue，T.，"Mars Flyby with the Dawn Framing Camera"，paper presented at the European Planetary Science Congress，Münster，2008.

[MAVEN - 2008] "MAVEN，Mars Atmosphere and Volatile Evolution Mission Fact Sheet"，University of Colorado brochure，2008.

[MAVEN - 2013] "MAVEN - Mars Atmosphere and Volatile Evolution Mission Press Kit"，November 2013.

[McAdams - 2006] McAdams，J.V.，et al.，"Trajectory Design and Maneuver Strategy for the MESSENGER Mission to Mercury"，Journal of Spacecraft and Rockets，43，2006，1054 - 1064.

[McAdams - 2012] McAdams，J.V.，et al.，"MESSENGER at Mercury：from Orbit Insertion to First Extended Mission"，paper presented at the 63rd International Astronautical Congress，Naples，2012.

[McAdams - 2013] McAdams，J.V.，Personal communication with the author，2 December 2013.

[McClintock - 2008a] McClintock，W. E.，et al.，"Spectroscopic Observations of Mercury's Surface Reflectance During MESSENGER's First Mercury Flyby"，Science，321，2008，62 - 65.

[McClintock - 2008b] McClintock，W. E.，et al.，"Mercury's Exosphere：Observations During MESSENGER's First Mercury Flyby"，Science，321，2008，92 - 94.

[McClintock - 2009] McClintock，W.E.，et al.，"MESSENGER Observations of Mercury's Exosphere：Detection of Magnesium and Distribution of Consituents"，Science，324，2009，610 - 613.

[McComas - 2007] McComas，D.J.，et al.，"Diverse Plasma Populations and Structures in Jupiter's Magnetotail"，Science，318，2007，217 - 220.

[McComas - 2012] McComas，D.J.，et al.，"The Heliosphere's Interstellar Interaction：No Bow Shock"，Science，336，2012，1291 - 1293.

[McCord - 2012] McCord，T.B.，et al.，"Dark Material on Vesta from the Infall of Carbonaceous Volatile - Rich Material"，Nature，491，2012，83 - 86.

[McCoy - 2005] McCoy，D.，Siwitza，T.，Gouka，R.，"The Venus Express Mission"，ESA Bulletin，124，2005，10 - 15.

[McEwen - 2007a] McEwen，A.S.，et al.，"Mars Reconnaissance Orbiter's High Resolution Imaging Science Experiment (HiRISE)"，Journal of Geophysical Research，112，2007，E05502.

[McEwen - 2007b] McEwen，A.S.，et al.，"A Closer Look at Water - Related Geologic Activity on Mars"，Science，317，2007，1706 - 1709.

[McEwen - 2010] McEwen，A.S.，et al.，"The High Resolution Imaging Science Experiment (HiRISE) during MRO's Primary Science Phase"，Icarus，205，2010，2 - 37.

[McEwen - 2011] McEwen，A.S.，et al.，"Seasonal Flows on Warm Martian Slopes"，Science，333，2011，740 - 743.

[McGranaghan - 2011] McGranaghan，R.，et al.，"A Survey of Mission Opportunities to Trans - Neptunian Objects"，Journal of the British Interplanetary Society，64. 2011，296 - 303.

[McLennan - 2014] McLennan，S. M.，et al.，"Elemental Geochemistry of Sedimentary Rocks at Yellowknife Bay，Gale Crater，Mars"，accepted for publication in Science.

[McNutt - 2007] McNutt，R.L. Jr.，et al.，"Energetic Particles in the Jovian Magnetotail"，Science，318，

2007, 220 - 222.

[McNutt - 2012] McNutt, R. L. Jr., et al., "The MESSENGER Mission Continues: Transition to the Extended Mission", paper presented at the 63rd International Astronautical Congress, Naples, 2012.

[Meech - 2005] Meech, K. J., et al., "Deep Impact: Observations from a Worldwide Earth - Based Campaign", Science, 310, 2005, 265 - 269.

[Meech - 2011] Meech, K. J., the EPOXI Earth - based observing team and the EPOXI/DIXI Science Team, "The EPOXI Earth - Based Observing Campaign", paper presented at the XLII Lunar and Planetary Science Conference, Houston, 2011.

[Menon - 2006] Menon, C., Ayre, M., Ellery, A., "Biomimetics: A New Approach for Space System Design", ESA Bulletin, 125, 2006, 21 - 26.

[Meslin - 2013] Meslin, P.- Y., et al., "Soil Diversity and Hydration as Observed by ChemCam at Gale Crater, Mars", Science, 341, 2013.

[Messidoro - 2014] Messidoro, P., "Dai Disegni di Marte al Design per Marte" (From Drawing Mars to Designing for Mars), le Stelle, January 2014, 64 - 67 (in Italian).

[Messina - 2003] Messina, P., Ongaro, F., "Aurora: The European Space Exploration Programme", ESA Bulletin, 115, 2003, 34 - 39.

[Messina - 2006] Messina, P., et al., "The Aurora Programme: Europe's Framework for Space Exploration", ESA Bulletin, 126, 2006, 11 - 15.

[Michel - 2012] Michel, P., et al., "MarcoPolo - R: Near Earth Asteroid Sample Return Mission in Assessment Study Phase of ESA M3 - Class Missions", paper presented at the Asteroids, Comets, Meteors conference, 2012.

[Michel - 2013] Michel, P., et al., "Marco Polo - R", presentation at the 9th Small Bodies Assessment Group (SBAG) meeting, Washington, July 2013.

[Milani - 2006] Milani, G.A., et al., "Photometry of Comet 9P/Tempel 1 During the 2004/2005 Approach and the Deep Impact Module Impact", arXiv astro - ph/0608180 preprint.

[Ming - 2013] Ming, X., et al., "Deimos Encounter Trajectories Design for Piggyback Spacecraft Launched for Martian Surface Reconnaissance", paper presented at the 64th International Astronautical Congress, Beijing, 2013.

[Ming - 2014] Ming, D. W., et al., "Volatile and Organic Compositions of Sedimentary Rocks in Yellowknife Bay, Gale Crater, Mars", accepted for publication in Science.

[Montagnon - 2005] Montagnon, W., Ferri, P., "Rosetta on Its Way to the Outer Solar System", paper presented at the 56th International Astronautical Congress, Fukuoka, October 2005.

[Morgan - 2013] Morgan, G.A., et al., "3D Reconstruction of the Source and Scale of Buried Young Flood Channels on Mars", Science, 340, 2013, 607 - 610.

[Morimoto - 2008] Morimoto, M.Y., Kawakatsu, Y., Kawaguchi, J., "Trajectory Options of the Planet - C Auxiliary Payload after the Venus Swing - by", paper presented at the 26th International Symposium on Space Technology and Science, 2008.

[Morin - 2011] Morin, H., Jégo, M., "Espoir pour la Sonde Russe Phobos - Grunt" (Hope for the Russian probe Fobos - Grunt), Le Monde, 26 November 2011 (in French).

[Morley - 2009] Morley, T., Budnik, F., "Rosetta Navigation for the Fly - by of Asteroid 2867 teins", paper presented at the 21st International Symposium on Space Flight Dynamics, Toulouse, October 2009.

[Morley - 2012] Morley, T., "Rosetta Navigation for the Fly - by of Asteroid 21 Luteti" a, paper presented at the 23rd International Symposium on Space Flight Dynamics, Pasadena, October 2012.

[Morring - 2002] Morring, F. Jr, "Nuclear - Powered Mars Rover Planned in '09", Aviation Week & Space Technology, 20 May 2002, 64 - 65.

[Morring - 2003a] Morring, F. Jr, "Prometheus Bound", Aviation Week & Space Technology, 11 August 2003, 63 - 64.

[Morring - 2003b] Morring, F. Jr, "Data Dump", Aviation Week & Space Technology, 23 June 2003, 53 - 55.

[Morring - 2003c] Morring, F. Jr, "Exploration Plans", Aviation Week & Space Technology, 16 June 2003, 181 - 182.

[Morring - 2004a] Morring, F. Jr, "Distant Destinations", Aviation Week & Space Technology, 13 December 2004, 56.

[Morring - 2004b] Morring, F. Jr., "Looking Ahead", Aviation Week & Space Technology, 5 July 2004, 25 - 27.

[Morring - 2005a] Morring, F. Jr, Taverna, M. A., "Tightening Focus", Aviation Week & Space Technology, 23 May 2005, 42.

[Morring - 2005b] Morring, F. Jr, "Solar Studies", Aviation Week & Space Technology, 5 September 2005, 62 - 64.

[Morring - 2005c] Morring, F. Jr, "Crunch Time", Aviation Week & Space Technology, 14 February 2005, 28.

[Morring - 2006] Morring, F. Jr, "Cash - Poor Astrobiologists Hope for Gold in Human Exploration", Aviation Week & Space Technology, 10 April 2006, 48.

[Morring - 2007] Morring, F. Jr., "New Horizons Returns a Treasure Trove of Jupiter Data", Aviation Week and Space Technology, 7 May 2007, 80.

[Morring - 2008] Morring, F. Jr., "Beyond Crew Launch", Aviation Week & Space Technology, 14 April 2008, 34 - 35.

[Morring - 2010] Morring, F. Jr., Mathews, N., "Spacefaring Nation", Aviation Week & Space Technology, 14 June 2010, 62 - 64.

[Morring - 2011a] Morring, F. Jr., "Back to Jupiter", Aviation Week & Space Technology, 21 March 2011, 50 - 53.

[Morring - 2011b] Morring, F. Jr., "Parting the Veil", Aviation Week & Space Technology, 21 March 2011, 54.

[Morring - 2011c] Morring, F. Jr., "Sky Crane", Aviation Week & Space Technology, 1 August 2011, 38 - 42.

[Morring - 2012a] Morring, F. Jr., Norris, G., "Advancing the Art", Aviation Week & Space Technology, 13 August 2012, 24 - 27.

[Morring - 2012b] Morring, F. Jr., Norris, G., "Curiosity's Next Moves", Aviation Week & Space Technology, 20 August 2012, 30.

[Morring - 2012c] Morring, F. Jr., "Losing Thrust", Aviation Week & Space Technology, 20 February 2012, 33 - 34.

[Morring - 2012d] Morring, F. Jr., "Next Steps", Aviation Week & Space Technology, 5 March 2012, 38 - 39.

[Morring - 2012e] Morring, F. Jr., Svitak, A., "Working Together", Aviation Week & Space Technology, 1 October 2012, 36 - 37.

[Morring - 2013a] Morring, F. Jr., "Closing In", Aviation Week & Space Technology, 29 July 2013, 21 - 23.

[Morring - 2013b] Morring, F. Jr., Norris, G., "Poor Protection", Aviation Week & Space Technology, 21 January 2013, 31 - 32.

[Morring - 2013c] Morring, F. Jr., "Climate Change", Aviation Week & Space Technology, 26 August 2013, 40 - 42.

[Morring - 2013d] Morring, F. Jr., "Red Planet Payoff?", Aviation Week & Space Technology, 16 December 2013, 24 - 26.

[Morris - 2009] Morris, J., Taverna, M.A., "Slimming Down", Aviation Week & Space Technology, 16 March 2009, 33 - 35.

[Morrow - 2006] Morrow, M.T., Woolsey, C.A., Hagerman, G.M., "Exploring Titan with Autonomous, Buoyancy Driven Gliders", JBIS, 59, 2006, 27 - 34.

[Mottola - 2007] Mottola, S., et al., "The ROLIS Experiment on the Rosetta Lander", Space Science Reviews, 128, 2007, 241 - 255.

[MPEC - 2007a] Minor Planet Electronic Circular 2007 - V69, "2007 VN84", 8 November 2007.

[MPEC - 2007b] Minor Planet Electronic Circular 2007 - V70, "Editorial Notice", 9 November 2007.

[MPPG - 2012] Mars Program Planning Group, "Summary of the Final Report", presentation dated 25 September 2012.

[Mueller - 2008] Mueller, N., ct al., "Correlation Between Venus Nightsidc Near Infrared Emissions Measured by VIRTIS/Venus Express and Magellan Radar Data", paper presented at the European Planetary Science Congress, Münster, 2008.

[Muirhead - 1999] Muirhead, B., Kerridge, S., "The Deep Space 4/Champollion Mission", Acta Astronautica, 45, 1999, 407 - 414.

[Müller - 2012] Müller, T.G., et al., "Physical Properties of OSIRIS - REx Target Asteroid (101955) 1999 RQ36 derived from Herschel, ESO - VISIR and Spitzer observations", arXiv astro - ph/1210.5370 prcprint.

[Mumma - 2009] Mumma, M.J., et al., "Strong Release of Methane on Mars in Northern Summer 2003", Science, 323, 2009, 1041 - 1045.

[Muñoz - 2012] Muñoz, P., et al., "Preparations and Strategy for Navigation During Rosetta Comet Phase", paper presented at the 23rd International Symposium on Space Flight Dynamics, Pasadena, October 2012.

[Murchie - 2008] Murchie, S.L., "Geology of the Caloris Basin, Mercury: A View from MESSENGER", Science, 321,2008, 73 - 76.

[Mustard - 2008] Mustard, J. F., et al., "Hydrated Silicate Minerals on Mars Observed by the Mars Reconnaissance Orbiter CRISM Instrument", Nature, 454, 2008, 305 - 309.

[Mustard - 2013] Mustard, J.F., et al.," Report of the Mars 2020 Science Defmition Team", posted July 2013, by the Mars Exploration Program Analysis Group (MEPAG).

[Nakamura - 2007] Nakamura, M., et al., "Planet - C: Venus Climate Orbiter Mission of Japan", Planetary and Space Science, 55, 2007, 1831 - 1842.

[Nakamura - 2008] Nakamura, M., Imamura, T., "Present Status of Japanese Venus Climate Orbiter", presentation the 5th Meeting of the Venus Exploration Analysis Group (VEXAG), Greenbelt, May 2008.

[Nakamura - 2012] Nakamura, M. et al., "Return to Venus of the Japanese Venus Climate Orbiter Akatsuki", paper presented at the 63rd International Astronautical Congress, Naples, 2012.

[NAS - 2006] National Academy of Sciences, "Priorities in Space Science Enabled by Nuclear Power and Propulsion", Washington, the National Academies Press, 2006, 17.

[NASA - 2005a] "Deep Impact Launch Press Kit", NASA, January 2005.

[NASA - 2005b] "Final Report of the New Horizons II Review Report", Washington, NASA, report dated 31 March 2005.

[NASA - 2006] Mars Advance Planning Group, "2006 Update to Robotic Mars Exploration Strategy 2007 - 2016", document dated 28 November 2006.

[NASA - 2008a] "MESSENGER - Mercury Flyby 1 Press Kit", NASA, January 2008.

[NASA - 2008b] "Phoenix Landing - Mission to the Martian Polar North", NASA, May 2008.

[NASA - 2009a] "MESSENGER - Mercury Flyby 3 Press Kit", NASA, September 2009.

[NASA - 2009b] "Kepler: NASA's First Mission Capable of Finding Earth - Size Planets - Press Kit", NASA, February 2009.

[NASA - 2011] "Juno Launch Press Kit", NASA, August 2011.

[Nature - 2008] "What Next for Mars?", Nature, 456, 2008, 675.

[Nature - 2010] "Galileo's Send - Off", Nature, 468, 2010, 6.

[Nedelcu - 2007] Nedelcu, D.A .. , et al., "E - Type Asteroid (2867) Steins: Flyby Target for Rosetta", Astronomy & Astrophysics, 473, 2007, L33 - L36.

[Neumann - 2006] Neumann, G.A., et al., "Laser Ranging at Interplanetary Distances", paper presented at the 15th International Workshop in Laser Ranging, Canberra, 2006.

[Neumann - 2012] Neumann, G. A., et al., "Dark Material at the Surface of Polar Crater Deposits on Mercury", paper presented at the XLIII Lunar and Planetary Science Conference, Houston, 2012.

[Ni - 2006] Ni, W.- T., et al., "ASTROD Ⅰ: Mission Concept and Venus Flyby", Acta Astronautica, 59,

2006, 598 - 607.

[Nielsen - 2001] Nielsen, E., et al., "Antennas for Sounding of a Cometary Nucleus in the Rosetta Mission". Paper presented at the 11th International Conference on Antennas and Propagation, Manchester, 17 - 20 April 2001.

[Niles - 2010] Niles, P.B., et al., "Stable Isotope Measurements of Martian Atmospheric CO2 at the Phoenix Landing Site", Science, 329, 2010, 1334 - 1337.

[Nilsson - 2007] Nilsson, H., et al., "RPC - ICA: The Ion Composition Analyzer of the Rosetta Plasma Consortium", Space Science Reviews, 128, 2007, 671 - 695.

[Nimmo - 2008] Nimmo, F., et al., "Implications of an Impact Origin for the Martian Hemispheric Dichotomy", Nature, 453, 2008, 1220 - 1223.

[Nittler - 2011] Nittler, L.R., et al., "The Major - Element Composition of Mercury's Surface from MESSENGER X - ray Spectrometry", Science, 333, 2011, 1847 - 1850.

[Noble - 1998] Noble, R.J., "Radioisotope Electric Propulsion of Sciencecraft to the Outer Solar System and Near - Interstellar Space", paper presented at the Second IAA Symposium on Realistic Near - Term Advanced Scientific Space Missions, Aosta, 29 June - 1 July 1998.

[Noll - 2005] Noll, K.S., "Solar System Binaries", paper presented at the Asteroid, Comets, Meteors 2005 conference.

[Norris - 2012a] Norris, G., Marring, F. Jr., "Commissioning", Aviation Week & Space Technology, 20 August 2012, 28 - 29.

[Norris - 2012b] Norris, G., "Early Promise", Aviation Week & Space Technology, 3 September 2012, 36 - 38.

[NRC - 2002] Solar System Exploration Survey, Space Studies Board, National Research Council, "New Frontiers in the Solar System - An Integrated Exploration Strategy", July 2002.

[NRC - 2003] National Research Council, "New Frontiers in Solar System Exploration", Washington, the National Academies Press, 2003.

[NRC - 2008a] Space Studies Board, "Opening New Frontiers in Space - Choices for the Next New Frontiers Announcement of Opportunity", Washington, the National Academies Press, 2008.

[NRC - 2008b] Space Studies Board, "Science Opportunities Enabled by NASA's Constellation System - Interim Report", Washington, the National Academies Press, 2008.

[NRC - 2011] Space Studies Board, "Vision and Voyages for Planetary Science in the Decade 2013 - 2022", Washington, the National Academies Press, 2011.

[Oberst - 2012] Oberst, J., et al., "Dynamic and Morphologic Studies of the MarcoPolo - R Binary Asteroid System by Laser Altimetry", paper presented at the 63rd International Astronautical Congress, Naples, 2012.

[Okubo - 2007] Okubo, C.H., et al., "Fracture - Controlled Paleo - Fluid Flow in Candor Chasma, Mars", Science, 315, 2007, 983 - 985.

[Oleson - 2011] Oleson, S.R., et al., "Kuiper Belt Object Orbiter Using Advanced Radioisotope Power Sources and Electric Propulsion", Journal of the British Interplanetary Society, 64, 2011, 63 - 69.

[Olkin - 2006] Olkin, C.B., et al., "The New Horizons Distant Flyby of Asteroid 2002 JF56", presentation at the American Astronomical Society, DPS meeting No.38, 2006.

[Ortiz - 2012] Ortiz, J.L., et al., "Albedo and Atmospheric Constraints on Dwarf Planet Makemake from a Stellar Occultation", Nature, 491, 2012, 566 - 569.

[Paige - 1992] Paige, D.A., Wood, S.E., Vasavada, A.R., "The Thermal Stability of Water Ice at the Poles of Mercury", Science, 258, 1992, 643 - 646.

[Paige - 2012] Paige, D.A., et al., "Thermal Stability of Frozen Volatiles in the North Polar Region of Mercury", paper presented at the XLIII Lunar and Planetary Science Conference, Houston, 2012.

[Pappalardo - 2011] Pappalardo, B., "Europa Study Update", presentation to the Outer Planets Assessment Group, (OPAG), 19 October 2011.

[Pappalardo - 2013] Pappalardo, R., et al., "The Europa Clipper - OPAG Update", presentation to the Outer Planets Assessment Group, (OPAG), 15 - 16 July 2013.

[Parker - 2007] Parker, T., Manning, R., "Mars Litter Inventory: Using HiRISE to Find out Stuff", presentation dated 28 February 2007.

[Pätzold - 2007a] Pätzold, M., et al., "Rosetta Radio Science Investigations (RSI)", Space Science Reviews, 128, 2007, 599 - 627.

[Pätzold - 2007b] Pätzold, M., et al., "The Structure of Venus' Middle Atmosphere and Ionosphere", Nature, 450, 2007, 657 - 660.

[Pätzold - 2011] Pätzold, M., et al., "Asteroid (21) Lutetia - Low Mass, High Density", Science, 334, 2011, 491 - 492.

[Peacock - 2005] Peacock, A., "On the Feasibility of a Fast Track Return to Mars: Mars Lander(s) 2011 Mars Demonstration Landers (MDL)", presentation to the 1st Mars Express Science Conference, Noordwijk, 2005.

[People's Daily - 2009] "China's First Mars Probe Set for Launch in Oct.", People's Daily Online, 9 June 2009.

[Peplowski - 2011] Peplowski, P.N., et al., "Radioactive Elements on Mercury's Surface from MESSENGER: Implications for the Planet's Formation and Evolution", Science, 333, 2011, 1850 - 1852.

[Pergola - 2013] Pergola, P., "Small Satellite Survey Mission to the Second Earth Moon", Advances in Space Research, 53, 2013, 1622 - 1633.

[Perozzi - 1993] Perozzi. E., Pittich, E.M., "Small Satellite Missions to Long - Period Comets". In: "Systèmes et Services a Petits Satellites", Toulouse, Cépaduès, 1993, 181 - 184.

[Perozzi - 1996] Perozzi, E., et al., "Small Satellite Missions to Long - Period Comets: the Hale - Bopp Opportunity", Acta Astronautica, 39, 1996, 45 - 50.

[Phillips - 2008] Phillips, R.J., et al., "Mars North Polar Deposits: Stratigraphy, Age, and Geodynamical Response", Science, 320, 2008, 1182 - 1185.

[Phillips - 2011] Phillips, R.J., et al., "Massive CO2 Ice Deposits Sequestered in the South Polar Layered Deposits of Mars", Science, 332, 2011, 838 - 841.

[Phipps - 2004] Phipps, A., et al., "Venus Orbiter and Entry Probe: An ESA Technology Reference Study", paper presented at the 55th International Astronautical Congress, Vancouver, 2004.

[Phipps - 2005] Phipps, A., et al., "Mission and System Design of a Venus Entry Probe and Aerobot", paper presented at the 56th International Astronautical Congress, Fukuoka, 2005.

[Piccioni - 2007] Piccioni, G., et al., "South - Polar Features on Venus Similar to Those Near the North Pole", Nature, 450, 2007, 637 - 640.

[Piccioni - 2008] Piccioni, G., et al., "First Detection of Hydroxyl in the Atmosphere of Venus", Astronomy & Astrophysics, 483, 2008, L29 - L33.

[Pichkhadze - 1996] Pichkhadze, K.M., et al., "Mission to the Sun with Low Thrust", paper presented at the First IAA Symposium on Realistic Near - Term Advanced Scientific Space Missions, Aosta, 25 - 27 June 1996.

[Pieters - 2012] Pieters, C.M., et al., "Distinctive Space Weathering on Vesta from Regolith Mixing Processes", Nature, 491, 2012, 79 - 82.

[Pillinger - 2007] Pillinger, C., "Space is a Funny Place", London, Barnstorm, 2007, 197.

[Plaut - 2010] Plaut, J., Smrekar, S., Zurek, R., "Mars Reconnaissance Orbiter: Progress, Status, Plans", presentation at the Planet Mars III Workshop, Les Houches, April 2010.

[Polischuk - 2005a] Polischuk, G.M., et al., "Perspektivniy Avtomaticheskiy Kosmicheskiy Kompleks Dliya Issledovaniya Marsa" (Perspective Automatic Spacecraft for the Exploration of Mars), Polyet, 6, 2005, 7 - 11 (in Russian).

[Polischuk - 2005b] Polischuk, G.M., et al., "Perspektivniye Proyekti Avtomaticheskikh Kosmicheskikh Kompleksov Dliya Issledovaniya Planet - Gigantov i Ikh Sputnikov"(Perspective Projects of Automatic Spacecraft for the Exploration of the Giant Planets and Their Satellites), Polyet, 7, 2005, 12 - 15 (in Russian).

[Polischuk - 2006] Polischuk, G., et al., "Proposal on Application of Russian Technical Facilities for International Mars Research Program for 2009 - 2015", Acta Astronautica, 59, 2006, 113 - 118.

[Portree - 2001] Portree D.S.F., "Humans to Mars: Fifty Years of Mission Planning 1950 - 2000", Washington, NASA, 2001.

[Potter - 1985] Potter, A., Morgan, T., "Discovery of Sodium in the Atmosphere of Mercury", Science, 229, 1985, 651 - 653.

[Potter - 1990] Potter, A., Morgan, T., "Evidence for Magnetospheric Effects on the Sodium Atmosphere of Mercury", Science, 248, 1990, 835 - 838.

[Powell - 2009] Powell, J.W., "Seven Minutes of Terror", Spaceflight, September 2009, 338 - 348.

[Prado - 2008] Prado, J.- Y., "International Campaign for the Improvement of the APOPHIS Ephemeris", presentation at the United Nations Office for Outer Space Affairs Scientific and Technical Subcommittee Forty - fifth Session, February 2008.

[Prado - 2010] Prado, J.- Y., "Apophis 2029 a Unique Mission Opportunity", presentation at the United Nations Office for Outer Space Affairs Scientific and Technical Subcommittee Forty - seventh Session,

February 2010.

[Pratt - 2009] Pratt, L.M., et al., "Mars Astrobiology Explorer - Cacher (MAX - C): A Potential Rover Mission for 2018", Final Report of the Mars Mid - Range Rover Science Analysis Group (MRR - SAG), October 14, 2009.

[Prettyman - 2012] Prettyman, T.H., et al., "Elemental Mapping by Dawn Reveals Exogenic H in Vesta's Regolith", Science, 338, 2012, 242 - 246.

[Prockter - 2004] Prockter, L., and the Jupiter Icy Moons Orbiter Science Definition Team, "The Jupiter Icy Moons Orbiter: An Opportunity for Unprecedented Exploration of the Galilean Satellites", paper presented at the 55th Congress of the International Astronautical Federation, Vancouver, 2004.

[Prockter - 2006] Prockter, L.M., et al., "Enabling Decadal Survey Science Goals for Primitive Bodies Using Radioisotope Electric Propulsion", paper presented at the XXXVII Lunar and Planetary Science Conference, Houston, 2006.

[Prockter - 2009] Prockter, L.M., et al., "The Curious Case of Raditladi Basin", paper presented at the XL Lunar and Planetary Science Conference, Houston, 2009.

[Prockter - 2010] Prockter, L.M., et al., "Evidence for Young Volcanism on Mercury from the Third MESSENGER Flyby", Science, 329, 2010, 668 - 671.

[Randolph - 2003] Randolph, J., et al., "Urey: To Measure the Absolute Age of Mars", paper presented at the 2003 IEE Aerospace Conference.

[Rao - 2009] Rao, R., "Beyond the Moon", Flight International, 3 February 2009, 37 - 38.

[Rathke - 2004] Rathke, A., "Testing for the Pioneer Anomaly on a Pluto Exploration Mission", arXiv astro - ph/0409373 preprint.

[Rayman - 2004a] Rayman, M.D., "Why no Magnetometer on Dawn?", posting to the FPSpace discussion group, 28 April 2004.

[Rayman - 2004b] Rayman, M.D., et al., "Dawn: A Mission in Development for Exploration of Main Belt Asteroids Vesta and Ceres", paper presented at the 55th Congress of the International Astronautical Federation, Vancouver, 2004.

[Rayman - 2005] Rayman, M.D., et al., "Preparing for the Dawn Mission to Vesta and Ceres", paper presented at the 56th Congress of the International Astronautical Federation, Fukuoka, 2005.

[Rayman - 2012a] Rayman, M.D., Mase, R.A., "Dawn's Exploration of Vesta", paper presented at the 63rd International Astronautical Congress, Naples, 2012.

[Rayman - 2012b] Rayman, M.D., Personal communication with the author, 24 May 2012.

[Rayman - 2013] Rayman, M.D., Mase, R.A., "Dawn's Operations in Cruise from Vesta to Ceres", paper presented at the 64th International Astronautical Congress, Beijing, 2013.

[Raymond - 2013] Raymond, C.A., Russell, C.T., "Dawn Update", presentation at the 8th Small Bodies Assessment Group (SBAG) meeting, Washington, January 2013.

[RDIME - 2008] R&D Institute of Mechanical Engineering brochure, 2008.

[Read - 2013] Read, P., "Plumbing the Depths of Uranus and Neptune", Nature, 497, 2013, 323 - 324.

[Reddy - 2012a] Reddy, V., et al., "Color and Albedo Heterogeneity of Vesta from Dawn", Science, 336, 2012, 700 - 704.

[Reddy - 2012b] Reddy, V., et al., "Composition of Near - Earth Asteroid (4179) Toutatis", arXiv astro - ph/1210.2853 preprint.

[Reich - 2010] Reich, E.S., "NASA Panel Weighs Asteroid Danger", Nature, 467, 2010, 140 - 141.

[Reichhardt - 2005] Reichhardt, T., "Mars Orbiter Ready to Scout for Future Landing Sites as NASA Looks Ahead", Nature, 436, 2005, 613.

[Reichhardt - 2010] Reichhardt, T., "Titan Air", Air & Space Smithsonian, June/July 2010, 20 - 23.

[Reinhardt - 1999] Reinhardt, R., "Ten Years of Fundamental Physics in ESA's Space Science Programme", ESA Bulletin, 98, 1999, 121 - 132.

[Reitsema - 2013] Reitsema, H., "The Sentinel Mission", presentation at the 9th Small Bodies Assessment Group (SBAG) meeting, Washington, July 2013.

[Rengel - 2008] Rengel, M., Hartogh, P., Jarchow, C., "HHSMT Observations of the Venusian Mesospheric Temperature, Winds, and CO Abundance around the MESSENGER Flyby", arXiv astro - ph/0810.2899 preprint.

[Renton - 2006] Renton, D., "Deimos Sample Return Technology Reference Study, Executive Summary", ESA SCI - A/2006/010/DSR, 8 February 2006.

[Retherford - 2007] Retherford, K. D., et al., "Io's Atmospheric Response to Eclipse: UV Aurorae Observations", Science, 318, 2007, 237 - 240.

[Reuter - 2007] Reuter, D.C., et al., "Jupiter Cloud Composition, Stratification, Convection and Wave Motion: A View from New Horizons", Science, 318, 2007, 223 - 225.

[Rieber - 2009] Rieber, R., "The Contingency of Success: Deep Impact's Planet Hunt", paper presented at the 2009 IEEE Aerospace Conference.

[Riedler - 2007] Riedler, W., et al., "MIDAS - The Micro - Imaging Dust Analysis System for the Rosetta Mission", Space Science Reviews, 128, 2007, 869 - 904.

[Robertson - 2008] Robertson, D.F., "Parched Planet", Sky & Telescope, April 2008, 26 - 30.

[Robinson - 2008] Robinson, M. S., et al., "Reflectance and Color Variations on Mercury: Regolith Processes and Compositional Heterogeneity", Science, 321, 2008, 66 - 69.

[Roelof - 2004] Roelof, E.C., et al., "Telemachus: a mission for a polar view of solar activity", Advances in Space Research, 34, 2004, 467 - 471.

[Romstedt - 2001] Romstedt, J., Novara, M., "Master", ESA Bulletin 105, 2001, 52 - 53.

[Roth - 2014] Roth, L., et al., "Transient Water Vapor at Europa's South Pole", Science, 343, 2014, 171 - 174.

[Rouméas - 2003] Rouméas, R., "Aurora Exploration Programme: ExoMars Mission", presentation to the Aurora Industry Day, Noordwijk, ESTEC, 6 February 2003.

[Russell - 2004] Russell, C. T., et al., "Dawn: A Journey in Space and Time", Planetary and Space Science, 52, 2004, 465 - 489.

[Russell - 2007] Russell, C.T., et al., "Lightning on Venus Inferred from Whistler - Mode Waves in the Ionosphere", Nature, 450, 2007, 661 - 662.

[Russell - 2012] Russell, C.T., et al., "Dawn at Vesta: Testing the Protoplanetary Paradigm", Science, 336, 2012, 684 - 686.

[Ryan - 2012] Ryan, A.J., Christensen, P.R., "Coils and Polygonal Crust in the Athabasca Valles Region, Mars, as Evidence for a Volcanic History", Science, 336, 2012, 449 - 452.

[SAGE - 2010] "NASA Facts: Surface and Atmosphere Geochemical Explorer", May 2010.

[Saki - 2012] Saki, T. et al., "Development Status of Small Carry - on Impactor for Hayabusa - 2 Mission", paper presented at the 63rd International Astronautical Congress, Naples, 2012.

[Sánchez Pérez - 2012] Sánchez Pérez, J.M., "Trajectory Design of Solar Orbiter", paper presented at the 23rd International Symposium on Space Flight Dynamics, Pasadena, October 2012.

[Sasaki - 2009] Sasaki, S., "Japan's Mars Exploration Plan: MELOS", presentation to the Mars Exploration Program Analysis Group (MEPAG) meeting #20, Rosslyn, Virginia, March 2009.

[Satoh - 2011] Satoh, T., et al., "In - flight observations performed by Akatsuki/IR2", paper presented at the European Planetary Science Congress, Nantes, 2011.

[Sawada - 2010] Sawada, H., et al., "Report on Deployment Solar Power Sail Mission of IKAROS", presentation at the 2nd International Symposium on Solar Sailing, 2010.

[Sawada - 2012] Sawada, H., et al., "The Sampling System of Hayabusa 2 Missions", paper presented at the 63rd International Astronautical Congress, Naples, 2012.

[Schaefer - 2008] Schaefer, B.E., Buie, M.W., Smith, L.T., "Pluto's Light Curve in 1933 - 1934", arXiv astro - ph/0805.2097 preprint.

[Scheeres - 2004] Scheeres, D.J., Schweickart, R.L., "The Mechanics of Moving Asteroids", Paper AIAA 2004 - 1446.

[Scheeres - 2005] Scheeres, D.J., et al., "Abrupt Alteration of Asteroid 2004 MN4's Spin State During its 2029 Earth Flyby", accepted for publication in Icarus.

[Schenk - 2008] Schenk, P., Matsuyama, I., Nimmo, F., "True Polar Wander on Europa from Global - Scale Small - Circle Depressions", Nature, 453, 2008, 368 - 371.

[Schenk - 2012] Schenk, P., et al., "The Geologically Recent Giant Impact Basins at Vesta's South Pole", Science, 336, 2012, 694 - 697.

[Schilling - 2003] Schilling, G., "Star - Crossed Comet Chaser Eyes New Target", Science, 299, 2003, 1638.

[Schmidt - 2009] Schmidt, B.E., et al., "The 3D Figure and Surface of Pallas from HST", paper presented at the XL Lunar and Planetary Science Conference, Houston, 2009.

[Schmidt - 2011] Schmidt, B.E., et al., "Active Formation of 'Chaos Terrain' over Shallow Subsurface Water on Europa", Nature, 479, 2011, 502 - 505.

[Schoenmaekers - 2008] Schoenmaekers, J. et al., "Mission Analysis: Towards a European Harmonization", ESA Bulletin, 134, 2008, 10 - 19.

[Schröder - 2008] Schröder, S.E., et al., "In - Flight Calibration of the Dawn Framing Camera", paper presented at the European Planetary Science Congress, Münster, 2008.

[Schultz - 2011] Schultz, P.H., et al., "Geology of 103P/Hartley 2 and Nature of Source Regions for Jet - Like Outflows", paper presented at the XLII Lunar and Planetary Science Conference, Houston, 2011.

[Schultze - 2002] Schultze, R., "Aurora: A European Roadmap for Solar System Exploration", On Station, March 2002, 4 - 5.

[Schumacher - 2001] Schumacher, G., Gay, J., "An Attempt to Detect Vulcanoids with SOHO/ LASCO Images", Astronomy & Astrophysics, 368, 2001, 1108 - 114.

[Schwehm - 1994] Schwehm, G., Hechler, M., "Rosetta ESA's Planetary Cornerstone Mission", ESA bulletin, 77, 1994, 7 - 18.

[Schweickart - 2003] Schweickart, R.L., et al., "The Asteroid Tugboat", Scientific American, November 2003, 54 - 61.

[Schweickart - 2005] Schweickart, R.L., "A Call to (Considered) Action", B612 Foundation Occasional Paper 0501, May 2005.

[Scoon - 1998] Scoon, G., et al., "The Venus Sample Return Mission", paper presented at the 5th ESA workshop on Advanced Space Technologies for Robotics and Automation, Noordwjik, 1 - 3 December 1998.

[Scott - 2000] Scott, W.B., "NASA Revisits Nuclear Propulsion for Long Space Missions", Aviation Week & Space Technology, 30 October 2000, 72 - 74.

[Seidensticker - 2007] Seidensticker, K.J., et al., "SESAME - An Experiment of the Rosetta Lander Philae: Objectives and General Design", Space Science Reviews, 128, 2007,281 - 299.

[Seu - 2007] Seu, R., et al., "Accumulation and Erosion of Mars' South Polar Layered Deposits", Science, 317, 2007, 1715 - 1718.

[Sheppard - 2010] Sheppard, S.S., Trujillo, C.A., "Detection of a Trailing (L5) Neptune Trojan", Science, 329, 2010, 1304.

[Shinbrot - 2004] Shinbrot, T., et al., "Dry Granular Flows Can Generate Surface Features Resembling Those Seen in Martian Gullies", Proceedings of the National Academy of Sciences, 101, 2004, 8542 - 8546.

[Shirley - 2003] Shirley, J.H., et al., "Icy Satellites Impactor Probes for the Jovian Icy Moons Orbiter", paper presented at the Forum on Jupiter Icy Moons Orbiter, Houston, 2003.

[Showalter - 2006] Showalter, M.R., Lissauer, J.J., "The Second Ring - Moon System of Uranus: Discovery and Dynamics", Science, 311,2006, 973 - 977.

[Showalter - 2007] Showalter, M.R., et al., "Clump Detection and Limits on Moons in Jupiter's Ring System", Science, 318, 2007, 232 - 234.

[Showalter - 2011] Showalter, M.R., et al., "The Impact of Comet Shoemaker - Levy 9 Sends Ripples through the Rings of Jupiter", Science, 332,2011, 711 - 713.

[Sicardy - 2011] Sicardy, B., et al. "A Pluto - like Radius and a High Albedo for the Dwarf Planet Eris from an Occultation", Nature, 478, 2011, 493 - 496.

[Siddiqi - 2000] Siddiqi, A. A., "Challenge to Apollo", Washington, NASA, 2000, 334 - 337 and 745 - 746.

[Siersk - 2011] Siersk, H., et al., "Images of Asteroid 21 Lutetia: A Remnant Planetesimal from the Early Solar System", Science, 334, 2011, 487 - 490.

[Sietzen - 2009] Sietzen, F., "Mars Laboratory Lands on Red Ink", Aerospace America, October 2009, 24 - 28.

[Siili - 2011] Siili, T., et al., "On Mars and Moon Mission Activities at the Finnish Meteorological Institute (FMI)", paper presented at the XIII meeting of Finnish Space Researchers FinCOSPAR 2011.

[Slade - 1992] Slade, M.A., Butler, B.J., Muhleman, D.O., "Mercury Radar Imaging: Evidence for Polar Ice", Science, 258, 1992, 635 - 640.

[Slavin - 2008] Slavin, J. A., et al., "Mercury's Magnetosphere After MESSENGER's First Flyby", Science, 321, 2008, 85 - 89.

[Slavin - 2009] Slavin, J.A., et al., "MESSENGER Observations of Magnetic Reconnection in Mercury's Magnetosphere", Science, 324, 2009, 606 - 610.

[Slavin - 2010] Slavin, J.A., et al., "MESSENGER Observations of Extreme Loading and Unloading of Mercury's Magnetic Tail", Science, 329, 2010, 665 - 668.

[Smith - 2000a] Smith, B.A., "NASA Weighs Mission Options", Aviation Week & Space Technology, 11 December 2000, 54 - 59.

[Smith - 2000b] Smith, B. A., "NASA Invests Heavily in New Technology", Aviation Week & Space Technology, 11 December 2000, 63 - 67.

[Smith - 2006] Smith, D.E., et al., "Two - Way Laser Link over Interplanetary Distances", Science, 311, 2006, 53.

[Smith - 2009a] Smith, D.E., et al., "Does Mercury have Lunar - Like Mascons?", paper presented at the XL Lunar and Planetary Science Conference, Houston, 2009.

[Smith - 2009b] Smith, P., et al., "H2O at the Phoenix Landing Site", Science, 325, 2009, 58 - 61.

[Smith - 2010] Smith, I.B., Holt, J.W., "Onset and Migration of Spiral Troughs on Mars Revealed by Orbital Radar", Nature, 465, 2010, 450 - 453.

[Smith - 2012] Smith, D.E., et al., "Gravity Field and Internal Structure of Mercury from MESSENGER", Science, 336, 2012, 214 - 217.

[Smrekar - 2010] Smrekar, S.E., et al., "Recent Hot - Spot Volcanism on Venus from VIRTIS Emissivity Data", Science, 328, 2010, 605 - 608.

[Snodgrass - 2010] Snodgrass, C., et al., "A collision in 2009 as the origin of the debris trail of asteroid P/2010 A2", Nature, 467, 2010, 814 - 816.

[Solomon - 2007] Solomon, S.C., "The MESSENGER Venus Flybys", presentation at the 3rd meeting of the Venus Exploration Analysis Group (VEXAG), Crystal City, January 2007.

[Spencer - 2003] Spencer, J., et al., "Finding KBO Flyby Targets for New Horizons", Earth, Moon and Planets, 92, 2003, 483 - 491.

[Spencer - 2007] Spencer, J.R., et al., "Io Volcanism Seen by New Horizons: A Major Eruption of the

Tvashtar Volcano", Science, 318, 2007, 240 - 243.

[Spencer - 2009] Spencer, D.A., et al., "Phoenix Landing Site Hazard Assessment and Selection", Journal of Spacecraft and Rockets, 46, 2009, 1196 - 1201.

[Spilker - 2003a] Spilker, T.R., Young, R.W., "llMO Delivery and Support of a Jupiter Deep Entry Probe", paper presented at the Forum on Jupiter Icy Moons Orbiter, Houston, 2003.

[Spilker - 2003b] Spilker, T.R., "Saturn Ring Observer", Acta Astronautica, 52, 2003, 259 - 265.

[Spilker - 2010] Spilker, T.R., et al., "Saturn Ring Observer Concept Architecture Options", Journal of the British Interplanetary Society, 63, 2010, 345 - 350.

[Spohn - 2007] Spohn, T., et al., "MUPUS - A Thermal and Mechanical Properties Probe for the Rosetta Lander Philae", Space Science Reviews, 128, 2007, 339 - 362.

[Squyres - 2010] Squyres, S., "Solar System 2012: The Planetary Science Decadal Survey", presentation to the Mars Exploration Program Analysis Group (MEPAG) meeting # 23, Monrovia, California, September 2010.

[STDT - 2008] "Solar Probe Plus: Report of the Science and Technology Definition Team (STDT)", 14 February 2008.

[Steffl - 2013] Steffl, A.J., et al., "A Search for Vulcanoids with the STEREO Heliospheric Imager", arXiv astro - ph/1301.3804 preprint.

[Steltzner - 2008] Steltzner, A.D., et al., "Mars Science Laboratory Entry, Descent, and Landing System Overview", paper presented at the IEEE Aerospace Conference, 2008.

[Stern - 1995a] Stern, A., "The Chiron Perihelion Campaign", Sky & Telescope, March 1995, 32 - 34.

[Stern - 1995b] Stern, S.A., et al., "Future Neptune and Triton Missions". In: Cruikshank, D.P.(ed.), "Neptune and Triton", University of Arizona Press, 1995, 1151 - 1178.

[Stern - 2000] Stern, A., Durda, D.D., Tomlinson, B., "Low - Cost Airborne Astronomy Imager to Begin Research Phase", Eos Transactions, 7 March 2000, 101 - 105.

[Stern - 2002] Stern, S.A., "Journey to the Farthest Planet", Scientific American, May 2002, 56 - 63.

[Stern - 2004] Stern, S.A., Spencer, J., "New Horizons: The First Reconnaissance Mission to Bodies in the Kuiper Belt", 2004.

[Stern - 2005a] Stern, S.A., et al., "Characteristics and Origin of the Quadruple System at Pluto", arXiv preprint astro - ph/0512599.

[Stern - 2005b] Stern, S.A., et al., "New Horizons 2", document dated 2005.

[Stern - 2007a] Stern, S.A., et al., "ALICE: The Rosetta Ultraviolet Imaging Spectrograph", Space Science Reviews, 128, 2007, 507 - 527.

[Stern - 2007b] Stern, S.A., "The New Horizons Pluto Kuiper Belt Mission: An Overview with Historical Context", arXiv astro - ph/0709 .4417 preprint.

[Stofan - 2009] Stofan, E., "Titan Mare Explorer (TiME): The First Exploration of an Extra - Terrestrial Sea", presentation to the Decadal Survey, 25 August 2009.

[Stolper - 2013] Stolper, E.M., et al. "The Petrochemistry of Jake_M: A Martian Mugearite", Science,

341, 2013.

[Stone - 2009] Stone, R., "Mars Mission Delayed as Mad Dash to Prep Probe Falls Short", Science, 326, 2009, 27.

[Strom - 2008] Strom, R. G., et al., "Mercury Cratering Record Viewed from MESSENGER's First Flyby", Science, 321, 2008, 79 - 81.

[Sukhanov - 2010] Sukhanov, A.A., et al., "The Aster Project: Flight to a Near Earth Asteroid", Cosmic Research, 48, 2010, 443 - 450.

[Sunshine - 2006] Sunshine, J.M., et al., "Exposed Water Ice Deposits on the Surface of Comet Tempel 1", Science, 311, 2006, 1453 - 1455.

[Sunshine - 2009a] Sunshine, J. M., et al., "Temporal and Spatial Variability of Lunar Hydration as Observed by the Deep Impact Spacecraft", Science, 326, 2009, 565 - 568.

[Sunshine - 2009b] Sunshine, J., "Comet Hopper (CHopper)", presentation dated 28 May 2009.

[Svedhem - 2005] Svedhem, H., Witasse, O., Titov, D.V., "The Science Return from Venus Express", ESA Bulletin, 125, 2005, 24 - 32.

[Svedhem - 2007a] Svedhem, H., et al .., "Venus as a More Earth - Like Planet", Nature, 450, 2007, 629 - 632.

[Svedhem - 2007b] Svedhem, H., "Venus Express During MESSENGER Venus Fly - By", presentation at the 4th meeting of the Venus Exploration Analysis Group (VEXAG), Greenbelt, November 2007.

[Svedhem - 2008a] Svedhem, H., Witasse, O., Titov, D. V., "Exploring Venus: Answering the Big Questions with Venus Express", ESA Bulletin, 135, 2008, 3 - 9.

[Svedhem - 2008b] Svedhem, H., "Status and a Selection of Results from Venus Express", presentation the 5th Meeting of the Venus Exploration Analysis Group (VEXAG), Greenbelt, May 2008.

[Svedhem - 2013] Svedhem, H., Titov, D., "Venus Express Status, Results and Future plans - The Variable Character of Venus", presentation the 10th Meeting of the Venus Exploration Analysis Group (VEXAG), Washington, November 2013.

[Svitak - 2011] Svitak, A., "Drifting Apart", Aviation Week and Space Technology, 8 August 2011, 24 - 26.

[Svitak - 2012] Svitak, A., Morring, F. Jr., "Changing Partners", Aviation Week & Space Technology, 19 - 26 March 2012, 35.

[Sweetser - 2003] Sweetser, T., et al., "Venus sample return missions - A range of science, a range of costs", Acta Astronautica, 52, 2003, 165 - 172.

[Syvertson - 2010] Syvertson, M., "Mission Concept Study - Planetary Science Decadal Survey Mars 2018 MAX - C Caching Rover", report dated March 2010.

[Tabachnik - 1999] Tabachnik, S., Evans, N.W., "Cartography for Martian Trojans", The Astrophysical Journal, 517, 1999, L63 - L66.

[Taguchi - 2012] Taguchi, M., et al., "Characteristic Features in Venus' Nightside Cloud - Top Remperature Obtained by Akatsuki/LIR", Icarus, 219, 2012, 502 - 504.

[Tan - 1999] Tan, Z., et al., "Hard Landing Impact of Planet Probe", Missiles and Space Vehicles, 4, 1999 (in Chinese).

[Tang - 2013] Tang, G., et al., "Optical - Image - Based Precise Estimation of Chang'E II Fly - By Distance to Toutatis", paper presented at the 64th International Astronautical Congress, Beijing, 2013.

[Tan - Wang - 1998] Tan - Wang, G.H., Sims, J.A., "Mission Design for the Deep Space 4/ Champollion Comet Sample Return Mission", paper AAS 98 - 187.

[Taverna - 1999] Taverna, M.A., "Mercury and Venus Sample Returns Eyed", Aviation Week & Space Technology, 15 February 1999, 23 - 24.

[Taverna - 2000] Taverna, M.A., "Europe to Have Major Sample Return Role", Aviation Week & Space Technology, 11 December 2000, 60 - 63.

[Taverna - 2002] Taverna, M. A., "Venus Express Go - Ahead Reflects End of Italian Space Policy Review", Aviation Week and Space Technology, 18 November 2002, 46.

[Taverna - 2005] Taverna, M.A., "Back Down to Earth", Aviation Week and Space Technology, 18 April 2005, 30 - 31.

[Taverna - 2006] Taverna, M.A., Marring, F. Jr., "Robotic Reconnaissance", Aviation Week and Space Technology, 23 October 2006, 66.

[Taverna - 2008a] Taverna, M.A., "Spoiler", Aviation Week and Space Technology, 6 October 2008, 36.

[Taverna - 2008b] Taverna, M.A., "New Programs Will Move ESA Into New Areas of Activity", Aviation Week and Space Technology, 1 December 2008, 39.

[Taverna - 2008c] Taverna, M.A., "Bringing It Home", Aviation Week & Space Technology, 11 August 2008, 62.

[Taverna - 2009a] Taverna, M. A., Marring, F. Jr., "Exploring Together", Aviation Week and Space Technology, 29 June 2009, 54.

[Taverna - 2009b] Taverna, M. A., "Split Decision", Aviation Week & Space Technology, 19 October 2009, 34.

[Taverna - 2009c] Taverna, M.A., "Fighting Inflation", Aviation Week & Space Technology, 7 December 2009, 46.

[Taverna - 2010] Taverna, M.A., "Then There Were 3", Aviation Week & Space Technology, 1 March 2010, 26.

[Taylor - 2001] Taylor, B.G., "The Selection of New Science Missions", ESA Bulletin, 2001,44 - 45.

[Thomas - 2011a] Thomas,P.C., et al., "The Shape and Geological Features of Comet 103P/ Hartley 2", paper presented at the XLII Lunar and Planetary Science Conference, Houston, 2011.

[Thomas - 2011b] Thomas, P.C., "Cold - Trapping Mars' Atmosphere", Science, 332, 2011, 797 - 798.

[Titov - 2008] Titov, D. V., et al., "Atmospheric Structure and Dynamics as the Cause of Ultraviolet Markings in the Clouds of Venus", Nature, 456, 2008, 620 - 623.

[Tolson - 2008] Tolson, R., et al., "Atmospheric Modeling Using Accelerometer Data During Mars Reconnaissance Orbiter Aerobraking Operations", Journal of Spacecraft and Rockets, 45, 2008, 511 - 518.

[Trotignon - 2007] Trotignon, J.G., et al., "RPC - MIP: The Mutual Impedance Probe of the Rosetta Plasma Consortium", Space Science Reviews, 128, 2007, 713 - 728.

[Trujillo - 1998] Trujillo, C., Jewitt, D., "A Semiautomated Sky Survey for Slow - Moving Objects Suitable for a Pluto Kuiper Express Encounter", The Astronomical Journal, 115, 1998, 1680 - 1687.

[TSSM - 2009] "TSSM - Titan Saturn System Mission", NASA/ESA Joint Summary Report, 16 January 2009.

[Tsuda - 2012] Tsuda, Y., et al., "System Design of Hayabusa 2 - Asteroid Sample Return Mission to 1999JU3", paper presented at the 63rd International Astronautical Congress, Naples, 2012.

[Tubiana - 2007] Tubiana, C., et al., "Photometric and Spectroscopic Observations of (132526) 2002 JF56: Fly - by Target of the New Horizons Mission", Astronomy & Astrophysics, 463, 2007, 1197 - 1199.

[Tubiana - 2008] Tubiana, C., et al., "Comet 67P/Churyumov - Gerasimenko at a large Heliocentric Distance" Astronomy & Astrophysics, 490, 2008, 377 - 386.

[Turrini - 2009] Turrini, D., Magni, G., Coradini, A., "Probing the History of the Solar System through the Cratering Records on Vesta and Ceres", arXiv astro - ph/0902.3579 preprint.

[Turtle - 2010] Turtle, E., Niebur, C., "Mission Concept Study - Planetary Science Decadal Survey - Io Observer", May 2010.

[Turyshev - 2004] Turyshev, S.G., Nieto, M.M., Anderson, J.D., "Lessons Learned from the Pioneers 10/11 for a Mission to Test the Pioneer Anomaly", arXiv gr - qc/0409117 preprint.

[Tytell - 2005a] Tytell, D., "Deep Impact's Hammer Throw", Sky & Telescope, October 2005, 34 - 39.

[Tytell - 2005b] Tytell, D., "Deep Impact Revisited", Sky & Telescope, December 2005, 16 - 17.

[Tytell - 2005c] Tytell, D., "The Nightmare Before Christmas", Sky & Telescope, April 2005, 20.

[Ulamec - 2002] Ulamec, S., Biele, J. and the Rosetta Lander Team, "Rosetta Lander - Overview". In: Proceedings of the Second European Workshop on Exo/Astrobiology, Graz, Austria, 16 - 19 September 2002.

[Ulamec - 2003] Ulamec, S., et al., "Rosetta Lander: Implications of an Alternative Mission", paper presented at the 54th International Astronautical Congress, Bremen, October 2003.

[Ulivi - 2004] Ulivi, P., with Harland, D. M., "Lunar Exploration: Human Pioneers and Robotic Surveyors", Chichester, Springer - Praxis, 2004, 297 - 303.

[UNITEC - 2009] University Space Engineering Consortium, "Call for Support on Tracking and Receiving RF Signal for First Interplanetary University Satellite UNITEC - 1", 29 May 2009.

[Vago - 2006] Vago, J., et al., "ExoMars: Searching for Life on the Red Planet", ESA Bulletin, 126, 2006, 17 - 23.

[Vago - 2013] Vago, K., et al., "ExoMars: ESA's Next Step in Mars Exploration", ESA Bulletin, 155, 2013, 12 - 23.

[van de Haar - 2004] van de Haar, G., "Messenger on Its Way to Mercury", Spaceflight, October 2004, 382 - 384.

[van de Haar - 2006] van de Haar, G., Corneille, P., "And Finally - Our First Mission to the Last Planet",

Spaceflight, March 2006, 93 - 96.

[Van den Broecke - 2011] Van den Broecke, J., et al., "Landing Site Selection and Characterization for the ExoMars 2016 Mission", undated paper.

[Vaniman - 2014] Vaniman, D.T., et al., "Mineralogy of a Mudstone at Yellowknife Bay, Gale Crater, Mars", accepted for publication in Science.

[Van Winnendael - 1999] Van Winnendael, M., et al., "Nanokhod Microrover Heading Towards Mars", paper presented at the 5th International Symposium, ISAIRAS '99, Noordwijk, 1 - 3 June 1999.

[Vaubaillon - 2006] Vaubaillon, J., Christou, A.A., "Encounters of the Dust Trails of Comet 45P/Honda - Mrkos - Pajdusakova with Venus in 2006", Astronomy & Astrophysics, 451, 2006, L5 - L8.

[Verdant - 1998] Verdant, M., Schwehm, G.H., "The International Rosetta Mission", ESA Bulletin, 93, 1998, 38 - 50.

[Vervack - 2010] Vervack, R.J., at al., "Mercury's Complex Exosphere: Results from MESSENGERis Third Flyby", Science, 329, 2010, 672 - 675.

[VITaL - 2010] "VITaL: Venus Intrepid Tessera Lander - Mission Concept Study Report to the NRC Decadal Survey Inner Planets Panel", Final Report, 6 April 2010.

[VME - 2009] "Venus Mobile Explorer - Mission Concept Study Report to the NRC Decadal Survey Inner Planets Panel", Final Report, 18 December 2009.

[Vokrouhlick - 2000] Vokrouhlick, D., Farinella, P., Bottke, W.F. Jr., "The Depletion of the Putative Vulcanoid Population via the Yarkovsky Effect", Icarus, 148, 2000, 147 - 152.

[von Eshleman - 1979] von Eshleman, R., "Gravitational Lens of the Sun: Its Potential for Observations and Communications over Interstellar Distances", Science, 205, 1979, 1133 - 1135.

[Vorontsov - 2010] Vorontsov, V.A., et al., "Perspektivnyi Kosmicheskyi Apparat Dlya Issledovaniya Veneri. Proyekt 'Venera - D'" (Perspective Spacecraft for Venus Research. The 'Venera - D' Project), Vestnik FGUP "NPO im. S.A. Lavochkina", 4, 2010, 70 - 80 (in Russian).

[Vorontsov - 2012] Vorontsov, V.A., et al., "Perdlosheniya pa Rastschireniyu Programmi Issledovaniya Veneris Ychetom Opita Proyektnikh Rasrabotok NPO im. S. A. Lavochkina" (Proposals for Augmenting the Exploration of Venus based on the Experience of Projects of the NPO named after S.A. Lavochnkin), Elektronniy Jurnal "Trudy MAI", 52, 2012 (in Russian).

[Vourlidas - 2007] Vourlidas, A., et al., "First Direct Observation of the Interaction between a Comet and a Coronal Mass Ejection Leading to a Complete Plasma Tail Disconnection", The Astrophysical Journal, 668, 2007, L79 - L82.

[Walker - 2006] Walker, R.J., et al., "Concepts for a Low - Cost Mars Micro Mission", Acta Astronautica, 59, 2006, 617 - 626.

[Wall - 2005] Wall, R., Taverna, M.A., "Mars Muddle", Aviation Week & Space Technology, 14 March 2005, 88 - 89.

[Wallace - 1995] Wallace, R.A., et al., "Measure - Jupiter: Low - Cost Missions to Explore Jupiter in the post - Galileo Era", Acta Astronautica, 35, 1995, 277 - 286.

[Wang - 2012] Wang, G., Ni, W. - T., "Time - delay Interferometry for ASTROD - GW", Chinese Astronomy and Astrophysics, 36, 2012, 211 - 228.

[Wargo - 2010] Wargo, M.J., "Exploration Precursor Robotic Missions (xPRM) Point of Departure Plans", presentation to the Mars Exploration Program Analysis Group (MEPAG) meeting # 23, Monrovia, California, September 2010.

[Warhaut - 2003] Warhaut, M., Martin, R., "Talking to Satellites in Deep Space from New Norcia", ESA Bulletin, 114, 2003, 3841.

[Warhaut - 2005] Warhaut, M., Marin, R., Claros, V., "ESA's New Cebreros Station Ready to Support Venus Express", ESA Bulletin, 124, 2005, 38 - 41.

[Warner - 2005a] Warner, E.M., Redfern, G., "Deep Impact: Our First Look Inside a Comet", Sky & Telescope, June 2005, 40 - 44.

[Warner - 2005b] Warner, E. M., Redfern, G., "Amateurs and the Deep Impact Mission", Sky & Telescope, June 2005, 70 - 71.

[Watters - 2009] Watters, T.R., et al., "Evolution of the Rembrandt Impact Basin on Mercury", Science, 324, 2009, 618 - 621.

[Way - 2006] Way, D. W., et al., "Mars Science Laboratory: Entry, Descent, and Landing System Performance", paper presented at the 2006 IEEE Aerospace Conference.

[Weaver - 2009] Weaver, H.A., "Ultraviolet and Visible Photometry of Asteroid (21) Lutetia Using the Hubble Space Telescope", arXiv astro - ph/0912.4572 preprint.

[Weaver - 2012] Weaver, H., "New Horizons Pluto/KBO Mission Status Report for SBAG", presentation at the 7th Small Bodies Assessment Group (SBAG) meeting, Pasadena, July 2012.

[Weaver - 2013] Weaver, H., "New Horizons Pluto/KBO Mission: Status Report for SBAG", presentation at the 8th Small Bodies Assessment Group (SBAG) meeting, Washington, January 2013.

[Webster - 2013a] Webster, C.R., et al., "Isotope Ratios of H, C, and O in CO2 and H2O of the Martian Atmosphere", Science, 341, 2013, 260 - 263.

[Webster - 2013b] Webster, C.R., et al., "Low Upper Limit to Methane Abundance on Mars", Science, 342, 2013, 355 - 357.

[Weiss - 2011] Weiss, B.P., et al., "Evidence for Thermal Metamorphism or Partial Differentiation of Asteroid 21 Lutetia from Rosetta", paper presented at the XLII Lunar and Planetary Science Conference, Houston, 2011.

[Weissman - 1999] Weissman, P.R., et al., "The Deep Space 4/Champollion Comet Rendezvous and Lander Technology Demonstration Mission", paper presented at the Lunar and Planetary Science Conference XXX, Houston, 1999.

[Weissman - 2007] Weissman, P.R., Lowry, S.C., Choi, Y.- J., "Photometric Observations of Rosetta Target Asteroid 2867 Steins", Astronomy & Astrophysics, 466, 2007, 737 - 742.

[Weissman - 2012] Weissman, P., "Rosetta Update", presentation at the Small Bodies Assessment Group Meeting, 10 July 2012.

[Wellnitz - 2009] Wellnitz, D., "EPOXI Status", presentation at the Small Bodies Assessment Group Meeting, 18 November 2009.

[Werner - 2011a] Werner, D., "Juno May Be Last Chance to Obtain Jupiter Data for a Decade", Space News, 4 April 2011, 12.

[Werner - 2011b] Werner, D., "Rising Costs Cast Shadow on NASA Planetary Program", Space News, 10 January 2011, 13.

[Whipple - 1980] Whipple, F.L., "Rotation and Outbursts of Comet P/Schwassmann - Wachmann 1", The Astronomical Journal, 85, 1980, 305 - 313.

[Whiteway - 2009] Whiteway, J.A., et al., "Mars Water - Ice Clouds and Precipitation", Science, 325, 2009, 68 - 70.

[Williams - 2013] Williams, R.M.E., et al., "Martian Fluvial Conglomerates at Gale Crater", Science, 340, 2013, 1068 - 1072.

[Williamsen - 2004] Williamsen, J., Evans, H., Strober, J., "Surviving a Comet: Shielding the Deep Impact Spacecraft", Aerospace America, November 2004, 18 - 21.

[Wilson - 2011] Wilson, H.F., Militzer, B., "Rocky Core Solubility in Jupiter and Giant Exoplanets", arXiv astro - ph/1111.6309 preprint.

[Winton - 2005] Winton, A.J., et al., "Venus Express: the Spacecraft", ESA Bulletin, 124, 2005, 16 - 22.

[Witze - 2013] Witze, A., "Mars Mission Set for Launch", Nature, 503, 2013, 178.

[Woerner - 1998] Woerner, D.F., "Revolutionary Systems and Technologies for Missions to the Outer Planets", paper presented at the Second IAA Symposium on Realistic Near - Term Advanced Scientific Space Missions, Aosta, 29 June - 1 July 1998.

[Wood - 2008] Wood, B.E., et al., "Comprehensive Observations of a Solar Minimum CME with STEREO", arXiv astro - ph/0811.3226v1 preprint.

[Worstall - 2013] Worstall, T., "Asteroid Miners Hunt for Platinum ... Leave Common Sense in the Glovebox", Spaceflight, February 2013, 72 - 73.

[Wright - 2007] Wright, I.P., et al., "Ptolemy - An Instrument to Measure Stable Isotopic Ratios of Key Volatiles on a Cometary Nucleus", Space Science Reviews, 128, 2007, 363 - 381.

[Wu - 2010] Wu, J., et al., "Scientific Objectives of China - Russia Joint Mars Exploration Program YH - 1", Chinese Astronomy Astrophysics, 34, 2010, 163 - 173.

[Wu - 2011] Wu, J., et al., "Imaging Interplanetary CMEs at Radio Frequency from Solar Polar Orbit", Advances in Space Research, 48, 2011, 943 - 954.

[Wu - 2012] Wu, W.R., et al., "Pre - LOI Trajectory Maneuvers of the CHANG'E - 2 Libration Point Mission", Science China: Information Sciences, 55, 2012, 1249 - 1258.

[Yamada - 2007] Yamada, T., et al., "Venus Atmosphere Observation Mission by Venus Entry Probe and Water - Vapor Balloon", presentation at the 2007 VEP Meeting, Oxford, January 2007.

[Yamakawa - 1999] Yamakawa, H., et al., "Preliminary ISAS Mercury Orbiter Mission Design", Acta Astronautica, 45, 1999, 187 - 195.

[Yamakawa - 2001] Yamakawa, H., Kimura, M., "Orbit Synthesis of the ISAS Venus Climate Orbiter Mission", paper AAS 01 - 460.

[Yamamoto - 2007] Yamamoto, S., et al., "Comet 9P/Tempel 1: Interpretation with the Deep Impact Results", arXiv astro - ph/0712.1858 preprint.

[Yang - 2012] Yang, G., Heng - Nian, L., Sheng - Mao, H., "First - Round Design of the Flight Scenario for Chang'e - 2's Extended Mission: Takeoff from Lunar Orbit", published in Acta Mechanica Sinica, 2012.

[Yano - 2008] Yano, H., "Science, Technology and Programmatic Progress of the Japanese Team toward the Joint Marco Polo Phase - A Study", presentation at the Marco Polo Cannes Workshop, June 2008.

[Yen - 1989] Yen, C.- W. L., "Ballistic Mercury Orbiter Mission via Venus and Mercury Gravity Assists", The Journal of the Astronautical Sciences, 37, 1989, 417 - 432.

[Ying - 2013] Ying, C., et al., "Design for Mars Plural Mode Combination Exploration Mission", paper presented at the 64th International Astronautical Congress, Beijing, 2013.

[Yoshikawa - 2008] Yoshikawa, M., "JAXA's Primitive Body Exploration Program", paper presented at the first Meeting of the International Primitive Body Exploration Working Group, Okinawa, January 2008.

[Young - 2003] Young, R.W., Spilker, T.R., "Science Rationale for Jupiter Entry Probe as Part of JIMO", paper presented at the Forum on Jupiter Icy Moons Orbiter, Houston, 2003.

[Young - 2004] Young, L. A., et al., "Rotary - Wing Decelerators for Probe Descent through the Atmosphere of Venus", paper presented at the 2nd International Planetary Probe Workshop, NASA Ames Conference Center, 23 - 26 August 2004.

[Yuan - 2011] Yuan, Y., Yu, Z., Hu, Z., "Concept Research of Mars Penetrator" paper presented at the 7th UK - China Workshop on Space Science and Technology, August 2011.

[Yue - 2011] Yue, T., et al., "The Application of Chang'E - 2 CMOS Camera Technologies", Spacecraft Recovery & Remote Sensing, 32, 2011, 12 - 17 (in Chinese).

[Zahnle - 2011] Zahnle, K., Freedman, R.S., Catting, D.C., "Is There Methane on Mars?", Icarus, 212, 2011, 493 - 503.

[Zak - 2008] Zak, A., "Mission Possible", Air & Space, August/September 2008, 60 - 63.

[Zander - 2011] Zander, J., "Peering Beneath Jupiter's Clouds", Sky & Telescope, September 2011, 19 - 23.

[Zarka - 2008] Zarka, P., et al., "Ground - Based and Space - Based Radio Observations of Planetary Lightning", Space Science Reviews, 137, 2008, 257 - 269.

[Zasova - 2011] Zasova, L.V., et al., "Russian Mission Venera - D - New Conception", paper presented at the European Planetary Science Congress, Nantes, 2011.

[Zeitlin - 2013] Zeitlin, C., et al., "Measurements of Energetic Particle Radiation in Transit to Mars on the Mars Science Laboratory", Science, 340, 2013, 1080 - 1084.

[Zelenyi - 2004] Zelenyi, L. M., et al., "Russian Space Program: Experiments in Solar - Terrestrial Physics". In: Proceedings of IAU Symposium No. 223 on Multi - Wavelength Investigations of Solar

Activity, 2004, 573 - 580.

[Zelenyi - 2005] Zelenyi, L.M., Petrukovich, A.A., "Prospects of Russian Participation in the International LWS Program", Advances in Space Research, 35, 2005, 44 - 50.

[Zelenyi - 2007] Zelenyi, L.M., et al., "Phobos Sample Return Project", presentation at the Sputnik 50 - Year Jubilee, Moscow, October 2007.

[Zhang - 2007] Zhang, T. L., et al., "Little or No Solar Wind Enters Venus' Atmosphere at Solar Minimum", Nature, 450,2007, 654 - 656.

[Zhang - 2012] Zhang, T.L., et al., "Magnetic Reconnection in the Near Venusian Magnetotail", Science, 336,2012, 567 - 570.

[Zhao - 2008] Zhao, H., "YingHuo - 1 - Martian Space Environment Exploration Orbiter", Chinese Journal of Space Science, 2008, 28, 395 - 401.

[Zhao - 2011] Zhao, B.C., et al., "Overall Scheme and On - Orbit Images of Chang'E - 2 Lunar Satellite CCD Stereo Camera", Science China: Technological Sciences, 54, 2011,2237 - 2242.

[Zimmerman - 2009] Zimmerman, R., "Cosmic Cataclysms", Sky & Telescope, April2009, 26 - 32.

[Zou - 2014] Zou, X., et al., "The Preliminary Analysis of the 4179 Toutatis Snapshots of the Chang'e - 2 Flyby", Icarus, 229, 2014, 348 - 354.

[Zuber - 2007] Zuber, M. T., "Density of Mars' South Polar Layered Deposits", Science, 317, 2007, 1718 - 1719.

[Zuber - 2008] Zuber, M.T., et al., "Laser Altimeter Observations from MESSENGER's First Mercury Flyby", Science, 321, 2008, 77 - 79.

[Zuber - 2009] Zuber, M. T., et al., "Observations of Ridges and Lobate Scarps on Mercury From MESSENGER Altimetry and Imaging, and Implications for Lithospheric Strain Accommodation", paper presented at the XL Lunar and Planetary Science Conference, Houston, 2009.

[Zuber - 2012] Zuber, M. T., et al., "Topography of the Northern Hemisphere of Mercury from MESSENGER Laser Altimetry", Science, 336, 2012, 217 - 220.

[Zurbuchen - 2008] Zurbuchen, T. H., et al., "MESSENGER Observations of the Composition of Mercury's Ionized Exosphere and Plasma Environment", Science, 321, 2008, 90 - 92.

[Zurbuchen - 2011] Zurbuchen, T.H., et al., "MESSENGER Observations of the Spatial Distribution of Planetary Ions Near Mercury", Science, 333, 2011, 1862 - 1865.

[Zurek - 2009] Zurek, R., Chicarro, A., "Final Report of the 2016 Mars Orbiter Bus Joint Instrument Definition Team", 10 November 2009.

[Zurek - 2012] Zurek, R., "Mars Reconnaissance Orbiter Status", presentation to the Mars Exploration Program Analysis Group (MEPAG) meeting #25, Washington, February 2012.

[Zurek - 2013] Zurek, R., Diniega, S., Madsen, S., "Comets at Mars", presentation to the Mars Exploration Program Analysis Group (MEPAG), July 2013.

延伸阅读

➢图书

Godwin，R.，(editor)，“Mars：The NASA Mission Reports Volume 2”，Burlington，Apogee，2004.

Kelly Beatty，J.，Collins Petersen，C.，Chaikin，A. (editors)，“The New Solar System”，4th edition，Cambridge University Press，1999.

➢期刊

Aerospace America.

Aviation Week & Space Technology.

ESA Bulletin.

Espace Magazine (in French).

Flight International.

Nature.

Novosti Kosmonavtiki (in Russian).

Science.

Scientific American.

Sky & Telescope.

Spaceflight.

➢网址

ESA (www.esa.int).

Jonathan's Space Home Page (planet4589.org/space/space.html).

JPL (www.jpl.nasa.gov).

Novosti Kosmonavtiki (www.novosti－kosmonavtiki.ru).

Spaceflight Now (www.spaceflightnow.com).

The Planetary Society (planetary.org).

系列丛书目录

第一卷：黄金时代（1957—1982年）

第二卷：停滞与复兴（1983—1996 年）

第三卷：礼赞与哀悼（1997—2003年）

关于作者

保罗·乌利维（Paolo Ulivi）

我出生于1971年，当时阿波罗登月计划已经放缓了，尽管如此，我成长于太空依然很酷的时代，而且我们到处都有和太空有关的东西：我父亲还保存着一些有阿波罗8号和11号任务照片的杂志，电视上放着像《太空1999》这样真的很糟糕的节目，广播里放着一些太空主题的迪斯科音乐，电影院里放着最伟大的科幻电影。因此，我们大部分人对太空及其技术如此着迷也就不足为奇了。我依稀记得电视上阿波罗-联盟号任务的画面以及杂志上海盗号着陆器在火星上的照片，但是使我着迷于太空和太阳系探索的是航天飞机的发射（我清楚地记得我是在电视上看的直播），以及旅行者2号拍摄的壮丽的、奇特的土星照片。在高中的时候，我对航空学产生了新的兴趣，我决定在米兰理工大学学习航空航天工程。1991年互联网的发明以及从超级慢的FTP服务器上下载旅行者号的照片所花费的时间，把我带回了太空和天文学。正如卡尔·萨根（Carl Sagan）曾经解释的那样，对“行星是空间”的领悟决定了我对太阳系探测的偏爱。

在其他事情上花费了很多时间之后，我决定为我的论文选一个题目。我去找我大学里的一位教授阿玛莉亚·埃尔科利·芬兹（Amalia Ercoli Finz）谈话，她是罗塞塔号彗星任务中钻孔设备的主要研究人员之一，她相当冷淡地建议说我可能会对DeeDri项目感兴趣，这是一个意大利的钻孔设备，作为NASA“更快、更省、更好”样品返回任务的一部分将于2003年飞往火星。因此，这就成为我的论文题目。1999年火星极地着陆器坠毁，我依然记得当时那种不知道将来我们钻孔设备会带回来什么的挫败感。最后，我毕业了，但是DeeDri和2003年任务没有按期实现，希望2018年ExoMars任务中能有相似的钻孔设备工作。后来，我开始工作了，先是在铁路工程，然后在航空航天。我从国际空间站欧洲哥伦布实验室框架设计开始，也属于航空航天中“航天”的这边，后来我大部分时间都工作在“航空”这边。如果你乘坐波音787，或者空客380或350，这些都涉及我花费了很多时间的工作。除了日常工作，我还开始写关于太空飞行和天文学的论文和书籍。在2004年施普林格-实践出版社（Spring - Praxis）出版了我的《月球探测》之后，接下来就是《太阳系无人探测历程》了。这似乎是一个简单的任务。十年四卷之后，这个“轻松任务”终于完成了！

戴维·M. 哈兰（David M. Harland）

我生于1955年，10年后，我的年龄正好让我着迷于第一批无人探测器着陆月球。我被轨道飞行器在哥白尼火山口的边缘上凝视所拍的照片惊呆了。报纸称之为“世纪图景”。

戴维·M. 哈兰和保罗·乌利维

它不是一个从很远地方从上往下看的天文学家的视角，而是从月球轨道器上航天员的视角描绘了这个巨大的、有着复杂中央山峰和阶梯状墙的陨石坑。随后，帕特里克·摩尔(Patrick Moore）的电视节目《夜间的天空》播出了十年纪念版，开阔了我的视野。我决定长大后成为一个天文学家。出于某些原因，我的大多数朋友想成为足球运动员、银行经理或发动机技工。1969年，我熬夜看了尼尔·阿姆斯特朗（Neil Armstrong）和巴兹·奥尔德林（Buzz Aldrin）漫步在宁静之海（Sea of Tranquility）。影响我的下一件大事是一个移动摄像机让我们跟随戴夫·斯科特（Dave Scott）和吉姆·欧文（Jim Irwin）他们探索亚平宁（Apennine）山脉的一个山谷。我想我是学校唯一待在家里看月球漫步的孩子。我太兴奋了，以至于后来老师问我是否病了，我如实回答："没有，我当时正在看电视!"我侥幸逃脱了惩罚，因为我是一个想成为一名天文学家的"古怪的孩子"。我是学校里第一位报名天文学O级的。没有人正在教这门课，但我有帕特里克·摩尔的教材，我就自学了这门课，而且也通过了。最后一次阿波罗登月任务之后不久，我前往大学学习天文学，毕业后开始攻读计算机科学硕士，后来又获得了博士学位，使我很容易成为一名大学老师。这为我从事咨询工作打开了大门，几年后我从学术界离开，从事产业工作。1990年，我重返学术界，从事研究管理。1995年，我又重燃了对太空的兴趣，决定"退休"以便全职写作。从那时候开始，我自己写了不少书，也和其他人合创了不少。近些年，已经编辑了数十本同为太空爱好者写的书，最重要的就是和保罗·乌利维所著的这个《太阳系无人探测历程》系列丛书。